AF275021

ESTÁTICA DE LAS ESTRUCTURAS

Tomás Wilson Alemán Ramírez

Acceda a www.marcombo.info
para descargar gratis
el contenido adicional
complemento imprescindible de este libro

Código: ESTATICA24

ESTÁTICA DE LAS ESTRUCTURAS

Tomás Wilson Alemán Ramírez

Estática de las estructuras

© 2024 Tomás Wilson Alemán Ramírez

Primera edición, 2024

© 2024 MARCOMBO, S. L.
www.marcombo.com

Ilustración de cubierta: Jotaká
Maquetación: Reverte-Aguilar, S. L.
Corrección: José López Falcón
Directora de producción: M.ª Rosa Castillo Hidalgo

ISBN: 978-84-267-3746-5
D.L.: B 1495-2024

Impreso en Servicepoint
Printed in Spain

Libro ecológico
Impreso con papel procedente de bosques gestionados de manera eficiente, libre de cloro

Este libro está dedicado a mi hijita Briana, quien con su ternura inefable es la luz iridiscente que inspira mi alma y guía mis pasos, colmando mi existencia de un amor inmarcesible y de capacidad resiliente para luchar por ella.

Antes de comenzar a leer este libro

Cada capítulo del libro está diseñado del mismo modo: en primer lugar, se aborda el sustento teórico de cada tema; luego se presenta la parte aplicativa, en la cual tendrás a tu disposición una colección bastante abundante de ejercicios resueltos, con las operaciones descritas al detalle.

Es fundamental que se lean y practiquen los ejercicios de manera secuencial, procurando no saltar los subtítulos o capítulos, con el propósito de obtener un mejor aprovechamiento en el proceso de aprendizaje de cada tema.

Contenido

Prólogo

Me complace, como miembro de la comunidad de educadores de la Universidad Católica Boliviana San Pablo, y como apasionado por el análisis estructural, presentar este trabajo, que tiene como fin último acercar y facilitar a la población estudiosa de esta área del conocimiento los conceptos básicos para su consolidación y desarrollo. Se constituye en un punto de partida tanto para profesores como para estudiantes, también para toda aquella persona que sienta inquietud por desarrollar capacidades de análisis en temas inherentes a la estática de las estructuras.

Contribuir con un documento que refleja los conocimientos y experiencias del autor sobre la temática desarrollada tiene un doble mérito, pues a través de la redacción de conceptos y ejemplos trata de allanar el camino para que el lector adquiera los insumos necesarios con la idea de que pueda afianzar sus conocimientos sobre estática de estructuras. Finalmente realiza un importante aporte a la bibliografía existente sobre esta temática, pero contextualizada a las necesidades académicas de la Ingeniería Civil.

El autor elabora, con todo rigor académico, una propuesta didáctica que desarrolla de forma sencilla, clara y comprensible diferentes asuntos relacionados con la estática de las estructuras. Se ofrece un amplio y variado repertorio de ejemplos de diferente complejidad, que permiten ir consolidando de forma gradual los conceptos expuestos, para partir de la teoría y culminar con la práctica, cerrando el ciclo del aprendizaje.

La obra queda estructurada en dos partes: en la primera se presentan los conceptos necesarios para la cimentación de los conocimientos concernientes a la estática de las partículas; en la segunda se exponen y consolidan los conceptos correspondientes a la estática del cuerpo rígido.

El presente documento se convierte en un referente importante para el inicio del estudio de la estática de las estructuras, y por esto se constituye en un apoyo académico para estudiantes y profesionales dedicados al estudio en este ámbito.

Agradezco de antemano la gentil consideración y confianza depositada por el ingeniero Tomás Alemán, profesional y docente de reconocida trayectoria, hacia mi persona, para apoyar en la revisión y análisis del documento de referencia. Le expreso desde aquí mi profunda convicción y certeza de que ha logrado afianzar los conocimientos sobre esta temática tan importante para los estudiantes de Ingeniería.

Farfán Lawrence
Máster en Ciencias

Agradecimientos

Agradezco a Dios, que me ha mostrado el camino y que ha puesto en él a las personas precisas con las que puedo compartir mi experiencia profesional y docente a través de la publicación de este libro, fruto de más de veinte años de ejercicio profesional.

CAPÍTULO 1

PRINCIPIOS FUNDAMENTALES DE MECÁNICA

1.1. CONCEPTOS BÁSICOS

Antes de introducirnos en el estudio de la estática, es importante comprender el lugar que ocupa esta disciplina en el universo de la física, así como aquellos conceptos, principios y leyes fundamentales que nos permitan encarar de manera efectiva los diferentes problemas que se presentan en la ingeniería civil.

1.1.1. CONCEPTO DE FÍSICA

La física es una ciencia experimental que estudia, observa y gobierna mediante leyes los fenómenos físicos.

Los fenómenos físicos son aquellos cambios que sufre la materia sin modificar su estructura interna o composición. Por ejemplo:

- Los cambios de forma que experimentan los cuerpos cuando existen variaciones en su temperatura.

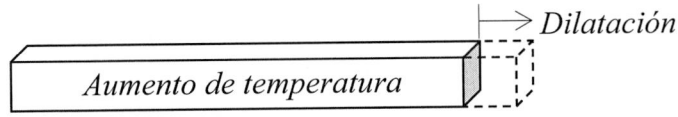

Figura 1.1 Dilatación lineal de una barra.

El cuerpo mostrado se dilata o alarga debido al incremento de temperatura.

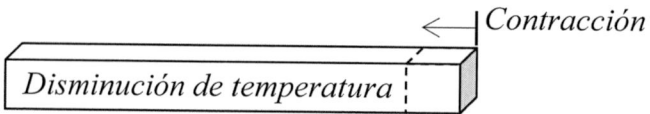

Figura 1.2 Contracción lineal de una barra.

El mismo cuerpo se contrae o acorta debido a la reducción de temperatura.

- Los cambios de estado que experimenta el agua, en su fase sólida, líquida y gaseosa.

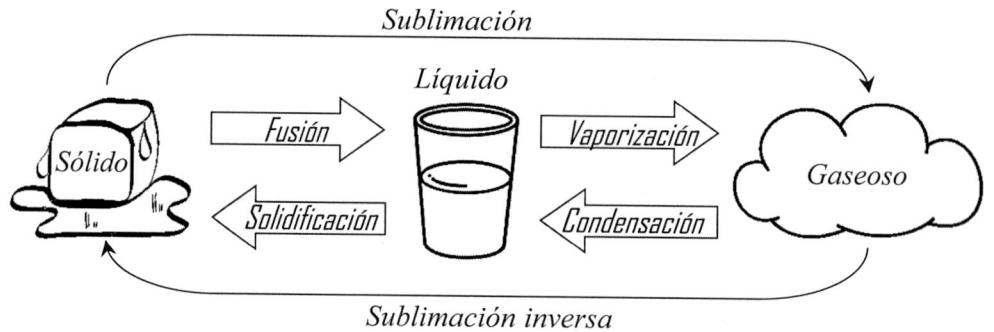

Figura 1.3 Cambios físicos del agua.

- Los cambios de posición cuando un cuerpo es lanzado al aire y describe una trayectoria en su recorrido.

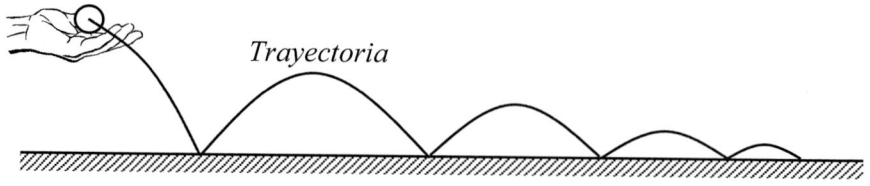

Figura 1.4 Cambios de posición de un cuerpo.

- Los cambios de esfuerzos en el interior de un par de tensores, cuando son sometidos a diferentes fuerzas o pesos.

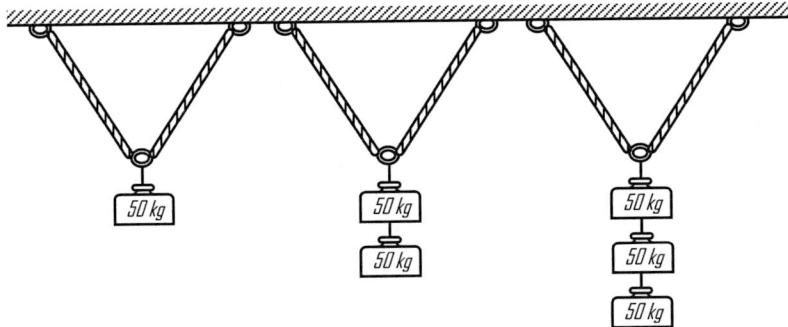

Figura 1.5 Cambios de tensión en cables.

La tensión en el primer sistema de cables es T, la cual se duplica en el segundo sistema y se triplica en el tercero.

1.1.2. PARTES DE LA FÍSICA

Haciendo énfasis en la rama de mecánica, la física en su conceptualización más clásica se divide en las siguientes partes:

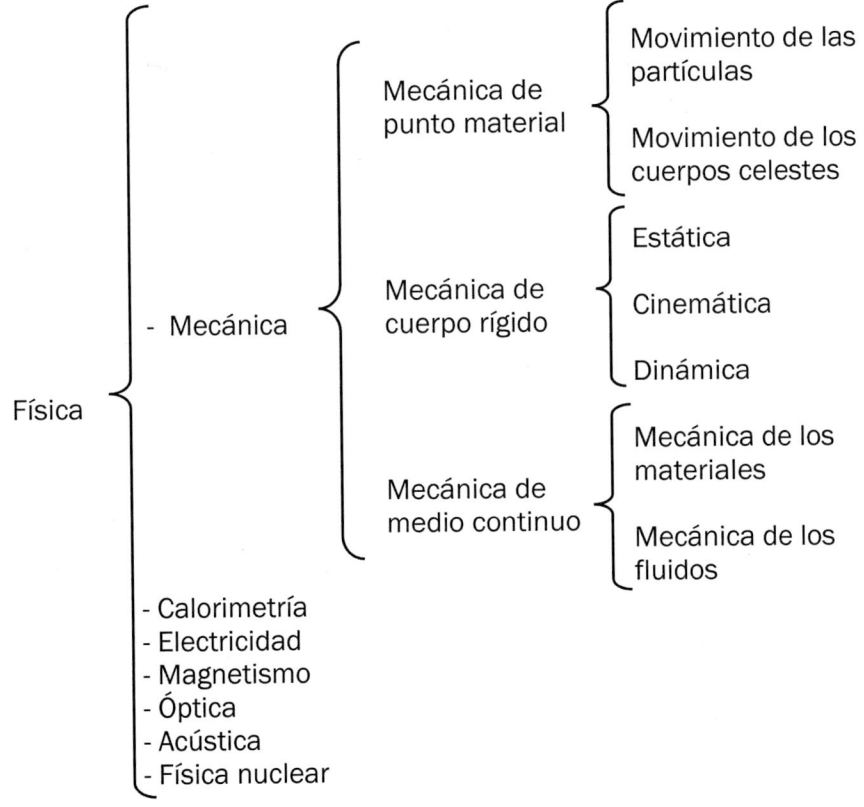

1.1.3. CONCEPTO DE MECÁNICA

Es una rama de la física que estudia, observa y gobierna mediante leyes los fenómenos físicos relacionados con el equilibrio y el movimiento de los cuerpos cuando estos se ven afectados por una o más fuerzas.

La mecánica de cuerpo rígido asume que todos los cuerpos que intervienen en los procesos físicos son perfectamente rígidos y, por lo tanto, no experimentan ningún tipo de deformación.

1.1.3.1. CONCEPTO DE ESTÁTICA

Es una rama de la mecánica de cuerpo rígido que estudia mediante leyes el equilibrio de los cuerpos frente a la acción de un conjunto de fuerzas.

1.1.3.2. CONCEPTO DE DINÁMICA

Es una rama de la mecánica de cuerpo rígido que estudia mediante leyes el movimiento de los cuerpos con relación a las fuerzas que generan estos fenómenos.

1.1.3.3. CONCEPTO DE CINEMÁTICA

Es una rama de la mecánica de cuerpo rígido que estudia mediante leyes el movimiento de los cuerpos, sin considerar las fuerzas que intervienen en este proceso.

1.2. PRINCIPIOS FUNDAMENTALES DE LA MECÁNICA

Los problemas de mecánica requieren de la aplicación de los principios que explicamos a continuación.

1.2.1. FUERZA EQUIVALENTE

Establece que un conjunto de fuerzas puede sustituirse por una fuerza única llamada resultante, sin modificar su comportamiento. La siguiente imagen sintetiza este principio.

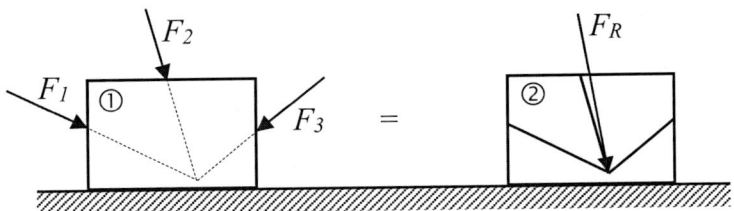

Figura 1.6 Fuerza equivalente F$_R$.

El comportamiento del cuerpo 1 es igual al del cuerpo 2.

1.2.2. PRINCIPIO DE TRANSMISIBILIDAD DE FUERZAS

Este principio especifica que una fuerza aplicada a un cuerpo puede ubicarse en cualquier posición de su línea de acción sin modificar su comportamiento. Véase el siguiente gráfico.

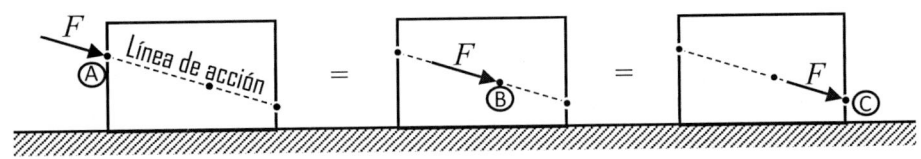

Figura 1.7 Transmisibilidad de una fuerza.

1.2.3. PRIMERA LEY DE NEWTON

Esta ley establece que, cuando las fuerzas que actúan en un cuerpo tiene una resultante nula (R=0), este puede presentar dos comportamientos: encontrarse en reposo (equilibrio estático) o en movimiento rectilíneo uniforme (equilibrio cinemático).

De esta ley se establece como condición de equilibrio que la sumatoria de fuerzas tienen que ser igual a cero.

$$\Sigma F = 0$$

Para fines prácticos esta ecuación puede discriminarse según los ejes ortogonales X, Y y Z, tal como se muestra a continuación.

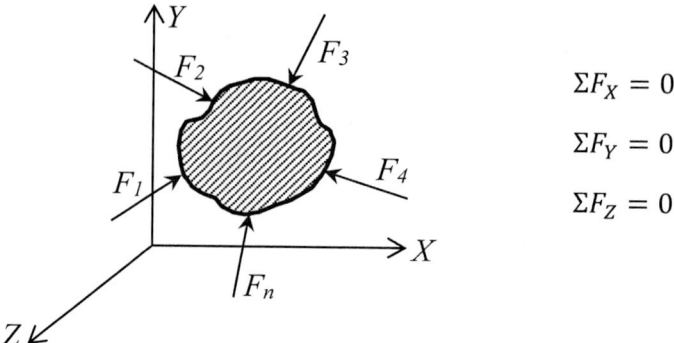

$$\Sigma F_X = 0$$

$$\Sigma F_Y = 0$$

$$\Sigma F_Z = 0$$

Figura 1.8 Cuerpo rígido en equilibrio.

1.2.4. SEGUNDA LEY DE NEWTON

La segunda ley de Newton establece que, cuando la resultante de un conjunto de fuerzas aplicadas a un cuerpo es diferente de cero, este se moverá sobre la línea de acción de su fuerza resultante con una aceleración que es directamente proporcional a tal fuerza e inversamente proporcional a su masa. Véase la siguiente figura:

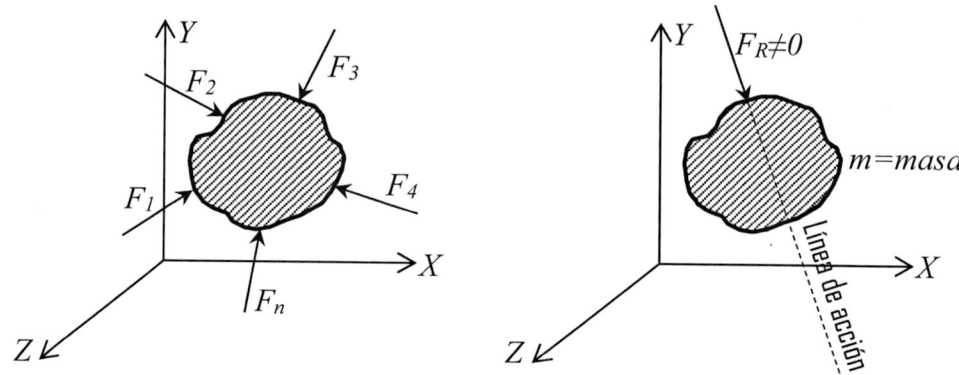

Figura 1.9 Fuerza resultante y línea de acción.

Usando las matemáticas, este principio se expresa a través de la siguiente expresión:

$$a = \frac{F_R}{m}$$

1.2.5. TERCERA LEY DE NEWTON

Este principio establece que, si un cuerpo A le aplica una fuerza a un cuerpo B, este último reaccionará con la misma intensidad, pero con sentido contrario. Véase la siguiente figura:

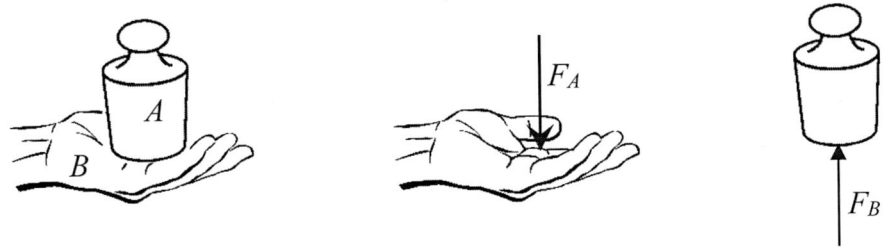

Figura 1.10 Interacción de fuerzas entre dos cuerpos.

La fuerza de acción es el peso del bloque (F_A) y la fuerza de reacción (F_B) es la que aplica la mano para mantener el equilibrio. Ambas fuerzas tienen la misma intensidad, pero sentidos contrarios.

Es importante aclarar que las fuerzas de acción y reacción no se anulan en ningún caso, porque, si bien tienen la misma intensidad y sentido contrario, no se aplican a un mismo cuerpo.

1.2.6. LEY GRAVITATORIA DE NEWTON

Esta ley sustenta que dos cuerpos, de masas M_1 y M_2, separados una distancia d, desarrollan una fuerza de atracción que es proporcional a su gravedad y al producto de sus masas, e inversamente proporcional al cuadrado de la distancia que los separa. Véase la siguiente imagen:

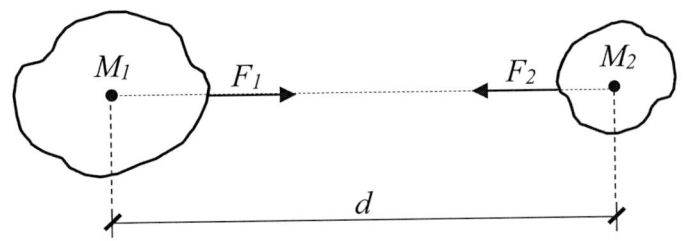

Figura 1.11 Atracción entre dos cuerpos de masas M_1 y M_2.

Este principio se expresa en términos matemáticos a través de la siguiente expresión:

$$F_1 = F_2 = g \cdot \frac{M_1 \cdot M_2}{d^2}$$

1.3. PLANTEAMIENTO DE PROBLEMAS DE MECÁNICA DE CUERPO RÍGIDO

Los problemas en mecánica que son de nuestro interés se dividen en problemas de estática y problemas de dinámica. Es importante aprender a diferenciarlos y a emplear los principios que sustentan su comportamiento. A continuación, se describen los principios que deben utilizarse en cada caso.

1.3.1. PROBLEMAS DE ESTÁTICA

Los problemas de estática sustentan que el cuerpo en estudio se encuentra en reposo. Para analizar su solución requieren de la aplicación de los siguientes principios fundamentales de la mecánica:

- Fuerza equivalente

- Principio de transmisibilidad de fuerzas

- Primera ley de Newton

- Tercera ley de Newton

1.3.2. PROBLEMAS DE DINÁMICA

En dinámica el cuerpo en cuestión se encuentra en movimiento, sometido a una aceleración. Para este caso es fundamental encarar su análisis mediante el empleo de los siguientes principios:

- Fuerza equivalente

- Principio de transmisibilidad de fuerzas

- Segunda ley de Newton

- Ley gravitatoria

CAPÍTULO 2

ESTÁTICA DE PARTÍCULAS

2.1. RESULTANTE DE FUERZAS CONCURRENTES Y COPLANARIAS

Dos o más fuerzas son concurrentes cuando convergen o divergen en un mismo punto. Son coplanarias cuando se posicionan en un mismo plano de referencia. Para los problemas que habitualmente resolvemos en ingeniería es muy usual utilizar el plano cartesiano XY, tal como se muestra a continuación:

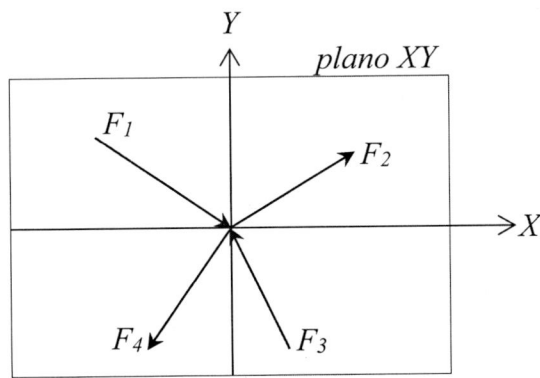

Figura 2.1 Sistema coplanario de fuerzas concurrentes.

Las fuerzas mostradas en la figura anterior son concurrentes y coplanarias a la vez. Para determinar la fuerza equivalente o resultante existen métodos gráficos y analíticos, los cuales se estudiarán en este capítulo.

2.1.1. MÉTODOS GRÁFICOS

Los métodos gráficos son procedimientos aproximados que se sustentan en las habilidades que tiene el estudiante de Ingeniería para manejar instrumentos de medición y trazo. Su precisión dependerá de la calidad de los instrumentos que se utilicen, y de la experiencia y cuidado que se tenga al momento de realizar el esquema gráfico. Por las diversas dificultades de precisión que puedan existir en su aplicación, se sugiere emplearlos como un recurso de apoyo a los métodos analíticos que abordaremos más adelante.

2.1.1.1. MÉTODO DEL PARALELOGRAMO

Para aplicar este método es necesario conocer la magnitud, dirección y sentido de dos vectores concurrentes y coplanarios, tal como se muestra a continuación:

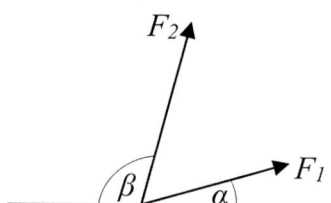

Figura 2.2 Dos fuerzas concurrentes y coplanarias.

Para determinar la resultante por este método se deben seguir las siguientes instrucciones:

1ro. Debemos trazar las direcciones (α y β) de las fuerzas (F_1 y F_2) con la ayuda de un transportador y, sobre estas directrices, dibujar sus correspondientes magnitudes utilizando una escala adecuada. Cuando adopte una escala tendrá que buscar una equivalencia de fuerzas expresada en un centímetro, por ejemplo 5 kg = 1 cm. Esta relación dependerá de las magnitudes de los vectores. Por ejemplo, si los vectores son de 15 y 25 kg, estos se dibujarán de 3 y 5 cm respectivamente.

2do. Con la ayuda de un par de escuadras, hay que trazar segmentos paralelos a cada vector a partir del extremo donde se encuentra el sentido de los vectores. Estos dos trazos deberán intersectarse en un punto B, tal como se muestra a continuación:

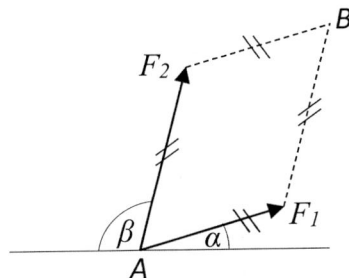

Figura 2.3 Dos fuerzas concurrentes y coplanarias.

3ro. Con una regla trazar la fuerza equivalente o resultante uniendo los puntos A y B, para luego medir en centímetros su longitud (L_R) y hacer la conversión a fuerzas, según la escala adoptada. Véase la siguiente figura:

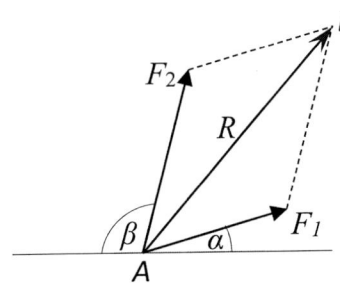

Figura 2.4 Resultante (R) de dos fuerzas.

Para transformar la longitud del vector R a un valor de fuerza debemos multiplicar la escala por la distancia que representa a la fuerza resultante (L_R), es decir:

$$R = Escala \cdot L_R$$

2.1.1.2. MÉTODO DEL TRIÁNGULO

Este método es muy similar al anterior, por lo cual los datos de entrada también serán la magnitud, la dirección y el sentido de dos vectores concurrentes y coplanarios, tal como se muestra a continuación.

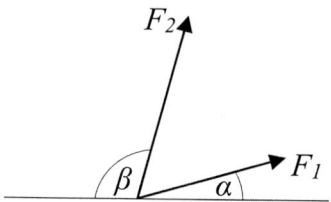

Figura 2.5 Dos fuerzas concurrentes y coplanarias.

Para determinar la resultante por este método se deben seguir las siguientes instrucciones:

1ro. Dibujamos ambas fuerzas, trazando primero su dirección y luego delimitando su magnitud, a través del empleo de una escala, la cual debe adoptarse en función del tamaño de las fuerzas y de la precisión que se pretenda conseguir. Se dibujarán las fuerzas una a continuación de la otra, tal como se muestra en la siguiente figura:

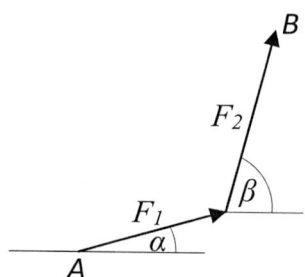

Figura 2.6 Fuerzas ordenadas una detrás de otra.

2do. Con una regla, hay que trazar la fuerza equivalente o resultante uniendo los puntos A y B, para luego medir en centímetros su longitud (L_R) y hacer la conversión a fuerza, según la escala adoptada. Véase la siguiente figura:

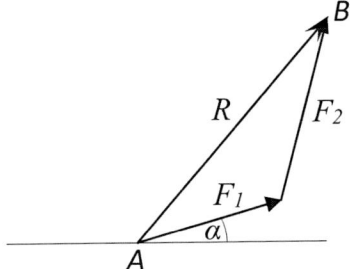

Figura 2.7 Resultante (R) de las fuerzas F_1 y F_2.

Igual que en el método anterior, la longitud del vector R debe transformarse a un valor de fuerza, para lo cual es posible aplicar la siguiente expresión:

$$R = Escala \cdot L_R$$

2.1.1.3. MÉTODO DEL POLÍGONO

Cuando se tienen más de dos fuerzas concurrentes y coplanarias tenemos que aplicar el método del polígono. Para aplicar este procedimiento se requiere conocer la magnitud, la dirección y el sentido de todas las fuerzas que intervienen, tal como se muestra a continuación:

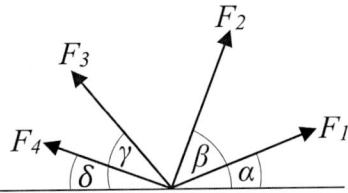

Figura 2.8 Conjunto de fuerzas concurrentes y coplanarias.

La resultante se obtiene mediante la aplicación de los siguientes pasos:

1ro. Trazamos la dirección y la magnitud de cada vector dibujándolos uno a continuación de otro, adoptando para esto una escala para los módulos de las fuerzas según su magnitud y la precisión que se quiera obtener. Véase la siguiente figura:

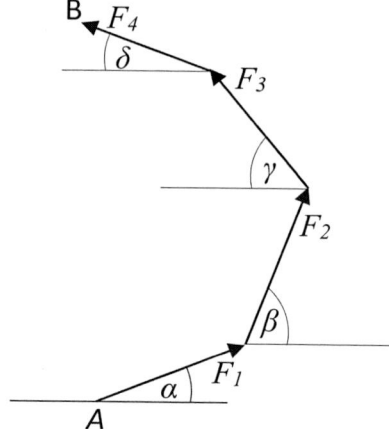

Figura 2.9 Fuerzas ordenadas una a continuación de otra.

2do. Con una regla, hay que trazar la fuerza equivalente o resultante uniendo los puntos A y B, para luego medir en centímetros su longitud (L_R) y hacer la conversión a fuerzas, según la escala adoptada. Véase la figura siguiente:

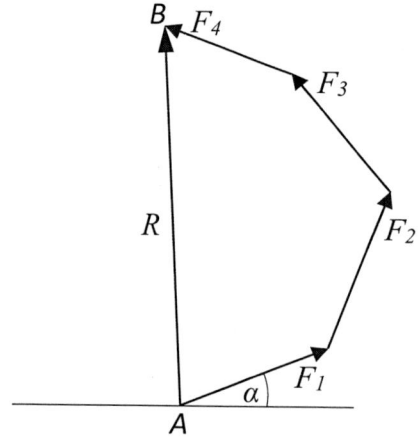

Igual que en el método anterior, la longitud del vector R debe transformarse a un valor de fuerza, para lo cual es posible aplicar la siguiente expresión:

$$R = Escala \cdot L_R$$

Las unidades de la escala serán fuerza/longitud. De este modo la resultante R quedará en unidades de fuerza.

Figura 2.10 Resultante (R) de un conjunto de fuerzas.

2.1.2. MÉTODOS ANALÍTICOS

Estos métodos dependen de las habilidades matemáticas del estudiante, pues para determinar la fuerza resultante es necesario aplicar expresiones trigonométricas. Los métodos analíticos se dividen en los siguientes casos:

2.1.2.1. RESULTANTE DE FUERZAS COLINEALES

En este único caso, la resultante se obtiene por simple suma aritmética de vectores, los cuales han de estar asociados a un signo según el sentido que tengan. En el caso particular de fuerzas horizontales y verticales se suelen adoptar los sentidos convencionales de los ejes cartesianos XY. Sin embargo, es posible adoptar los signos de manera arbitraria.

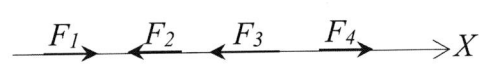

$$R = \Sigma Fx \rightarrow \oplus$$
$$R = F_1 - F_2 - F_3 + F_4$$

Si R resulta + su sentido es →
Si R resulta – su sentido es ←

Figura 2.11 Fuerzas colineales en X.

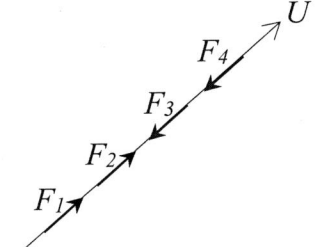

$$R = \Sigma F_U \nearrow \oplus$$
$$R = F_1 + F_2 - F_3 - F_4$$

Si R resulta+ su sentido es ↗
Si R resulta- su sentido es ↙

Figura 2.12 Fuerzas colineales en la dirección U.

2.1.2.2. RESULTANTE DE DOS FUERZAS CONCURRENTES COPLANARIAS Y ORTOGONALES

Dos fuerzas son ortogonales cuando forman una abertura de noventa grados.

Para este caso la fuerza resultante se obtiene mediante la aplicación del teorema de Pitágoras y su ángulo director mediante la función tangente.

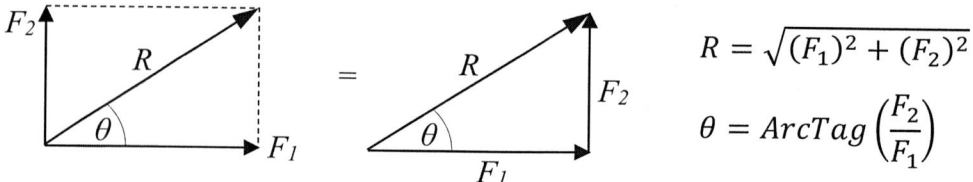

$$R = \sqrt{(F_1)^2 + (F_2)^2}$$

$$\theta = ArcTag\left(\frac{F_2}{F_1}\right)$$

Figura 2.13 Fuerzas F_1, F_2 y su resultante R.

En las fórmulas mostradas R es la resultante y θ es el ángulo director.

EJERCICIOS DE APLICACIÓN
Revise las prácticas 1 y 2.

2.1.2.3. RESULTANTE DE DOS FUERZAS CONCURRENTES, COPLANARIAS Y NO ORTOGONALES

Los datos de partida para este caso son los módulos de las fuerzas **F₁** y **F₂**, además del ángulo **α**, el cual deberá ser diferente a noventa grados. Véase la siguiente figura:

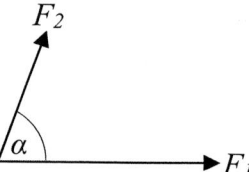

Figura 2.14 Fuerzas concurrentes, coplanarias y no ortogonales.

El método de solución consiste en aplicar las fórmulas empleadas para la solución de triángulos oblicuángulos (ley de cosenos y senos).

En la figura mostrada, β es el ángulo suplementario de α.

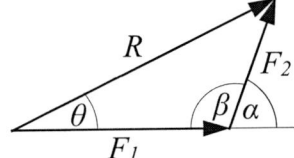

Figura 2.15 Resultante (R) de las fuerzas F_1 y F_2.

$$R = \sqrt{(F_1)^2 + (F_2)^2 - 2 \cdot F_1 \cdot F_2 \cdot cos\beta}$$

$$\alpha + \beta = 180$$

$$\beta = 180 - \alpha$$

$$cos(\beta) = cos(180 - \alpha)$$

Aplicamos la siguiente Identidad:

$$cos(A - B) = cos(A) \cdot cos(B) + sen(A) \cdot sen(B)$$

$$cos(\beta) = cos(180 - \alpha) = cos(180) \cdot cos(\alpha) + sen(180) \cdot sen(\alpha)$$

$$cos(\beta) = cos(180 - \alpha) = -1 \cdot cos(\alpha) + 0 \cdot sen(\alpha)$$

$$cos(\beta) = cos(180 - \alpha) = -cos(\alpha)$$

$$cos(\beta) = -cos(\alpha)$$

Reemplazamos en la fórmula de resultante:

$$R = \sqrt{(F_1)^2 + (F_2)^2 - 2 \cdot F_1 \cdot F_2 \cdot (-cos\alpha)}$$

$$\boxed{R = \sqrt{(F_1)^2 + (F_2)^2 + 2 \cdot F_1 \cdot F_2 \cdot cos\alpha}}$$

Hay que destacar que la fórmula anterior está en función a los datos de entrada declarados al inicio de este apartado.

Para calcular el ángulo director θ, debemos aplicar la ley de senos:

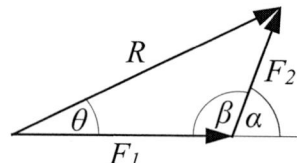

Figura 2.16 Resultante (R) de las fuerzas F_1 y F_2.

$$\frac{sen\theta}{F_2} = \frac{sen\beta}{R}$$

$$\alpha + \beta = 180$$

$$\beta = 180 - \alpha$$

$$sen(\beta) = sen(180 - \alpha)$$

Aplicamos la siguiente identidad:

$$sen(A - B) = sen(A) \cdot cos(B) - sen(B) \cdot cos(A)$$

$$sen(\beta) = sen(180 - \alpha) = sen(180) \cdot cos(\alpha) - sen(\alpha) \cdot cos(180)$$

$$sen(\beta) = sen(180 - \alpha) = 0 \cdot cos(\alpha) - sen(\alpha) \cdot (-1)$$

$$sen(\beta) = sen(\alpha)$$

Reemplazando en la ley de senos:

$$\frac{sen\theta}{F_2} = \frac{sen\alpha}{R}$$

$$\theta = arcsen\left(\frac{F_2}{R} \cdot sen\alpha\right)$$

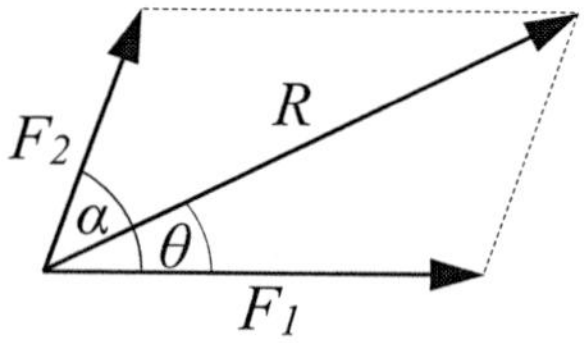

Figura 2.17 Resultante de las fuerzas F_1 y F_2.

Para el siguiente caso, cuando el ángulo director de la resultante es obtuso (θ>90°), es aconsejable utilizar la ley de cosenos para calcular el ángulo director θ.

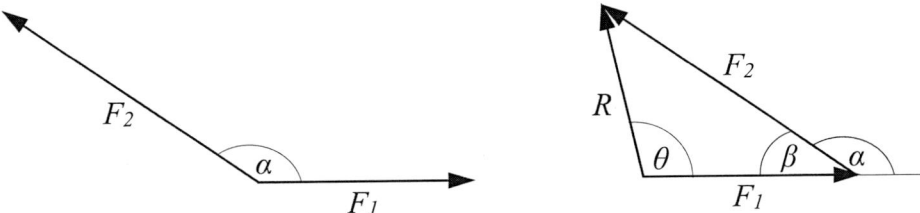

Figura 2.18 Aplicación del método del triángulo.

$$(F_2)^2 = (F_1)^2 + (R)^2 - 2 \cdot F_1 \cdot R \cdot cos\theta$$

Despejamos el ángulo θ:

$$cos\theta = \frac{(F_1)^2 + (R)^2 - (F_2)^2}{2 \cdot F_1 \cdot R}$$

$$\theta = ArcCos\left(\frac{(F_1)^2 + (R)^2 - (F_2)^2}{2 \cdot F_1 \cdot R}\right)$$

EJERCICIOS DE APLICACIÓN

Revise las prácticas 3, 4, 7 y 8.

2.1.2.4. RESULTANTE POR DESCOMPOSICIÓN DE FUERZAS

Descomponer una fuerza consiste en proyectarla sobre los ejes X e Y de un sistema de ejes cartesianos.

Considerando que los datos de entrada son la magnitud de F y el ángulo α, sus proyecciones F_X y F_Y se calculan del siguiente modo:

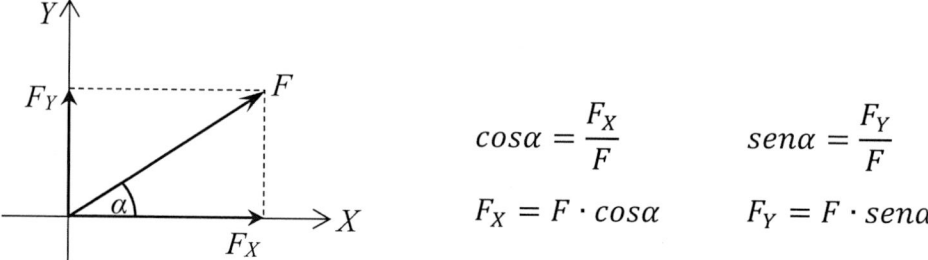

$$cos\alpha = \frac{F_X}{F} \qquad sen\alpha = \frac{F_Y}{F}$$

$$F_X = F \cdot cos\alpha \qquad F_Y = F \cdot sen\alpha$$

Figura 2.19 Descomposición de la fuerza F.

Cuando las fuerzas que intervienen en el cálculo de la resultante son más de dos, lo aconsejable es descomponer todas las fuerzas en las direcciones X e Y, para luego calcular una resultante en X y otra en Y. Estas resultantes parciales permitirán mediante el teorema de Pitágoras el cálculo de la resultante final. Veamos el siguiente caso:

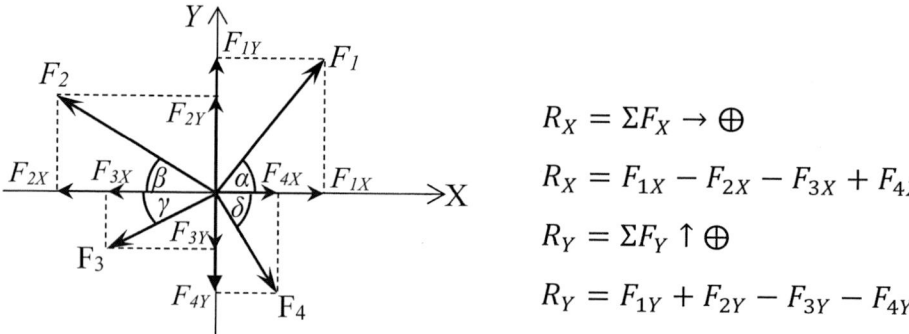

$$R_X = \Sigma F_X \rightarrow \oplus$$

$$R_X = F_{1X} - F_{2X} - F_{3X} + F_{4X}$$

$$R_Y = \Sigma F_Y \uparrow \oplus$$

$$R_Y = F_{1Y} + F_{2Y} - F_{3Y} - F_{4Y}$$

Figura 2.20 Descomposición de fuerzas.

$$R = \sqrt{(R_X)^2 + (R_Y)^2}$$

$$\theta = ArcTag\left(\frac{R_Y}{R_X}\right)$$

Figura 2.21 Resultante total.

EJERCICIOS DE APLICACIÓN

Revise las prácticas 5 y 6.

2.2. ESFUERZO NORMAL EN SISTEMAS ESTRUCTURALES SIMPLES

Un sistema estructural se denomina simple cuando está constituido por elementos rígidos o flexibles (rígido=barra y flexible=cable), vinculados entre sí por rotulas o pernos, los cuales, al estar sometidos a fuerzas puntuales en sus uniones, generan la transmisión única de fuerzas y además permiten una solución simple a través de la aplicación directa de las ecuaciones de equilibrio. Véanse los siguientes ejemplos:

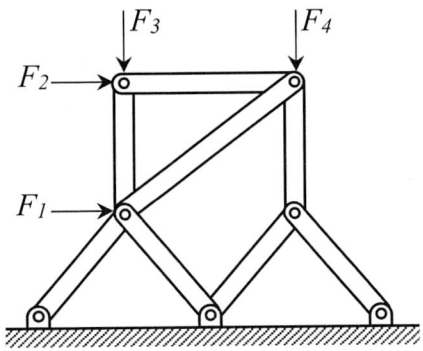

Figura 2.22 Sistema compuesto de elementos rígidos.

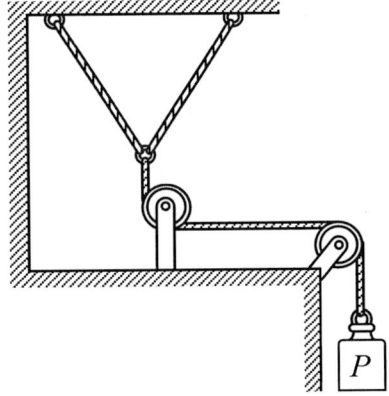

Figura 2.22 Sistema compuesto de elementos flexibles.

Los esfuerzos normales son fuerzas axiales internas convergentes o divergentes que permanecen constantes en el interior de cada elemento. Son producidas por las fuerzas externas aplicadas en las uniones del sistema.

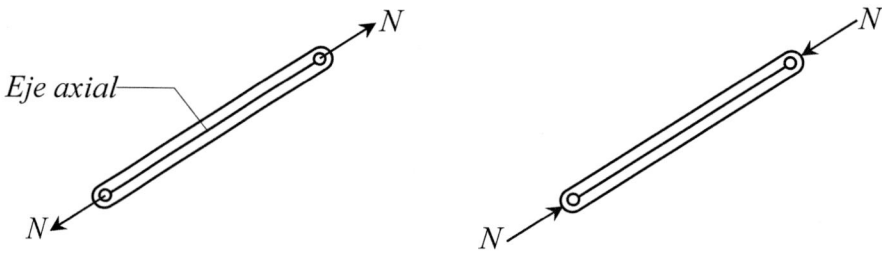

Figura 2.24 Normal de
tracción.

Figura 2.25 Normal de
compresión.

El esfuerzo normal de tracción se caracteriza por desarrollar fuerzas divergentes en el interior del elemento que lo traccionan o lo alargan; en cambio, el esfuerzo normal de compresión está constituido por un par de fuerzas convergentes que comprimen o acortan al elemento.

Para resolver este tipo de problemas, se debe realizar el diagrama de cuerpo libre en todas las uniones del elemento, para luego aplicar las siguientes ecuaciones de equilibrio:

$$\Sigma F_X = 0 \to \oplus$$

$$\Sigma F_Y = 0 \uparrow \oplus$$

Veamos cómo realizar el diagrama de cuerpo libre y el cálculo de esfuerzos en el siguiente ejemplo:

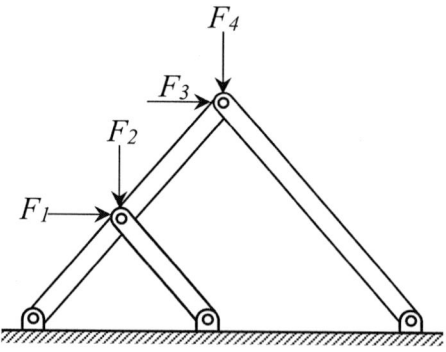

Figura 2.26 Sistema compuesto de elementos rígidos articulados.

1ro. Identificaremos todas las uniones del sistema estructural a través de una letra mayúscula.

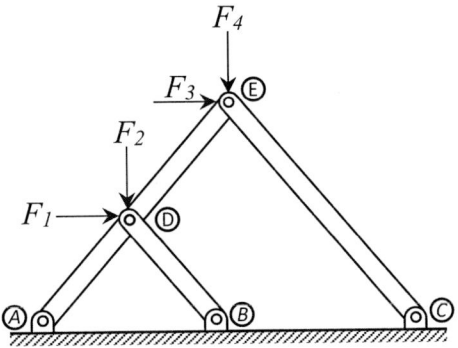

Figura 2.27 Designación de uniones con letras.

Se asignará a cada barra un número, para que el esfuerzo normal N lo adopte en su notación como subíndice. Véase en la siguiente figura el nombre del esfuerzo normal en cada barra:

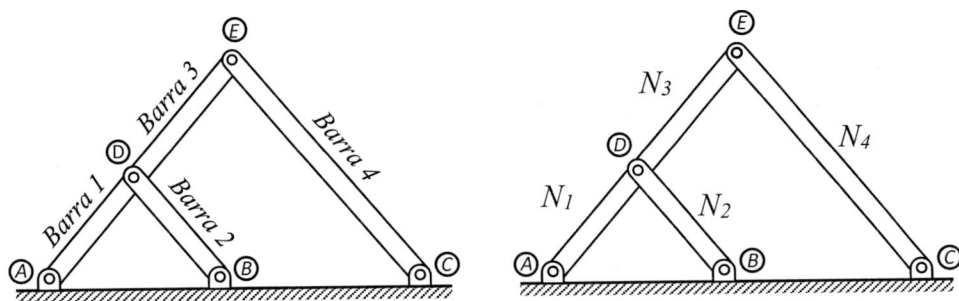

Figura 2.28 Designación de un número a cada barra.

2do. Se adoptará el tipo de esfuerzo normal en cada barra (tracción o compresión) y, por el principio de acción-reacción, se transmitirán estos esfuerzos en las rótulas de cada unión. Véase la siguiente figura:

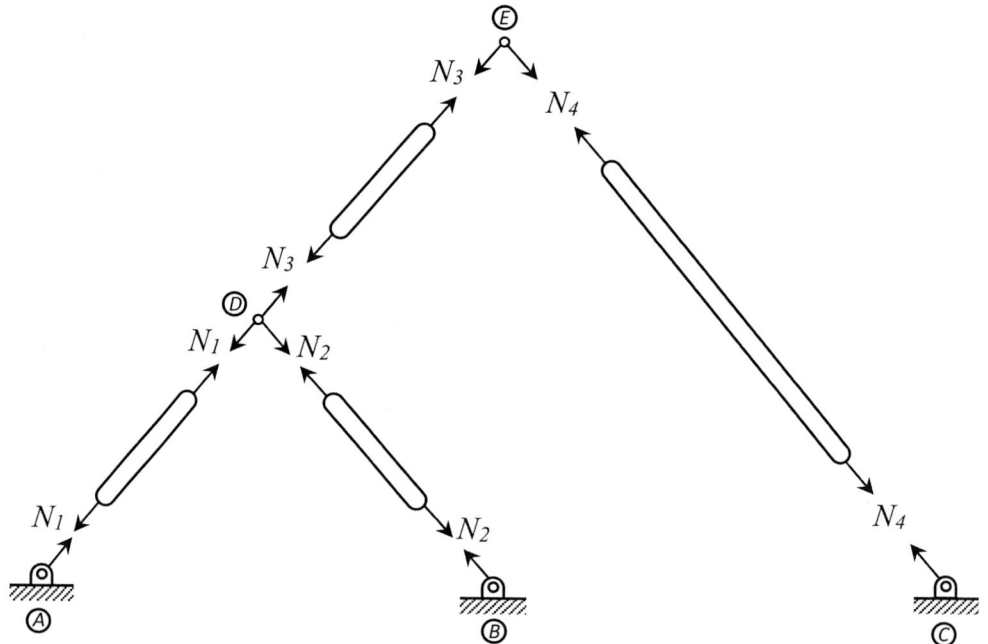

Figura 2.29 Desensamblado del sistema estructural.

Para este ejemplo se asumió el sentido de tracción para todas las barras.

3ro. Para calcular los esfuerzos normales (N_1, N_2, N_3 y N_4) de las cuatro barras se aplican las ecuaciones de equilibrio en las siguientes uniones y en el siguiente orden:

Primero realizamos la sumatoria de fuerzas en la unión E. En este análisis F_3 y F_4 son datos; los esfuerzos N_3 y N_4, las incógnitas. Se ha decidido comenzar por esta unión porque únicamente existen dos incógnitas, las cuales pueden ser directamente calculadas con las dos ecuaciones de equilibrio que utilizaremos.

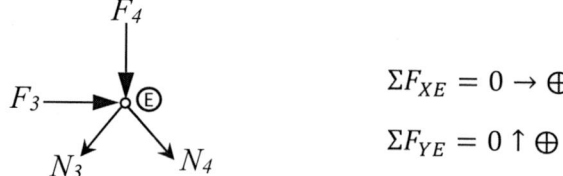

$$\Sigma F_{XE} = 0 \to \oplus$$

$$\Sigma F_{YE} = 0 \uparrow \oplus$$

Figura 2.30 Fuerzas del nudo E.

Aplicando las ecuaciones de equilibrio se obtienen las magnitudes de N_3 y N_4, que pueden salir positivas (tracción) o negativas (compresión). Este convenio de signos solo es válido cuando en el paso 2 se asumen todos los esfuerzos como traccionantes.

Luego aplicamos las ecuaciones de equilibrio en el nudo o unión D. En este caso las fuerzas F_1, F_2 y N_3 son datos; en cambio, los esfuerzos N_1 y N_2 son incógnitas.

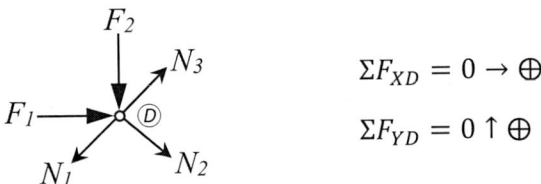

$$\Sigma F_{XD} = 0 \rightarrow \oplus$$
$$\Sigma F_{YD} = 0 \uparrow \oplus$$

Figura 2.31 Fuerzas del nudo D.

Supongamos que en el cálculo de N_3, realizado al inicio de este paso, el valor de ese esfuerzo resulta negativo. Esto deberá interpretarse vectorialmente afirmando que N_3 es opuesto. Por lo tanto, no es un esfuerzo de tracción, sino de compresión, con lo cual se deberá anular ese signo y corregir el sentido del esfuerzo normal invirtiendo su sentido, para luego aplicar las ecuaciones de equilibrio. Véase el siguiente gráfico:

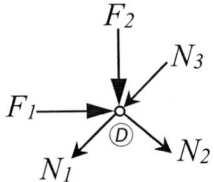

Figura 2.32 Esfuerzo N_3 con sentido corregido.

Es importante aclarar que, cada vez que aplicamos las ecuaciones de equilibrio (ΣF_X y ΣF_Y), se deberá formar un sistema de dos ecuaciones con dos incógnitas que nos permita obtener el valor de los esfuerzos, por lo cual es importante revisar los esfuerzos que son incógnitas y los que son datos porque han sido previamente calculados.

4to. Para calcular las fuerzas que se transmiten al suelo, llamadas también reacciones en los apoyos, se deben aplicar las ecuaciones de equilibrio en los nudos A, B y C, tal como se muestra a continuación:

- Sumatoria de fuerzas en el nudo A.

$$\Sigma F_{XA} = 0 \rightarrow \oplus$$

$$\Sigma F_{YA} = 0 \uparrow \oplus$$

Figura 2.33 Fuerzas del nudo A.

- Sumatoria de fuerzas en el nudo B.

$$\Sigma F_{XB} = 0 \rightarrow \oplus$$

$$\Sigma F_{YB} = 0 \uparrow \oplus$$

Figura 2.34 Fuerzas del nudo B.

- Sumatoria de fuerzas en el nudo C.

$$\Sigma F_{XC} = 0 \rightarrow \oplus$$

$$\Sigma F_{YC} = 0 \uparrow \oplus$$

Figura 2.35 Fuerzas del nudo C.

En estos últimos cálculos, el orden en el cual se aplican las ecuaciones de equilibrio no es importante, porque en todos los casos tendremos como incógnitas las reacciones H y V en cada apoyo, pero sí lo es conocer la magnitud de los esfuerzos que concurren en estos nudos.

IMPORTANTE

Para facilitar el análisis del paso 2, se sugiere adoptar el siguiente convenio en la adopción de los esfuerzos normales:

Tracción: se dibujan los esfuerzos Ni saliendo o divergiendo de la unión o nudo.

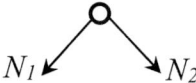

Figura 2.36 Fuerzas en tracción.

Compresión: se dibujan los esfuerzos Ni entrando o convergiendo de la unión o nudo.

Figura 2.37 Fuerzas en compresión.

Aplicando este convenio se puede prescindir del paso 2 y pasar directamente del paso 1 al paso 3.

Es importante también aclarar que los esfuerzos normales pueden asumirse de manera arbitraria. Por ejemplo, para el gráfico anterior podemos asumir tracción para la barra 1 y compresión para la barra 2.

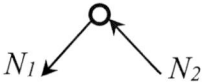

Figura 2.38 Fuerza N_1 en tracción y N_2 en compresión.

Una vez obtenida la magnitud de los esfuerzos, estos pueden salir negativos y este deberá interpretarse indicando que dicho esfuerzo ha sido adoptado de manera contraria, es decir, si adopto compresión y sale negativo, el esfuerzo real es de tracción.

EJERCICIOS DE APLICACIÓN

Revise las prácticas de la 9 a la 19.

2.3. PROBLEMAS DE ESFUERZO NORMAL EN EL ESPACIO

Los sistemas estructurales en el espacio que desarrollan únicamente esfuerzos normales suelen ser muy complejos y se estudian en cursos superiores, porque requieren del empleo de ecuaciones adicionales a las de equilibrio, que se obtienen a partir del análisis de su deformación. Sin embargo, en este apartado analizaremos algunos problemas simples, cuya solución dependerá únicamente de las ecuaciones de equilibrio en las direcciones X, Y y Z. Véase el siguiente problema:

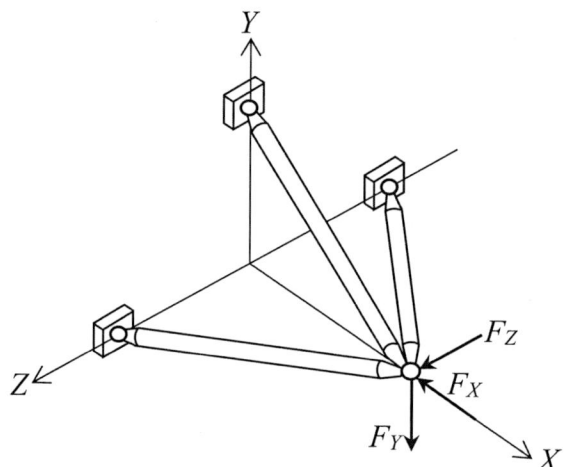

Figura 2.39 Sistema tridimensional de barras concurrentes.

Para resolver este tipo de problemas debemos comenzar nuestro análisis en un nudo o unión donde existan tres incógnitas (tres barras), descomponer las fuerzas y normales en las direcciones X, Y y Z, y luego aplicar las siguientes ecuaciones de equilibrio:

$$\Sigma F_X = 0 \rightarrow \oplus$$

$$\Sigma F_Y = 0 \uparrow \oplus$$

$$\Sigma F_Z = 0 \swarrow \oplus$$

Descomponer una fuerza ubicada en el espacio requiere del empleo de sus cosenos directores, los cuales serán estudiados en los siguientes apartados.

2.3.1. DESCOMPOSICIÓN DE FUERZAS EN EL ESPACIO

La descomposición de una fuerza F ubicada en el espacio requiere de tres ángulos directores (α, β y γ), tal como se muestra a continuación:

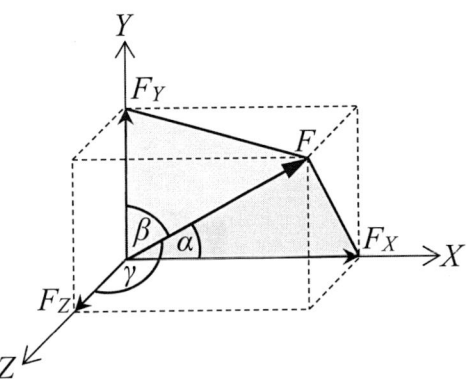

Figura 2.40 Descomposición de la fuerza F.

Entre las fuerzas F y F_X identificamos un triángulo rectángulo y aplicaremos la función coseno para el ángulo α.

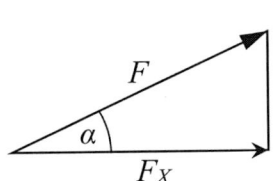

$$cos\alpha = \frac{F_X}{F}$$

Despejamos F_X:

$$F_X = F \cdot cos\alpha$$

Figura 2.41 Componente de F en X.

De similar manera identificamos un triángulo rectángulo entre las fuerzas F y F_Y. Luego aplicaremos la función coseno para el ángulo β.

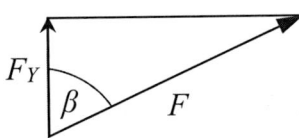

$$cos\beta = \frac{F_Y}{F}$$

Despejamos F_Y:

$$F_Y = F \cdot cos\beta$$

Figura 2.42 Componente de F en Y.

Observando los resultados anteriores, resulta fácil conocer el siguiente resultado:

$$F_Z = F \cdot cos\gamma$$

2.3.2. ÁNGULOS DIRECTORES

Para conocer los ángulos directores de los esfuerzos normales de cada barra es posible utilizar las coordenadas de la barra i-j, tal como se muestra a continuación.

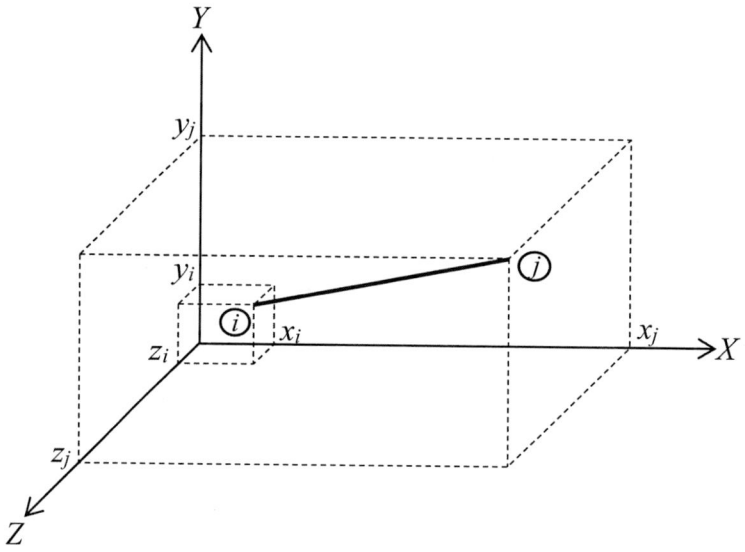

Figura 2.43 Barra i-j ubicada en el espacio.

Conocidas las coordenadas de los nudos i(xi, yi, zi) y j(xj, yj, zj), podemos calcular sus proyecciones en X, Y y Z por simple diferencia de coordenadas, tal como se muestra a continuación.

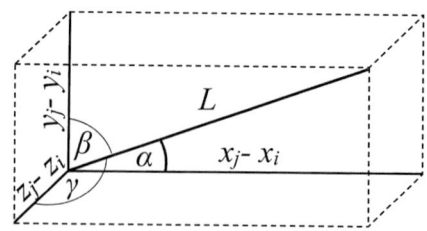

Figura 2.44 Proyecciones de L en los ejes X, Y y Z.

Supongamos que la longitud L es un vector. Esto significa que debemos asignarle un sentido, por ejemplo, de i hacia j. Esto es importante para calcular sus cosenos directores. Véase la siguiente figura:

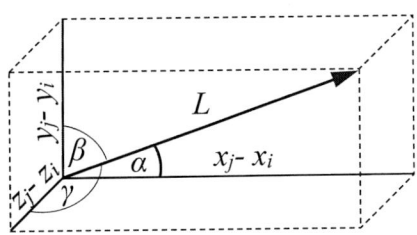

Figura 2.45 Ángulos directores α, β y γ.

Aplicando la ecuación de distancia entre dos puntos en el espacio tenemos:

$$L = \sqrt{\left(x_j - x_i\right)^2 + \left(y_j - y_i\right)^2 + \left(z_j - z_i\right)^2}$$

En la figura anterior identificamos un triángulo rectángulo entre la longitud L y su proyección en X, y aplicamos la función coseno:

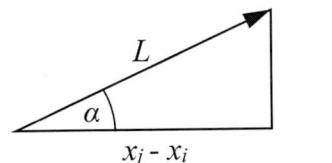

$$Cos\alpha = \frac{x_j - x_i}{L}$$

Figura 2.46 Proyección de L en el eje X.

De similar manera procedemos con el triángulo rectángulo que se forma entre la longitud L y la componente Y:

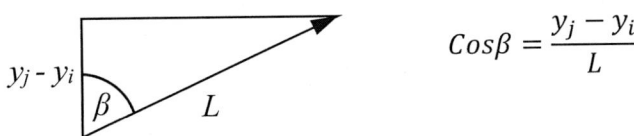

$$Cos\beta = \frac{y_j - y_i}{L}$$

Figura 2.47 Proyección de L en el eje Y.

Por simple analogía deducimos el último coseno director:

$$cos\gamma = \frac{z_j - z_i}{L}$$

En caso de asumir el sentido del vector L orientado de j hacia i, tendremos que realizar las siguientes correcciones a las fórmulas anteriores:

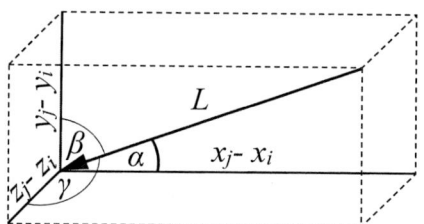

Figura 2.48 Vector L con sentido opuesto.

Aplicando la ecuación de distancia entre dos puntos en el espacio tenemos:

$$L = \sqrt{\left(x_j - x_i\right)^2 + \left(y_j - y_i\right)^2 + \left(z_j - z_i\right)^2}$$

En la figura anterior identificamos un triángulo rectángulo entre la longitud L y su proyección en X, y aplicamos la función coseno:

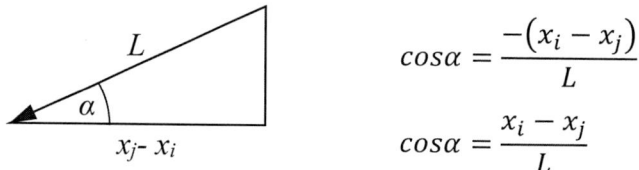

$$cos\alpha = \frac{-\left(x_i - x_j\right)}{L}$$

$$cos\alpha = \frac{x_i - x_j}{L}$$

Figura 2.49 Vector L proyectado en X.

El signo negativo incluido en la fórmula se debe al sentido negativo que adopta la proyección del vector L en el eje X.

Ahora identificamos el triángulo rectángulo entre la longitud L y su proyección en Y.

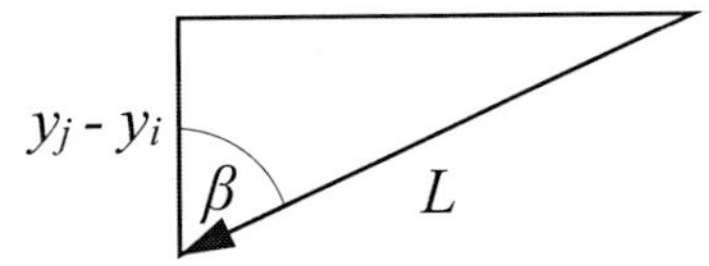

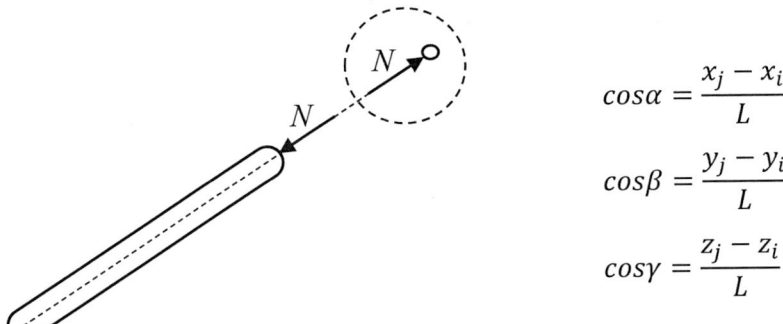

$$cos\beta = \frac{-(y_j - y_i)}{L}$$

$$cos\beta = \frac{y_i - y_j}{L}$$

Figura 2.50 Vector L proyectado en Y.

Intuitivamente deducimos el tercer coseno director.

$$cos\gamma = \frac{z_i - z_j}{L}$$

IMPORTANTE

Al momento de calcular los esfuerzos normales N en las uniones de la estructura, debemos utilizar los cosenos directores según como se ha adoptado el esfuerzo normal (tracción o compresión).

Para esfuerzos normales a compresión:

$$cos\alpha = \frac{x_j - x_i}{L}$$

$$cos\beta = \frac{y_j - y_i}{L}$$

$$cos\gamma = \frac{z_j - z_i}{L}$$

Figura 2.51 Barra con fuerza de compresión.

Para esfuerzos normales a tracción:

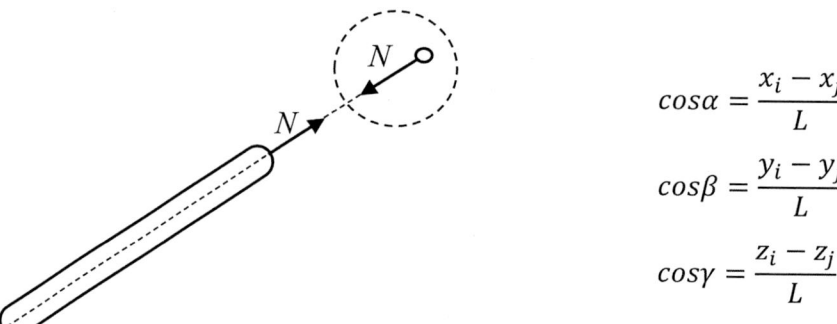

$$cos\alpha = \frac{x_i - x_j}{L}$$

$$cos\beta = \frac{y_i - y_j}{L}$$

$$cos\gamma = \frac{z_i - z_j}{L}$$

Figura 2.52 Barra con fuerza de tracción.

EJERCICIOS DE APLICACIÓN

Revise las prácticas de la 20 a la 22.

PRÁCTICAS

PRÁCTICA 1

Calcular la resultante de las cargas mostradas, su ángulo de inclinación y punto de aplicación.

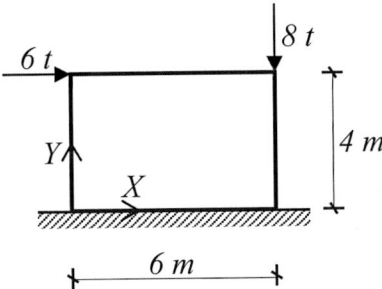

Figura 2.53 Cuerpo sometido a cargas puntuales.

1ro. Cálculo de resultante

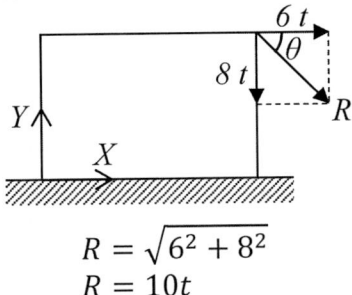

$$R = \sqrt{6^2 + 8^2}$$
$$R = 10t$$

2do. Ángulo de inclinación

$$tag\theta = \frac{8}{6}$$

$$\theta = Arctag\left(\frac{8}{6}\right) = 53,13°$$

3ro. Punto de aplicación

Según el origen del sistema de ejes cartesianos, la resultante se ubica en la coordenada:

$$x = 6m ; \quad y = 4m$$

PRÁCTICA 2

Calcular la resultante de las cargas mostradas, su ángulo de inclinación y punto de aplicación.

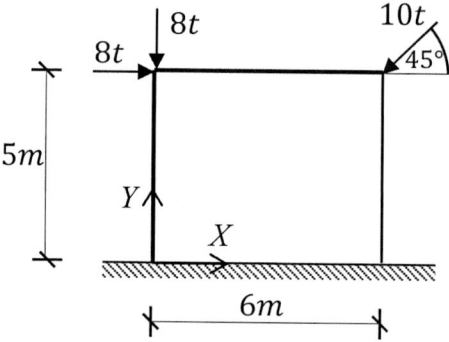

Figura 2.54 Cuerpo sometido a cargas puntuales.

1ro. Cálculo de la primera resultante

$$R_1 = \sqrt{8^2 + 8^2} = 11,314\ t$$

$$\alpha_1 = arctag\left(\frac{8}{8}\right) = 45°$$

2do. Cálculo de la resultante final

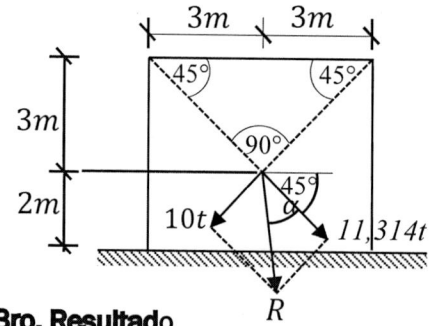

Como la fuerza de 10t y R_1 forman 90°, podemos utilizar Pitágoras:

$$R = \sqrt{10^2 + 11,314^2} = 15,1t$$

$$\alpha = arctag\left(\frac{10}{11,314}\right) = 41,472°$$

3ro. Resultado

$\theta = 45° + \alpha$

$\theta = 45° + 41,472°$

$\theta = 86,472°$

Su punto de aplicación esta la coordenada (3,2)

PRÁCTICA 3

Calcular la resultante de las cargas mostradas, su ángulo de inclinación y punto de aplicación.

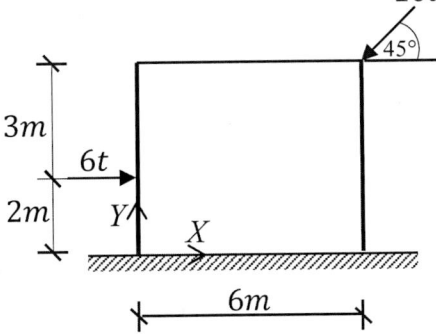

Figura 2.55 Cuerpo sometido a cargas puntuales.

1ro. Cálculo de la resultante

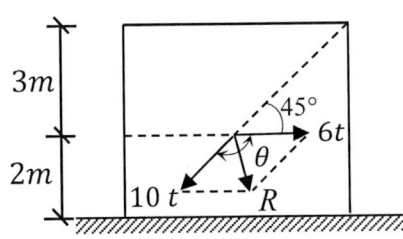

$\theta = 180 - 45$

$\theta = 135°$

$R^2 = 10^2 + 6^2 + 2 \cdot 10 \cdot 6 \cdot \cos(135)$

$R^2 = 51,147$

$R = \sqrt{51,147}$

$R = 7,152t$

2do. Ángulo de inclinación

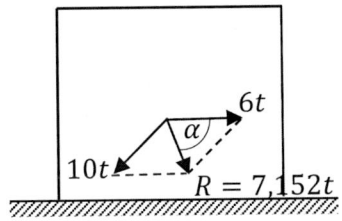

Aplicamos ley de cosenos:

$10^2 = 6^2 + 7,152^2 - 2 \cdot 6 \cdot 7,152 \cos\alpha$

$\cos\alpha = \dfrac{10^2 - 6^2 - 7,152^2}{-2 \cdot 6 \cdot 7,152}$

$\alpha = arcCos(-0,1497) = 98,61°$

Importante: No se puede utilizar la ley de seno para calcular α, porque el ángulo es obtuso.

3ro. Punto de aplicación

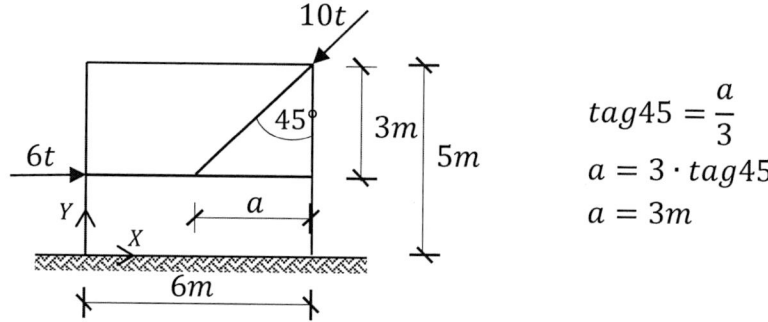

$$tag45 = \frac{a}{3}$$
$$a = 3 \cdot tag45$$
$$a = 3m$$

Con respecto al sistema de ejes cartesianos la resultante se ubica:

$$x = 6m - a$$
$$x = 6m - 3m$$
$$x = 3m$$
$$y = 5m - 3m$$
$$y = 2m$$

4to. Resultado

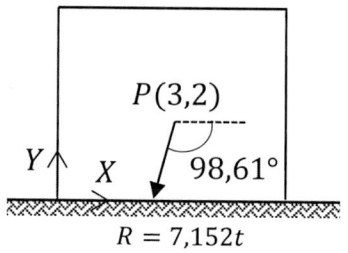

PRÁCTICA 4

Calcular la resultante de las cargas mostradas, su ángulo de inclinación y punto de aplicación.

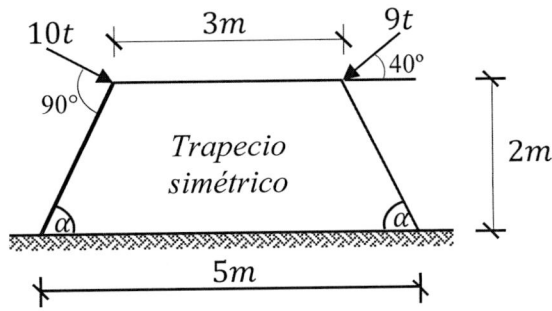

Figura 2.56 Figura trapezoidal sometida a cargas puntuales.

1ro. Cálculo de ángulos α y β

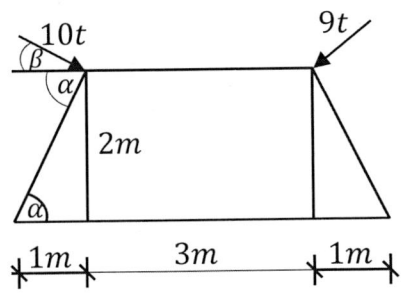

$$tag\alpha = \frac{2}{1}$$
$$\alpha = arctag(2)$$
$$\alpha = 63{,}435°$$
$$\alpha + \beta = 90$$

$$\beta = 90 - \alpha$$
$$\beta = 90 - 63{,}435$$
$$\beta = 26{,}565°$$

2do. Cálculo de resultante

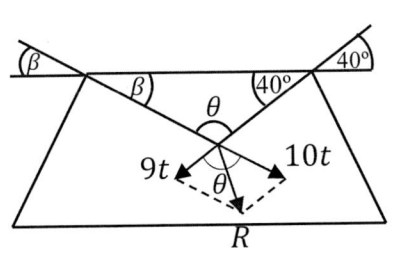

$$\theta + \beta + 40 = 180°$$
$$\theta = 180 - 40 - 26{,}565$$
$$\theta = 113{,}435$$

$$R^2 = 10^2 + 9^2 + 2 \cdot 10 \cdot 9 \cdot cos113{,}435$$
$$R^2 = 109{,}412$$
$$R = \sqrt{109{,}412}$$
$$R = 10{,}460\ t$$

3ro. Ángulo de inclinación

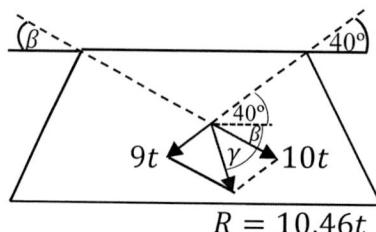

$$\frac{sen\ \gamma}{9} = \frac{sen\ \theta}{R}$$

$$sen\ \gamma = \frac{9 \cdot sen113,435}{10,460}$$

$$sen\ \gamma = 0,789$$

$$\gamma = arcsen(0,789)$$

$$\gamma = 52,092°$$

El ángulo de la resultante con respecto a la horizontal es:

$$\emptyset = \beta + \gamma$$
$$\emptyset = 26,565 + 52,092$$
$$\emptyset = 78,657°$$

4to. Punto de aplicación

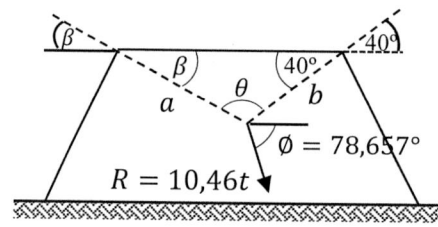

$$\frac{a}{sen40} = \frac{3}{sen\theta}$$

$$a = \frac{3 \cdot sen40}{sen113,435}$$

$$a = 2,102\ m$$

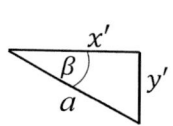

$$x' = a \cdot \cos\beta$$
$$x' = 2,102 \cdot \cos 26,565$$
$$x' = 1,880\ m$$
$$y' = a \cdot sen\ \beta$$
$$y' = 2,102 \cdot sen\ 26,565$$
$$y' = 0,940\ m$$

La coordenada del punto de aplicación con respecto al origen es:

$$x = 1m + x' = 1\ m + 1,880\ m$$
$$x' = 2,880\ m$$
$$y = 2m - y' = 2\ m - 0,940\ m$$
$$y = 1,06\ m$$

PRÁCTICA 5

Calcular la resultante y su ángulo direccional:

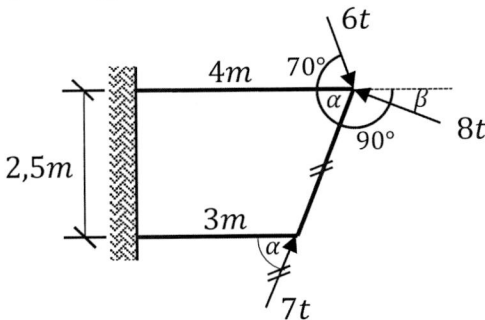

Figura 2.57 Viga en voladizo con cargas puntuales.

1ro. Cálculo de ángulos

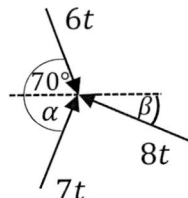

$$Tag\ \alpha = \frac{2,5}{1}$$
$$\alpha = arctag(2,5)$$
$$\alpha = 68,199°$$
$$\alpha + \beta + 90 = 180°$$
$$\beta = 180 - 90 - \alpha$$
$$\beta = 180 - 90 - 68,199$$
$$\beta = 21,801°$$

2do. Diagrama de cuerpo libre

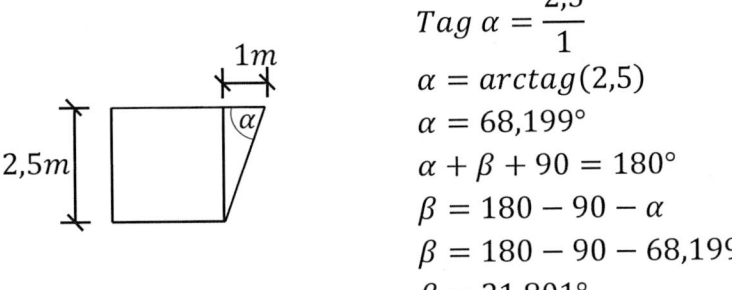

3ro. Descomposición de fuerzas

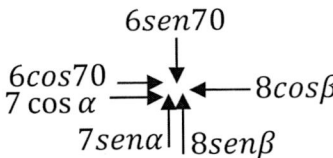

4to. Cálculo de resultante

$Rx = \Sigma Fx \rightarrow \oplus$
$Rx = 6\cos70 + 7\cos\alpha - 8\cos\beta$
$Rx = 6\cos70 + 7\cos68,199 - 8\cos21,801$
$Rx = -2,776\ t$

$Ry = \Sigma Fy \uparrow \oplus$
$Ry = 7sen\alpha + 8sen\beta - 6sen70$
$Ry = 7sen68,199 + 8sen21,801 - 6sen70$
$Ry = 3,832\ t$

$R = \sqrt{Rx^2 + Ry^2}$
$R = \sqrt{2,776^2 + 3,832^2}$
$R = 4,732\ t$

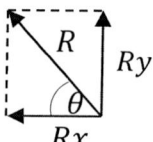

$tag\ \theta = \dfrac{3,832}{2,776}$
$\theta = arctag\left(\dfrac{3,832}{2,776}\right)$
$\theta = 54,079°$

PRÁCTICA 6

Calcular la resultante y su ángulo de inclinación.

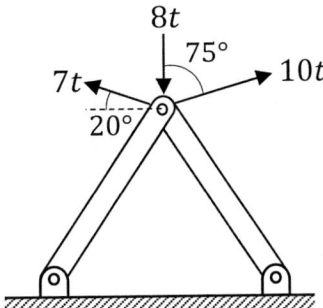

Figura 2.58 Puntales con cargas puntuales concurrentes.

1ro. Descomposición de fuerzas

$$8t$$

$7\,sen\,20$ $10\cos 75$

$7\,cos\,20$ $10\,sen\,75$

2do. Cálculo de resultante

$$Rx = \Sigma Fx \to \oplus$$
$$Rx = -7cos20 + 10sen75$$
$$Rx = 3,081\ t$$

$$Ry = \Sigma Fy \uparrow \oplus$$
$$Ry = 7sen20 - 8 + 10cos75$$
$$Ry = -3,018\ t$$

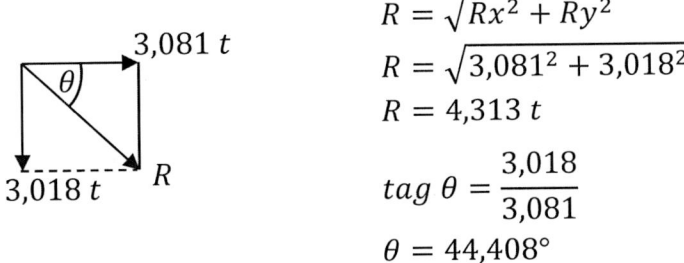

$$R = \sqrt{Rx^2 + Ry^2}$$
$$R = \sqrt{3,081^2 + 3,018^2}$$
$$R = 4,313\ t$$

$$tag\ \theta = \frac{3,018}{3,081}$$
$$\theta = 44,408°$$

PRÁCTICA 7

Calcular la resultante, el ángulo direccional y el punto de aplicación.

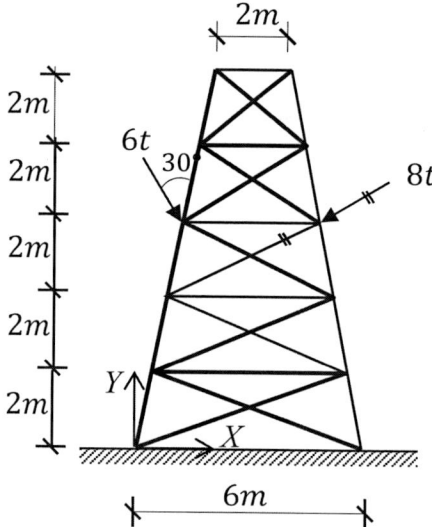

Figura 2.59 Torre sometida a dos cargas puntuales.

1ro. Cálculo del ancho para cada nivel

$$b = m \cdot y + n \quad \text{(función lineal)}$$

Cuando $y = 0 \Rightarrow b = 6m$
$$6 = m \cdot 0 + n$$
$$n = 6$$
Cuando $y = 10 \Rightarrow b = 2m$
$$2 = m \cdot 10 + 6$$
$$m = -0{,}4$$

$$b = -0{,}4 \cdot y + 6$$

Necesitamos los anchos para:

$$y = 4 \Rightarrow b = -0{,}4 \cdot 4 + 6 = 4{,}4m$$
$$y = 6 \Rightarrow b = -0{,}4 \cdot 6 + 6 = 3{,}6m$$

2do. Cálculo de ángulos

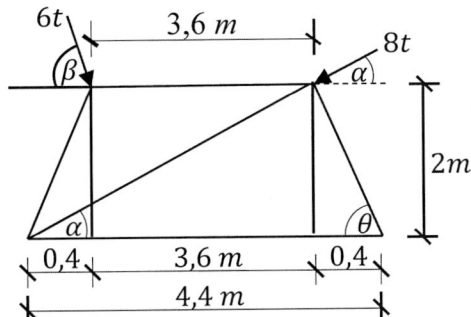

$$tag\,\alpha = \frac{2}{4}$$

$$\alpha = 26,565°$$

$$tag\,\theta = \frac{2}{0,4}$$

$$\alpha = 78,69°$$

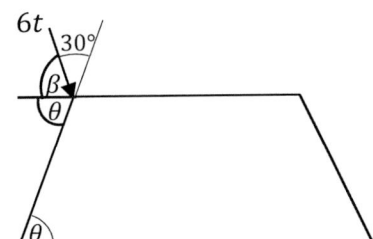

$$\theta + \beta + 30 = 180°$$

$$\beta = 180 - 30 - 78,69$$

$$\beta = 71,31°$$

3ro. Cálculo de resultante

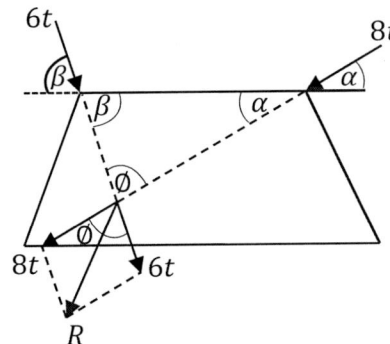

$$\emptyset = 180 - \alpha - \beta$$

$$\emptyset = 82,125°$$

$$R^2 = 8^2 + 6^2 + 2 \cdot 8 \cdot 6 \cdot \cos\emptyset$$

$$R^2 = 113,153$$

$$R = \sqrt{113,153}$$

$$R = 10,637$$

4to. Ángulo de inclinación

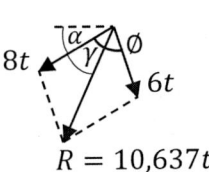

$$\frac{sen\,\gamma}{6} = \frac{sen\,\emptyset}{R}$$

$$sen\,\gamma = \frac{6 \cdot sen\,82,125}{10,637}$$

$$sen\,\gamma = 0,559$$

$$\gamma = 33,987°$$

El ángulo de inclinación de la resultante es:

$$\delta = \alpha + \gamma$$
$$\delta = 26,565 + 33,987$$
$$\delta = 60,552°$$

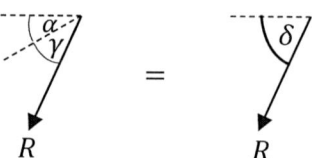

5to. Punto de aplicación

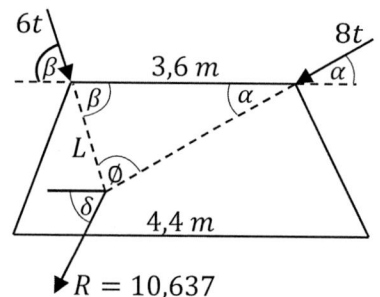

$$\frac{L}{sen\ \alpha} = \frac{3,6}{sen\ \emptyset}$$

$$L = \frac{3,6 \cdot sen\ 26,565}{sen\ 82,125}$$

$$L = 1,625\ m$$

Calculamos la proyección de L en los ejes **x** e **y:**

$$x' = L \cdot \cos \beta$$
$$x' = 1,625 \cdot \cos 71,31$$
$$x' = 0,521\ m$$
$$y' = L \cdot sen\ \beta$$
$$y' = 1,625 \cdot sen\ 71,31$$
$$y' = 1,539\ m$$

Las coordenadas están referidas al origen de ejes cartesianos.

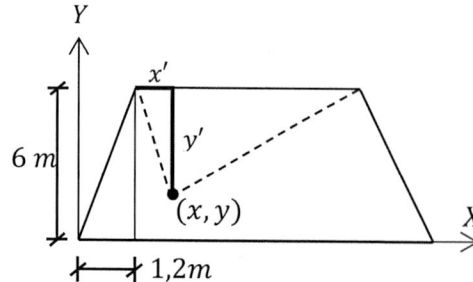

$$x = 1,2 + x' = 1,2 + 0,521$$
$$x = 1,721\ m$$
$$y = 6 - y' = 6 - 1,539$$
$$y = 4,461\ m$$

PRÁCTICA 8

Para las fuerzas mostradas, calcular la resultante de inclinación.

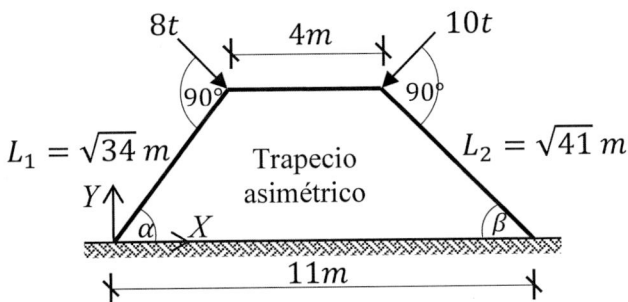

Figura 2.60 Figura trapezoidal sometido a cargas puntuales.

1ro. Cálculo de ángulos

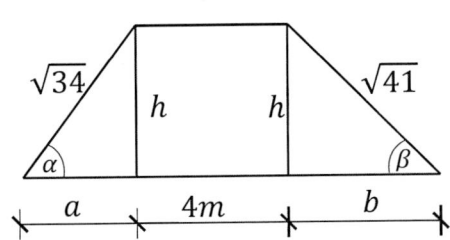

$$sen\ \alpha = \frac{h}{\sqrt{34}} \Rightarrow h = \sqrt{34}sen\ \alpha \quad ①$$

$$sen\ \beta = \frac{h}{\sqrt{41}} \Rightarrow h = \sqrt{41}sen\ \beta \quad ②$$

Igualando ① con ②:

$$\sqrt{34}sen\ \alpha = \sqrt{41}sen\ \beta \quad ③$$

Identidades:

$$sen\ \alpha = \sqrt{1 - \cos^2 \alpha} \quad ④$$
$$sen\ \beta = \sqrt{1 - \cos^2 \beta} \quad ⑤$$

Reemplazando ④ y ⑤ en ③:

$$\sqrt{34} \cdot \sqrt{1 - \cos^2 \alpha} = \sqrt{41} \cdot \sqrt{1 - \cos^2 \beta} \quad (\ )^2$$
$$34 \cdot (1 - \cos^2 \alpha) = 41 \cdot (1 - \cos^2 \beta)$$

Despejamos cos α:

$$\cos \alpha = \sqrt{\frac{41 \cdot \cos^2 \beta - 7}{34}} \quad ⑥$$

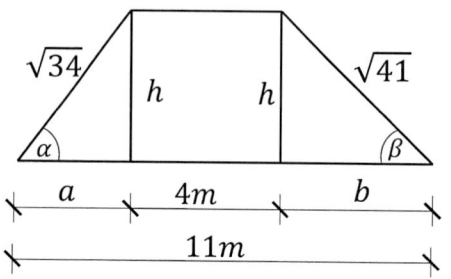

$$a + b + 4 = 11$$
$$a + b = 7 \quad ⑦$$

$$cos\,\alpha = \frac{a}{\sqrt{34}} \Rightarrow a = \sqrt{34}cos\,\alpha \quad ⑧$$

$$cos\,\beta = \frac{b}{\sqrt{41}} \Rightarrow b = \sqrt{41}cos\,\beta \quad ⑨$$

Reemplazando ⑧ y ⑨ en ⑦:

$$\sqrt{34} \cdot \cos\alpha + \sqrt{41} \cdot \cos\beta = 7$$
$$\sqrt{34} \cdot \cos\alpha = 7 - \sqrt{41} \cdot \cos\beta$$

Reemplazando ⑥ en ⑩:

$$\sqrt{34} \cdot \sqrt{\frac{41 \cdot \cos^2\beta - 7}{34}} = 7 - \sqrt{41} \cdot \cos\beta \qquad (\ )^2$$

$$34 \cdot \left(\frac{41 \cdot \cos^2\beta - 7}{34}\right) = 49 - 14\sqrt{41} \cdot \cos\beta + 41\cos^2\beta$$

$$41 \cdot \cos^2\beta - 7 = 49 - 14\sqrt{41} \cdot \cos\beta + 41\cos^2\beta$$

$$cos\,\beta = \frac{56}{14\sqrt{41}} \Rightarrow \beta = 51,340° \quad ⑪$$

Reemplazando ⑪ en ⑥:

$$\cos\alpha = \sqrt{\frac{41 \cdot \cos^2(51,34) - 7}{34}}$$

$$\alpha = 59,036°$$

2do. Cálculo de la resultante y ángulo de inclinación

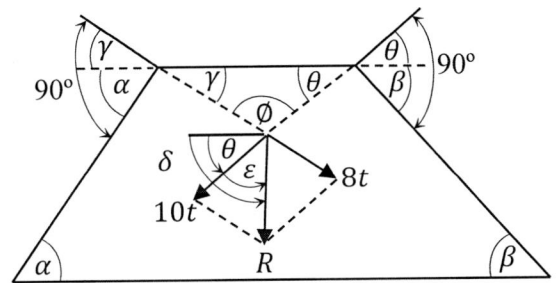

$\alpha + \gamma = 90 \Rightarrow \gamma = 30{,}964°$

$\beta + \theta = 90 \Rightarrow \theta = 38{,}660°$

$\gamma + \theta + \emptyset = 180 \Rightarrow \emptyset = 110{,}376°$

$R = \sqrt{10^2 + 8^2 + 2 \cdot 10 \cdot 8 \cdot \cos 110{,}376}$

$R = 10{,}406\, t$

$\dfrac{sen\, \varepsilon}{8} = \dfrac{sen\, \emptyset}{R}$

$\varepsilon = arcsen\left(\dfrac{8 \cdot sen\, 110{,}376}{10{,}406}\right)$

$\varepsilon = 46{,}111°$

$\therefore\ \delta = \theta + \varepsilon = 38{,}66 + 46{,}111$

$\delta = 84{,}771°$

PRÁCTICA 9

Calcular los esfuerzos normales en los cables.

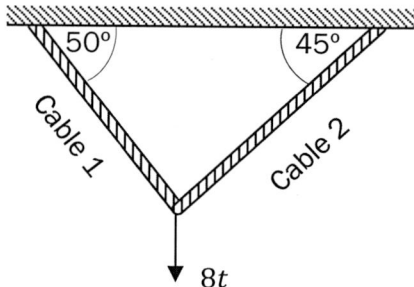

Figura 2.61 Cables asimétricos con carga puntual.

1ro. Diagrama de cuerpo libre

Asumimos tracción para ambos cables.

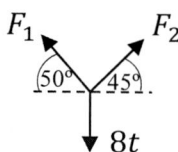

2do. Descomposición de fuerzas

$F_1 sen\ 50 \quad F_2 sen\ 45$

$F_1 cos\ 50 \longleftarrow \quad \longrightarrow F_2 cos\ 45$

$8t$

3ro. Ecuaciones de equilibrio

$\Sigma Fx = 0 \rightarrow \oplus$

$-F_1 \cos 50 + F_2 \cos 45 = 0$

$F_2 = F_1 \left(\dfrac{\cos 50}{\cos 45} \right)$ ①

$\Sigma Fy = 0 \uparrow \oplus$

$F_1\ sen\ 50 + F_2\ sen\ 45 - 8 = 0$

$F_1\ sen\ 50 + F_2\ sen\ 45 = 8$ ②

Reemplazamos ① en ②:

$$F_1 \, \text{sen} \, 50 + \left(F_1 \frac{\cos 50}{\cos 45} \right) \text{sen} \, 45 = 8$$

$$F_1 \, \text{sen} \, 50 + F_1 \cos 50 \cdot \text{tag} \, 45 = 8$$

$$F_1(sen \, 50 + \cos 50 \cdot tag \, 45) = 8$$

$$F_1 = \frac{8}{sen \, 50 + \cos 50 \cdot tag \, 45}$$

$$F_1 = 5{,}678 \, t \quad ③$$

Reemplazamos ③ en ①:

$$F_2 = 5{,}678 \left(\frac{\cos 50}{\cos 45} \right)$$

$$F_2 = 5{,}162 \, \text{t}$$

PRÁCTICA 10

Calcular los esfuerzos normales en los siguientes puntales.

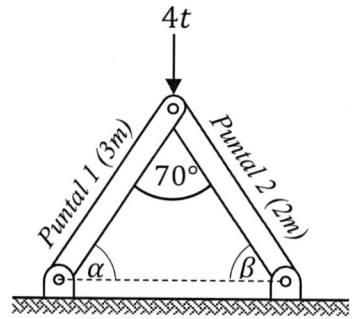

Figura 2.62 Puntales con carga puntual.

1ro. Cálculo de ángulos α y β

$b = 3m$ $\quad$ 70° $\quad a = 2\,m$

$\dfrac{sen\,\alpha}{2} = \dfrac{sen\,70}{2,983}$

$\alpha = arcsen\left(\dfrac{2\cdot sen\,70}{2,983}\right)$

$\alpha = 39,052°$

$c^2 = a^2 + b^2 - 2\cdot a\cdot b\cdot \cos\gamma$

$c^2 = 2^2 + 3^2 - 2\cdot 2\cdot 3\cdot \cos 70$

$c^2 = 8,896$

$c = \sqrt{8,896}$

$c = 2,983\,m$

$\dfrac{sen\,\beta}{3} = \dfrac{sen\,70}{2,983}$

$\beta = arcsen\left(\dfrac{3\cdot sen\,70}{2,983}\right)$

$\beta = 70,917°$

2do. Diagrama de cuerpo libre

Asumimos compresión para ambos puntales.

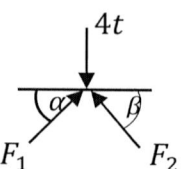

3ro. Descomposición de fuerzas

4to. Ecuaciones de equilibrio

$\Sigma Fx = 0 \rightarrow \oplus$

$F_1 \cos \alpha - F_2 \cos \beta = 0$

$F_1 = F_2 \left(\dfrac{\cos \beta}{\cos \alpha} \right)$ ①

$\Sigma Fy = 0 \uparrow \oplus$

$F_1 \operatorname{sen} \alpha + F_2 \operatorname{sen} \beta - 4 = 0$

$F_1 \operatorname{sen} \alpha + F_2 \operatorname{sen} \beta = 4$ ②

Reemplazamos ① en ②:

$$\left(F_2 \frac{\cos \beta}{\cos \alpha} \right) \operatorname{sen} \alpha + F_2 \operatorname{sen} \beta = 4$$

$$F_2 \cos \beta \cdot \tan \alpha + F_2 \operatorname{sen} \beta = 4$$

$$F_2 (\cos \beta \cdot \tan \alpha + \operatorname{sen} \beta) = 4$$

$$F_2 = \frac{4}{\cos(70,917) \cdot \tan(39,052) + \operatorname{sen}(70,917)}$$

$$F_2 = 3,305 \, t \quad ③$$

Reemplazamos ③ en ①:

$$F_1 = 3,305 \left(\frac{\cos 70,917}{\cos 39,052} \right)$$

$$F_1 = 1,391 \, t$$

PRÁCTICA 11

Calcular los esfuerzos normales en las barras. Considere que la barra 1 es más larga que la barra 2.

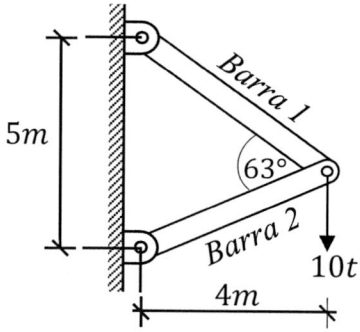

Figura 2.63 Barras biarticuladas con cargas puntual.

1ro. Cálculo de ángulos α y β

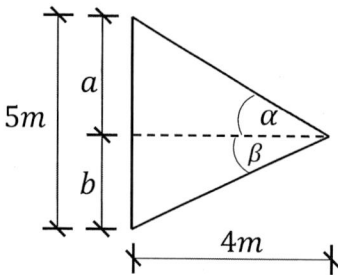

$$a + b = 5 \quad ①$$

$$\tan \alpha = \frac{a}{4}$$

$$a = 4 \cdot \tan \alpha \quad ②$$

$$\tan \beta = \frac{b}{4}$$

$$b = 4 \cdot \tan \beta \quad ③$$

Reemplazamos ② y ③ en ①:

$$4 \tan \alpha + 4 \tan \beta = 5 \quad \div (4)$$

$$\tan \alpha + \tan \beta = 1,25 \quad ④$$

$$\alpha + \beta = 63°$$

$$\beta = 63 - \alpha \quad ⑤$$

Reemplazamos ⑤ en ④:

$$\tan \alpha + \tan \beta = 1,25$$

$$\tan \alpha + \tan(63 - \alpha) = 1,25 \quad ⑥$$

Aplicamos la siguiente identidad a la ecuación ⑥:

$$\tan(A - B) = \frac{\tan A - \tan B}{1 + \tan A \cdot \tan B}$$

$$\tan \alpha + \frac{\tan 63 - \tan \alpha}{1 + \tan 63 \cdot \tan \alpha} = 1{,}25 \quad * (1 + \tan 63 \cdot \tan \alpha)$$

$$\tan \alpha \, (1 + \tan 63 \cdot \tan \alpha) + \tan 63 - \tan \alpha = 1{,}25(1 + \tan 63 \cdot \tan \alpha)$$

$$\tan \alpha + \tan 63 \cdot \tan^2\alpha + \tan 63 - \tan \alpha = 1{,}25 + 1{,}25 \tan 63 \cdot \tan \alpha$$

$$1{,}963 \cdot \tan^2\alpha + 1{,}963 = 1{,}25 + 2{,}453 \cdot \tan \alpha$$

$$1{,}963 \cdot \tan^2\alpha - 2{,}453 \cdot \tan \alpha + 0{,}713 = 0 \qquad ecuación \ de \ 2º$$

$$\tan \alpha = \frac{-(-2{,}453) \pm \sqrt{(-2{,}453)^2 - 4 \cdot 1{,}963 \cdot 0{,}713}}{2 \cdot 1{,}963}$$

$$\tan \alpha = \frac{2{,}453 \pm 0{,}647}{3{,}926}$$

$$\left. \begin{array}{l} \tan \alpha_1 = 0{,}7896 \Rightarrow \alpha_1 = 38{,}295° \\ \tan \alpha_2 = 0{,}46 \Rightarrow \alpha_2 = 24{,}702° \end{array} \right\} \ ⑦$$

Reemplazamos ⑦ en ⑤:

$$\beta_1 = 63 - 38{,}295 = 24{,}705°$$

$$\beta_2 = 63 - 24{,}702 = 38{,}298°$$

Según el enunciado del problema, la barra 1 tiene mayor longitud que la barra 2, por lo tanto α debe ser mayor que β.

$$\alpha = 38{,}295°$$

$$\beta = 24{,}705°$$

2do. Diagrama de cuerpo libre

Asumimos que la barra 1 tracciona y la barra 2 comprime.

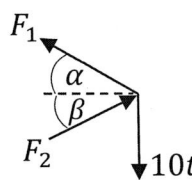

3ro. Descomposición de fuerzas

$$F_1 \cos \alpha \qquad F_1 sen\,\alpha$$
$$F_2 \cos \beta$$
$$F_2 sen\,\beta \qquad 10t$$

4to. Ecuaciones de equilibrio

$$\Sigma Fx = 0 \;\; \rightarrow \oplus$$
$$-F_1 \cos \alpha + F_2 \cos \beta = 0$$
$$F_2 = F_1 \left(\frac{\cos \alpha}{\cos \beta}\right) \;\; ⑧$$

$$\Sigma Fy = 0 \;\; \uparrow \oplus$$
$$F_1 sen\,\alpha + F_2 sen\,\beta - 10 = 0$$
$$F_1 sen\,\alpha + F_2 sen\,\beta = 10 \;\; ⑨$$

Reemplazamos ⑧ en ⑨:

$$F_1 sen\,\alpha + \left(F_1 \frac{\cos \alpha}{\cos \beta}\right) sen\,\beta = 10$$

$$F_1 sen\,\alpha + F_1 \cos \alpha \cdot \tan \beta = 10$$

$$F_1 = \frac{10}{sen\,\alpha + \cos\,\alpha \cdot \tan \beta}$$

$$F_1 = \frac{10}{sen\,38{,}295 + \cos\,38{,}295 \cdot \tan 24{,}705}$$

$$F_1 = 10{,}196\,t \;\; (\text{tracción}) \;\; ⑩$$

Reemplazamos ⑩ en ⑧:

$$F_2 = 10{,}196 \left(\frac{\cos 38{,}295}{\cos 24{,}705}\right)$$

$$F_2 = 8{,}808\,t \quad (\text{compresión})$$

Cuando los esfuerzos dan positivo significa que hemos asumido bien su efecto.

PRÁCTICA 12

Calcular los esfuerzos normales en el cable y en la barra.

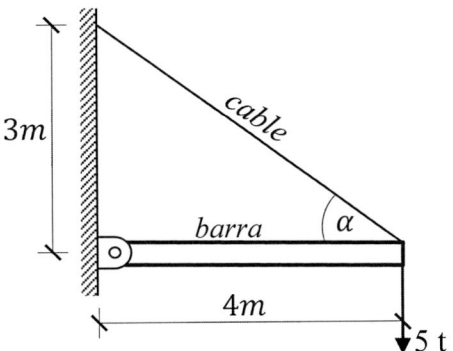

Figura 2.64 Sistema compuesto de barra y cable.

1ro. Cálculo del ángulo α

$$\tan \alpha = \frac{3}{4}$$

$$\alpha = arctan\left(\frac{3}{4}\right)$$

$$\alpha = 36,870°$$

2do. Diagrama de cuerpo libre

Asumimos que el cable se tracciona y la barra se comprime.

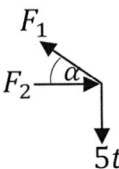

3ro. Descomposición de fuerzas

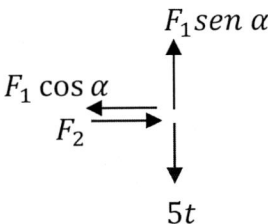

4to. Ecuaciones de equilibrio

$\sum F_x = 0 \rightarrow \oplus$

$-F_1 cos\alpha + F_2 = 0$

$F_2 = F_1 cos\alpha$ ①

$\sum F_y = 0 \uparrow \oplus$

$F_1 sen\alpha - 5 = 0$

$F1 = \dfrac{5}{sen(36,870)}$

$F_1 = 8,333t$ ②

Reemplazamos ② en ①

$F_2 = 8,333 \, cos(36,870)$

$F_2 = 6,666t$

Cuando los valores de los esfuerzos salen positivos significa que hemos asumido correctamente el tipo de esfuerzo, por lo tanto.

$F_1 = 8,333 \, t$ (tracción)

$F_2 = 6,666 \, t$ (compresión)

PRÁCTICA 13

Calcular los esfuerzos normales en las barras.

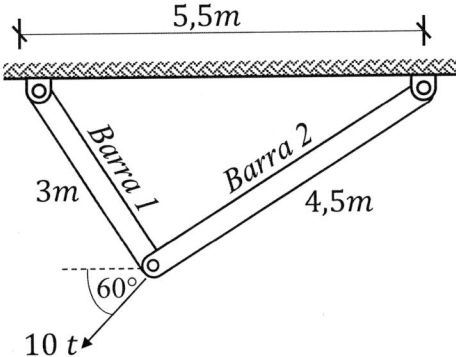

Figura 2.65 Barras biarticuladas con carga puntual.

1ro. Cálculo de ángulos α y β

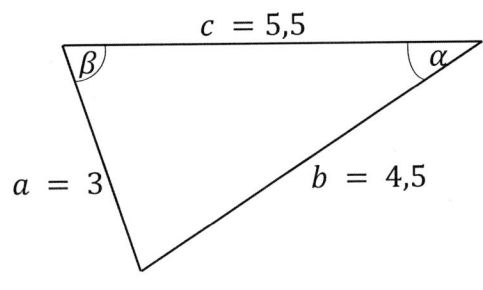

Ley de cosenos

$$a^2 = b^2 + c^2 - 2bc \cdot cos\alpha$$

$$cos\alpha = \frac{a^2 - b^2 - c^2}{-2 \cdot b \cdot c}$$

$$cos\alpha = \frac{3^2 - 4{,}5^2 - 5{,}5^2}{-2 \cdot 4{,}5 \cdot 5{,}5}$$

$$cos\alpha = 0{,}838$$

$$\alpha = arcCos(0{,}838)$$

$$\alpha = 33{,}070°$$

$$b^2 = a^2 + c^2 - 2 \cdot a \cdot c \cdot cos\beta$$

$$cos\beta = \frac{b^2 - a^2 - c^2}{-2 \cdot a \cdot c}$$

$$cos\beta = \frac{4{,}5^2 - 3^2 - 5{,}5^2}{-2 \cdot 3 \cdot 5{,}5}$$

$$cos\beta = 0{,}576$$

$$\beta = arcCos(0{,}576)$$

$$\beta = 54{,}830°$$

2do. Diagrama de cuerpo libre

Asumimos tracción para la barra 1 y compresión para la barra 2.

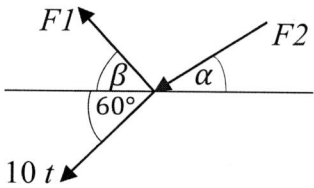

3ro. Descomposición de las fuerzas

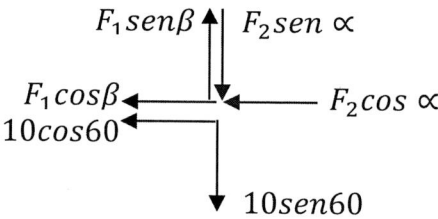

4to. Ecuaciones de equilibrio

$\sum F_x = 0 \to \oplus$

$-F_1 \cos\beta - F_2 \cos\alpha - 10\cos60 = 0 \ast -1$

$F_1 \cos\beta + F_2 \cos\alpha + 10\cos60 = 0$

$0,576F_1 + 0,838F_2 = -5$

$F_1 = -8,681 - 1,455F_2 \ \text{①}$

$\sum F_y = 0 \uparrow \oplus$

$F_1 \sin\beta - F_2 \sin\alpha - 10\sin60 = 0$

$F_1 \sin\beta - F_2 \sin\alpha = 10\sin60$

$0,817F_1 - 0,546F_2 = 8,66 \ \text{②}$

Reemplazamos ① en ②

$$0,817(-8,681 - 1,455F_2) - 0,546F_2 = 8,66$$

$$-7,092 - 1,189F_2 - 0,546F_2 = 8,66$$

$$-1,735F_2 = 15,752$$

$$F_2 = -9,079 \ t \ \text{③}$$

Reemplazamos ③ en ①

$$F_1 = -8,681 - 1,455(-9,079) = 4,529t$$

Cuando un esfuerzo sale negativo, significa que su efecto es contrario al asumido en el diagrama de cuerpo libre.

$$\therefore F_1 = 4,529 \ t \ \text{(tracción)}$$

$$F_2 = 9,079 \ t \ \text{(compresión)}$$

PRÁCTICA 14

Calcular el esfuerzo en los cables del siguiente sistema.

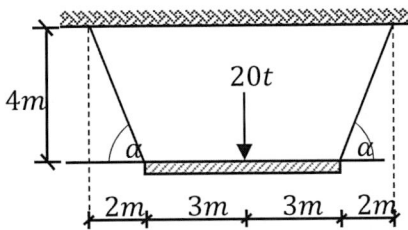

Figura 2.66 Barra suspendida por dos cables.

1ro. Cálculo de ángulos

$$\tan \alpha = \frac{4}{2}$$

$$\alpha = arctan(2) = 63{,}435°$$

2do. Cálculo de esfuerzos normales

El siguiente análisis únicamente es posible cuando las tres fuerzas mostradas (F_1, F_2 y 20 t) concurren en un mismo punto.

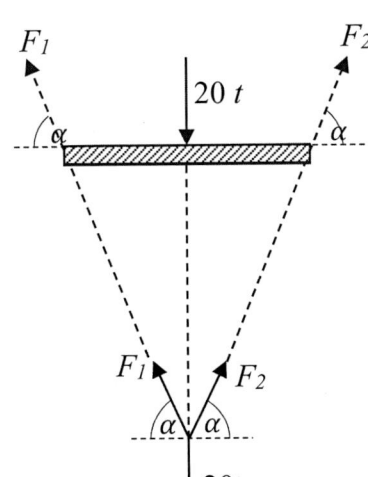

Descomponemos las fuerzas:

$F_1 sen\alpha$ $F_2 sen\alpha$

$F_1 cos\alpha$ $F_2 cos\alpha$

$20t$

Aplicamos ecuaciones de equilibrio:

$$\sum F_x = 0 \rightarrow \oplus$$

$$-F_1 cos\alpha + F_2 cos\alpha = 0$$

$$F_1 = F_2$$

$$\sum F_y = 0 \uparrow \oplus$$

$$F_1 sen\alpha + F_2 sen\alpha - 20 = 0$$

$$2F_1 sen\alpha - 20 = 0$$

$$F_1 = 11{,}18t \therefore F_2 = 11{,}18t$$

PRÁCTICA 15

Para el siguiente sistema hay que calcular el esfuerzo en cada barra y los esfuerzos que se transmiten al suelo.

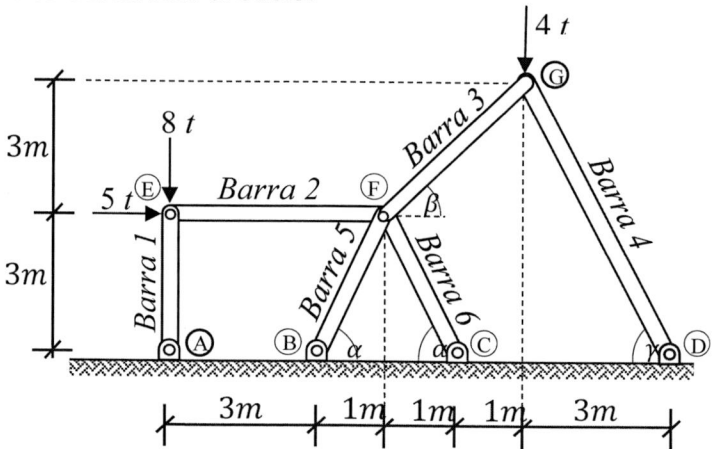

Figura 2.67 Sistema estructural compuesto de barras biarticuladas.

1ro. Cálculo de ángulos

$$\tan \alpha = \frac{3}{1} \Rightarrow \alpha = arctag(3)$$

$$\alpha = 71,565°$$

$$\tan \beta = \frac{3}{2} \Rightarrow \beta = arctag(1,5)$$

$$\beta = 56,310°$$

$$\tan \gamma = \frac{6}{3} \Rightarrow \gamma = arctag(2)$$

$$\gamma = 63,435°$$

2do. Cálculo de esfuerzos normales

a) Unión E:

$$\Sigma F_x = 0 \rightarrow \oplus$$

$$5 - N_2 = 0$$

$$N_2 = 5\ t\ (\text{compresión})$$

$$\Sigma F_y = 0 \uparrow \oplus$$

$$N_1 - 8 = 0$$

$$N_1 = 8\ t\ (\text{compresión})$$

b) Unión G:

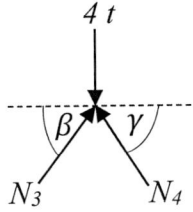

$\beta = 56,310$
$y = 63,435$

$\sum F_x = 0 \to \oplus$

$N_3 cos\beta - N_4 cos\gamma = 0$

$N_3 = N_4 \dfrac{cos\gamma}{cos\beta}$ ①

$\Sigma F_y = 0 \uparrow \oplus$

$N_3 sen\beta + N_4 sen\gamma - 4 = 0$ ②

Reemplando① en ②:

$\left(N_4 \dfrac{cos\gamma}{cos\beta}\right) sen\beta + N_4 sen\gamma = 4$

$N_4 cos\gamma \cdot tag\beta + N_4 sen\gamma = 4$

$N_4(cos\gamma \cdot tag\beta + sen\gamma) = 4$

$N_4 = \dfrac{4}{cos\gamma \cdot tag\beta + sen\gamma}$

$N_4 = 2,556t$ (compresión) ③

$Reemplando$③ en ①

$N_3 = 2,556 \dfrac{cos\gamma}{cos\beta}$

$N_3 = 2,061t$ (compresión)

c) **Unión F:**

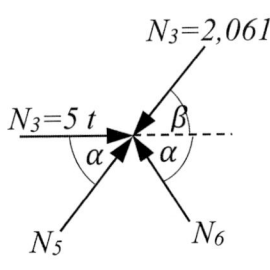

$\alpha = 71,565°$
$\beta = 56,310°$

$\Sigma F_x = 0 \to \oplus$

$5 - 2,061cos\beta + N_5 cos\alpha - N_6 cos\alpha = 0$

$N_5 - N_6 =$

$N_5 - N_6 = -12,196$ ④

$\Sigma F_y = 0 \uparrow \oplus$

$-2,601sen\beta + N_5 sen\alpha + N_6 sen\alpha = 0$

$N_5 + N_6 =$

$N_5 + N_6 = 1,808$ ⑤

Sumamos ④ con ⑤:

$N_5 - N_6 = -12,196$

$N_5 + N_6 = 1,808$

$2N_5 = -10,388$

$$N_5 = -5,194t \quad ⑦ \quad \text{(tracción)}$$
$$\text{Reemplazamos⑦en⑤}$$
$$-5,194 + N_6 = 1,808$$
$$N_6 = 7,002t \text{ (Comprensión)}$$

El signo negativo en N_5 nos indica que hemos asumido el sentido de manera contraria $\therefore N_5 = 7,002\ t$ (tracción).

3ro. Reacción en el suelo

a) Apoyo A:

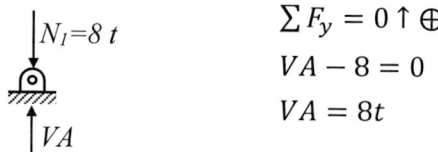

$$\sum F_y = 0 \uparrow \oplus$$
$$VA - 8 = 0$$
$$VA = 8t$$

b) Apoyo B:

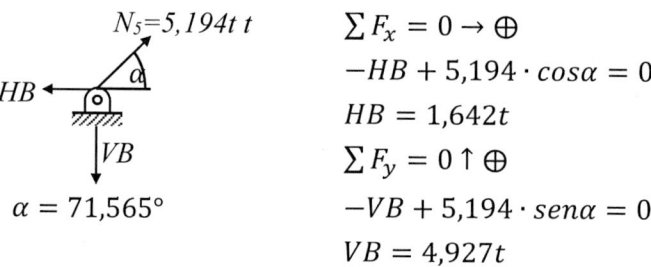

$$\alpha = 71,565°$$

$$\sum F_x = 0 \rightarrow \oplus$$
$$-HB + 5,194 \cdot \cos\alpha = 0$$
$$HB = 1,642t$$
$$\sum F_y = 0 \uparrow \oplus$$
$$-VB + 5,194 \cdot \sin\alpha = 0$$
$$VB = 4,927t$$

c) Apoyo C

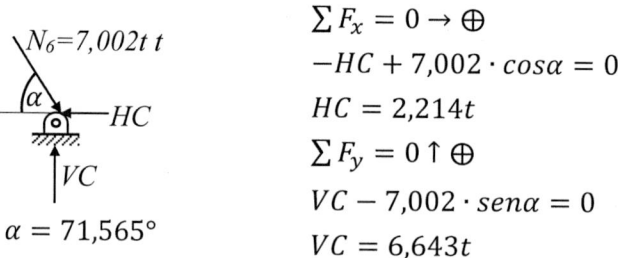

$$\alpha = 71,565°$$

$$\sum F_x = 0 \rightarrow \oplus$$
$$-HC + 7,002 \cdot \cos\alpha = 0$$
$$HC = 2,214t$$
$$\sum F_y = 0 \uparrow \oplus$$
$$VC - 7,002 \cdot \sin\alpha = 0$$
$$VC = 6,643t$$

d) Apoyo D:

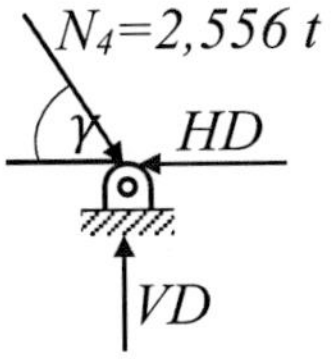

$N_4 = 2,556\ t$

γ HD

VD

$\gamma = 63,435°$

$\sum F_x = 0 \rightarrow \oplus$

$-HD + 2,556 \cdot cos\gamma = 0$

$HD = 1,143t$

$\sum F_y = 0 \uparrow \oplus$

$VD - 2,556 \cdot sen\gamma = 0$

$VD = 2,286t$

PRÁCTICA 16

Calcular los esfuerzos en las barras y las reacciones en los apoyos.

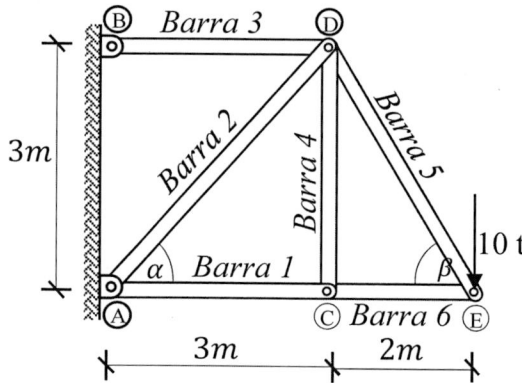

Figura 2.68 Reticulado con carga puntual.

1ro. Cálculos de ángulos

$$\tan \alpha = \frac{3}{3}$$

$$\alpha = arctag(1) = 45°$$

$$\tan \beta = \frac{3}{2}$$

$$\beta = arctag(1,5) = 56,31°$$

2do. Cálculos de esfuerzos

a) Unión E

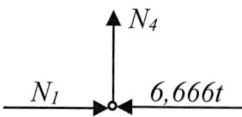

$$\sum F_y = 0 \uparrow \oplus$$
$$N_5 sen\beta - 10 = 0$$
$$N_5 = 12,018t \text{ (tracción)}$$

$$\sum F_x = 0 \to \oplus$$
$$N_6 - 12,018 \cdot cos\beta = 0$$
$$N_6 = 6,666t \text{ (compresión)}$$

b) Unión C:

$$\sum F_x = 0 \to \oplus$$
$$N_1 - 6,666 = 0$$
$$N_1 = 6,666t \text{ (compresión)}$$

$$\Sigma F_y = 0 \uparrow \oplus$$

$$N_4 = 0$$

c) Unión D:

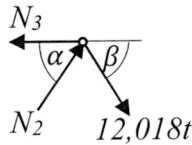

$$\Sigma F_y = 0 \uparrow \oplus$$

$$N_2 sen\alpha - 12,018 sen\beta = 0$$

$$N_2 = 14,142t \text{ (compresión)}$$

$$\Sigma F_x = 0 \rightarrow \oplus$$

$$-N_3 + 14,142 cos\alpha + 12,018 cos\beta = 0$$

$$N_3 = 16,666\ t \text{ (tracción)}$$

3ro. Cálculo de reacciones en los apoyos

a) Unión A:

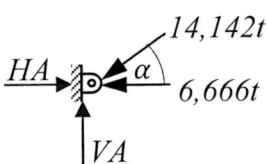

$$\Sigma F_x = 0 \rightarrow \oplus$$

$$HA - 6,666 - 14,142 Cos\alpha = 0$$

$$HA = 16,666t$$

$$\Sigma F_y = 0 \uparrow \oplus$$

$$VA - 14,142 Sen\alpha = 0$$

$$VA = 10t$$

b) Unión B:

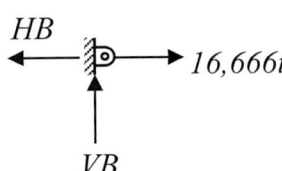

$$\sum F_x = 0 \rightarrow \oplus$$

$$-HB + 16,666 = 0$$

$$HB = 16,666t$$

$$\Sigma F_y = 0 \uparrow \oplus$$

$$VB = 0$$

PRÁCTICA 17

Calcular la tensión en los cables y las barras.

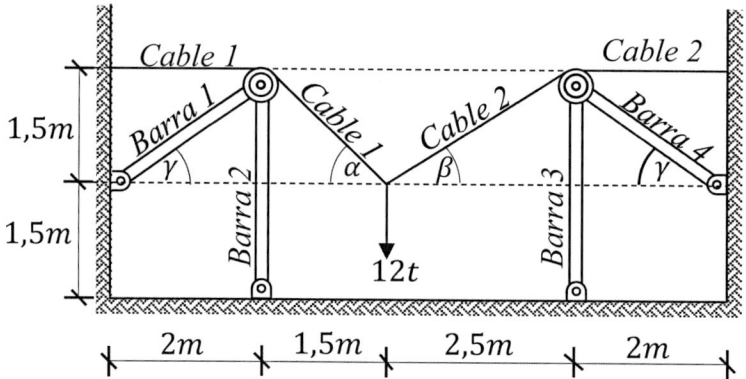

Figura 2.69 Sistema conformado por barras y cables.

1ro. Cálculo de ángulos

$$\tan\alpha = \frac{1,5}{1,5} => \alpha = arctag(1)$$

$$\alpha = 45^\circ$$

$$\tan\beta = \frac{1,5}{2,5} => \beta = arctag\left(\frac{1,5}{2,5}\right)$$

$$\beta = 30,964^\circ$$

$$\tan\gamma = \frac{1,5}{2} => \gamma = arctag\left(\frac{1,5}{2}\right)$$

$$\gamma = 36,87^\circ$$

2do. Cálculo de esfuerzos en cables

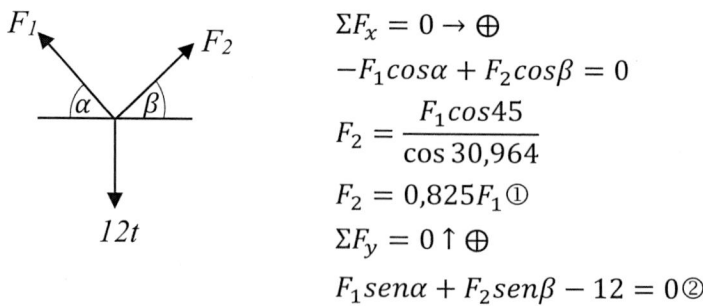

$$\Sigma F_x = 0 \rightarrow \oplus$$

$$-F_1 cos\alpha + F_2 cos\beta = 0$$

$$F_2 = \frac{F_1 cos45}{cos\,30,964}$$

$$F_2 = 0,825 F_1 \; ①$$

$$\Sigma F_y = 0 \uparrow \oplus$$

$$F_1 sen\alpha + F_2 sen\beta - 12 = 0 ②$$

Sustituir ① en ②

$$F_1 sen45 + 0,825 \cdot F_1 sen30,964 - 12 = 0$$

$$F_1 = \frac{12}{sen45 + 0,825sen30,964}$$

$$F_1 = 10,605 \, t \; ③ \; \text{(tracción)}$$

Sustituir ③ en ①

$$F_2 = 0,825(10,605)$$

$$F_2 = 8,749 \, t \; \text{(tracción)}$$

3ro. Cálculo de esfuerzos en las barras

a) Barras 1 y 2

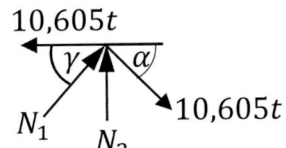

$$\Sigma F_x = 0 \rightarrow \oplus$$

$$N_1 cos\gamma - 10,605 + 10,605cos \propto = 0$$

$$N_1 = \frac{10,605 + 10,605Cos(45)}{cos(36,87)}$$

$$N_1 = 3,883 \, t \; \text{(compresión)}$$

$$\Sigma F_y = 0 \uparrow \oplus$$

$$3,883Sen\gamma + N_2 - 10,605Sen \propto = 0$$

$$N_2 = 5,169 \, t \; \text{(compresión)}$$

b) Barra 2 – 3

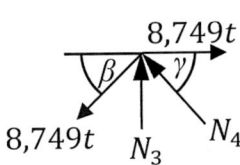

$$\Sigma F_x = 0 \rightarrow \oplus$$

$$-8,749cos\beta - N_4 cos\gamma + 8,749 = 0$$

$$N_4 = \frac{8,749 - 8,749cos(30,964)}{cos(36,87)}$$

$$N_4 = 1,559t \; \text{(compresión)}$$

$$\Sigma F_y = 0 \uparrow \oplus$$

$$N_3 - 8,749sen\beta + 1,559sen\gamma = 0$$

$$N_3 = 3,566 \, t \; \text{(compresión)}$$

PRÁCTICA 18

Calcular los esfuerzos en los cables y en las barras.

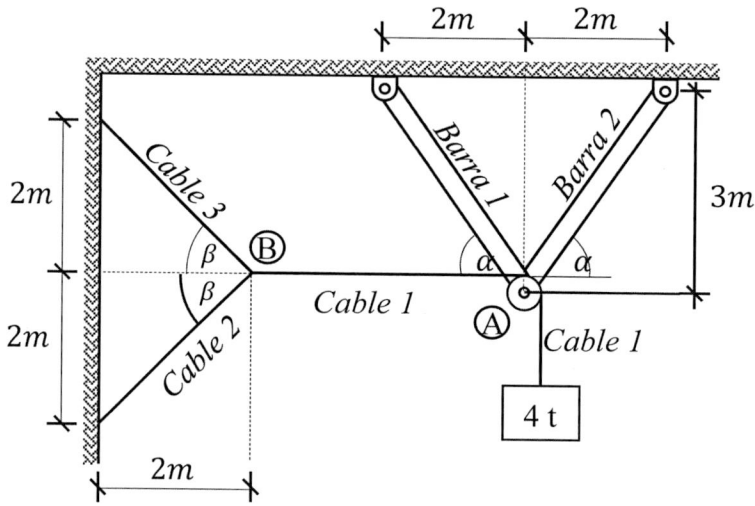

Figura 2.70 Sistema de barras y cables.

1ro. Cálculo de ángulos

$$\tan\alpha = \frac{3}{2}$$

$$\alpha = arctag(1,5) = 56,31°$$

$$\tan\beta = \frac{2}{2}$$

$$\beta = arctag(1) = 45°$$

2do. Cálculo de esfuerzos normales

a) Unión A

La fuerza de rozamiento entre la polea (A) y el cable 1 se considera despreciable, por lo tanto, el cable 1 mantiene una fuerza constante (F1).

$$\Sigma F_x = 0 \rightarrow \oplus$$

$$N_1\cos\alpha + N_2\cos\alpha - 4 = 0 \div \cos\alpha$$

$$N_1 + N_2 = \frac{4}{\cos\alpha}$$

$$N_1 + N_2 = 7,211 ①$$

$$\sum F_y = 0 \uparrow \oplus$$

$$-N_1 sen\alpha + N_2 sen\alpha - 4 = 0 \div sen\alpha$$

$$-N_1 + N_2 = \frac{4}{sen\alpha}$$

$$-N_1 + N_2 = 4,807 ②$$

Sumando ① con ②

$$N_1 + N_2 = 7,211$$

$$-N_1 + N_2 = 4,807$$

$$\overline{0 \quad 2N_2 = 12,018}$$

$$N_2 = 6,009t \text{ ③ (tracción)}$$

Sustituimos ③ en ①

$$N_1 + 6,009 = 7,211$$

$$N_1 = 1,202\ t\ (compresión)$$

b) Unión B

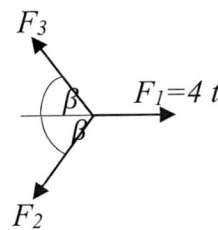

$$\sum F_x = 0 \rightarrow \oplus$$

$$-F_2 cos\beta - F_3 cos\beta + 4 = 0 \div (-cos\beta)$$

$$F_2 + F_3 = 5,657 ④$$

$$\sum F_y = 0 \uparrow \oplus$$

$$F_3 sen\beta - F_2 sen\beta = 0$$

$$F_3 = F_2 ⑤$$

Sustituir ⑤ en ④

$$F_2 + F_2 = 5,657$$

$$F_2 = 2,829\ t\ ⑥\ (tracción)$$

$$\therefore F_3 = 2,829t\ (tracción)$$

3ro. Resumen

Pieza	Esfuerzo	Efecto
barra 1	1,202	compresión
barra 2	6,009	tracción
cable 1	4	tracción
cable 2	2,829	tracción
cable 3	2,829	tracción

PRÁCTICA 19

Calcular los esfuerzos internos en los cables y las barras.

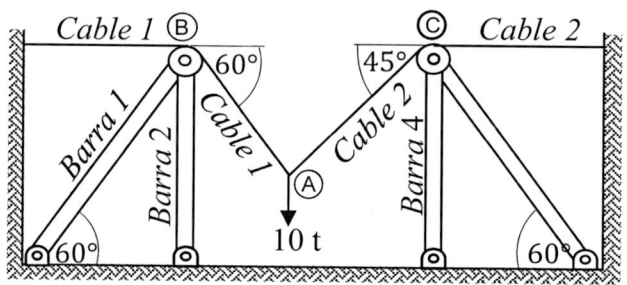

Figura 2.71 Sistema conformado por barras y cables.

1ro: Cálculo de esfuerzos en cables

a) Unión A

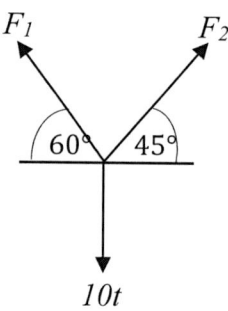

$\Sigma F_x = 0 \rightarrow \oplus$

$-F_1 cos60 + F_2 cos45 = 0$

$F_2 = \dfrac{F_1 cos60}{cos45}$ ①

$\sum F_y = 0 \uparrow \oplus$

$F_1 sen60 + F_2 sen45 - 10 = 0$ ②

Sustituir ① en ②

$F_1 sen60 + \left(\dfrac{F_1 cos60}{cos45}\right) sen45 = 10$

$F_1 sen60 + F_1 cos60 \cdot tag45 = 10$

$F_1 = \dfrac{10}{sen60 + cos60 tag45}$

$F_1 = 7,321 t$ ③

Sustituir ③ en ①

$F_2 = \dfrac{7,321 cos60}{cos45}$

$F_2 = 5,177 \; t$

2do: Cálculo de esfuerzos en barras

La fuerza de rozamiento entre la polea y los cables se considera despreciable, por lo tanto, el cable 1 y 2 mantiene una fuerza constante.

b) Unión B

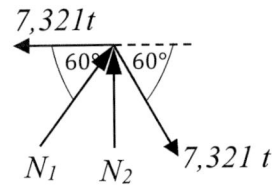

$$\Sigma F_x = 0 \rightarrow \oplus$$
$$N_1 cos60 - 7,321 + 7,321 cos60 = 0$$
$$N_1 = \frac{7,321 + 7,321 cos60}{cos60}$$
$$N_1 = 7,321\ t\ (\text{compresión})$$

$$\Sigma F_y = 0 \uparrow \oplus$$
$$7,321 sen60 + N_2 - 7,321 sen60 = 0$$
$$N_2 = 0$$

c) Unión C

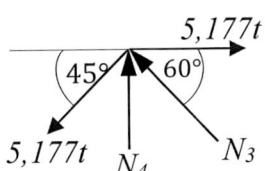

$$\Sigma F_x = 0 \rightarrow \oplus$$
$$-5,177 cos45 - N_3 cos60 + 5,177 = 0$$
$$N_3 = \frac{5,177 - 5,177 cos45}{cos60}$$
$$N_3 = 3,033\ t\ (\text{compresión})$$

$$\Sigma F_y = 0 \uparrow \oplus$$
$$-5,177 sen45 + N_4 + 3,033 sen60 = 0$$
$$N_4 = 5,177 sen45 - 3,033 sen60$$
$$N_4 = 1,034\ t\ (\text{compresión})$$

3ro: Resumen

Pieza	Esfuerzo	Efecto
cable 1	7,321	tracción
cable 2	5,177	tracción
barra 1	7,321	compresión
barra 2	0	nulo
barra 3	3,033	compresión
barra 4	1,034	compresión

PRÁCTICA 20

Calcular los esfuerzos normales en las barras.

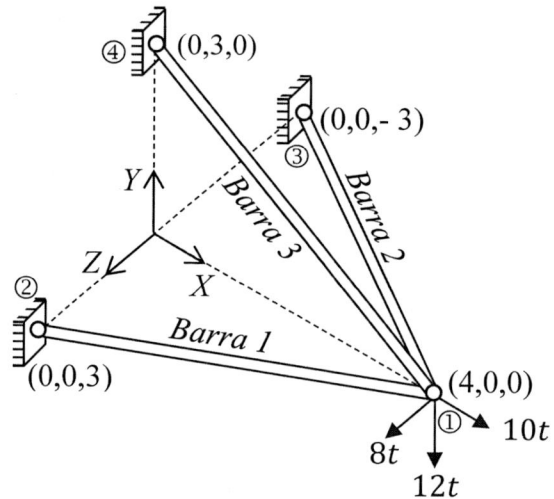

Figura 2.72 Sistema tridimensional formado por barras biarticuladas.

1ro: Diagrama de cuerpo libre

Asumimos tracción para todas las barras

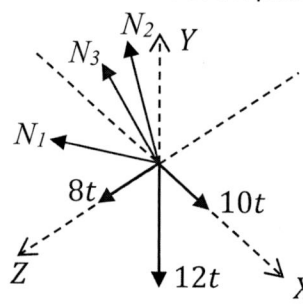

- La fuerza N_1 tiene componentes en X y Z.
- La fuerza N_2 tiene componentes en X e Z.
- La fuerza N_3 tiene componentes en X e Y.

$$L_{12} = \sqrt{(0-4)^2 + (0-0)^2 + (3-0)^2} = 5$$

$$L_{13} = \sqrt{(0-4)^2 + (0-0)^2 + (-3-0)^2} = 5$$

$$L_{14} = \sqrt{(0-4)^2 + (3-0)^2 + (0-0)^2} = 5$$

2do: Cosenos directores de los esfuerzos

a) Para N_1

$$cos\alpha_1 = \frac{X_2 - X_1}{L_{12}} = \frac{0-4}{5} = -0,8$$

$$cos\beta_1 = \frac{Y_2 - Y_1}{L_{12}} = \frac{0-0}{5} = 0$$

$$cos\gamma_1 = \frac{Z_2 - Z_1}{L_{12}} = \frac{3 - 0}{5} = 0,6$$

b) Para N_2

$$cos\alpha_2 = \frac{X_3 - X_1}{L_{13}} = \frac{0 - 4}{5} = -0,8$$

$$cos\beta_2 = \frac{Y_3 - Y_1}{L_{13}} = \frac{0 - 0}{5} = 0$$

$$cos\gamma_2 = \frac{Z_3 - Z_1}{L_{13}} = \frac{-3 - 0}{5} = -0,6$$

c) Para N_3

$$cos\alpha_3 = \frac{X_4 - X_1}{L_{14}} = \frac{0 - 4}{5} = -0,8$$

$$cos\beta_3 = \frac{Y_4 - Y_1}{L_{14}} = \frac{3 - 0}{5} = 0,6$$

$$cos\gamma_3 = \frac{Z_4 - Z_1}{L_{14}} = \frac{0 - 0}{5} = 0$$

α, β y γ son los ángulos directores de las fuerzas N_1, N_2 y N_3 con respecto a los ejes X, Y y Z respectivamente.

3ro: Cálculo de esfuerzos normales

$$\sum F_x = 0 \rightarrow \oplus$$
$$N_1 cos\alpha_1 + N_2 cos\alpha_2 + N_3 cos\alpha_3 + 10 = 0$$
$$-0,8N_1 - 0,8N_2 - 0,8N_3 = -10 \div (-0,8)$$
$$N_1 + N_2 + N_3 = 12,5 \quad ①$$

$$\sum F_y = 0 \uparrow \oplus$$
$$N_1 cos\beta_1 + N_2 cos\beta_2 + N_3 cos\beta_3 - 12 = 0$$
$$0 \cdot N_1 + 0 \cdot N_2 + 0,6N_3 = 12$$
$$N_3 = 20 \, t \quad ②$$

$$\sum F_z = 0 \swarrow \oplus$$
$$N_1 cos\gamma_1 + N_2 cos\gamma_2 + N_3 cos\gamma_3 + 8 = 0$$
$$0,6N_1 - 0,6N_2 + 0 \cdot N_3 = -8 \div (-0,6)$$
$$-N_1 + N_2 = 13,333 \quad ③$$

Reemplazamos② en ①:

$$N_1 + N_2 + 20 = 12,5$$
$$N_1 + N_2 = -7,5 \quad ④$$

Sumamos③ con ④:

$$-N_1 + N_2 = 13,333$$
$$\underline{N_1 + N_2 = -7,5}$$
$$2N_2 = 5,833$$
$$N_2 = 2,917t \quad ⑤$$

Sustituimos⑤ en ④:

$$N_1 + 2,917 = -7,5$$
$$N_1 = -10,417t$$

El signo negativo significa que la pieza trabaja a compresión y no a tracción.

4to: Resumen

Barra	Esfuerzo	Efecto
1	10,417	compresión
2	2,917	tracción
3	20	tracción

PRÁCTICA 21

Calcular los esfuerzos normales en las barras.

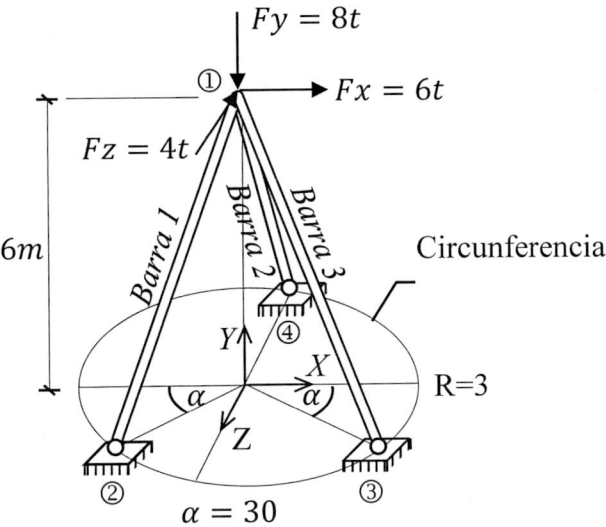

Figura 2.73 Sistema tridimensional compuesto de barras.

1ro: Diagrama de cuerpo libre

Asumimos tracción para todas las barras:

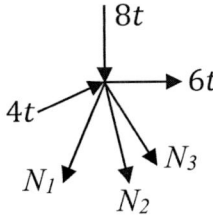

2do: Cálculo de coordenadas

$$P_1(0,6,0)$$
$$P_2(-3cos30;\ 0\ ;3sen30)$$
$$P_2(-2,598;\ 0\ ;1,5)$$
$$P_3(3cos30;\ 0\ ;3sen30)$$
$$P_3(2,598;\ 0\ ;1,5)$$
$$P_4(0;\ 0\ ;-3)$$

3ro: Cálculo de cosenos directores

a) Para N_1

$$L_{12} = \sqrt{3^2 + 6^2}$$

$$L_{12} = \sqrt{45}$$

$$cos\alpha_1 = \frac{X_2 - X_1}{L_{12}} = \frac{-2598 - 0}{\sqrt{45}} = -0,387$$

$$cos\beta_1 = \frac{Y_2 - Y_1}{L_{12}} = \frac{0 - 6}{\sqrt{45}} = -0,894$$

$$cos\gamma_1 = \frac{Z_2 - Z_1}{L_{12}} = \frac{1,5 - 0}{\sqrt{45}} = 0,224$$

b) Para N_2

$$L_{13} = \sqrt{3^2 + 6^2}$$

$$L_{13} = \sqrt{45}$$

$$cos\alpha_2 = \frac{X_3 - X_1}{L_{13}} = \frac{2598 - 0}{\sqrt{45}} = 0,387$$

$$cos\beta_2 = \frac{Y_3 - Y_1}{L_{13}} = \frac{0 - 6}{\sqrt{45}} = -0,894$$

$$cos\gamma_2 = \frac{Z_3 - Z_1}{L_{13}} = \frac{1,5 - 0}{\sqrt{45}} = 0,224$$

c) Para N_3

$$L_{14} = \sqrt{3^2 + 6^2}$$

$$L_{14} = \sqrt{45}$$

$$cos\alpha_3 = \frac{X_4 - X_1}{L_{14}} = \frac{0 - 0}{\sqrt{45}} = -0$$

$$cos\beta_3 = \frac{Y_4 - Y_1}{L_{14}} = \frac{0 - 6}{\sqrt{45}} = -0,894$$

$$cos\gamma_3 = \frac{Z_4 - Z_1}{L_{14}} = \frac{-3 - 0}{\sqrt{45}} = -0,447$$

α, β y γ son los ángulos directores de las fuerzas N_1, N_2 y N_3 con respecto a los ejes X, Y y Z respectivamente.

4to: Cálculo de esfuerzos normales

$$\sum F_x = 0 \rightarrow \oplus$$
$$N_1 cos\alpha_1 + N_2 cos\alpha_2 + N_3 cos\alpha_3 + 6 = 0$$
$$-0,387N_1 + 0,387N_2 - 0 \cdot N_3 = -6 \div (-0,387)$$
$$N_1 - N_2 = 15,504 ①$$

$$\sum F_y = 0 \uparrow \oplus$$
$$N_1 cos\beta_1 + N_2 cos\beta_2 + N_3 cos\beta_3 - 8 = 0$$
$$-0,894N_1 - 0,894N_2 - 0,894N_3 = 8 \div (-0,894)$$
$$N_1 + N_2 + N_3 = -8,949 ②$$

$$\sum F_z = 0 \swarrow \oplus$$
$$N_1 cos\gamma_1 + N_2 cos\gamma_2 + N_3 cos\gamma_3 - 4 = 0$$
$$0,224N_1 + 0,224N_2 - 0,447N_3 = 4 \div (0,224)$$
$$N_1 + N_2 - 2N_3 = 17,857 ③$$

Resolvemos el sistema de ecuaciones:

$$N_1 - N_2 = 15,504$$
$$N_1 + N_2 + N_3 = -8,949$$
$$N_1 + N_2 - 2N_3 = 17,857$$

$$N_1 = 7,745 \, t$$
$$N_2 = -7,759 \, t$$
$$N_3 = -8,935 \, t$$

El signo negativo significa que la pieza trabaja a compresión y no a tracción.

5to: Resumen

Barra	Esfuerzo	Efecto
1	7,745	tracción
2	7,759	compresión
3	8,935	compresión

PRÁCTICA 22

Calcular los esfuerzos normales en las barras.

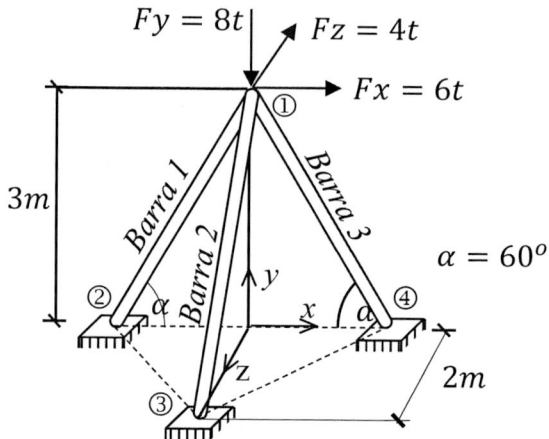

Figura 2.74 Sistema tridimensional compuesto de barras.

1ro: Diagrama de cuerpo libre

$$F_y = 8\ t \qquad F_z = 4t$$
$$F_x = 6t$$
$$N_1 \qquad N_3$$
$$N_2$$

Hemos asumido para todos los esfuerzos el comportamiento de tracción.

2do: Cálculo de coordenadas

$$P_1(0; 3; 0)$$
$$P_2\left(-\frac{3}{\tan 60}; 0; 0\right) = (-1,732; 0; 0)$$
$$P_3(0; 0; 2)$$
$$P_4(1,732; 0; 0)$$

3ro: Cálculo de cosenos directores

a) Para N_1

$$L_{12} = \sqrt{(x_2 - x_1)^2 + (y_2 - y_1)^2 + (z_2 - z_1)^2}$$
$$L_{12} = \sqrt{(-1,732 - 0)^2 + (0 - 3)^2 + (0 - 0)^2} = 3,464\ m$$

$$\cos \alpha_1 = \frac{x_2 - x_1}{L_{12}} = \frac{-1{,}732 - 0}{3{,}464} = -0{,}5$$

$$\cos \beta_1 = \frac{y_2 - y_1}{L_{12}} = \frac{0 - 3}{3{,}464} = -0{,}866$$

$$\cos \gamma_1 = \frac{z_2 - z_1}{L_{12}} = \frac{0 - 0}{3{,}464} = 0$$

b) Para N_2

$$L_{13} = \sqrt{(x_3 - x_1)^2 + (y_3 - y_1)^2 + (z_3 - z_1)^2}$$

$$L_{13} = \sqrt{(0 - 0)^2 + (0 - 3)^2 + (2 - 0)^2} = 3{,}606 \, m$$

$$\cos \alpha_2 = \frac{x_3 - x_1}{L_{13}} = \frac{0 - 0}{3{,}606} = 0$$

$$\cos \beta_2 = \frac{y_3 - y_1}{L_{13}} = \frac{0 - 3}{3{,}606} = -0{,}832$$

$$\cos \gamma_2 = \frac{z_3 - z_1}{L_{13}} = \frac{2 - 0}{3{,}606} = 0{,}555$$

c) Para N_3

$$L_{14} = \sqrt{(x_4 - x_1)^2 + (y_4 - y_1)^2 + (z_4 - z_1)^2}$$

$$L_{14} = \sqrt{(1{,}732 - 0)^2 + (0 - 3)^2 + (0 - 0)^2} = 3{,}464 \, m$$

$$\cos \alpha_3 = \frac{x_4 - x_1}{L_{14}} = \frac{1{,}732 - 0}{3{,}464} = 0{,}5$$

$$\cos \beta_3 = \frac{y_4 - y_1}{L_{14}} = \frac{0 - 3}{3{,}464} = -0{,}866$$

$$\cos \gamma_3 = \frac{z_4 - z_1}{L_{14}} = \frac{0 - 0}{3{,}464} = 0$$

4to: Cálculo de esfuerzos internos

$$\sum Fx = 0 \quad \to \oplus$$

$$N_1 \cos \alpha_1 + N_2 \cos \alpha_2 + N_3 \cos \alpha_3 + 6 = 0$$

$$-0{,}5N_1 + 0 \cdot N_2 + 0{,}5N_3 + 6 = 0$$

$$-0{,}5N_1 + 0{,}5N_3 = -6 \quad *(-2)$$

$$N_1 - N_3 = 12 \ ①$$

$$\sum F_y = 0 \quad \uparrow \oplus$$

$$N_1 \cos \beta_1 + N_2 \cos \beta_2 + N_3 \cos \beta_3 - 8 = 0$$

$$-0,866N_1 - 0,832N_2 - 0,866N_3 - 8 = 0$$
$$-0,866N_1 - 0,832N_2 - 0,866N_3 = 8 * (-1)$$
$$0,866N_1 + 0,832N_2 + 0,866N_3 = -8 \; ②$$

$$\sum F_z = 0 \quad \swarrow \oplus$$
$$N_1 \cos\gamma_1 + N_2 \cos\gamma_2 + N_3 \cos\gamma_3 - 4 = 0$$
$$0 \cdot N_1 + 0,555N_2 + 0 \cdot N_3 - 4 = 0$$
$$0,555N_2 = 4$$
$$N_2 = 7,207 \; t \; ③$$

Sustituir ③ en ②:

$$0,866N_1 + 0,832(7,207) + 0,866N_3 = -8$$
$$0,866N_1 + 0,866N_3 = -8 - 0,832(7,207) \quad \div(0,866)$$
$$N_1 + N_3 = -16,162 \; ④$$

Sumando ① con ④:
$$N_1 - N_3 = 12$$
$$N_1 + N_3 = -16,162$$

$$\overline{}$$

$$2N_1 + 0 = -4,162$$
$$N_1 = -2,081 \; t \quad \text{(compresión)} \; ⑤$$

Sustituir ⑤ en ④:
$$-2,081 + N_3 = -16,162$$
$$N_3 = -14,081 \; t \text{ (compresión)}$$

5to: Resumen

Barra	Esfuerzo	Efecto
1	2,081 t	compresión
2	7,207 t	tracción
3	14,081 t	compresión

CAPÍTULO 3

SISTEMA EQUIVALENTE DE FUERZAS

3.1. DEFINICIÓN DE MOMENTO

Supongamos un cuerpo genérico y un plano π que lo atraviesa, generando una sección s-s. En el interior de la sección identifiquemos su centro geométrico G y supongamos una fuerza F aplicada en su contorno. La posición de esa fuerza estará definida por un vector r, tal como se muestra a continuación:

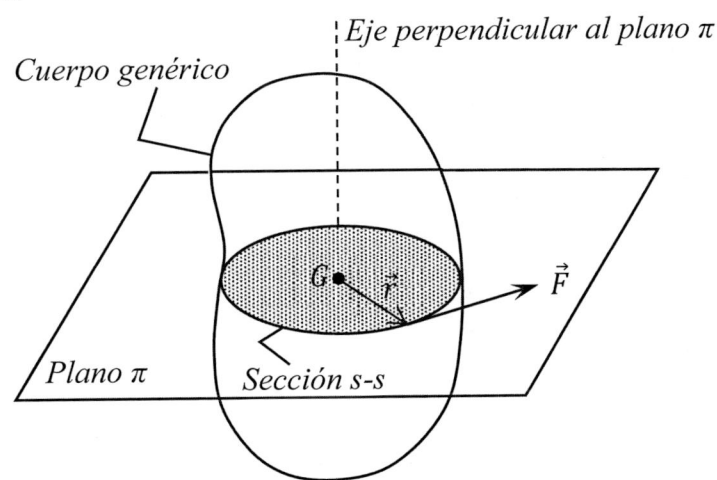

Figura 3.1 Momento generado por una fuerza F.

El momento de una fuerza se define como el producto vectorial entre el vector de posición r y la fuerza F, es decir:

$$\vec{M} = \vec{r} \times \vec{F}$$

El momento M, como todo vector, tiene magnitud, dirección y sentido, que se determinan de la siguiente forma:

a) **Magnitud**

$$M = r \cdot F \cdot Sen\alpha$$

α es la abertura que forman los vectores r y F en el recorrido más corto, tal como se muestra a continuación:

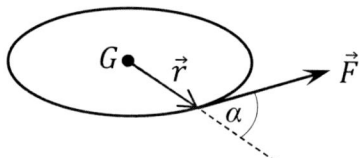

Figura 3.2 Vector de fuerza F y vector de posición r.

b) **Dirección y sentido**

La dirección es perpendicular al plano π y su sentido se obtiene mediante el empleo de la regla de la mano derecha. Consiste en seguir con la palma de la mano el recorrido rotacional de los vectores r-F. Con el pulgar en dirección perpendicular al plano π indicará el sentido del vector M.

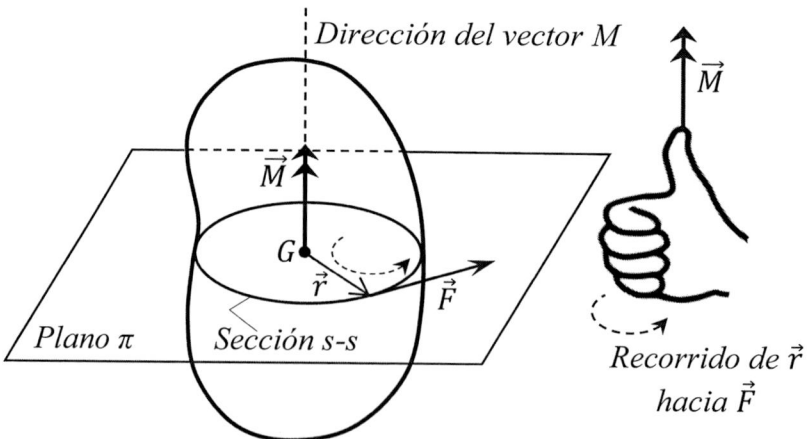

Figura 3.3 Regla de la mano derecha.

3.1.1. SIGNIFICADO GEOMÉTRICO DEL MOMENTO

Para entender un poco más el significado geométrico del momento M analizaremos el valor de su módulo visualizando la sección y el plano π desde una vista superior. Véase la siguiente figura.

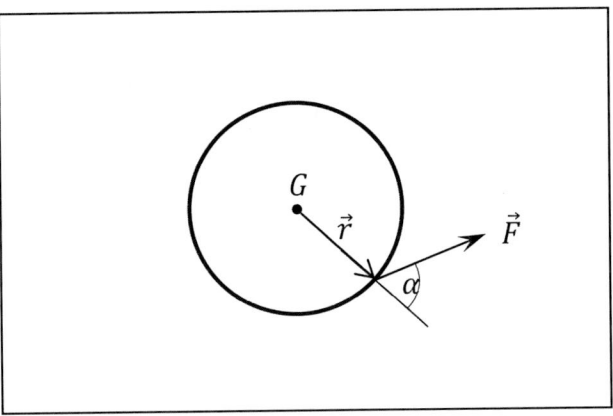

Figura 3.4 Vista bidimensional de la fuerza F y el vector r.

Prolonguemos la línea de acción de la fuerza F y luego proyectemos el punto G con trayectoria perpendicular.

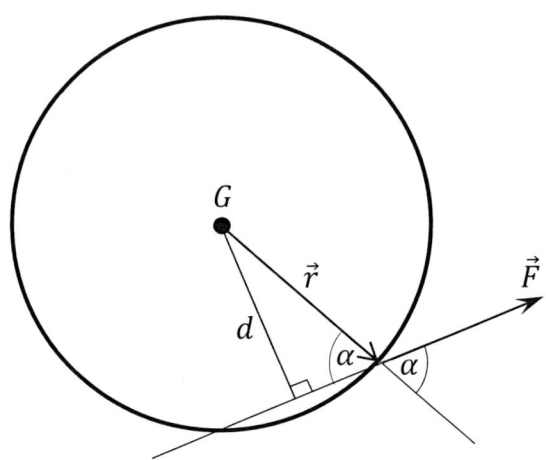

$$sen\alpha = \frac{d}{r}$$

Despejamos r:

$$r = \frac{d}{sen\alpha}$$

Reemplazamos r en el módulo del momento M:

$$M = r \cdot F \cdot Sen\alpha$$

$$M = \frac{d}{sen\alpha} \cdot F \cdot Sen\alpha$$

$$\boxed{M = F \cdot d}$$

Figura 3.5 Brazo (d) del momento.

Aritméticamente podemos definir el momento M como el producto de la fuerza F y la distancia perpendicular desde el punto G a la línea de acción de esa fuerza.

3.2. TEOREMA DE VARIGNON

Este teorema se basa en la propiedad distributiva de la multiplicación con respecto a la suma, tal como se muestra a continuación:

$$\vec{A} \times (\vec{B} + \vec{C} + \vec{D} + \vec{E}) = \vec{A} \times \vec{B} + \vec{A} \times \vec{C} + \vec{A} \times \vec{D} + \vec{A} \times \vec{E}$$

Esta propiedad es posible aplicarla cuando se requiere calcular el momento M producido por varias fuerzas, como en el siguiente ejemplo.

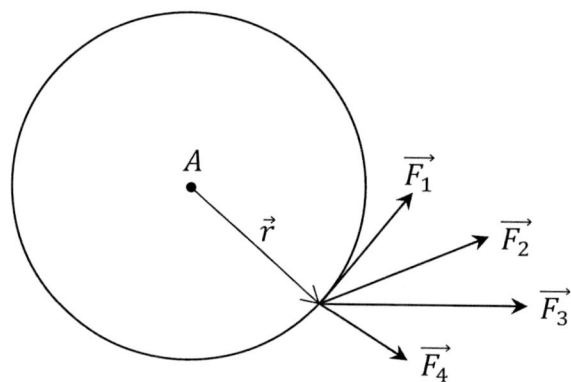

Figura 3.6 Momento debido a un conjunto de fuerzas.

$$\vec{M} = \vec{r} \times (\vec{F_1} + \vec{F_2} + \vec{F_3} + \vec{F_4}) = \vec{r} \times \vec{F_1} + \vec{r} \times \vec{F_2} + \vec{r} \times \vec{F_3} + \vec{r} \times \vec{F_4}$$

Calculando el módulo de este vector tenemos:

$$M = F_1 \cdot r \cdot sen\alpha + F_2 \cdot r \cdot sen\beta + F_3 \cdot r \cdot sen\gamma + F_4 \cdot r \cdot sen\delta$$

Aplicando la definición aritmética del momento tenemos:

$$d_1 = r \cdot sen\alpha$$

$$d_2 = r \cdot sen\beta$$

$$d_3 = r \cdot sen\gamma$$

$$d_4 = r \cdot sen\delta$$

Por lo tanto, el módulo del momento M será:

$$M = F_1 \cdot d_1 + F_2 \cdot d_2 + F_3 \cdot d_3 + F_4 \cdot d_4$$

Las distancias d_1, d_2, d_3 y d_4 son perpendiculares dirigidas desde el punto A hasta la línea de acción de cada fuerza, tal como se muestra a continuación:

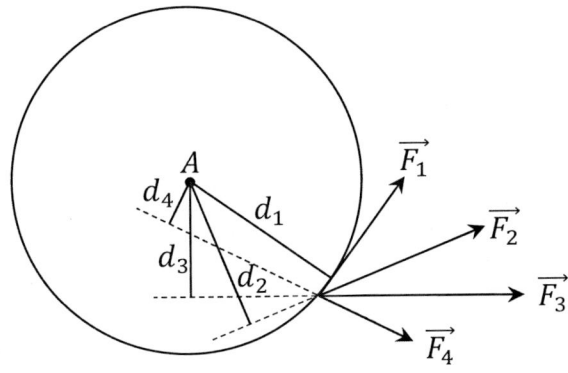

Figura 3.7 Distancias (di) de cada momento.

EJERCICIOS DE APLICACIÓN

Revisar las prácticas de la 23 a la 28.

3.3. RESULTANTE DE DOS O MÁS FUERZAS PARALELAS

Supongamos un conjunto de fuerzas paralelas aplicadas sobre un mismo cuerpo y un punto de referencia a partir del cual se conocen las distancias de cada fuerza. Véase la siguiente figura:

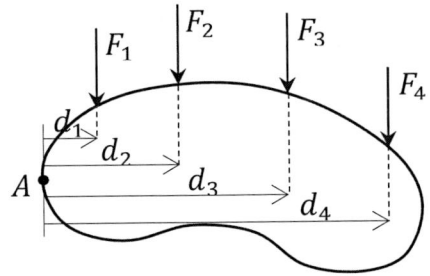

Figura 3.8 Momento en el punto A.

La resultante de todas las fuerzas se calculará por simple sumatoria de fuerzas, tal como se muestra a continuación:

$$\oplus \downarrow R = F_1 + F_2 + F_3 + F_4$$

Para determinar el punto de aplicación de la resultante debemos igualar el momento producido por las fuerzas F_1, F_2, F_3 y F_4 con el momento de la resultante:

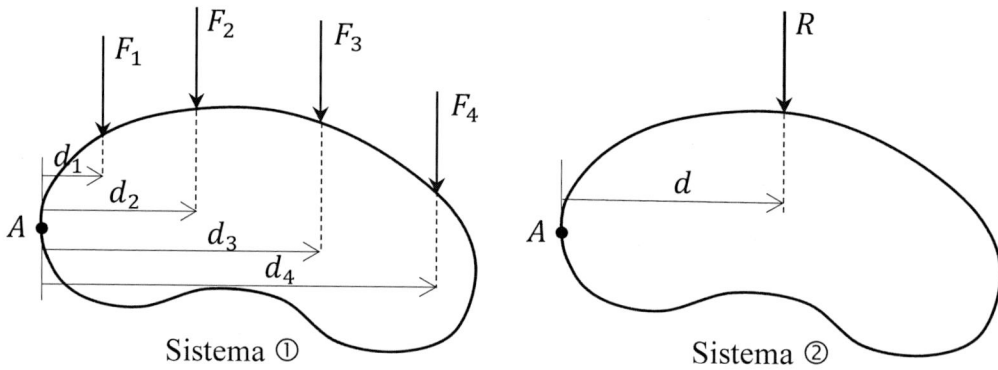

Figura 3.9 Fuerza equivalente R.

Para el sistema 1: $\oplus \circlearrowleft M_A = F_1 \cdot d_1 + F_2 \cdot d_2 + F_3 \cdot d_3 + F_4 \cdot d_4$

Para el sistema 2: $\oplus \circlearrowleft M_A = R \cdot d$

Igualando ambas expresiones y despejamos la distancia d.

$$d = \frac{F_1 \cdot d_1 + F_2 \cdot d_2 + F_3 \cdot d_3 + F_4 \cdot d_4}{R}$$

EJERCICIOS DE APLICACIÓN

Revisar las prácticas de la 29 a la 33.

3.4. TIPOS DE CARGAS

Las cargas que actúan en una estructura tienen las categorías que explicamos a continuación.

3.4.1. CARGAS SUPERFICIALES

Son fuerzas trasmitidas de un cuerpo a otro a través de una superficie de contacto. Estas cargas pueden simplificarse en las siguientes según el tamaño del área de contacto y el tipo de elemento que recibe la carga.

a) Cargas puntuales

Cuando la superficie de contacto tiene un área pequeña con relación a las dimensiones del elemento que la soporta, estas se pueden idealizar como fuerzas puntuales. Por ejemplo, las viguetas apoyadas sobre vigas de hormigón tienen una superficie de contacto pequeña, por lo cual se pueden representar como cargas puntuales.

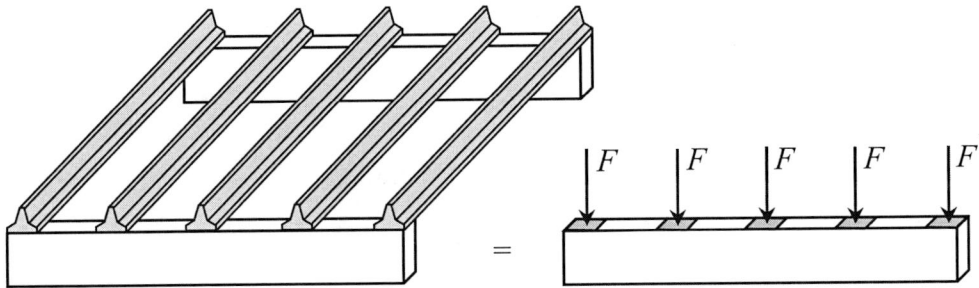

Figura 3.10 Transmisión de cargas puntuales.

b) Cargas lineales

Los muros de ladrillos le transmiten una carga de superficie a la viga que la soporta. Como el espesor del muro es pequeño en comparación con la viga, puede idealizarse en una carga de distribución lineal. Véase la siguiente figura:

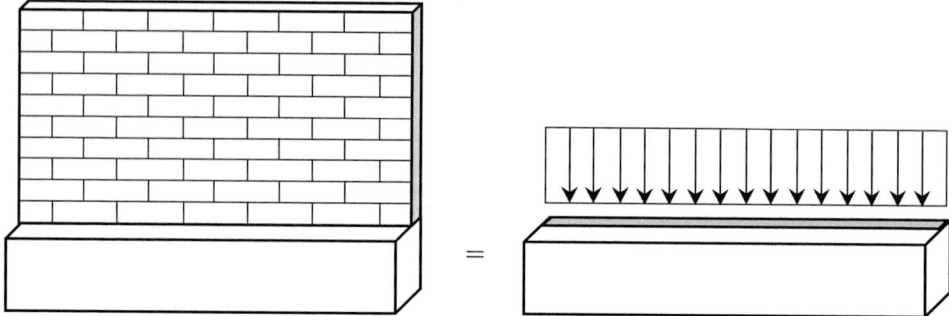

Figura 3.11 Transmisión de carga distribuida.

Las cargas lineales o distribuidas serán nuestro objeto de estudio en este capítulo.

3.4.2. CARGAS VOLUMÉTRICAS

Son cargas donde intervienen el volumen del elemento resistente y su peso específico. A este tipo de cargas se las conoce con el nombre de peso propio.

Las cargas de peso propio se representan según el tipo de elemento que la soporta. Veamos algunos casos.

a) Carga en elementos lineales

En estos elementos la dimensión predominante es su longitud, por lo cual estas cargas se expresarán como cargas lineales.

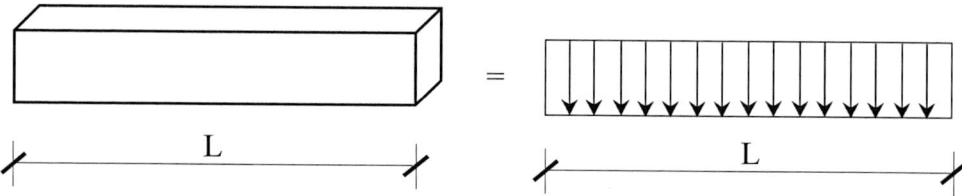

Figura 3.12 Peso propio representado como carga distribuida uniforme.

b) Carga en elementos superficiales

Los elementos tipo losa pertenecen a esta categoría. En este tipo de elemento existen dos dimensiones predominantes, por lo cual estas cargas se expresan como fuerzas distribuidas en una superficie o área.

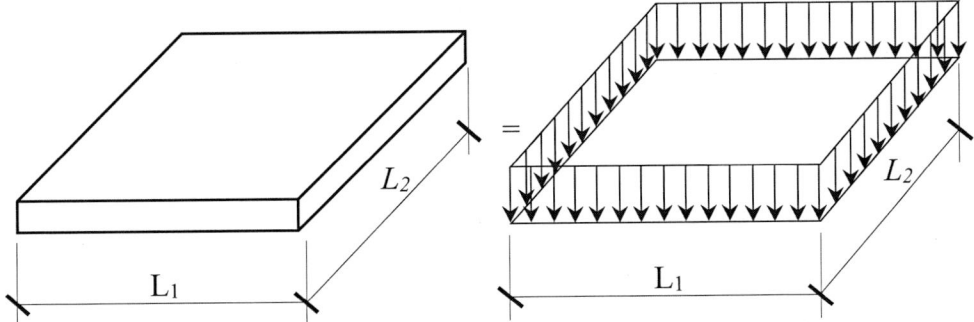

Figura 3.13 Peso propio de placa expresa como carga superficial uniforme.

c) Carga en elementos volumétricos o sólidos

Este tipo de cuerpos presentan sus tres dimensiones significativas, por lo cual el peso propio se considera distribuido en cada partícula del interior del elemento. Véase la siguiente figura:

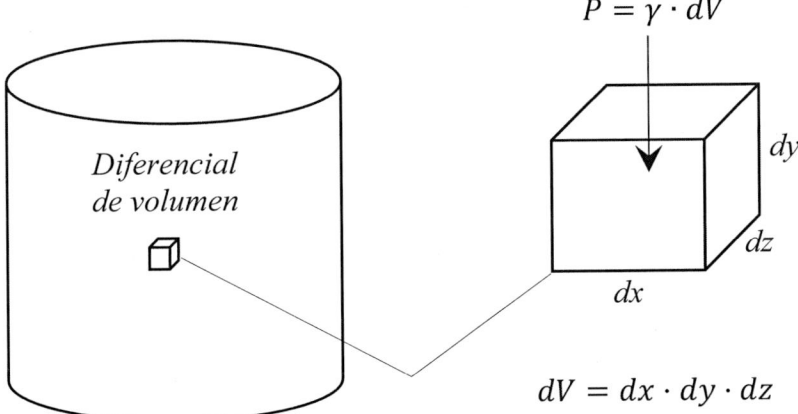

Figura 3.14 Peso propio distribuido en cada elemento diferencial.

3.4.3. CARGAS MÁSICAS

Estas fuerzas son dependientes de la masa del cuerpo y de la aceleración que experimentan. En este tipo de cargas están las fuerzas dinámicas y las fuerzas sísmicas. Vease la siguiente figura:

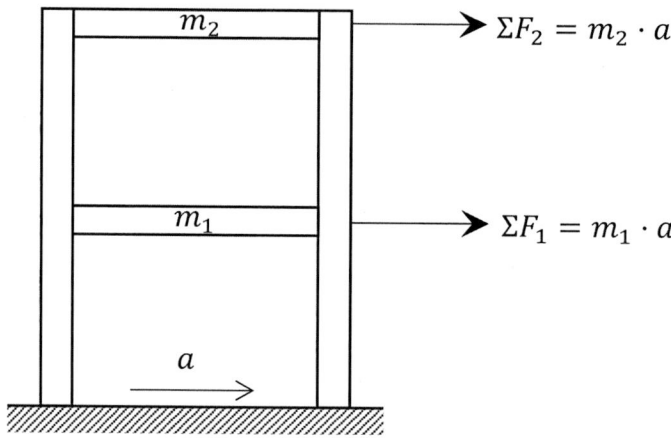

Figura 3.15 Fuerzas debido a la aceleración sísmica.

3.5. CARGAS DISTRIBUIDAS LINEALES

Las cargas distribuidas lineales se clasifican en:

- Carga rectangular

- Carga triangular

- Carga trapezoidal

- Carga según una función

Analicemos cada una de estas cargas.

3.5.1. CARGA RECTANGULAR

Las cargas de un muro de altura constante pueden expresarse como una carga distribuida rectangular, considerando que serán aplicadas sobre una viga.

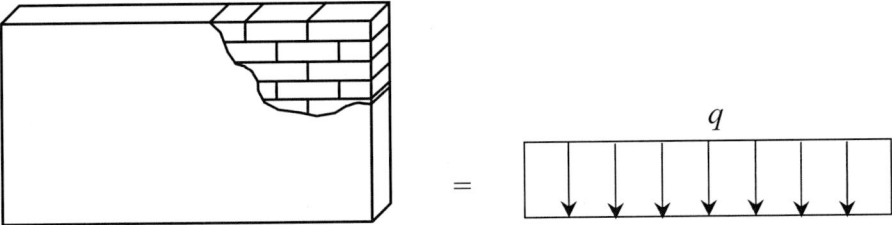

Figura 3.16 Peso de un muro expresado como carga distribuida uniforme.

La expresión matemática que representa a esta carga es una función constante, a partir de la cual determinaremos la magnitud de su resultante y su punto de aplicación.

a) Resultante

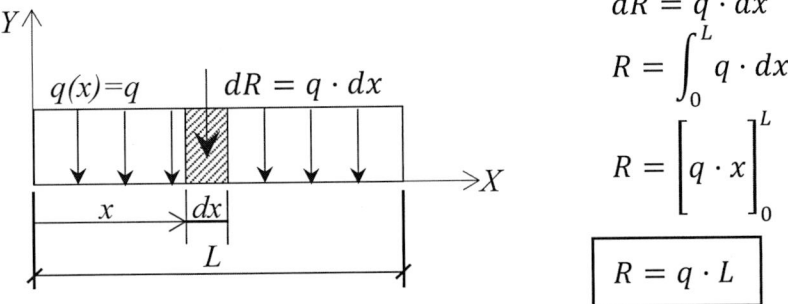

$$dR = q \cdot dx$$

$$R = \int_0^L q \cdot dx$$

$$R = \left[q \cdot x \right]_0^L$$

$$R = q \cdot L$$

Figura 3.17 Carga distribuida rectangular.

b) Punto de aplicación

Calculamos el momento en el punto A debido a la carga diferencial:

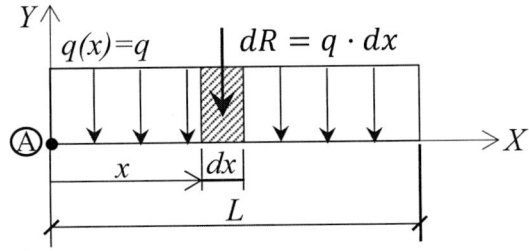

Figura 3.18 Cálculo de momento en A.

$$dM_A = dR \cdot \left(x + \frac{dx}{2} \right) = dR \cdot x + \frac{dR \cdot dx}{2}^{\,0} = dR \cdot x$$

Los diferenciales de segundo grado son despreciables frente a los de primer orden.

Sabiendo que $dR = q \cdot dx$

$$dM_A = q \cdot dx \cdot x$$

$$M_A = \int_0^L q \cdot x \cdot dx = \left[q \cdot \frac{x^2}{2} \right]_0^L$$

$$M_A = q \cdot \frac{L^2}{2} \; ①$$

Calculamos el momento en el punto A con la resultante:

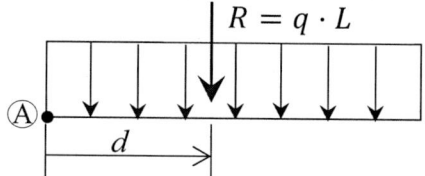

Figura 3.19 Ubicación de la resultante R.

$$M_A = R \cdot d$$

$$M_A = q \cdot L \cdot d \; ②$$

Igualamos ② con ① y despejamos d:

$$q \cdot L \cdot d = q \cdot \frac{L^2}{2}$$

$$\boxed{d = \frac{L}{2}}$$

3.5.2. CARGA TRIANGULAR

Estas cargas son producidas por los muros que rellenan las pendientes de las cubiertas en los techos que utilizan tejas o placas onduladas. La forma específica del muro define el tipo de carga triangular. Estas pueden ser de una o dos pendientes, tal como se muestra en la siguiente figura:

*Carga
triangular de
una pendiente*

*Carga
triangular de
dos pendientes*

Figura 3.20 Muros de carga triangular.

3.5.2.1. CARGA TRIANGULAR DE UNA PENDIENTE

En este tipo de cargas, su resultante y punto de aplicación se analizan como sigue:

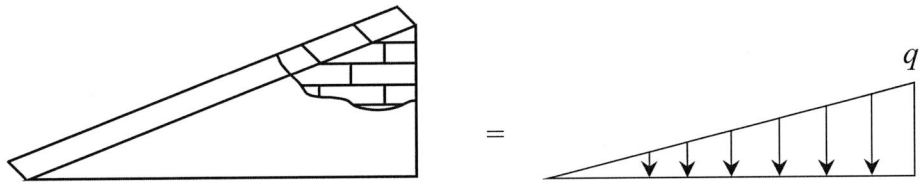

Figura 3.21 Muro expresado como carga distribuida triangular.

La carga distribuida se ubicará en un sistema de ejes cartesianos. Se calculará la función de la pendiente de la carga, según el valor q y su longitud L.

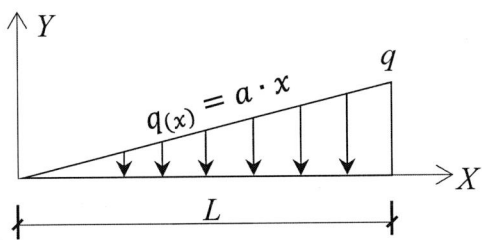

Figura 3.22 Carga triangular.

Los datos de entrada son q y L:

$$q_{(x)} = a \cdot x$$

Cuando $x = L \rightarrow q_{(x)} = q$

$$q = a \cdot L \rightarrow a = \frac{q}{L}$$

$$q_{(x)} = \frac{q}{L} \cdot x$$

a) Resultante

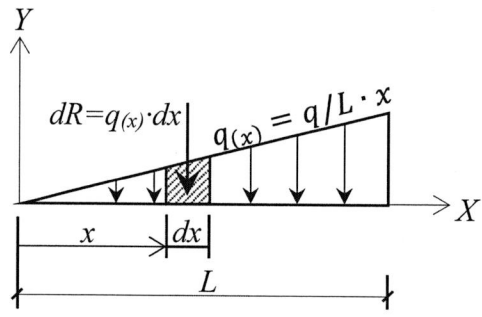

$$dR = q_{(x)} \cdot dx$$

$$R = \int_0^L \left(\frac{q}{L}x\right) \cdot dx$$

$$R = \left[\frac{q \cdot x^2}{2 \cdot L}\right]_0^L = \frac{q \cdot L^2}{2 \cdot L}$$

$$\boxed{R = \frac{q \cdot L}{2}}$$

Figura 3.23 Resultante de carga triangular.

b) Punto de aplicación

Calculamos el momento en el punto A debido a la carga diferencial:

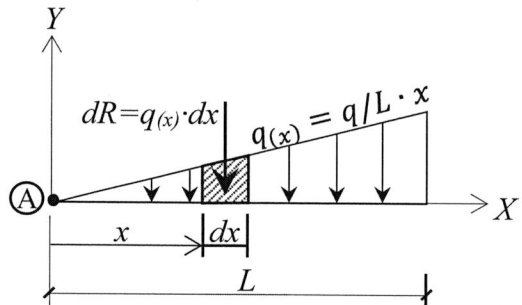

Figura 3.24 Momento en el punto A de un elemento diferencial.

$$dMA = dR \cdot \left(x + \frac{dx}{2}\right) = dR \cdot x + dR \frac{dx}{2}^{\nearrow 0}$$

$$dM_A = dR \cdot x$$

$$dM_A = \left(\frac{q}{L} \cdot x \cdot dx\right) \cdot x$$

$$M_A = \int_0^L \frac{q \cdot x^2}{L} \cdot dx = \left[\frac{q \cdot x^3}{3 \cdot L}\right]_0^L$$

$$M_A = \frac{q \cdot L^2}{3} \quad ①$$

Calculamos el momento en el punto A con la resultante:

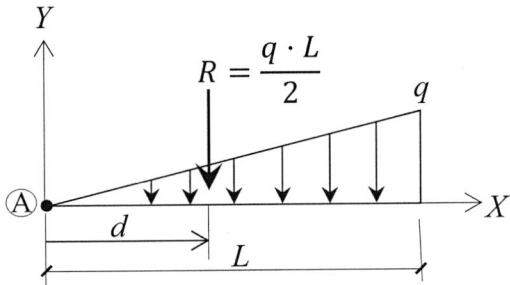

Figura 3.25 Momento en el punto de la resultante.

$$R = \frac{q \cdot L}{2}$$

$$M_A = R \cdot d$$

$$M_A = \frac{q \cdot L}{2} \cdot d \;②$$

Igualamos ② con ① y despejamos d:

$$\frac{q \cdot L}{2} \cdot d = \frac{q \cdot L^2}{3}$$

$$\boxed{d = \frac{2}{3}L}$$

La resultante en este tipo de cargas queda de la siguiente forma:

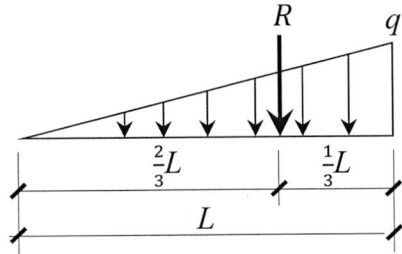 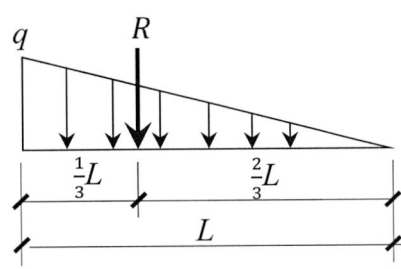

Figura 3.26 Posición de la resultante en cargas triangulares.

3.5.2.2. CARGA TRIANGULAR SIMÉTRICA DE DOS PENDIENTES

Para este tipo de carga se pueden aplicar las fórmulas anteriores, dividiendo la carga en dos tramos.

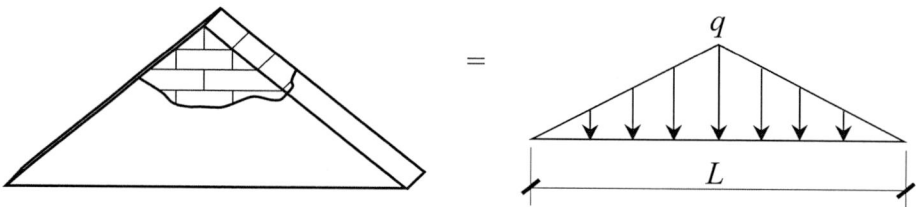

Figura 3.27 Carga triangular simétrica.

a) Resultante

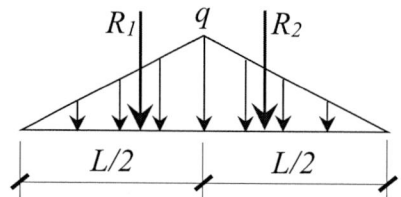

Figura 3.28 Resultantes.

$$R_1 = R_2 = \frac{q\left(\frac{L}{2}\right)}{2} = \frac{q \cdot L}{4}$$

$$R = R_1 + R_2 = \frac{q \cdot L}{4} + \frac{q \cdot L}{4}$$

$$R = \frac{q \cdot L}{2}$$

b) Punto de aplicación

Calculamos el momento respecto al punto (A) debido a su resultante:

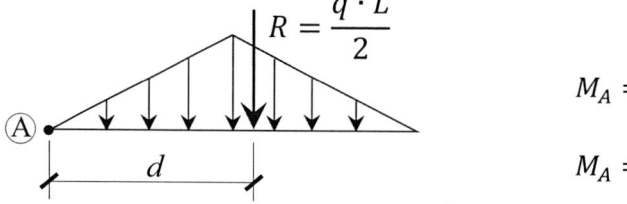

Figura 3.29 Momento en el punto A.

$$M_A = R \cdot d$$

$$M_A = \left(\frac{q \cdot L}{2}\right) d \; ①$$

d=distancia desconocida, que define la posición de R

Calculamos el momento en el punto (A) debido a las resultantes parciales:

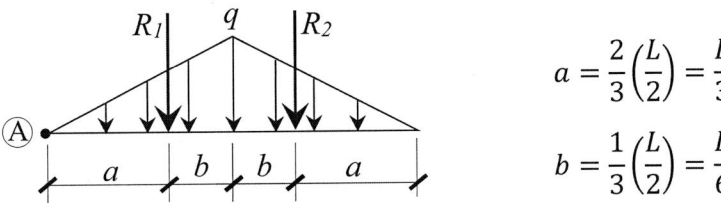

$$a = \frac{2}{3}\left(\frac{L}{2}\right) = \frac{L}{3}$$

$$b = \frac{1}{3}\left(\frac{L}{2}\right) = \frac{L}{6}$$

Figura 3.30 Análisis de momento en el punto A.

$$M_A = R_1 \cdot a + R_2(a + 2 \cdot b)$$

$$R_1 = R_2 = \frac{q \cdot L}{4}$$

$$M_A = \left(\frac{q \cdot L}{4}\right) \cdot \frac{L}{3} + \left(\frac{q \cdot L}{4}\right)\left(\frac{L}{3} + 2 \cdot \frac{L}{6}\right)$$

$$M_A = \frac{q \cdot L^2}{12} + \left(\frac{q \cdot L}{4}\right)\left(\frac{2 \cdot L}{3}\right)$$

$$M_A = \frac{q \cdot L^2}{12} + \frac{2 \cdot q \cdot L^2}{12} = \frac{3 \cdot q \cdot L^2}{12}$$

$$M_A = \frac{q \cdot L^2}{4} \quad ②$$

Igualando ① con ②:

$$\left(\frac{q \cdot L}{2}\right) d = \frac{q \cdot L^2}{4}$$

$$\boxed{d = \frac{L}{2}}$$

$$R = \frac{q \cdot L}{2}$$

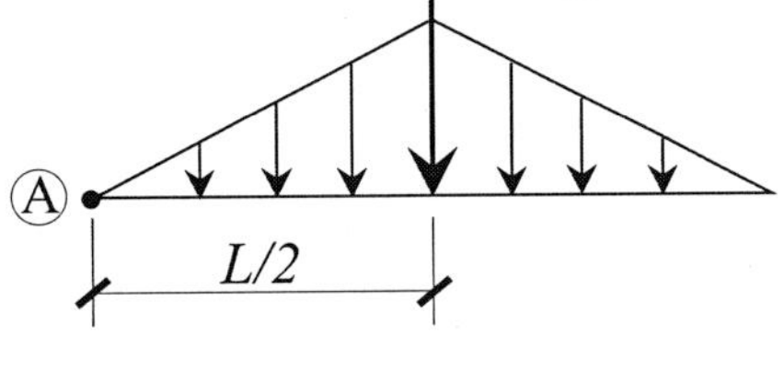

Figura 3.31 Posición de la Resultante.

3.5.2.3. CARGA TRIANGULAR ASIMÉTRICA DE DOS PENDIENTES

a) Resultante

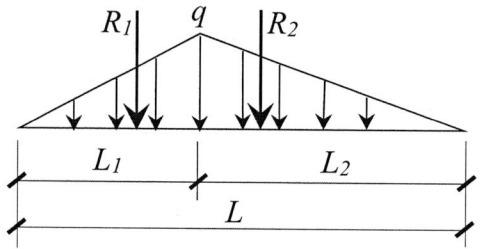

Figura 3.32 Resultante total.

$$R_1 = \frac{q \cdot L_1}{2}$$

$$R_2 = \frac{q \cdot L_2}{2}$$

$$R = R_1 + R_2 = \frac{q \cdot L_1}{2} + \frac{q \cdot L_2}{2}$$

$$R = \frac{q}{2}(L_1 + L_2)$$

$$\boxed{R = \frac{q \cdot L}{2}}$$

b) Punto de aplicación

Para determinar la ubicación de su resultante aplicamos momento con respecto a su extremo izquierdo.

Calculamos el momento debido a su resultante:

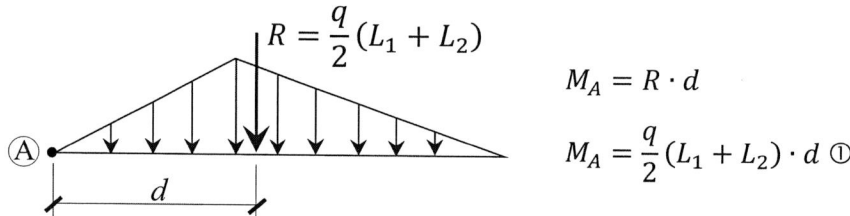

$$M_A = R \cdot d$$

$$M_A = \frac{q}{2}(L_1 + L_2) \cdot d \ \text{①}$$

Figura 3.33 Momento en el punto A debido a R.

Calculamos el momento debido a resultantes parciales:

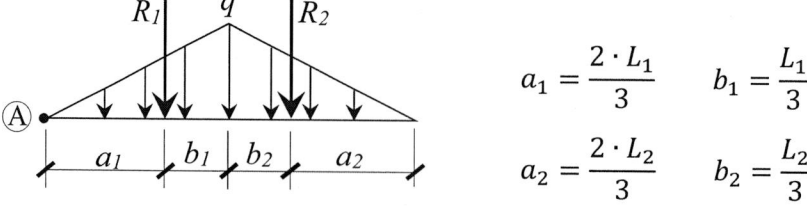

$$a_1 = \frac{2 \cdot L_1}{3} \qquad b_1 = \frac{L_1}{3}$$

$$a_2 = \frac{2 \cdot L_2}{3} \qquad b_2 = \frac{L_2}{3}$$

Figura 3.34 Momento en el punto A debido a R_1 y R_2.

$$M_A = R_1 \cdot a_1 + R_2(a_1 + b_1 + b_2)$$

$$R_1 = \frac{q \cdot L_1}{2}$$

$$R_2 = \frac{q \cdot L_2}{2}$$

$$M_A = \left(\frac{q \cdot L_1}{2}\right) \cdot \frac{2 \cdot L_1}{3} + \left(\frac{q \cdot L_2}{2}\right)\left(\frac{2 \cdot L_1}{3} + \frac{L_1}{3} + \frac{L_2}{3}\right)$$

$$M_A = \frac{q \cdot (L_1)^2}{3} + \left(\frac{q \cdot L_2}{2 \cdot 3}\right)(3 \cdot L_1 + L_2)$$

$$M_A = \frac{q}{3}\left[(L_1)^2 + \frac{3}{2}L_1 \cdot L_2 + \frac{1}{2}(L_2)^2\right] \; ②$$

Igualando ① con ②:

$$\frac{q \cdot L}{2}d = \frac{q}{3}\left[(L_1)^2 + \frac{3}{2}L_1 \cdot L_2 + \frac{1}{2}(L_2)^2\right]$$

$$\frac{L}{2}d = \frac{1}{2 \cdot 3}[2(L_1)^2 + 3 \cdot L_1 \cdot L_2 + (L_2)^2]$$

$$\boxed{d = \frac{2(L_1)^2 + 3 \cdot L_1 \cdot L_2 + (L_2)^2}{3 \cdot L}}$$

3.5.3. CARGA TRAPEZOIDAL

Este tipo de cargas se presentan en fachadas y también en los muros de las cubiertas con teja colonial o placas onduladas.

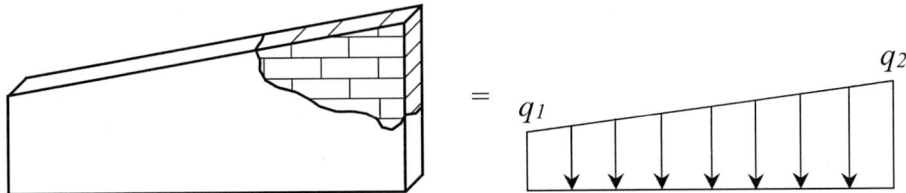

Figura 3.35 Muro trapezoidal expresado en una carga distribuida.

Para analizar este tipo de carga se puede descomponer la carga trapezoidal en una carga rectangular y una triangular, para luego aplicar las fórmulas anteriormente deducidas.

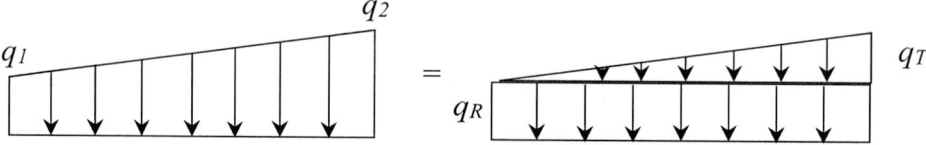

Figura 3.36 Separación de una carga triangular en dos cargas.

La carga rectangular q_R es equivalente a q_1 y la carga triangular $q_T = q_2 - q_1$

$$q_R = q_1$$

$$q_T = q_{2-}q_1$$

a) Resultante

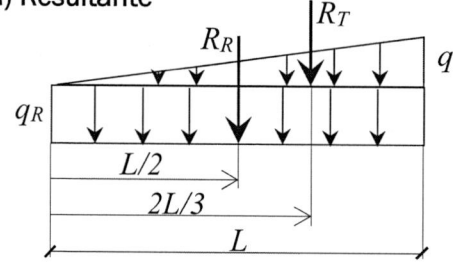

Figura 3.37 Resultante total.

$$R_R = q_R \cdot L = q_1 \cdot L$$

$$R_T = \frac{q_T \cdot L}{2} = \frac{(q_2 - q_1) \cdot L}{2}$$

$$R = R_R + R_T$$

$$R = q_1 \cdot L + \frac{(q_2 - q_1) \cdot L}{2}$$

$$R = q_1 \cdot L + \frac{q_2 \cdot L}{2} - \frac{q_1 \cdot L}{2}$$

$$\boxed{R = \frac{(q_1 + q_2) \cdot L}{2}}$$

b) Ubicación

Primero calculamos el momento que produce la resultante con respecto al punto A.

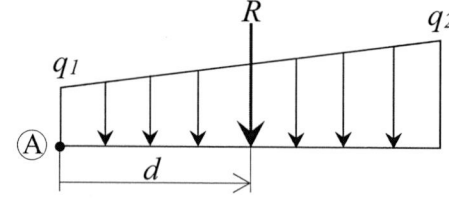

Figura 3.38 Posición de la resultante R.

$$M_A = R \cdot d$$

$$M_A = \frac{(q_1 + q_2) \cdot L}{2} \cdot d \; ①$$

Calculemos ahora el momento de las resultantes parciales con respecto al punto A.

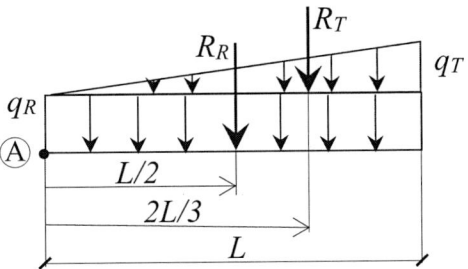

Figura 3.39 Momento en el punto A.

$$M_A = R_R \cdot \frac{L}{2} + R_T \cdot \frac{2 \cdot L}{3}$$

$$R_R = q_1 \cdot L$$

$$R_T = \frac{(q_2 - q_1) \cdot L}{2}$$

$$M_A = (q_1 \cdot L) \cdot \frac{L}{2} + \left[\frac{(q_2 - q_1) \cdot L}{2}\right] \frac{2 \cdot L}{3}$$

$$M_A = \frac{q_1 \cdot L^2}{2} + \left(\frac{q_2 \cdot L^2}{3} - \frac{q_1 \cdot L^2}{3}\right)$$

$$M_A = \frac{q_1 \cdot L^2}{6} + \frac{q_2 \cdot L^2}{3} \; ②$$

Igualamos las ecuaciones ① con ②:

$$\frac{(q_1 + q_2) \cdot L}{2} \cdot d = \frac{q_1 \cdot L^2}{6} + \frac{q_2 \cdot L^2}{3}$$

$$\frac{(q_1 + q_2) \cdot L}{2} \cdot d = \left(\frac{q_1 \cdot L}{3} + \frac{2 \cdot q_2 \cdot L}{3}\right)\frac{L}{2}$$

$$\boxed{d = \left(\frac{q_1 \cdot L + 2 \cdot q_2 \cdot L}{3 \cdot q_1 + 3 \cdot q_2}\right)}$$

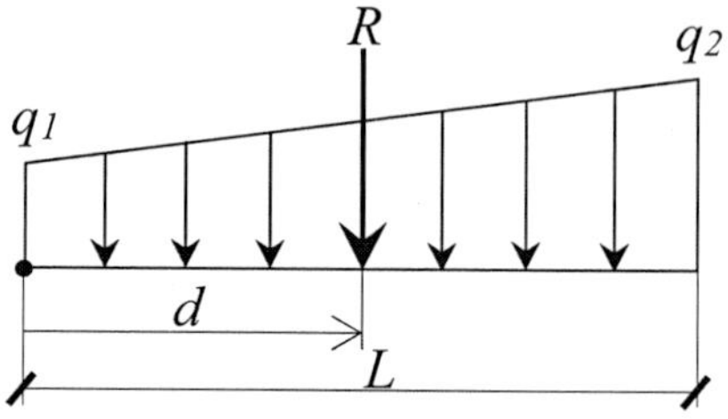

Figura 3.40 Posición de la resultante R.

3.5.4. CARGA SEGÚN UNA FUNCIÓN

Estas cargas distribuidas no son tan comunes, pero las estudiaremos por fines académicos.

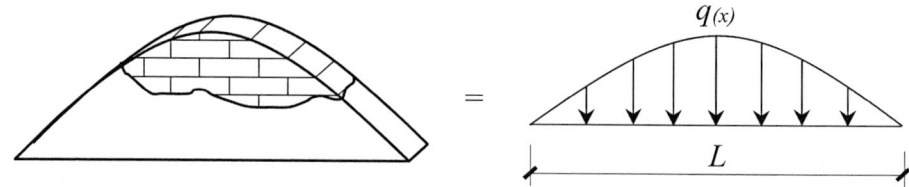

Figura 3.41 Carga distribuida parabólica.

a) Resultante

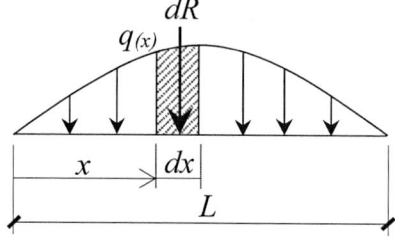

$$dR = q_{(x)} \cdot dx$$

Integramos desde 0 hasta L:

$$\boxed{R = \int_0^L q_{(x)} \cdot dx}$$

Figura 3.42 Resultante.

b) Ubicación

Primero calculamos el momento que produce la resultante con respecto al punto A:

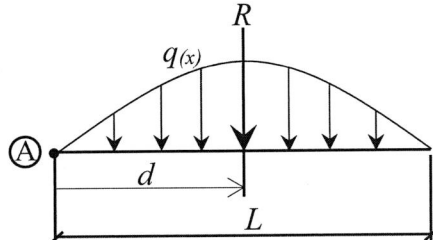

$$M_A = R \cdot d$$

$$M_A = \left[\int_0^L q_{(x)} \cdot dx \right] \cdot d \;\text{①}$$

Figura 3.43 Momento debido a R.

Calculemos ahora el momento de las resultantes diferenciales con respecto al punto A:

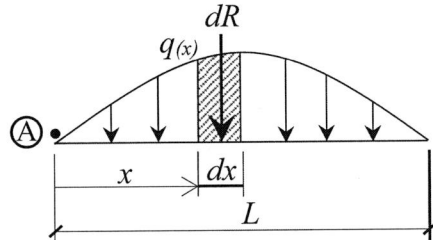

$$dM_A = dR \cdot \left(x + \frac{dx}{2}^{\nearrow 0} \right)$$

$$dM_A = dR \cdot x$$

$$dR = q_{(x)} \cdot dx$$

$$dM_A = q_{(x)} \cdot dx \cdot x$$

$$M_A = \int_0^L \left(q_{(x)} \cdot x \right) \cdot dx \;\text{②}$$

Figura 3.44 Momento debido a dR.

Igualamos ① con ②:

$$\left[\int_0^L q_{(x)} \cdot dx \right] \cdot d = \int_0^L \left(q_{(x)} \cdot x \right) \cdot dx$$

Despejamos la distancia d:

$$\boxed{d = \frac{\int_0^L \left(q_{(x)} \cdot x \right) \cdot dx}{\int_0^L q_{(x)} \cdot dx}}$$

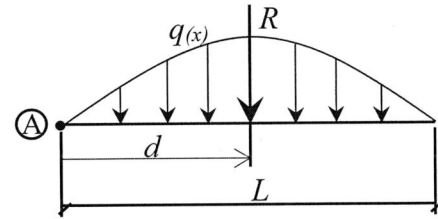

Figura 3.45 Ubicación de la resultante R.

3.6. PROPIEDADES DE LAS CARGAS DISTRIBUIDAS

Para cualquier carga de distribución dispuesta en un plano es válida la aplicación de las siguientes propiedades:

Primera propiedad: Resultante

La resultante de toda carga distribuida lineal es equivalente al área de la figura que la representa.

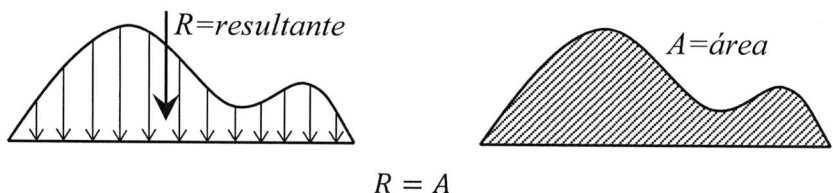

$$R = A$$

Figura 3.46 Carga distribuida genérica.

Segunda propiedad: Ubicación de la resultante

La distancia a que define la ubicación de la resultante R de una carga distribuida lineal es equivalente a la coordenada del punto G en la dirección de la longitud de la carga (x_G).

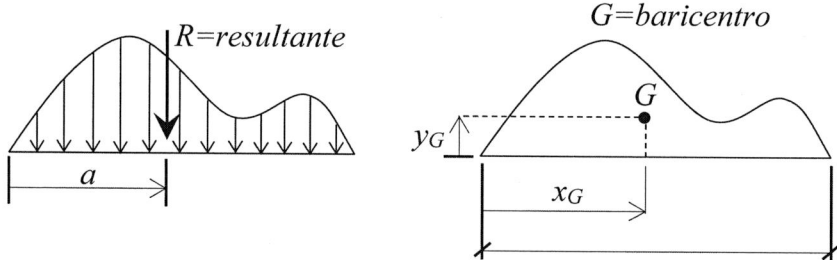

Figura 3.47 Ubicación de la resultante R.

$$a = x_G$$

EJERCICIOS DE APLICACIÓN

Revisar las prácticas de la 34 a la 40.

Cuadro 1: Resultante y su punto de aplicación para cargas distribuidas

Carga	Resultante	a	b
	$q \cdot L$	$\dfrac{L}{2}$	$\dfrac{L}{2}$
	$\dfrac{q \cdot L}{2}$	$\dfrac{2 \cdot L}{3}$	$\dfrac{L}{3}$
Simétrico	$\dfrac{q \cdot L}{2}$	$\dfrac{L}{2}$	$\dfrac{L}{2}$
Asimétrico	$\dfrac{q \cdot L}{2}$ $L = L_1 + L_2$	$a = \dfrac{2(L_1)^2 + 3 \cdot L_1 \cdot L_2 + (L_2)^2}{3 \cdot L}$ $b = L - a$	
	$\dfrac{(q_1 + q_2)L}{2}$	$a = \left(\dfrac{q_1 \cdot L + 2 \cdot q_2 \cdot L}{3 \cdot q_1 + 3 \cdot q_2}\right)$ $b = L - a$	
Parábola	$\dfrac{2 \cdot q \cdot L}{3}$	$a = \dfrac{L}{2}$	$b = \dfrac{L}{2}$
Elipse	$\dfrac{\pi \cdot q \cdot L}{4}$	$a = \dfrac{L}{2}$	$b = \dfrac{L}{2}$

3.7. ESFUERZOS NORMALES EN SISTEMAS CON FUERZAS COPLANARIAS Y NO CONCURRENTES

Para calcular los esfuerzos normales en un sistema de vigas y cables, se debe analizar individualmente el equilibrio de sus vigas mediante su diagrama de cuerpo libre (DCL), considerando que los cables pueden transmitir esfuerzos normales de una viga a otra, tal como ocurre con el cable 1 que conecta las vigas 1 y 2.

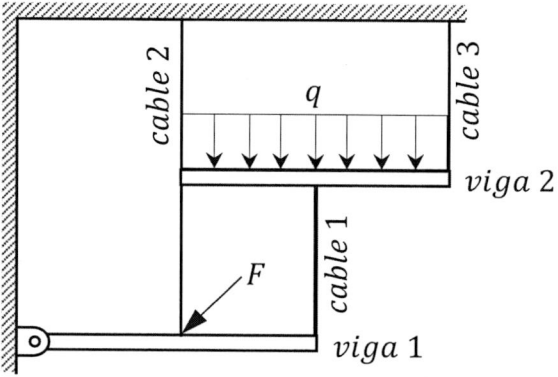

Figura 3.48 Sistema de vigas y cables.

Para que cada viga esté en equilibrio estático (reposo) deberá cumplir con las siguientes condiciones:

$$\text{Traslación en X} \quad \Sigma F_X = 0 \to \oplus$$

$$\text{Traslación en Y} \quad \Sigma F_Y = 0 \uparrow \oplus$$

$$\text{Rotación en A} \quad \Sigma M_A = 0 \circlearrowleft \oplus$$

Aplicando estas ecuaciones podremos obtener los esfuerzos normales en los cables 1, 2 y 3.

EJERCICIOS DE APLICACIÓN

Revisar las prácticas de la 41 a la 52.

3.8. PROBLEMAS EN EL ESPACIO

Este tipo de problemas suelen ser muy complejos de analizar, por su geometría, sus cargas, la cantidad de incógnitas y el elevado número de ecuaciones que se requieren para encontrar una solución. Por este se desplaza su estudio a cursos superiores. En este capítulo analizaremos algunos casos en los cuales es posible encontrar una solución con el simple empleo de las ecuaciones de equilibrio para un sistema ortogonal X, Y y Z.

Para empezar nuestro estudio, supongamos un cuerpo sólido ubicado en el espacio y afectado por un conjunto de cargas, tal como se muestra a continuación:

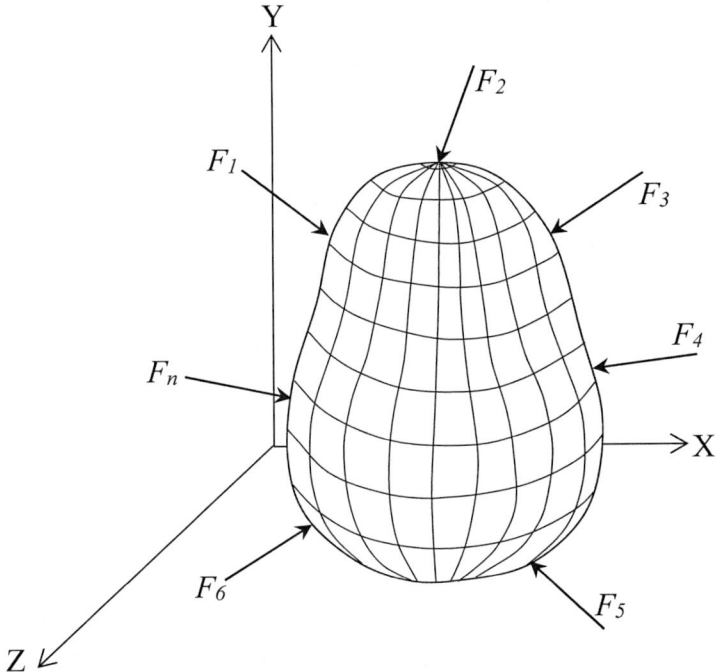

Figura 3.49 Cuerpo genérico afectado por un conjunto de cargas.

Para que este cuerpo se encuentre en equilibrio en el espacio debemos garantizar que el mismo no se desplace en ninguna de las direcciones permitidas (X, Y y Z), tampoco que gire alrededor de ninguno de sus ejes.

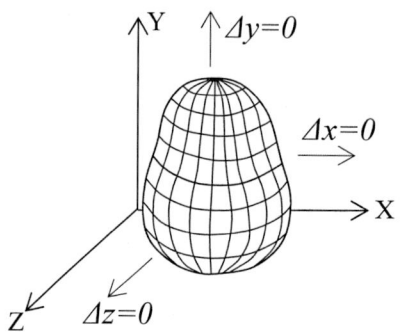

Equilibrio traslacional

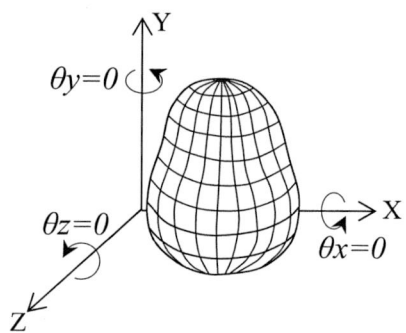

Equilibrio rotacional

Figura 3.50 Equilibrio de un cuerpo en el espacio.

Condiciones de traslación

$$\text{Traslación en X} \quad \Sigma F_X = 0 \to \oplus$$

$$\text{Traslación en Y} \quad \Sigma F_Y = 0 \uparrow \oplus$$

$$\text{Traslación en Z} \quad \Sigma F_Z = 0 \swarrow \oplus$$

Condiciones de rotación

$$\text{Rotación en X} \quad \Sigma M_X = 0 \twoheadrightarrow \oplus$$

$$\text{Rotación en Y} \quad \Sigma M_Y = 0 \Uparrow \oplus$$

$$\text{Rotación en Z} \quad \Sigma M_Z = 0 \swarrow \oplus$$

EJERCICIOS DE APLICACIÓN

Revisar las prácticas de la 53 a la 55.

PRÁCTICAS

PRÁCTICA 23

Calcular el momento en el punto A debido a las cargas mostradas.

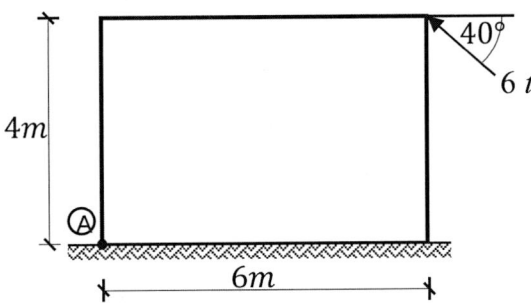

Figura 3.51 Cuerpo con carga puntual oblicua.

1ro: Cálculo de distancias

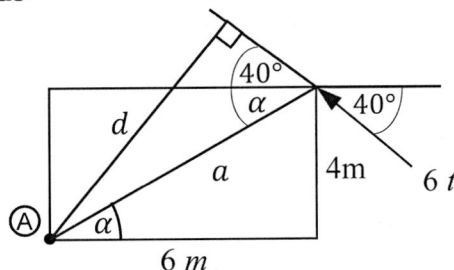

Teorema de Pitágoras:

$$a^2 = 6^2 + 4^2$$

$$a = \sqrt{52}$$

$$a = 7,211m$$

$$sen(40 + \alpha) = \frac{d}{7,211}$$

$$tan\,\alpha = \frac{4}{6}$$

$$\alpha = \arctan\frac{4}{6} = 33,69°$$

$$d = 7,211 \cdot sen(40 + 33,69) = 6,921m$$

2do: Cálculo de momento

$$M = F \cdot d$$

$$M = 6 \cdot 6,921 = 41,526\, tm \quad \text{(anti horario)}$$

PRÁCTICA 24

Calcular el momento en el punto A debido a las cargas mostradas.

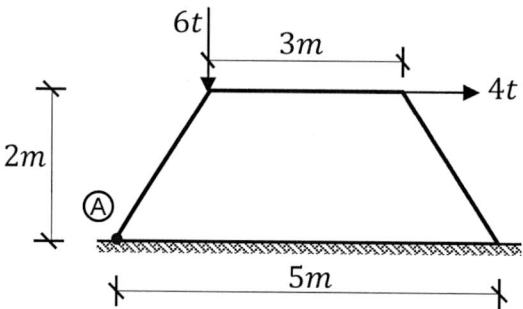

Figura 3.52 Cuerpo trapezoidal con cargas puntuales.

1ro: Cálculo de resultante

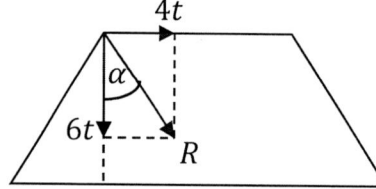

$$R = \sqrt{6^2 + 4^2} = 7,211 \ t$$

$$tan \ \alpha = \frac{4}{6}$$

$$\alpha = arctan\left(\frac{4}{6}\right) = 33,69°$$

2do: Cálculo de distancias

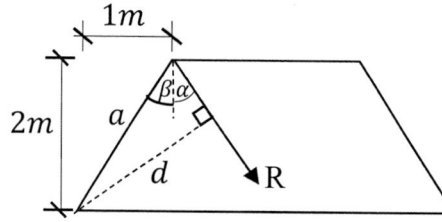

$$tan \ \beta = \frac{1}{2}$$

$$\beta = arctan\left(\frac{1}{2}\right) = 26,565°$$

$$a = \sqrt{1^2 + 2^2} = 2,236m$$

$$sen(\alpha + \beta) = \frac{d}{a}$$

$$d = 2,236 \cdot sen(33,69 + 26,565)$$

$$d = 1,941m$$

3ro: Cálculo de momento

$$M = R \cdot d \quad \circlearrowleft \quad \oplus$$

$$M = 7,211 \cdot 1,941 = 14tm \ \text{(horario)}$$

PRÁCTICA 25

Resolver el problema anterior aplicando Varignon.

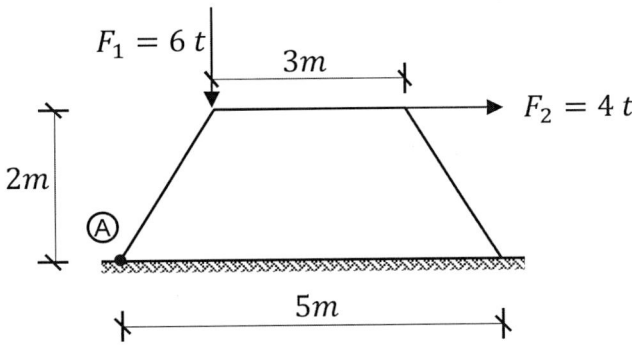

Figura 3.53 Cuerpo trapezoidal con cargas puntuales.

1ro: Reconocimiento de las distancias

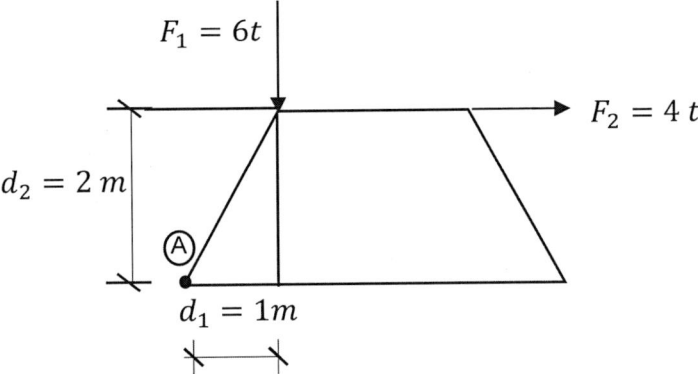

2do: Cálculo del momento

$$\circlearrowleft \oplus M_A = F_1 \cdot d_1 + F_2 \cdot d_2$$

$$M_A = 6 \cdot 1 + 4 \cdot 2$$

$$M_A = 14 \ tm \text{ (horario)}$$

PRÁCTICA 26

Calcular momento en el punto A debido a las cargas mostradas.

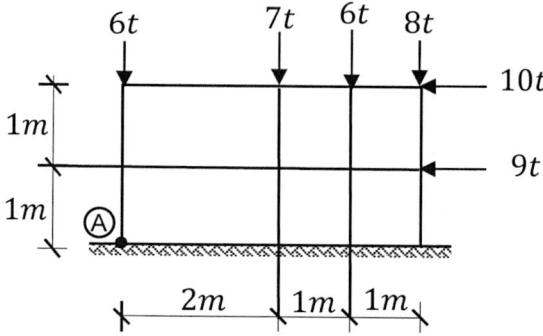

Figura 3.54 Cuerpo con cargas puntuales.

1ro: Reconocimiento de distancias

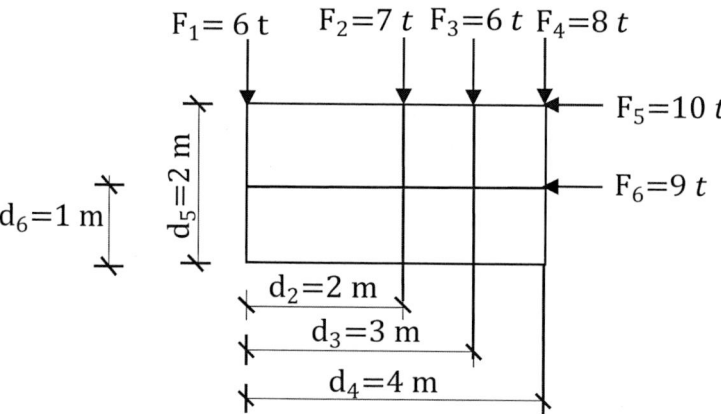

2do: Cálculo de momento

$$\circlearrowleft \oplus M_A = F_2 \cdot d_2 + F_3 \cdot d_3 + F_4 \cdot d_4 - F_5 \cdot d_5 - F_6 \cdot d_6$$

$$M_A = 7 \cdot 2 + 6 \cdot 3 + 8 \cdot 4 - 10 \cdot 2 - 9 \cdot 1$$

$$M_A = 35 \, tm \quad \text{(horario)}$$

PRÁCTICA 27

Calcular momento en el punto A debido a las cargas mostradas.

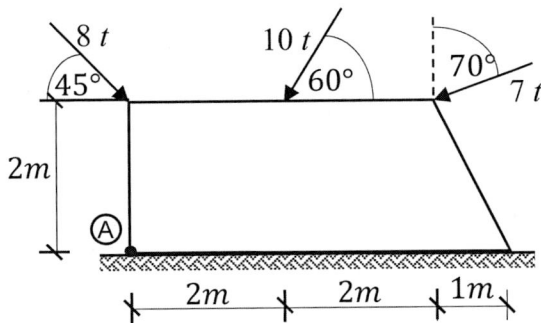

Figura 3.55 Cuerpo trapezoidal con cargas puntuales.

1ro: Descomposición de fuerzas

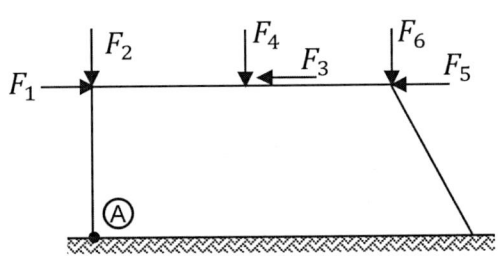

$$F_1 = 8\cos 45 = 5{,}657t$$

$$F_2 = 8\,\mathrm{sen}\,45 = 5{,}657t$$

$$F_3 = 10\cos 60 = 5t$$

$$F_4 = 10\,\mathrm{sen}\,60 = 8{,}66t$$

$$F_5 = 7\,\mathrm{sen}\,70 = 6{,}578t$$

$$F_6 = 7\cos 70 = 2{,}394\,t$$

2do: Reconocimiento de distancias

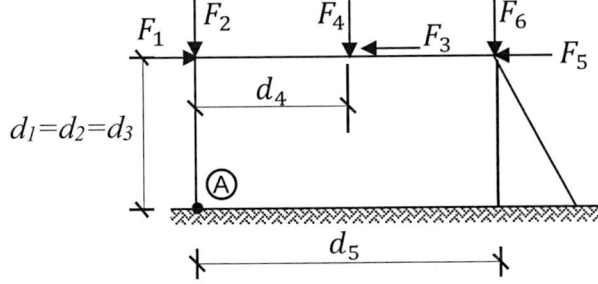

La distancia d_2 no aparece en este gráfico porque su valor es cero con respecto al punto A.

3ro: Cálculo de momento

$$\circlearrowleft \oplus M_A = F_1 \cdot d_1 - F_3 \cdot d_3 + F_4 \cdot d_4 - F_5 \cdot d_5 + F_6 \cdot d_6$$

$$M_A = 5{,}657 \cdot 2 - 5 \cdot 2 + 8{,}66 \cdot 2 - 6{,}578 \cdot 2 + 2{,}394 \cdot 4$$

$$M_A = 15{,}054\,tm \text{ (horario)}$$

PRÁCTICA 28

Calcular momento en el punto A debido a las cargas mostradas. Las cargas ubicadas en los bordes oblicuos son perpendiculares a estos.

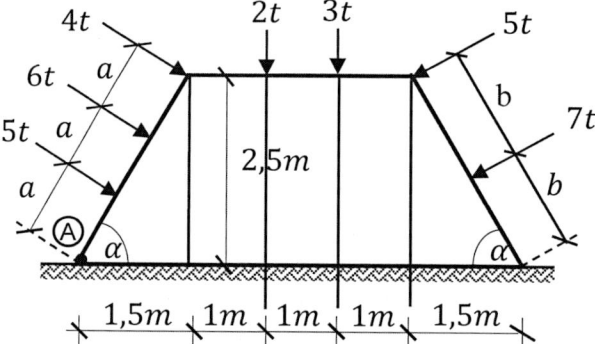

Figura 3.56 Cuerpo trapezoidal con cargas puntuales.

1ro: Cálculo de ángulo

$$tan\ \alpha = \frac{2,5}{1,5}$$

$$\alpha = arctan\left(\frac{2,5}{1,5}\right) = 59,036°$$

2do: Descomposición de fuerzas

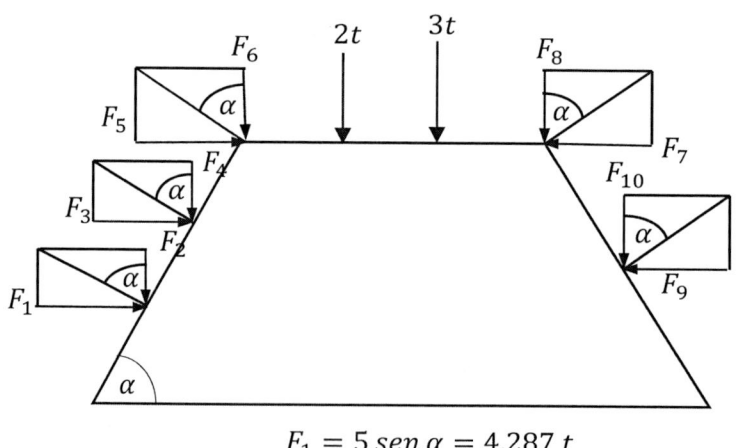

$$F_1 = 5\ sen\ \alpha = 4,287\ t$$

$$F_2 = 5\ cos\ \alpha = 2,572\ t$$

$$F_3 = 6 \, sen \, \alpha = 5,145 \, t$$

$$F_4 = 6 \cos \alpha = 3,087 \, t$$

$$F_5 = 4 \, sen \, \alpha = 3,430 \, t$$

$$F_6 = 4 \cos \alpha = 2,058 \, t$$

$$F_7 = 5 \, sen \, \alpha = 4,287 \, t$$

$$F_8 = 5 \cos \alpha = 2,572 \, t$$

$$F_9 = 7 \, sen \, \alpha = 6,002 \, t$$

$$F_{10} = 7 \cos \alpha = 3,601 \, t$$

3ro: Cálculo de momento

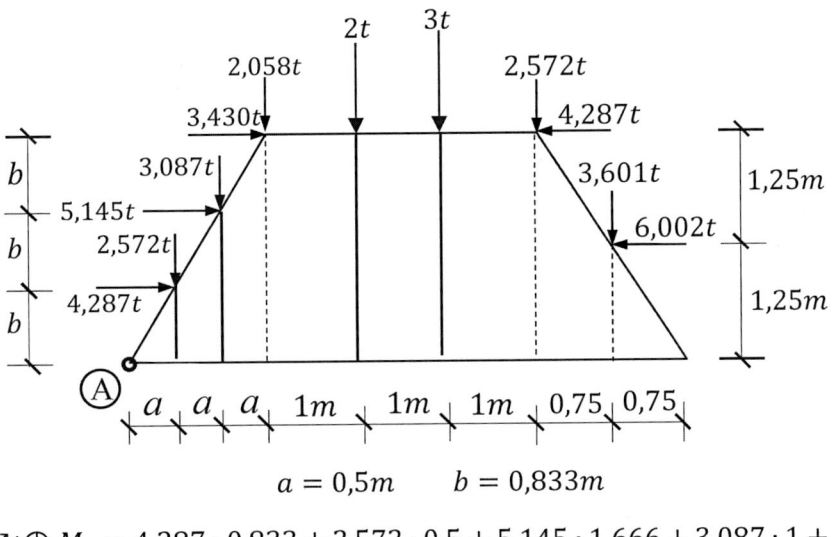

$$a = 0,5m \qquad b = 0,833m$$

$\circlearrowleft \oplus M_A = 4,287 \cdot 0.833 + 2,572 \cdot 0,5 + 5,145 \cdot 1,666 + 3,087 \cdot 1 +$

$+3,430 \cdot 2,5 + 2,058 \cdot 1,5 + 2 \cdot 2,5 + 3 \cdot 3,5 + 2,572 \cdot 4,5 +$

$-4,287 \cdot 2,5 + 3,601 \cdot 5,25 - 6,002 \cdot 1,25$

$M_A = 55,937 \, tm \quad$ (horario)

PRÁCTICA 29

Calcular la resultante y su punto de aplicación para las cargas mostradas.

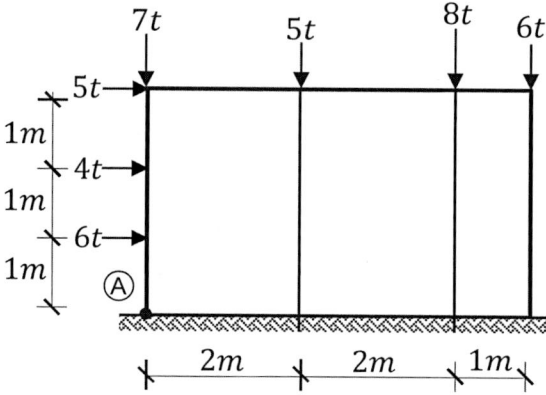

Figura 3.57 Cuerpo con cargas puntuales.

1ro: Cálculo de resultante para las fuerzas horizontales

$$R_x = \sum F_x \ \rightarrow \oplus$$

$$R_x = 6 + 4 + 5 = 15 \ t$$

Para determinar la ubicación R_x, calculamos momento en el punto A:

$$R_x \cdot a = 6 \cdot 1 + 4 \cdot 2 + 5 \cdot 3$$

$$15 \cdot a = 6 + 8 + 15$$

$$a = 1,933m$$

2do: Cálculo de la resultante para las fuerzas verticales

$$R_y = \sum F_y \ \downarrow \oplus$$

$$R_y = 7 + 5 + 8 + 6$$

$$R_y = 26 \ t$$

Para determinar la ubicación de Ry, calculamos momento con respecto al punto A:

$$R_y \cdot b = 5 \cdot 2 + 8 \cdot 4 + 6 \cdot 5$$

$$26 \cdot b = 10 + 32 + 30$$

$$b = 2,769\ m$$

3ro: Cálculo de resultante total

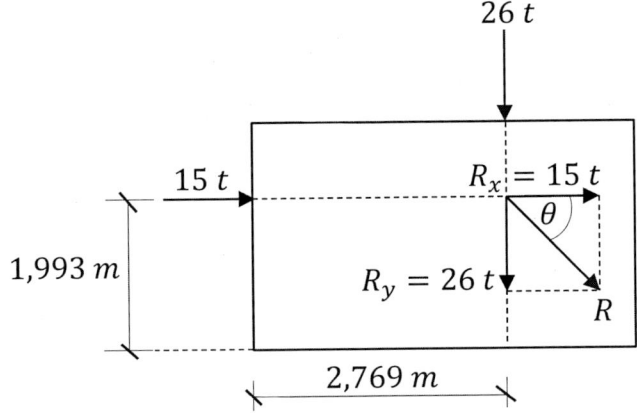

$$R = \sqrt{R_x{}^2 + R_y{}^2}$$

$$R = \sqrt{15^2 + 26^2}$$

$$R = 30,017\ t$$

$$\theta = arctan\left(\frac{R_y}{R_x}\right)$$

$$\theta = arctan\left(\frac{26}{15}\right)$$

$$\theta = 60,018°$$

PRÁCTICA 30

Calcular la resultante, el ángulo de inclinación y el punto de ubicación de las siguientes fuerzas.

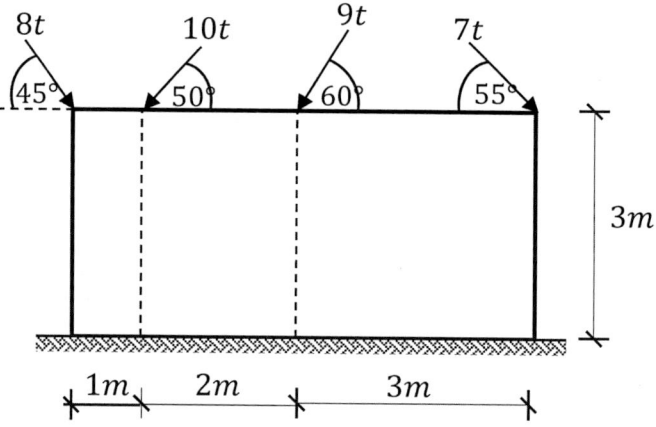

Figura 3.58 Cuerpo con cargas puntuales.

1ro: Descomposición de fuerzas

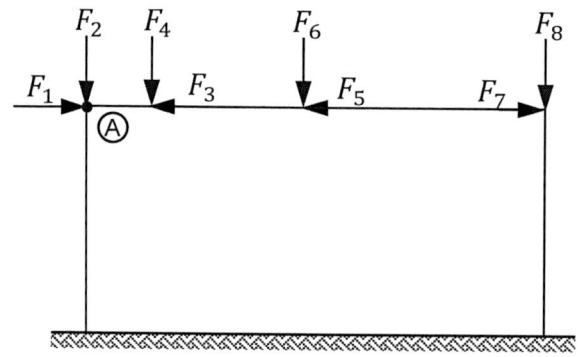

$F_1 = 8 \cos 45 = 5{,}657 \, t$

$F_2 = 8 \, sen \, 45 = 5{,}657 \, t$

$F_3 = 10 \cos 50 = 6{,}428 \, t$

$F_4 = 10 \, sen \, 50 = 7{,}660 \, t$

$F_5 = 9 \cos 60 = 4{,}5 \, t$

$F_6 = 9 \, sen \, 60 = 7{,}794 \, t$

$F_7 = 7 \cos 55 = 4{,}015 \, t$

$F_8 = 7 \, sen \, 55 = 5{,}734 \, t$

2do: Cálculo de las resultantes Rx y Ry

$$R_x = \sum F_x \; \to \oplus$$

$$R_x = F_1 - F_3 - F_5 + F_7$$

$$R_x = 5,657 - 6,428 - 4,5 + 4,015$$

$$R_x = -1,256\ t$$

$$R_y = \sum F_y\ \downarrow \oplus$$

$$R_y = F_2 + F_4 + F_6 + F_8$$

$$R_y = 5,657 + 7,660 + 7,794 + 5,734$$

$$R_y = 26,845\ t$$

$$R_y \cdot a = 7,660 \cdot 1 + 7,794 \cdot 3 + 5,734 \cdot 6$$

$$26,845 \cdot a = 65,446$$

$$a = 2,438\ m$$

3ro: Cálculo de resultante total

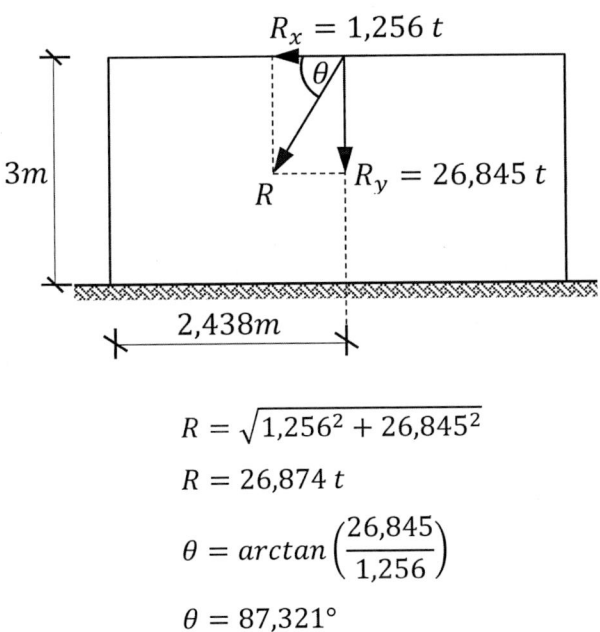

$$R = \sqrt{1,256^2 + 26,845^2}$$

$$R = 26,874\ t$$

$$\theta = arctan\left(\frac{26,845}{1,256}\right)$$

$$\theta = 87,321°$$

PRÁCTICA 31

Calcular la resultante y su ubicación de las siguientes cargas.

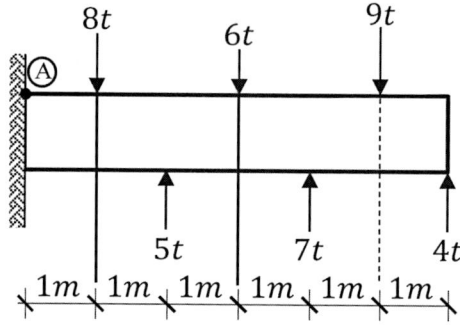

Figura 3.59 Viga en voladizo con cargas puntuales.

1ro: Cálculo de resultante

$$R = \sum F_y \quad \downarrow \oplus$$

$$R = 8 + 6 + 9 - 5 - 7 - 4$$

$$R = 7\ t$$

2do: Cálculo de ubicación con respecto al punto A

$$\circlearrowright \oplus M_A = R \cdot a = 8 \cdot 1 + 6 \cdot 3 + 9 \cdot 5 - 5 \cdot 2 - 7 \cdot 4 - 4 \cdot 6$$

$$7 \cdot a = 8 + 18 + 45 - 10 - 28 - 24$$

$$7 \cdot a = 9$$

$$a = 1{,}286\ m$$

PRÁCTICA 32

Calcular la resultante y su punto de aplicación para las siguientes cargas.

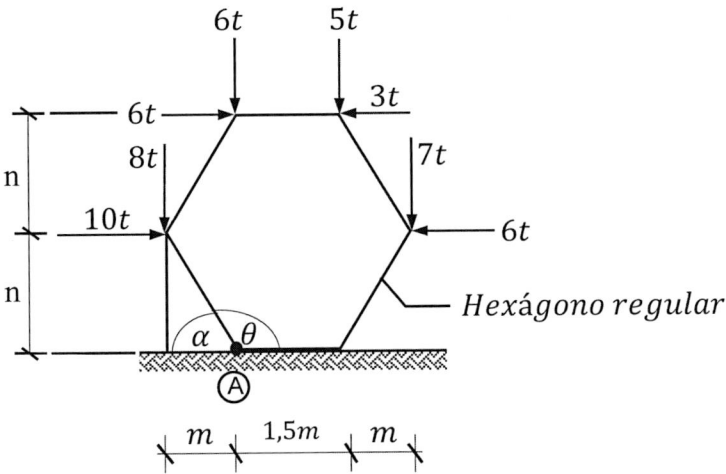

Figura 3.60 Cuerpo de forma hexagonal con cargas puntuales.

1ro: Cálculo de ángulos y distancias

$$\theta = \frac{(n-2)\cdot 180}{n}$$

$$\theta = \frac{(6-2)\cdot 180}{6}$$

$$\theta = 120°$$

$$\theta + \alpha = 180$$

$$\alpha = 180 - 120$$

$$\alpha = 60°$$

$$m = 1,5 \cdot \cos 60$$

$$m = 0,75\, m$$

$$n = 1,5 \cdot \operatorname{sen} 60$$

$$n = 1,299\, m$$

2do: Cálculo de resultantes Rx y Ry

$$R_x = \sum F_x \rightarrow \oplus$$

$$R_x = 6 + 10 - 3 - 6 = 7t$$

Su ubicación:

$$\circlearrowleft \oplus M_A = R_x \cdot a$$

$$R_x \cdot a = 10 \cdot 1{,}299 + 6 \cdot 2{,}598 - 3 \cdot 2{,}598 - 6 \cdot 1{,}299$$

$$7 \cdot a = 12{,}99$$

$$a = 1{,}856 \, m$$

$$R_y = \sum F_y \downarrow \oplus$$

$$R_y = 8 + 6 + 5 + 7 = 26t$$

Su ubicación:

$$\circlearrowleft \oplus M_A = R_y \cdot b = -8 \cdot 0{,}75 + 5 \cdot 1{,}5 + 7 \cdot 2{,}25$$

$$26 \cdot b = 17{,}25$$

$$b = 0{,}663 \, m$$

3ro: Cálculo de resultante total

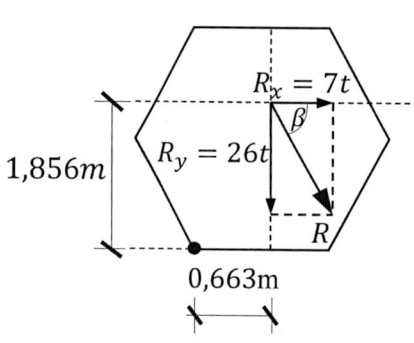

$$R = \sqrt{R_x{}^2 + R_y{}^2}$$

$$R = \sqrt{7^2 + 26^2}$$

$$R = 26{,}926 \, t$$

$$\tan \beta = \frac{R_y}{R_x}$$

$$\beta = \arctan\left(\frac{26}{7}\right)$$

$$\beta = 74{,}932°$$

PRÁCTICA 33

Calcular la resultante, el ángulo de inclinación y el punto de aplicación para las siguientes cargas.

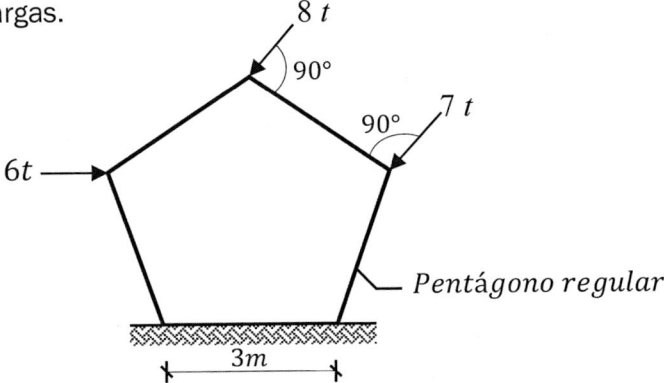

Figura 3.61 Cuerpo de forma pentagonal con cargas puntuales.

1ro: Cálculo de ángulos y distancias

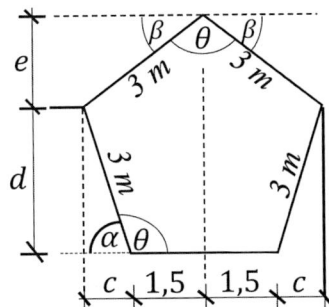

$$\theta = \frac{180(n-2)}{n}$$

$$\theta = \frac{180(5-2)}{5}$$

$$\theta = 108°$$

$$\alpha + \theta = 180$$

$$\alpha = 180 - 108$$

$$\alpha = 72°$$

$c = 3\cos\alpha$
$c = 3\cos 72$
$c = 0{,}927\,m$

$d = 3\,sen\,\alpha$
$d = 3\,sen\,72$
$d = 2{,}853\,m$

$e = 3\,sen\,\beta$
$e = 3\,sen\,36$
$e = 1{,}763\,m$

$$2\beta + \theta = 180$$

$$\beta = \frac{180 - 108}{2} = 36°$$

2do: Descomposición de las fuerzas

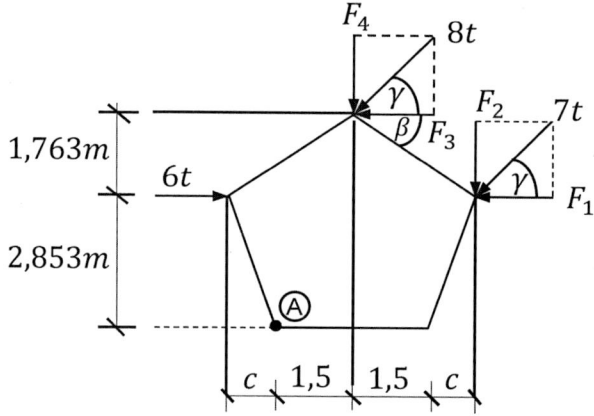

$c = 0,927m$

$\beta + \gamma = 90$

$\gamma = 90 - 36 = 54°$

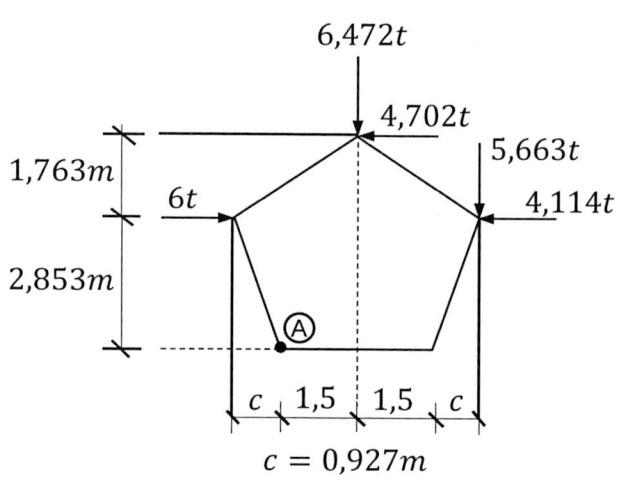

$F_1 = 7\cos\gamma$

$F_1 = 4,114\ t$

$F_2 = 7\sin\gamma$

$F_2 = 5,663\ t$

$F_3 = 8\cos\gamma$

$F_3 = 4,702\ t$

$F_4 = 8\sin\gamma$

$F_4 = 6,472\ t$

3ro: Cálculo de las resultantes Rx y Ry

$$R_x = \Sigma F_x \leftarrow \oplus$$

$$R_x = -6 + 4{,}114 + 4{,}702$$

$$R_x = 2{,}816 \, t$$

Ubicación:

$$\circlearrowleft \oplus M_A = -2{,}816 \cdot a = 6 \cdot 2.853 - 4{,}114 \cdot 2{,}853 - 4{,}702 \cdot 4{,}616$$

$$-2{,}816 \cdot a = -16{,}324$$

$$a = 5{,}797 \, m$$

$$R_y = \sum F_y \downarrow \oplus$$

$$R_y = 5{,}663 + 6{,}472$$

$$R_y = 12{,}135 \, t$$

Ubicación:

$$\circlearrowleft \oplus M_A = R_y \cdot b = 5{,}663 \cdot 3{,}927 + 6{,}472 \cdot 1.5$$

$$12{,}135 \cdot b = 31{,}947$$

$$b = 2{,}633 \, m$$

4to: Cálculo de resultante total

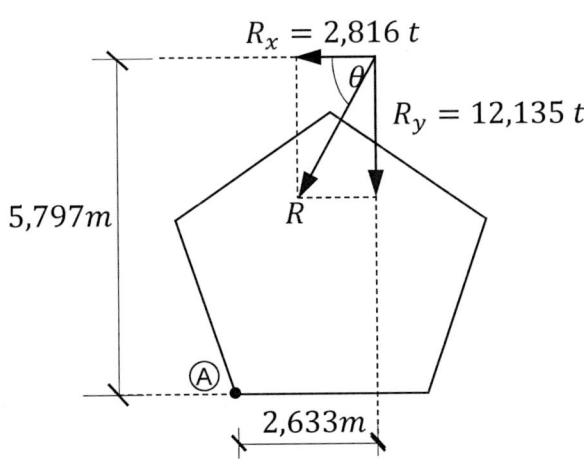

$$R = \sqrt{R_x{}^2 + R_y{}^2}$$

$$R = \sqrt{2{,}816^2 + 12{,}135^2}$$

$$R = 12{,}457 \, t$$

$$\tan \theta = \frac{R_y}{R_x}$$

$$\theta = arctan\left(\frac{12{,}135}{2{,}816}\right)$$

$$\theta = 76{,}935°$$

PRÁCTICA 34

Calcular la resultante del siguiente sistema de cargas distribuidas.

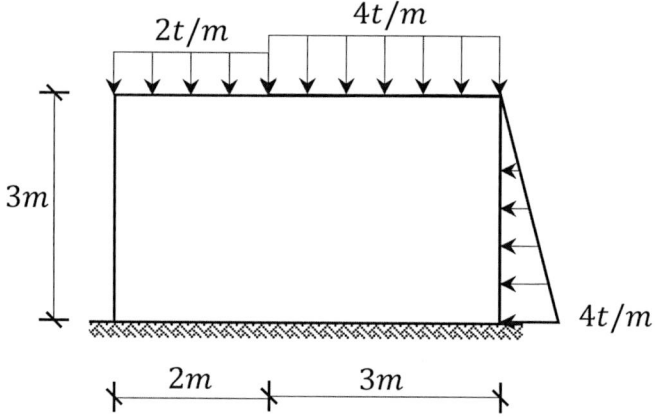

Figura 3.62 Cuerpo sometido a cargas distribuidas.

1ro: Cálculo de resultantes de cargas distribuidas

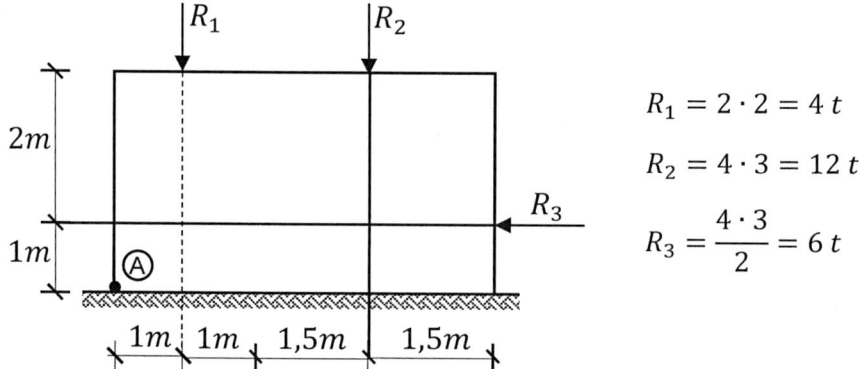

$$R_1 = 2 \cdot 2 = 4\,t$$

$$R_2 = 4 \cdot 3 = 12\,t$$

$$R_3 = \frac{4 \cdot 3}{2} = 6\,t$$

2do: Cálculo de la resultante Ry

$$R_y = \sum F_y = 0 \quad \downarrow \oplus$$

$$R_y = R_1 + R_2$$

$$R_y = 4 + 12 = 16\,t$$

Ubicación:

$$\circlearrowleft \oplus M_A = R_y \cdot a = R_1 \cdot 1 + R_2 \cdot 3,5$$

$$16 \cdot a = 4 \cdot 1 + 12 \cdot 3,5$$

$$a = 2,875$$

3ro: Cálculo de la resultante total

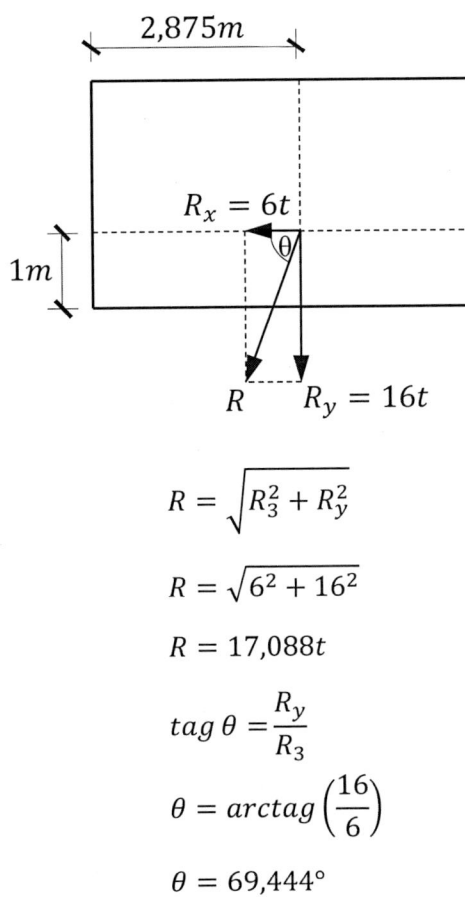

$$R = \sqrt{R_3^2 + R_y^2}$$

$$R = \sqrt{6^2 + 16^2}$$

$$R = 17,088t$$

$$tag\,\theta = \frac{R_y}{R_3}$$

$$\theta = arctag\left(\frac{16}{6}\right)$$

$$\theta = 69,444°$$

PRÁCTICA 35

Calcular la resultante total de las siguientes cargas.

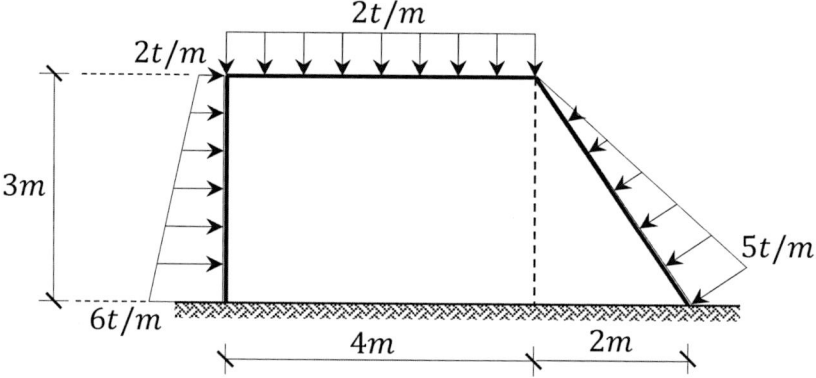

Figura 3.63 Cuerpo afectado por cargas distribuidas.

1ro: Cálculo de las resultantes de las cargas distribuidas

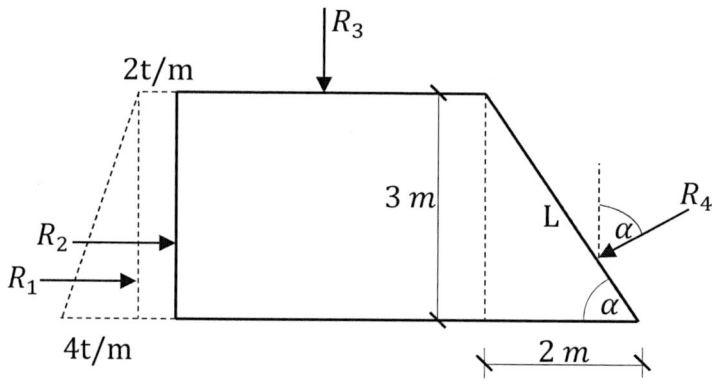

$$R_1 = \frac{q_1 \cdot 3}{2}$$

$$R_1 = \frac{4 \cdot 3}{2} = 6\, t$$

$$R_2 = q_2 \cdot 3$$

$$R_2 = 2 \cdot 3 = 6\, t$$

$$R_3 = 2 \cdot 4 = 8\, t$$

$$L = \sqrt{2^2 + 3^2} = \sqrt{13}$$

$$R_4 = \frac{5 \cdot \sqrt{13}}{2}$$

$$R_4 = 9{,}014$$

$$tag\alpha = \frac{3}{2}$$

$$\alpha = arctag\left(\frac{3}{2}\right) = 56{,}31°$$

2do: Descomposición de la resultante R₄

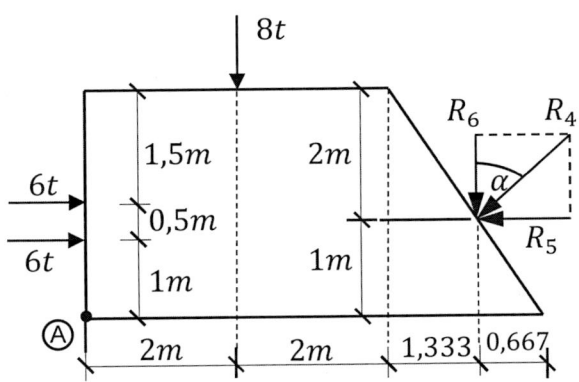

$$R_5 = 9{,}014 \cdot \operatorname{sen} \alpha = 7{,}5\ t$$

$$R_6 = 9{,}014 \cdot \cos \alpha = 5\ t$$

3ero: Cálculo de las resultantes R_x y R_y

$$R_x = \sum F_x \rightarrow \oplus$$

$$R_x = 6 + 6 - 7{,}5$$

$$R_x = 4{,}5t$$

$Ubicacion:$

$$\circlearrowleft M_A = R_x \cdot a = 6 \cdot 1 + 6 \cdot 1{,}5 - 7{,}5 \cdot 1$$

$$4{,}5 \cdot a = 7{,}5$$

$$a = 1{,}667$$

$$R_y = \sum F_y \downarrow \oplus$$

$$R_y = 8 + 5$$

$$R_y = 13t$$

$Ubicacion:$

$$\circlearrowleft M_A = R_y \cdot b = 8 \cdot 2 + 5 \cdot 5{,}333$$

$$13 \cdot b = 42{,}665$$

$$b = 3{,}282m$$

4to: Cálculo de resultante total

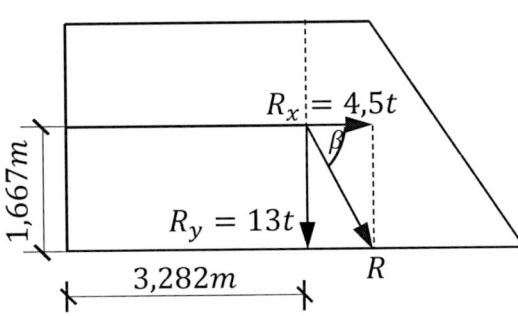

$$R = \sqrt{R_x^2 + R_y^2}$$

$$R = \sqrt{4{,}5^2 + 13^2} = 13{,}757t$$

$$Tag\ \theta = \frac{R_y}{R_x}$$

$$\theta = arctag\left(\frac{13}{4{,}5}\right) = 70{,}907°$$

PRÁCTICA 36

Calcular la resultante total de las siguientes cargas.

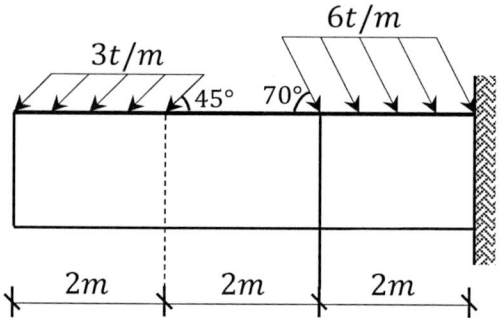

Figura 3.64 Viga con cargas oblicuas.

1ro: Cálculo de las resultantes de las cargas distribuidas

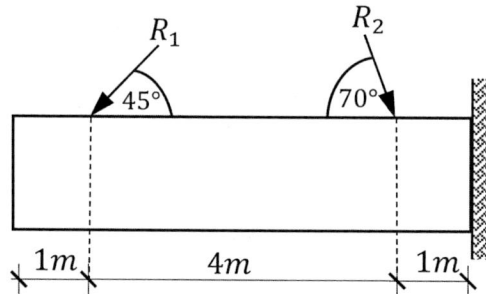

$$R_1 = 3 \cdot 2 = 6\ t$$

$$R_2 = 6 \cdot 2 = 12\ t$$

2do: Descomposición de las fuerzas

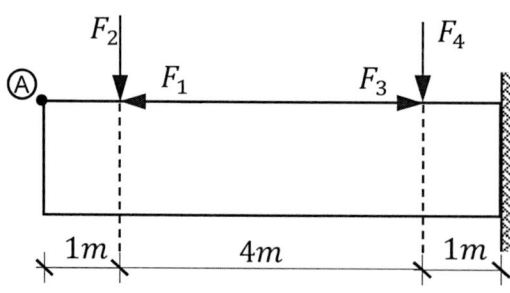

$$F_1 = 6 \cdot \cos 45°$$

$$F_1 = 4{,}243\ t$$

$$F_2 = 6 \cdot sen\ 45°$$

$$F_2 = 4{,}243\ t$$

$$F_3 = 12\ \cos 70°$$

$$F_3 = 4{,}104\ t$$

$$F_4 = 12\ sen\ 70°$$

$$F_4 = 11{,}276\ t$$

3ro: Cálculo de las resultantes $\mathbf{R}_x$ y $\mathbf{R}_y$

$$R_x = \Sigma F_x \leftarrow \oplus$$

$$R_x = 4,243 - 4,104$$

$$R_x = 0,139\ t$$

$$R_y = \Sigma F_y \downarrow \oplus$$

$$R_y = 4,243 + 11,276$$

$$R_y = 15,519$$

Ubicación:

$$\circlearrowleft\oplus M_A = R_y \cdot a = 4,243 \cdot 1 + 11,276 \cdot 5$$

$$15,519 \cdot a = 60,623$$

$$a = 3,906\ m$$

4to: Cálculo de resultante total

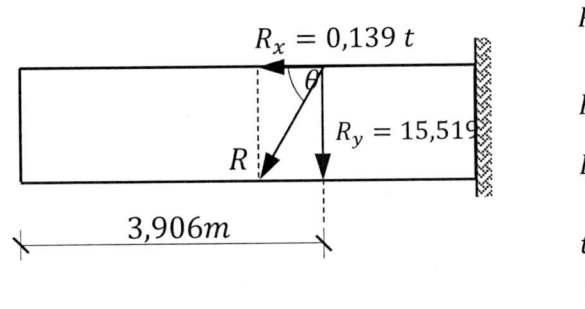

$$R = \sqrt{R_{x^2} + R_{y^2}}$$

$$R = \sqrt{0,139^2 + 15,519^2}$$

$$R = 15,520\ t$$

$$tag\ \theta = \frac{R_y}{R_x}$$

$$\theta = arctag\left(\frac{15,519}{0,139}\right)$$

$$\theta = 89,487°$$

PRÁCTICA 37

Calcular la resultante de la siguiente carga distribuida.

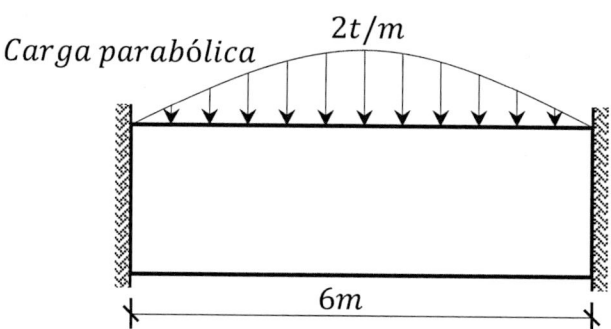

Figura 3.65 Viga con carga parabólica.

1ro: Ecuación de la carga parabólica

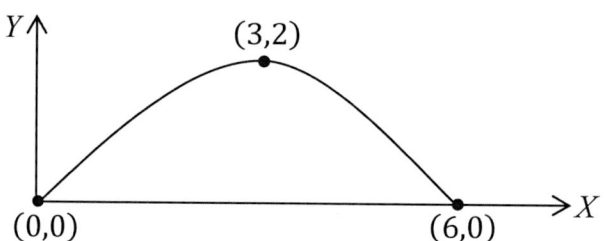

Datos:

$P(x, y) = (0,0)$

$V(h, k) = (3,2)$

Reemplazamos $P(x, y)$ y $V(h, k)$ en la ecuación:

$(x - h)^2 = -4a(y - k)$

$(0 - 3)^2 = -4a(0 - 2)$

$9 = 8a$

$a = \dfrac{9}{8}$

Reemplazamos los siguientes datos en la ecuación de la parábola:

$V(h, k) = (3,2)$

$a = \dfrac{9}{8}$

$(x - h)^2 = -4a(y - k)$

$(x - 3)^2 = -4 \cdot \dfrac{9}{8}(y - 2)$

$$x^2 - 6x + 9 = -\frac{9}{2} \cdot y + 9$$

$$\frac{9}{2}y = 6x - x^2$$

$$y = \frac{2}{9}(6x - x^2)$$

$$y = 1,333x - 0,222x^2$$

2do: Cálculo de la resultante

$$R = \int_0^L y \cdot dx$$

$$R = \int_0^6 (1,333x - 0,222x^2)\ dx$$

$$R = 8t$$

3ro: Cálculo de la ubicación de la resultante

$$a = \frac{1}{R}\int_0^L y \cdot x\ dx$$

$$a = \frac{1}{8}\int_0^6 (1,333x - 0,222x^2)\ x\ dx$$

$$a = 3m$$

4to: Representación gráfica

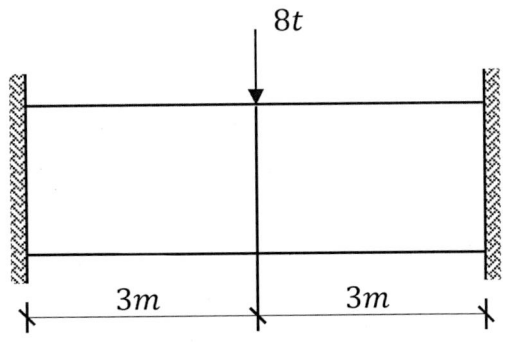

PRÁCTICA 38

Calcular la resultante de la siguiente carga distribuida.

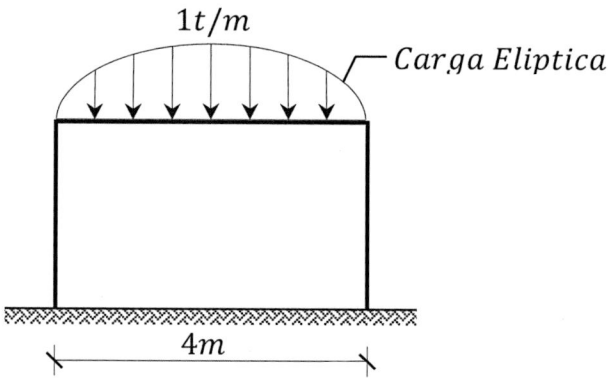

Figura 3.66 Cuerpo con carga elíptica.

1ro: Ecuación de la carga elíptica

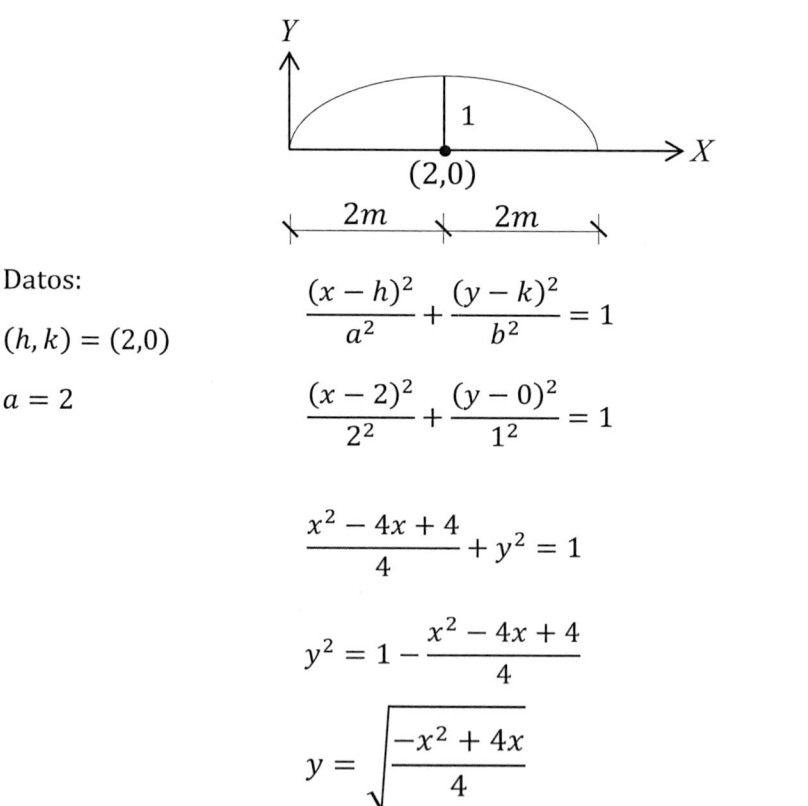

Datos:

$(h, k) = (2,0)$

$a = 2$

$$\frac{(x - h)^2}{a^2} + \frac{(y - k)^2}{b^2} = 1$$

$$\frac{(x - 2)^2}{2^2} + \frac{(y - 0)^2}{1^2} = 1$$

$$\frac{x^2 - 4x + 4}{4} + y^2 = 1$$

$$y^2 = 1 - \frac{x^2 - 4x + 4}{4}$$

$$y = \sqrt{\frac{-x^2 + 4x}{4}}$$

2do: Cálculo de la resultante

$$R = \int_0^L y \cdot dx$$

$$R = \int_0^4 \sqrt{\frac{-x^2 + 4x}{4}} \cdot dx$$

$$R = 3{,}1416 \, t$$

3ro: Cálculo de la ubicación de la resultante

$$a = \frac{1}{R} \int_0^L y \cdot x \, dx$$

$$a = \frac{1}{3{,}1416} \int_0^4 \sqrt{\frac{-x^2 + 4x}{4}} \cdot x \, dx$$

$$a = 2m$$

4to: Representación gráfica

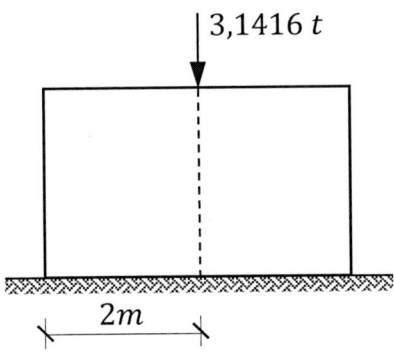

PRÁCTICA 39

Calcular la resultante de la siguiente carga distribuida.

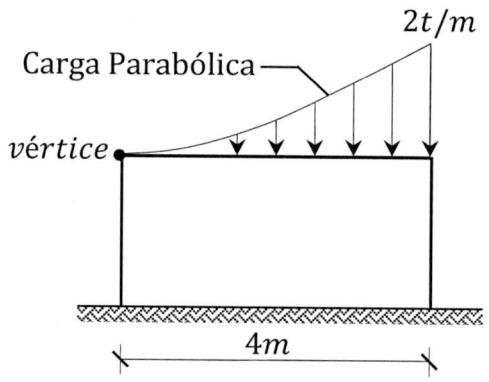

Figura 3.67 Cuerpo con carga parabólica.

1ro: Ecuación de la carga parabólica

Reemplazamos los siguientes datos en la ecuacion de la parabola.

$$(x - h)^2 = +4a(y - k)$$

$$(4 - 0)^2 = 4a(2 - 0)$$

$$16 = 8a$$

$$a = 2$$

Reemplazamos los siguientes datos en la ecuacion de la parabola:

$a = 2$

$V(h, k) = (0,0)$ $(x - h)^2 = 4a(y - k)$

$$(x - 0)^2 = 4 \cdot 2(y - 0)$$

$$x^2 = 8y$$

$$y = \frac{x^2}{8}$$

2do: Cálculo de la resultante

$$R = \int_0^L y \cdot dx$$

$$R = \int_0^4 \frac{x^2}{8} dx$$

$$R = 2,667$$

3ro: Cálculo de la ubicación de la resultante

$$a = \frac{1}{R} \int_0^L y \cdot x \, dx$$

$$a = \frac{1}{2,667} \int_0^4 \frac{x^2}{8} \cdot x \, dx$$

$$a = \frac{1}{2,667} \int_0^4 \frac{x^3}{8} dx$$

$$a = 3m$$

4to: Representación gráfica

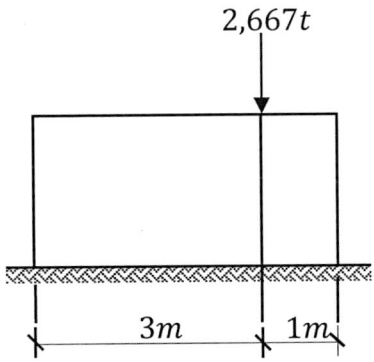

PRÁCTICA 40

Calcular la resultante de la siguiente carga distribuida.

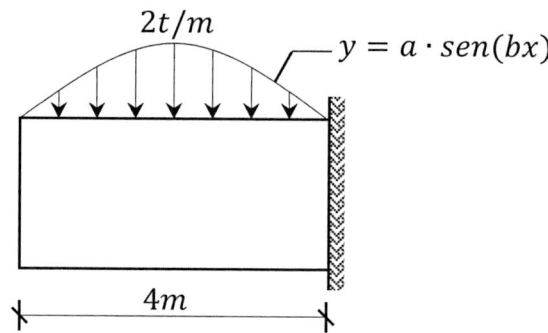

Figura 3.68 Viga en voladizo con carga no lineal.

1ro: Ecuación de la carga trigonométrica

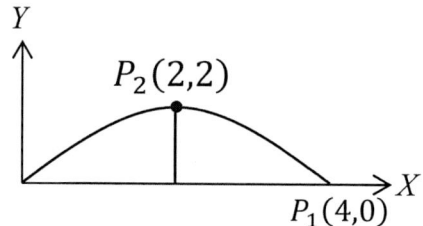

Reemplazamos $P_1(4,0)$ en la ecuación de la carga:

$$0 = a \cdot Sen(b \cdot 4)$$

$$4b = arcSen(0)$$

$$4b = \pi$$

$$b = \frac{\pi}{4}$$

arcsen (0) $= \pi$, porque el punto P1 se encuentra en el primer periodo de la curva y no al inicio.

Reemplazamos $P_2(2,2)$ en la ecuación de la carga:

$$2 = a \cdot sen\left(\frac{\pi}{4} \cdot 2\right)$$

$$2 = a \cdot sen\left(\frac{\pi}{2}\right)$$

$$a = 2$$

La ecuación de la carga es:

$$y = 2 \cdot sen\left(\frac{\pi}{4}x\right)$$

2do: Cálculo de la resultante

$$R = \int_0^L y \cdot dx$$

$$R = \int_0^4 2 \cdot Sen\left(\frac{\pi}{4}x\right) dx$$

$$R = 5{,}093\ t$$

3ro: Cálculo de la ubicación de la resultante

$$a = \frac{1}{R}\int_0^L y \cdot x\ dx$$

$$a = \frac{1}{5{,}093}\int_0^4 2 \cdot Sen\left(\frac{\pi}{4}x\right) \cdot x\ dx$$

$$a = 2m$$

4to: Representación gráfica

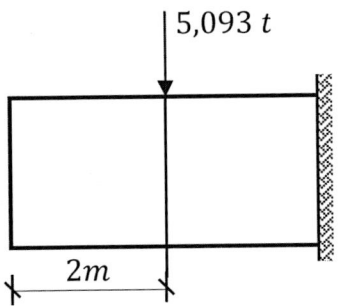

PRÁCTICA 41

Calcular los esfuerzos en los cables.

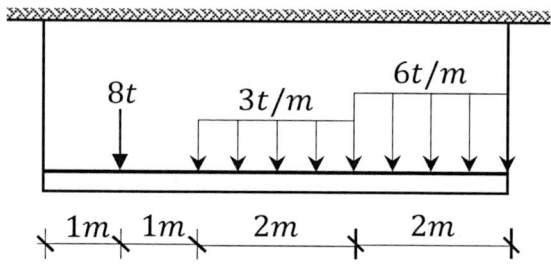

Figura 3.69 Barra suspendida por dos cables.

1ro: Cálculo de las resultantes

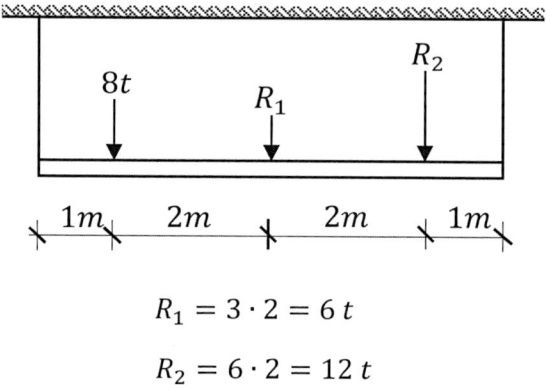

$$R_1 = 3 \cdot 2 = 6\ t$$

$$R_2 = 6 \cdot 2 = 12\ t$$

2do: Cálculo de esfuerzos en los cables

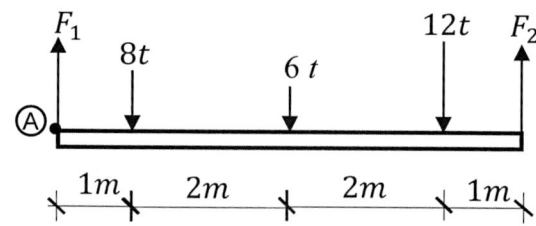

$\Sigma M_A = 0 \,\circlearrowleft \oplus$

$8 \cdot 1 + 6 \cdot 3 + 12 \cdot 5 - F_2 \cdot 6 = 0$

$F_2 = 14{,}333\ t$

$\Sigma F_y = 0 \uparrow \oplus$

$F_1 - 8 - 6 - 12 + 14{,}333 = 0$

$F_1 = 11{,}667\ t$

PRÁCTICA 42

Calcular los esfuerzos en los cables.

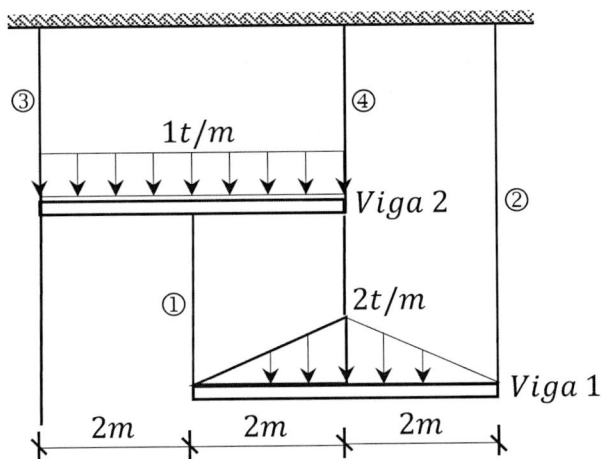

Figura 3.70 Sistema de barras y cables.

1ro: Análisis de la viga 1

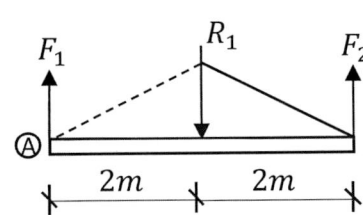

$$R_1 = \frac{2 \cdot 4}{2} = 4\, t$$

$\Sigma M_A = 0 \circlearrowleft \oplus$

$4 \cdot 2 - F_2 \cdot 4 = 0$

$F_2 = 2\, t$

$\Sigma F_y = 0 \uparrow \oplus$

$F_1 - 4 + 2 = 0$

$F_1 = 2\, t$

2do: Análisis de la viga 2

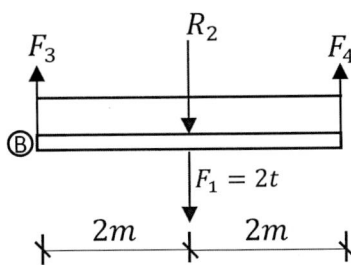

$R_2 = 1 \cdot 4 = 4\, t$

$\Sigma M_B = 0 \circlearrowleft \oplus$

$2 \cdot 2 + 4 \cdot 2 - F_4 \cdot 4 = 0$

$F_4 = 3\, t$

$\Sigma F_y = 0 \uparrow \oplus$

$F_3 - 2 - 4 + 3 = 0$

$F_3 = 3\, t$

PRÁCTICA 43

Calcular los esfuerzos en los cables del siguiente sistema.

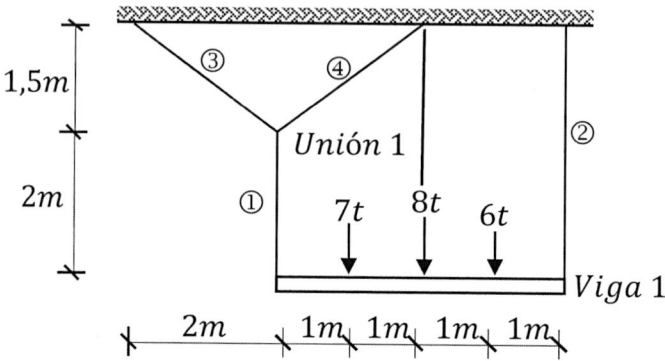

Figura 3.71 Sistema de una barra y cuatro cables.

1ro: Análisis de la viga 1

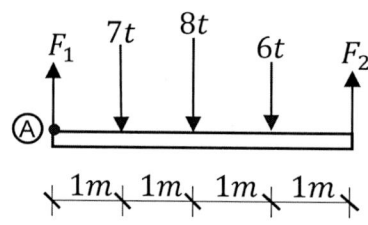

$\Sigma M_A = 0 \circlearrowright \oplus$

$7 \cdot 1 + 8 \cdot 2 + 6 \cdot 3 - F_2 \cdot 4 = 0$

$F_2 = 10{,}25$

$\Sigma F_y = 0 \uparrow \oplus$

$F_1 - 7 - 8 - 6 + 10{,}25 = 0$

$F_1 = 10{,}75 \ t$

2do: Análisis de la viga 1

$tag\alpha = \dfrac{1{,}5}{2} \rightarrow \alpha = arctag\left(\dfrac{1{,}5}{2}\right) = 36{,}87°$

$\Sigma F_X = 0 \rightarrow \oplus$

$-F_3 \, cos\alpha + F_4 \, cos\alpha = 0$

$F_3 = F_4$

$\Sigma F_y = 0 \uparrow \oplus$

$F_3 sen\alpha + F_4 sen\alpha - 10{,}75 = 0$

$2F_3 sen(36{,}87) = 10{,}75$

$F_3 = 8{,}958 \ t \rightarrow F_4 = 8{,}958 \ t$

PRÁCTICA 44

Calcular los esfuerzos en los siguientes cables.

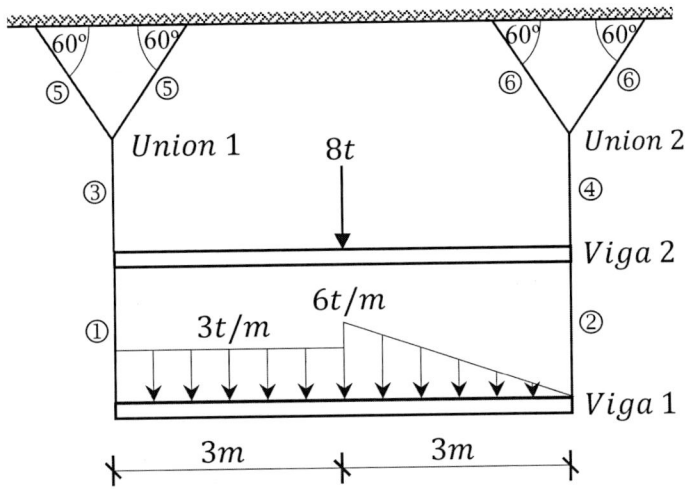

Figura 3.72 Sistemas de barras y cables.

1ro: Análisis de la viga 1

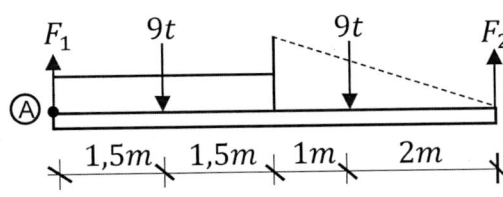

$\Sigma M_A = 0 \circlearrowleft \oplus$
$9 \cdot 1,5 + 9 \cdot 4 - F_2 \cdot 6 = 0$
$F_2 = 8,25\ t$

$\Sigma F_y = 0 \uparrow \oplus$
$F_1 - 9 - 9 + 8,25 = 0$
$F_1 = 9,75\ t$

2do: Análisis de la viga 2

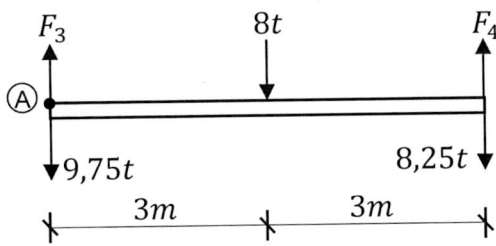

$\Sigma M_A = 0 \circlearrowleft \oplus$
$8 \cdot 3 + 8,25 \cdot 6 - F_4 \cdot 6 = 0$
$F_4 = 12,25\ t$

$\Sigma F_y = 0 \uparrow \oplus$
$F_3 - 9,75 - 8 - 8,25 + 12,25 = 0$
$F_3 = 13,75\ t$

3ro: Análisis de la unión 1

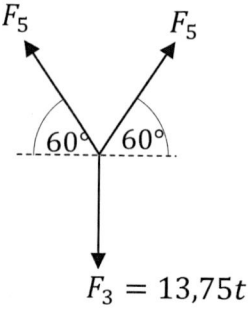

Las fuerzas que accionan hacia arriba (F_5) son iguales por la simetría del sistema de fuerzas.

$\Sigma F_y = 0 \uparrow \oplus$

$F_5 \cdot sen\ 60 + F_5 \cdot Sen\ 60 - 13{,}75 = 0$

$F_5 = \dfrac{13{,}75}{2 Sen\ 60} = 7{,}939t$

4to: Análisis de la unión 2

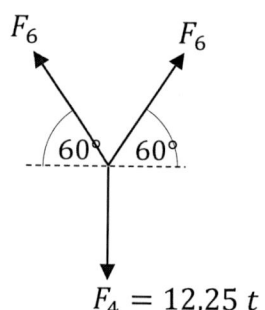

Las fuerzas que accionan hacia arriba (F_6) son iguales por la simetría del sistema de fuerzas.

$\Sigma F_y = 0 \uparrow \oplus$

$F_6 \cdot sen\ 60 + F_6 \cdot sen\ 60 - 12{,}25 = 0$

$F_6 = \dfrac{12{,}25}{2 \cdot sen\ 60} = 7{,}073\ t$

5to: Resumen

Cable	Fuerza $[t]$
1	9,75
2	8,25
3	13,75
4	12,25
5	7,939
6	7,073

PRÁCTICA 45

Calcular los esfuerzos normales en los cables.

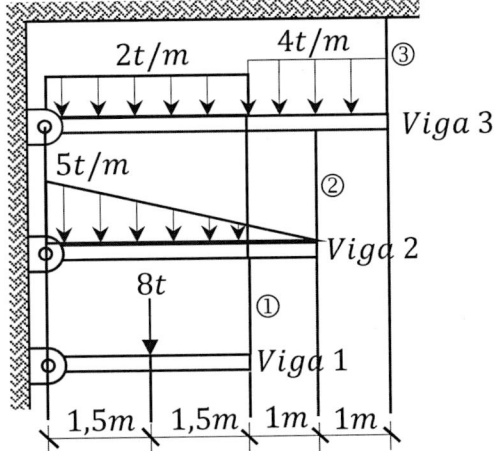

Figura 3.73 Sistema compuesto de barras y cables.

1ro: Análisis de la viga 1

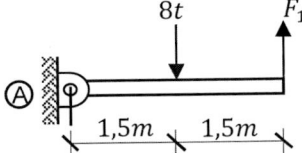

$$\Sigma M_A = 0 \, \cup \oplus$$
$$8 \cdot 1,5 - F_1 \cdot 3 = 0$$
$$F_1 = 4t$$

2do: Análisis de la viga 2

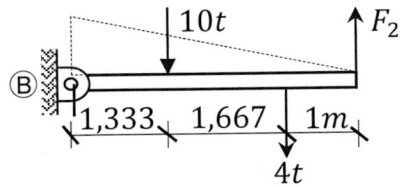

$$\Sigma M_B = 0 \, \cup \oplus$$
$$10 \cdot 1,333 - F_2 \cdot 4 + 4 \cdot 3 = 0$$
$$F_2 = 6,333t$$

3ro: Análisis de la viga 3

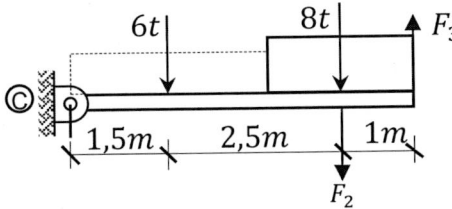

$$\Sigma M_C = 0 \, \cup \oplus$$
$$6 \cdot 1,5 + 8 \cdot 4 - F_3 \cdot 5 + 6,333 \cdot 4 = 0$$
$$F_3 = 13,266 \, t$$

PRÁCTICA 46

Calcular los esfuerzos en los cables.

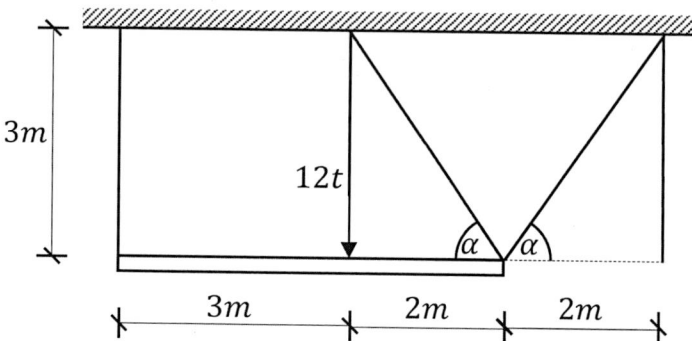

Figura 3.74 Sistema de una barra y tres cables.

1ro: Análisis de la viga

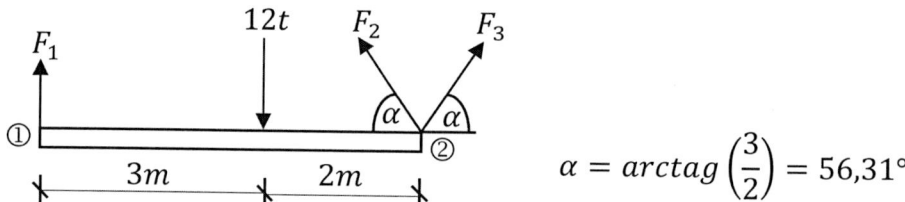

$$\alpha = arctag\left(\frac{3}{2}\right) = 56,31°$$

$\sum M_2 = 0 \circlearrowleft \oplus$

$F_1 \cdot 5 - 12 \cdot 2 = 0$

$F_1 = 4,8t$

$\sum F_x = 0 \rightarrow \oplus$

$-F_2 \cdot \cos \alpha + F_3 \cdot \cos \alpha = 0$

$F_3 = F_2$ ①

$\sum F_y = 0 \uparrow \oplus$

$4,8 - 12 + F_2 \cdot sen\, \alpha + F_3 \cdot sen\, \alpha = 0$ ②

Sustituir ① en ②:

$4,8 - 12 + F_2 \cdot sen\, \alpha + F_2 \cdot sen\, \alpha = 0$

$F_2 = 4,327\, t$

$F_3 = 4,327\, t$

PRÁCTICA 47

Calcular los esfuerzos normales en los cables de la siguiente estructura.

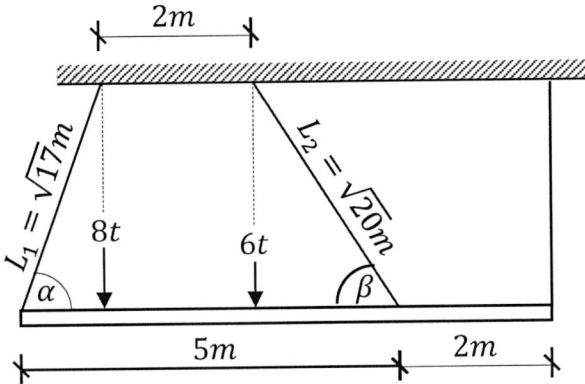

Figura 3.75 Sistema de una barra y dos cables.

1ro: Cálculo de ángulos

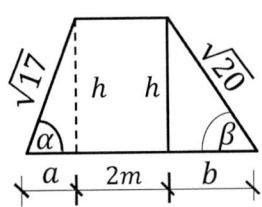

$$sen\,\alpha = \frac{h}{\sqrt{17}} \Rightarrow h = \sqrt{17}\,sen\,\alpha \;\;①$$

$$sen\,\beta = \frac{h}{\sqrt{20}} \Rightarrow h = \sqrt{20}\,sen\,\beta \;\;②$$

Igualamos ① y ②:

$$\sqrt{17}\,sen\,\alpha = \sqrt{20}\,sen\,\beta \;\;③$$

Identidad:

$$sen^2\alpha + cos^2\alpha = 1$$

$$sen\,\alpha = \sqrt{1 - cos^2\alpha} \;\;④$$

$$sen^2\beta + cos^2\beta = 1$$
$$sen\,\beta = \sqrt{1 - cos^2\beta} \;\;⑤$$

Reemplazando ④ y ⑤ en ③:

$$\sqrt{17} \cdot \sqrt{1 - cos^2\alpha} = \sqrt{20} \cdot \sqrt{1 - cos^2\beta} \;\;(\;)^2$$

$$17 \cdot (1 - cos^2\alpha) = 20 \cdot (1 - cos^2\beta)$$

$$17 - 17cos^2\alpha = 20 - 20cos^2\beta$$

$$-17cos^2\alpha = 3 - 20cos^2\beta$$

$$cos^2\alpha = \frac{3 - 20cos^2\beta}{-17}$$

$$Cos\,\alpha = \sqrt{\frac{20cos^2\beta - 3}{17}} \quad ⑥$$

De la siguiente figura:

$$a + b + 2 = 5$$

$$a + b = 3 \quad ⑦$$

$$cos\,\alpha = \frac{a}{\sqrt{17}} \Rightarrow a = \sqrt{17}\,cos\,\alpha \quad ⑧$$

$$cos\,\beta = \frac{b}{\sqrt{20}} \Rightarrow b = \sqrt{20}\,cos\,\beta \quad ⑨$$

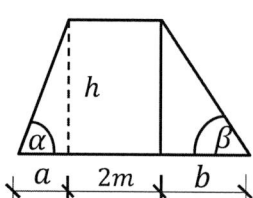

Sustituir ⑧ y ⑨ en ⑦:

$$\sqrt{17}\,cos\,\alpha + \sqrt{20}\,cos\,\beta = 3 \quad ⑩$$

Sustituir ⑥ en ⑩:

$$\sqrt{17}\left(\sqrt{\frac{20cos^2\beta - 3}{17}}\right) + \sqrt{20}\,cos\,\beta = 3$$

$$\beta = 63{,}435° \quad ⑪$$

Sustituir ⑪ en ⑥:

$$\sqrt{20\,cos^2\beta} - 3 = 3 + \sqrt{20}\,cos\,\beta$$

2do: Análisis de la viga

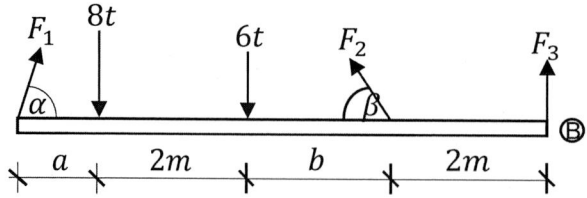

De las ecuaciones ⑧ y ⑨:

$$a = \sqrt{17}\,cos(75{,}964)$$

$$a = 1m$$

$$b = \sqrt{20}\,cos(63{,}435)$$

$$b = 2m$$

$\sum F_x = 0 \rightarrow \oplus$

$F_1 \cdot cos(75{,}964) - F_2 \cdot cos(63{,}435) = 0$

$F_1 = F_2 \cdot \dfrac{cos(63{,}435)}{cos(75{,}964)}$

$F_1 = 1{,}844\, F_2$ ⑫

$\sum F_y = 0 \uparrow \oplus$

$F_1 \cdot sen(75{,}964) + F_2 \cdot sen(63{,}435) + F_3 - 8 - 6 = 0$

$0{,}97\, F_1 + 0{,}894 F_2 + F_3 = 14$ ⑬

$\sum M_B = 0 \circlearrowleft \oplus$

$F_1 \cdot sen(75{,}964) \cdot 7 - 8 \cdot 6 - 6 \cdot 4 + F_2 . sen(63{,}435) \cdot 2 = 0$

$6{,}791\, F_1 - 48 - 24 + 1{,}789\, F_2 = 0$

$6{,}791\, F_1 + 1{,}789\, F_2 = 72$ ⑭

Sustituir 12 en 14

$6{,}791\, (1{,}844\, F_2) + 1{,}789\, F_2 = 72$

$12{,}523\, F_2 + 1{,}789\, F_2 = 72$

$F_2 = 5{,}031t$ ⑮

Sustituir 15 en 12

$F_1 = 1{,}844 \cdot (5{,}031)$

$F_1 = 9{,}277t$ ⑯

Sustituir 15 y 16 en 13

$0{,}97 \cdot (9{,}277) + 0{,}894 \cdot (5{,}031) + F_3 = 14$

$F_3 = 0{,}504t$

3ero: Resumen

Cable	Fuerza [t]
1	9,277
2	5,031
3	0,504

Todos los esfuerzos son de tracción.

PRÁCTICA 48

Calcular los esfuerzos normales en los cables del siguiente estructural.

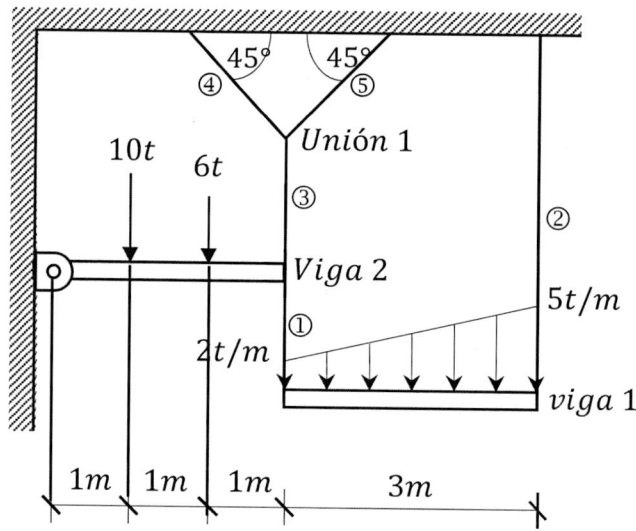

Figura 3.76 Sistema de barras y cables.

1ro: Análisis de la viga 1

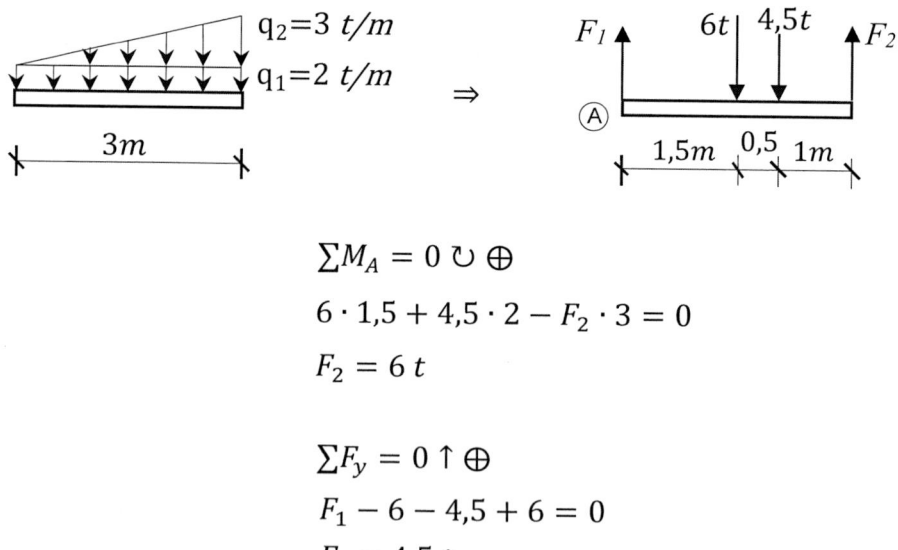

$$\sum M_A = 0 \circlearrowleft \oplus$$

$$6 \cdot 1,5 + 4,5 \cdot 2 - F_2 \cdot 3 = 0$$

$$F_2 = 6 \ t$$

$$\sum F_y = 0 \uparrow \oplus$$

$$F_1 - 6 - 4,5 + 6 = 0$$

$$F_1 = 4,5 \ t$$

2do: Análisis de la viga 2

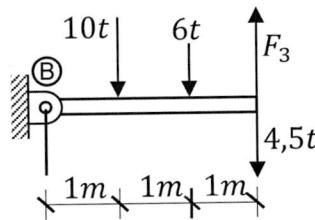

$$\sum M_B = 0 \circlearrowleft \oplus$$

$$10 \cdot 1 + 6 \cdot 2 + 4,5 \cdot 3 - F_3 \cdot 3 = 0$$

$$F_3 = 11,833 \ t$$

3ro: Análisis de la unión 1

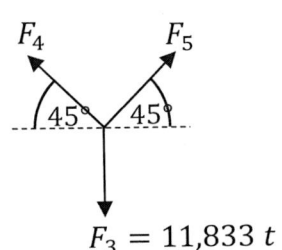

$$\sum F_x = 0 \to \oplus$$

$$-F_4 \cos(45) + F_5 \cos(45) = 0$$

$$F_4 = F_5 \ ①$$

$$\sum F_y = 0 \uparrow \oplus$$

$$F_4 sen(45) + F_5 sen(45) - 11,833 = 0 \ ②$$

Sustituyendo ① en ②:

$$F_5 sen(45) + F_5 sen(45) - 11,833 = 0$$

$$2F_5 sen(45) = 11,833$$

$$F_5 = \frac{11,833}{2 \cdot sen(45)}$$

$$F_5 = 8,367 \ t$$

$$\therefore F_4 = 8,367 t$$

4to: Resumen

Cable	Fuerza [t]
1	4,5
2	6
3	11,833
4	8,367
5	8,367

PRÁCTICA 49

Calcular los esfuerzos normales en los cables de la siguiente estructura.

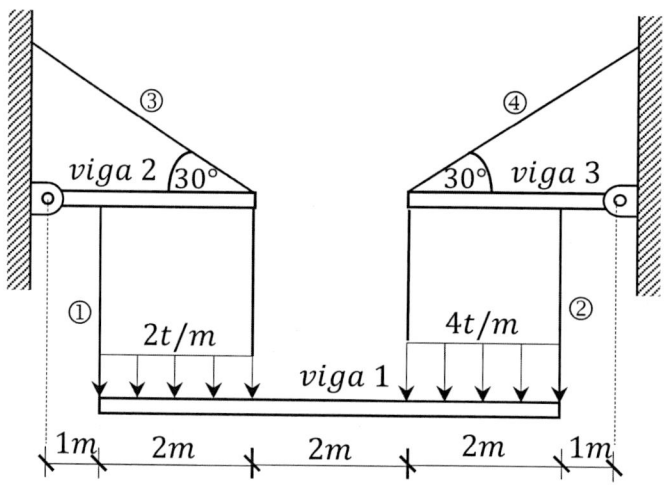

Figura 3.77 Sistemas de barras y cables.

1ro: Análisis de la viga 1

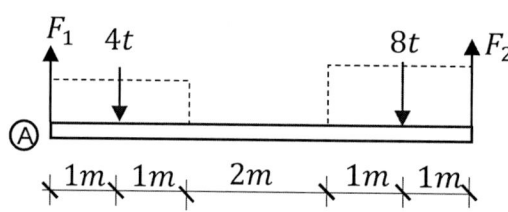

$$\sum M_A = 0 \; \circlearrowright \oplus$$

$$4 \cdot 1 + 8 \cdot 5 - F_2 \cdot 6 = 0$$

$$F_2 = 7,333 \; t$$

$$\sum F_y = 0 \uparrow \oplus$$

$$F_1 - 4 - 8 + 7,333 = 0$$

$$F_1 = 4,667t$$

2do: Análisis de la viga 2

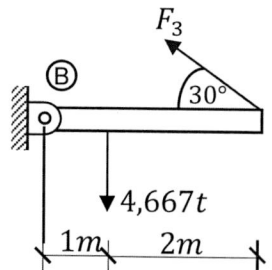

$$\sum M_B = 0 \; \circlearrowright \oplus$$

$$4,667 \cdot 1 - F_3 \cdot sen(30) \cdot 3 = 0$$

$$F_3 = 3,111 \; t$$

3ro: Análisis de la viga 3

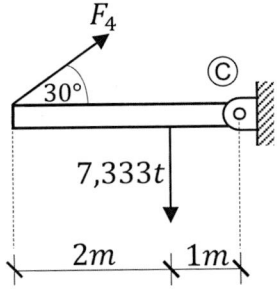

$$\sum M_C = 0 \; \circlearrowleft \oplus$$

$$F_4 \cdot sen(30) \cdot 3 - 7{,}333 \cdot 1 = 0$$

$$F_4 = \frac{7{,}333}{3 \cdot sen(30)}$$

$$F_4 = 4{,}889 \; t$$

4to: Resumen

Cable	Fuerza $[t]$
1	4,667
2	7,333
3	3,111
4	4,889

PRÁCTICA 50

Calcular los esfuerzos normales en los cables.

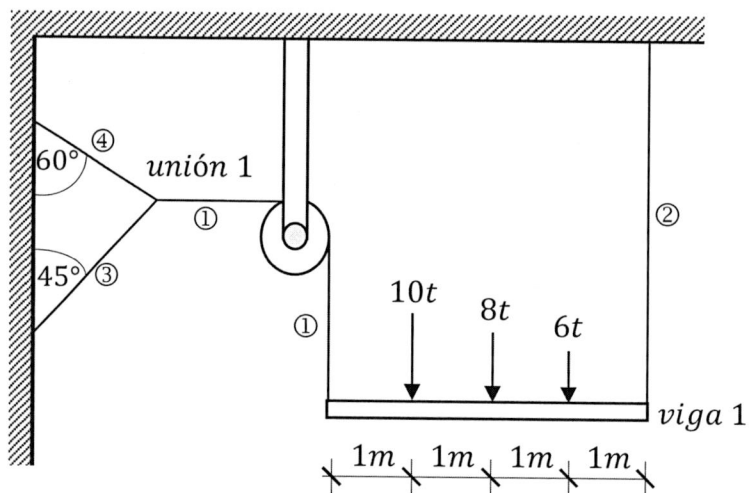

Figura 3.78 Sistema de barras, cables y poleas.

1ro: Análisis de la viga 1

$$\sum M_A = 0 \; \circlearrowleft \oplus$$
$$10 \cdot 1 + 8 \cdot 2 + 6 \cdot 3 - F_2 \cdot 4 = 0$$
$$F_2 = 11 \; t$$

$$\sum F_y = 0 \; \uparrow \oplus$$
$$F_1 - 10 - 8 - 6 + 11 = 0$$
$$F_1 = 13 \; t$$

2do: Análisis de la unión 1

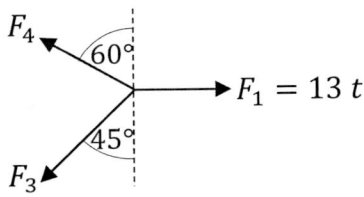

$$\sum F_x = 0 \rightarrow \oplus$$

$$-F_3 sen(45) - F_4 sen(60) + 13 = 0$$

$$0{,}707 F_3 + 0{,}866 F_4 = 13 \quad ①$$

$$\sum F_y = 0 \uparrow \oplus$$

$$-F_3 cos(45) + F_4 cos(60) = 0$$

$$-0{,}707 F_3 + 0{,}5 F_4 = 0 \quad ②$$

Resolviendo el sistema de ecuaciones ① y ② obtenemos:

$$F_3 = 6{,}73 \; t$$

$$F_4 = 9{,}517 \; t$$

PRÁCTICA 51

Calcular los esfuerzos normales en los cables del siguiente sistema.

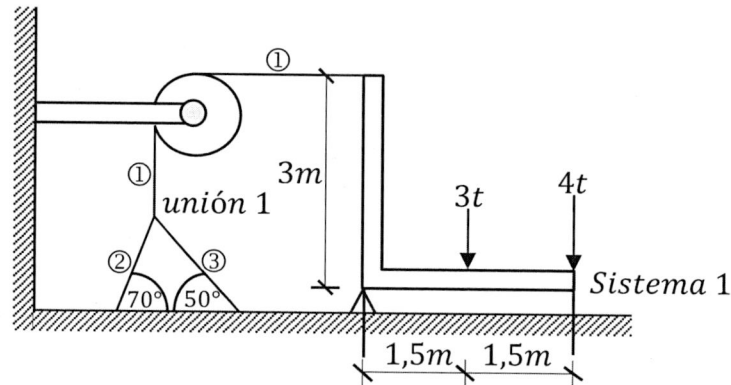

Figura 3.79 Sistema de barras, cables y polea.

1ro: Analizando el sistema 1

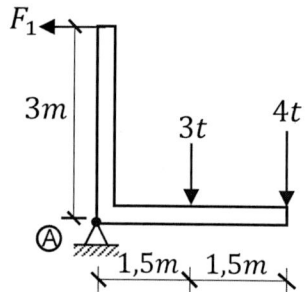

$\sum M_A = 0 \circlearrowleft \oplus$

$-F_1 \cdot 3 + 3 \cdot 1,5 + 4 \cdot 3 = 0$

$F_1 = \dfrac{-3 \cdot 1,5 - 4 \cdot 3}{-3}$

$F_1 = 5,5 \ t$

2do: Análisis de la unión 1

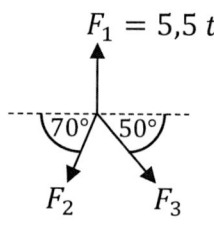

$\sum F_x = 0 \to \oplus$

$-F_2 cos(70) + F_3 cos(50) = 0$

$F_3 = 0,532 F_2 \ \textcircled{1}$

$\sum F_y = 0 \uparrow \oplus$

$5,5 - F_2 sen(70) - F_3 sen(50) = 0 \ \textcircled{2}$

Sustituyendo ① en ②:

$5,5 - F_2 sen(70) - 0,532 F_2 sen(50) = 0$
$F_2 = 4,083 \ t$

$\therefore \ F_3 = 0,532(4,083) = 2,172t$

PRÁCTICA 52

Calcular los esfuerzos normales en los cables.

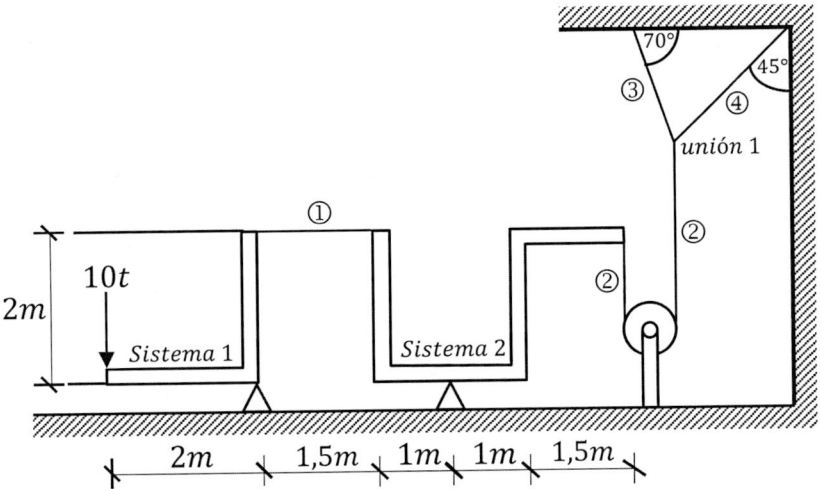

Figura 3.80 Sistema de barras, cables y polea.

1ro: Analizando el sistema 1

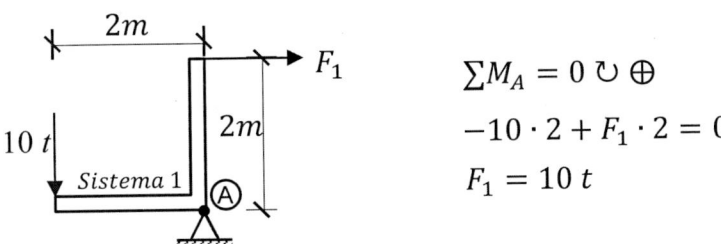

$$\sum M_A = 0 \circlearrowleft \oplus$$
$$-10 \cdot 2 + F_1 \cdot 2 = 0$$
$$F_1 = 10\ t$$

2do: Análisis del sistema 2

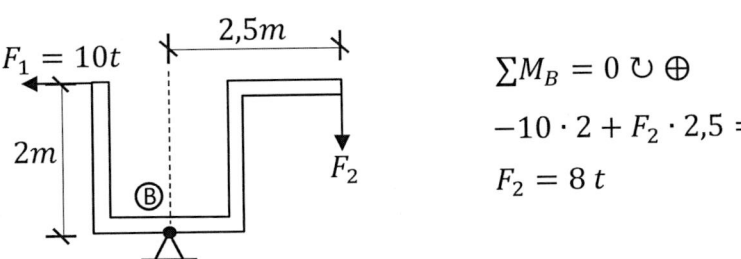

$$\sum M_B = 0 \circlearrowleft \oplus$$
$$-10 \cdot 2 + F_2 \cdot 2,5 = 0$$
$$F_2 = 8\ t$$

3ro: Análisis de la unión 1

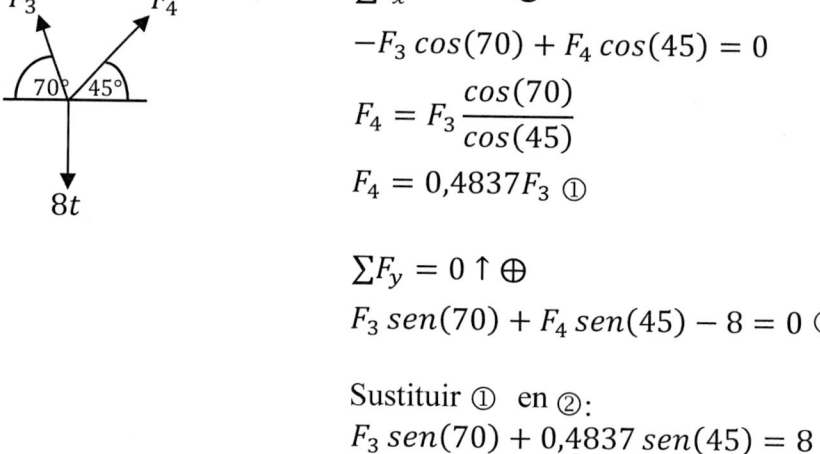

$$\sum F_x = 0 \to \oplus$$

$$-F_3 \cos(70) + F_4 \cos(45) = 0$$

$$F_4 = F_3 \frac{\cos(70)}{\cos(45)}$$

$$F_4 = 0{,}4837 F_3 \ ①$$

$$\sum F_y = 0 \uparrow \oplus$$

$$F_3 \, sen(70) + F_4 \, sen(45) - 8 = 0 \ ②$$

Sustituir ① en ②:

$$F_3 \, sen(70) + 0{,}4837 \, sen(45) = 8$$

$$1{,}2817 F_3 = 8$$

$$F_3 = 6{,}242 \, t \ ③$$

Sustituir ③ en ①

$$F_4 = 0{,}4837 \cdot 6{,}242$$

$$F_4 = 3{,}019 t$$

4to: Resumen

Cable	*Fuerza* $[t]$
1	10
2	8
3	6,242
4	3,019

PRÁCTICA 53

Calcular los esfuerzos en los cables del siguiente sistema.

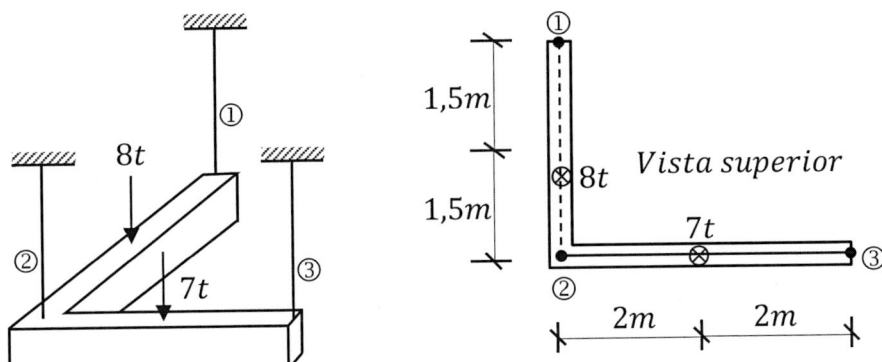

Figura 3.81 Pieza en L suspendida por 3 cables.

1ro: Cálculo de esfuerzo en los cables

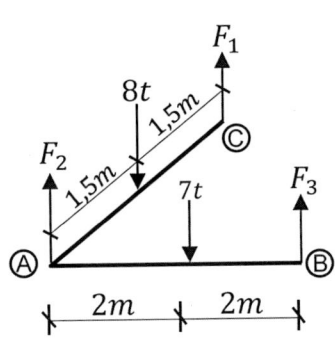

$$\sum M_{\overline{AB}} = 0 \twoheadrightarrow \oplus$$
$$-8 \cdot 1{,}5 + F_1 \cdot 3 = 0$$
$$F_1 = 4 \ t$$

$$\sum M_{\overline{AC}} = 0 \nwarrow \oplus$$
$$F_3 \cdot 4 - 7 \cdot 2 = 0$$
$$F_3 = 3{,}5 \ t$$

$$\sum F_y = 0 \uparrow \oplus$$
$$4 + F_2 + 3{,}5 - 8 - 7 = 0$$
$$F_2 = 7{,}5 \ t$$

2do: Resumen

$Cable$	$Fuerza \ [t]$
1	4
2	7,5
3	3,5

PRÁCTICA 54

Calcular los esfuerzos normales en los siguientes cables.

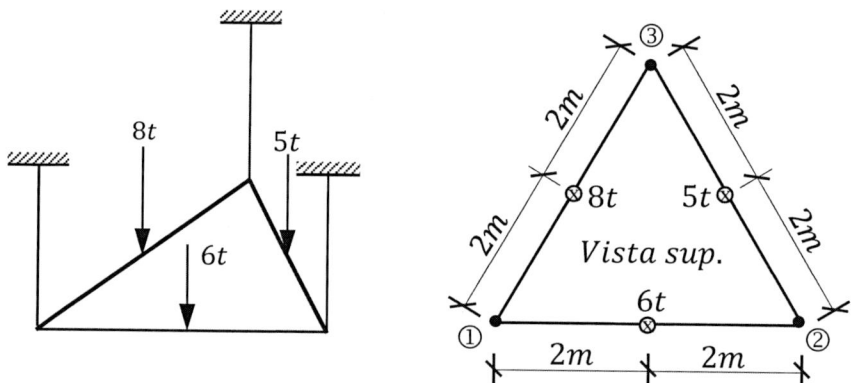

Figura 3.82 Pieza triangular suspendida por 3 cables.

1ro: Cálculo de distancias

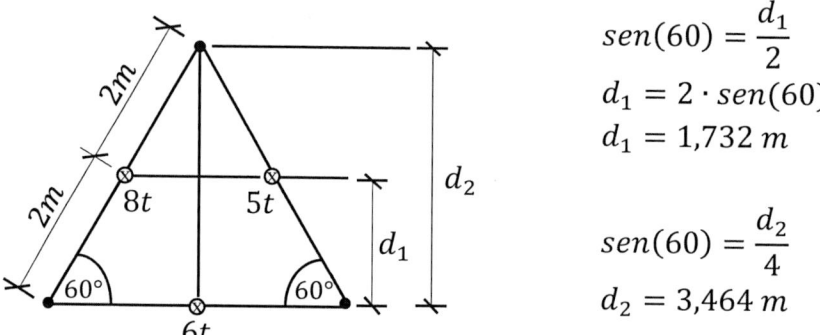

$$sen(60) = \frac{d_1}{2}$$
$$d_1 = 2 \cdot sen(60)$$
$$d_1 = 1,732 \; m$$

$$sen(60) = \frac{d_2}{4}$$
$$d_2 = 3,464 \; m$$

2do: Cálculo de los esfuerzos en los cables

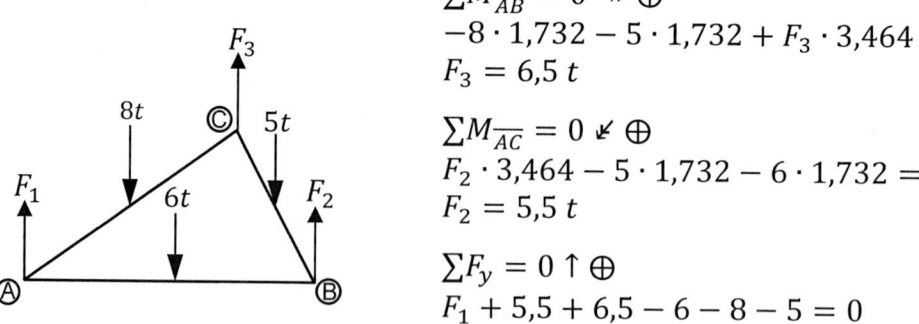

$$\sum M_{\overline{AB}} = 0 \rightarrow \oplus$$
$$-8 \cdot 1,732 - 5 \cdot 1,732 + F_3 \cdot 3,464 = 0$$
$$F_3 = 6,5 \; t$$

$$\sum M_{\overline{AC}} = 0 \nwarrow \oplus$$
$$F_2 \cdot 3,464 - 5 \cdot 1,732 - 6 \cdot 1,732 = 0$$
$$F_2 = 5,5 \; t$$

$$\sum F_y = 0 \uparrow \oplus$$
$$F_1 + 5,5 + 6,5 - 6 - 8 - 5 = 0$$
$$F_1 = 7 \; t$$

PRÁCTICA 55

Calcular los esfuerzos normales en los cables.

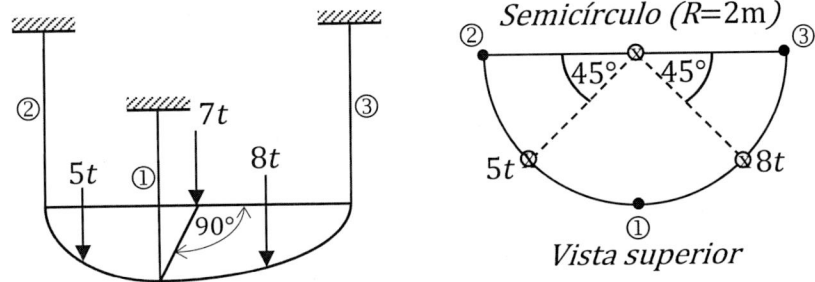

Figura 3.83 Sistema estructural compuesto de 3 cables.

1ro: Cálculo de distancias

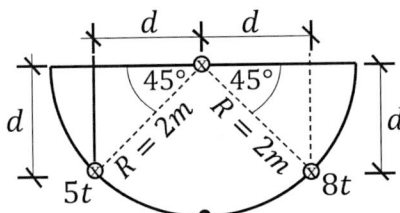

$$sen(45) = \frac{d}{2}$$

$$d = 2 \cdot sen(45)$$

$$d = 1,414m$$

2do: Cálculo de los esfuerzos

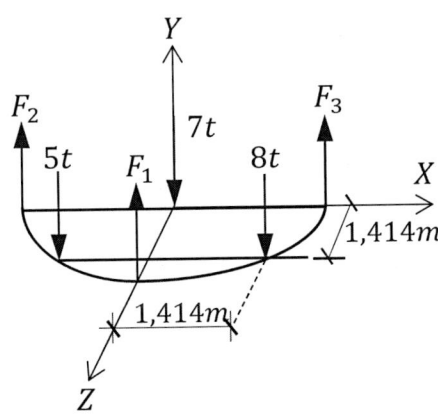

$$\sum M_X = 0 \twoheadrightarrow \oplus$$
$$5 \cdot 1,414 + 8 \cdot 1,414 - F_1 \cdot 2 = 0$$
$$F_1 = 9,191 \, t$$

$$\sum M_Z = 0 \; \measuredangle \; \oplus$$
$$-F_2 \cdot 2 + F_3 \cdot 2 + 5 \cdot 1,414 - 8 \cdot 1,414 = 0$$
$$-2F_2 + 2F_3 = 4,242 \quad ①$$

$$\sum F_y = 0 \uparrow \oplus$$
$$F_2 + F_3 - 7 - 5 - 8 + 9,191 = 0$$
$$F_2 + F_3 = 10,809 \quad ②$$

Resolviendo ① con ②:
$$F_3 = 4,344 \, t$$
$$F_4 = 6,465 \, t$$

CAPÍTULO 4

TIPOLOGÍA DE LAS ESTRUCTURAS

4.1. SISTEMA ESTRUCTURAL

Desde un punto de vista general, un sistema es un conjunto de elementos que interactúan entre sí para lograr un objetivo o propósito. Un sistema estructural está constituido por un conjunto de elementos rígidos o flexibles que, al vincularse a través de diferentes tipos de uniones, forman un esqueleto estable, capaz de soportar cargas y transmitirlas al suelo.

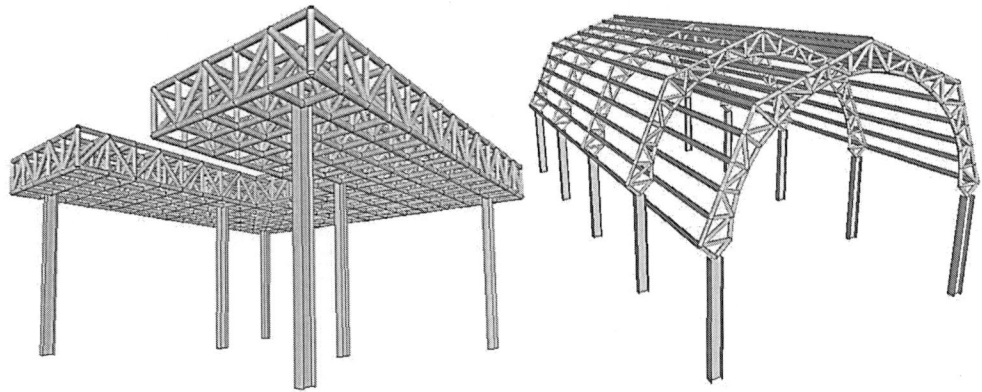

Figura 4.1 Estructuras tridimensionales.

En la figura anterior se muestra una cubierta compuesta de mallas tetraédricas que permiten cubrir grandes espacios libres, el segundo sistema es una nave industrial en arco con geometría reticular. En ambos casos la forma triangular que aparece en la geometría de la cubierta permite que estas estructuras puedan albergar espacios suficientemente grandes para depósitos industriales, resguardo de equipo pesado y maquinarias, estaciones de servicio, mercados y otros.

En la práctica, los elementos flexibles o cables se incluyen en un sistema para soportar grandes fuerzas de tracción, por ejemplo, los puentes colgantes y las torres atirantadas. Son sistemas estructurales mixtos que incluyen elementos tanto rígidos como flexibles.

4.1.1. PARTES DE UN SISTEMA ESTRUCTURAL

Un sistema estructural está constituido por las siguientes partes:

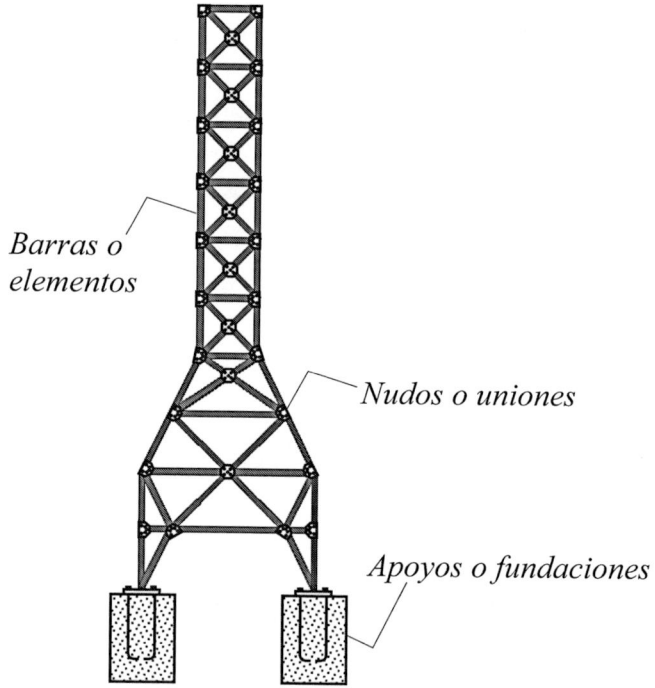

Figura 4.2 Estructura con cada una de sus partes.

a) Apoyos o fundaciones

Los apoyos también se conocen como vínculos externos. Son una parte fundamental de la estructura. Su función es recibir el total de las cargas procedentes del esqueleto de la estructura para luego transmitirlas al suelo.

b) Nudos o uniones

Llamados también vínculos internos, son componentes que permiten la interacción de los esfuerzos desarrollados en las barras de la estructura. Su función es muy importante porque concentran las fuerzas procedentes de las barras que concurren en cada nudo.

c) Barras o elementos

Estos elementos pueden recibir diversos nombres, según su posición en la estructura y el tipo de carga que soportan. Su función principal es albergar, soportar y trasmitir las cargas de la estructura transformada en esfuerzos. En esencia constituyen el principal componente del sistema estructural.

4.1.2. IDEALIZACIÓN

Para analizar una estructura es importante la representación simplificada de sus diferentes partes (apoyos, nudos y barras), con el objetivo de facilitar los cálculos y hacer más fácil la interpretación de su comportamiento.

4.1.2.1. IDEALIZACIÓN DE BARRAS O ELEMENTOS

Cualquiera que sea la forma de la sección de una barra, esta se idealiza a partir de su eje axial o línea baricéntrica. Se denomina eje axial a la sucesión continua de puntos formados por los centros de gravedad de las infinitas secciones que conforman una barra o elemento.

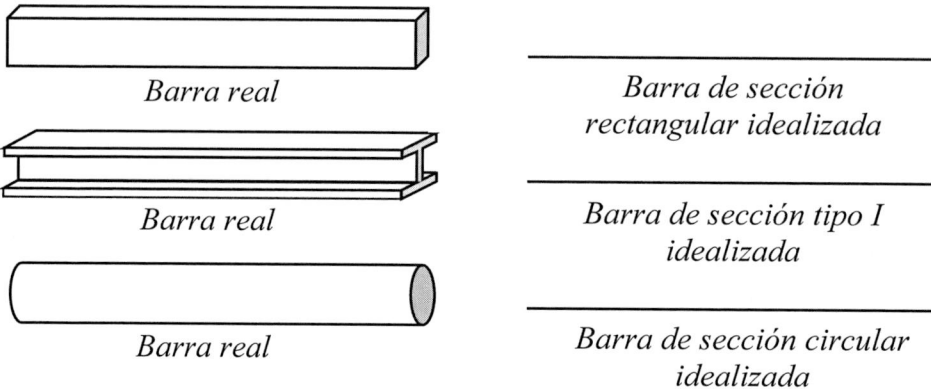

Barra real

Barra de sección rectangular idealizada

Barra real

Barra de sección tipo I idealizada

Barra real

Barra de sección circular idealizada

Figura 4.3 Barra idealizada a través de su eje baricéntrico.

La simplificación anterior se sustenta en la predominancia de las dimensiones que tienen estos elementos, pues, de sus tres dimensiones principales, las de la sección son pequeñas con respecto a su longitud. Por lo tanto, podemos considerar que el comportamiento de la línea baricéntrica presentará un comportamiento representativo de la barra.

Para comprender aún más este concepto vamos a realizar un pequeño ejemplo de idealización, en el cual todas las secciones de todos los elementos serán de forma rectangular. Véanse las figuras siguientes:

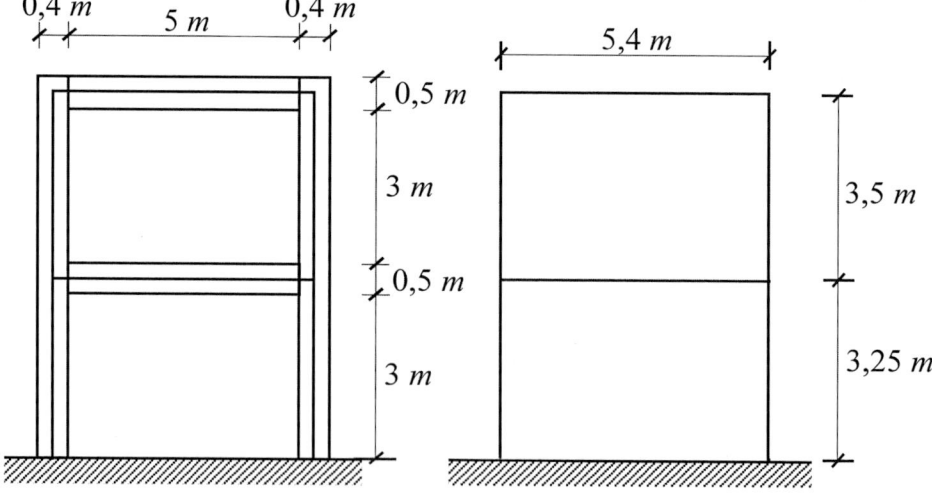

Figura 4.4 Pórtico sin idealizar y pórtico idealizado.

A partir de ahora, los cálculos necesarios para comprender el comportamiento de las barras se realizarán sobre la estructura idealizada, las uniones y los apoyos que constituyen un sistema estructural.

(En el capítulo 6 analizaremos ciertas características de las secciones que tomarán su relevancia en el momento de comprender el comportamiento real de la estructura.)

4.1.2.2. IDEALIZACIÓN DE APOYOS

Los apoyos en los sistemas estructurales simples se clasifican en:

a) Apoyo empotrado

No permiten ningún tipo de movimiento traslacional ni rotacional.

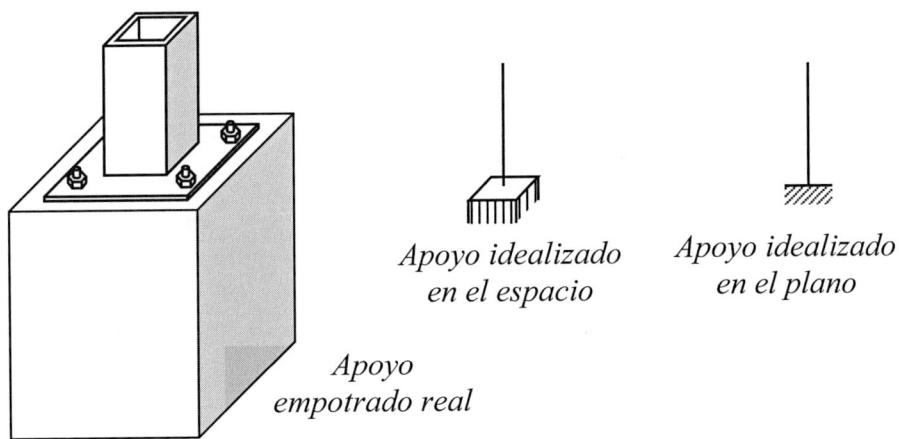

Apoyo idealizado en el espacio

Apoyo idealizado en el plano

Apoyo empotrado real

Figura 4.5 Idealización de apoyo empotrado.

b) Apoyo fijo o articulado

No permiten ningún tipo de movimiento traslacional.

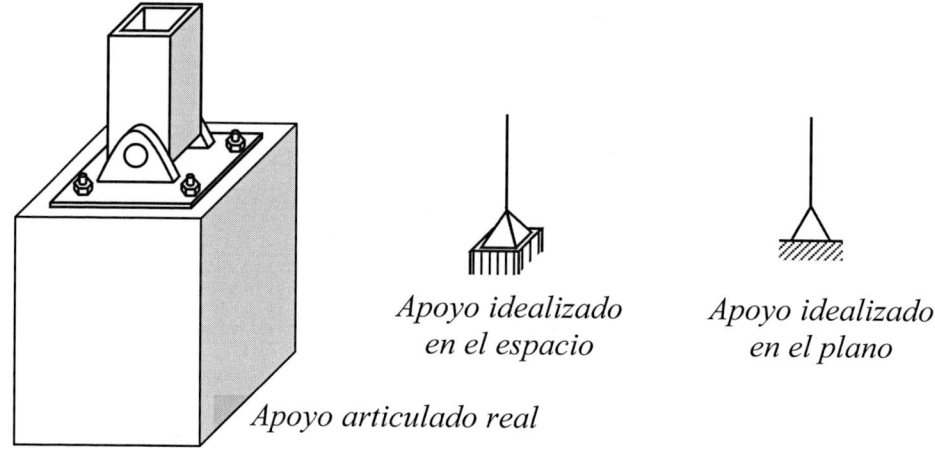

Apoyo idealizado
en el espacio

Apoyo idealizado
en el plano

Apoyo articulado real

Figura 4.6 Idealización de apoyo articulado o fijo.

c) Apoyo móvil

Este apoyo permite la traslación en una sola dirección.

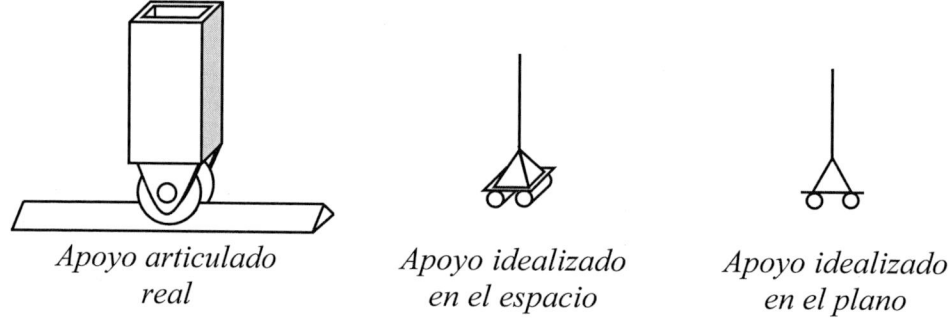

Apoyo articulado
real

Apoyo idealizado
en el espacio

Apoyo idealizado
en el plano

Figura 4.7 Idealización de apoyo móvil.

4.1.2.3. IDEALIZACIÓN DE UNIONES

Las uniones en los sistemas estructurales son diversas, pero, con fines metodológicos, estudiaremos los dos tipos más comunes.

a) Unión o nudo empotrado

Estas uniones permiten la transmisión de fuerzas y momentos de una barra a otra.

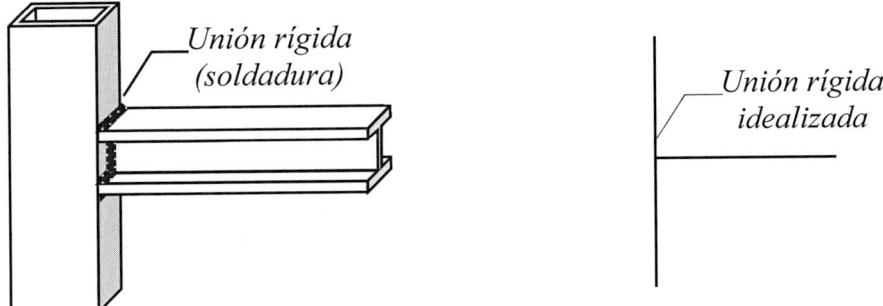

Figura 4.8 Idealización de unión empotrada.

b) Unión o nudo articulado

Estas uniones permiten únicamente la transmisión de fuerzas de una barra a otra.

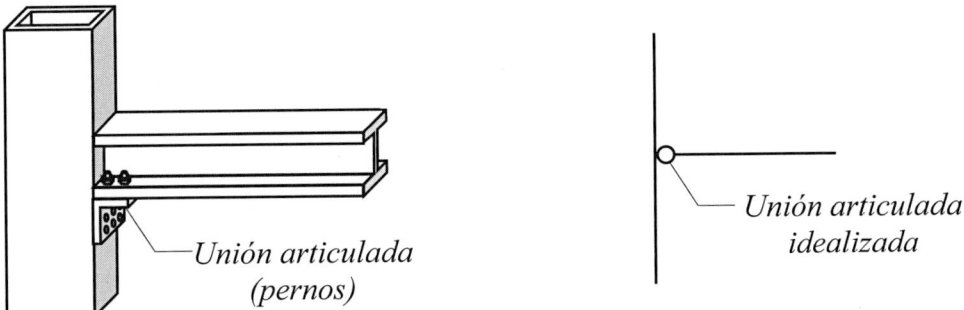

Figura 4.9 Idealización de unión articulada.

4.2. CLASIFICACIÓN DE LAS ESTRUCTURAS

Las estructuras utilizadas por el ser humano tienen tan diversos propósitos y características que sintetizarlas en una única clasificación resultaría insuficiente para nuestro estudio. Por ello, abordaremos una serie de clasificaciones que nos permitirán comprender los distintos sistemas estructurales que existen.

4.2.1. SEGÚN SU TIPO DE MATERIAL

Según el material que constituye las estructuras, estas se clasifican en:

a) Estructuras de hormigón

Estas a su vez pueden clasificarse en:

- Estructuras de hormigón ciclópeo

- Estructuras de hormigón armado

- Estructuras de hormigón preesforzado

La mayor parte de las estructuras se construyen con este tipo de material.

b) Estructuras metálicas

En esta categoría podemos encontrar diversos tipos de estructuras, como edificios con perfiles tipos H, puentes metálicos, naves industriales, cubiertas metálicas de diversos tipos, torres para telecomunicaciones, torres para transporte de energía eléctrica, estructuras para gigantografías, etc.

Las estructuras metálicas pueden a su vez clasificarse en:

- Estructuras de aluminio

- Estructuras de acero

Las estructuras de acero a su vez se subdividen en:

- Estructuras con perfiles de acero laminados en caliente (perfiles pesados)

- Estructuras con perfiles de acero conformados en frío (perfiles livianos).

c) Estructuras de madera

En esta clasificación podemos encontrar estructuras para cubiertas, estructuras habitacionales (cabañas de una o dos plantas), puentes peatonales, etc.

d) Estructuras de materiales mixtos

Es posible encontrar estructuras que combinen diversos materiales o elementos que requieren ser reforzados con el empleo de un segundo material; sin embargo, cuando se puede apreciar notablemente la predominancia de un material frente a otros, esta estructura puede categorizarse según el material predominante.

Las combinaciones más comunes de materiales son hormigón acero y madera acero.

4.2.2. SEGÚN SU TIPO DE IDEALIZACIÓN

Esta categoría clasifica las estructuras de acuerdo con el grado de idealización que nos permiten las dimensiones de los elementos que la componen. Véanse los siguientes tipos de sistemas estructurales:

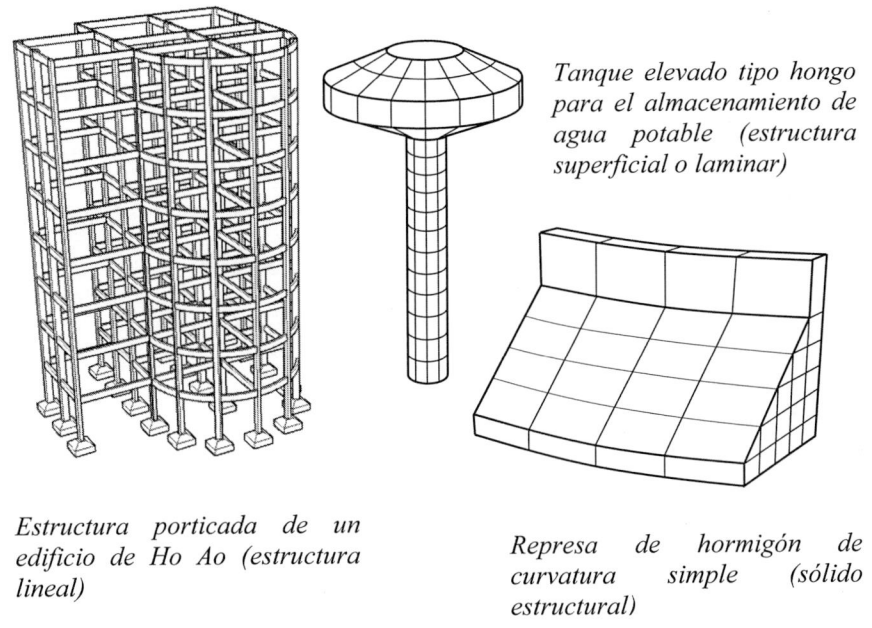

Tanque elevado tipo hongo para el almacenamiento de agua potable (estructura superficial o laminar)

Estructura porticada de un edificio de Ho Ao (estructura lineal)

Represa de hormigón de curvatura simple (sólido estructural)

Figura 4.10 Tipos de estructuras según su idealización.

a) Estructuras lineales

Los elementos o barras que componen estas estructuras tienen una dimensión predominante, por lo cual se idealizan como líneas baricéntricas.

Barra real

Barra ideal

Figura 4.11 Idealización de un elemento tipo barra.

b) Estructuras superficiales o laminares

Las losas, tanques para agua, las piscinas y otros están compuestos de elementos cuyas dimensiones son predominantes, siendo para este caso el espesor pequeño en comparación con sus restantes medidas.

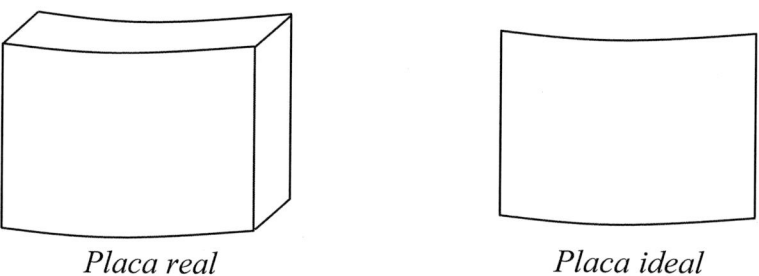

Placa real　　　　　　　　　　*Placa ideal*

Figura 4.12 Idealización de un elemento tipo placa.

c) Estructuras volumétricas o sólidos estructurales

Las represas son sistemas cuyos volúmenes de material son bastante considerables. Por lo tanto, todas sus dimensiones son significativas, nada despreciables, de modo que no permiten la simplificación geométrica para analizar su comportamiento.

4.2.3. SEGÚN SU CONDICIÓN CINEMÁTICA

a) Estructuras en reposo

Son estructuras en las que los desplazamientos que se suscitan son pequeños en comparación con sus dimensiones. En esta categoría están los edificios, los puentes y todo sistema que se apoya o se cimienta sobre el terreno.

b) Estructuras en movimiento

Son aquellas estructuras que experimentan una traslación superior a sus propias dimensiones. Los grandes barcos, los aviones, los satélites y otras que permiten nuestro transporte se encuentran en esta categoría.

4.2.4. SEGÚN SU GRADO DE RESTRICCIONES

a) Estructuras hipostáticas

Son estructuras en las que no se verifican una o varias de las ecuaciones de equilibrio estático.

$$\Sigma F \neq 0 \quad y/o \quad \Sigma M \neq 0$$

Cuando no se cumple la primera ecuación de equilibrio, se dice que la estructura falla por traslación; si no cumple la segunda, falla por rotación.

b) Estructuras isostáticas

Se puede reconocer este tipo de estructuras porque para analizarlas es suficiente con la aplicación de las ecuaciones de equilibrio estático, es decir:

$$\Sigma F = 0, \quad \Sigma M = 0$$

En estas estructuras la cantidad de reacciones en los apoyos es equivalente al número de ecuaciones de equilibrio estático.

c) Estructuras hiperestáticas

Cuando las ecuaciones de equilibrio son insuficientes para conocer el comportamiento de una estructura, decimos que es hiperestática. En estos casos se requiere deducir ecuaciones relacionadas con su deformación, las cuales, sumadas a las ecuaciones de equilibrio, permiten resolver el problema.

4.2.5. SEGÚN LA CANTIDAD DE EJES DE REFERENCIA

a) Estructuras unidimensionales

En ellas, los elementos, las cargas y el análisis de su comportamiento quedan perfectamente definidos con el empleo de un solo eje de referencia (eje X).

b) Estructuras bidimensionales

Estas estructuras por su geometría, cargas y comportamiento requieren de dos ejes de referencia (ejes X y Y) durante todo el proceso de cálculo.

c) Estructuras tridimensionales

La complejidad en sus formas, cargas y comportamiento hacen que estas estructuras requieran de tres ejes de referencia (X, Y y Z) para analizarlas.

4.2.6. SEGÚN SU USO

Esta clasificación hace referencia el propósito para el cual ha sido diseñada una estructura.

a) Estructuras habitacionales

En esta categoría están las viviendas, los edificios, los hospitales, los centros comerciales y otros.

Además, debemos especificar que esta categoría se subdivide en:

- Edificaciones para vivienda

- Edificaciones para enseñanza

- Edificaciones para comercio

- Edificaciones para hospitales

b) Estructuras viales

El propósito de estas estructuras es soportar las cargas procedentes del tránsito vehicular. Los puentes y los viaductos son los ejemplos más representativos de esta categoría.

c) Estructuras monumentales

La estatua de la Libertad, la torre Eiffel, el Cristo de Corcovado y el obelisco de Buenos Aires son los ejemplos más representativos.

d) Estructuras de servicio

Estas estructuras se caracterizan porque se emplean en fábricas, industrias y empresas con la finalidad de generar productos o servicios. En esta categoría están las naves industriales, las torres metálicas para transporte de energía eléctrica, los silos de acopio, los puentes para gasoductos, las torres para antenas de telecomunicación y otros.

4.2.7. SEGÚN LAS CARACTERÍSTICAS DE SUS CARGAS

Su clasificación está compuesta por las siguientes categorías.

a) Estructuras con cargas estáticas

Esta categoría se caracteriza porque sus cargas se mantienen en reposo o son móviles, pero de baja intensidad (personas en movimiento). Los edificios, sin importar su uso, pertenecen a esta categoría.

b) Estructuras con cargas móviles

Estas estructuras están sometidas a cargas que, además de ser significativas, se desplazan a lo largo de ella. En esta categoría están los puentes, los viaductos, los pasos a desnivel, las montañas rusas y otros.

4.3. TIPOLOGÍA DE LAS ESTRUCTURAS ISOSTÁTICAS COPLANARIAS

Para nuestro estudio comenzaremos analizando aquellos sistemas estructurales conocidos como fundamentales, porque a partir de ellos se constituyen otros sistemas de mayor complejidad.

4.3.1. VIGAS

Son estructuras compuestas por barras colocadas en una sola dirección, con cargas generalmente verticales y apoyados en uno o más puntos estratégicos. Véanse los siguientes tipos de viga:

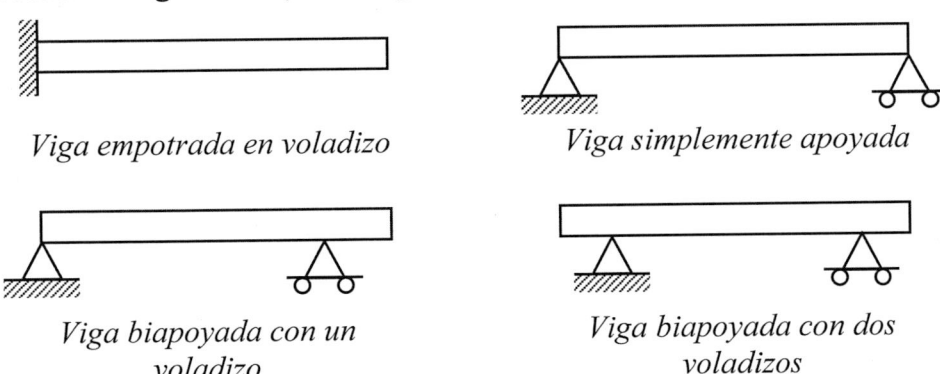

Viga empotrada en voladizo

Viga simplemente apoyada

Viga biapoyada con un voladizo

Viga biapoyada con dos voladizos

Figura 4.13 Tipos de viga.

4.3.2. PÓRTICOS O MARCOS

Son sistemas estructurales compuestos de vigas (elementos horizontales) y columnas (elementos verticales) que forman un marco rígido con el propósito de cubrir un espacio abierto por debajo. Estos sistemas también pueden contener barras oblicuas.

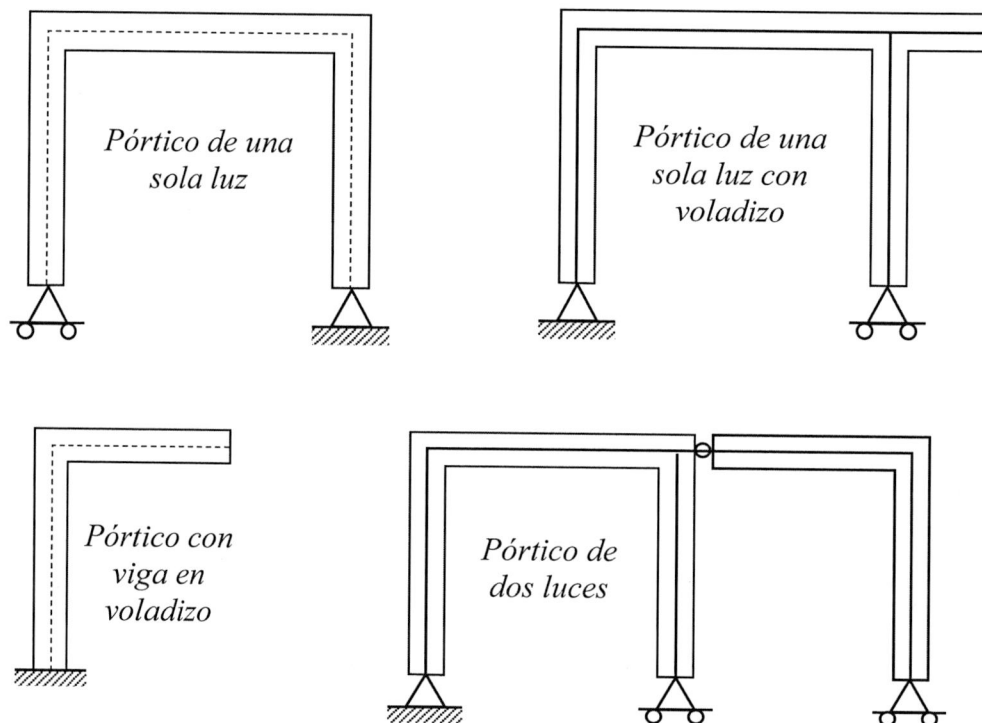

Figura 4.14 Tipos de pórtico.

4.3.3. RETICULADOS O CERCHAS

Los reticulados se caracterizan por que su geometría está compuesta por figuras triangulares, con uniones articuladas. Estas estructuras son muy utilizadas para cubrir grandes luces, como las de los puentes o cubiertas para depósitos de gran envergadura.

Es también importante indicar que los elementos o barras que lo conforman son más esbeltos que los utilizados en vigas y pórticos. Véase la variedad de reticulados que existen:

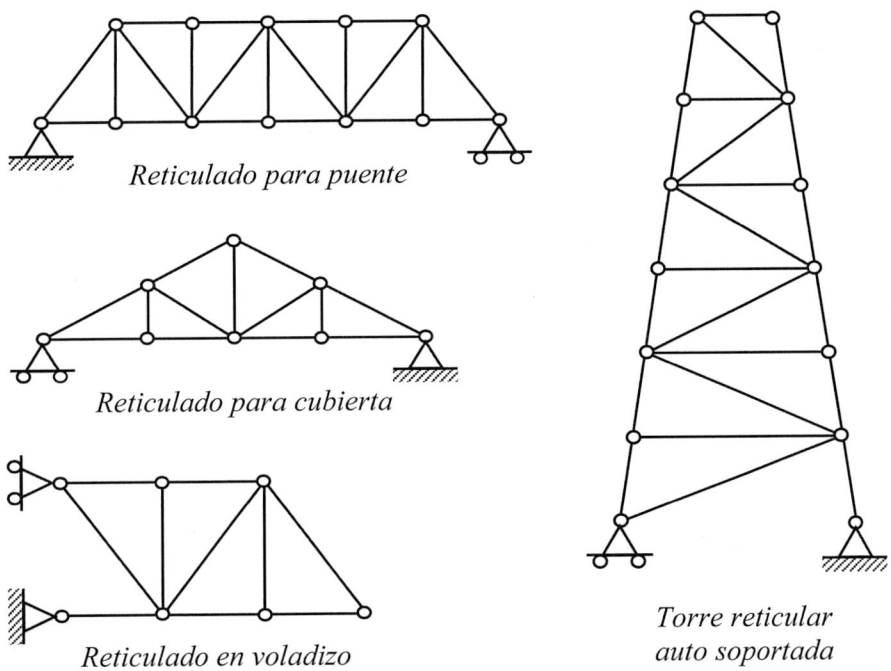

Reticulado para puente

Reticulado para cubierta

Reticulado en voladizo

Torre reticular
auto soportada

Figura 4.15 Tipos de reticulados.

Este tipo de estructura pueden contener únicamente apoyos fijos y móviles, debido a que los esfuerzos procedentes de las barras que concurren en esas uniones son únicamente fuerzas, no momentos. También es importante mencionar que las cargas que actúan en estas estructuras son fuerzas puntuales aplicadas en sus uniones, aunque también pueden contener pequeñas cargas distribuidas sobre sus elementos.

4.3.4. ARCOS

Son sistemas estructurales que mejoran la estética en construcciones cuyos esqueletos resistentes son parcial o totalmente expuestos. Por sus características geométricas permiten cubrir grandes espacios abiertos, que pueden ser aprovechados en escenarios deportivos y puentes. Véanse los siguientes ejemplos:

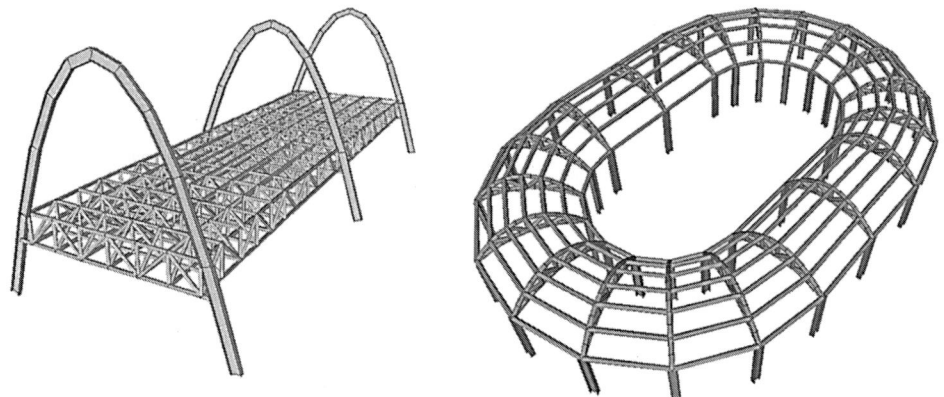

Figura 4.16 Estructuras 3D con arcos.

Los arcos según su trayectoria se clasifican en:

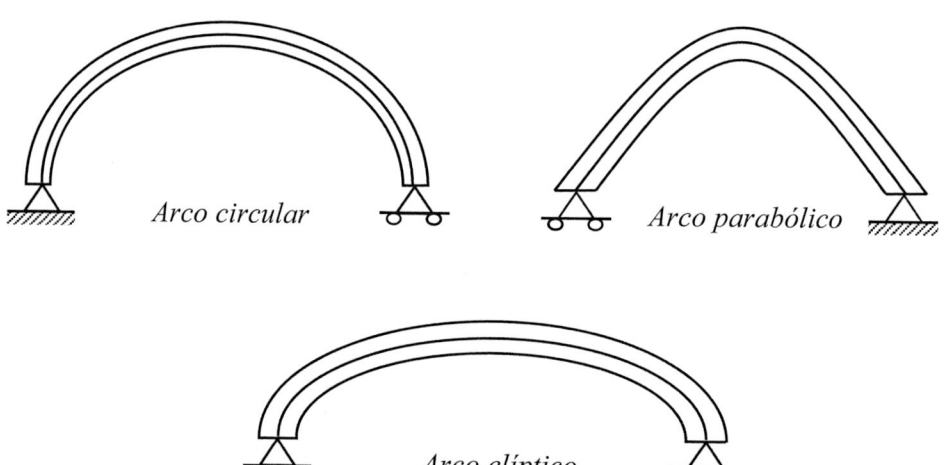

Figura 4.17 Estructuras tipo arco.

CAPÍTULO 5

EQUILIBRIO DE CUERPO RÍGIDO

5.1. CONCEPTO DE EQUILIBRIO

Un cuerpo está en equilibrio cuando se encuentra en reposo, es decir, sin movimiento traslacional ni rotacional. Este estado se verifica cuando la sumatoria de sus fuerzas y momentos es equivalente a cero.

En sistemas estructurales, los apoyos o fundaciones son los responsables de recibir los esfuerzos procedentes de las estructuras para transmitirlas y establecer el equilibrio por contacto con el suelo.

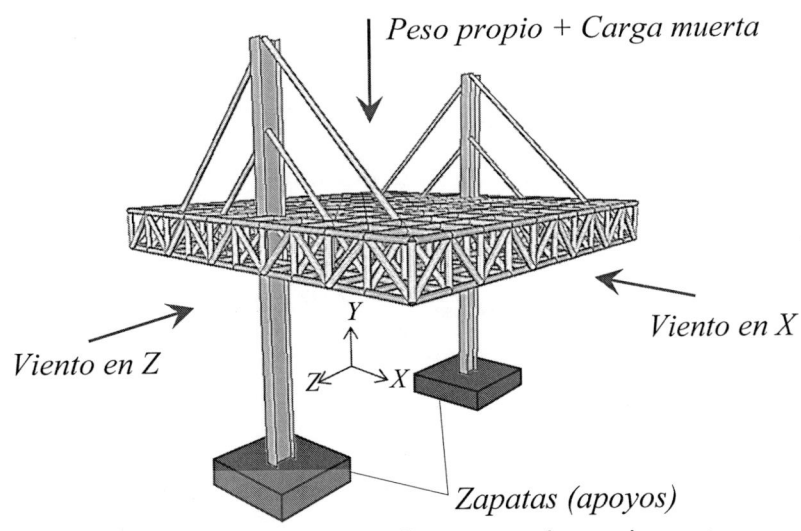

Figura 5.1 Estructura 3D con diversas acciones de carga.

En la figura mostrada, las fundaciones (zapatas) reciben los esfuerzos procedentes de las cargas gravitacionales y las cargas de viento transformadas en esfuerzos internos, para luego transmitirlas en toda su superficie de apoyo por simple contacto con el suelo.

5.2. CONDICIONES DE EQUILIBRIO ESTÁTICO

Para que un cuerpo en el espacio afectado por un conjunto de fuerzas esté en equilibrio deberá cumplir con las siguientes ecuaciones de equilibrio estático:

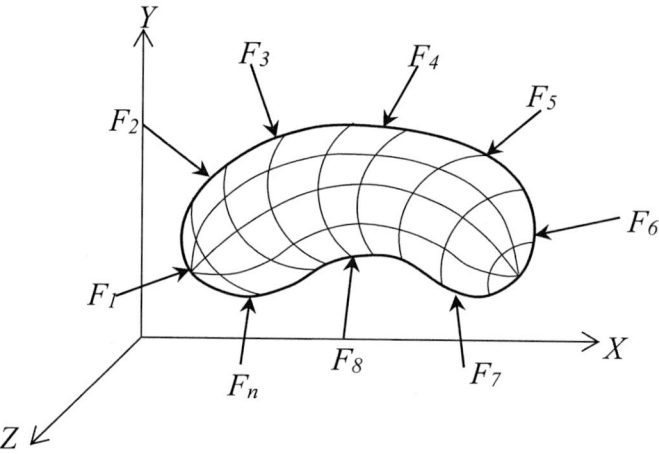

Figura 5.2 Cuerpo genérico en el espacio afectado por un conjunto de cargas.

Condiciones de equilibrio traslacional:

$$\Sigma F_X = 0 \longrightarrow \oplus$$

$$\Sigma F_Y = 0 \uparrow \oplus$$

$$\Sigma F_Z = 0 \swarrow \oplus$$

Condiciones de equilibrio rotacional:

$$\Sigma M_X = 0 \twoheadrightarrow \oplus$$

$$\Sigma M_Y = 0 \Uparrow \oplus$$

$$\Sigma M_Z = 0 \swarrow \oplus$$

Dependiendo de la tipología de la estructura, las direcciones de sus cargas y los tipos de apoyo que contiene, es posible obviar una o más ecuaciones de equilibrio. Cuando no se tiene mucha experiencia en este tipo de análisis, siempre podemos optar por aplicar todas las ecuaciones; luego en el proceso de cálculo descubriremos cuáles fueron innecesarias.

Los cuerpos idealizados en el plano con cargas y reacciones también definidas en el mismo plano deberán cumplir con dos ecuaciones de equilibrio traslacional y una ecuación rotacional.

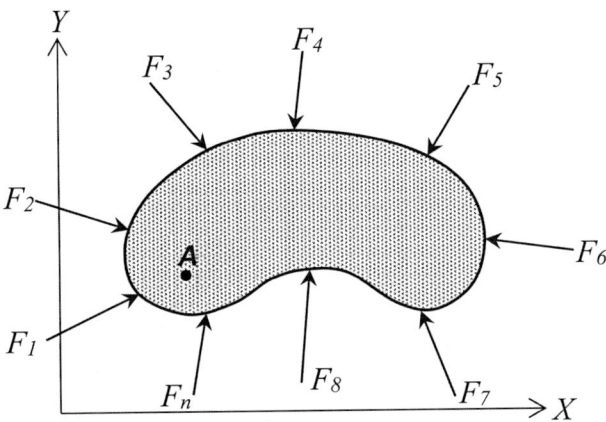

Figura 5.3 Cuerpo genérico idealizado en el plano XY y afectado por un conjunto de cargas.

Condiciones de equilibrio traslacional:

$$\Sigma F_X = 0 \longrightarrow \oplus$$

$$\Sigma F_Y = 0 \uparrow \oplus$$

Condición de equilibrio rotacional:

$$\Sigma M_A = 0 \circlearrowleft \oplus$$

El punto A es arbitrario, es decir, usted puede elegir su ubicación.

5.2.1. REACCIONES EN LOS APOYOS

Las reacciones en los apoyos son los responsables de equilibrar las cargas procedentes de la estructura.

La variedad de apoyos que existen nos da la posibilidad de combinarlos de manera estratégica para lograr el propósito de mantener la estabilidad de la estructura.

Los apoyos estudiados en el capítulo anterior desarrollan fuerzas o fuerzas y momentos que serán objeto de estudio en este capítulo.

a) Apoyo móvil

Estos apoyos pueden representarse mediante los siguientes símbolos:

Figura 5.4 Formas de representar un apoyo móvil.

Desarrollan una sola reacción en la dirección perpendicular a su movimiento traslacional.

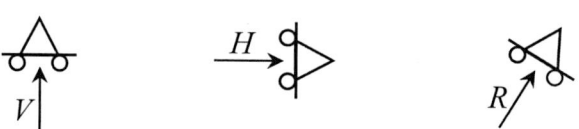

Figura 5.5 Reacción de un apoyo móvil.

Su grado de libertad es dos, porque permite una traslación y una rotación, tal como se muestra en las siguientes figuras:

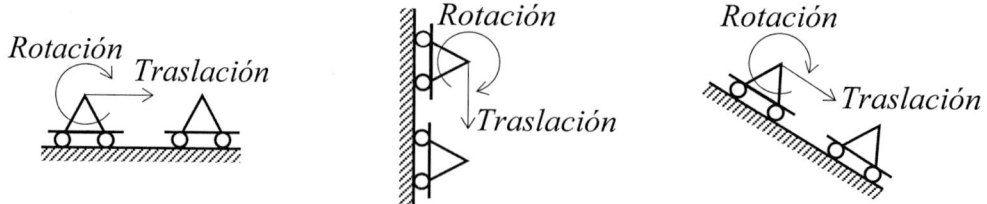

Figura 5.6 Desplazamientos libres en un apoyo móvil.

b) Apoyo fijo

Los símbolos que representan a este apoyo son los siguientes:

Figura 5.7 Diferentes formas de representar un apoyo fijo.

Este apoyo restringe sus movimientos traslacionales mediante dos reacciones.

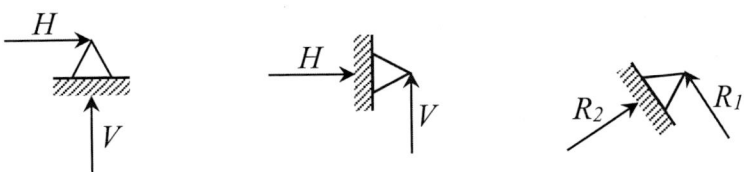

Figura 5.8 Reacciones de un apoyo fijo.

Por sus características, estos apoyos admiten una rotación angular, por lo que su grado de libertad es uno.

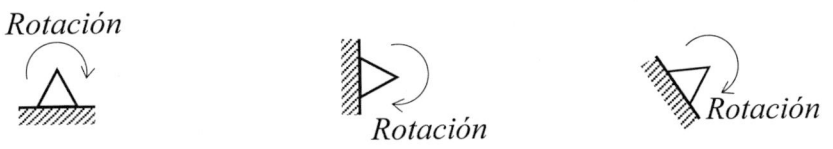

Figura 5.9 Dirección libre de un apoyo fijo.

c) Apoyo empotrado

Este tipo de apoyo se caracteriza por lo siguiente:

- No permite ningún tipo de traslación ni rotación. Es un apoyo plenamente restringido a cualquier movimiento.

- Tiene dos reacciones de fuerzas ortogonales y una de momento.

- Es el apoyo más empleado en la construcción de edificios.

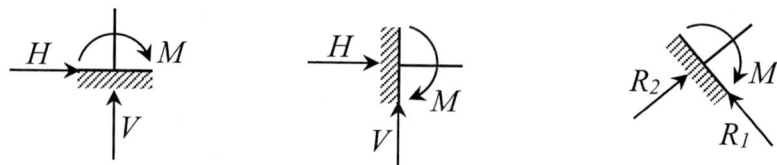

Figura 5.10 Reacciones de un apoyo empotrado.

5.3. ESTRUCTURA ISOSTÁTICA, HIPERESTÁTICA E HIPOSTÁTICA

a) Estructuras Isostáticas

Una estructura es isostática cuando las reacciones en sus apoyos pueden ser directamente determinados mediante la aplicación de las ecuaciones de equilibrio. De este criterio podemos deducir que la cantidad total de las reacciones concentradas en sus apoyos tiene que ser equivalente al número de ecuaciones de equilibrio.

Las siguientes estructuras coplanarias tienen tres reacciones, que pueden ser resueltas por las tres ecuaciones de equilibrio ($\Sigma F_X=0$, $\Sigma F_Y=0$ y $\Sigma M=0$).

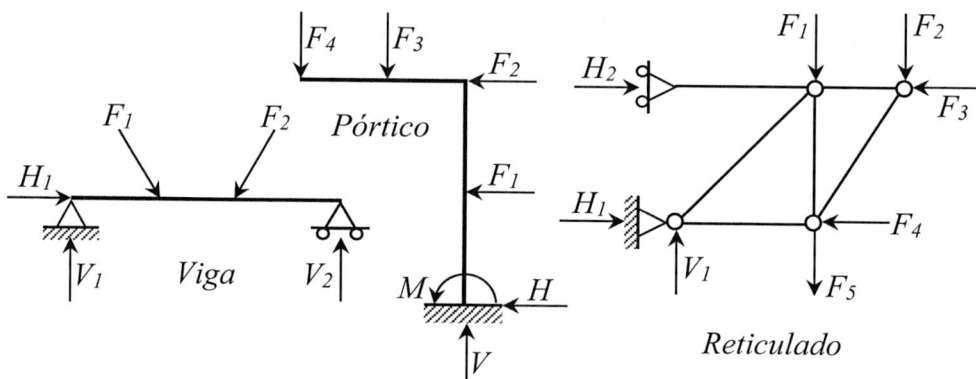

Figura 5.11 Sistemas estructurales isostáticos.

Con este último concepto debemos tener cuidado, porque existen problemas con tres reacciones que no pueden ser resueltas por las tres ecuaciones de equilibrio, y que además son inestables. Veamos algunos ejemplos:

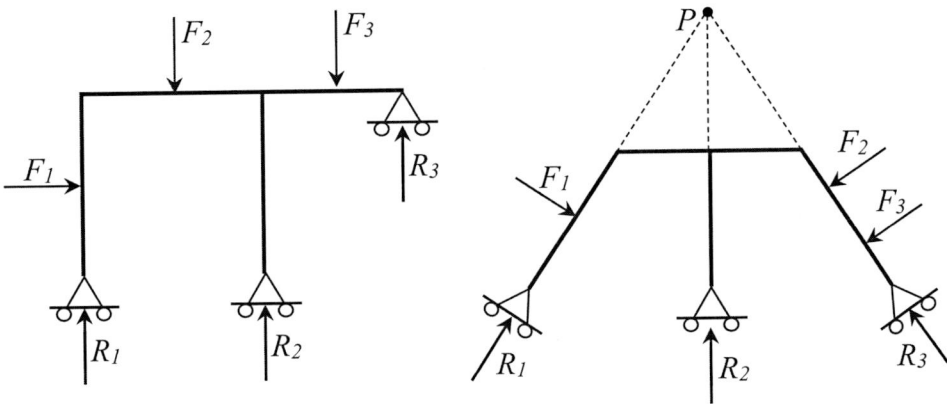

Figura 5.12 Estructuras 2D inestables.

En el primer ejemplo, si realizamos la sumatoria de fuerzas en X ($\Sigma F_X=0$), su resultado será distinto de cero porque no contamos con ninguna reacción horizontal, lo cual implica que la estructura se desplaza en tal dirección. Por otro lado, seguimos teniendo tres incógnitas (R_1, R_2 y R_3), pero ahora solo contamos con dos ecuaciones de equilibrio ($\Sigma F_Y=0$ y $\Sigma M=0$) y por lo tanto no es posible resolver el problema.

En el segundo ejemplo, si prolongamos las reacciones R_1, R_2 y R_3, convergen en un mismo punto. Esta situación es sinónimo de inestabilidad, pues, si realizamos la sumatoria de momento ($\Sigma M=0$) en ese punto, su resultado será diferente de cero por la acción de las fuerzas externas, lo cual significa que la estructura se encuentra rotando o girando. Además, seguimos desconociendo las tres reacciones, y ahora solo contamos con dos ecuaciones de equilibrio ($\Sigma F_X=0$ y $\Sigma F_Y=0$).

b) Estructuras hiperestáticas

Las reacciones aquí superan en número a las ecuaciones de equilibrio. En la práctica, el 99% de los sistemas estructurales son hiperestáticos.

Para abordar el análisis de estas estructuras primeramente debemos comprender el comportamiento de las estructuras isostáticas, de ahí la importancia de su estudio. Las siguientes son estructuras hiperestáticas.

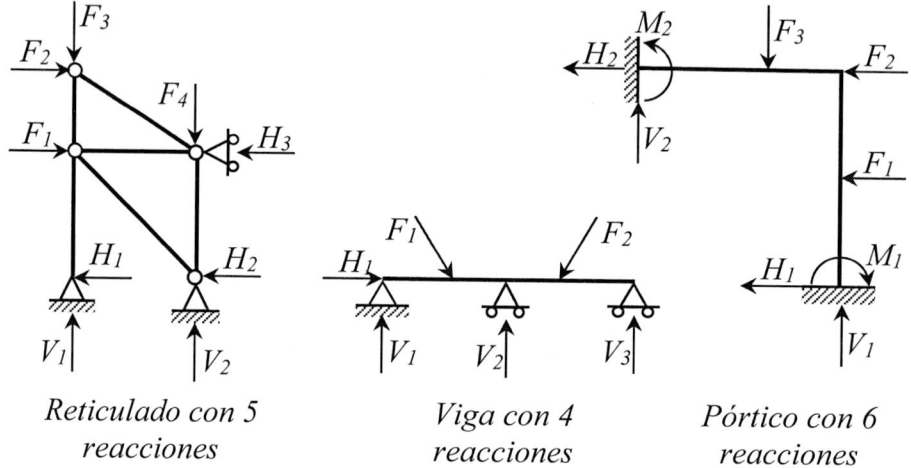

| Reticulado con 5 reacciones | Viga con 4 reacciones | Pórtico con 6 reacciones |

Figura 5.13 Estructuras 2D hiperestáticas.

c) Estructuras hipostáticas

Cuando una estructura experimenta traslaciones longitudinales o angulares debido a la ausencia de restricciones, decimos que es inestable y por lo tanto hipostática. Expresado de otro modo, diremos que una estructura es hipostática cuando el número de sus reacciones es inferior a las ecuaciones de equilibrio. Los siguientes ejemplos son sistemas hipostáticos.

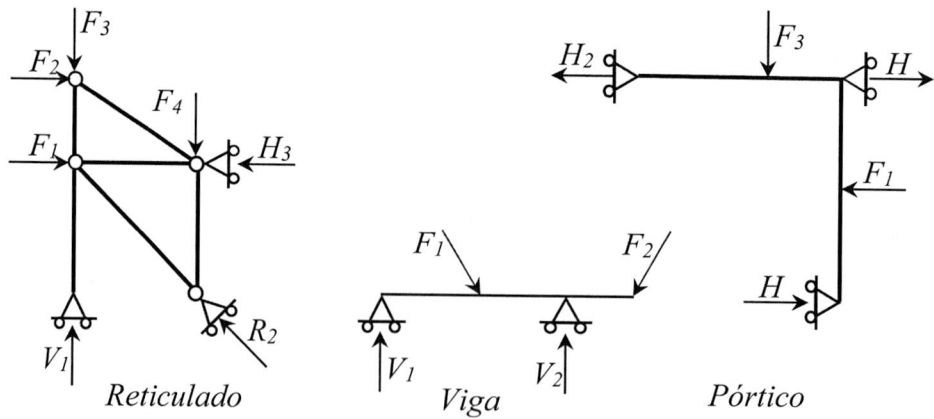

Reticulado   *Viga*   *Pórtico*

Figura 5.14 Estructuras 2D hipostáticas.

Si aplicamos nuestras ecuaciones de equilibrio ($\Sigma F_X=0$, $\Sigma F_Y=0$ y $\Sigma M=0$), tendremos las siguientes situaciones:

Reticulado: aplicando la ecuación de momento en la posición de la fuerza F_1 ($\Sigma M=0$), su resultado es diferente de cero, lo cual significa que la estructura experimenta un volcamiento. Por lo tanto, es inestable y sus restantes reacciones no tienen solución.

Viga: esta estructura tiene cargas horizontales, pero no tiene una restricción horizontal, por lo cual estará desplazándose de manera horizontal. Las reacciones V_1 y V_2 pueden resolverse aplicándose las restantes ecuaciones de equilibrio ($\Sigma F_Y=0$ y $\Sigma M=0$).

Pórtico: en este caso, todas sus restricciones son horizontales, pero presenta cargas verticales que incumplen la condición de equilibrio vertical y por lo tanto se moverá verticalmente. En cuanto a sus reacciones únicamente se podrá determinar la magnitud de la reacción H_1, quedando indeterminados sus otras dos reacciones (H_2 y H_3).

5.4. COMBINACIÓN DE LAS ECUACIONES DE EQUILIBRIO

Para resolver una estructura isostática se tienen que aplicar tres ecuaciones de equilibrio estático. La combinación y el orden de estas dependerá del tipo de problema y de la experiencia del estudiante para lograr un proceso de cálculo más eficiente.

Las posibles combinaciones en las ecuaciones de equilibrio en el cálculo de reacciones son las siguientes:

Combinación 1

$$\Sigma F_X = 0 \longrightarrow \oplus$$

$$\Sigma F_Y = 0 \uparrow \oplus$$

$$\Sigma M_A = 0 \circlearrowleft \oplus$$

Combinación 2

$$\Sigma F_X = 0 \rightarrow \oplus$$

$$\Sigma M_A = 0 \circlearrowleft \oplus$$

$$\Sigma M_B = 0 \circlearrowleft \oplus$$

Combinación 3

$$\Sigma F_Y = 0 \uparrow \oplus$$

$$\Sigma M_A = 0 \circlearrowleft \oplus$$

$$\Sigma M_B = 0 \circlearrowleft \oplus$$

Combinación 4

$$\Sigma M_A = 0 \circlearrowleft \oplus$$

$$\Sigma M_B = 0 \circlearrowleft \oplus$$

$$\Sigma M_C = 0 \circlearrowleft \oplus$$

EJERCICIOS DE APLICACIÓN

Revisar las prácticas de la 56 a la 61.

5.5. NÚMERO MÍNIMO DE REACCIONES PARA MANTENER EL EQUILIBRIO ESTÁTICO

Toda estructura simple (sin articulaciones) y coplanaria, que contenga uno de los siguientes grupos de reacciones, diremos que es isostática y estable:

Grupo 1

1 reacción horizontal H

1 reacción vertical V

1 reacción de momento M

Grupo 2

2 reacciones verticales V_1 y V_2 no colineales

1 reacción horizontal H_1

Grupo 3

2 reacciones horizontales H_1 y H_2 no colineales

1 reacción vertical V_1

Si añadimos una reacción más a las mostradas en los grupos, estaremos transformando la estructura en hiperestática; ocurrirá lo inverso si le restamos una reacción, es decir, tendremos una estructura hipostática.

Las siguientes estructuras son isostáticas y estables:

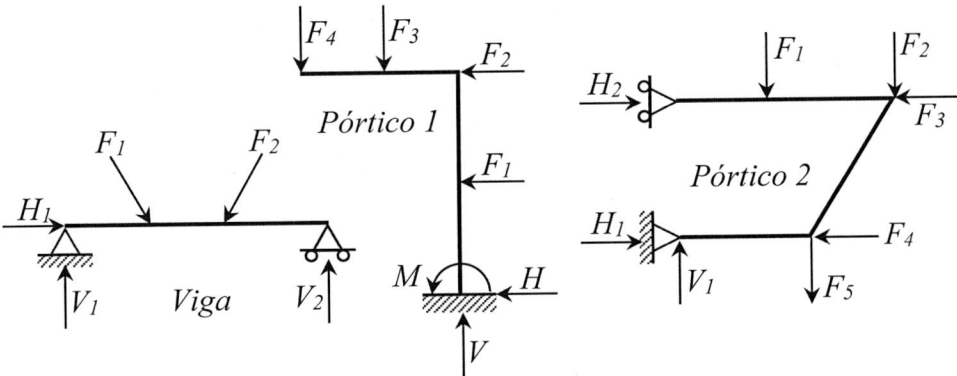

Figura 5.15 Estructura 2D en equilibrio estático.

La viga pertenece al grupo 2; el primer pórtico, al grupo 1, y el pórtico 2, al tercer grupo. Por lo tanto, estamos en presencia de estructuras isostáticas y estables.

5.6. DEPENDENCIA LINEAL

Dos ecuaciones son dependientes linealmente cuando al multiplicar una de ellas por un factor k se obtiene como resultado la segunda ecuación. Véase el siguiente ejemplo:

$$2x - 3y = 14 \quad ①$$

$$-x + \frac{3}{2}y = -7 \quad ②$$

Multiplicando la segunda ecuación por -2 se obtiene la primera ecuación. Por lo tanto, son linealmente dependientes.

Cuando nos iniciamos en el cálculo de reacciones es muy natural intentar aplicar más ecuaciones de equilibrio de lo permitido, sobre todo cuando empezamos a combinar estas. Por ejemplo, para el siguiente caso podríamos intentar su solución mediante el siguiente grupo de ecuaciones:

$$\Sigma F_X = 0 \longrightarrow \oplus$$

$$\Sigma F_Y = 0 \uparrow \oplus$$

$$\Sigma M_A = 0 \circlearrowleft \oplus$$

$$\Sigma M_B = 0 \circlearrowleft \oplus$$

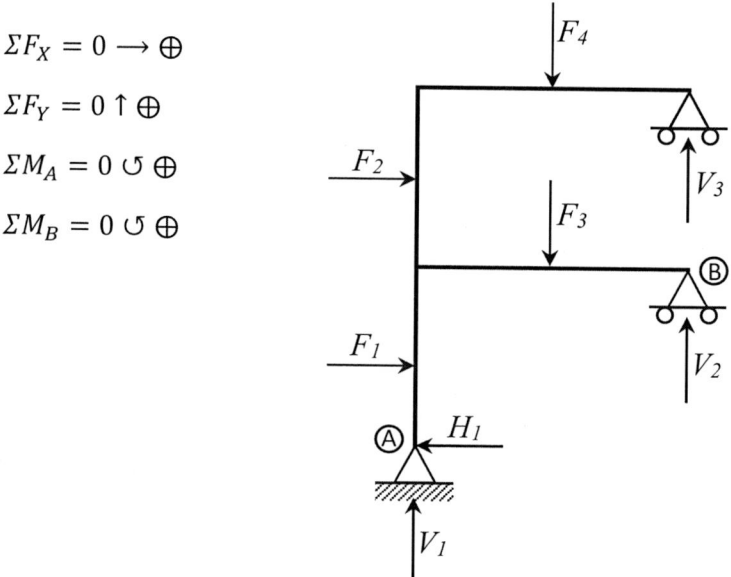

Figura 5.16 Pórtico 2D hiperestático.

Efectivamente, obtendremos 4 ecuaciones de equilibrio y son 4 las incógnitas (V_1, H_1, V_2, V_3); sin embargo, revisando o intentando resolver el sistema de ecuaciones, llegaremos a la conclusión de que una de las cuatro ecuaciones es linealmente dependiente y que, por lo tanto, solo se validarían tres ecuaciones de equilibrio que no resolvería el problema, esto ocurre cuando la estructura es hiperestática.

5.7. TIPOLOGÍA DE CARGAS

Las cargas que pueden actuar en una estructura son:

5.7.1. CARGAS PUNTUALES

Estas cargas pueden ser fuerzas o momentos concentrados en un punto específico de la estructura.

5.7.2. CARGAS DISTRIBUIDAS

Son fuerzas repartidas de manera continua sobre un segmento de línea recta. Estas cargas pueden ser rectangulares, triangulares, trapezoidales y distribuidas por una función. Todas fueron estudiadas en el apartado 5 del capítulo 3.

Se podría añadir al conjunto de cargas distribuidas las mostradas a continuación:

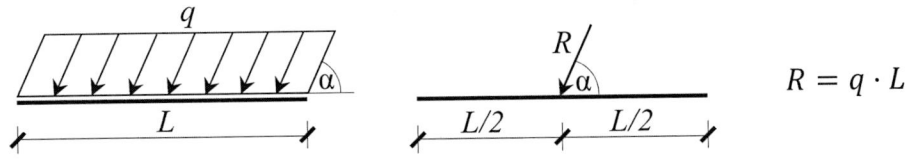

Figura 5.17 Carga distribuida constante q y su resultante R.

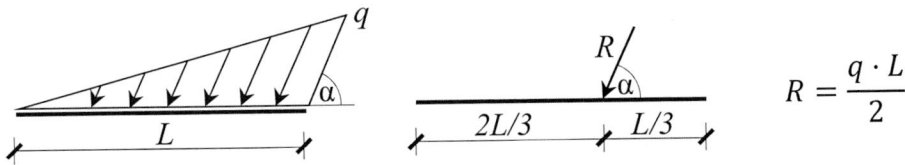

Figura 5.18 Carga distribuida triangular q y su resultante R.

Para una carga trapezoidal, se descompondría en una carga rectangular y otra triangular. Luego se aplican las fórmulas anteriores.

Tanto las cargas distribuidas como sus resultantes pueden descomponerse de manera horizontal y vertical.

5.7.2.1. CARGAS DISTRIBUIDAS EN EJES GLOBALES

Estas cargas están direccionadas según los ejes cartesianos X y Y, tal como se muestra en la siguiente figura:

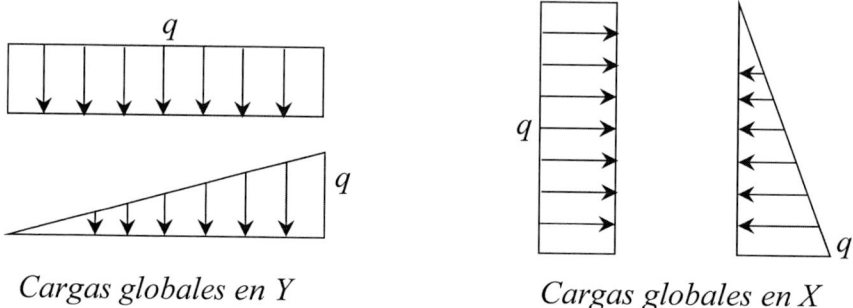

Cargas globales en Y   *Cargas globales en X*

Figura 5.19 Cargas distribuidas globales en Y y X.

5.7.2.2. CARGAS DISTRIBUIDAS EN EJES LOCALES

Supongamos una barra 1-2 colocada de manera oblicua. En ella definiremos un sistema de ejes cartesianos con la misma inclinación de la barra. A este sistema de referencia (u,v) se le denomina ejes locales.

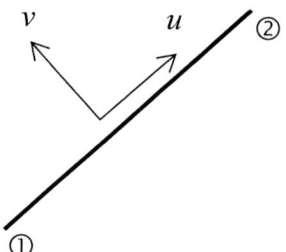

Figura 5.20 Ejes locales de una barra.

Se denominan cargas locales aquellas que se direccionan según los ejes locales u y v. Véanse las siguientes cargas:

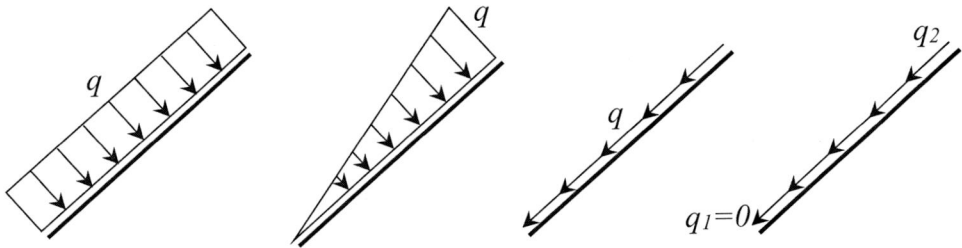

Carga rectangular y triangular
transversal (eje v)

Carga rectangular y triangular
axial (eje u)

Figura 5.21 Cargas distribuidas transversales y axiales.

5.7.2.3. CARGAS DISTRIBUIDAS EN BARRAS OBLICUAS

Las barras que son inclinadas pueden contener los siguientes tipos de cargas distribuidas:

a) Cargas distribuidas proyectadas en X y Y

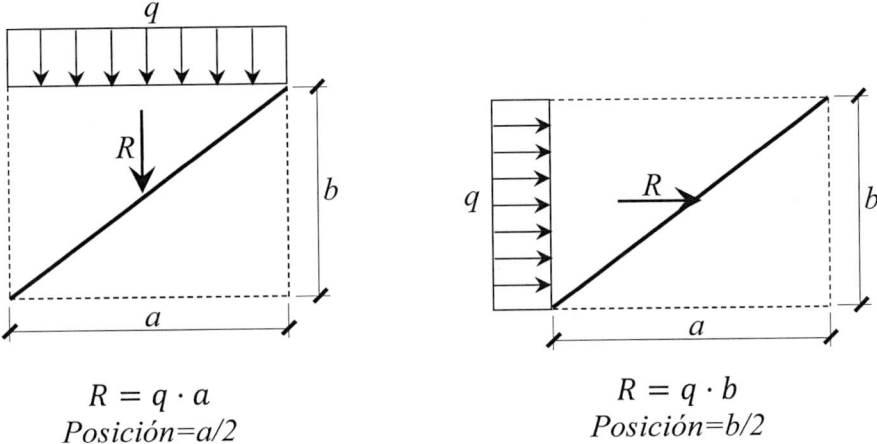

$R = q \cdot a$
Posición=a/2

$R = q \cdot b$
Posición=b/2

Figura 5.22 Carga distribuida rectangular, proyectada en X y Y.

b) Cargas distribuidas en la longitud de la barra

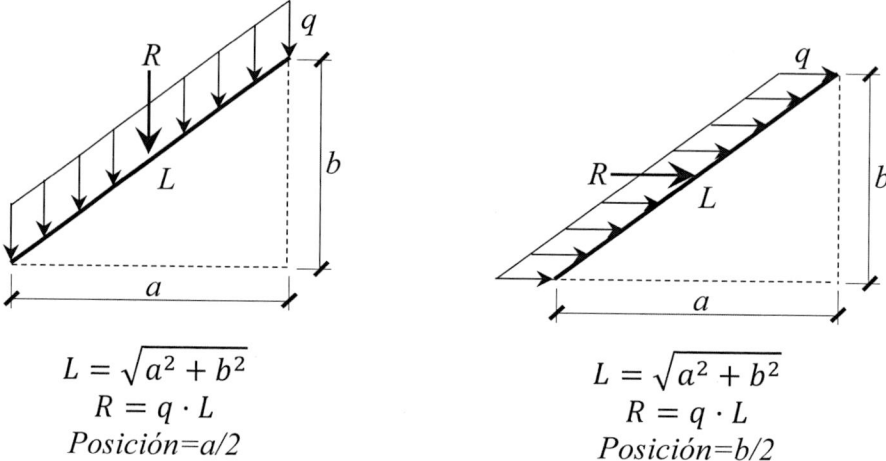

$$L = \sqrt{a^2 + b^2}$$
$$R = q \cdot L$$
$$Posición = a/2$$

$$L = \sqrt{a^2 + b^2}$$
$$R = q \cdot L$$
$$Posición = b/2$$

Figura 5.23 Carga constante distribuida sobre la barra.

EJERCICIOS DE APLICACIÓN

Revisar las prácticas de la 62 a la 81.

5.7.2.4. CARGAS EN ARCOS CIRCULARES

Los arcos circulares, además de admitir las cargas usuales (cargas puntuales y cargas distribuidas), pueden contener los siguientes tipos de cargas:

a) Carga distribuida sobre el arco

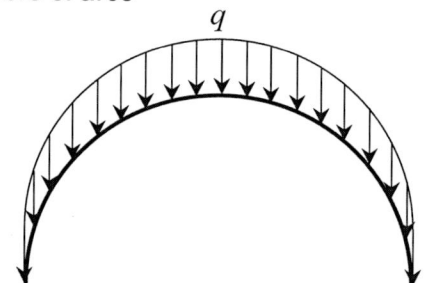

Figura 5.24 Carga constante distribuida sobre un arco circular.

Realizamos el siguiente análisis diferencial:

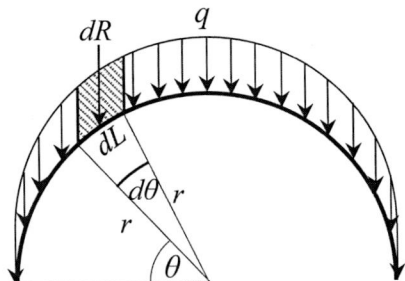

Figura 5.25 Análisis diferencial de un segmento de carga distribuida.

$$dL = r \cdot d\theta$$

$$dR = q \cdot dL$$

$$dR = q \cdot r \cdot d\theta$$

Integrando desde 0 hasta π:

$$R = \int_0^\pi q \cdot r \cdot d\theta$$

$$R = \left[q \cdot r \cdot \theta \right]_0^\pi$$

$$\boxed{R = \pi \cdot q \cdot r}$$

Para conocer el punto de aplicación de la resultante calculamos primero el momento en el punto A debido a la resultante:

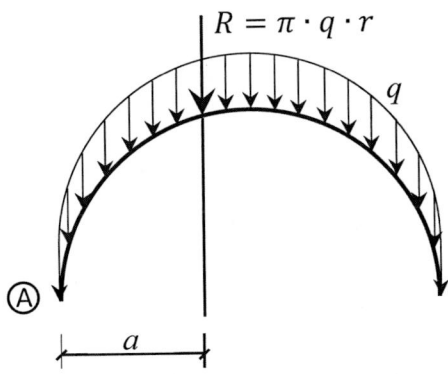

Figura 5.26 Resultante de una carga distribuida constantes en un arco circular.

$$M_A = R \cdot a = \pi \cdot q \cdot r \cdot a \quad \text{①}$$

Calculamos ahora el momento en el punto A, debido a la resultante diferencial (dR):

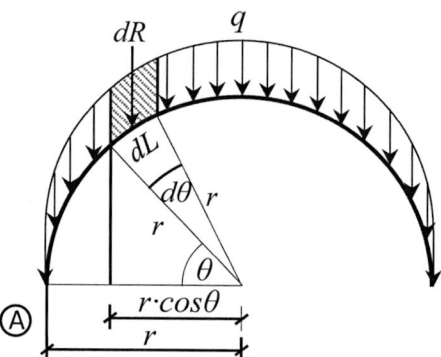

Figura 5.27 Análisis de la resultante para un elemento diferencia dL.

$$dM_A = dR \cdot (r - r \cdot cos\theta) \quad \text{②}$$

$$dR = q \cdot r \cdot d\theta \quad \text{③}$$

Reemplazamos ③ en ②:

$$dM_A = q \cdot r \cdot d\theta \cdot (r - r \cdot cos\theta)$$

$$dM_A = q \cdot r^2 \cdot d\theta - q \cdot r^2 \cdot cos\theta \cdot d\theta$$

Integramos ambos miembros:

$$M_A = \int_0^\pi q \cdot r^2 \cdot d\theta - \int_0^\pi q \cdot r^2 \cdot cos\theta \cdot d\theta$$

$$M_A = \left[q \cdot r^2 \cdot d\theta \right]_0^\pi - \left[q \cdot r^2 \cdot sen\theta \right]_0^\pi$$

$$M_A = q \cdot r^2 \cdot \pi - (q \cdot r^2 \cdot sen\pi - q \cdot r^2 \cdot sen0)$$

$$M_A = q \cdot r^2 \cdot \pi - (q \cdot r^2 \cdot sen\pi - q \cdot r^2 \cdot sen0)$$

$$M_A = q \cdot r^2 \cdot \pi \quad \text{④}$$

Igualamos las ecuaciones ① con ④:

$$\pi \cdot q \cdot r \cdot a = q \cdot r^2 \cdot \pi$$

$$\boxed{a = r}$$

b) Carga radial

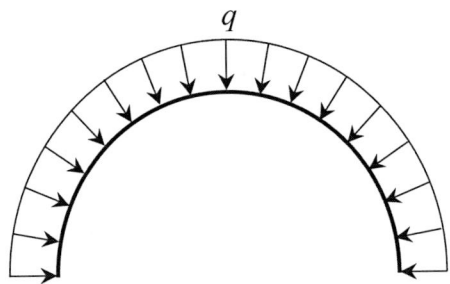

Figura 5.28 Carga distribuida radial en un arco circular.

Al igual que en el caso anterior, tenemos que incluir variables que nos permitan realizar un análisis diferencial de la resultante y de su punto de aplicación.

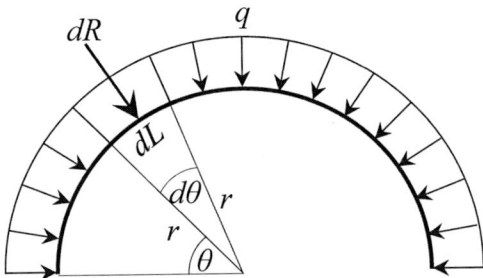

Figura 5.29 Análisis de la resultante para un elemento diferencial dL.

$$dL = r \cdot d\theta$$

$$dR = q \cdot dL$$

$$dR = q \cdot r \cdot d\theta \quad ①$$

Descomponemos la resultante:

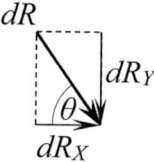

Figura 5.30 Descomposición de la resultante dR en X y Y.

$$dR_X = dR \cdot cos\theta \quad ②$$

$$dR_Y = dR \cdot sen\theta \quad ③$$

Reemplazamos ① en ② y ③:

$$dR_X = q \cdot r \cdot d\theta \cdot cos\theta$$

$$dR_Y = q \cdot r \cdot d\theta \cdot sen\theta$$

Integramos ambas ecuaciones:

$$R_X = \int_0^\pi q \cdot r \cdot cos\theta \cdot d\theta$$

$$R_X = \left[q \cdot r \cdot sen\theta \right]_0^\pi$$

$$R_X = q \cdot r \cdot sen\pi - q \cdot r \cdot sen0$$

$$R_X = 0$$

Este valor (R_X=0) se debe a la simetría que tiene la carga, pues la resultante Rx desde 0 a π/2 es opuesta a la resultante Rx desde π/2 a π y, por lo tanto, se anulan entre sí.

$$R_Y = \int_0^\pi q \cdot r \cdot sen\theta \cdot d\theta$$

$$R_Y = \left[-q \cdot r \cdot cos\theta \right]_0^\pi$$

$$R_Y = -q \cdot r(cos\pi - cos0)$$

$$R_Y = -q \cdot r(-1-1)$$

$$R_Y = -q \cdot r(-2)$$

$$R_Y = 2 \cdot q \cdot r$$

Como la resultante en X es nula, solamente calculamos la posición de su resultante para Y. Para esto determinamos el momento en el punto A debido a la resultante:

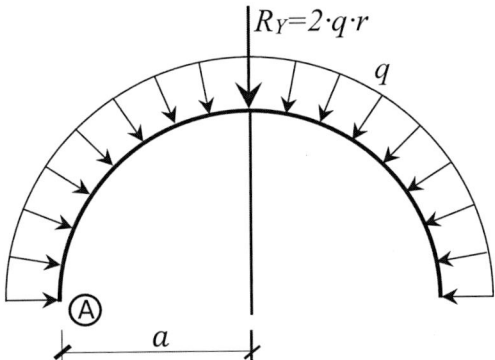

Figura 5.31 Análisis de la distancia a, donde se ubica la resultante Ry.

$$M_A = 2 \cdot q \cdot r \cdot a \quad ①$$

Calculemos ahora el momento de dR con respecto al punto A:

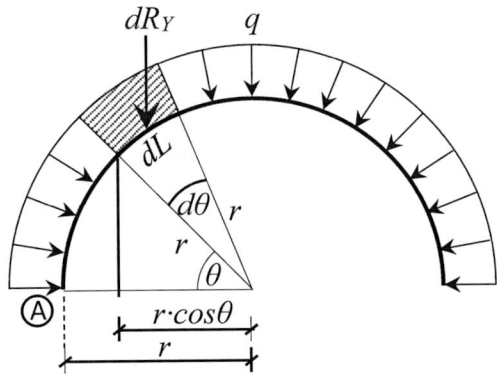

Figura 5.32 Análisis del momento en el punto A.

$$dM_A = dR_Y \cdot (r - r \cdot cos\theta)$$

$$dR_Y = q \cdot r \cdot sen\theta \cdot d\theta$$

$$dM_A = q \cdot r \cdot sen\theta \cdot d\theta \cdot (r - r \cdot cos\theta)$$

$$dM_A = q \cdot r^2 \cdot sen\theta \cdot d\theta - q \cdot r^2 \cdot sen\theta \cdot cos\theta \cdot d\theta$$

Integramos ambos miembros:

$$M_A = \int_0^\pi q \cdot r^2 \cdot sen\theta \cdot d\theta - \int_0^\pi q \cdot r^2 \cdot sen\theta \cdot cos\theta \cdot d\theta$$

$$M_A = \int_0^\pi q \cdot r^2 \cdot sen\theta \cdot d\theta - \int_0^\pi q \cdot r^2 \cdot sen\theta \cdot cos\theta \cdot d\theta$$

$$M_A = 2 \cdot q \cdot r^2 - 0$$

$$M_A = 2 \cdot q \cdot r^2 \quad ②$$

Igualamos las ecuaciones ① con ②:

$$2 \cdot q \cdot r \cdot a = 2 \cdot q \cdot r^2$$

$$\boxed{a = r}$$

5.8. ARTICULACIONES

Las articulaciones son uniones que transmiten fuerzas de una barra a otra. Generalmente se las reconoce por ser elementos representados por pernos, o elementos que se encuentran simplemente apoyados. Véanse los siguientes ejemplos:

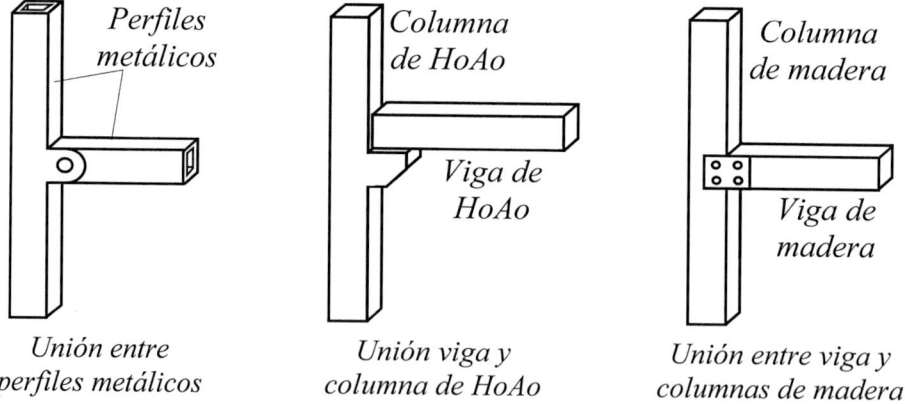

Unión entre perfiles metálicos

Unión viga y columna de HoAo

Unión entre viga y columnas de madera

Figura 5.33 Diferentes tipos de uniones articuladas.

Las fuerzas de acción y reacción que se generan en una articulación son las siguientes:

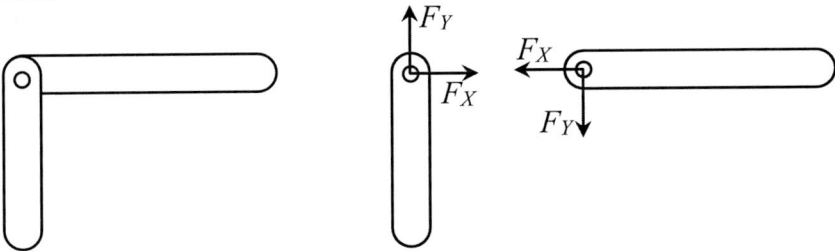

Figura 5.34 Unión articulada y su transmisión de fuerzas internas.

Las articulaciones mal ubicadas en una estructura pueden sin dificultad producir inestabilidad. Por otro lado, una estructura isostática con articulaciones requiere de un mayor número de restricciones para mantenerse en equilibrio. Véanse las siguientes estructuras isostáticas.

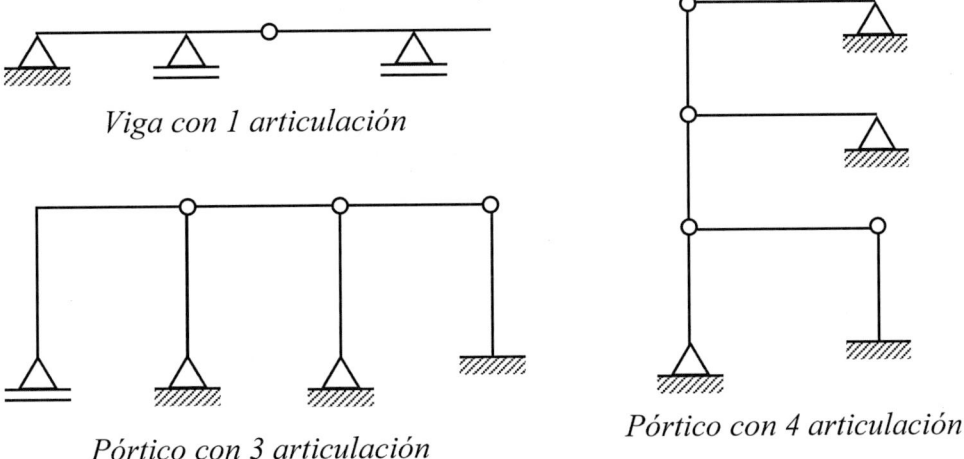

Viga con 1 articulación

Pórtico con 3 articulación

Pórtico con 4 articulación

Figura 5.35 Estructuras articuladas.

Obsérvese que es una condición necesaria aumentar el número de reacciones cuanto mayor sea el número de articulaciones; de otro modo, la estructura podría desplomarse.

5.8.1. VERIFICACIÓN DE ISOSTATICIDAD Y ESTABILIDAD EN ESTRUCTURAS CON ARTICULACIONES

Las estructuras con articulaciones pueden ser hipostáticas, isostáticas o hiperestáticas. Para nuestro caso nos interesa verificar la estabilidad en las estructuras isostáticas, es decir, que el número de articulaciones no la pongan en riesgo el equilibrio y que además puedan resolverse directamente mediante la aplicación de las ecuaciones de equilibrio.

5.8.1.1. VERIFICACIÓN DE ISOSTATICIDAD

Para un primer cálculo o estimación de la isostaticidad de una estructura podemos hacer uso de la siguiente fórmula:

$$NR = 3 + \sum_{i=1}^{n} [(BA)_i - 1] - 3 \cdot FC$$

Donde:

NR = Número de reacciones

BA_i = Barras articuladas en la unión i

n = Número de articulaciones

FC = Figuras cerradas (conjunto de barras que forman una figura cerrada)

El número 3 en la fórmula se refiere a las 3 ecuaciones de equilibrio estático que se utilizaran como base ($\Sigma F_X = 0$, $\Sigma F_Y = 0$ y $\Sigma M = 0$).

Veamos los siguientes ejemplos:

Viga con dos articulaciones

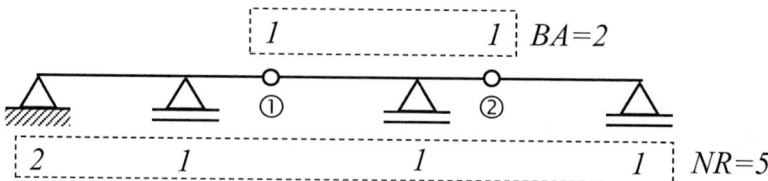

Figura 5.36 Análisis de isostaticidad de una viga.

El número de sus reacciones es 5 (4 verticales y 1 horizontal). En la articulación 1 concurren 2 barras; le restamos 1 queda 1. En la articulación 2 también concurren 2 barras; le restamos 1 y queda 1. No existe ninguna figura cerrada.

$$NR = 3 + \sum_{i=1}^{n} [(BA)_i - 1] - 3 \cdot FC$$

$$5 = 3 + \sum_{i=1}^{2} [(BA)_i - 1] - 3 \cdot 0$$

$$5 = 3 + [(2-1)_{ART-1} + (2-1)_{ART-2}]$$

$$5 = 3 + [1+1]$$

$$5 = 3 + 2$$

$$5 = 5 \quad cumple$$

Pórtico con tres articulaciones

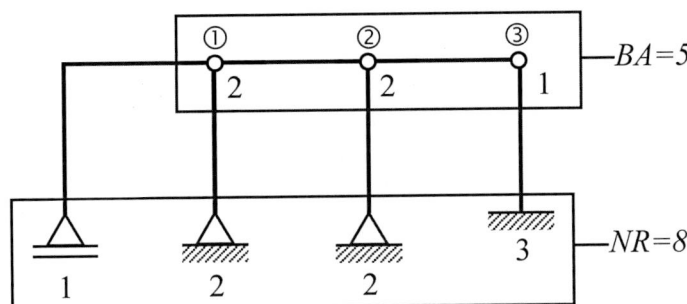

Figura 5.37 Análisis de isostaticidad de un pórtico.

Aplicando la fórmula para verificar la isostaticidad, tenemos:

$$NR = 3 + \sum_{i=1}^{n} [(BA)_i - 1] - 3 \cdot FC$$

$$8 = 3 + 5 - 3 \cdot 0$$

$$8 = 8 \quad cumple$$

Pórtico con cuatro articulaciones

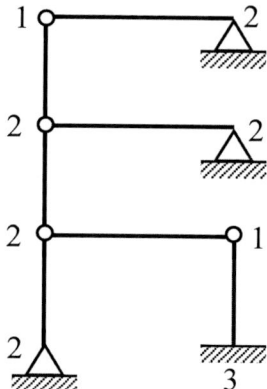

Figura 5.38 Análisis de la isostaticidad de un pórtico.

En los apoyos $NR=9$ y en las articulaciones $BA=6$, reemplazando en la ecuación, tenemos:

$$NR = 3 + \sum_{i=1}^{n} [(BA)_i - 1] - 3 \cdot FC$$

$$9 = 3 + 6 - 3 \cdot 0$$

$$9 = 9 \quad cumple$$

Pórtico con figuras cerradas

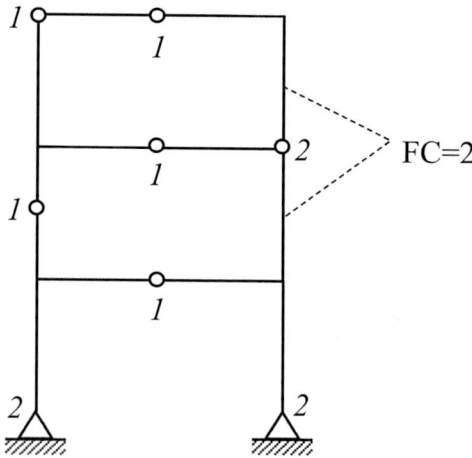

Figura 5.39 Análisis de isostaticidad de un pórtico cerrado.

Para nuestro ejemplo *NR=4*, *BA=7* y *FC=2*.

$$NR = 3 + \sum_{i=1}^{n} [(BA)_i - 1] - 3 \cdot FC$$

$$4 = 3 + 7 - 3 \cdot 2$$

$$4 = 4 \quad cumple$$

Hasta aquí podemos afirmar que las estructuras anteriores son isostáticas, pero también es importante verificar que sean estables. Esto lo estudiaremos a continuación.

5.8.1.2. VERIFICACIÓN DE ESTABILIDAD

Para verificar que una estructura es estable pondremos como ejemplo la siguiente estructura:

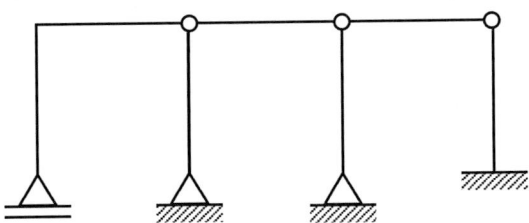

Figura 5.40 Verificación de estabilidad de un pórtico.

Procedamos como sigue:

1ro: Desensamblamos la estructura a partir de sus articulaciones.

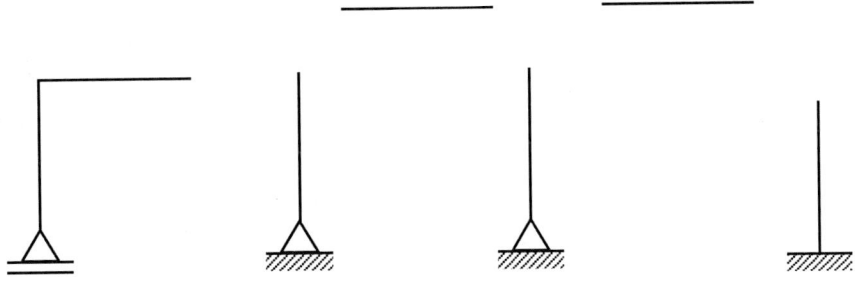

Figura 5.41 Pórtico desensamblado.

Las articulaciones son apoyos internos que permiten transmitir las fuerzas de una parte a otra de la estructura. Por lo tanto, se reemplazarán por apoyos fijos, según el siguiente criterio:

a) Dos barras articuladas

Figura 5.42 Apoyo equivalente de una unión que articula dos barras.

b) Tres barras articuladas

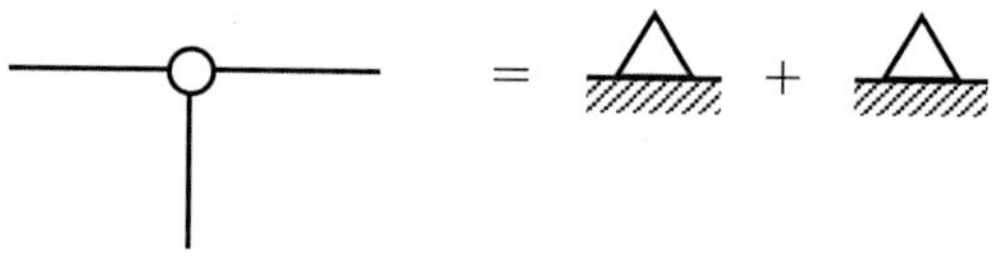

Figura 5.43 Apoyo equivalente de una unión que articula tres barras.

c) Cuatro barras articuladas

Figura 5.44 Apoyo equivalente de una unión que articula cuatro barras.

En resumen, diremos que el número de apoyos fijos que representa a una articulación es equivalente al número de barras articuladas menos uno.

$$N° \ de \ apoyos \ fijos = N° \ de \ barras \ articuladas - 1$$

También diremos que un apoyo fijo, cuando sea necesario, puede descomponerse en dos apoyos móviles de los siguientes tipos.

Figura 5.45 Equivalencia de un apoyo fijo en dos apoyos móviles.

2do: En cada barra donde concurre una articulación distribuimos sus apoyos fijos de manera estratégica, completando las reacciones necesarias para mantener el equilibrio estático de cada una de sus partes.

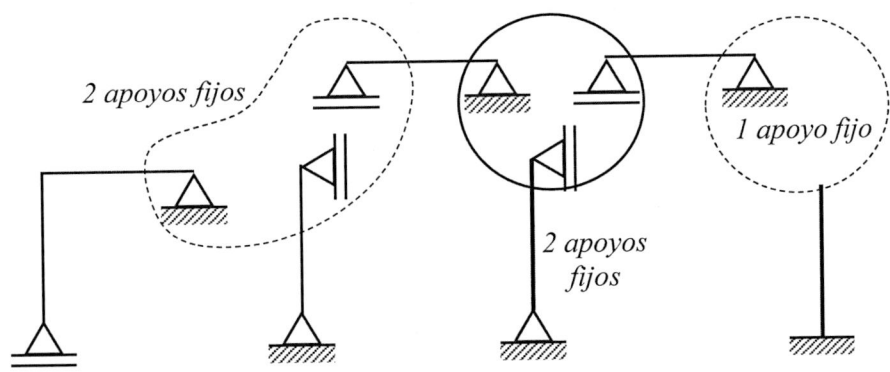

Figura 5.46 Verificación de equilibrio isostático en cada parte del pórtico.

3ro: Verificamos que cada una de las partes de esta estructura (6 partes) cumplen con las reglas estudiadas para verificar isostaticidad y estabilidad en las estructuras simples, estudiadas en el apartado 5 de este capítulo.

Analicemos un ejemplo más para concretar la metodología.

Verificaremos la estabilidad del siguiente pórtico isostático.

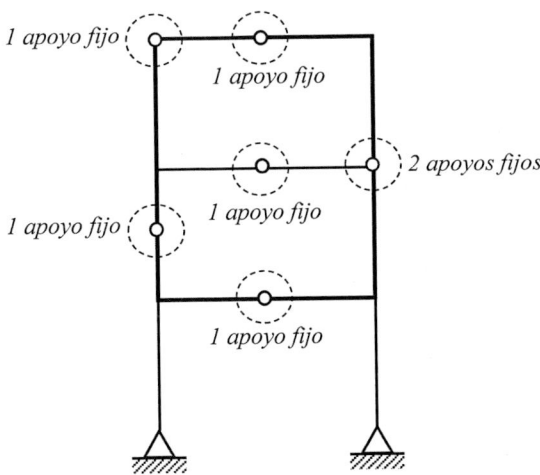

Figura 5.47 Estructura con varias articulaciones.

Desensamblamos la estructura y distribuimos los apoyos fijos de sus articulaciones, para luego verificar la isostaticidad de cada una de sus partes.

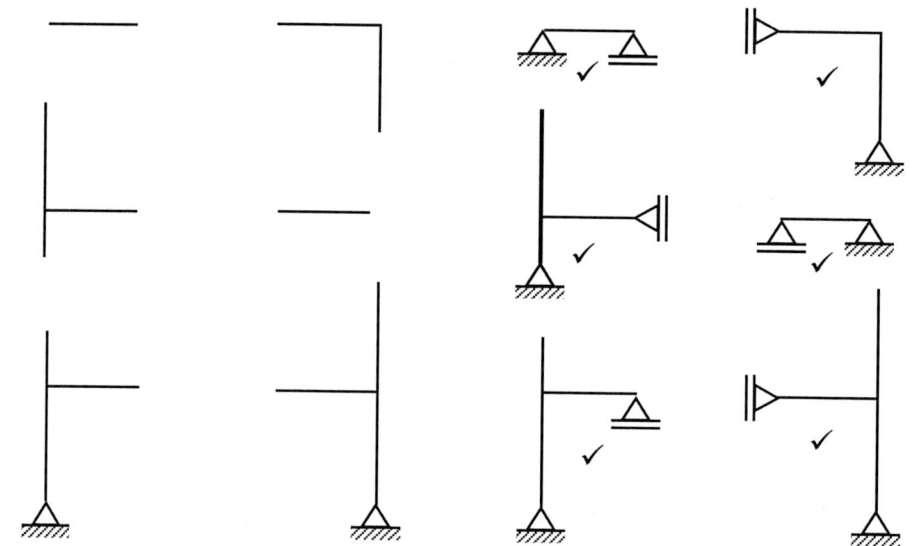

Figura 5.48 Desensamblado de la estructura y verificación de isostaticidad.

5.8.2. ECUACIONES ADICIONALES DE EQUILIBRIO

Cuando una estructura contiene articulaciones, es posible añadir ecuaciones de equilibrio de momento en torno a sus articulaciones. El número de estas ecuaciones depende de la cantidad de barras articuladas. Veamos algunos casos:

a) Dos barras articuladas

$$\sum M_{IZQ} = 0 \; \circlearrowleft \; \oplus$$
$$\sum M_{DER} = 0 \; \circlearrowleft \; \oplus$$

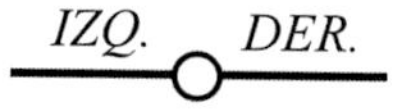

Fig. 5.49 Dos barras articuladas.

b) Tres barras articuladas

$$\sum M_{IZQ} = 0 \; \circlearrowleft \; \oplus$$
$$\sum M_{DER} = 0 \; \circlearrowleft \; \oplus$$
$$\sum M_{ABA} = 0 \; \circlearrowleft \; \oplus$$

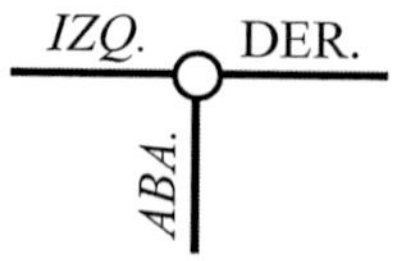

Fig. 5.50 Tres barras articuladas.

c) Cuatro barras articuladas

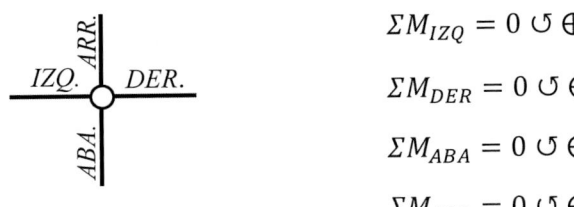

$$\Sigma M_{IZQ} = 0 \; \circlearrowleft \oplus$$

$$\Sigma M_{DER} = 0 \; \circlearrowleft \oplus$$

$$\Sigma M_{ABA} = 0 \; \circlearrowleft \oplus$$

$$\Sigma M_{ARR} = 0 \; \circlearrowleft \oplus$$

Fig. 5.51 Cuatro barras articuladas.

Para resolver el sistema estructural, las ecuaciones adicionales de momento deberán sumarse a las ecuaciones de equilibrio ($\Sigma F_X=0$, $\Sigma F_Y=0$ y $\Sigma M=0$). En el proceso de cálculo usted notará que existen una o más ecuaciones de equilibrio en exceso, lo cual es normal. Únicamente debemos seleccionar la cantidad necesaria de ecuaciones de equilibrio en el momento de realizar los cálculos. Analicemos los siguientes ejemplos:

Viga con una articulación

Esta estructura tiene 4 reacciones. En ella es posible aplicar las siguientes ecuaciones de equilibrio:

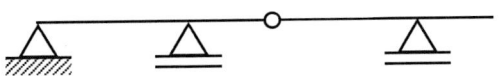

Figura 5.52 Viga articulada.

$$\Sigma F_X = 0 \longrightarrow \oplus$$

$$\Sigma F_Y = 0 \uparrow \oplus$$

$$\Sigma M_{PUNTO} = 0 \; \circlearrowleft \oplus$$

$$\Sigma M_{IZQ} = 0 \; \circlearrowleft \oplus$$

$$\Sigma M_{DER} = 0 \; \circlearrowleft \oplus$$

De las cinco ecuaciones usted puede eliminar la que mejor le parezca o la que considera que no es favorable, porque únicamente requiere de cuatro.

Pórtico con tres articulaciones

Esta estructura tiene 8 reacciones. En ella es posible aplicar las siguientes ecuaciones de equilibrio:

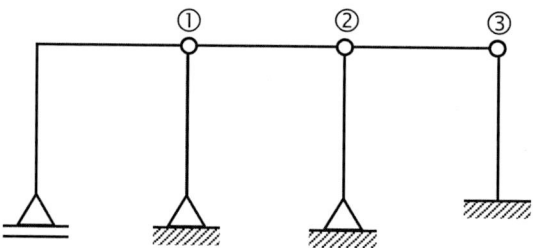

Figura 5.53 Pórtico con tres articulaciones.

Ecuaciones generales de equilibrio:

$$\Sigma F_X = 0 \longrightarrow \oplus$$

$$\Sigma F_Y = 0 \uparrow \oplus$$

$$\Sigma M_{PUNTO} = 0 \circlearrowleft \oplus$$

Ecuaciones adicionales de momento en las articulaciones:

Articulación ①	Articulación ②	Articulación ③
$\Sigma M_{IZQ} = 0 \circlearrowleft \oplus$	$\Sigma M_{IZQ} = 0 \circlearrowleft \oplus$	$\Sigma M_{IZQ} = 0 \circlearrowleft \oplus$
$\Sigma M_{DER} = 0 \circlearrowleft \oplus$	$\Sigma M_{DER} = 0 \circlearrowleft \oplus$	$\Sigma M_{ABA} = 0 \circlearrowleft \oplus$
$\Sigma M_{ABA} = 0 \circlearrowleft \oplus$	$\Sigma M_{ABA} = 0 \circlearrowleft \oplus$	

En total contamos con 11 ecuaciones de equilibrio y solamente necesitamos 8; por lo tanto, en el proceso de cálculo debemos analizar cuáles nos conviene aplicar y en qué orden.

ACLARACIÓN IMPORTANTE

El problema por tener más ecuaciones que reacciones no significa que sea hipostático, pues, si usted intenta aplicar las otras 3 ecuaciones de equilibrio, llegará a la conclusión de que son linealmente dependientes con respecto a las 8 ecuaciones que se eligieron para resolver el problema.

Pórtico con cuatro articulaciones

En este problema es necesario formar un sistema de nueve ecuaciones para resolver nuestras nueve reacciones.

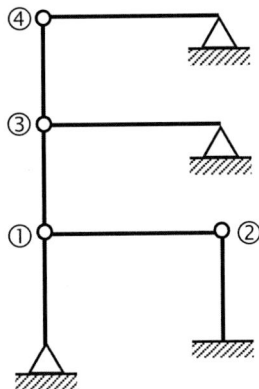

Figura 5.54 Pórtico con cuatro articulaciones.

Las ecuaciones de equilibrio que se pueden aplicar son:

Ecuaciones generales de equilibrio:

$$\Sigma F_X = 0 \longrightarrow \oplus$$

$$\Sigma F_Y = 0 \uparrow \oplus$$

$$\Sigma M_{PUNTO} = 0 \circlearrowleft \oplus$$

Ecuaciones adicionales de momento en las articulaciones:

Articulación ①

$$\Sigma M_{ABA} = 0 \circlearrowleft \oplus$$

$$\Sigma M_{ARR} = 0 \circlearrowleft \oplus$$

$$\Sigma M_{DER} = 0 \circlearrowleft \oplus$$

Articulación ②

$$\Sigma M_{IZQ} = 0 \circlearrowleft \oplus$$

$$\Sigma M_{ABA} = 0 \circlearrowleft \oplus$$

Articulación ③

$$\Sigma M_{ABA} = 0 \circlearrowleft \oplus$$

$$\Sigma M_{ARR} = 0 \circlearrowleft \oplus$$

$$\Sigma M_{DER} = 0 \circlearrowleft \oplus$$

Articulación ④

$$\Sigma M_{DER} = 0 \circlearrowleft \oplus$$

$$\Sigma M_{ABA} = 0 \circlearrowleft \oplus$$

En total contamos con 13 ecuaciones de equilibrio, de las cuales tenemos que elegir 9 para resolver nuestra estructura. Recuerde: usted elige las ecuaciones que más le convienen y también define el orden en que se aplican.

EJERCICIOS DE APLICACIÓN

Revisar las prácticas de la 82 a la 90.

5.9. PRUEBA PARA VERIFICAR LAS REACCIONES OBTENIDAS

Supongamos un sistema coplanario genérico sometido a un conjunto de cargas cuyas reacciones han sido calculadas.

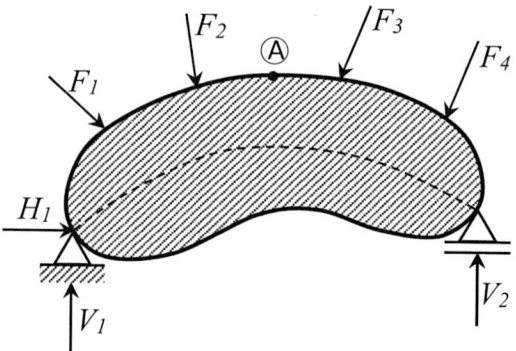

Figura 5.55 Cuerpo genérico afectado por un conjunto de cargas.

Para verificar que las reacciones H_1, V_1 y V_2 están correctamente calculadas, debemos identificar un punto A cuyo único requisito sea la inclusión de todas las reacciones cuando calculemos momento sobre este; es decir, todas las reacciones deberán tener una distancia de momento diferente de cero. Cuando calculemos el momento, en este punto estaremos seguros de que las reacciones son las correctas si el valor obtenido sea igual a cero.

$$\Sigma M_A = 0$$

$$H_1 \cdot a_1 + V_1 \cdot b_1 + V_2 \cdot a_2 + F_1 \cdot d_1 + F_2 \cdot d_2 + F_3 \cdot d_3 + F_4 \cdot d_4 = 0$$

$$0 = 0$$

Se debe aclarar que en este cálculo sus cargas (F_1, F_2, F_3 y F_4) pueden tener distancias de momento nulos y por lo tanto no entrar en el cálculo; de hecho, se suele buscar un punto A, donde entren todas las reacciones y en lo posible se anulen la mayor cantidad de cargas, pues esto facilitaría nuestro cálculo.

EJERCICIOS DE APLICACIÓN

Revisar las prácticas de las 91 a la 93.

5.10. APOYOS OBLICUOS

Los apoyos oblicuos son aquellos cuyas reacciones no se direccionan sobre un sistema de ejes cartesianos XY. Pueden ser móviles, fijos o empotrados, y para incluirlos en el cálculo existe la opción de descomponer sus reacciones en X y Y. Luego se aplicarán las ecuaciones de equilibrio, tal como se haría para un sistema estructural sin este tipo de apoyos.

Los apoyos oblicuos siempre tendrán como dato un ángulo de referencia para conocer la inclinación de sus reacciones, el cual puede referirse con respecto a su eje de simetría o a su base. Véase la siguiente figura:

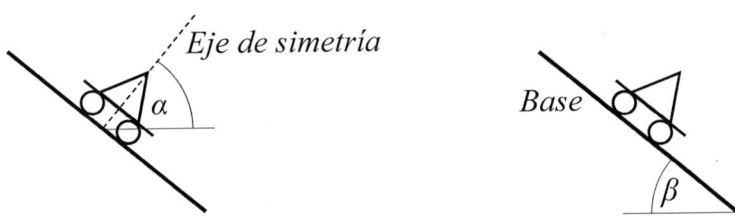

α y β *son ángulos* complementarios ($α+β=90$)

Figura 5.56 Apoyos móviles oblicuos.

Dependiendo del tipo de apoyo, se emplean uno o los dos ángulos para descomponer sus reacciones. Veamos los siguientes ejemplos:

a) Apoyo móvil

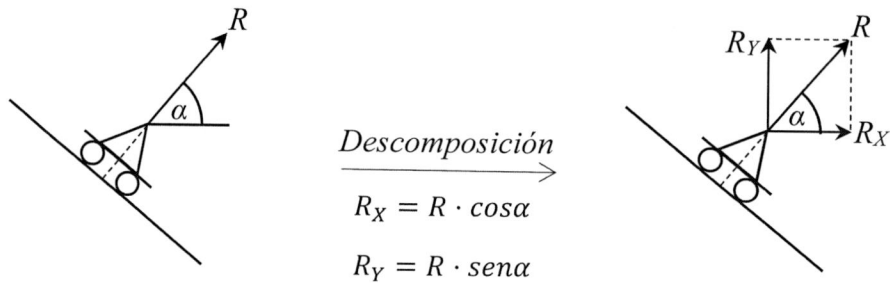

$$R_X = R \cdot cos\alpha$$

$$R_Y = R \cdot sen\alpha$$

Figura 5.57 Reacción de un apoyo móvil oblicuo.

b) Apoyo fijo

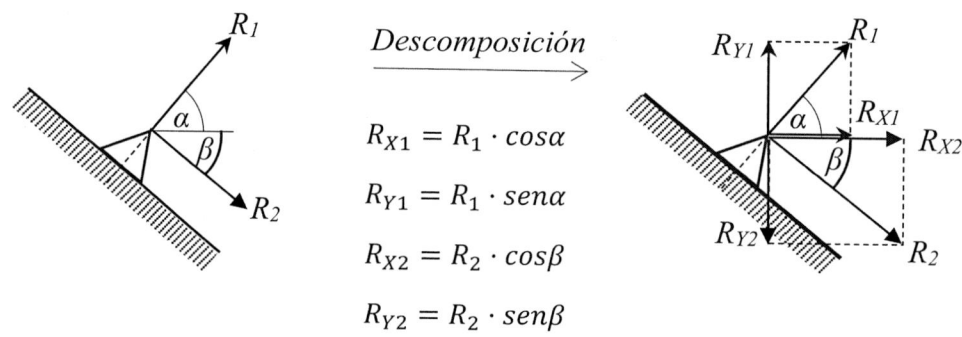

$$R_{X1} = R_1 \cdot cos\alpha$$

$$R_{Y1} = R_1 \cdot sen\alpha$$

$$R_{X2} = R_2 \cdot cos\beta$$

$$R_{Y2} = R_2 \cdot sen\beta$$

Figura 5.58 Reacciones de un apoyo fijo oblicuo.

Una vez realizada la descomposición, el procedimiento para calcular sus reacciones es el mismo que el estudiado hasta ahora.

EJERCICIOS DE APLICACIÓN

Revisar las prácticas de la 94 al 99.

5.11. PROBLEMAS EN EL ESPACIO

En este nivel los problemas en el espacio suelen ser muy limitados, porque en la práctica estos sistemas representan un elevado grado de dificultad.

En este apartado analizaremos algunos sistemas simples espaciales, que pueden ser resueltos mediante la aplicación de las ecuaciones de equilibrio.

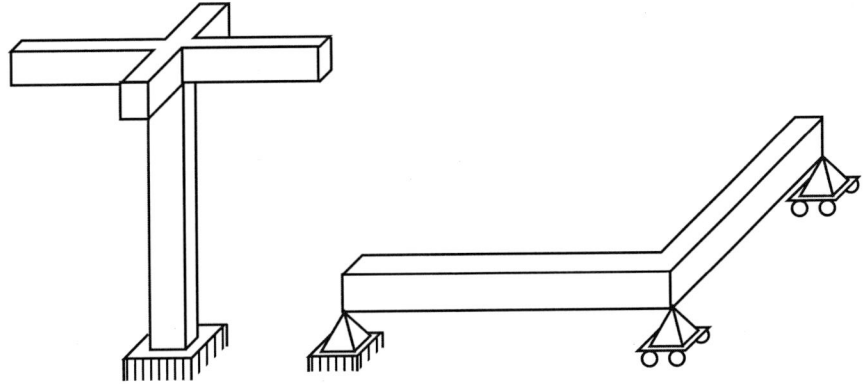

Figura 5.59 Estructuras tridimensionales isostáticas.

Dependiendo de la geometría de la estructura, los ejes utilizados para definir sus cargas y la tipología de sus apoyos, es posible aplicar tres o más de las siguientes ecuaciones de equilibrio estático:

$$\Sigma F_X = 0 \to \oplus$$

$$\Sigma F_Y = 0 \uparrow \oplus$$

$$\Sigma F_Z = 0 \swarrow \oplus$$

$$\Sigma M_X = 0 \twoheadrightarrow \oplus$$

$$\Sigma M_Y = 0 \Uparrow \oplus$$

$$\Sigma M_Z = 0 \swarrow \oplus$$

EJERCICIOS DE APLICACIÓN

Revisar las prácticas de las 100 a la 105.

PRÁCTICAS

PRÁCTICA 56

Calcular las reacciones en los apoyos de la siguiente viga.

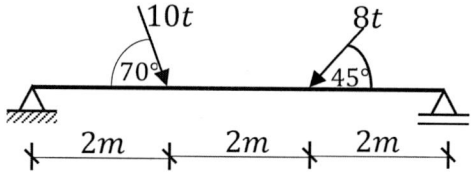

Figura 5.60 Viga simplemente apoyada con dos cargas oblicuas.

1ro: Descomposición de las fuerzas

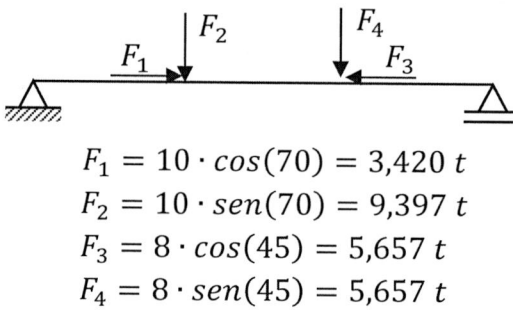

$$F_1 = 10 \cdot cos(70) = 3,420 \ t$$
$$F_2 = 10 \cdot sen(70) = 9,397 \ t$$
$$F_3 = 8 \cdot cos(45) = 5,657 \ t$$
$$F_4 = 8 \cdot sen(45) = 5,657 \ t$$

2do: Cálculo de reacciones

Asumimos el sentido de las reacciones:

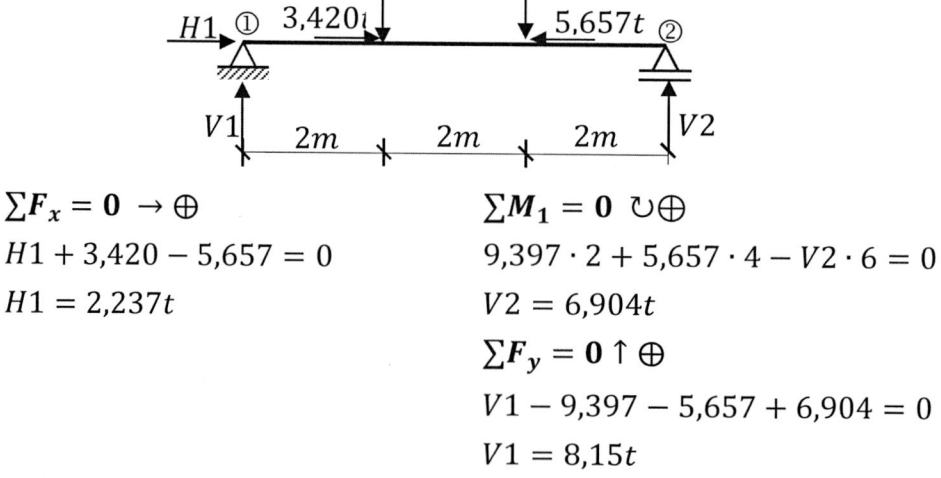

$\sum F_x = 0 \ \rightarrow \oplus$

$H1 + 3,420 - 5,657 = 0$

$H1 = 2,237t$

$\sum M_1 = 0 \ \circlearrowleft\oplus$

$9,397 \cdot 2 + 5,657 \cdot 4 - V2 \cdot 6 = 0$

$V2 = 6,904t$

$\sum F_y = 0 \ \uparrow \oplus$

$V1 - 9,397 - 5,657 + 6,904 = 0$

$V1 = 8,15t$

PRÁCTICA 57

Calcular las reacciones en los apoyos de la siguiente viga.

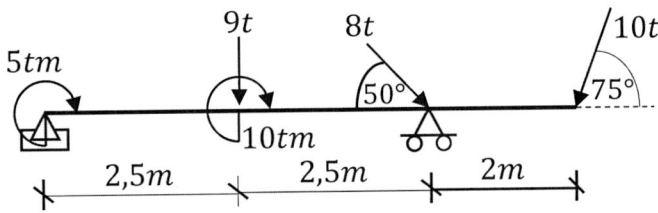

Figura 5.61 Viga biapoyada con voladizo al lado derecho.

1ro: Descomposición de las fuerzas

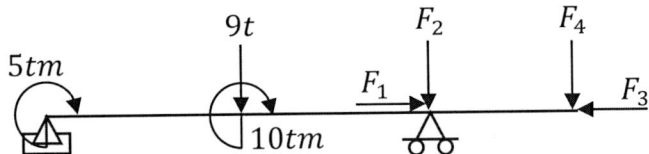

$F_1 = 8 \cdot cos(50) = 5,142\ t$

$F_2 = 8 \cdot sen(50) = 6,128\ t$

$F_3 = 10 \cdot cos(75) = 2,588\ t$

$F_4 = 10 \cdot sen(75) = 9,659\ t$

2do: Cálculo de reacciones

Asumimos el sentido de las reacciones:

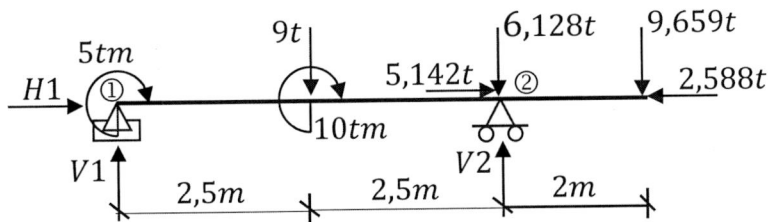

$\sum M_1 = 0\ \circlearrowleft \oplus$

$5 + 10 + 9 \cdot 2{,}5 + 6{,}128 \cdot 5 + 9{,}659 \cdot 7 - V2 \cdot 5 = 0$

$V2 = 27{,}151t$

$\sum F_x = 0\ \rightarrow \oplus$

$H1 + 5{,}142 - 2{,}588 = 0$

$H1 = -2{,}554t$

$\sum F_y = 0\ \uparrow \oplus$

$V1 - 9 - 6{,}128 + 27{,}151 - 9{,}659 = 0$

$V1 = -2.364t$

Las reacciones $H1$ y $V1$ tienen sentidos contrarios a los asumidos.

PRÁCTICA 58

Calcular las reacciones en los apoyos del siguiente pórtico.

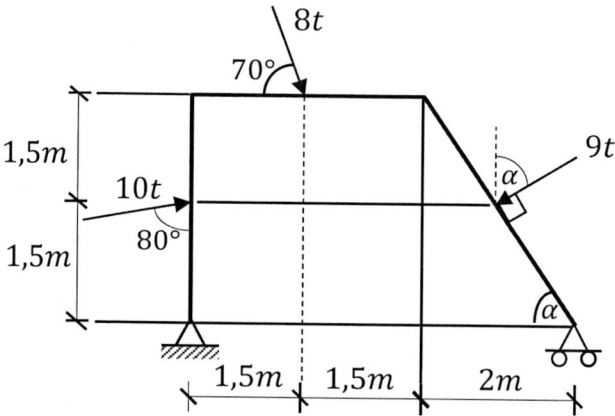

Figura 5.62 Pórtico 2D con apoyo fijo y móvil.

1ro: Descomposición de las fuerzas

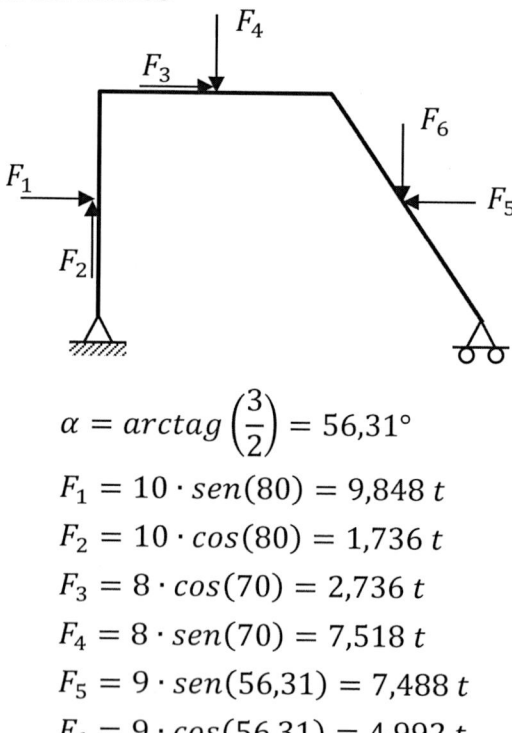

$$\alpha = arctag\left(\frac{3}{2}\right) = 56{,}31°$$
$$F_1 = 10 \cdot sen(80) = 9{,}848\ t$$
$$F_2 = 10 \cdot cos(80) = 1{,}736\ t$$
$$F_3 = 8 \cdot cos(70) = 2{,}736\ t$$
$$F_4 = 8 \cdot sen(70) = 7{,}518\ t$$
$$F_5 = 9 \cdot sen(56{,}31) = 7{,}488\ t$$
$$F_6 = 9 \cdot cos(56{,}31) = 4{,}992\ t$$

2do: Cálculo de reacciones

Asumimos el sentido de las reacciones:

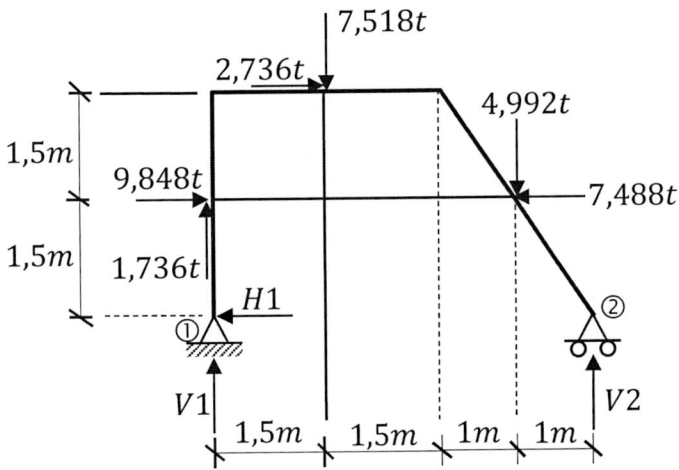

$\sum F_x = 0 \rightarrow \oplus$

$9,848 - H1 + 2,736 - 7,488 = 0$

$H1 = 5,096t$

$\sum M_1 = 0 \circlearrowleft \oplus$

$9,848 \cdot 1,5 + 2,736 \cdot 3 + 7,518 \cdot 1,5 + 4,992 \cdot 4 - 7,488 \cdot 1,5 - V2 \cdot 5 = 0$

$V2 = 8,599t$

$\sum F_y = 0 \uparrow \oplus$

$V1 + 1,736 - 7,518 - 4,992 + 8,599 = 0$

$V1 = 2,175t$

PRÁCTICA 59

Calcular las reacciones en los apoyos de la siguiente estructura porticada.

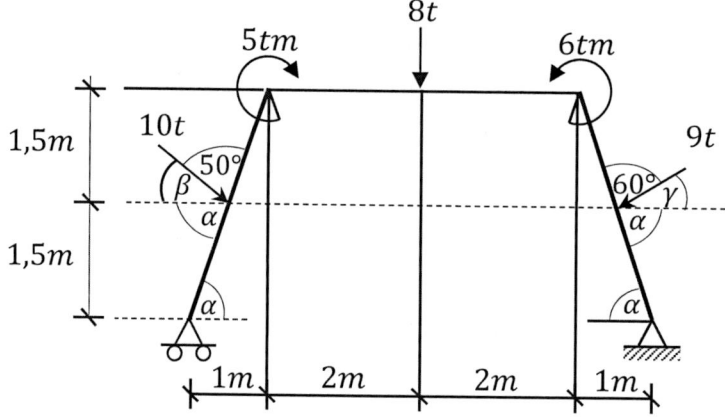

Figura 5.63 Pórtico 2D afectado por fuerzas y momentos puntuales.

1ro: Cálculo de ángulos

$$\alpha = arctag\ \left(\frac{3}{1}\right) = 71,565°$$

$$\alpha + \beta + 50 = 180$$

$$\beta = 180 - 50 - 71,565 = 58,435t$$

$$\alpha + \gamma + 60 = 180$$

$$\gamma = 180 - 60 - 71,565 = 48,435t$$

2do: Descomposición de las fuerzas

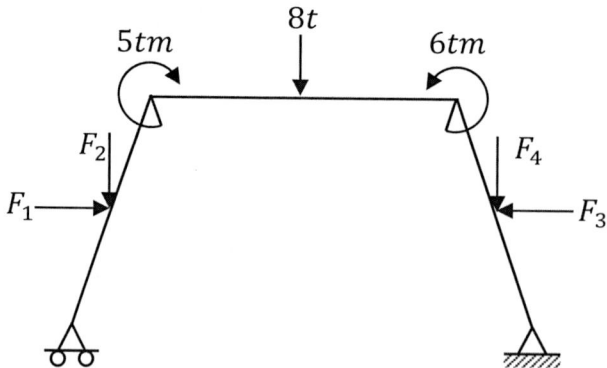

$$F_1 = 10 \cdot cos\,\beta = 10 \cdot cos\,58,435 = 5,235\,t$$

$$F_2 = 10 \cdot sen\,\beta = 10 \cdot sen\,58,435 = 8,520\,t$$

$$F_3 = 9 \cdot cos\,\gamma = 9 \cdot cos\,48,435 = 5,971\,t$$

$$F_4 = 9 \cdot sen\,\gamma = 9 \cdot sen\,48,435 = 6,734\,t$$

3ro: Cálculo de las reacciones

Asumimos el sentido de las reacciones:

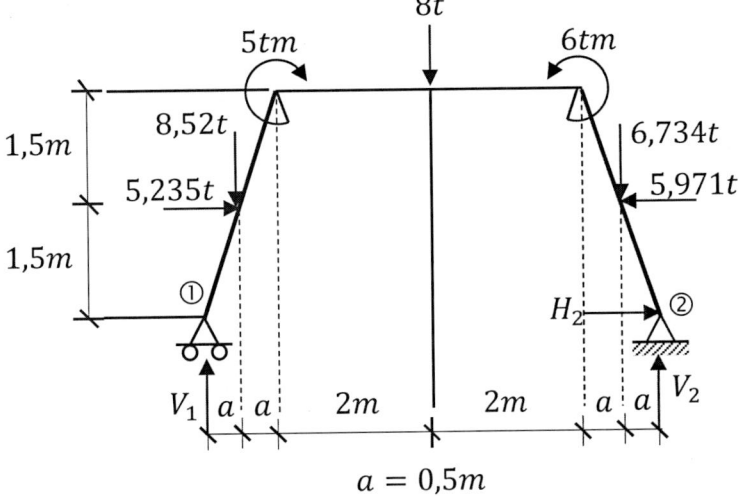

$\Sigma Fx = 0 \; \rightarrow \oplus$

$5,235 - 5,971 + H_2 = 0$

$H_2 = 0,736t$

$\Sigma M_1 = 0 \; \circlearrowleft \oplus$

$5,235 \cdot 1,5 + 8,52 \cdot 0,5 + 5 + 8 \cdot 3 - 6 + 6,734 \cdot 5,5 - 5,971 \cdot 1,5 - V_2 \cdot 6 = 0$

$V_2 = 10,532t$

$\Sigma Fy = 0 \; \uparrow \oplus$

$V_1 - 8,52 - 8 - 6,734 + 10,532 = 0$

$V_1 = 12,722t$

PRÁCTICA 60

Calcular las reacciones en los apoyos del siguiente reticulado.

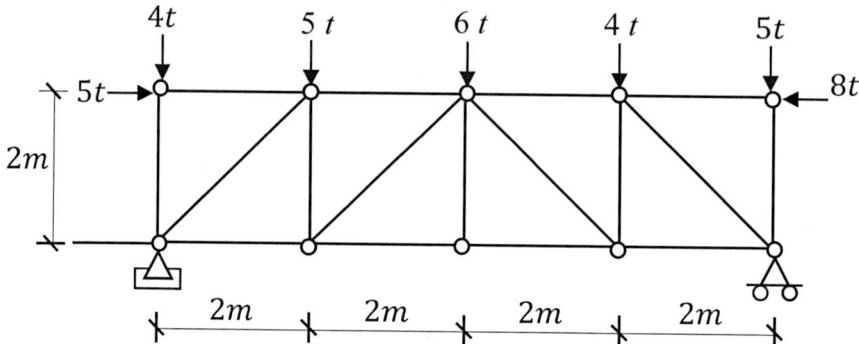

Figura 5.64 Reticulado 2D afectado por fuerzas puntuales.

1ro: Cálculo de reacciones

Asumimos el sentido de las reacciones:

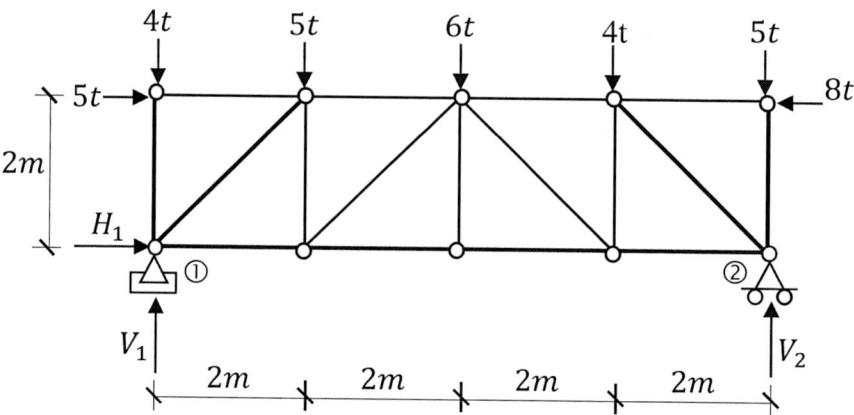

$\Sigma Fx = 0 \rightarrow \oplus$

$H_1 + 5 - 8 = 0$

$H_1 = 3t$

$\Sigma M_1 = 0 \circlearrowleft \oplus$

$5 \cdot 2 + 5 \cdot 2 + 6 \cdot 4 + 4 \cdot 6 + 5 \cdot 8 - 8 \cdot 2 - V_2 \cdot 8 = 0$

$V_2 = 11,5t$

$\Sigma Fy = 0 \uparrow \oplus$

$V_1 - 4 - 5 - 6 - 4 - 5 + 11,5 = 0$

$V_1 = 12,5t$

PRÁCTICA 61

Calcular las reacciones en los apoyos del siguiente reticulado.

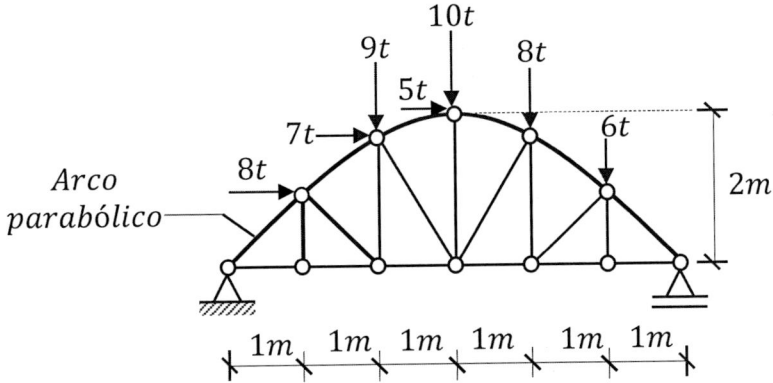

Figura 5.65 Reticulado en forma de arco parabólico.

1ro: Cálculo de la ecuación del arco

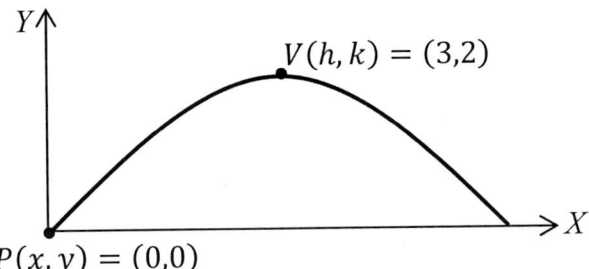

Reemplazamos los datos anteriores en la ecuación de la parábola:

$$(x - h)^2 = -4a(y - k)$$

$$(0 - 3)^2 = -4a(0 - 2)$$

$$9 = 8a$$

$$a = \frac{9}{8}$$

Reemplazamos los siguientes datos en la ecuación de la parábola:

$$V(h, k) = (3,2)$$

$$a = \frac{9}{8}$$

$$(x - h)^2 = -4a(y - k)$$

$$(x - 3)^2 = -4 \cdot \frac{9}{8} \cdot (y - 2)$$

$$x^2 - 6x + 9 = -\frac{9}{2}y + 9$$

$$x^2 - 6x = -\frac{9}{2}y$$

$$y = -\frac{2}{9}(x^2 - 6x)$$

$$y = -\frac{2}{9}x^2 + \frac{4}{3}x$$

2do: Cálculo de las reacciones

Asumimos el sentido de las reacciones:

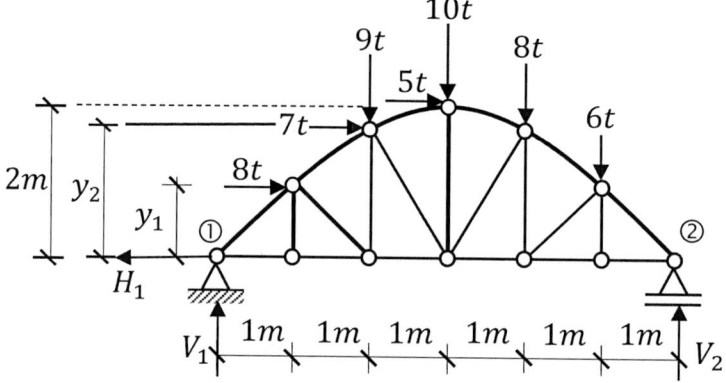

Colocamos y_1 y y_2:

$$x_1 = 1m \Rightarrow y_1 = -\frac{2}{9}(1)^2 + \frac{4}{3}(1) = 1,111\ m$$

$$x_2 = 2m \Rightarrow y_2 = -\frac{2}{9}(2)^2 + \frac{4}{3}(2) = 1,778m$$

$\mathbf{\Sigma Fx = 0} \rightarrow \oplus$

$-H_1 + 8 + 7 + 5 = 0$

$H_1 = 20t$

$\mathbf{\Sigma M_1 = 0} \; \circlearrowleft \oplus$

$8 \cdot 1,111 + 7 \cdot 1,778 + 5 \cdot 2 + 9 \cdot 2 + 10 \cdot 3 + 8 \cdot 4 + 6 \cdot 5 - V_2 \cdot 6 = 0$

$V_2 = 23,556t$

$\mathbf{\Sigma Fy = 0} \; \uparrow \oplus$

$V_1 - 9 - 10 - 8 - 6 + 23,556 = 0$

$V_1 = 9,444t$

PRÁCTICA 62

Calcular las reacciones en los apoyos de la siguiente viga.

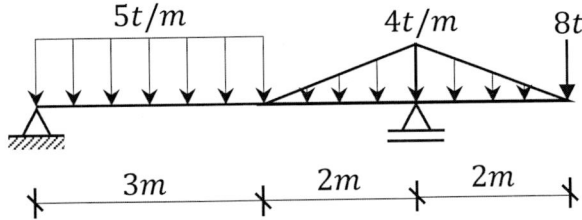

Figura 5.66 Viga con cargas distribuidas.

1ro: Cálculo de resultantes

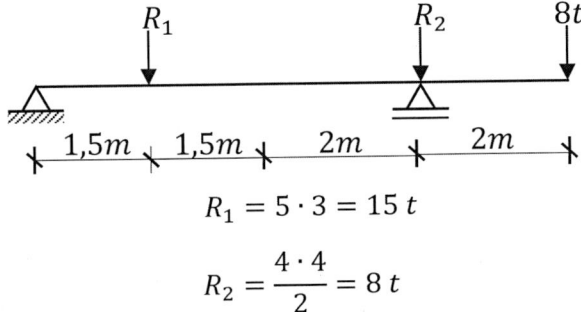

$$R_1 = 5 \cdot 3 = 15 \ t$$

$$R_2 = \frac{4 \cdot 4}{2} = 8 \ t$$

2do: Cálculo de reacciones

Asumimos el sentido de las reacciones:

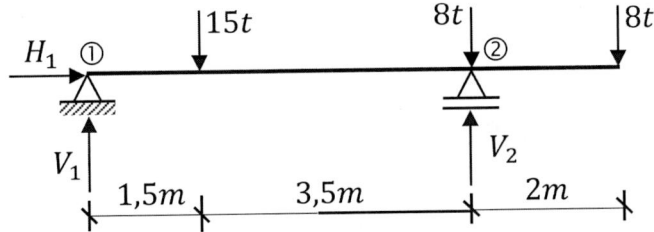

$\Sigma Fx = 0 \ \rightarrow \oplus$

$H_1 = 0$

$\Sigma M_1 = 0 \ \circlearrowright \oplus$

$15 \cdot 1,5 + 8 \cdot 5 - V_2 \cdot 5 + 8 \cdot 7 = 0$

$V_2 = 23,7t$

$\Sigma Fy = 0 \ \uparrow \oplus$

$V_1 - 15 - 8 + 23,7 - 8 = 0$

$V_1 = 7,3t$

PRÁCTICA 63

Calcular las reacciones en los apoyos de la siguiente viga.

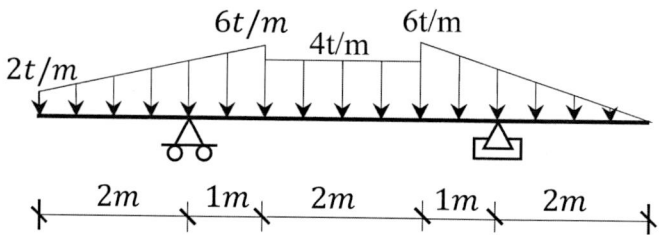

Figura 5.67 Vigas con voladizos y cargas distribuidas.

1ro: Cálculo de resultantes

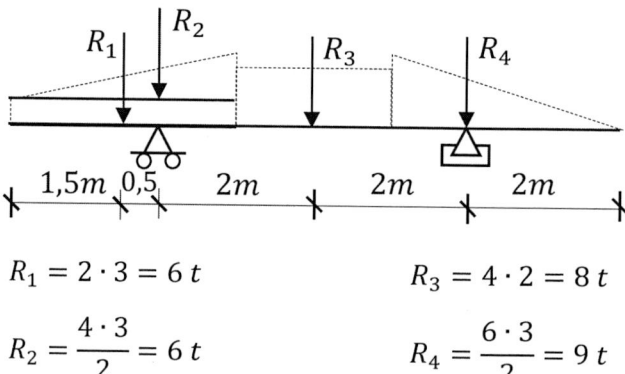

$$R_1 = 2 \cdot 3 = 6\ t \qquad\qquad R_3 = 4 \cdot 2 = 8\ t$$

$$R_2 = \frac{4 \cdot 3}{2} = 6\ t \qquad\qquad R_4 = \frac{6 \cdot 3}{2} = 9\ t$$

2do: Cálculo de reacciones

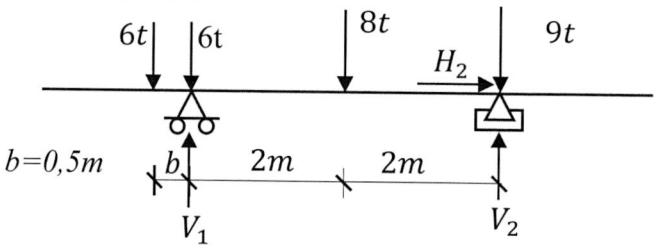

$$\Sigma Fx = 0 \ \rightarrow \oplus$$
$$H_2 = 0$$

$$\Sigma M_1 = 0 \ \circlearrowleft \oplus$$
$$-6 \cdot 0{,}5 + 8 \cdot 2 + 9 \cdot 4 - V_2 \cdot 4 = 0$$
$$V_2 = 12{,}25t$$

$$\Sigma Fy = 0 \ \uparrow \oplus$$
$$-6 - 6 + V_1 - 8 - 9 + 12{,}25 = 0$$
$$V_1 = 16{,}75t$$

PRÁCTICA 64

Calcular las reacciones en los apoyos del siguiente pórtico.

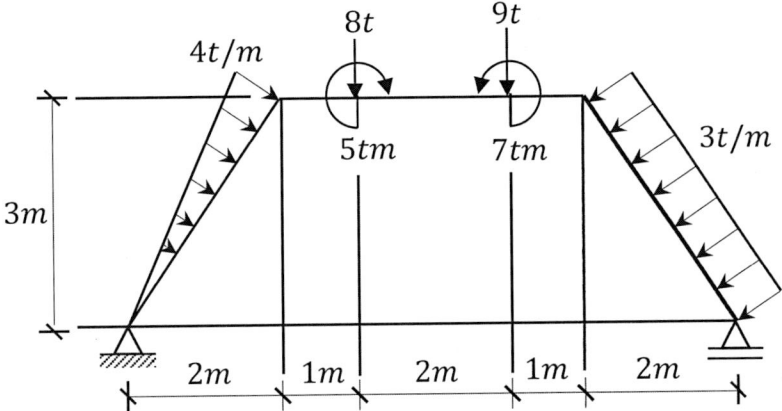

Figura 5.68 Pórticos con cargas distribuidas y puntuales.

1ro: Cálculo de resultantes

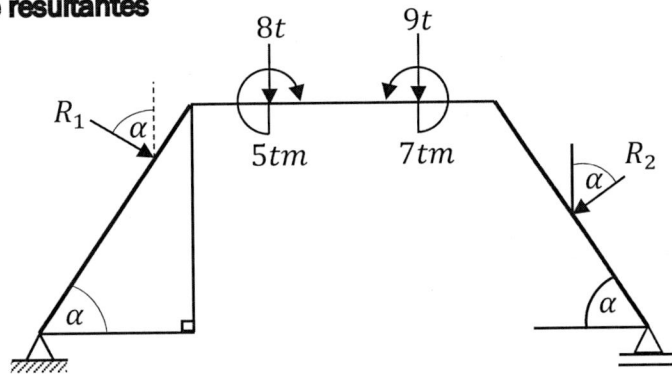

$$L_1 = \sqrt{2^2 + 3^2} = 3,606 \, m$$

$$L_2 = \sqrt{2^2 + 3^2} = 3,606 \, m$$

$$R_1 = \frac{4 \cdot 3,306}{2} = 7,212 \, t$$

$$R_2 = 3 \cdot 3,606 = 10,818 \, t$$

2do: Descomposición de fuerzas

$$\alpha = arctag\left(\frac{3}{2}\right) = 56,31°$$

$$F_1 = 7,212 \, sen56,31 = 6 \, t$$

$$F_2 = 7,212 \, cos56,31 = 4 \, t$$

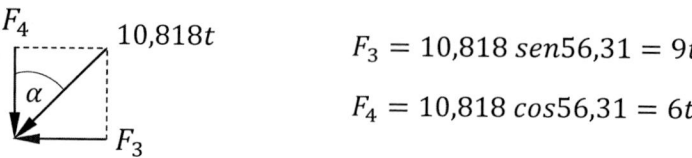

$$F_3 = 10,818 \, sen56,31 = 9t$$

$$F_4 = 10,818 \, cos56,31 = 6t$$

3ro: Cálculo de reacciones

Asumimos el sentido de las reacciones:

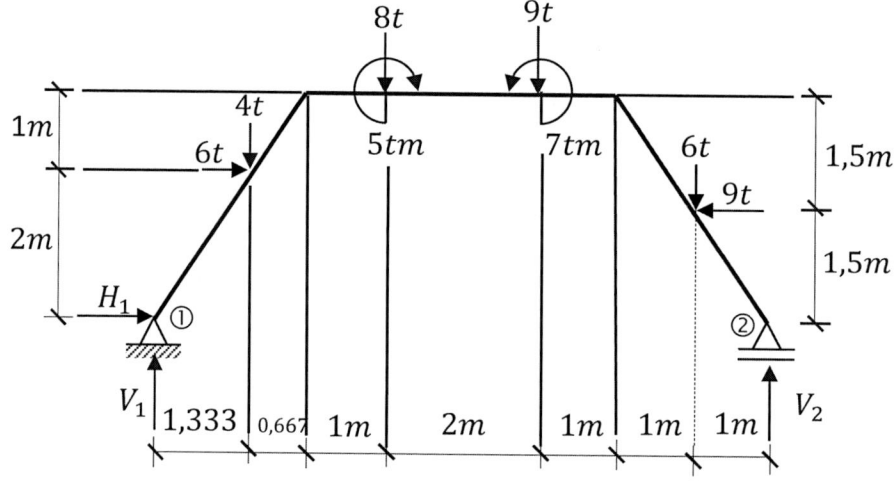

$\boldsymbol{\Sigma M_1 = 0} \; \circlearrowleft \oplus$

$6 \cdot 2 + 4 \cdot 1,333 + 8 \cdot 3 + 5 + 9 \cdot 5 - 7 + 6 \cdot 7 - 9 \cdot 1,5 - V_2 \cdot 8 = 0$

$V_2 = 14,104t$

$\boldsymbol{\Sigma Fx = 0} \; \rightarrow \oplus$

$H_1 + 6 - 9 = 0$

$H_1 = 3t$

$\boldsymbol{\Sigma Fy = 0} \; \uparrow \oplus$

$V_1 - 4 - 8 - 9 - 6 + 14,104 = 0$

$V_1 = 12,896t$

PRÁCTICA 65

Calcular las reacciones en los apoyos del siguiente pórtico.

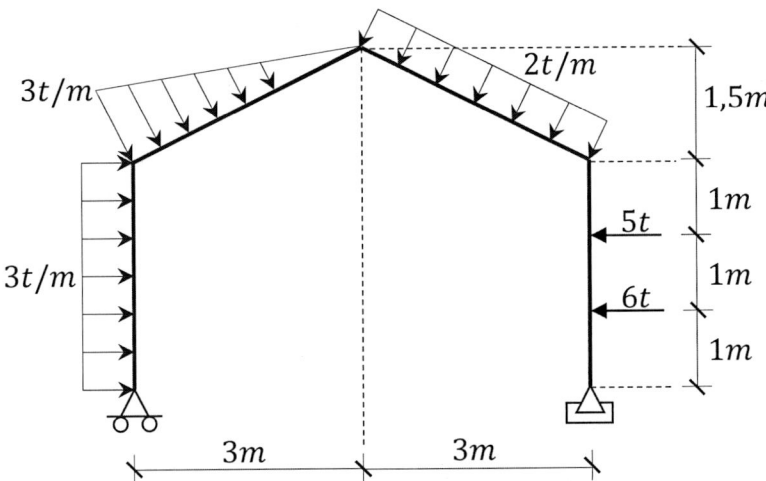

Figura 5.69 Pórtico con cargas distribuidas y puntuales.

1ro: Cálculo de las resultantes

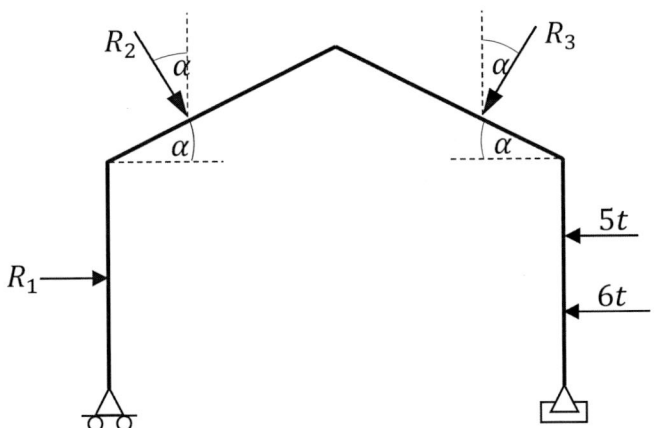

$$L_2 = L_3 = \sqrt{3^2 + 1,5^2} = 3,354\ m$$

$$R_1 = 3 \cdot 3 = 9\ t$$

$$R_2 = \frac{3 \cdot 3,354}{2} = 5,031\ t$$

$$R_3 = 2 \cdot 3,354 = 6,708\ t$$

2do: Descomposición de las fuerzas

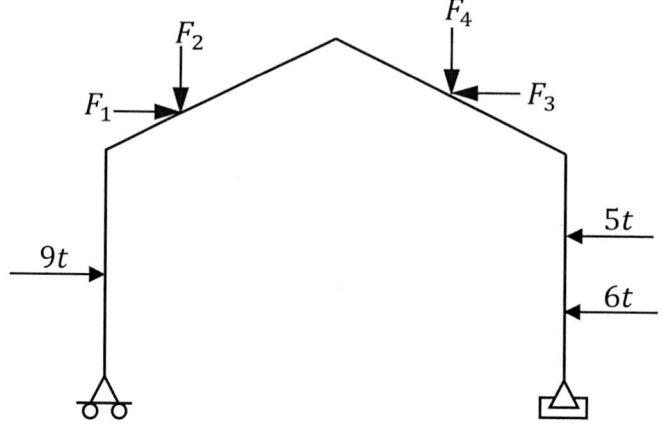

$$\alpha = arctag\left(\frac{1,5}{3}\right) = 26,565°$$

$$F_1 = 5,031 \cdot sen\alpha = 2,25t$$

$$F_2 = 5,031 \cdot cos\alpha = 4,5t$$

$$F_3 = 6,708 \cdot sen\alpha = 3t$$

$$F_4 = 6,708 \cdot cos\alpha = 6t$$

3ro: Cálculo de las reacciones

Asumimos el sentido de las reacciones:

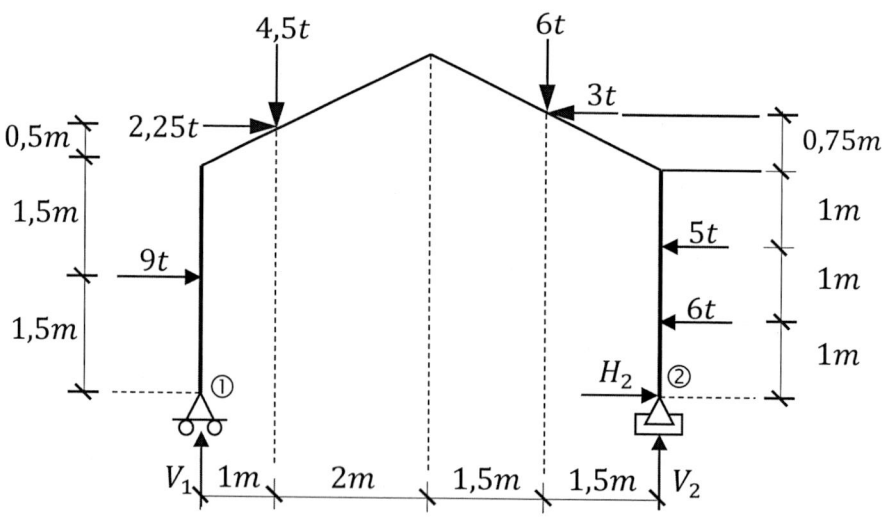

$\Sigma Fx = 0 \rightarrow \oplus$

$9 + 2,25 - 3 - 5 - 6 + H_2 = 0$

$H_2 = 2,75t$

$\Sigma M_1 = 0 \ \circlearrowleft \oplus$

$9 \cdot 1,5 + 2,25 \cdot 3,5 + 4,5 \cdot 1 + 6 \cdot 4,5 - 3 \cdot 3,75 - 5 \cdot 2 - 6 \cdot 1 - V_2 \cdot 6 = 0$

$V_2 = 4,271t$

$\Sigma Fy = 0 \ \uparrow \oplus$

$V_1 - 4,5 - 6 + 4,271 = 0$

$V_1 = 6,229t$

PRÁCTICA 66

Calcular las reacciones en los apoyos del siguiente reticulado.

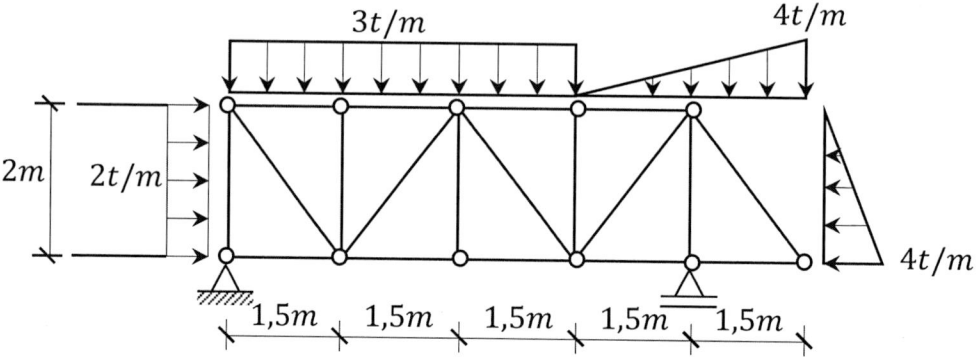

Figura 5.70 Reticulado con cargas distribuidas.

1ro: Cálculo de las resultantes

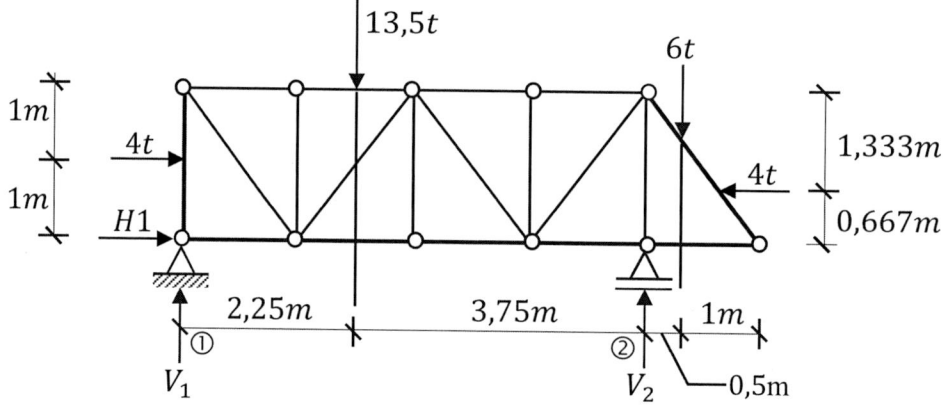

2do: Cálculo de las reacciones

En el gráfico anterior asumimos el sentido de las reacciones:

$\Sigma M_1 = 0$ ↻ ⊕

$4 \cdot 1 + 13,5 \cdot 2,25 + 6 \cdot 6,5 - 4 \cdot 0,667 - V_2 \cdot 6 = 0$

$V_2 = 11,785t$

$\Sigma Fx = 0$ → ⊕

$H_1 + 4 - 4 = 0$

$H_1 = 0$

$\Sigma Fy = 0$ ↑ ⊕

$V_1 - 13,5 - 6 + 11,785 = 0$

$V_1 = 7,715t$

PRÁCTICA 67

Calcular las reacciones en los apoyos del siguiente reticulado.

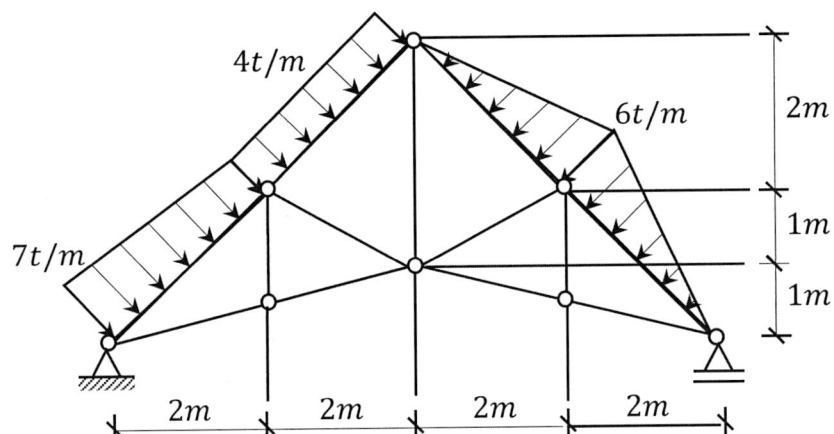

Figura 5.71 Reticulado tipo cercha con cargas distribuidas.

1ro: Cálculo de las resultantes

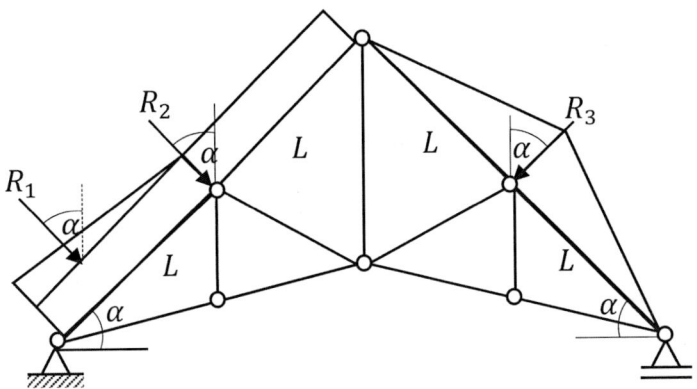

$$L = \sqrt{2^2 + 2^2} = 2,828m$$

$$R_1 = \frac{3 \cdot 2,828}{2} = 4,242\ t$$

$$R_2 = 4 \cdot 5,656 = 22,624\ t$$

$$R_3 = \frac{6 \cdot 5,656}{2} = 16,968\ t$$

2do: Descomposición de las fuerzas

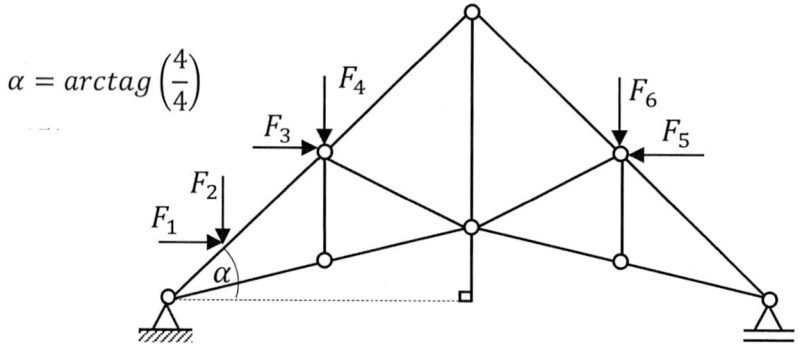

$$\alpha = arctag\left(\frac{4}{4}\right)$$

$F_1 = 4{,}242 \cdot sen\alpha = 3\ t$

$F_2 = 4{,}242 \cdot cos\alpha = 3\ t$

$F_3 = 22{,}624 \cdot sen\alpha = 16\ t$

$F_4 = 22{,}624 \cdot cos\alpha = 16\ t$

$F_5 = 16{,}968 \cdot sen\alpha = 12\ t$

$F_6 = 16{,}968 \cdot cos\alpha = 12\ t$

3ro: Cálculo de las reacciones

Asumimos el sentido de las reacciones:

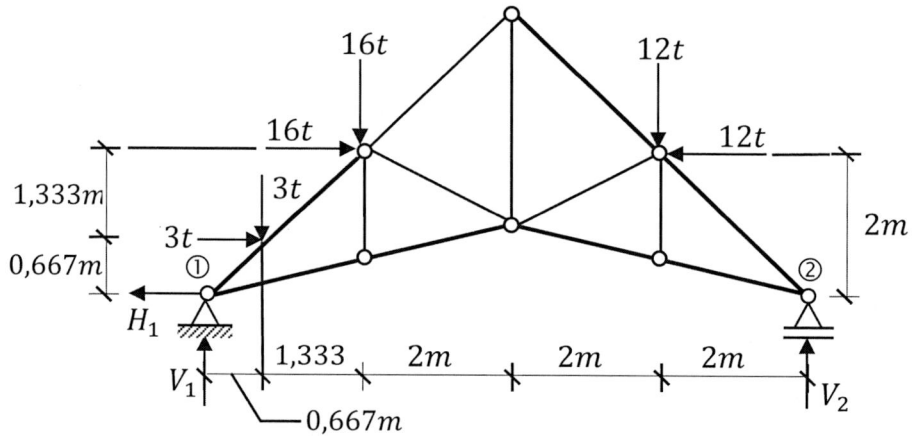

$\Sigma M_1 = 0\ \circlearrowleft \oplus$

$3 \cdot 0{,}667 + 3 \cdot 0{,}667 + 16 \cdot 2 + 16 \cdot 2 + 12 \cdot 6 - 12 \cdot 2 - V_2 \cdot 8 = 0$

$V_2 = 14{,}5t$

$\Sigma Fx = 0 \rightarrow \oplus$

$-H_1 + 3 + 16 - 12 = 0$

$H_1 = 7t$

$\Sigma Fy = 0\ \uparrow \oplus$

$V_1 - 3 - 16 - 12 + 14{,}5 = 0$

$V_1 = 16{,}5t$

PRÁCTICA 68

Calcular las reacciones en los apoyos de la siguiente viga.

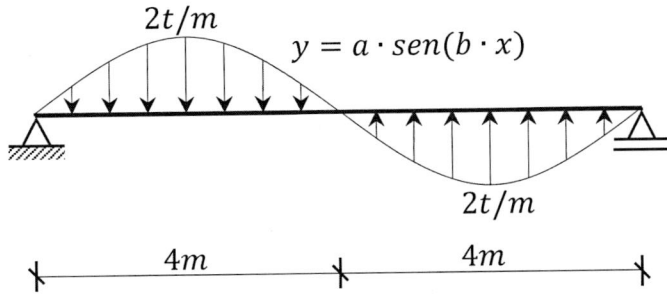

Figura 5.72 Viga con cargas que varían según la función seno.

1ro: Ecuación de la carga

Datos
$P_1(4,0)$
$P_2(2,2)$

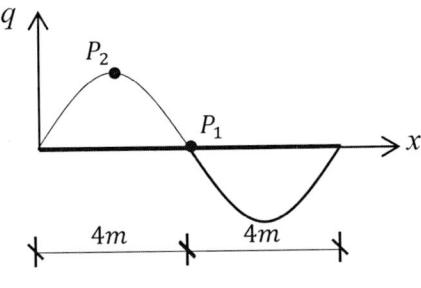

Reemplazamos $P_1(4,0)$

$$y = a \cdot sen(b \cdot x)$$

$$0 = a \cdot sen(b \cdot 4)$$

$$b = \frac{1}{4} arcsen(0)$$

$$b = \frac{\pi}{4}$$

Reemplazamos $P_2(2,2)$:

$$2 = a \cdot sen\left(\frac{\pi}{4} \cdot 2\right)$$

$$a = 2$$

La ecuacion de la carga es:

$$y = 2 \cdot sen\left(\frac{\pi}{4} \cdot x\right)$$

2do: Cálculo de la resultante

$$R = \int_a^b y \, dx$$

$$R_1 = \int_0^4 2 \cdot sen\left(\frac{\pi}{4}x\right) dx = 5{,}093\ t$$

$$R_2 = \int_4^8 2 \cdot sen\left(\frac{\pi}{4}x\right) dx = -5{,}093\ t$$

Cuando la resultante tiene signo negativo, su sentido es hacia arriba.

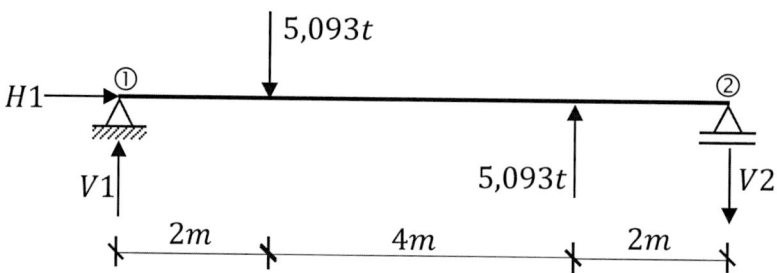

Importante: Si hubiéramos calculado una sola resultante para toda la viga su resultado habría sido nulo.

$$R = \int_0^8 2 \cdot Sen\left(\frac{\pi}{4}x\right) dx = 0$$

La resultante se colocó en el medio de cada carga, debido a su simetría.

3ro: Cálculo de reacciones

$\Sigma \mathbf{F}_x = \mathbf{0} \rightarrow \oplus$

$H_1 = 0$

$\Sigma \mathbf{M}_1 = \mathbf{0} \ \circlearrowleft \oplus$

$5{,}93 \cdot 2 - 5{,}093 \cdot 6 + V_2 8 = 0$

$V_2 = 2{,}547t$

$\Sigma \mathbf{F}_y = \mathbf{0} \uparrow \oplus$

$V_1 - 5{,}093 + 5{,}093 \ - 2{,}547 = 0$

$V_1 = 2{,}547t$

PRÁCTICA 69

Calcular las reacciones en los apoyos de la siguiente viga.

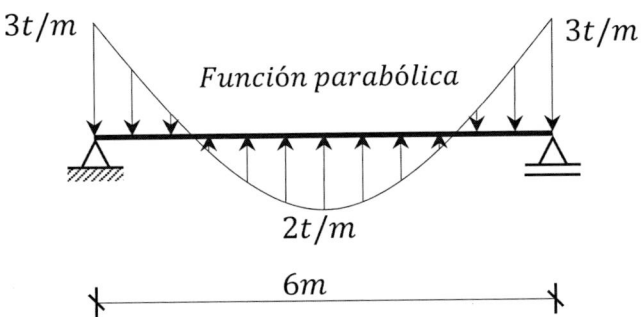

Figura 5.73 Viga con carga parabólica.

1ro: Ecuación de la carga

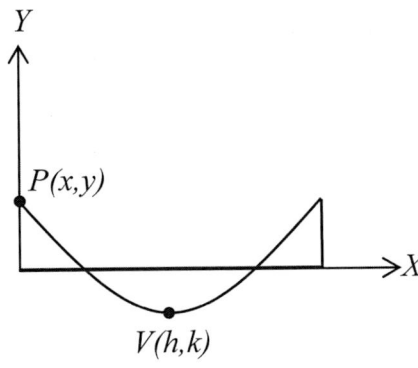

Datos:

$$P(x,y) = (0,3)$$

$$V(h,k) = (3,-2)$$

Reemplazamos en la ecuación de la parábola:

$$(x-h)^2 = 4 \cdot a(y-k)$$

$$(0-3)^2 = 4 \cdot a(3-(-2))$$

$$9 = 20 \cdot a$$

$$a = \frac{9}{20}$$

Datos:

$$a = \frac{9}{20}$$

$$V(h,k) = (3,-2)$$

Reemplazamos en la ecuación de la parábola y despejamos y:

$$(x-3)^2 = 4 \cdot \frac{9}{20}(y-(-2))$$

$$x^2 - 6x + 9 = \frac{9}{5}y + \frac{18}{5}$$

$$x^2 - 6x + 9 - \frac{18}{5} = \frac{9}{5}y$$

$$y = \frac{5}{9}\left(x^2 - 6x + \frac{27}{5}\right)$$

$$y = \frac{5}{9}x^2 - \frac{10}{3}x + 3$$

2do: Cálculo de la resultante y ubicación

$$R = \int ydx$$

$$R = \int_0^6 \left(\frac{5}{9}x^2 - \frac{10}{3}x + 3\right)dx = -2t$$

El signo negativo indica que la resultante apunta hacia arriba.

$$a = \frac{1}{R}\int y \cdot xdx$$

$$a = \frac{1}{-2}\int_0^6 \left(\frac{5}{9}x^2 - \frac{10}{3}x + 3\right)xdx = 3m$$

3ro: Cálculo de reacciones

Asumimos el sentido de las reacciones.

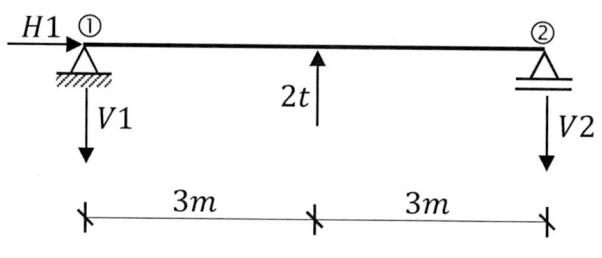

$\Sigma \mathbf{F}_x = \mathbf{0} \rightarrow \oplus$ 　　 $\Sigma \mathbf{M}_1 = \mathbf{0} \, \circlearrowleft \oplus$ 　　 $\Sigma \mathbf{F}_y = \mathbf{0} \uparrow \oplus$

$H_1 = 0$ 　　 $-2 \cdot 3 + V_2 \cdot 6 = 0$ 　　 $-V_1 + 2 - 1 = 0$

　　　　 $V_2 = 1t$ 　　 $V_1 = 1t$

PRÁCTICA 70

Calcular las reacciones en los apoyos de la siguiente viga.

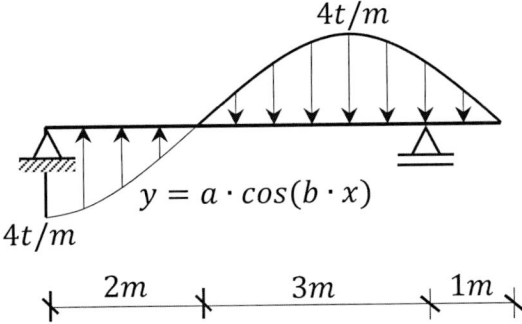

Figura 5.74 Viga con cargas que responden a una función coseno.

1ro: Ecuación de la carga

Datos:

$P_1(0, -4)$

$P_2(2, 0)$

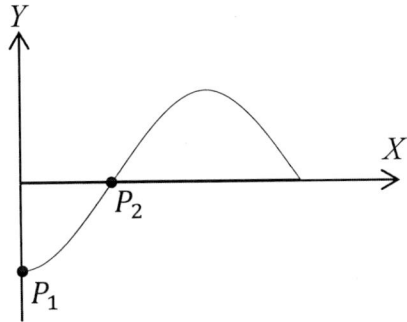

Reemplazamos $P_1(0, -4)$

$$y = a \cdot cos(b \cdot x)$$

$$-4 = a \cdot cos(b \cdot 0)$$

$$a = -4$$

Reemplazamos $P_2(2, 0)$:

$$0 = -4 \cdot cos(b \cdot 2)$$

$$cos(b \cdot 2) = 0$$

$$b = \frac{1}{2} arcCos(0)$$

$$b = \frac{\pi}{4}$$

La ecuacion de la carga es:

$$y = -4 \cdot cos\left(\frac{\pi}{4} \cdot x\right)$$

2do: Cálculo de la resultante y ubicación

$$R = \int y\,dx$$

$$R = \int_0^6 -4 \cdot Cos\left(\frac{\pi}{4}x\right) dx = 5{,}093t$$

El signo positivo de R indica que su sentido es hacia abajo.

$$a = \frac{1}{R}\int y \cdot x\,dx$$

$$a = \frac{1}{5{,}093}\int_0^6 -4 \cdot cos\left(\frac{\pi}{4}x\right) x\,dx$$

$$a = 7{,}273m$$

La resultante se ubica fuera de los límites de la viga.

3ro: Cálculo de las reacciones

Asumimos el sentido de las reacciones:

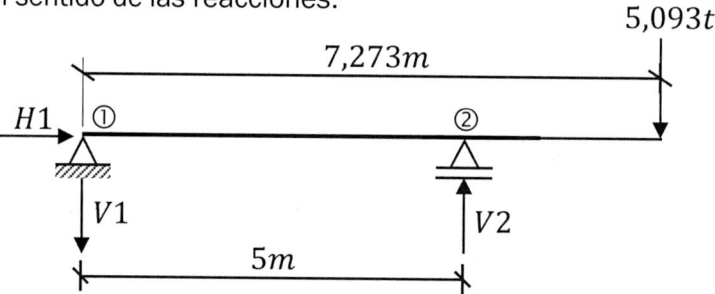

Las resultantes de este tipo de cargas distribuidas pueden salir fuera de los límites de la viga.

$$\Sigma F_x = 0 \rightarrow \oplus \qquad\qquad \Sigma M_1 = 0 \,\circlearrowleft\oplus$$

$$H_1 = 0 \qquad\qquad -V_2 \cdot 5 + 5{,}093 \cdot 7{,}273 = 0$$

$$V_2 = 7{,}408t$$

$$\Sigma F_y = 0 \,\uparrow\oplus$$

$$-V_1 + 7{,}408 - 5{,}093 = 0$$

$$V_1 = 2{,}315\ t$$

PRÁCTICA 71

Calcular las reacciones en los apoyos del siguiente pórtico.

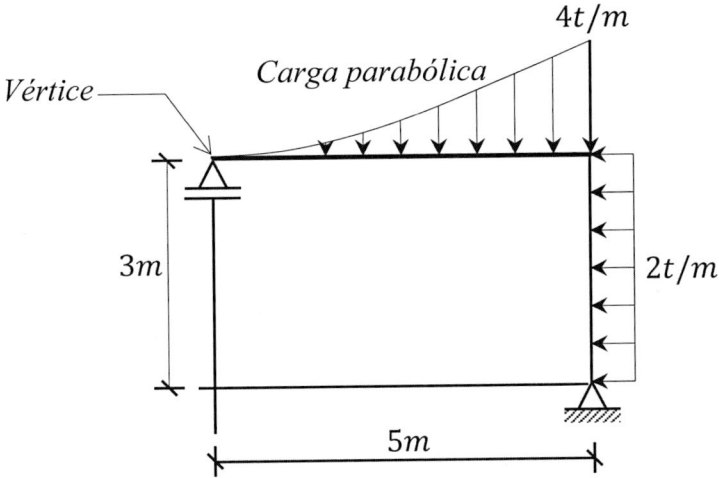

Figura 5.75 Pórtico con carga distribuida parabólica.

1ero: Ecuación de la carga parabólica

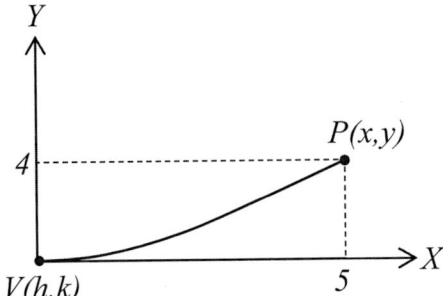

Datos

$P(x, y) = (5,4)$

$V(h, k) = (0,0)$

Reemplazamos P(x,y) y V(h,k) en la ecuación de la parábola:

$$(x - h)^2 = 4a(y - k)$$

$$(5 - 0)^2 = 4a(4 - 0)$$

$$a = \frac{25}{16}$$

Reemplazamos V(h,k) y a en la ecuación de la parábola:

$$(x - 0)^2 = 4 \cdot \frac{25}{16}(y - 0)$$

$$x^2 = \frac{25}{4}y$$

$$y = \frac{4}{25}x^2$$

2do: Cálculo de las resultantes

$$R = \int y * dx$$

$$R = \int_0^5 \frac{4}{25} x^2 dx = 6,667t$$

$$a = \frac{1}{R} \int y \cdot x dx$$

$$a = \frac{1}{6,667} \int_0^5 \frac{4}{25} x^3 dx = 3,75m$$

6,667t

V1

3,75m   1,25m

1,5m

6t

1,5m

H2

V2

3ro: Cálculo de reacciones

Asumimos el sentido de las reacciones:

$\mathbf{\Sigma F_x = 0} \rightarrow \oplus$

$H_2 - 6 = 0$

$H_2 = 6\ t$

$\mathbf{\Sigma M_2 = 0} \circlearrowleft \oplus$

$V_1 \cdot 5 - 6,667 \cdot 1,25 - 6 \cdot 1,5 = 0$

$V_1 = 3,467\ t$

$\mathbf{\Sigma F_y = 0} \uparrow \oplus$

$V_2 + 3,467 - 6,667 = 0$

$V_2 = 3,2t$

PRÁCTICA 72

Calcular las reacciones en los apoyos del siguiente pórtico.

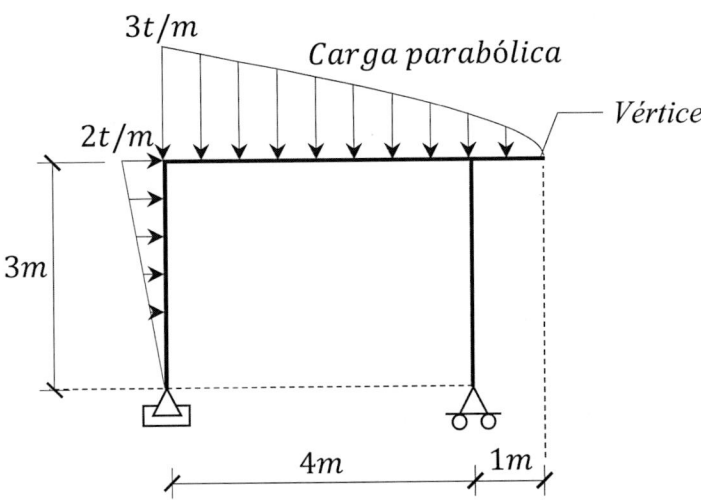

Figura 5.76 Pórtico con carga parabólica.

1ro: Ecuación de la carga parabólica

Reemplazamos P(x,y) y V(h,k) en la ecuación de la parábola:

Datos:

$$P(x, y) = (0,3)$$
$$V(h, k) = (5,0)$$

$$(y - k)^2 = -4a(x - h)$$

$$(3 - 0)^2 = -4a(0 - 5)$$

$$a = \frac{9}{20}$$

Reemplazamos V (h, k) y a en la ecuación de la parábola:

$$(y - 0)^2 = -4 \cdot \frac{9}{20}(x - 5)$$

$$y^2 = \frac{-9}{5}x + 9$$

$$y = \pm \sqrt{9 - \frac{9}{5}x}$$

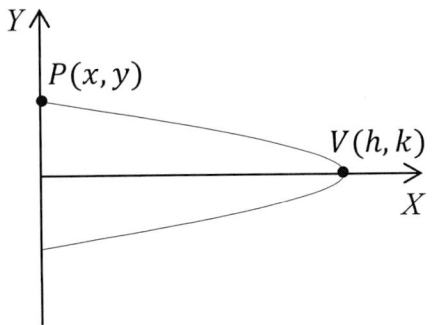

Escogemos el signo positivo de la raíz:

$$y = \sqrt{9 - \frac{9}{5}x}$$

2do: Cálculo de las resultantes

$$R = \int y\,dx$$

$$R = \int_0^5 \sqrt{9 - \frac{9}{5}x}\,dx \implies R = 10t$$

$$a = \frac{1}{R}\int y \cdot x\,dx$$

$$a = \frac{1}{10}\int_0^5 \sqrt{9 - \frac{9}{5}x} \cdot x\,dx = 2$$

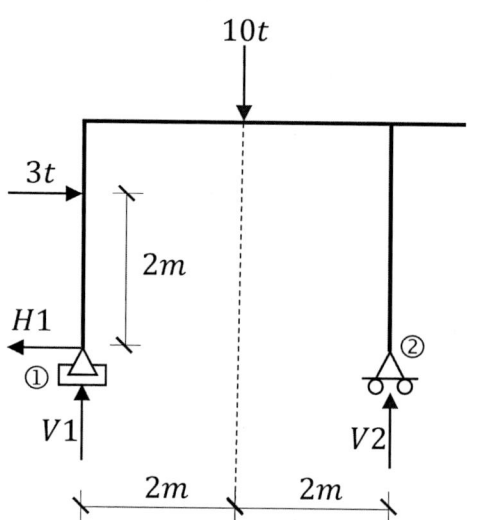

3ro: Cálculo de reacciones

Asumimos el sentido de las reacciones:

$$\Sigma\mathbf{F}_x = \mathbf{0} \rightarrow \oplus$$

$$3 - H_1 = 0$$

$$H_1 = 3t$$

$$\Sigma\mathbf{M}_1 = \mathbf{0} \ \circlearrowleft \oplus$$

$$3 \cdot 2 + 10 \cdot 2 - V_2 \cdot 4 = 0$$

$$V_2 = 6,5\ t$$

$$\Sigma\mathbf{F}_y = \mathbf{0} \uparrow \oplus$$

$$V_1 - 10 + 6,5 = 0$$

$$V_1 = 3,5\ t$$

PRÁCTICA 73

Calcular las reacciones en los apoyos del siguiente pórtico.

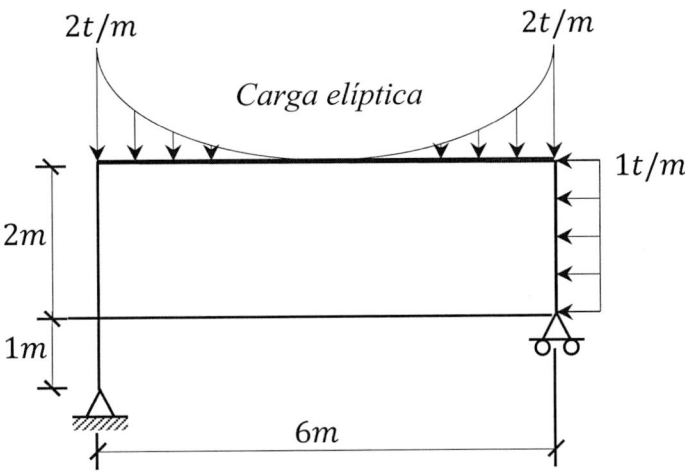

Figura 5.77 Pórtico con carga elíptica.

1ro: Ecuación de la carga elíptica

Reemplazamos los datos en la ecuación de la elipse

Datos:

$P(x, y) = (0,3)$

$V(h, k) = (5,0)$

$$\frac{(x-h)^2}{a^2} + \frac{(y-k)^2}{b^2} = 1$$

$$\frac{(x-3)^2}{3^2} + \frac{(y-2)^2}{2^2} = 1$$

$$\frac{(y-2)^2}{4} = 1 - \frac{(x-3)^2}{9}$$

$$(y-2)^2 = \frac{4}{9}(9 - (x-3)^2)$$

$$y = \pm\sqrt{\frac{4}{9}(9 - x^2 + 6x - 9)} + 2$$

$$y = \pm\frac{2}{3}\sqrt{6x - x^2} + 2$$

Para trabajar con la parte inferior de la elipse utilizamos el signo negativo de la raíz:

$$y = -\frac{2}{3}\sqrt{6x - x^2} + 2$$

2do: Cálculo de las resultantes

$$R = \int y \, dx$$

$$R = \int_0^6 \left(-\frac{2}{3}\sqrt{6x - x^2} + 2\right) dx = 2{,}575 \, t$$

$$a = \frac{1}{R}\int y \cdot x \, dx$$

$$a = \frac{1}{2{,}575}\int_0^6 \left(-\frac{2}{3}\sqrt{6x - x^2} + 2\right) x \, dx = 3m$$

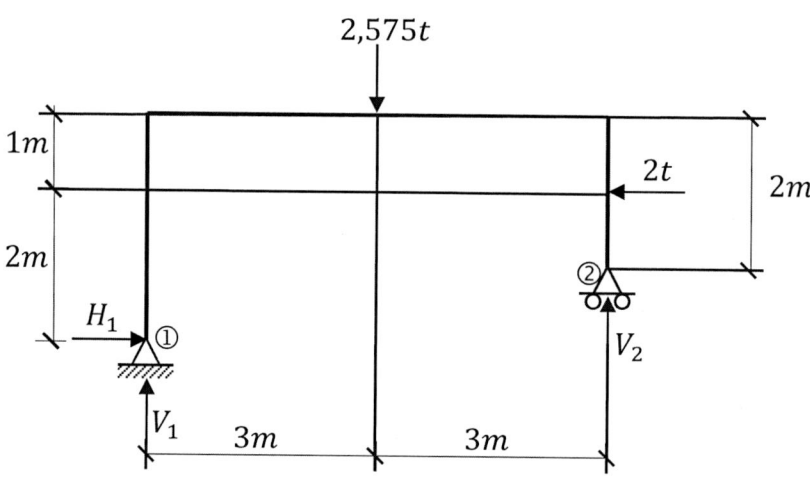

3ro: Cálculo de las reacciones

Asumimos el sentido de las reacciones:

$$\sum F_x = 0 \to \oplus \qquad \sum M_1 = 0 \circlearrowleft \oplus \qquad \sum F_y = 0 \uparrow \oplus$$

$$H_1 - 2 = 0 \qquad 2{,}575 \cdot 3 - 2 \cdot 2 - V_2 \cdot 6 = 0 \qquad V_1 - 2{,}575 + 0{,}621 = 0$$

$$H_1 = 2 \, t \qquad V_2 = 0{,}621 \, t \qquad V_1 = 1{,}954 \, t$$

PRÁCTICA 74

Calcular las reacciones de la siguiente estructura.

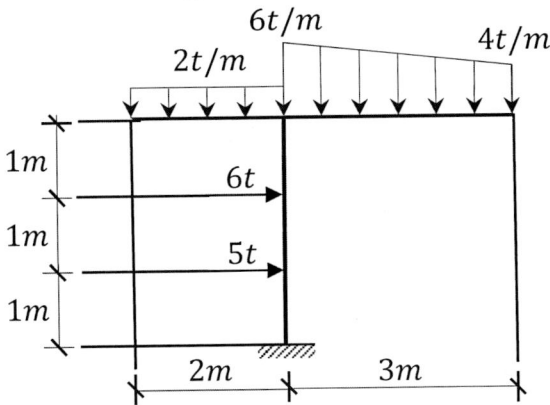

Figura 5.78 Pórtico con voladizos.

1ro: Cálculo de resultante

La carga trapezoidal se subdivide en una carga rectangular de 4 t/m y una carga triangular de 2 t/m.

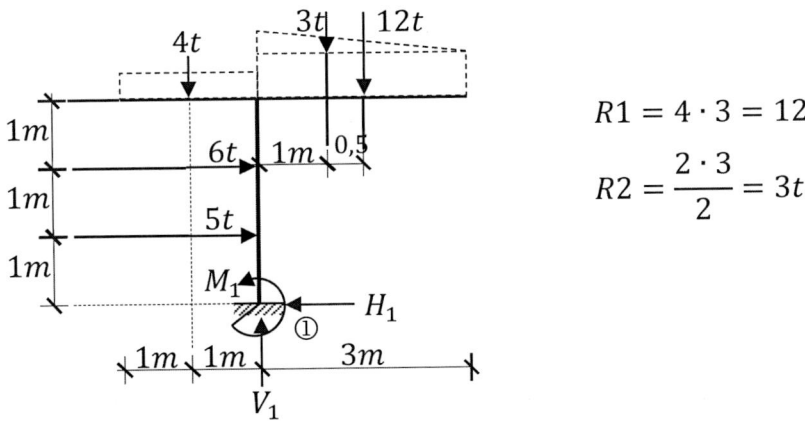

$$R1 = 4 \cdot 3 = 12t$$

$$R2 = \frac{2 \cdot 3}{2} = 3t$$

2do: Cálculo de las reacciones

$$\sum F_x = 0 \rightarrow \oplus \qquad \sum F_y = 0 \uparrow \oplus \qquad \sum M_1 = 0 \circlearrowleft \oplus$$

$6 + 5 - H_1 = 0 \qquad V_1\text{-}4\text{-}3\text{-}12=0 \qquad \text{-}M_1+5\cdot1+6\cdot2\text{-}4\cdot1+3\cdot1+12\cdot1,5=0$

$H_1 = 11\ t \qquad\qquad V_1 = 19\ t \qquad\qquad M_1 = 34\ tm$

PRÁCTICA 75

Calcular las reacciones de la siguiente estructura.

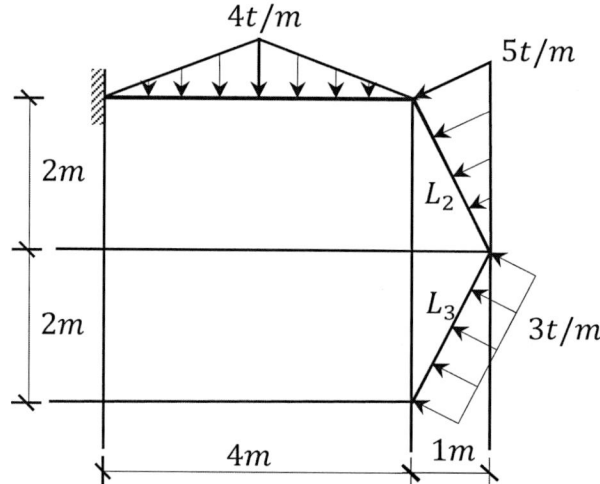

Figura 5.79 Estructura en voladizo.

1ro: Cálculo de las resultantes

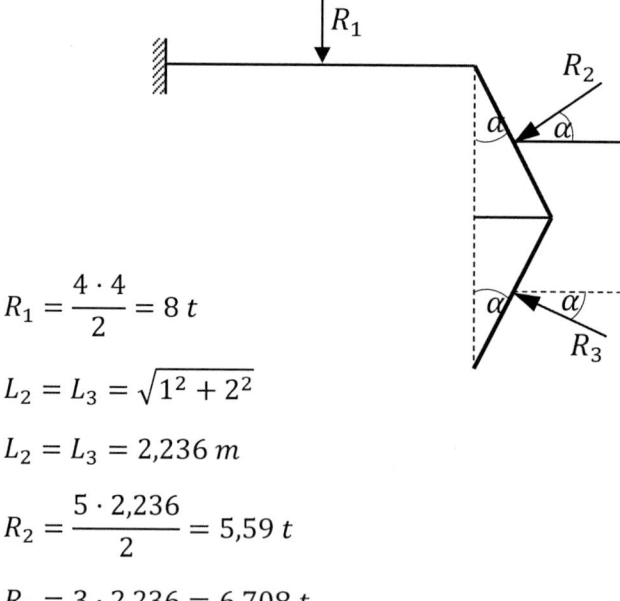

$$R_1 = \frac{4 \cdot 4}{2} = 8\, t$$

$$L_2 = L_3 = \sqrt{1^2 + 2^2}$$

$$L_2 = L_3 = 2,236\, m$$

$$R_2 = \frac{5 \cdot 2,236}{2} = 5,59\, t$$

$$R_3 = 3 \cdot 2,236 = 6,708\, t$$

2do: Descomposición de fuerzas

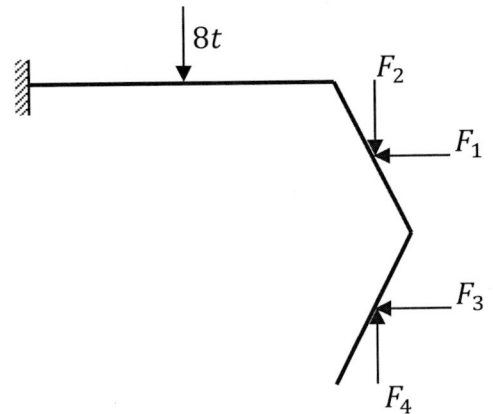

$$\alpha = arctang\left(\frac{1}{2}\right) = 26,565°$$

$$F_1 = 5,59 \cdot cos26,565 = 5\ t$$

$$F_2 = 5,59 \cdot sen26,565 = 2,5\ t$$

$$F_3 = 6,708 \cdot cos26,565 = 6\ t$$

$$F_4 = 6,708 \cdot sen26,565 = 3\ t$$

3ro: Cálculo de reacciones

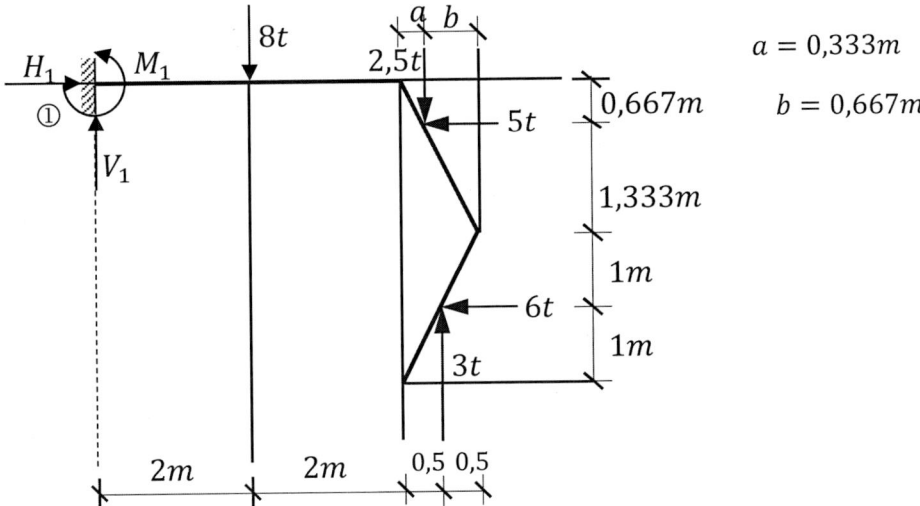

$$a = 0,333m$$

$$b = 0,667m$$

Asumimos el sentido de las reacciones:

$$\sum F_x = 0 \rightarrow \oplus \qquad\qquad \sum F_y = 0 \uparrow \oplus$$

$$H_1 - 5 - 6 = 0 \qquad\qquad V_1 - 8 - 2,5 + 3 = 0$$

$$H_1 = 11\ t \qquad\qquad V_1 = 7,5\ t$$

$$\sum M_1 = 0 \circlearrowleft \oplus$$

$$-M_1 + 8 \cdot 2 + 2,5 \cdot 4,333 + 5 \cdot 0,667 - 3 \cdot 4,5 + 6 \cdot 3 = 0$$

$$M_1 = 34,668\ tm$$

PRÁCTICA 76

Calcular las reacciones de la siguiente estructura.

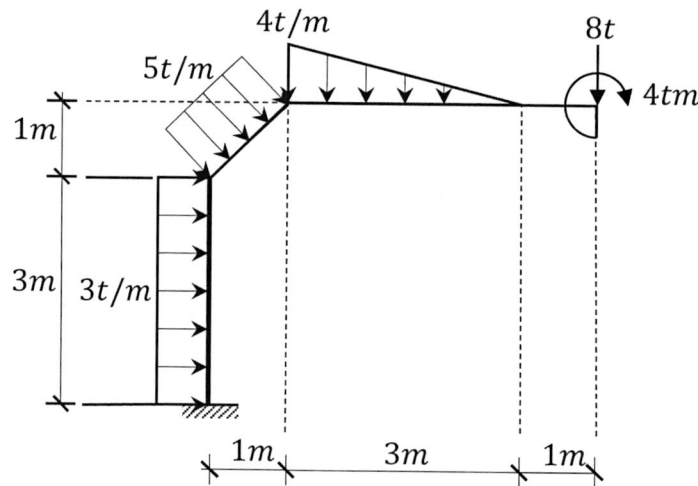

Figura 5.80 Estructura en voladizo.

1ro: Cálculo de las resultantes

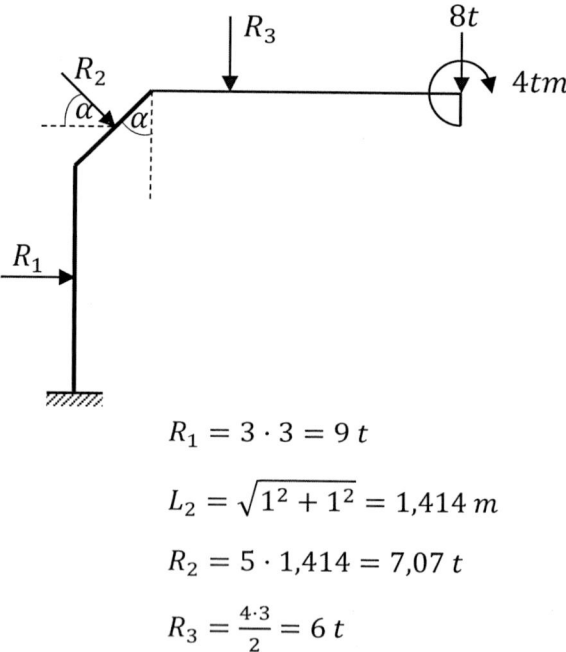

$$R_1 = 3 \cdot 3 = 9\ t$$

$$L_2 = \sqrt{1^2 + 1^2} = 1,414\ m$$

$$R_2 = 5 \cdot 1,414 = 7,07\ t$$

$$R_3 = \frac{4 \cdot 3}{2} = 6\ t$$

2do: Cálculo de reacciones

Asumimos el sentido de las reacciones:

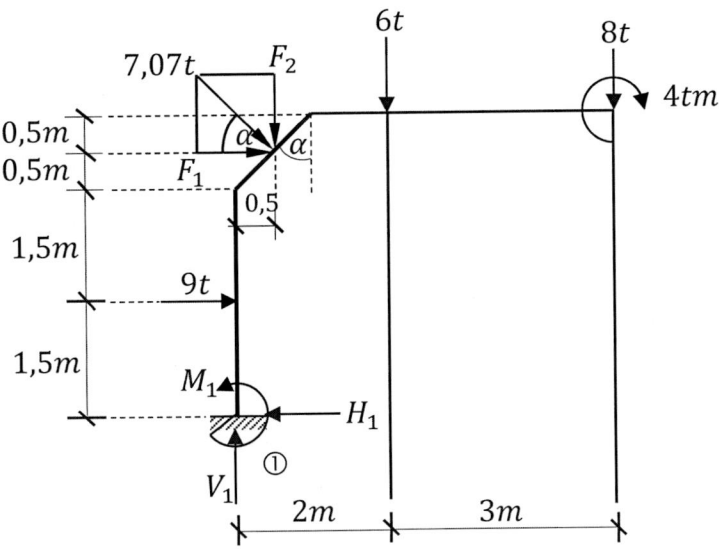

$$\alpha = arctag\left(\frac{1}{1}\right) = 45°$$

$$F_1 = F_2 = 7{,}07cos45° = 5\ t$$

$$\Sigma F_x = 0 \rightarrow \oplus$$

$$-H_1 + 9 + 5 = 0$$

$$H_1 = 14t$$

$$\Sigma F_Y = 0 \uparrow \oplus$$

$$V_1 - 5 - 6 - 8 = 0$$

$$V_1 = 19t$$

$$\Sigma M_1 = 0 \circlearrowleft \oplus$$

$$-M_1 + 9 \cdot 1{,}5 + 5 \cdot 3{,}5 + 5 \cdot 0{,}5 + 6 \cdot 2 + 8 \cdot 5 + 4 = 0$$

$$M_1 = 89{,}5\ t$$

PRÁCTICA 77

Calcular las reacciones de la siguiente estructura.

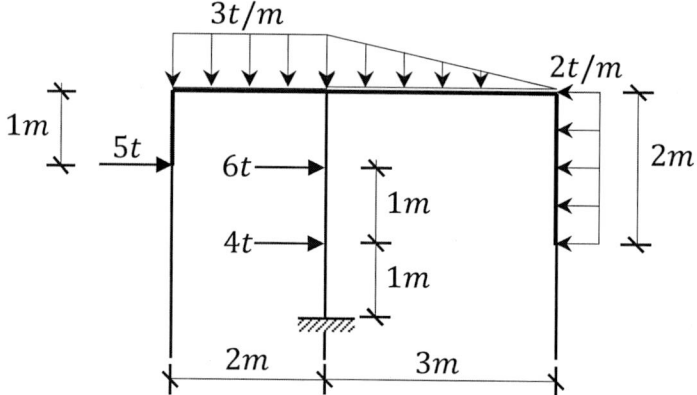

Figura 5.81 Estructura en voladizo con cargas puntuales y distribuidas.

1ro: Cálculo de las resultantes

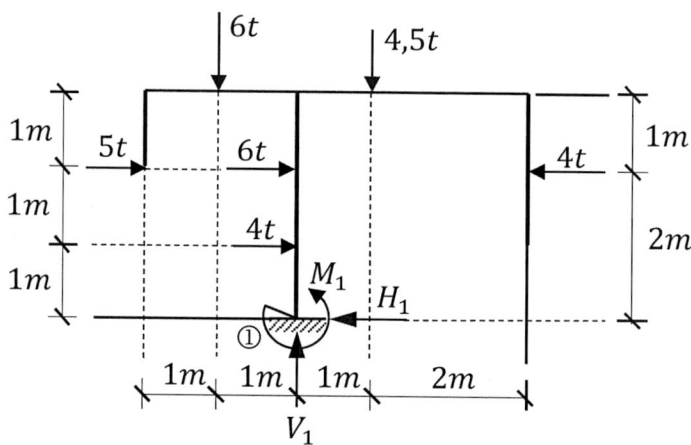

2do: Cálculo de las reacciones

Asumimos el sentido de las reacciones:

$$\sum F_x = 0 \rightarrow \oplus \qquad \sum F_y = 0 \uparrow \oplus \qquad \sum M_1 = 0 \circlearrowleft \oplus$$

5+6+4-4-H$_1$=0 $\qquad$ V$_1$-6-4,5=0 $\qquad$ -M$_1$+4·1+6·2+5·2-6·1+4,5·1-4·2=0

$H_1 = 11\ t$ $\qquad\qquad$ $V_1 = 10,5\ t$ $\qquad\quad$ $M_1 = 16,5\ tm$

PRÁCTICA 78

Calcular las reacciones de la siguiente estructura.

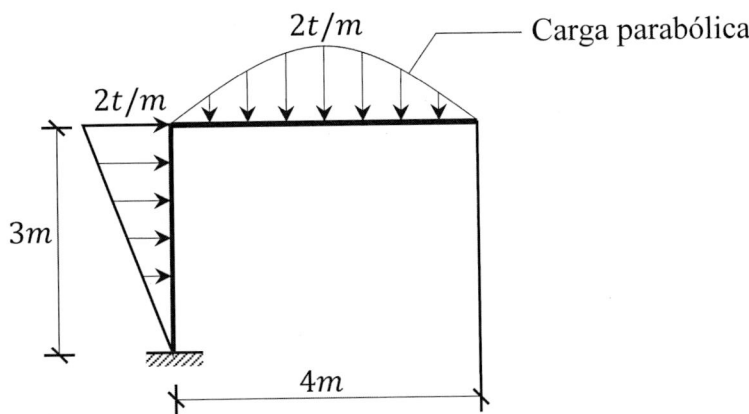

Figura 5.82 Estructura en voladizo con carga parabólica.

1ro: Ecuación de la carga parabólica

Datos:

$P(x, y) = (0,0)$

$V(h, k) = (2,2)$

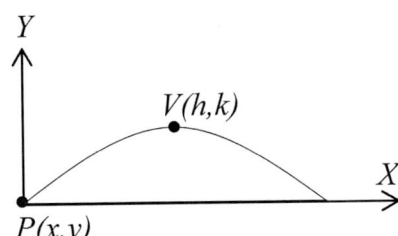

Reemplazamos P (x, y) y V (h, k) en la ecuación de la parábola:

$$(x - h)^2 = -4a(y - k)$$

$$(0 - 2)^2 = -4a(0 - 2)$$

$$4 = 8a$$

$$a = 0,5$$

Reemplazamos a y V(h,k) en la ecuación de la parábola:

$$(x - 2)^2 = -4(0,5)(y - 2)$$

$$x^2 - 4x + 4 = -2y + 4$$

$$y = \frac{4x - x^2}{2}$$

2do: Cálculo de las resultantes

$$R = \int y\, dx$$

$$R = \int_0^4 \frac{4x - x^2}{2}\, dx = 5{,}333t$$

ubicación

$$a = \frac{1}{R} \int y \cdot x\, dx$$

$$a = \frac{1}{5{,}333} \int_0^4 \left(\frac{4x - x^2}{2}\right) x\, dx = 2m$$

3ro: Cálculo de reacciones

Asumimos el sentido de las reacciones:

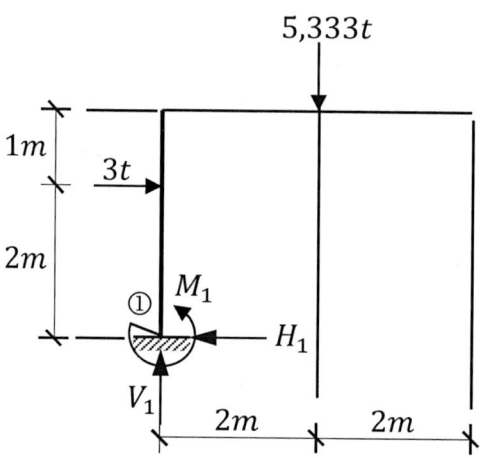

$$\sum F_x = 0 \rightarrow \oplus \qquad \sum F_y = 0 \uparrow \oplus \qquad \sum M_1 = 0 \circlearrowleft \oplus$$

$$-H_1 + 3 = 0 \qquad V_1 - 5{,}333 = 0 \qquad -M_1 + 3 \cdot 2 + 5{,}333 \cdot 2 = 0$$

$$H_1 = 3t \qquad V_1 = 5{,}333t \qquad M_1 = 16{,}666tm$$

PRÁCTICA 79

Calcular las reacciones en los apoyos de la siguiente estructura.

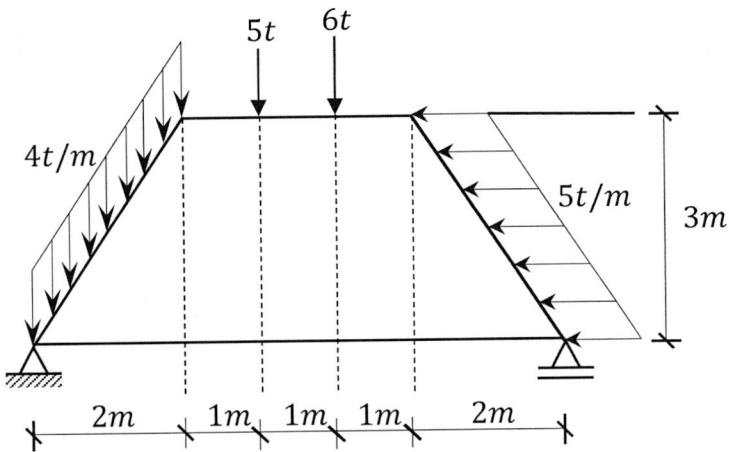

Figura 5.83 Pórtico con cargas distribuidas sobre barras oblicuas.

1ro: Cálculo de las resultantes

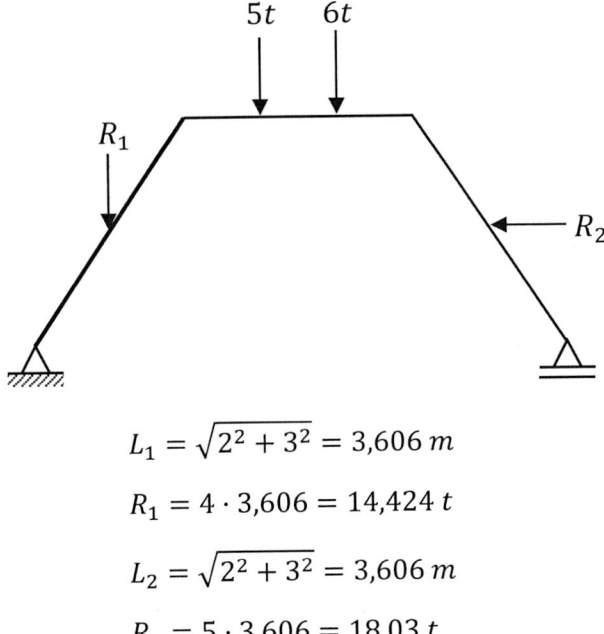

$$L_1 = \sqrt{2^2 + 3^2} = 3{,}606\ m$$

$$R_1 = 4 \cdot 3{,}606 = 14{,}424\ t$$

$$L_2 = \sqrt{2^2 + 3^2} = 3{,}606\ m$$

$$R_2 = 5 \cdot 3{,}606 = 18{,}03\ t$$

2do: Cálculo de las reacciones

Asumimos el sentido de las reacciones:

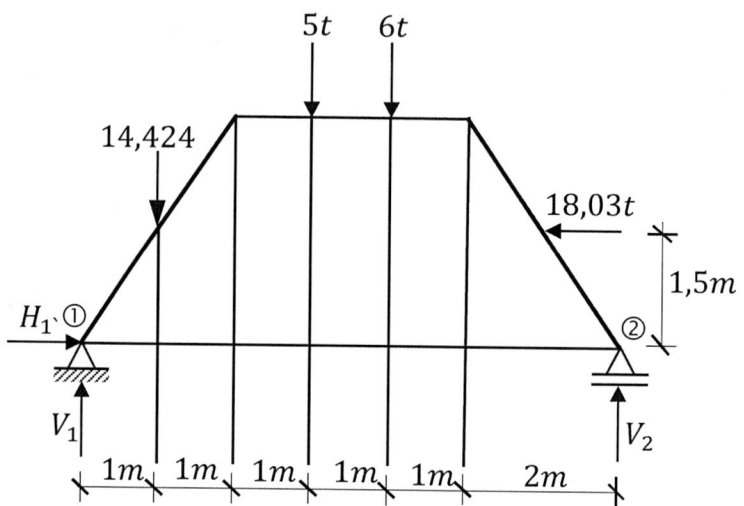

$$\sum F_x = 0 \to \oplus$$

$$H_1 - 18{,}03 = 0$$

$$H_1 = 18{,}03t$$

$$\sum M_1 = 0 \circlearrowright \oplus$$

$$14{,}424 \cdot 1 + 5 \cdot 3 + 6 \cdot 4 - 18{,}03 \cdot 1{,}5 - V_2 \cdot 7 = 0$$

$$V_2 = 3{,}768t$$

$$\sum F_y = 0 \uparrow \oplus$$

$$V_1 - 14{,}424 - 5 - 6 + 3{,}768 = 0$$

$$V_1 = 21{,}656t$$

PRÁCTICA 80

Calcular las reacciones en los apoyos de la siguiente estructura.

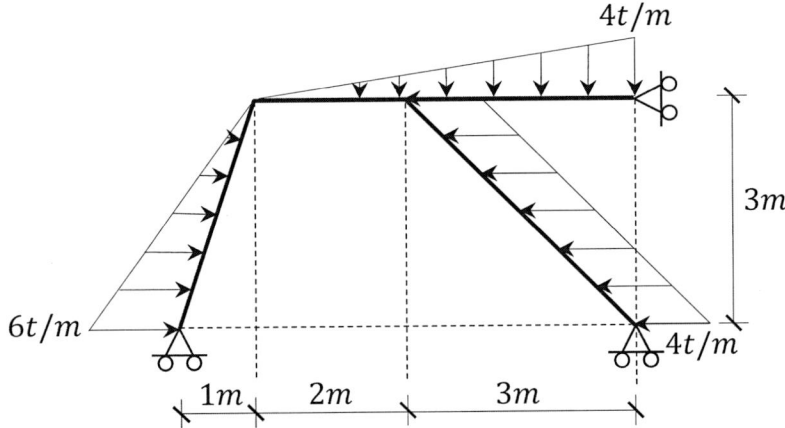

Figura 5.84 Pórtico con cargas distribuidas sobre barras oblicuas.

1ro: Cálculo de las resultantes

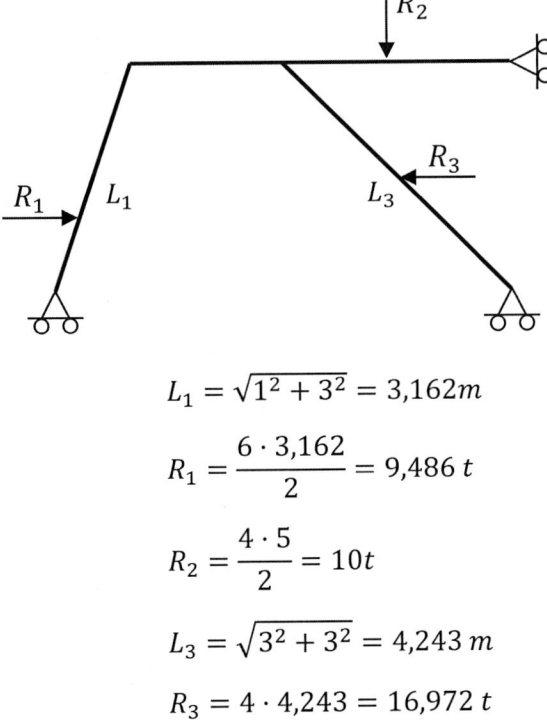

$$L_1 = \sqrt{1^2 + 3^2} = 3,162m$$

$$R_1 = \frac{6 \cdot 3,162}{2} = 9,486\ t$$

$$R_2 = \frac{4 \cdot 5}{2} = 10t$$

$$L_3 = \sqrt{3^2 + 3^2} = 4,243\ m$$

$$R_3 = 4 \cdot 4,243 = 16,972\ t$$

2do: Cálculo de las reacciones

Asumimos el sentido de las reacciones:

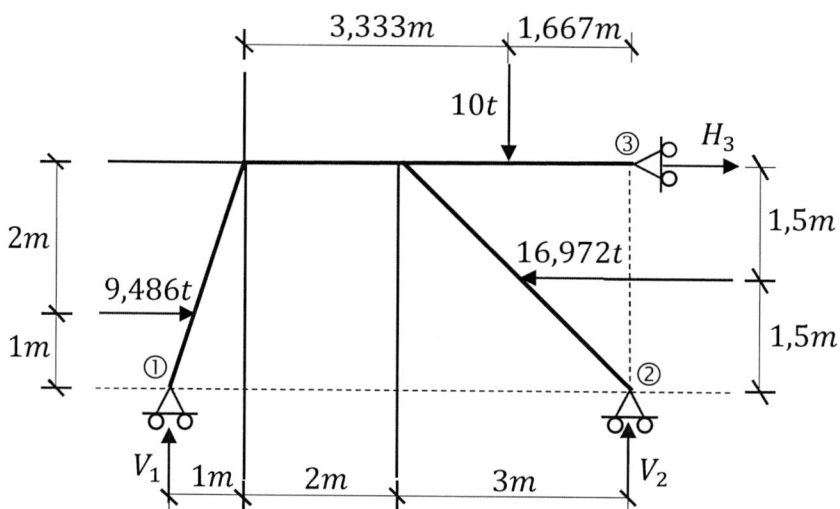

$$\sum F_x = 0 \to \oplus$$

$$9{,}486 - 16{,}972 + H_3 = 0$$

$$H_3 = 7{,}486t$$

$$\sum M_3 = 0 \; \circlearrowleft \oplus$$

$$V_1 \cdot 6 - 9{,}486 \cdot 2 + 16{,}972 \cdot 1{,}5 - 10 \cdot 1{,}667 = 0$$

$$V_1 = 1{,}697t$$

$$\sum F_y = 0 \uparrow \oplus$$

$$1{,}697 - 10 + V_2 = 0$$

$$V_2 = 8{,}303t$$

PRÁCTICA 81

Calcular las reacciones en los apoyos de la siguiente estructura.

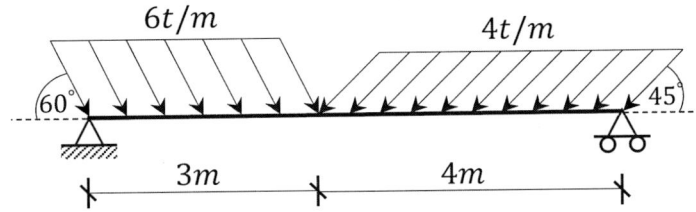

Figura 5.85 Viga con cargas oblicuas.

1ro: Cálculo de las resultantes

$$R_1 = 6 \cdot 3 = 18t$$

$$R_2 = 4 \cdot 4 = 16t$$

2do: Descomposición de las fuerzas

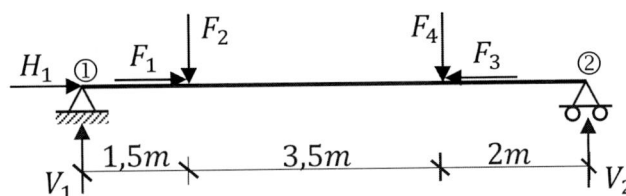

$$F_1 = 18cos60° = 9\ t$$

$$F_2 = 18sen60° = 15{,}588t$$

$$F_3 = 16cos45° = 11{,}314t$$

$$F_4 = 16sen45° = 11{,}314t$$

3ro: Cálculo de reacciones

$$\sum F_x = 0 \rightarrow \oplus$$

$$H_1 + 9 - 11{,}314 = 0$$

$$H_1 = 2{,}314t$$

$$\sum M_1 = 0\ \circlearrowleft \oplus$$

$$15{,}588 \cdot 1{,}5 + 11{,}314 \cdot 5 - V_2 \cdot 7 = 0$$

$$V_2 = 11{,}422t$$

$$\sum F_y = 0 \uparrow \oplus$$

$$V_1 - 15{,}588 - 11{,}314 + 11{,}422 = 0$$

$$V_1 = 15{,}48t$$

PRÁCTICA 82

Calcular las reacciones de la siguiente estructura.

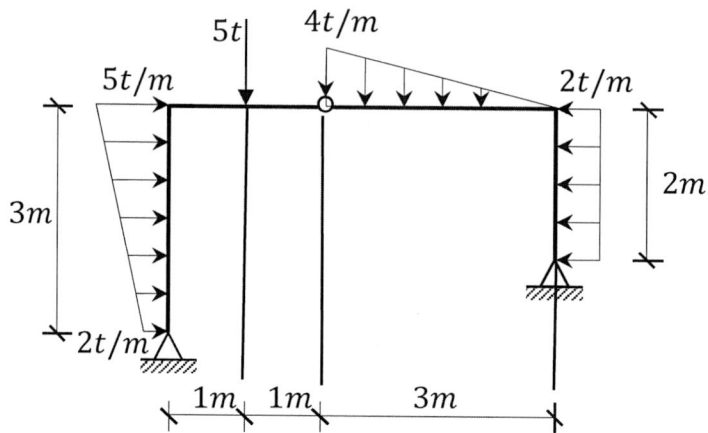

Figura 5.86 Pórtico articulado.

1ro: Cálculo de las resultantes

Asumimos el sentido de las reacciones:

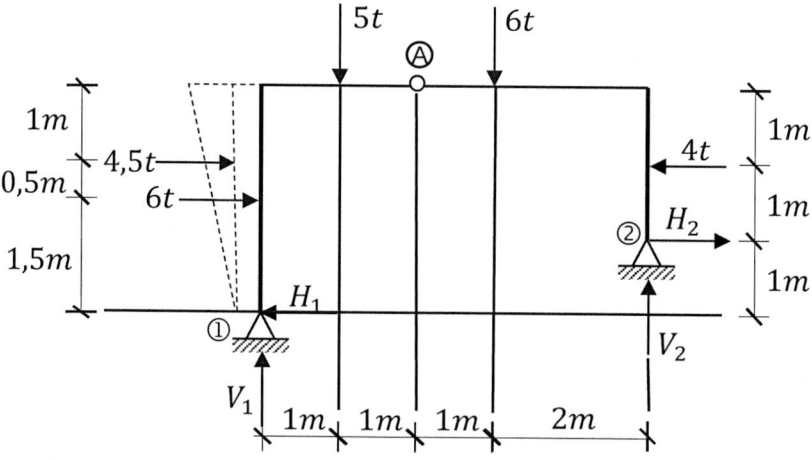

Observe que la carga trapezoidal ha sido descompuesta en una carga rectangular de 2 t/m y una carga triangular de 3 t/m.

2do: Cálculo de reacciones

$$\sum M_1 = 0 \; \circlearrowleft \oplus$$

$$6 \cdot 1{,}5 + 4{,}5 \cdot 2 + 5 \cdot 1 + 6 \cdot 3 - 4 \cdot 2 + H_2 \cdot 1 - V_2 \cdot 5 = 0$$

$$H_2 - 5V_2 = -33 \quad ①$$

$$\sum M_A = 0 \; \circlearrowleft \oplus \text{ (derecha)}$$

$$6 \cdot 1 + 4 \cdot 1 - H_2 \cdot 2 - V_2 \cdot 3 = 0$$

$$-2H_2 - 3V_2 = -10 \quad * (-1)$$

$$2H_2 + 3V_2 = 10 \quad ②$$

Resolviendo las ecuaciones ① y ② obtenemos:

$$H_2 = -3{,}769 \, t \quad \text{(el signo negativo indica que tiene sentido contrario)}$$

$$V_2 = 5{,}846t$$

$$\sum F_x = 0 \rightarrow \oplus$$

$$-H_1 + 6 + 4{,}5 - 4 + (-3{,}769) = 0$$

$$H_1 = 2{,}731t$$

$$\sum F_y = 0 \uparrow \oplus$$

$$V_1 - 5 - 6 + 5{,}846 = 0$$

$$V_1 = 5{,}154t$$

PRÁCTICA 83

Calcular las reacciones de la siguiente viga.

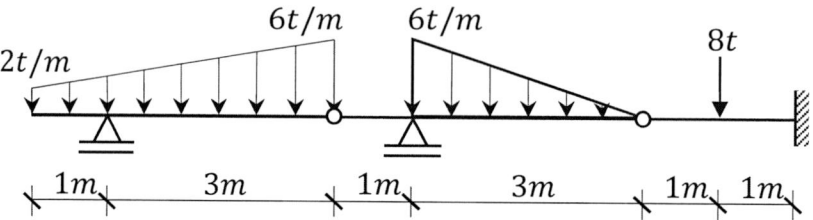

Figura 5.87 Viga con articulaciones.

1ro: Cálculo de las resultantes

La carga trapezoidal se subdivide en una carga rectangular de 2 t/m y una carga triangular de 4 t/m.

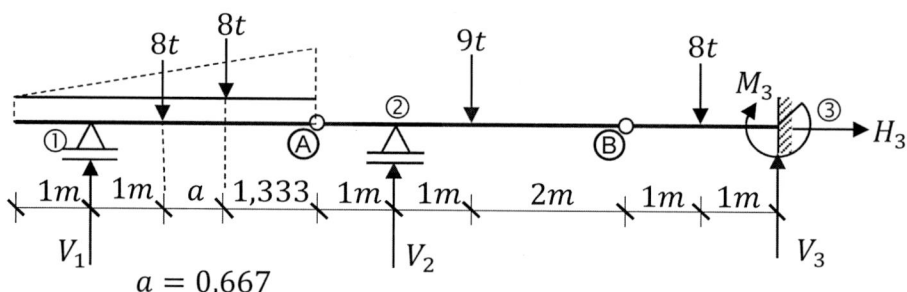

2do: Cálculo de las reacciones

$\sum M_A = 0 \; \circlearrowright \oplus$ (izquierda)

$V_1 \cdot 3 - 8 \cdot 2 - 8 \cdot 1,333 = 0$

$V_1 = 8,888 \; t$

$\sum M_B = 0 \; \circlearrowright \oplus$ (izquierda)

$8,88 \cdot 7 - 8 \cdot 6 - 8 \cdot 5,333 + V_2 \cdot 3 - 9 \cdot 2 = 0$

$V_2 = 15,483 \; t$

$\sum F_y = 0 \uparrow \oplus$

$8,888 - 8 - 8 + 15,438 - 9 + 8 + V_3 = 0$

$V_3 = 8,629 \; t$

$\sum M_B = 0 \; \circlearrowright \oplus$ (derecha)

$8 \cdot 1 - 8,629 \cdot 2 + M_3 = 0$

$M_3 = 9,258 \; tm$

PRÁCTICA 84

Calcular las reacciones de la siguiente estructura.

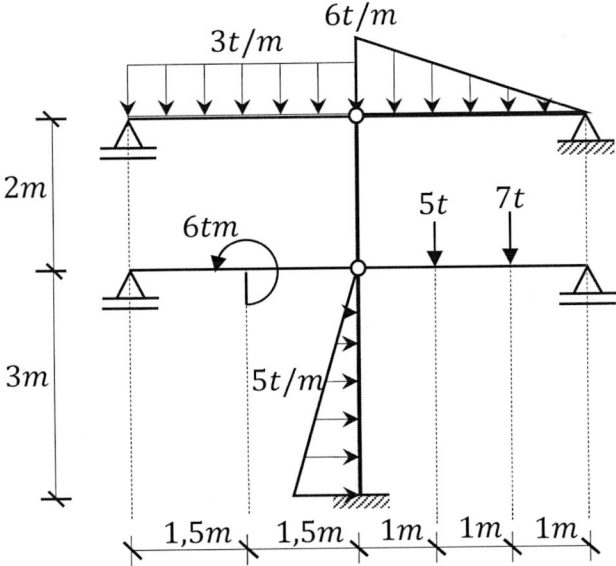

Figura 5.88 Pórtico con articulaciones.

1ro: Cálculo de las resultantes

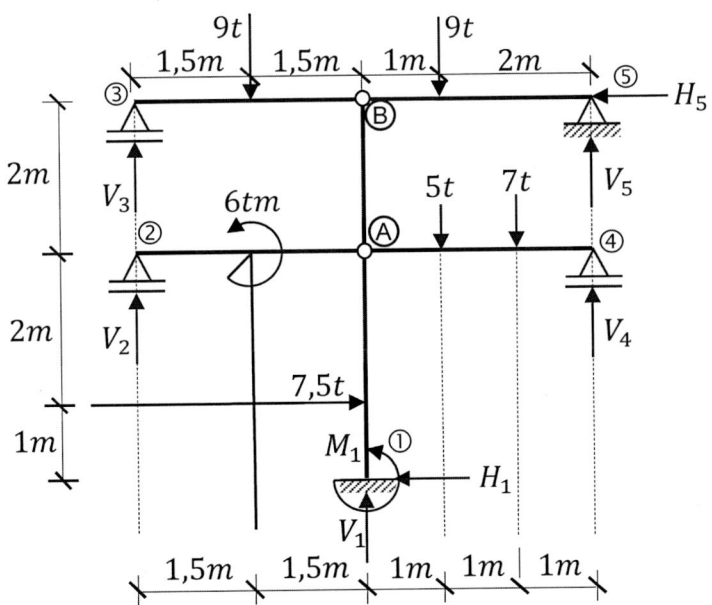

2do: Cálculo de las reacciones

$$\sum M_A = 0 \circlearrowleft \oplus \text{ (izquierda)}$$

$$V_2 \cdot 3 - 6 = 0$$

$$V_2 = 2t$$

$$\sum M_A = 0 \circlearrowleft \oplus \text{ (derecha)}$$

$$5 \cdot 1 + 7 \cdot 2 - V_4 \cdot 3 = 0$$

$$V_4 = 6{,}333t$$

$$\sum M_B = 0 \circlearrowleft \oplus \text{ (izquierda)}$$

$$V_3 \cdot 3 - 9 \cdot 1{,}5 = 0$$

$$V_3 = 4{,}5t$$

$$\sum M_B = 0 \circlearrowleft \oplus \text{ (derecha)}$$

$$9 \cdot 1 - V_5 \cdot 3 = 0$$

$$V_5 = 3t$$

$$\sum F_y = 0 \uparrow \oplus$$

$$V_1 + 2 + 6{,}333 + 4{,}5 + 3 - 5 - 7 - 9 - 9 = 0$$

$$V_1 = 14{,}167t$$

$$\sum M_A = 0 \circlearrowleft \oplus \text{ (arriba)}$$

$$4{,}5 \cdot 3 - 9 \cdot 1{,}5 + 9 \cdot 1 - 3 \cdot 3 - H_5 \cdot 2 = 0$$

$$H_5 = 0$$

$$\sum F_x = 0 \rightarrow \oplus$$

$$-H_1 + 7{,}5 = 0$$

$$H_1 = 7{,}5t$$

$$\sum M_A = 0 \circlearrowleft \oplus \text{ (abajo)}$$

$$-7{,}5 \cdot 2 + 7{,}5 \cdot 3 - M_1 = 0$$

$$M_1 = 7{,}5tm$$

PRÁCTICA 85

Calcular las reacciones de la siguiente estructura.

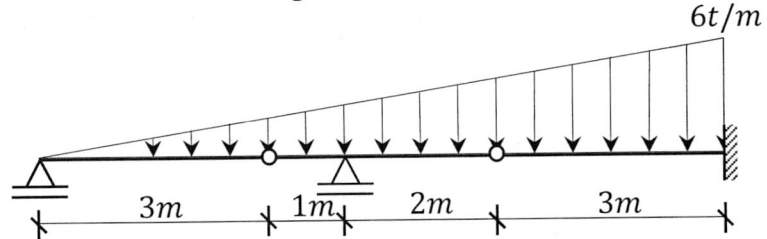

Figura 5.89 Viga con articulaciones.

1ro: Cálculo de las resultantes

Primero determinamos la altura de la carga donde existan articulaciones:

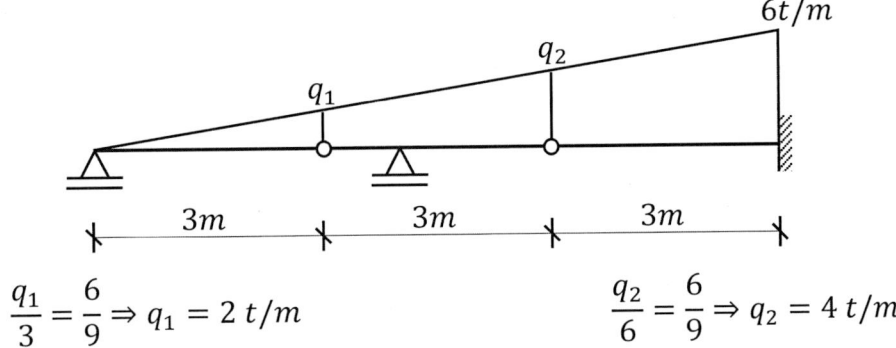

$$\frac{q_1}{3} = \frac{6}{9} \Rightarrow q_1 = 2 \, t/m \qquad\qquad \frac{q_2}{6} = \frac{6}{9} \Rightarrow q_2 = 4 \, t/m$$

Las cargas trapezoidales se subdividen como se muestra:

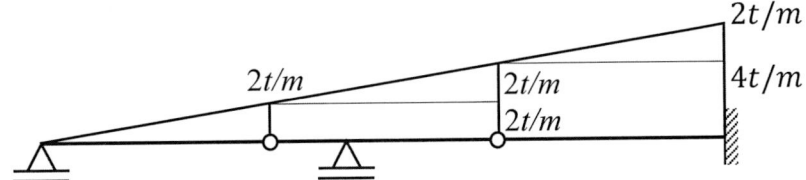

Ahora calculamos las resultantes:

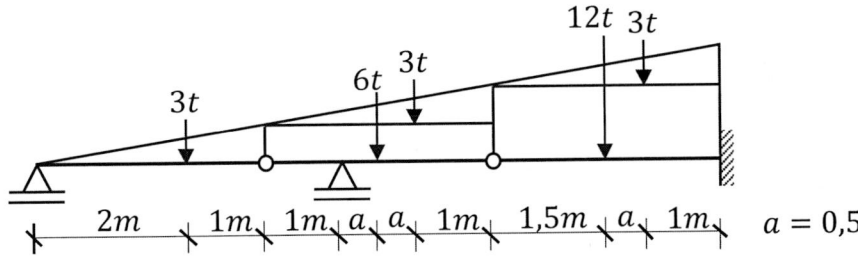

2do: Cálculo de las reacciones

Asumimos el sentido de las reacciones:

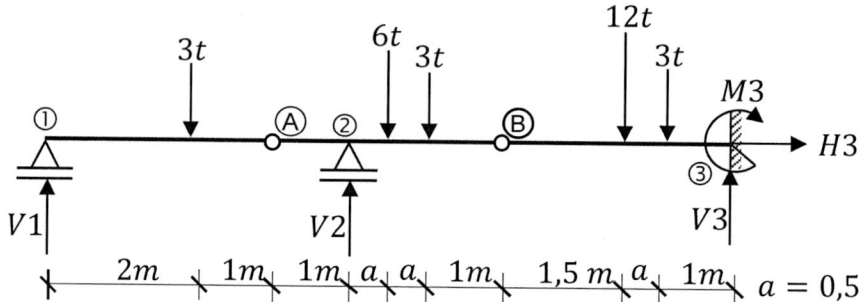

$\Sigma F_X = 0 \rightarrow \oplus$

$H_3 = 0$

$\Sigma M_A = 0 \; \circlearrowleft\oplus$ (izquierda)

$V_1 \cdot 3 - 3 \cdot 1 = 0$

$V_1 = 1 \; t$

$\Sigma M_B = 0 \; \circlearrowleft\oplus$ (izquierda)

$1 \cdot 6 - 3 \cdot 4 + V_2 \cdot 2 - 6 \cdot 1,5 - 3 \cdot 1 = 0$

$V_2 = 9 \; t$

$\Sigma F_Y = 0 \; \uparrow\oplus$

$1 - 3 + 9 - 6 - 3 - 12 - 3 + V_3 = 0$

$V_3 = 17 \; t$

$\Sigma M_B = 0 \; \circlearrowleft\oplus$ (derecha)

$12 \cdot 1,5 + 3 \cdot 2 - 17 \cdot 3 + M_3 = 0$

$M_3 = 27 \; tm$

PRÁCTICA 86

Calcular las reacciones de la siguiente estructura.

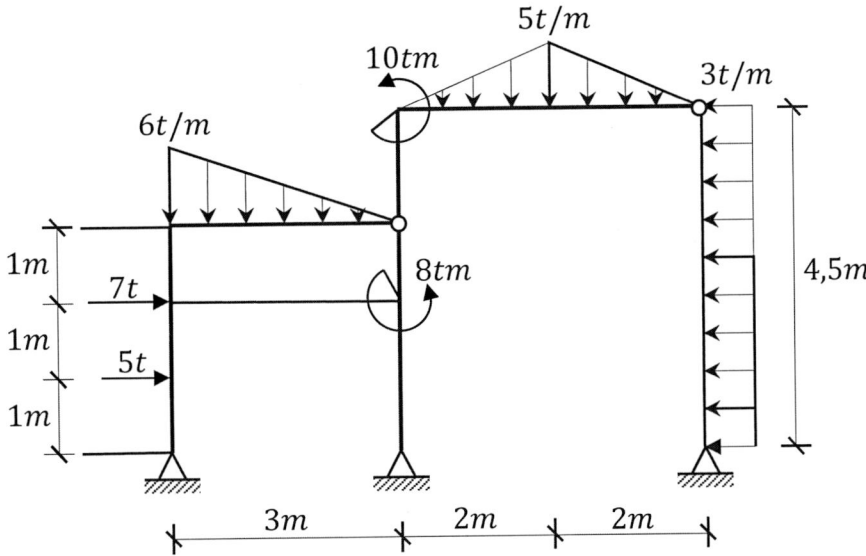

Figura 5.90 Pórtico con articulaciones.

1ro: Cálculo de resultante

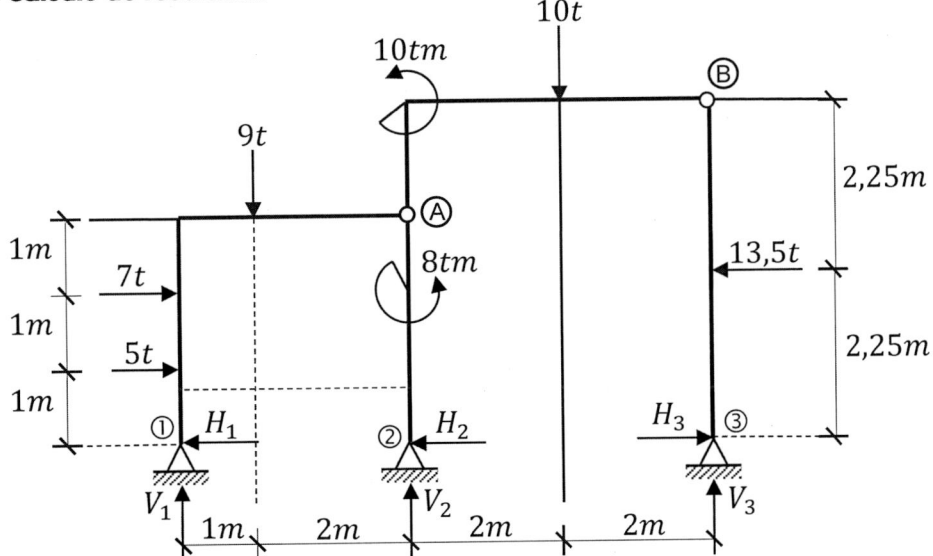

2do: Cálculo de las reacciones

$\Sigma M_A = 0 \; \circlearrowleft \oplus$ (abajo)

$H_2 \cdot 3 - 8 = 0$

$H_2 = 2{,}667 \; t$

$\Sigma M_B = 0 \; \circlearrowleft \oplus$ (abajo)

$13{,}5 \cdot 2{,}25 - H_3 \cdot 4{,}5 = 0$

$H_3 = 6{,}75 \; t$

$\Sigma F_X = 0 \; \rightarrow \oplus$

$-H_1 + 5 + 7 - 2{,}667 - 13{,}5 + 6{,}75 = 0$

$H_1 = 2{,}583 \; t$

$\Sigma M_A = 0 \; \circlearrowleft \oplus$ (izquierda)

$V_1 \cdot 3 + 2{,}583 \cdot 3 - 5 \cdot 2 - 7 \cdot 1 - 9 \cdot 2 = 0$

$V_1 = 9{,}084 \; t$

$\Sigma M_A = 0 \; \circlearrowleft \oplus$ (arriba)

$-10 + 10 \cdot 2 + 13{,}5 \cdot 0{,}75 - 6{,}75 \cdot 3 - V_3 \cdot 4 = 0$

$V_3 = -0{,}03125t$ (su sentido es contrario al asumido)

$\Sigma F_Y = 0 \; \uparrow \oplus$

$9{,}084 - 9 + V_2 - 10 - 0{,}03125 = 0$

$V_2 = 9{,}947 \; t$

PRÁCTICA 87

Calcular las reacciones de la siguiente estructura.

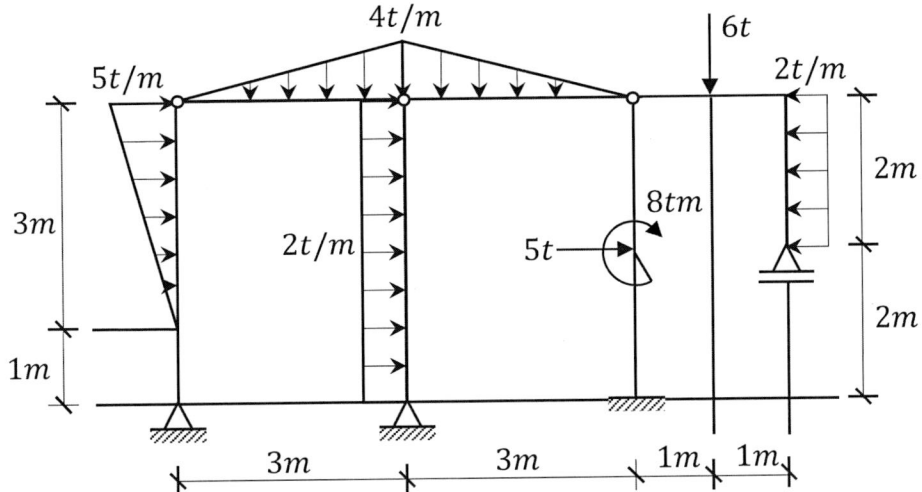

Figura 5.91 Pórtico de varias luces con articulaciones.

1ro: Cálculo de las resultantes

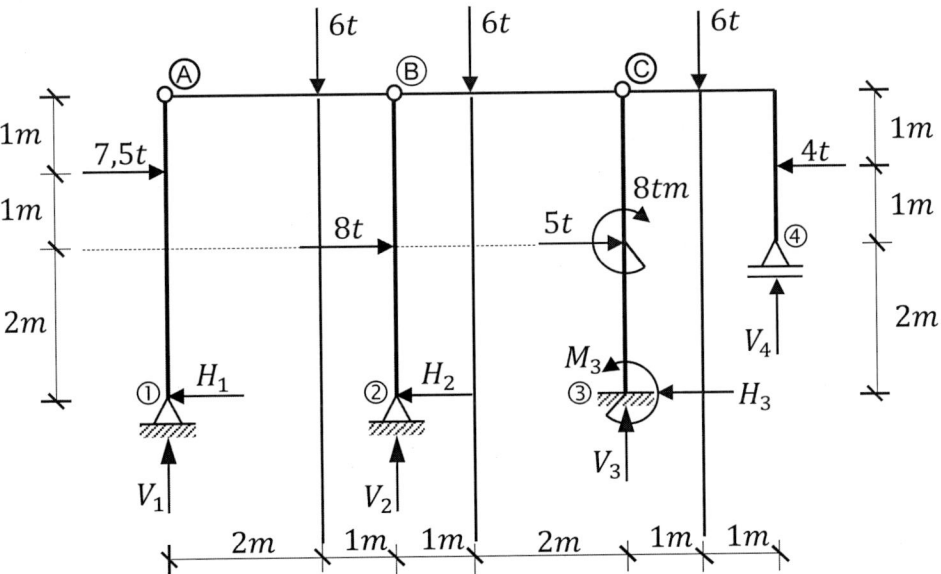

2do: Cálculo de las reacciones

$\Sigma M_A = 0 \circlearrowleft \oplus$ (abajo)

$H_1 \cdot 4 - 7{,}5 \cdot 1 = 0$

$H_1 = 1{,}875 \, t$

$\Sigma M_B = 0 \circlearrowleft \oplus$ (izquierda)

$V_1 \cdot 3 + 1{,}875 \cdot 4 - 7{,}5 \cdot 1 - 6 \cdot 1 = 0$

$V_1 = 2 \, t$

$\Sigma M_B = 0 \circlearrowleft \oplus$ (abajo)

$-8 \cdot 2 + H_2 \cdot 4 = 0$

$H_2 = 4 \, t$

$\Sigma M_C = 0 \circlearrowleft \oplus$ (derecha)

$6 \cdot 1 + 4 \cdot 1 - V_4 \cdot 2 = 0$

$V_4 = 5t$

$\Sigma F_X = 0 \rightarrow \oplus$

$-1{,}875 - 4 - H_3 + 7{,}5 + 8 + 5 - 4 = 0$

$H_3 = 10{,}625 \, t$

$\Sigma M_C = 0 \circlearrowleft \oplus$ (izquierda)

$2 \cdot 6 + 1{,}875 \cdot 4 - 7{,}5 \cdot 1 - 6 \cdot 4 - 8 \cdot 2 + 4 \cdot 4 - 6 \cdot 2 + V_2 \cdot 3 = 0$

$V_2 = 8 \, t$

$\Sigma F_Y = 0 \uparrow \oplus$

$2 + 8 + V_3 + 5 - 6 - 6 - 6 = 0$

$V_3 = 3 \, t$

$\Sigma M_C = 0 \circlearrowleft \oplus$ (abajo)

$-5 \cdot 2 + 8 + 10{,}625 \cdot 4 - M_3 = 0$

$M_3 = 40{,}5tm$

PRÁCTICA 88

Calcular las reacciones de la siguiente estructura.

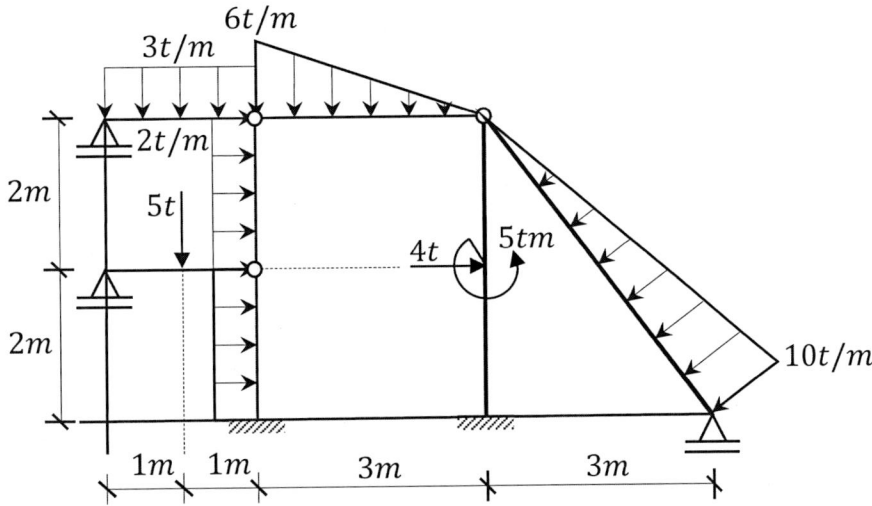

Figura 5.92 Pórtico con varias articulaciones.

1ro: Cálculo de las resultantes

$$\alpha = arctag \ \frac{4}{3} = 53,13$$

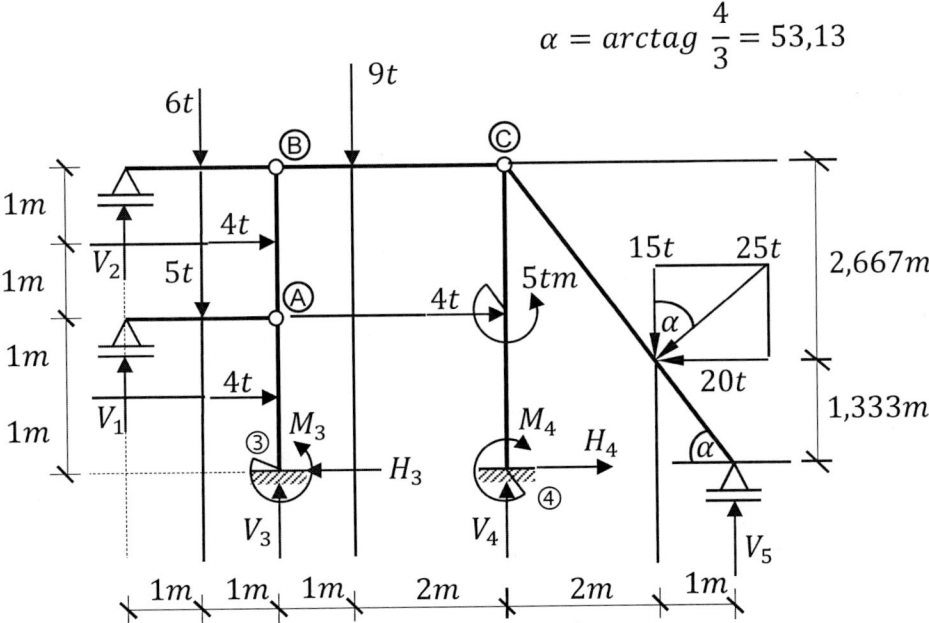

2do: Cálculo de las reacciones

Asumimos el sentido de las reacciones:

$\Sigma M_A = 0$ ↺ ⊕ (izquierda)

$V_1 \cdot 2 - 5 \cdot 1 = 0$

$V_1 = 2,5\ t$

$\Sigma M_B = 0$ ↺ ⊕ (izquierda)

$V_2 \cdot 2 - 6 \cdot 1 = 0$

$V_2 = 3\ t$

$\Sigma M_c = 0$ ↺ ⊕ (derecha)

$15 \cdot 2 + 20 \cdot 2,667 - V_5 \cdot 3 = 0$

$V_5 = 27,78\ t$

$\Sigma M_A = 0$ ↺ ⊕ (abajo)

$-4 \cdot 1 + H_3 \cdot 2 - M_3 = 0$

$2 \cdot H_3 - M_3 = 4$ ①

$\Sigma M_B = 0$ ↺ ⊕ (abajo)

$-4 \cdot 1 - 5 \cdot 1 + 2,5 \cdot 2 - 4 \cdot 3 + H_3.4 - M_3 = 0$

$4 \cdot H_3 - M_3 = 16$ ②

Resolviendo las ecuaciones ① y ② obtenemos:

$H_3 = 6\ t$

$M_3 = 8\ t$

$\Sigma F_X = 0$ → ⊕

$4 + 4 - 6 + 4 - 20 + H_4 = 0$

$H_4 = 14\ t$

$\mathbf{\Sigma M_C = 0} \circlearrowleft \oplus$ (abajo)

$-4 \cdot 2 - 5 - 14 \cdot 4 + M_4 = 0$

$M_4 = 69tm$

$\mathbf{\Sigma M_C = 0} \circlearrowleft \oplus$ (izquierda)

$V_3 \cdot 3 + 6 \cdot 4 - 8 - 4 \cdot 3 + 2,5 \cdot 5 - 5 \cdot 4 - 4 \cdot 1 + 3 \cdot 5 - 6 \cdot 4 - 9 \cdot 2 = 0$

$V_3 = 11,5 \ t$

$\mathbf{\Sigma F_Y = 0} \uparrow \oplus$

$2,5 + 3 - 5 - 6 + 11,5 - 9 + V_4 - 15 + 27,78 = 0$

$V_4 = -9,78 \ t$

El signo negativo de la reacción V_4 significa que el sentido de esta reacción es opuesta ($\downarrow$).

PRÁCTICA 89

Calcular las reacciones en los apoyos de la siguiente estructura.

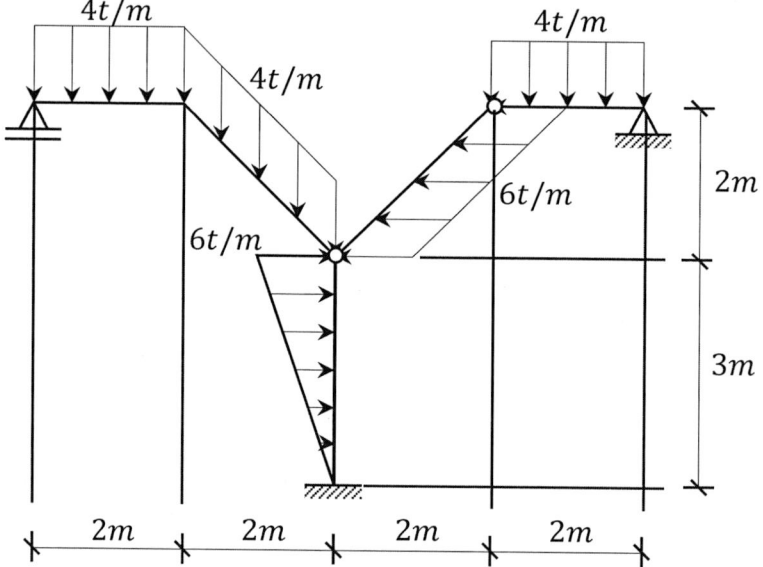

Figura 5.93 Pórticos con articulaciones y cargas distribuidas.

1ro: Cálculo de las resultantes

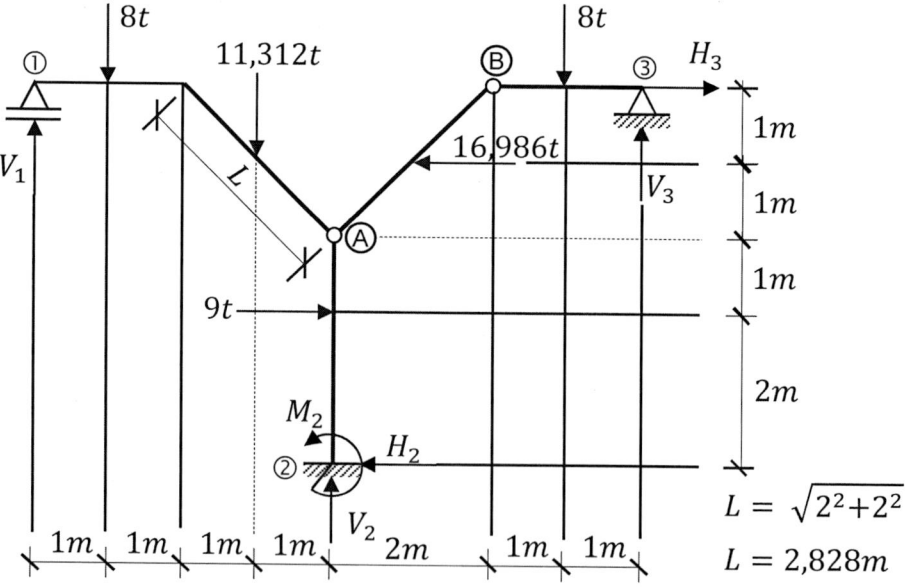

$$L = \sqrt{2^2 + 2^2}$$
$$L = 2,828m$$

2do: Cálculo de las reacciones

Asumimos el sentido de las reacciones:

$\Sigma M_A = 0 \circlearrowleft \oplus$ (izquierda)

$V_1 \cdot 4 - 8 \cdot 3 - 11{,}312 \cdot 1 = 0$

$V_1 = 8{,}828 \, t$

$\Sigma M_B = 0 \circlearrowleft \oplus$ (derecha)

$8 \cdot 1 - V_3 \cdot 2 = 0$

$V_3 = 4 \, t$

$\Sigma F_Y = 0 \uparrow \oplus$

$8{,}828 - 8 - 11{,}312 + V_2 - 8 + 4 = 0$

$V_2 = 14{,}484 \, t$

$\Sigma M_A = 0 \circlearrowleft \oplus$ (derecha)

$-16{,}968 \cdot 1 + 8 \cdot 3 - 4 \cdot 4 + H_3 \cdot 2 = 0$

$H_3 = 4{,}484 \, t$

$\Sigma F_X = 0 \rightarrow \oplus$

$9 - H_2 - 16{,}968 + 4{,}484$

$H_2 = -3{,}484 \, t$

La reacción tiene sentido contrario al asumido ($\rightarrow$).

$\Sigma M_A = 0 \circlearrowleft \oplus$ (abajo)

$-9 \cdot 1 - M_2 + (-3{,}484) \cdot 3 = 0$

$M_2 = -19{,}452 \, tm$

El momento tiene sentido contrario al asumido ($\circlearrowleft$).

PRÁCTICA 90

Calcular las reacciones de la siguiente estructura.

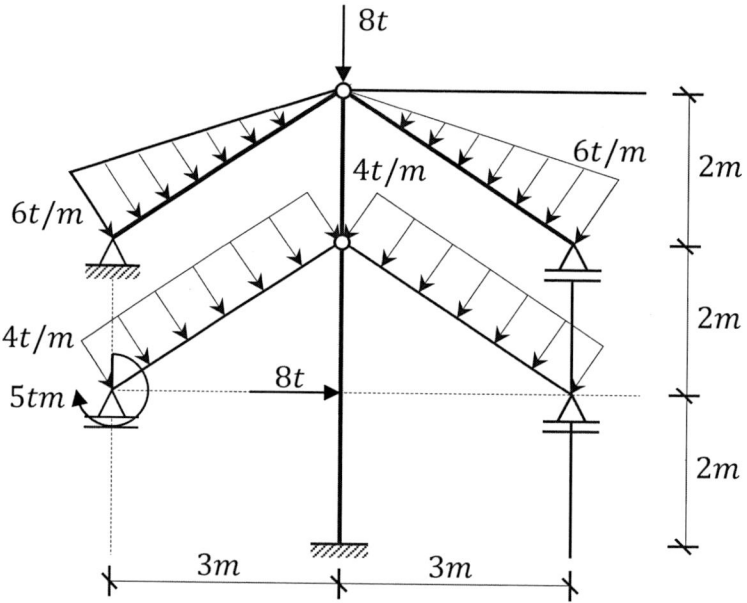

Figura 5.94 Pórtico articulado con cargas distribuidas.

1ro: Cálculo de las resultantes

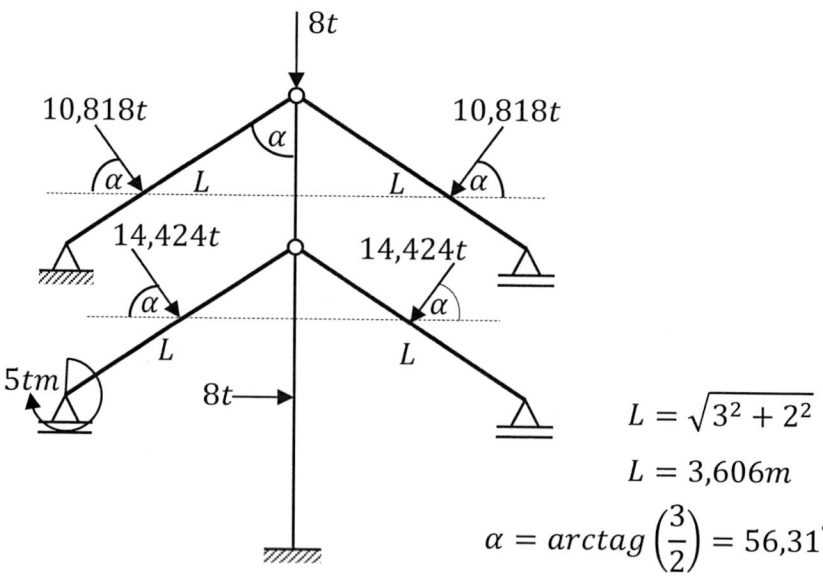

$$L = \sqrt{3^2 + 2^2}$$

$$L = 3,606m$$

$$\alpha = arctag\left(\frac{3}{2}\right) = 56,31°$$

2do: Descomposición de las fuerzas

Asumimos el sentido de las reacciones:

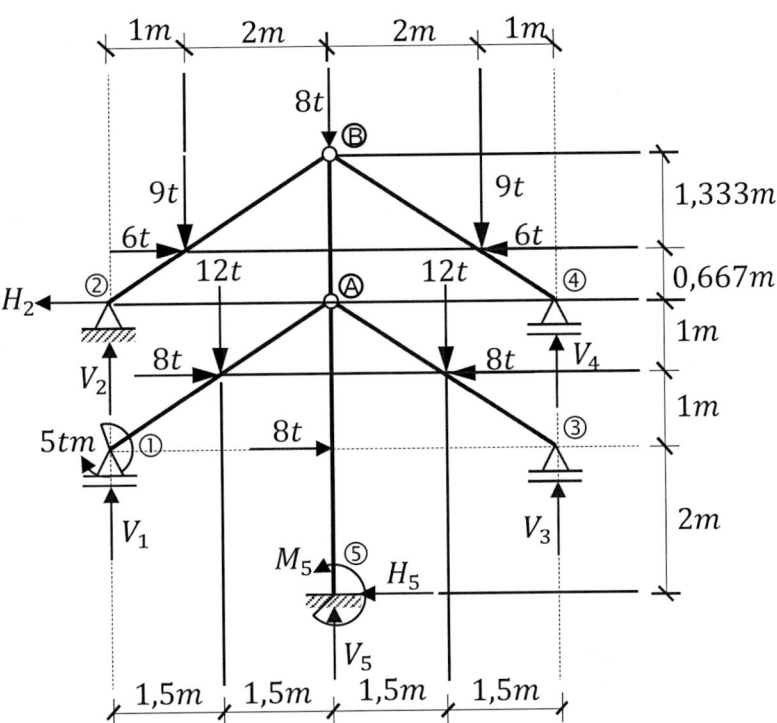

3ro: Cálculo de las reacciones

$\Sigma M_A = 0 \circlearrowleft \oplus$ (izquierda)

$V_1 \cdot 3 + 5 - 8 \cdot 1 - 12 \cdot 1,5 = 0$

$V_1 = 7 \ t$

$\Sigma M_A = 0 \circlearrowleft \oplus$ (derecha)

$-V_3 \cdot 3 + 8 \cdot 1 + 12 \cdot 1,5 = 0$

$V_3 = 8,667 \ t$

$\Sigma M_B = 0 \circlearrowleft \oplus$ (derecha)

$-V_4 \cdot 3 + 9 \cdot 2 + 6 \cdot 1,333 = 0$

$V_4 = 8,666 \ t$

$\sum M_A = 0 \circlearrowright \oplus$ (arriba)

$V_2 \cdot 3 + 6 \cdot 0{,}667 - 9 \cdot 2 + 9 \cdot 2 - 6 \cdot 0{,}667 - 8{,}666 \cdot 3 = 0$

$V_2 = 8{,}667 \, t$

$\Sigma F_Y = 0 \uparrow \oplus$

$7 + 8{,}666 + 8{,}667 + 8{,}666 + V_5 - 8 - 9 - 9 - 12 - 12 = 0$

$V_5 = 17 \, t$

$\Sigma M_B = 0 \circlearrowright \oplus$ (izquierda)

$8{,}667 \cdot 3 + H_2 \cdot 2 - 6 \cdot 1{,}333 - 9 \cdot 2 = 0$

$H_2 = 0 \, t$

$\Sigma F_X = 0 \rightarrow \oplus$

$-H_5 + 8 + 8 + 6 - 8 - 6 = 0$

$H_5 = 8 \, t$

$\Sigma M_A = 0 \circlearrowright \oplus$ (abajo)

$-8 \cdot 2 - M_5 + 8 \cdot 4 = 0$

$M_5 = 16 \, tm$

PRÁCTICA 91

Verificar las reacciones obtenidas de la siguiente viga.

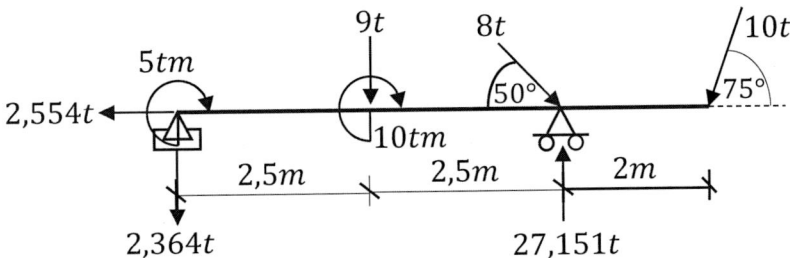

Figura 5.95 Viga con fuerzas y momentos puntuales.

1ro: Descomponemos las fuerzas oblicuas

$$F_{x1} = 8 \cdot cos(50) = 5,142 \; t$$

$$F_{y1} = 8 \cdot sen(50) = 6,128 \; t$$

$$F_{x2} = 10 \cdot cos(75) = 2,588 \; t$$

$$F_{y2} = 10 \cdot sen(75) = 9,659 \; t$$

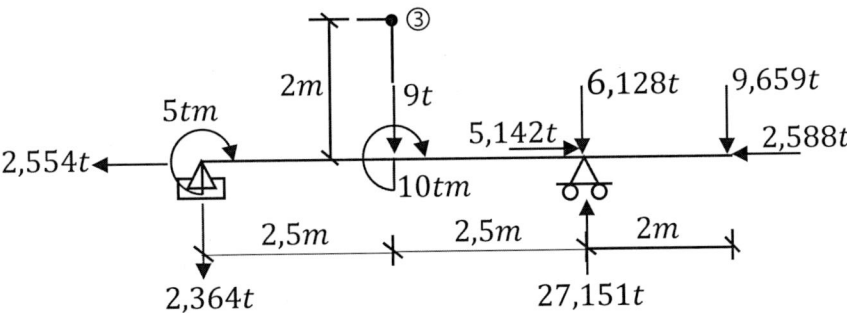

2do: Verificación de las reacciones

El punto 3 es elegido de manera arbitraria, con la única condición que en el cálculo de momento puedan entrar en el cálculo todas sus reacciones.

$\Sigma M_3 = 0 \circlearrowleft \oplus$

$$-2,364 \cdot 2,5 + 5 + 2,554 \cdot 2 + 10 - 5,142 \cdot 2 + 6,128 \cdot 2,5 - 27,151 \cdot 2,5$$
$$+ \; 9,659 \cdot 4,5 + 2,588 \cdot 2 = 0$$

$0 = 0$ (cumple)

PRÁCTICA 92

Para el siguiente reticulado, verificar si las siguientes reacciones son correctas.

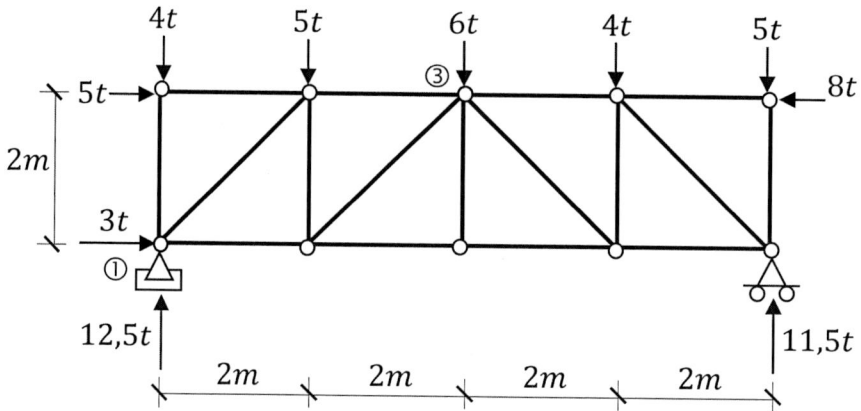

Figura 5.96 Reticulado con cargas puntuales.

1ro: Verificación de las reacciones

El punto 3 es elegido de manera arbitraria, con la única condición que en el cálculo de momento en este punto puedan entrar en el cálculo todas sus reacciones.

$\Sigma M_3 = 0 \circlearrowleft \oplus$

$12{,}5 \cdot 4 - 3 \cdot 2 - 4 \cdot 4 - 5 \cdot 2 + 4 \cdot 2 + 5 \cdot 4 - 11{,}5 \cdot 4 = 0$

$0 = 0$ (cumple)

PRÁCTICA 93

Verificar que si las reacciones del siguiente pórtico son correctas.

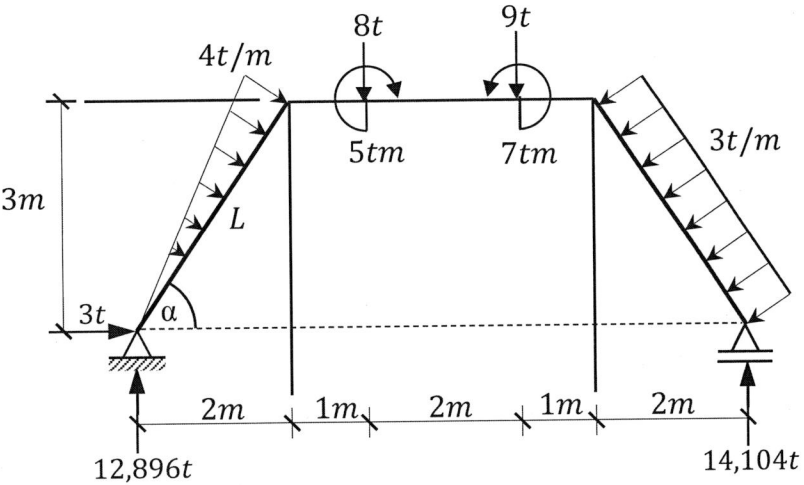

Figura 5.97 Pórtico con cargas distribuidas y puntuales.

1ro: Calculamos las resultantes de las cargas distribuidas

$$L = \sqrt{2^2 + 3^2} = \sqrt{13}$$

$$\alpha = arctag\left(\frac{3}{2}\right) = 56,31°$$

$$R_1 = \frac{4 \cdot \sqrt{13}}{2} = 7,211 \ t$$

$$R_2 = 3 \cdot \sqrt{13} = 10,817 \ t$$

2do: Descomposición de fuerzas

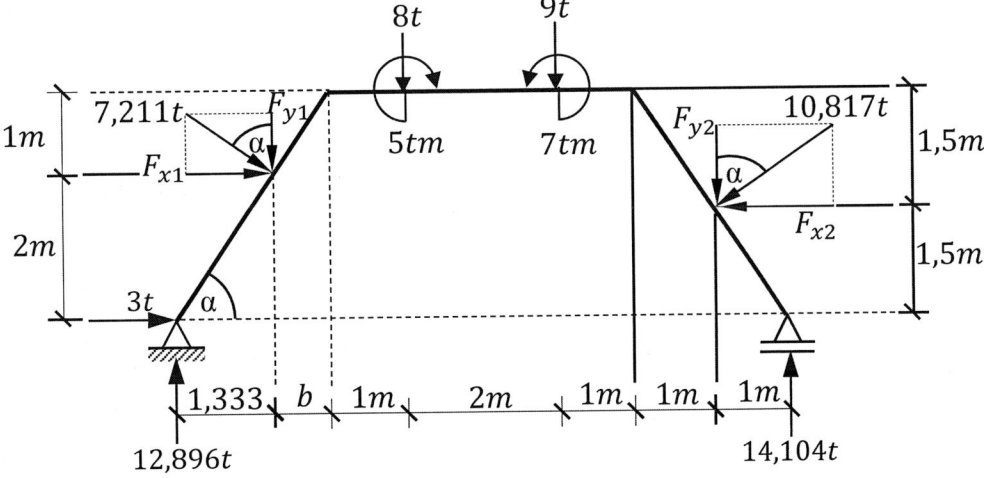

$$F_{x1} = 7,211 \cdot cos(56,31) = 6\,t$$

$$F_{y1} = 7,211 \cdot sen(56,31) = 4\,t$$

$$F_{x2} = 10,817 \cdot cos(56,31) = 9\,t$$

$$F_{y2} = 10,817 \cdot cos(56,31) = 6\,t$$

3ro: Verificación de las reacciones

El punto 3 es elegido de manera arbitraria, con la única condición que en el cálculo de momento en este punto puedan entrar en el cálculo todas sus reacciones.

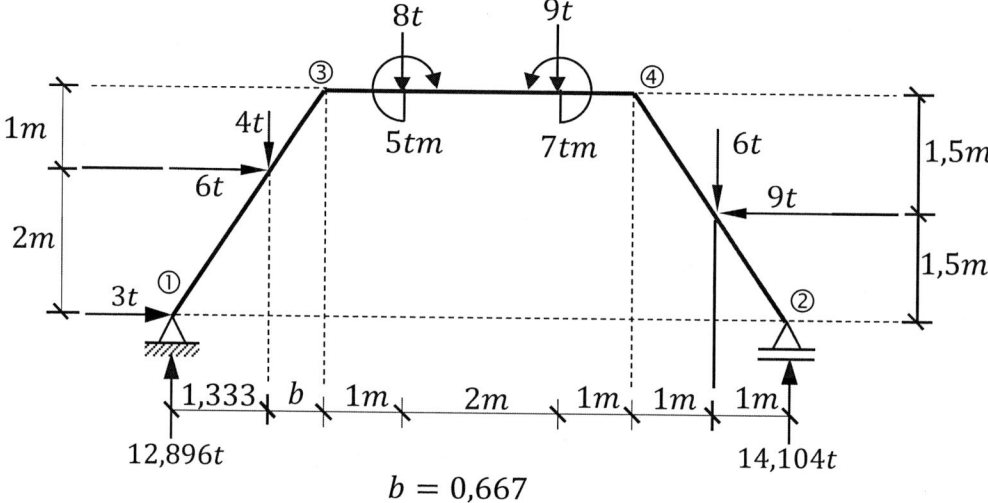

$$b = 0,667$$

$\Sigma M_3 = 0 \,\circlearrowleft\, \oplus$

$$12,896 \cdot 2 - 3 \cdot 3 - 6 \cdot 1 - 4 \cdot 0,667 + 8 \cdot 1 + 5 - 7 + 9 \cdot 3 + 6 \cdot 5 + 9 \cdot 1,5$$
$$- 14,104 \cdot 6 = 0$$

$0 = 0$ (cumple)

PRÁCTICA 94

Calcular las reacciones en los apoyos de la siguiente viga.

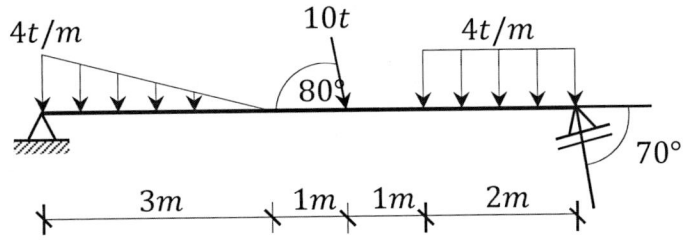

Figura 5.98 Viga con apoyo móvil oblicuo.

1ro: Cálculo de resultante y descomposición de fuerzas

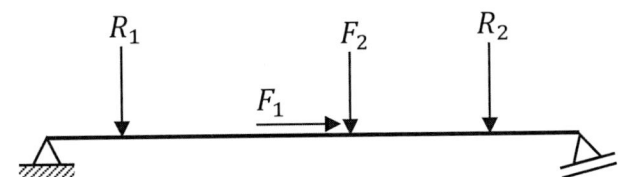

$$R_1 = \frac{4 \cdot 3}{2} = 6\, t$$

$$R_2 = 4 \cdot 2 = 8\, t$$

$$F_1 = 10 \cdot cos80 = 1,736\, t$$

$$F_2 = 10 \cdot sen80 = 9,848\, t$$

2do: Cálculo de reacciones

Asumimos el sentido de las reacciones:

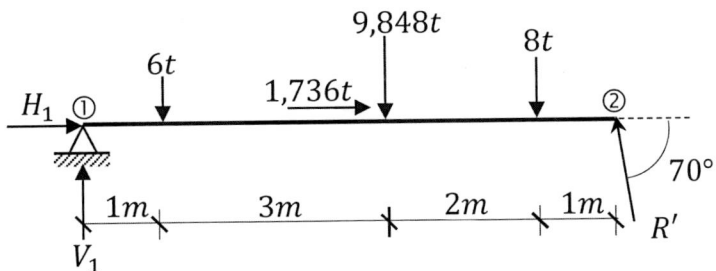

$\Sigma Fx = 0 \rightarrow \oplus$

$H_1 + 1,736 - R' \cdot cos70 = 0$

$H_1 = 0,342 \cdot R' - 1,736$ ①

$\Sigma M_1 = 0 \; \circlearrowleft \oplus$

$6 \cdot 1 + 9,848 \cdot 4 + 8 \cdot 6 - R' \cdot sen70 \cdot 7 = 0$

$R' = \dfrac{6 \cdot 1 + 9,848 \cdot 4 + 8 \cdot 6}{7 \cdot sen70}$

$R' = 14,198t$ ②

$Reemplazando$ ② en ①

$H_1 = 0,342(14,198) - 1,736$

$H_1 = 3,12 \; t$

$\Sigma Fy = 0 \; \uparrow \oplus$

$V_1 - 6 - 9,848 - 8 + 14,198 \cdot sen70 = 0$

$V_1 = 10,506 \; t$

PRÁCTICA 95

Calcular las reacciones en los apoyos de la siguiente viga.

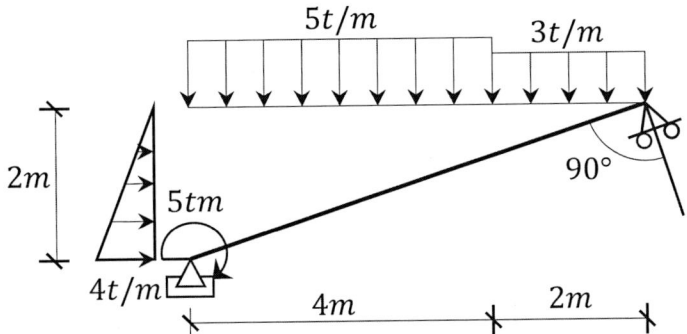

Figura 5.99 Viga inclinada con apoyo móvil oblicuo.

1ro: Cálculo de resultantes

Asumimos el sentido de las reacciones:

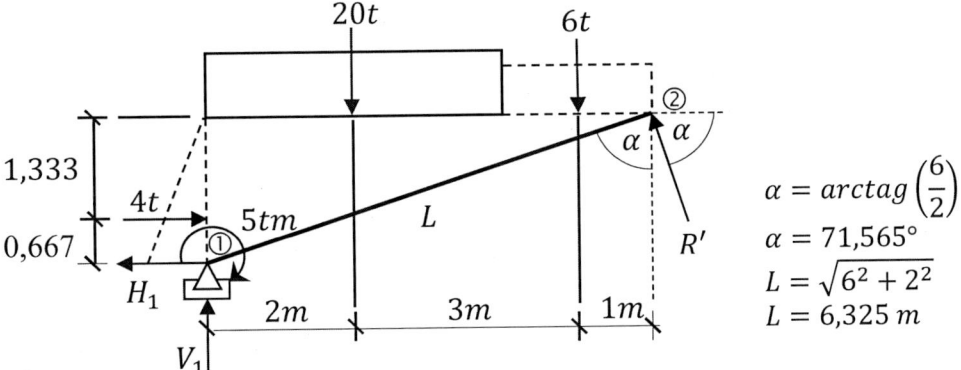

$$\alpha = arctag\left(\frac{6}{2}\right)$$
$$\alpha = 71,565°$$
$$L = \sqrt{6^2 + 2^2}$$
$$L = 6,325\ m$$

2do: Cálculo de reacciones

$\Sigma Fx = 0 \rightarrow \oplus$

$-H_1 + 4 - R' \cdot cos71,565 = 0$

$H_1 = 4 - 0,316 \cdot R'$

Reemplazando R en ①:

$H_1 = 4 - 0,316(12,28)$

$H_1 = 0,12\ t$

$\Sigma M_1 = 0\ \circlearrowleft \oplus$

$5 + 4 \cdot 0,667 + 20 \cdot 2 + 6 \cdot 5 - R' \cdot 6,325 = 0$

$R' = 12,28\ t$

$\Sigma Fy = 0\ \uparrow \oplus$

$V_1 - 20 - 6 + 12,28 \cdot sen\alpha = 0$

$V_1 = 14,35\ t$

PRÁCTICA 96

Calcular las reacciones en los apoyos.

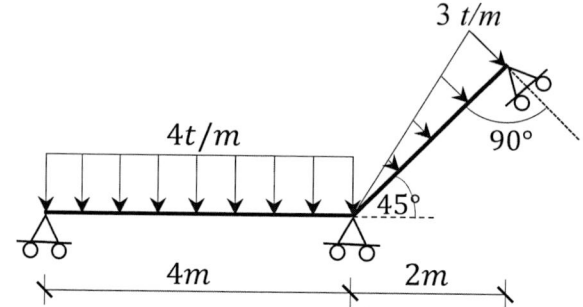

Figura 5.100 Estructura con apoyo móvil oblicuo.

1ro: Cálculo de las resultantes

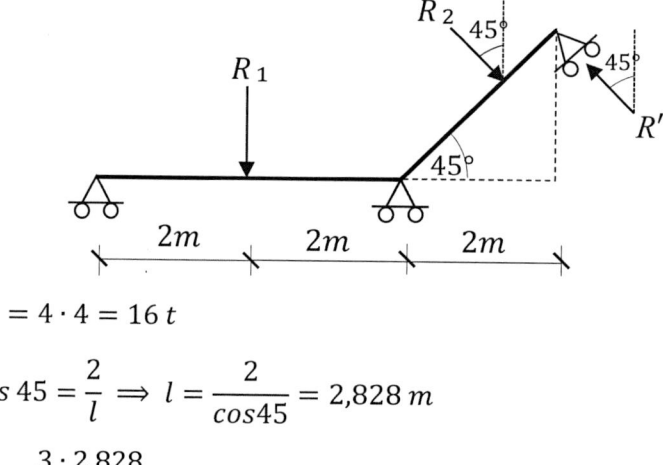

$$R_1 = 4 \cdot 4 = 16\ t$$

$$cos\ 45 = \frac{2}{l} \implies l = \frac{2}{cos45} = 2,828\ m$$

$$R_2 = \frac{3 \cdot 2,828}{2} = 4,242\ t$$

2do: Descomposición de fuerzas

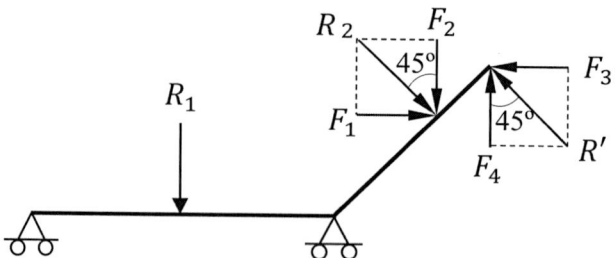

$$F_1 = 4,242 \cdot sen\, 45 = 3\, t$$

$$F_2 = 4,242 \cdot cos\, 45 = 3\, t$$

$$F_3 = R' \cdot sen\, 45 = 0,707 \cdot R'$$

$$F_4 = R' \cdot cos\, 45 = 0,707 \cdot R'$$

3ro: Cálculo de reacciones

Asumimos el sentido de las reacciones:

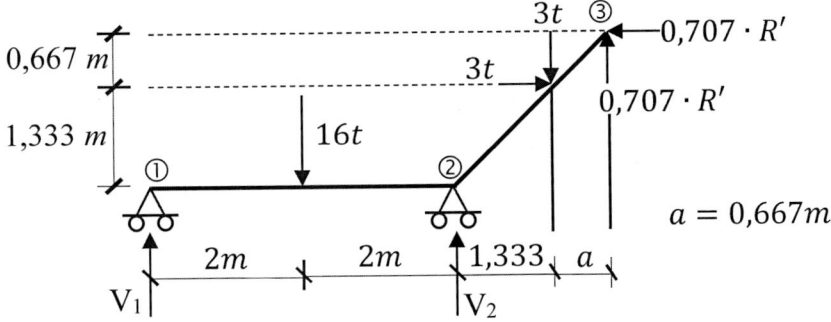

$$\Sigma F_x = 0 \rightarrow \oplus$$

$$3 - 0,707 \cdot R' = 0$$

$$R' = 4,243\, t$$

$$F_3 = F_4 = 0,707 \cdot 4,243$$

$$F_3 = F_4 = 3\, t$$

$$\Sigma M_1 = 0 \circlearrowright \oplus$$

$$16 \cdot 2 - V_2 \cdot 4 + 3 \cdot 1,333 + 3 \cdot 5,333 - 3 \cdot 6 - 3 \cdot 2 = 0$$

$$V_2 = 7\, t$$

$$\Sigma F_y = 0 \uparrow \oplus$$

$$V_1 - 16 + 7 - 3 + 3$$

$$V_1 = 9\, t$$

PRÁCTICA 97

Calcular las reacciones en los apoyos del siguiente pórtico.

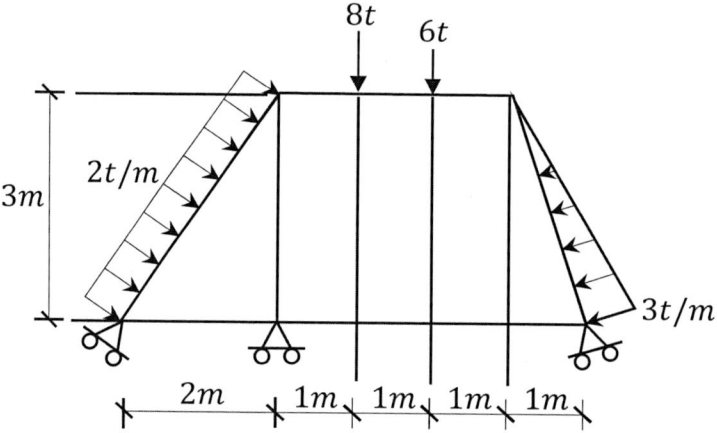

Figura 5.101 Pórtico con dos apoyos móviles oblicuos.

1ro: Cálculo de las resultantes

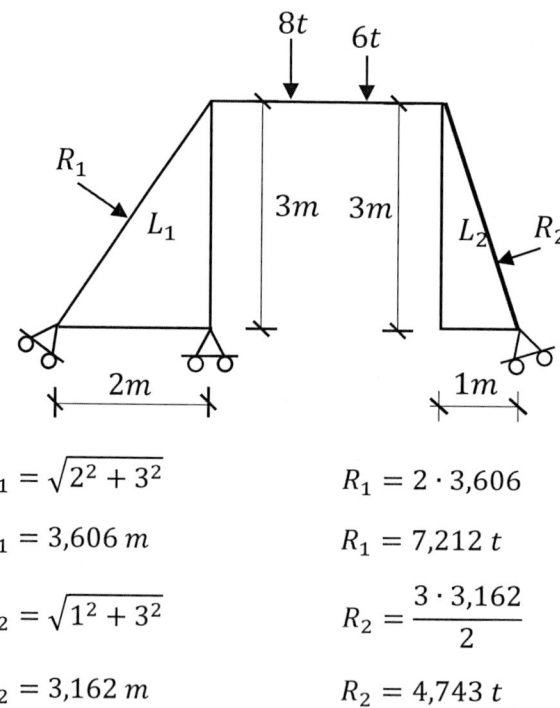

$$L_1 = \sqrt{2^2 + 3^2}$$

$$L_1 = 3{,}606 \, m$$

$$L_2 = \sqrt{1^2 + 3^2}$$

$$L_2 = 3{,}162 \, m$$

$$R_1 = 2 \cdot 3{,}606$$

$$R_1 = 7{,}212 \, t$$

$$R_2 = \frac{3 \cdot 3{,}162}{2}$$

$$R_2 = 4{,}743 \, t$$

2do: Descomposición de fuerzas

Asumimos el sentido de las reacciones:

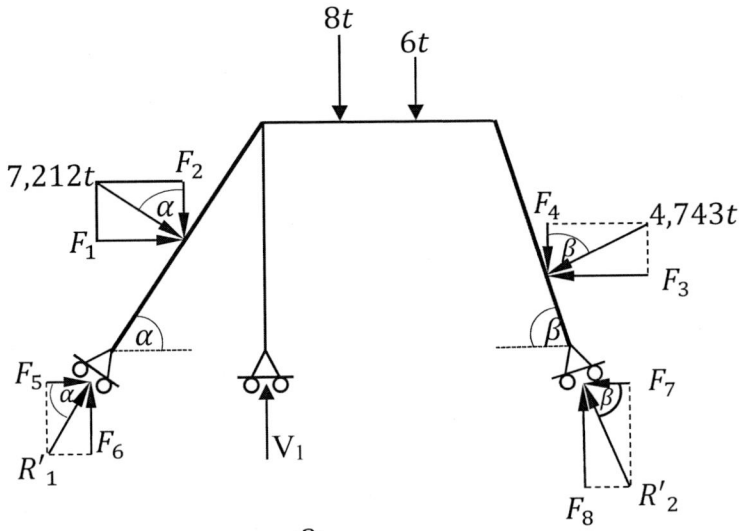

$$\alpha = arctag\left(\frac{3}{2}\right) = 56,31º$$

$$\beta = arctag\left(\frac{3}{1}\right) = 71,565º$$

$$F_1 = 7,212 \cdot sen\alpha = 6\ t$$

$$F_2 = 7,212 \cdot cos\alpha = 4\ t$$

$$F_3 = 4,743 \cdot sen\beta = 4,5\ t$$

$$F_4 = 4,743 \cdot cos\beta = 1,5\ t$$

$$F_5 = R_1 \cdot cos\alpha = 0,555 \cdot R'_1$$

$$F_6 = R_1 \cdot sen\alpha = 0,832 \cdot R'_1$$

$$F_7 = R_2 \cdot cos\beta = 0,316 \cdot R'_2$$

$$F_8 = R_2 \cdot sen\beta = 0,949 \cdot R'_2$$

3ro: Cálculo de las reacciones

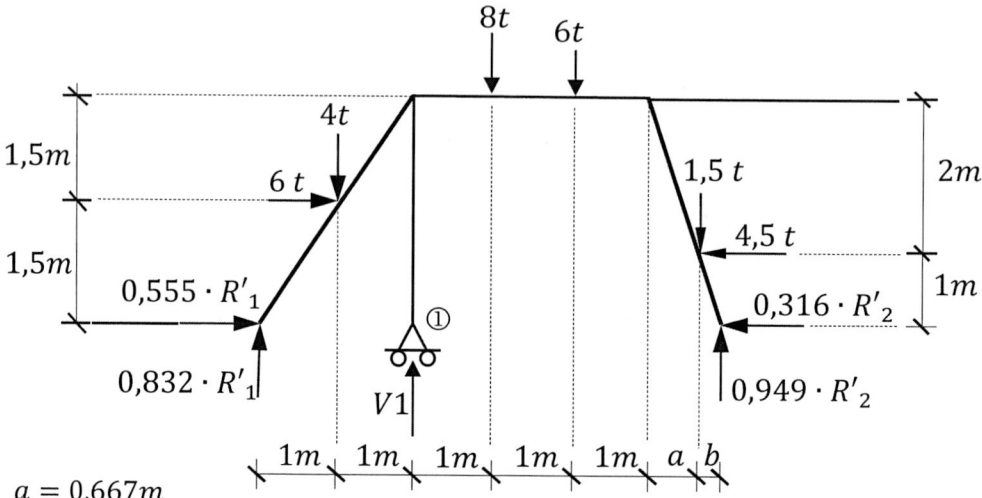

$a = 0,667m$

$b = 0,333m$

$\mathbf{\Sigma F}_x = \mathbf{0} \rightarrow \oplus$

$0,555 \cdot R'_1 + 6 - 4,5 - 0,316 \cdot R'_2 = 0$

$0,555 \cdot R'_1 - 0,316 \cdot R'_2 = -1,5$ ①

$\mathbf{\Sigma M_1} = \mathbf{0} \circlearrowleft \oplus$

$0,832 \cdot R'_1 \cdot 2 + 6 \cdot 1,5 - 4 \cdot 1 + 8 \cdot 1 + 6 \cdot 2 + 1,5 \cdot 3,667 - 4,5 \cdot 1 - 0,949 \cdot R'_2 \cdot 4 = 0$

$1,664 \cdot R'_1 - 3,796 \cdot R'_2 = -26$ ②

Resolviendo las ecuaciones ① y ②:

$R'_1 = 1,595\ t$

$R'_2 = 7,549\ t$

$\Sigma F_y = 0 \uparrow \oplus$

$0,832 \cdot (1,595) - 4 - 8 - 6 + V_1 - 1,5 + 0,949 \cdot (7,549) = 0$

$V_1 = 11\ t$

PRÁCTICA 98

Calcular las reacciones en los apoyos del siguiente reticulado.

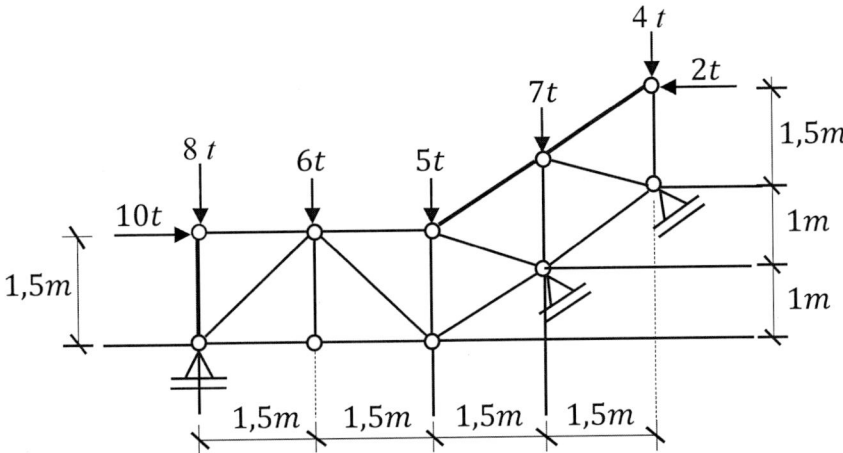

Figura 5.102 Reticulado con apoyos móviles oblicuos.

1ro: Descomposición de las reacciones oblicuas

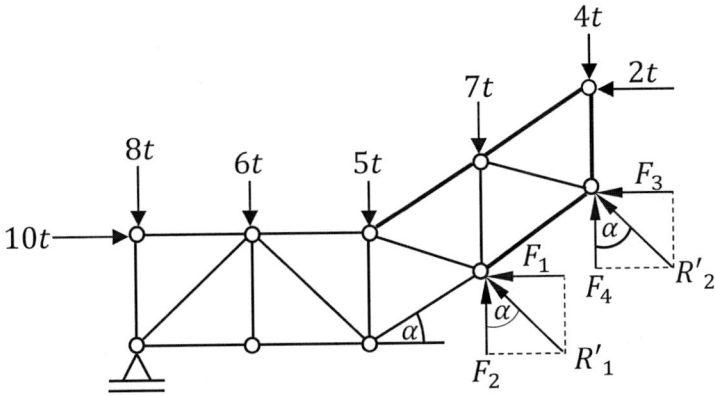

$$\alpha = artag\left(\frac{2}{3}\right) = 33,69$$

$$F_1 = R'_1 \cdot sen\alpha = 0,555 \cdot R'_1$$

$$F_2 = R'_1 \cdot cos\alpha = 0,832 \cdot R'_1$$

$$F_3 = R'_2 \cdot sen\alpha = 0,555 \cdot R'_2$$

$$F_4 = R'_2 \cdot cos\alpha = 0,832 \cdot R'_2$$

2do: Cálculo de reacciones

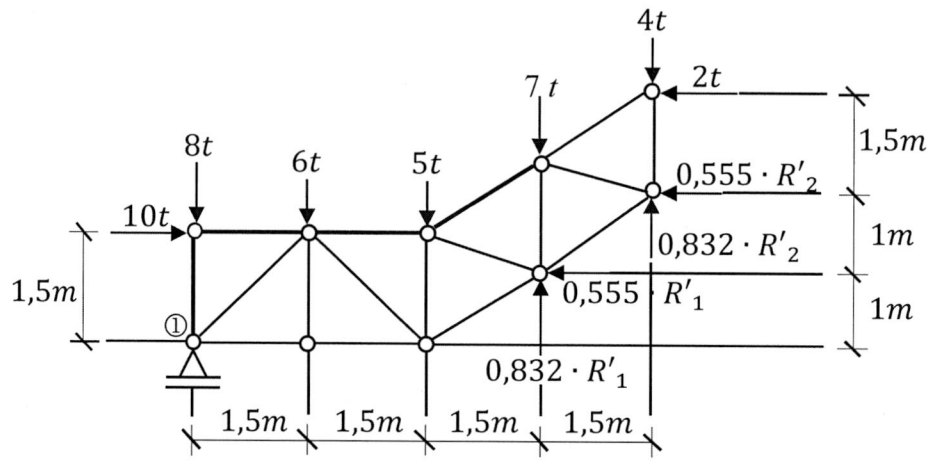

$\mathbf{\Sigma F_x = 0} \to \oplus$

$10 - 2 - 0{,}555 \cdot R'_1 - 0{,}555 \cdot R'_2 = 0$

$-0{,}555 \cdot R'_1 - 0{,}555 \cdot R'_2 = -8 \quad \div (-0{,}555)$

$R'_1 + R'_2 = 14{,}414 \quad ①$

$\mathbf{\Sigma M_1 = 0} \circlearrowleft \oplus$

$10 \cdot 1{,}5 + 6 \cdot 1{,}5 + 5 \cdot 3 + 7 \cdot 4{,}5 + 4 \cdot 6 - 2 \cdot 3{,}5 - 0{,}555 \cdot R'_2 \cdot 2 - 0{,}832$
$\qquad \cdot R'_2 \cdot 6 - 0{,}555 \cdot R'_1 \cdot 1 - 0{,}832 \cdot R'_1 \cdot 4{,}5 = 0$

$87{,}5 - 6{,}102 \cdot R'_2 - 4{,}299 \cdot R'_1 = 0$

$4{,}299 \cdot R'_1 + 6{,}102 \cdot R'_2 = 87{,}5 \quad ②$

Resolviendo las ecuaciones ① y ②, obtenemos:

$R'_1 = 0{,}252 \; t$

$R'_2 = 14{,}162 \; t$

$\mathbf{\Sigma F_y = 0} \uparrow \oplus$

$V_1 - 8 - 6 - 5 - 7 - 4 + 0{,}832(14{,}162) + 0{,}832(0{,}252) = 0$

$V_1 = 18 \; t$

PRÁCTICA 99

Calcular las reacciones en los apoyos del siguiente reticulado.

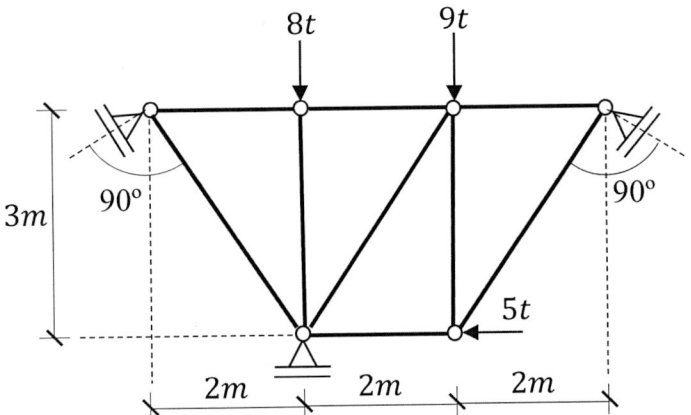

Figura 5.103 Reticulado con apoyos móviles oblicuos.

1ro: Descomposición de las reacciones oblicuas

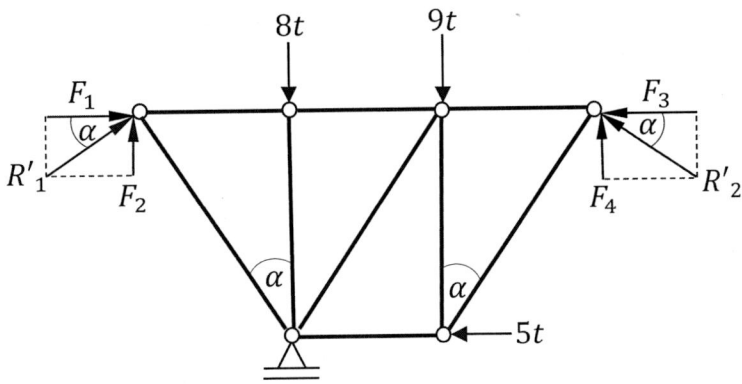

$$\alpha = artag\left(\frac{2}{3}\right) = 33,69°$$

$$F_1 = R'_1 \cdot cos\alpha = 0,832 \cdot R'_1$$

$$F_2 = R'_1 \cdot sen\alpha = 0,555 \cdot R'_1$$

$$F_3 = R'_2 \cdot cos\alpha = 0,832 \cdot R'_2$$

$$F_4 = R'_2 \cdot sen\alpha = 0,555 \cdot R'_2$$

2do: Cálculo de reacciones

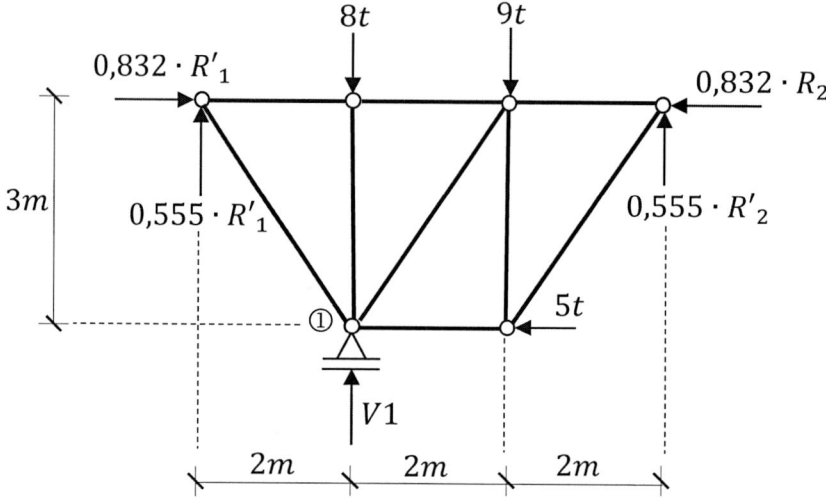

$\mathbf{\Sigma F_x = 0} \rightarrow \oplus$

$0,832 \cdot R'_1 - 0,832 \cdot R'_2 - 5 = 0 \qquad \div 0,832$

$R'_1 - R'_2 = 6,010 \; ①$

$\mathbf{\Sigma M_1 = 0} \circlearrowleft \oplus$

$0,555R'_1 \cdot 2 + 0,832 \cdot R'_1 \cdot 3 + 9 \cdot 2 - 0,832 \cdot R'_2 \cdot 3 - 0,555 \cdot R'_2 \cdot 4 = 0$

$3,606 \cdot R'_1 - 4,716 \cdot R'_2 = -18 \quad ②$

Resolviendo las ecuaciones ① y ②:

$R'_1 = 41,751 \, t$

$R'_2 = 35,741 \, t$

$\mathbf{\Sigma F_y = 0} \uparrow \oplus$

$V_1 + 0,555(41,751) - 8 - 9 + 0,555(35,741) = 0$

$V_1 = -26,008 \, t$

El signo negativo indica que la reacción V_1 ha sido asumida con sentido contrario.

PRÁCTICA 100

Calcular las reacciones en los apoyos de la siguiente estructura espacial.

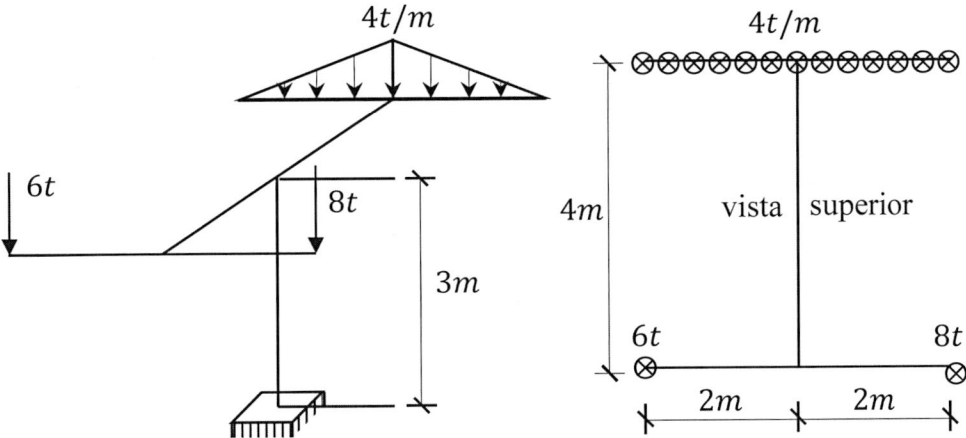

Figura 5.104 Estructura 3D con cargas puntuales y distribuidas.

3ro: Cálculo de la resultante

Asumimos el sentido de las reacciones.

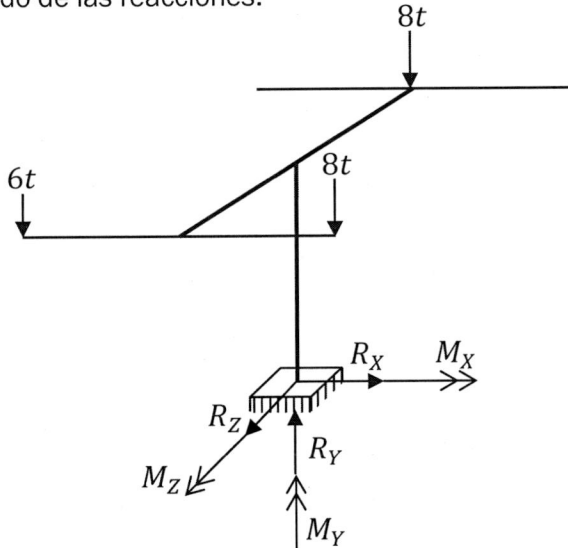

2do: Cálculo de las reacciones

$$\Sigma F_X = 0 \to \oplus$$

$$R_X = 0 \ t$$

$$\boldsymbol{\Sigma F_Y = 0} \uparrow \oplus$$

$$R_Y - 6 - 8 - 8 = 0$$

$$R_Y = 22t$$

$$\boldsymbol{\Sigma F_Z = 0} \swarrow \oplus$$

$$R_Z = 0 \ t$$

Para calcular M_X dibujamos la estructura en el plano YZ:

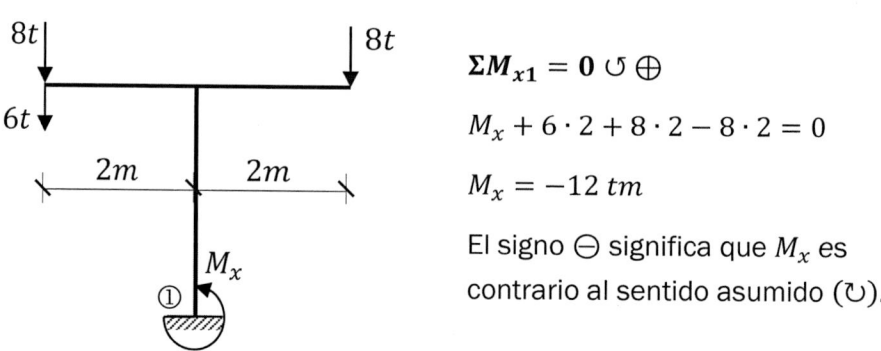

$$\boldsymbol{\Sigma M_{x1} = 0} \ \circlearrowleft \oplus$$

$$M_x + 6 \cdot 2 + 8 \cdot 2 - 8 \cdot 2 = 0$$

$$M_x = -12 \ tm$$

El signo $\ominus$ significa que M_x es contrario al sentido asumido ($\circlearrowleft$).

Las fuerzas en el eje Y no producen momento en Y $\therefore M_y = 0$.

Para calcular M_z dibujamos la estructura en el plano XY:

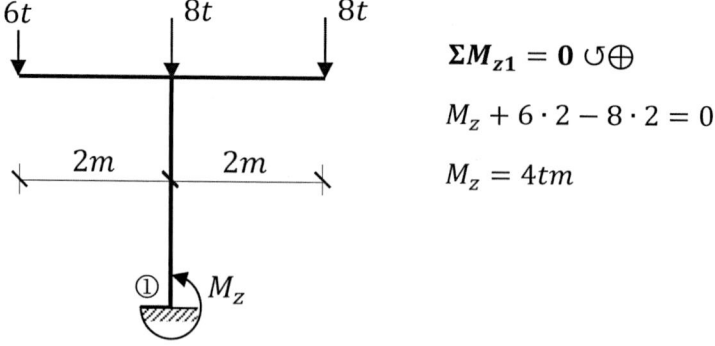

$$\boldsymbol{\Sigma M_{z1} = 0} \ \circlearrowleft \oplus$$

$$M_z + 6 \cdot 2 - 8 \cdot 2 = 0$$

$$M_z = 4tm$$

PRÁCTICA 101

Calcular las reacciones en los apoyos de la siguiente estructura espacial.

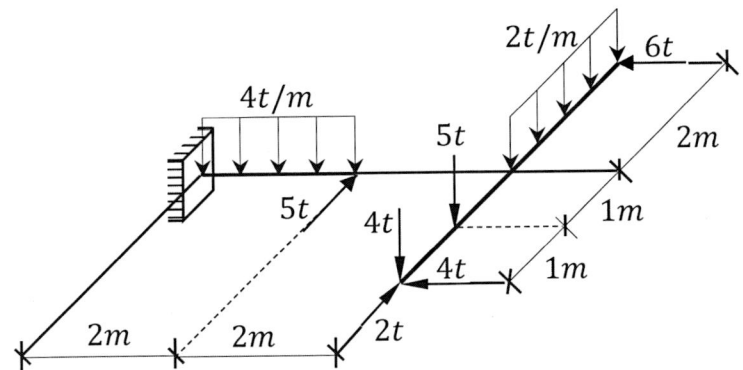

Figura 5.105 Estructura 3D en voladizo.

1ro: Cálculo de la resultante

Asumimos el sentido de las reacciones:

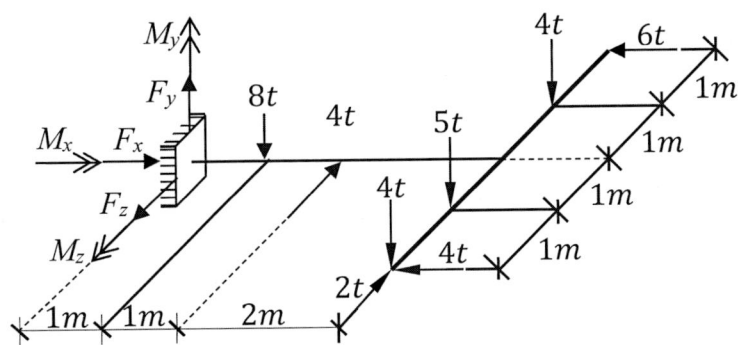

2do: Cálculo de las reacciones

$$\sum F_x = 0 \rightarrow \oplus$$

$$R_x - 4 - 6 = 0$$

$$R_x = 10\ t$$

$$\sum F_y = 0 \uparrow \oplus$$

$$R_y - 8 - 4 - 5 - 4 = 0$$

$$R_y = 21\ t$$

$$\sum F_z = 0 \swarrow \oplus$$

$$R_z - 5 - 2 = 0$$

$$R_z = 7\ t$$

Para calcular Mx, dibujamos la estructura en el plano yz:

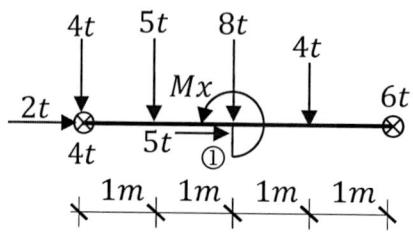

$$\Sigma M_{x1} = 0 \ \circlearrowleft\oplus$$

$$M_x + 4 \cdot 2 + 5 \cdot 1 - 4 \cdot 1 = 0$$

$$M_x = -9 \ tm$$

El signo negativo indica que el momento tiene sentido contrario ($\circlearrowleft$).

Para calcular M_y, dibujamos la estructura en el plano XZ:

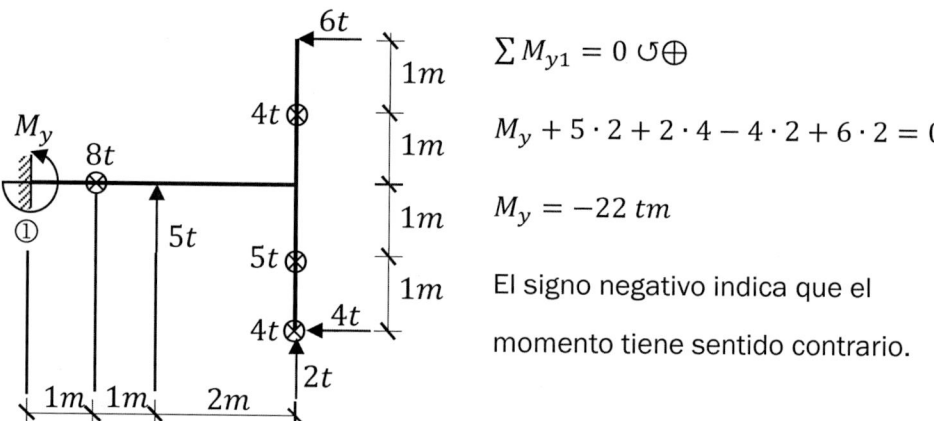

$$\sum M_{y1} = 0 \ \circlearrowleft\oplus$$

$$M_y + 5 \cdot 2 + 2 \cdot 4 - 4 \cdot 2 + 6 \cdot 2 = 0$$

$$M_y = -22 \ tm$$

El signo negativo indica que el momento tiene sentido contrario.

Para calcular M_z, dibujamos la estructura en el plano xy:

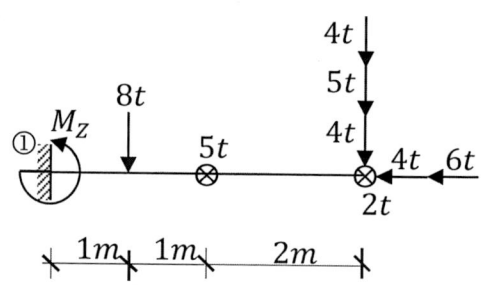

$$\Sigma M_{z1} = 0 \ \circlearrowleft \oplus$$

$$M_z - 8 \cdot 1 - 4 \cdot 4 - 5 \cdot 4 - 4 \cdot 4 = 0$$

$$M_z = 60 \ tm$$

PRÁCTICA 102

Calcular las reacciones en los apoyos de la siguiente estructura espacial.

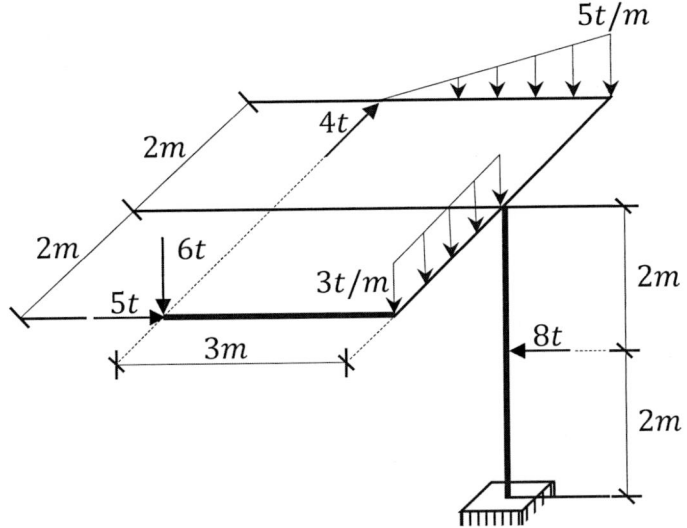

Figura 5.106 Estructura 3D con cargas puntuales y distribuidas.

1ro: Cálculo de las resultantes

Asumimos el sentido de las reacciones:

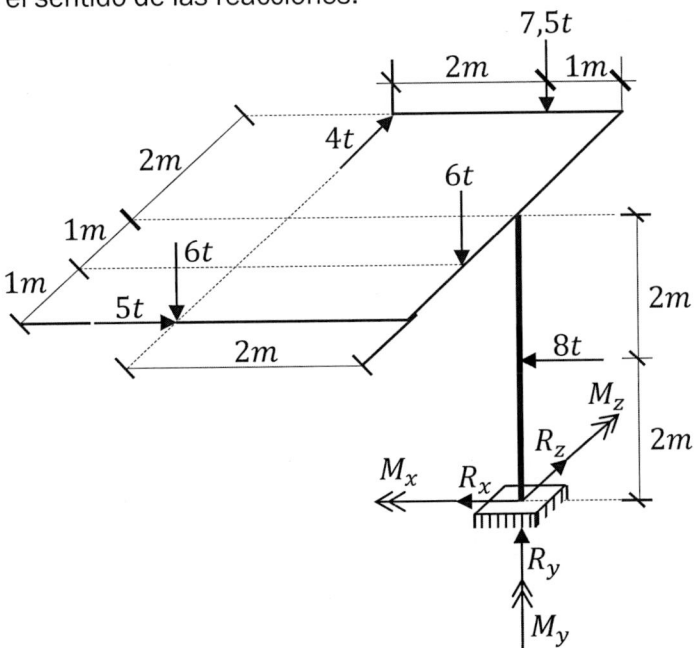

2do: Cálculo de las reacciones

$$\sum F_x = 0 \;\rightarrow\oplus$$

$$5 - 8 - R_x = 0$$

$$R_x = -3t \;\text{(el sentido es contrario al asumido)}$$

$$\sum F_y = 0 \uparrow \oplus$$

$$R_y - 6 - 6 - 7,5 = 0$$

$$R_y = 19,5t$$

$$\sum F_z = 0 \;\swarrow\oplus$$

$$-R_z - 4 = 0$$

$$R_z = -4t \;\text{(el sentido es contrario al asumido)}$$

Para calcular M_x, dibujamos la estructura en el plano YZ:

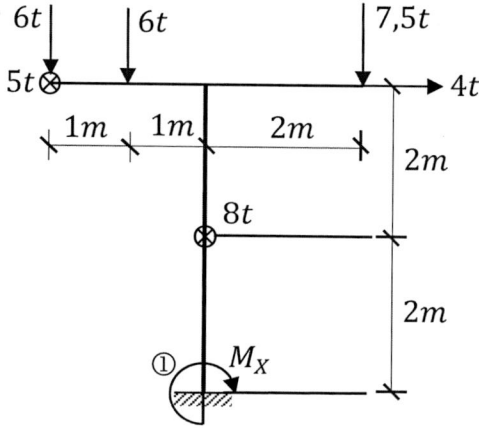

$$\sum M_x = 0 \;\circlearrowleft\oplus$$

$$M_x + 7,5 \cdot 2 - 6 \cdot 1 - 6 \cdot 2 + 4 \cdot 4 = 0$$

$$M_x = -13\; tm \;\text{(el sentido del momento es contrario al asumido)}$$

Para calcular M_y dibujamos la estructura en el plano XZ:

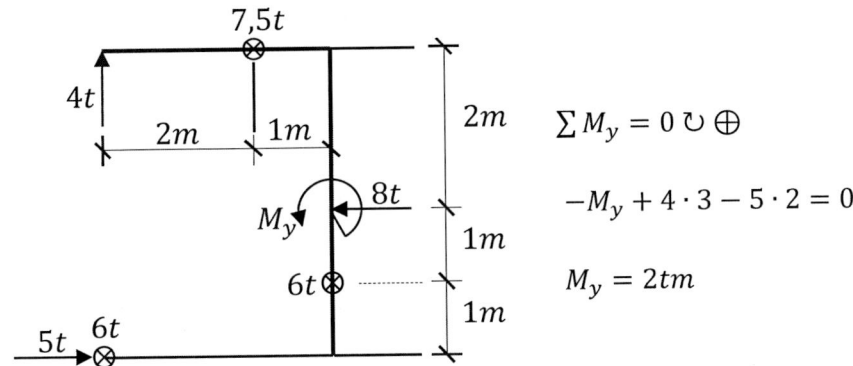

$$\sum M_y = 0 \circlearrowleft \oplus$$

$$-M_y + 4 \cdot 3 - 5 \cdot 2 = 0$$

$$M_y = 2tm$$

Para calcular el momento M_y, dibujamos la estructura en el plano XZ:

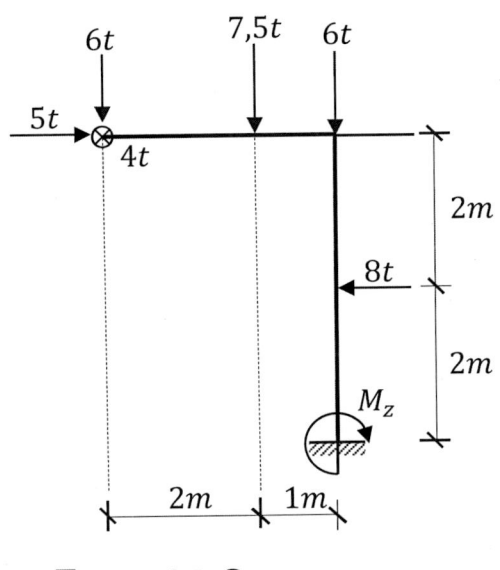

$$\sum M_z = 0 \circlearrowleft \oplus$$

$$M_z - 8 \cdot 2 - 7,5 \cdot 1 - 6 \cdot 3 + 5 \cdot 4 = 0$$

$$M_y = 21,5tm$$

PRÁCTICA 103

Calcular las reacciones en los apoyos se la siguiente estructura.

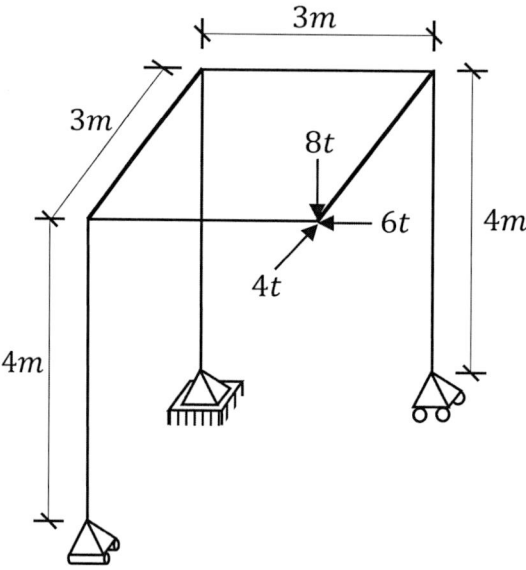

Figura 5.107 Pórtico 3D con vigas en voladizo.

1ro: Cálculo de las reacciones

Asumimos el sentido de las reacciones:

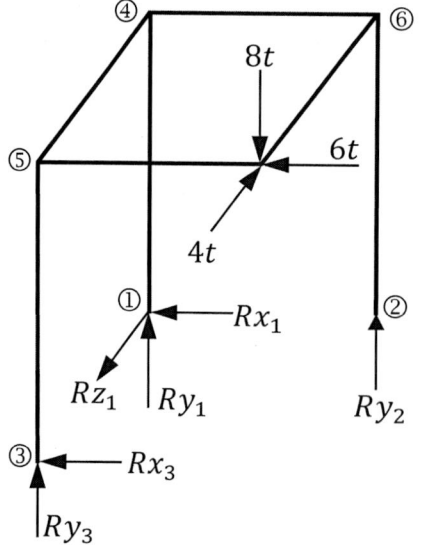

$\Sigma F_z = 0 \swarrow \oplus$

$Rz_1 - 4 = 0$

$Rz_1 = 4\,t$

$\Sigma M_{1-3} = 0 \swarrow \oplus$

$Ry_2 \cdot 3 - 8 \cdot 3 + 6 \cdot 4 = 0$

$Ry_2 = 0$

$\Sigma M_{1-4} = 0 \uparrow \oplus$

$-Rx_3 \cdot 3 + 4 \cdot 3 - 6 \cdot 3 = 0$

$Rx_3 = -2\,t$

El signo negativo de Rx_3 indica que su sentido es contrario.

$$\pmb{\Sigma F_x = 0} \rightarrow \oplus$$

$$-(-2) - Rx_1 - 6 = 0$$

$$Rx_1 = -4\ t$$

El signo negativo indica que su sentido es contrario ($\leftarrow$).

$$\pmb{\Sigma M_{1-2} = 0} \twoheadrightarrow \oplus$$

$$-Ry_3 \cdot 3 + 8 \cdot 3 - 4 \cdot 4 = 0$$

$$Ry_3 = 2{,}667\ t$$

$$\pmb{\Sigma F_y = 0} \uparrow \oplus$$

$$Ry_1 + 2{,}667 - 8 = 0$$

$$Ry_1 = 5{,}333\ t$$

2do: Representación gráfica

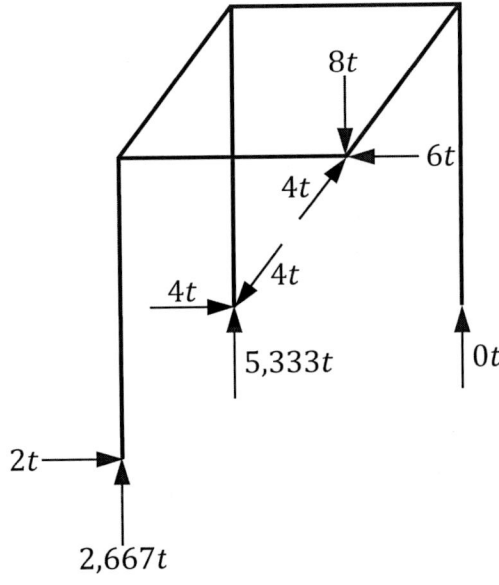

PRÁCTICA 104

Calcular las reacciones en los apoyos de la siguiente estructura espacial.

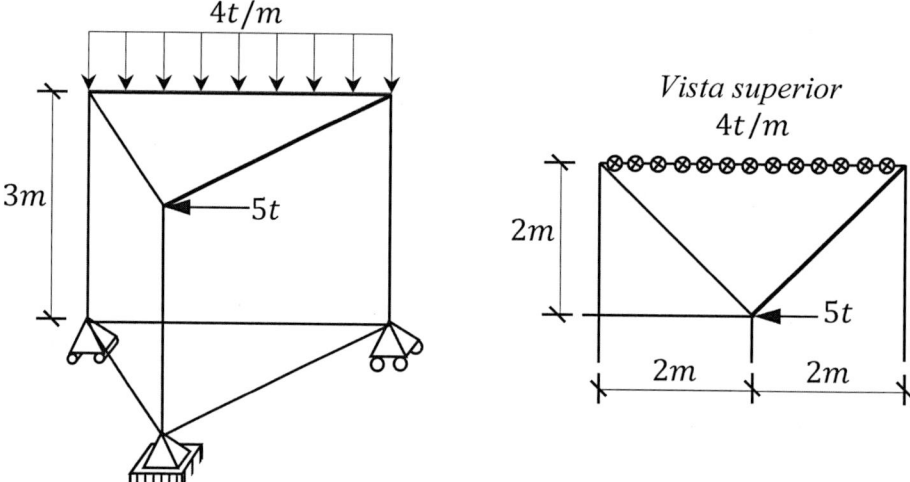

Figura 5.108 Pórtico 3D con forma triangular.

1ro: Cálculo de las reacciones

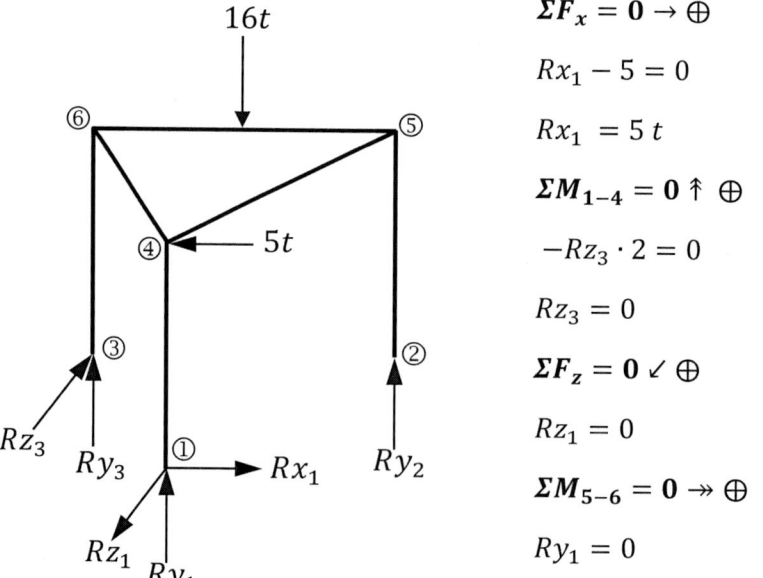

$\Sigma F_x = 0 \rightarrow \oplus$

$Rx_1 - 5 = 0$

$Rx_1 = 5\ t$

$\Sigma M_{1-4} = 0 \uparrow \oplus$

$-Rz_3 \cdot 2 = 0$

$Rz_3 = 0$

$\Sigma F_z = 0 \swarrow \oplus$

$Rz_1 = 0$

$\Sigma M_{5-6} = 0 \rightarrow\!\!\!\rightarrow \oplus$

$Ry_1 = 0$

$$\Sigma M_{Z3} = 0 \swarrow \oplus$$

$$-16 \cdot 2 + 5 \cdot 3 - Ry_2 \cdot 4 = 0$$

$$Ry_2 = 4,25\ t$$

$$\Sigma F_y = 0 \uparrow \oplus$$

$$4,25 + Ry_3 - 16 = 0$$

$$Ry_3 = 11,75\ t$$

2do: Representación gráfica

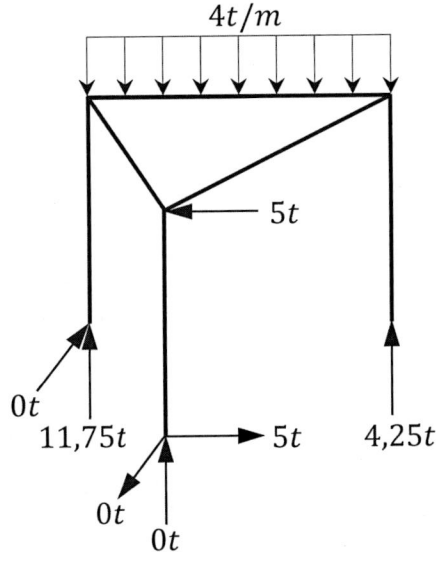

PRÁCTICA 105

Calcular las reacciones en los apoyos se la siguiente estructura espacial.

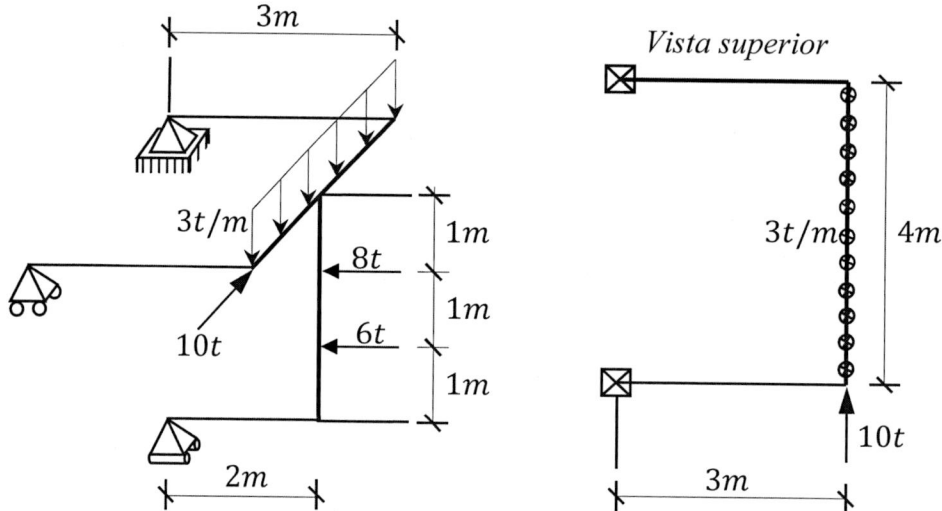

Figura 5.109 Estructura 3D con cargas puntuales y distribuidas.

1ro: Cálculo de las reacciones

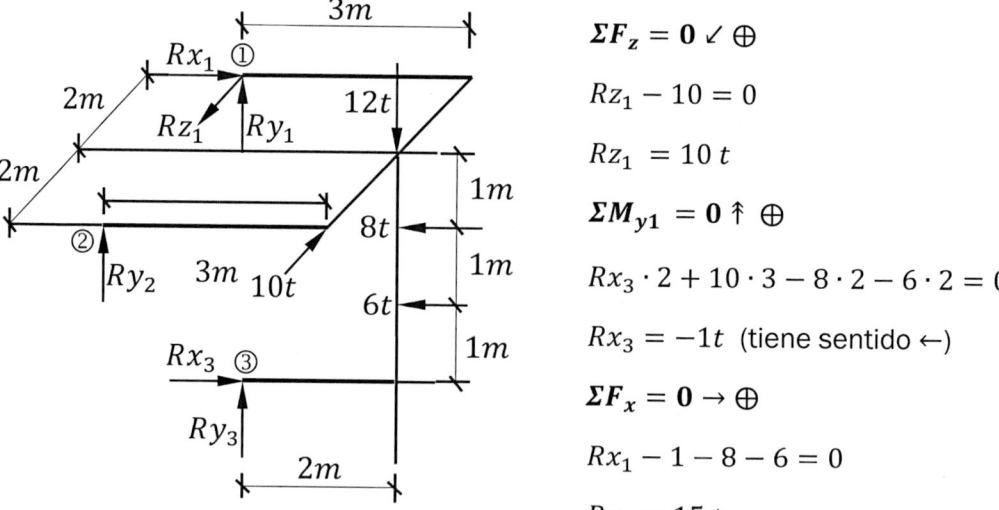

$\Sigma F_z = 0 \swarrow \oplus$

$Rz_1 - 10 = 0$

$Rz_1 = 10\ t$

$\Sigma M_{y1} = 0 \uparrow \oplus$

$Rx_3 \cdot 2 + 10 \cdot 3 - 8 \cdot 2 - 6 \cdot 2 = 0$

$Rx_3 = -1t$ (tiene sentido ←)

$\Sigma F_x = 0 \rightarrow \oplus$

$Rx_1 - 1 - 8 - 6 = 0$

$Rx_1 = 15\ t$

$\boldsymbol{\Sigma M_{1-2} = 0}$ ↙ ⊕

$-12 \cdot 3 - 8 \cdot 1 - 6 \cdot 2 + (-1) \cdot 3 + Ry_3 \cdot 1 = 0$

$Ry_3 = 59\ t$

$\boldsymbol{\Sigma Mx1 = 0}$ ↠ ⊕

$-Ry_2 \cdot 4 + 12 \cdot 2 - 59 \cdot 2 = 0$

$Ry_2 = -23{,}5$ (el sentido es contrario ↓)

$\boldsymbol{\Sigma F_y = 0}$ ↑ ⊕

$Ry_1 - 23{,}5 + 59 - 12 = 0$

$Ry_1 = -23{,}5\ t$ (el sentido es contrario ↓)

2do: Representación gráfica

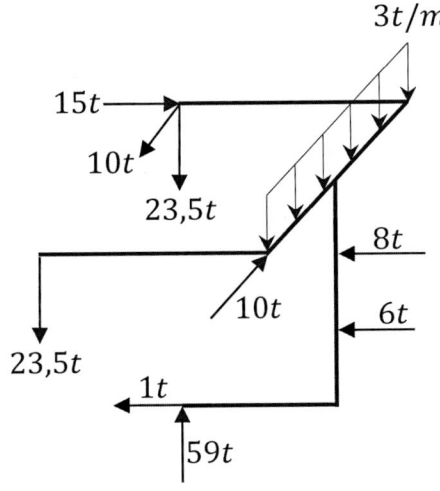

CAPÍTULO 6

CARACTERÍSTICAS GEOMÉTRICAS DE LAS SECCIONES

6.1. CARACTERÍSTICAS GEOMÉTRICAS DE UNA SECCIÓN

Los elementos o barras que constituyen las estructuras presentan secciones de diferentes formas y tamaños, con la finalidad de optimizar el material en función de sus cualidades resistentes y de sus características. Véanse las siguientes secciones:

Secciones o perfiles metálicos   *Secciones de HoAo o madera*

Figura 6.1 Diferentes tipos de secciones.

Estas secciones presentan características en su geometría que están muy vinculadas a su capacidad para resistir ciertos esfuerzos. Estas características:

      – Área

      – Baricentro o centro de gravedad

– Momento estático o momento de primer orden

– Momento de inercia o momento de segundo orden

– Momento polar

– Producto de inercia

En lo sucesivo abordaremos cada una de estas propiedades, para que asignaturas como Mecánica de los Materiales puedan aplicar estos valores al momento de verificar la resistencia de los elementos de una estructura.

6.2. ÁREA DE LA SECCIÓN

Esta propiedad se utiliza como una medida de referencia para determinar la capacidad que tienen los elementos o barras para soportar esfuerzos de tracción o compresión.

El área de una sección no es más que la medición de la superficie de la sección. Para realizar estos cálculos simplemente tenemos que hacer uso de la geometría plana. Veamos el siguiente ejemplo:

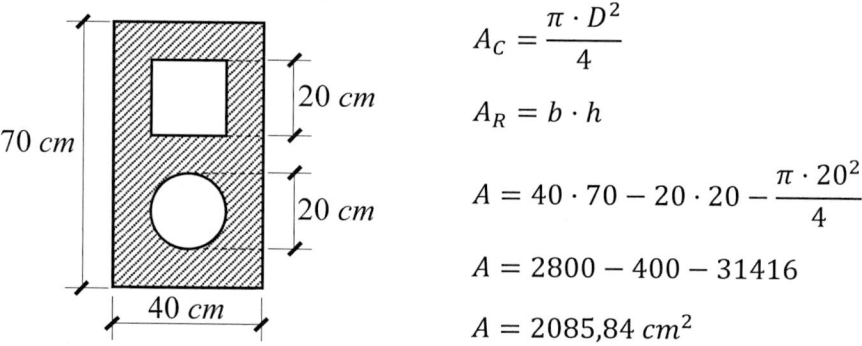

$$A_C = \frac{\pi \cdot D^2}{4}$$

$$A_R = b \cdot h$$

$$A = 40 \cdot 70 - 20 \cdot 20 - \frac{\pi \cdot 20^2}{4}$$

$$A = 2800 - 400 - 31416$$

$$A = 2085,84 \; cm^2$$

Figura 6.2 Sección con orificios.

Cuando una sección responde a una figura definida en su contorno por una función será necesario el empleo de integrales para determinar su área. Veamos el siguiente ejemplo:

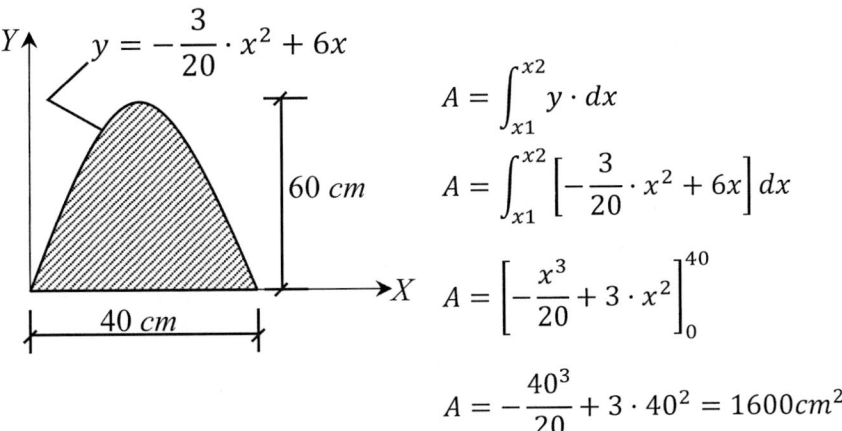

$$A = \int_{x1}^{x2} y \cdot dx$$

$$A = \int_{x1}^{x2} \left[-\frac{3}{20} \cdot x^2 + 6x \right] dx$$

$$A = \left[-\frac{x^3}{20} + 3 \cdot x^2 \right]_0^{40}$$

$$A = -\frac{40^3}{20} + 3 \cdot 40^2 = 1600 cm^2$$

Figura 6.3 Sección parabólica.

En la siguiente página tienes una colección de fórmulas que puedes aplicar para diversos problemas de área.

Cuadro 2: Cálculo de área y baricentro para figuras planas

Rectángulo

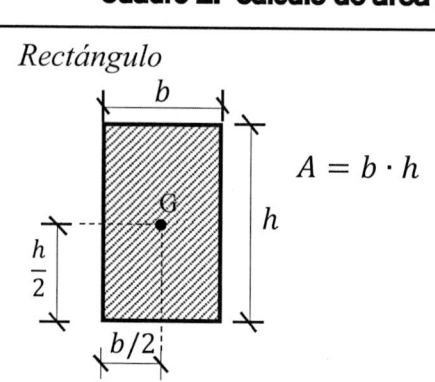

$$A = b \cdot h$$

Triángulo rectángulo

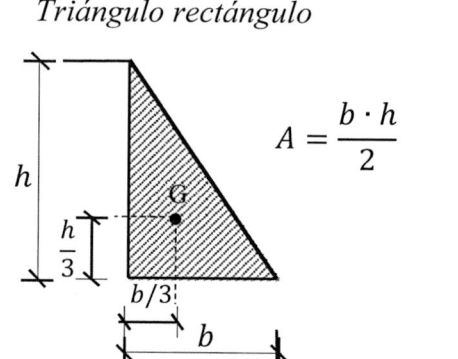

$$A = \frac{b \cdot h}{2}$$

Triángulo simétrico

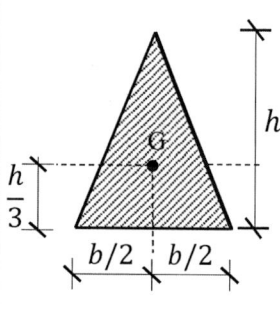

$$A = \frac{b \cdot h}{2}$$

Círculo

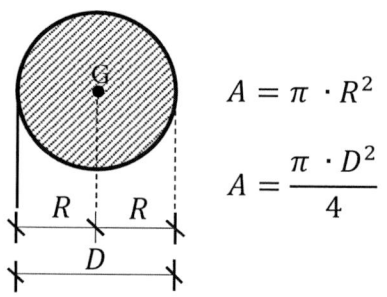

$$A = \pi \cdot R^2$$

$$A = \frac{\pi \cdot D^2}{4}$$

Semicírculo

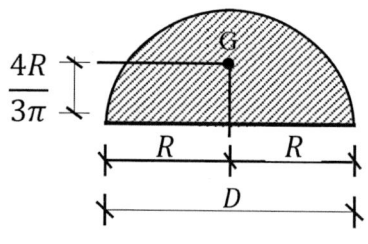

$$A = \frac{\pi \cdot R^2}{2} \qquad A = \frac{\pi D^2}{8}$$

Cuadrante circular

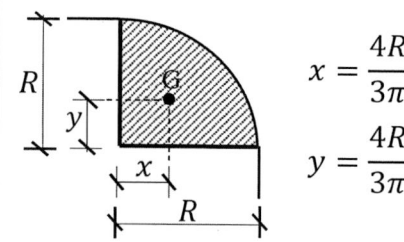

$$x = \frac{4R}{3\pi}$$

$$y = \frac{4R}{3\pi}$$

$$A = \frac{\pi \cdot R^2}{4} \qquad A = \frac{\pi D^2}{16}$$

Embocadura Circular	Segmento Circular

Embocadura Circular

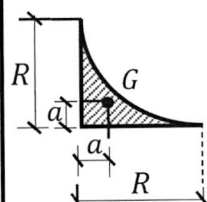

$$a = \left(\frac{10 - 3\pi}{12 - 3\pi}\right) \cdot R$$

$$a = 0,22337 \cdot R$$

$$A = \left(\frac{4 - \pi}{4}\right) \cdot R^2$$

$$A = 0,2146 \cdot R^2$$

Segmento Circular

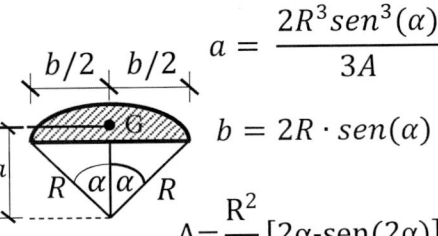

$$a = \frac{2R^3 sen^3(\alpha)}{3A}$$

$$b = 2R \cdot sen(\alpha)$$

$$A = \frac{R^2}{2}[2\alpha - sen(2\alpha)]$$

Elipse

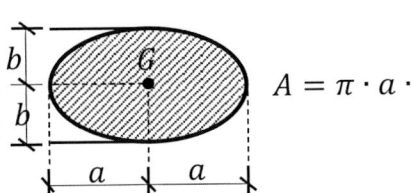

$$A = \pi \cdot a \cdot b$$

Semi Elipse Horizontal

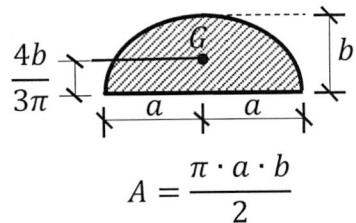

$$A = \frac{\pi \cdot a \cdot b}{2}$$

Semi Elipse Vertical

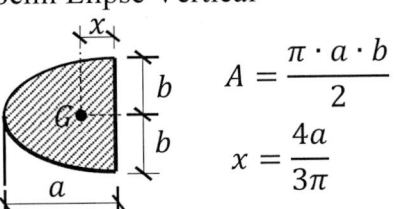

$$A = \frac{\pi \cdot a \cdot b}{2}$$

$$x = \frac{4a}{3\pi}$$

Cuadrante Elíptico

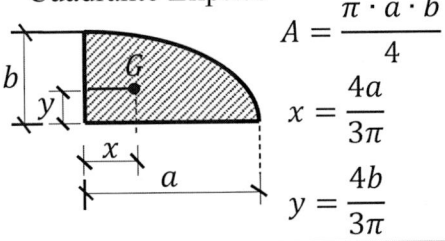

$$A = \frac{\pi \cdot a \cdot b}{4}$$

$$x = \frac{4a}{3\pi}$$

$$y = \frac{4b}{3\pi}$$

Parábola

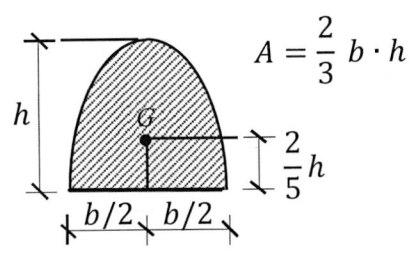

$$A = \frac{2}{3} b \cdot h$$

$$\frac{2}{5} h$$

Cuadrante Parabólico

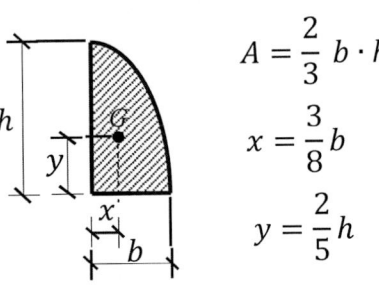

$$A = \frac{2}{3} b \cdot h$$

$$x = \frac{3}{8} b$$

$$y = \frac{2}{5} h$$

6.3. BARICENTRO O CENTRO DE GRAVEDAD

Es un punto coordenado que puede estar ubicado dentro o fuera de una sección. Es denominado centro de equilibrio o centro de gravedad, debido a que en este punto se considera concentrado el peso total del elemento.

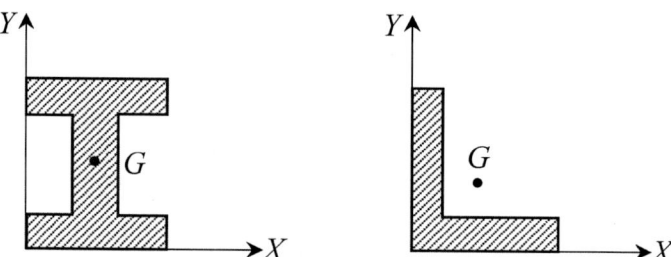

Figura 6.4 Sección tipo I y tipo L.

Para verificar que el punto G es el centro de gravedad o equilibrio de una sección podemos realizar la siguiente actividad experimental:

1ro: Utilizando cualquier material plano y rígido, elaboramos una sección.

Figura 6.5 Elaboración de una sección en forma de I.

2do: Conociendo su baricentro, realizamos una fina perforación en la figura de la sección y la suspendemos de un hilo o cuerda. Se observará que la misma se mantiene en posición horizontal sin mostrar inclinaciones, como evidencia de que se encuentra en equilibrio.

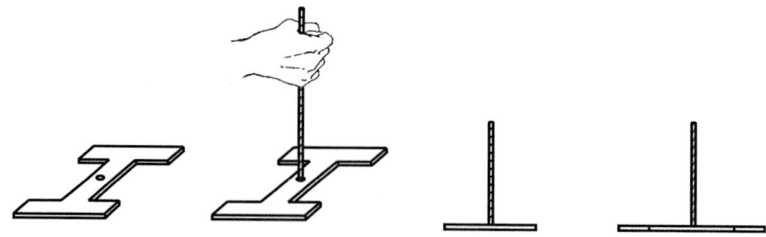

Figura 6.6 Equilibrio de sección tipo I.

Para calcular el centro de gravedad de una figura plana cualquiera, podemos hacer uso de las siguientes expresiones matemáticas:

$$X_G = \frac{\int_a^b (f(x) \cdot x)dx}{\int_a^b f(x)dx}$$

$$Y_G = \frac{\int_a^b [f(x)]^2 dx}{2 \cdot \int_a^b f(x)dx}$$

Analicemos los siguientes casos:

a) *Figura rectangular*

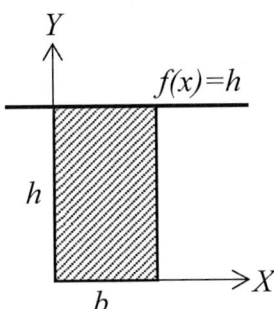

Figura 6.7 Sección rectangular.

$$X_G = \frac{\int_0^b (h \cdot x)dx}{\int_0^b hdx}$$

$$X_G = \frac{\left[\frac{h \cdot x^2}{2}\right]_0^b}{\left[h \cdot x\right]_0^b} = \frac{\frac{h \cdot b^2}{2}}{h \cdot b}$$

$$X_G = \frac{b}{2}$$

$$Y_G = \frac{\int_0^b [h]^2 dx}{2 \cdot \int_0^b hdx}$$

$$Y_G = \frac{\left[h^2 \cdot x\right]_0^b}{2\left[h \cdot x\right]_0^b} = \frac{h^2 \cdot b}{2 \cdot h \cdot b} = \frac{h}{2}$$

$$Y_G = \frac{h}{2}$$

b) Figura triangular

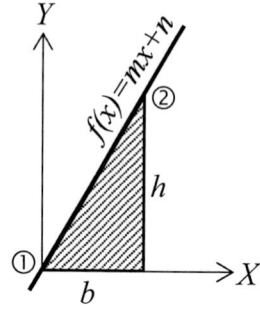

Figura 6.8 Sección triangular.

Primero calculamos la función f(x):

$$f(x) = m \cdot x + n$$

Reemplazamos $P_1(0,0)$:

$$0 = m \cdot 0 + n$$

$$n = 0$$

Reemplazamos $P_2(b,h)$:

$$h = m \cdot b + 0$$

$$m = \frac{h}{b}$$

La función obtenida es:

$$f(x) = \frac{h}{b} \cdot x$$

Con esta función podemos calcular las coordenadas del baricentro.

$$X_G = \frac{\int_0^b \left(\frac{h}{b} \cdot x \cdot x\right) dx}{\int_0^b \left(\frac{h}{b} \cdot x\right) dx} = \frac{\left[\frac{h \cdot x^3}{3 \cdot b}\right]_0^b}{\left[\frac{h \cdot x^2}{2 \cdot b}\right]_0^b} = \frac{\frac{h \cdot b^3}{3 \cdot b}}{\frac{h \cdot b^2}{2 \cdot b}} = \frac{\frac{h \cdot b^2}{3}}{\frac{h \cdot b}{2}}$$

$$X_G = \frac{2 \cdot b}{3}$$

$$Y_G = \frac{\int_a^b \left[\frac{h}{b} \cdot x\right]^2 dx}{2 \cdot \int_a^b \left(\frac{h}{b} \cdot x\right) dx} = \frac{\left[\frac{h^2 \cdot x^3}{3 \cdot b^2}\right]_0^b}{2\left[\frac{h \cdot x^2}{2 \cdot b}\right]_0^b} = \frac{\frac{h^2 \cdot b^3}{3 \cdot b^2}}{\frac{h \cdot b^2}{b}}$$

$$Y_G = \frac{h}{3}$$

La tabla 2 (página 329 y 330) muestra las coordenadas del baricentro de las figuras más representativas de las secciones.

6.3.1. PROPIEDADES DEL BARICENTRO

Las propiedades que nos permiten calcular el baricentro de una sección son las siguientes:

Propiedad 1: El baricentro de toda sección compuesta puede calcularse descomponiéndola en figuras simples a través de las siguientes fórmulas:

$$x_G = \frac{\sum_{i=1}^{n}[A_i \cdot x_i]}{\sum_{i=1}^{n}[A_i]}$$

$$y_G = \frac{\sum_{i=1}^{n}[A_i \cdot y_i]}{\sum_{i=1}^{n}[A_i]}$$

Por ejemplo:

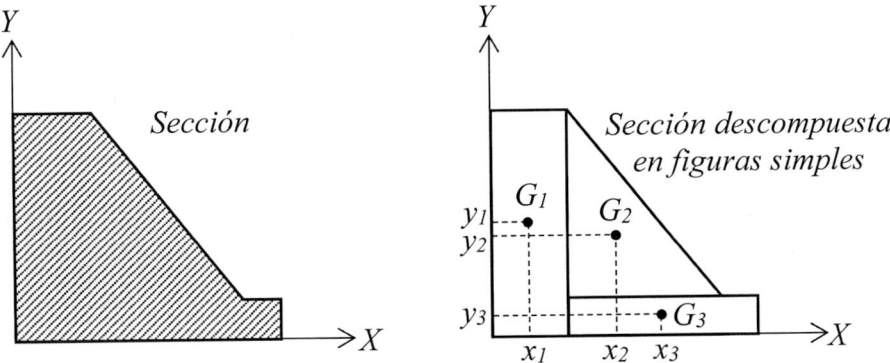

Figura 6.9 Descomposición de una sección.

$$x_G = \frac{A_1 \cdot x_1 + A_2 \cdot x_2 + A_3 \cdot x_3}{A_1 + A_2 + A_3}$$

$$y_G = \frac{A_1 \cdot y_1 + A_2 \cdot y_2 + A_3 \cdot y_3}{A_1 + A_2 + A_3}$$

La posición del baricentro de las figuras simples se las obtiene de la tabla 2, mostradas en las páginas 329 y 330.

Propiedad 2: En el cálculo del baricentro de una sección todo orificio tiene área negativa.

Por ejemplo:

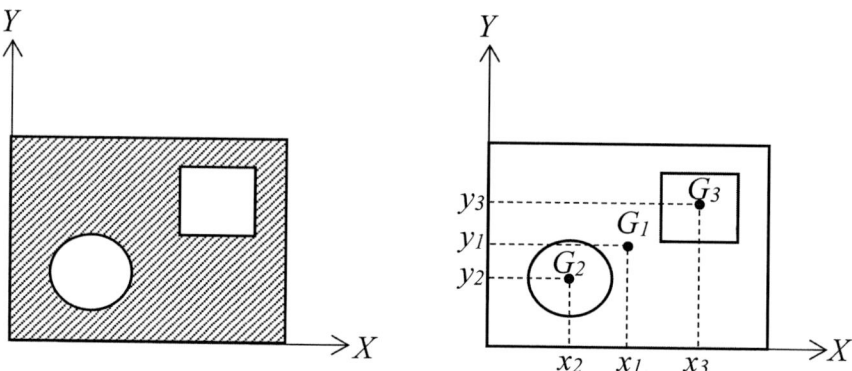

Figura 6.10 Sección con orificios.

$$x_G = \frac{A_1 \cdot x_1 - A_2 \cdot x_2 - A_3 \cdot x_3}{A_1 - A_2 - A_3}$$

$$y_G = \frac{A_1 \cdot y_1 - A_2 \cdot y_2 - A_3 \cdot y_3}{A_1 - A_2 - A_3}$$

Propiedad 3: Cuando una sección es simétrica verticalmente, su coordenada x_G es equivalente a la posición de su eje de simetría en el eje X.

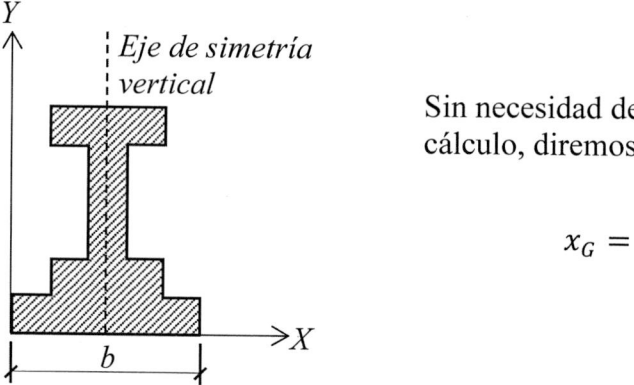

Sin necesidad de realizar el cálculo, diremos que:

$$x_G = \frac{b}{2}$$

Figura 6.11 Sección simétrica verticalmente.

La coordenada y_G puede calcularse con la mitad de la sección según su eje de simetría, sin modificar el resultado real de la sección.

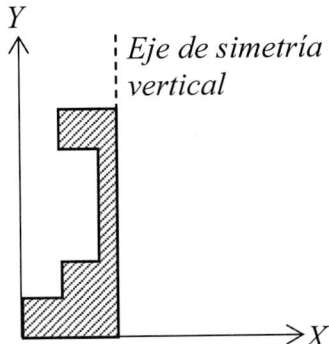

Figura 6.12 Sección cortada por su eje de simetría.

Propiedad 4: Cuando una sección es simétrica horizontalmente, su coordenada y_G es equivalente a la posición de su eje de simetría en el eje Y.

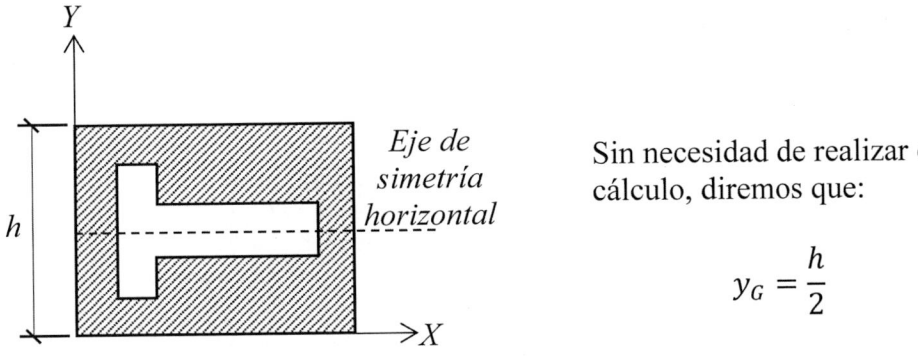

Sin necesidad de realizar el cálculo, diremos que:

$$y_G = \frac{h}{2}$$

Figura 6.13 Sección simétrica horizontalmente.

La coordenada x_G puede calcularse con la mitad de la sección según su eje de simetría, sin modificar el resultado real de la sección.

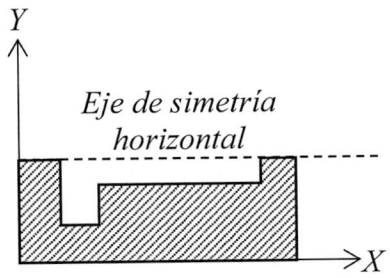

Figura 6.14 Sección cortada por su eje de simetría.

Propiedad 5: Cuando una sección tiene un eje de simetría oblicua a 45 grados su coordenada x_G es equivalente a su coordenada y_G.

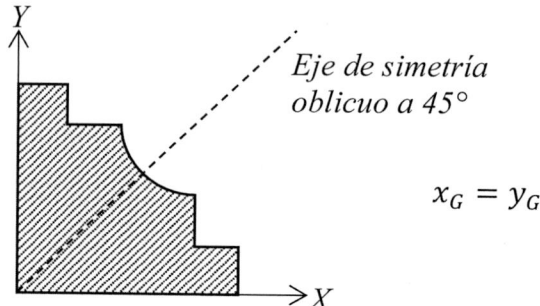

Figura 6.15 Sección simétrica oblicuamente.

Propiedad 6: Es posible desplazar horizontalmente las figuras que componen una sección cuando realizamos el cálculo de la coordenada y_G.

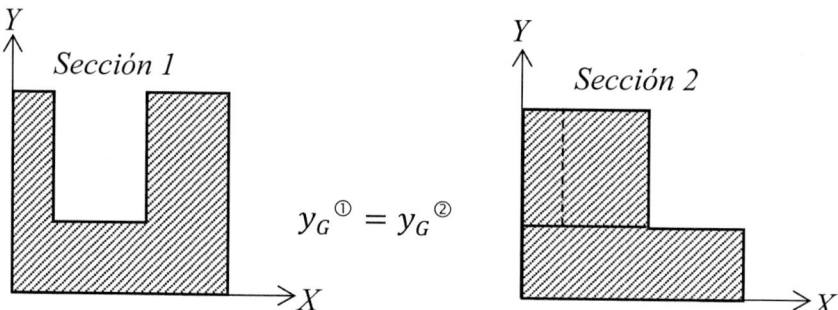

Figura 6.16 Reacomodo horizontal de las partes de una sección.

Propiedad 7: Es posible desplazar verticalmente las figuras que componen una sección cuando realizamos el cálculo de la coordenada x_G.

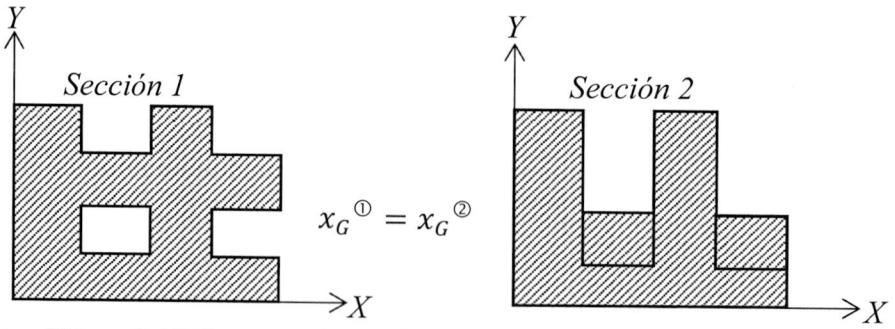

Figura 6.17 Reacomodo vertical de las partes de una sección.

EJERCICIOS DE APLICACIÓN

Revisar las prácticas de la 106 a la 128.

6.4. MOMENTO ESTÁTICO O MOMENTO DE PRIMER ORDEN

El momento estático de una sección con respecto a un eje es la sumatoria de los productos entre sus diferenciales de área con su correspondiente distancia al eje de referencia.

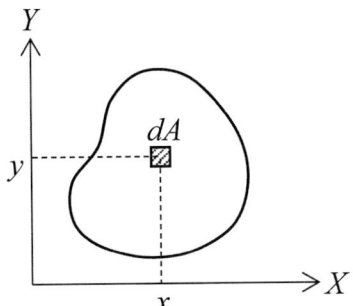

Momento estático en X:

$$S_X = \int_A y \cdot dA$$

Momento estático en Y:

$$S_Y = \int_A x \cdot dA$$

Figura 6.18 Sección genérica con elemento diferencial.

Esta expresión meramente matemática adquiere sentido cuando se combina con las propiedades de los materiales resistentes. Es una medida para definir su resistencia al esfuerzo cortante.

Si aplicamos estas fórmulas, por ejemplo, a una sección rectangular, tenemos:

a) Figura rectangular

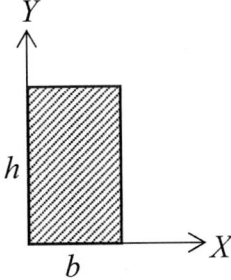

Figura 6.19 Sección rectangular.

Momento estático en X:

$$S_X = \int_0^b \int_0^h y \cdot dy \cdot dx$$

$$S_X = \int_0^b \left[\frac{y^2}{2}\right]_0^h dx = \int_0^b \frac{h^2}{2} \cdot dx$$

$$S_X = \left[\frac{h^2}{2} \cdot x\right]_0^b = \frac{b \cdot h^2}{2}$$

Momento estático en Y:

$$S_Y = \int_0^b \int_0^h x \cdot dy \cdot dx$$

$$S_Y = \int_0^b \left[x \cdot y\right]_0^h dx = \int_0^b x \cdot h \cdot dx$$

$$S_Y = \left[\frac{x^2}{2} \cdot h\right]_0^b = \frac{b^2 \cdot h}{2}$$

b) Figura triangular

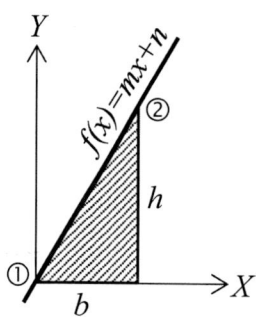

Figura 6.20 Sección triangular.

Primero calculamos la función f(x):

$$f(x) = m \cdot x + n$$

Reemplazamos $P_1(0,0)$:

$$0 = m \cdot 0 + n$$

$$n = 0$$

Reemplazamos $P_2(b,h)$:

$$h = m \cdot b + 0$$

$$m = \frac{h}{b}$$

La función obtenida es:

$$f(x) = \frac{h}{b} \cdot x$$

Con esta función podemos calcular los momentos estáticos en ambos ejes.

Momento estático en X:

$$S_X = \int_0^b \int_0^{\frac{h}{b}x} y \cdot dy \cdot dx$$

$$S_X = \int_0^b \left[\frac{y^2}{2}\right]_0^{\frac{h}{b}x} dx = \int_0^b \frac{h^2 \cdot x^2}{2 \cdot b^2} \cdot dx$$

$$S_X = \left[\frac{h^2 \cdot x^3}{6 \cdot b^2}\right]_0^b = \frac{b \cdot h^2}{6}$$

Momento estático en Y:

$$S_Y = \int_0^b \int_0^{\frac{h}{b}x} x \cdot dy \cdot dx$$

$$S_Y = \int_0^b \left[x \cdot y\right]_0^{\frac{h}{b}x} dx = \int_0^b \frac{h \cdot x^2}{b} \cdot dx$$

$$S_Y = \left[\frac{h \cdot x^3}{3 \cdot b}\right]_0^b = \frac{b^2 \cdot h}{3}$$

Analizando los resultados anteriores, podemos decir que el momento estático es el producto del área de la figura por la distancia de su baricentro al respectivo eje de referencia, es decir:

$$S_X = A \cdot y_G \qquad\qquad S_Y = A \cdot x_G$$

Analicemos los anteriores ejemplos a partir de este criterio.

Datos para el rectángulo:

$$A = b \cdot h$$

$$x_G = \frac{b}{2}$$

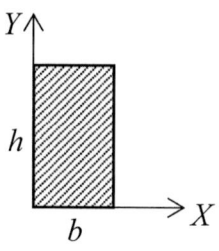

Figura 6.21 Sección rectangular.

$$y_G = \frac{h}{2}$$

$$S_X = A \cdot y_G = (b \cdot h) \cdot \frac{h}{2} = \frac{b \cdot h^2}{2}$$

$$S_Y = A \cdot x_G = (b \cdot h) \cdot \frac{b}{2} = \frac{b^2 \cdot h}{2}$$

Figura 6.22 Sección triangular.

Datos para el triángulo:

$$A = \frac{b \cdot h}{2}$$

$$x_G = \frac{2 \cdot b}{3}$$

$$y_G = \frac{h}{3}$$

$$S_X = A \cdot y_G = \left(\frac{b \cdot h}{2}\right) \cdot \frac{h}{3} = \frac{b \cdot h^2}{6}$$

$$S_Y = A \cdot x_G = \left(\frac{b \cdot h}{2}\right) \cdot \frac{2 \cdot b}{3} = \frac{b^2 \cdot h}{3}$$

Para secciones compuestas es posible aplicar este mismo criterio, previa descomposición de la figura, tal como se muestra a continuación:

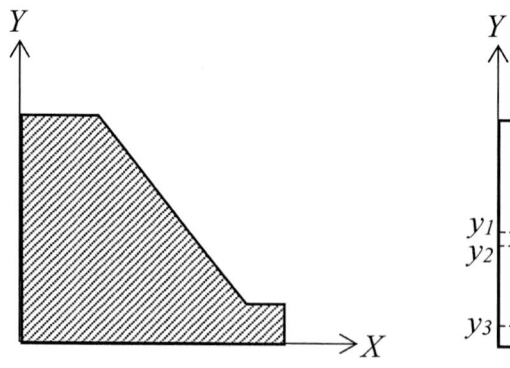
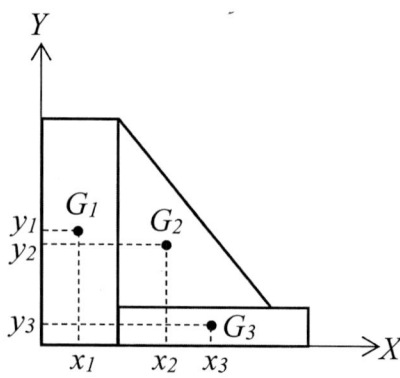

Figura 6.23 Descomposición de una sección.

$$S_X = \sum_{i=1}^{n} A_i \cdot y_i$$

$$S_X = A_1 \cdot y_1 + A_2 \cdot y_2 + A_3 \cdot y_3$$

$$S_Y = \sum_{i=1}^{n} A_i \cdot x_i$$

$$S_Y = A_1 \cdot x_1 + A_2 \cdot x_2 + A_3 \cdot x_3$$

Cuando la sección presenta orificios se deberá considerar que dichas áreas son negativas en el proceso de cálculo.

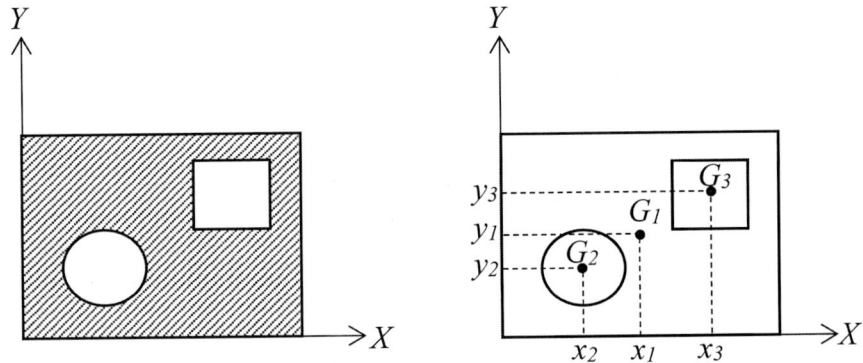

Figura 6.24 Sección con orificios.

$$S_X = \sum_{i=1}^{n} A_i \cdot y_i$$

$$S_X = A_1 \cdot y_1 - A_2 \cdot y_2 - A_3 \cdot y_3$$

$$S_Y = \sum_{i=1}^{n} A_i \cdot x_i$$

$$S_Y = A_1 \cdot x_1 - A_2 \cdot x_2 - A_3 \cdot x_3$$

6.5. MOMENTO DE INERCIA O MOMENTO DE SEGUNDO ORDEN

El Momento de Inercia es una propiedad característica de las secciones, que adquieren sentido cuando se integran en otras variables propias de la resistencia de materiales. En este caso es una medida decisiva en el momento de garantizar la resistencia de una barra cuando experimenta esfuerzo de flexión.

En términos matemáticos diremos que el momento de inercia de una sección con respecto a un eje de referencia (X o Y) es la sumatoria de los productos entre sus diferenciales de área con el cuadrado de su distancia al eje de referencia (X o Y).

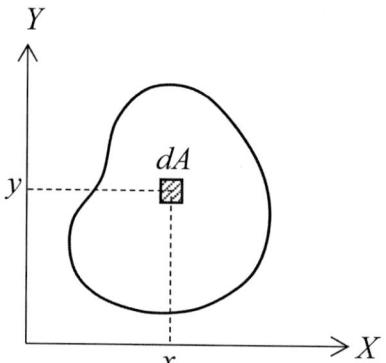

Momento de inercia en X:

$$I_x = \int_A y^2 \cdot dA$$

Momento de inercia en Y:

$$I_y = \int_A x^2 \cdot dA$$

Figura 6.25 Sección genérica con elemento diferencial de área.

Apliquemos estas expresiones a los siguientes casos:

a) Figura rectangular

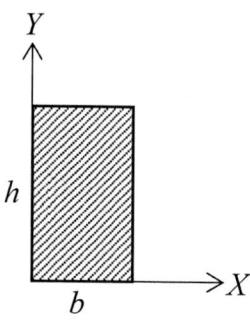

Figura 6.26 Sección rectangular.

Momento de inercia en X:

$$I_x = \int_0^b \int_0^h y^2 \cdot dy \cdot dx$$

$$I_x = \int_0^b \left[\frac{y^3}{3}\right]_0^h dx = \int_0^b \frac{h^3}{3} \cdot dx$$

$$I_x = \left[\frac{h^3}{3} \cdot x\right]_0^b = \frac{b \cdot h^3}{3}$$

Momento de inercia en Y:

$$I_y = \int_0^b \int_0^h x^2 \cdot dy \cdot dx$$

$$I_y = \int_0^b \left[x^2 \cdot y \right]_0^h dx = \int_0^b x^2 \cdot h \cdot dx$$

$$I_y = \left[\frac{x^3}{3} \cdot h \right]_0^b = \frac{b^3 \cdot h}{3}$$

b) Figura triangular

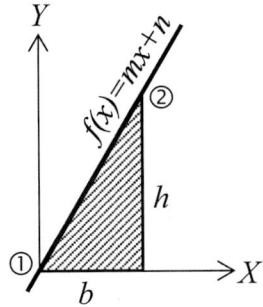

Figura 6.27 Sección triangular.

Primero calculamos la función f(x):

$$f(x) = m \cdot x + n$$

Reemplazamos P1(0,0):

$$0 = m \cdot 0 + n$$

$$n = 0$$

Reemplazamos P2(b, h):

$$h = m \cdot b + 0$$

$$m = \frac{h}{b}$$

La función obtenida es:

$$\boxed{f(x) = \frac{h}{b} \cdot x}$$

Con esta función podemos calcular los momentos de inercia en ambos ejes.

Momento de inercia en X:

$$I_x = \int_0^b \int_0^{\frac{h}{b}x} y^2 \cdot dy \cdot dx$$

$$I_x = \int_0^b \left[\frac{y^3}{3} \right]_0^{\frac{h}{b}x} dx = \int_0^b \frac{h^3 \cdot x^3}{3 \cdot b^3} \cdot dx$$

$$I_x = \left[\frac{h^3 \cdot x^4}{12 \cdot b^3}\right]_0^b = \frac{b \cdot h^3}{12}$$

Momento de inercia en Y:

$$I_y = \int_0^b \int_0^{\frac{h}{b}x} x^2 \cdot dy \cdot dx$$

$$I_y = \int_0^b \left[x^2 \cdot y\right]_0^{\frac{h}{b}x} dx = \int_0^b \frac{h \cdot x^3}{b} \cdot dx$$

$$I_y = \left[\frac{h \cdot x^4}{4 \cdot b}\right]_0^b = \frac{b^3 \cdot h}{4}$$

Para nuestro estudio en disciplinas superiores, sobre todo en el área de Estructuras e Hidráulica, es importante realizar estos cálculos, pero considerando el origen del sistema de ejes cartesianos en el centro de gravedad de la figura, por lo cual a partir de ahora nos limitaremos a realizar estos cálculos en estas condiciones.

a) Figura rectangular

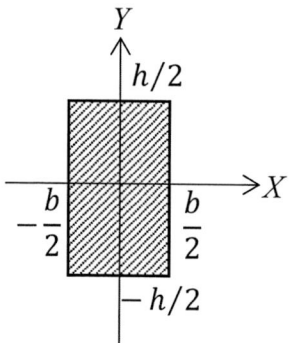

Figura 6.28 Sección rectangular.

Momento de inercia en $\overline{X}$:

$$I_{\bar{x}} = \int_{-\frac{b}{2}}^{\frac{b}{2}} \int_{-\frac{h}{2}}^{\frac{h}{2}} y^2 \cdot dy \cdot dx$$

$$I_{\bar{x}} = \int_{-\frac{b}{2}}^{\frac{b}{2}} \left[\frac{y^3}{3}\right]_{-\frac{h}{2}}^{\frac{h}{2}} dx = \int_{-\frac{b}{2}}^{\frac{b}{2}} \left[\frac{h^3}{24} - \left(-\frac{h^3}{24}\right)\right] dx$$

$$I_{\bar{x}} = \int_{-\frac{b}{2}}^{\frac{b}{2}} \left[\frac{h^3}{12}\right] dx = \left[\frac{h^3}{12} \cdot x\right]_{-\frac{b}{2}}^{\frac{b}{2}}$$

$$I_{\bar{x}} = \frac{h^3}{12} \cdot \left[\frac{b}{2} - \left(-\frac{b}{2}\right)\right] = \frac{b \cdot h^3}{12}$$

$$\boxed{I_{\bar{x}} = \frac{b \cdot h^3}{12}}$$

Momento de Inercia en $\overline{Y}$:

$$I_{\bar{y}} = \int_{-\frac{b}{2}}^{\frac{b}{2}} \int_{-\frac{h}{2}}^{\frac{h}{2}} x^2 \cdot dy \cdot dx$$

$$I_{\bar{y}} = \int_{-\frac{b}{2}}^{\frac{b}{2}} \left[x^2 \cdot y\right]_{-\frac{h}{2}}^{\frac{h}{2}} dx = \int_{-\frac{b}{2}}^{\frac{b}{2}} x^2 \cdot h \cdot dx$$

$$I_{\bar{y}} = \left[\frac{x^3}{3} \cdot h\right]_{-\frac{b}{2}}^{\frac{b}{2}} = \frac{h}{3}\left[\left(\frac{b}{2}\right)^3 - \left(-\frac{b}{2}\right)^3\right]$$

$$\boxed{I_{\bar{y}} = \frac{b^3 \cdot h}{12}}$$

b) Figura triangular

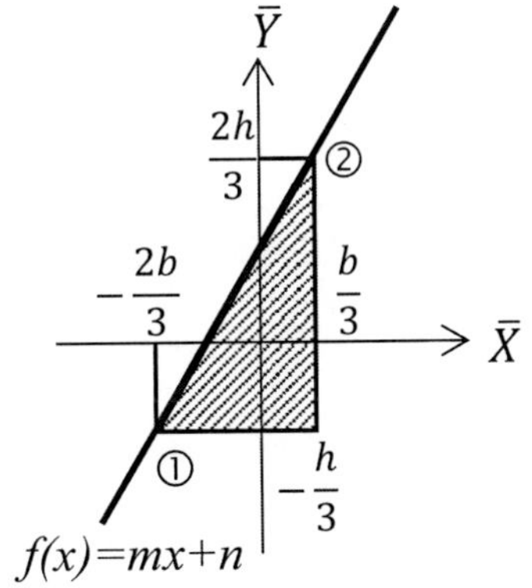

Figura 6.29 Sección triangular.

Primero calculamos la función f(x):

$$y - y_1 = \left(\frac{y_2 - y_1}{x_2 - x_1}\right)(x - x_1)$$

Reemplazamos P_1 y P_2:

$$y - \left(-\frac{h}{3}\right) = \left(\frac{\frac{2h}{3} - \left(-\frac{h}{3}\right)}{\frac{b}{3} - \left(-\frac{2b}{3}\right)}\right)\left(x - \left(-\frac{2b}{3}\right)\right)$$

$$y + \frac{h}{3} = \left(\frac{h}{b}\right)\left(x + \frac{2b}{3}\right)$$

$$y = \frac{h}{b}x + \frac{h}{3}$$

Con esta función podemos calcular los momentos de inercia en ambos ejes.

a) Momento de inercia en $\overline{X}$:

$$I_{\bar{x}} = \int_{-\frac{2b}{3}}^{\frac{b}{3}} \int_{-\frac{h}{3}}^{\frac{h}{b}x+\frac{h}{3}} y^2 \cdot dy \cdot dx$$

$$I_{\bar{x}} = \int_{-\frac{2b}{3}}^{\frac{b}{3}} \left[\frac{y^3}{3}\right]_{-\frac{h}{3}}^{\frac{h}{b}x+\frac{h}{3}} dx = \int_{-\frac{2b}{3}}^{\frac{b}{3}} \frac{1}{3}\left[\left(\frac{h}{b}x+\frac{h}{3}\right)^3 - \left(-\frac{h}{3}\right)^3\right] \cdot dx$$

$$I_{\bar{x}} = \int_{-\frac{2b}{3}}^{\frac{b}{3}} \frac{1}{3}\left[\frac{h^3}{b^3}x^3 + 3\cdot\frac{h^2}{b^2}x^2\cdot\frac{h}{3} + 3\cdot\frac{h}{b}x\cdot\frac{h^2}{9} + \frac{h^3}{27} + \frac{h^3}{27}\right] \cdot dx$$

$$I_{\bar{x}} = \int_{-\frac{2b}{3}}^{\frac{b}{3}} \left[\frac{h^3}{3\cdot b^3}x^3 + \frac{h^3}{3\cdot b^2}x^2 + \frac{h^3}{9\cdot b}x + \frac{2\cdot h^3}{81}\right] \cdot dx$$

$$I_{\bar{x}} = \left[\frac{h^3}{12\cdot b^3}x^4 + \frac{h^3}{9\cdot b^2}x^3 + \frac{h^3}{18\cdot b}x^2 + \frac{2\cdot h^3}{81}x\right]_{-\frac{2b}{3}}^{\frac{b}{3}}$$

$$I_{\bar{x}} = \frac{h^3}{12\cdot b^3}\left(\frac{b}{3}\right)^4 + \frac{h^3}{9\cdot b^2}\left(\frac{b}{3}\right)^3 + \frac{h^3}{18\cdot b}\left(\frac{b}{3}\right)^2 + \frac{2\cdot h^3}{81}\left(\frac{b}{3}\right) -$$

$$-\left[\frac{h^3}{12\cdot b^3}\left(-\frac{2b}{3}\right)^4 + \frac{h^3}{9\cdot b^2}\left(-\frac{2b}{3}\right)^3 + \frac{h^3}{18\cdot b}\left(-\frac{2b}{3}\right)^2 + \frac{2\cdot h^3}{81}\left(-\frac{2b}{3}\right)\right]$$

$$I_{\bar{x}} = \frac{b\cdot h^3}{972} + \frac{b\cdot h^3}{243} + \frac{b\cdot h^3}{162} + \frac{2\cdot b\cdot h^3}{243} - \frac{4\cdot b\cdot h^3}{243} + \frac{8\cdot b\cdot h^3}{243} - \frac{2\cdot b\cdot h^3}{81}$$

$$+\frac{4\cdot b\cdot h^3}{243}$$

$$I_{\bar{x}} = \left(\frac{1+4+6+8-16+32-24+16}{972}\right)b\cdot h^3 = \left(\frac{27}{972}\right)b\cdot h^3$$

$$\boxed{I_{\bar{x}} = \frac{b\cdot h^3}{36}}$$

b) Momento de inercia en $\overline{Y}$:

$$I_{\bar{y}} = \int_{-\frac{2b}{3}}^{\frac{b}{3}} \int_{-\frac{h}{3}}^{\frac{h}{b}x+\frac{h}{3}} x^2 \cdot dy \cdot dx$$

$$I_{\bar{y}} = \int_{-\frac{2b}{3}}^{\frac{b}{3}} \left[x^2 \cdot y \right]_{-\frac{h}{3}}^{\frac{h}{b}x+\frac{h}{3}} dx = \int_{-\frac{2b}{3}}^{\frac{b}{3}} x^2 \left[\frac{h}{b}x + \frac{h}{3} - \left(-\frac{h}{3} \right) \right] \cdot dx$$

$$I_{\bar{y}} = \int_{-\frac{2b}{3}}^{\frac{b}{3}} \left[\frac{h}{b}x^3 + \frac{2h}{3}x^2 \right] \cdot dx = \left[\frac{h}{4 \cdot b}x^4 + \frac{2 \cdot h}{9}x^3 \right]_{-\frac{2b}{3}}^{\frac{b}{3}}$$

$$I_{\bar{y}} = \frac{h}{4 \cdot b} \left(\frac{b}{3} \right)^4 + \frac{2 \cdot h}{9} \left(\frac{b}{3} \right)^3 - \left[\frac{h}{4 \cdot b} \left(-\frac{2b}{3} \right)^4 + \frac{2 \cdot h}{9} \left(-\frac{2b}{3} \right)^3 \right]$$

$$I_{\bar{y}} = \frac{h \cdot b^3}{324} + \frac{2 \cdot h \cdot b^3}{243} - \frac{4 \cdot h \cdot b^3}{81} + \frac{16 \cdot h \cdot b^3}{243}$$

$$I_{\bar{y}} = h \cdot b^3 \frac{(3 + 8 - 48 + 64)}{972} = \frac{27 \cdot b^3 \cdot h}{972}$$

$$\boxed{I_{\bar{y}} = \frac{b^3 \cdot h}{36}}$$

La tabla de la página siguiente fue obtenida de la misma manera que los ejemplos anteriores, considerando que el sistema cartesiano $\overline{XY}$ se ubica en el baricentro.

IMPORTANTE

Cuando la inercia corresponde a una función debajo de una curva que parte del origen, es posible aplicar las siguientes expresiones:

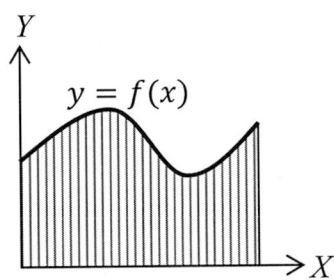

Figura 6.30 Sección definida por una función.

$$I_x = \int_A y^2 \cdot dA = \int \int_0^y y^2 \, dy \, dx$$

$$I_x = \int \left[\frac{y^3}{3} \right]_0^y dx = \int \frac{y^3}{3} \cdot dx$$

$$I_y = \int_A x^2 \cdot dA = \int \int_0^y x^2 \, dy \, dx$$

$$I_y = \int \left[x^2 \cdot y \right]_0^y dx = \int x^2 \cdot y \cdot dx$$

Cuadro 3: Cálculo de momento de inercia baricéntrica en figuras planas

Rectángulo	Triángulo rectángulo
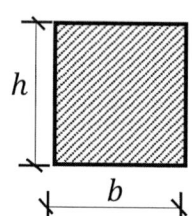 $$I\bar{x} = \frac{b \cdot h^3}{12}$$ $$I\bar{y} = \frac{b^3 \cdot h}{12}$$	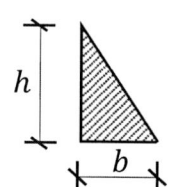 $$I\bar{x} = \frac{b \cdot h^3}{36}$$ $$I\bar{y} = \frac{b^3 \cdot h}{36}$$
Triángulo simétrico	Círculo
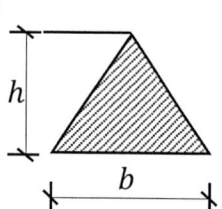 $$I\bar{x} = \frac{b \cdot h^3}{36}$$ $$I\bar{y} = \frac{b^3 \cdot h}{48}$$	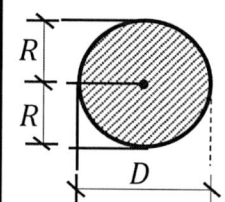 $$I\bar{x} = I\bar{y} = \frac{\pi \cdot R^4}{4}$$ $$I\bar{x} = I\bar{y} = \frac{\pi \cdot D^4}{64}$$
Semicírculo horizontal	Semicírculo vertical
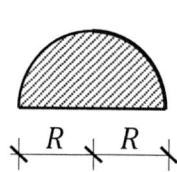 $$I\bar{x} = \left(\frac{9\pi^2 - 64}{72\pi}\right) R^4$$ $$I\bar{x} = 0{,}10976 \cdot R^4$$ $$I\bar{y} = \frac{\pi \cdot R^4}{8}$$	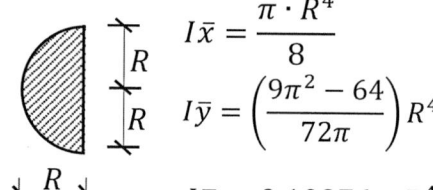 $$I\bar{x} = \frac{\pi \cdot R^4}{8}$$ $$I\bar{y} = \left(\frac{9\pi^2 - 64}{72\pi}\right) R^4$$ $$I\bar{y} = 0{,}10976 \cdot R^4$$
Cuadrante circular	Embecadura circular
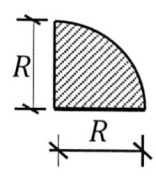 $$I\bar{x} = \left(\frac{9\pi^2 - 64}{144\pi}\right) R^4$$ $$I\bar{y} = I\bar{x}$$ $$I\bar{x} = 0{,}05488\ R^4$$ $$I\bar{y} = I\bar{x}$$	$$I\bar{x} = \left(\frac{-9\pi^2 + 84\pi - 176}{144\pi - 576}\right) R^4$$ $$I\bar{y} = I\bar{x}$$ $$I\bar{x} = 0{,}007545\ R^4$$ $$I\bar{y} = I\bar{x}$$

Elipse	Semi elipse horizontal
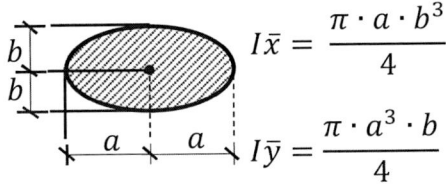 $I\bar{x} = \dfrac{\pi \cdot a \cdot b^3}{4}$ $I\bar{y} = \dfrac{\pi \cdot a^3 \cdot b}{4}$	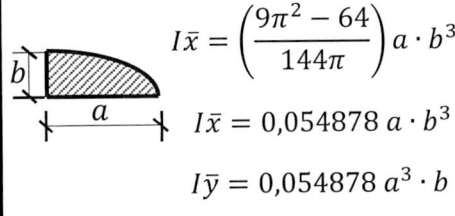 $I\bar{x} = \left(\dfrac{9\pi^2 - 64}{72\pi}\right) a \cdot b^3$ $I\bar{x} = 0{,}10976\, a \cdot b^3$ $I\bar{y} = \dfrac{\pi \cdot a^3 \cdot b}{8}$
Semi elipse vertical	Cuadrante elíptico
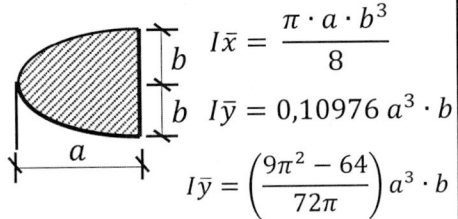 $I\bar{x} = \dfrac{\pi \cdot a \cdot b^3}{8}$ $I\bar{y} = 0{,}10976\, a^3 \cdot b$ $I\bar{y} = \left(\dfrac{9\pi^2 - 64}{72\pi}\right) a^3 \cdot b$	$I\bar{x} = \left(\dfrac{9\pi^2 - 64}{144\pi}\right) a \cdot b^3$ $I\bar{x} = 0{,}054878\, a \cdot b^3$ $I\bar{y} = 0{,}054878\, a^3 \cdot b$
Parábola del eje vertical	Parábola del eje horizontal
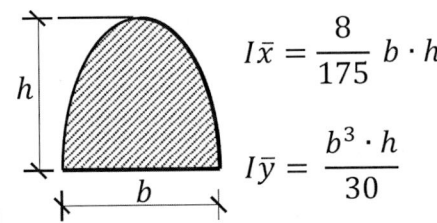 $I\bar{x} = \dfrac{8}{175}\, b \cdot h^3$ $I\bar{y} = \dfrac{b^3 \cdot h}{30}$	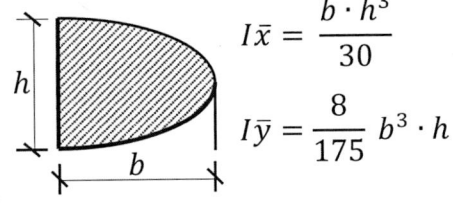 $I\bar{x} = \dfrac{b \cdot h^3}{30}$ $I\bar{y} = \dfrac{8}{175}\, b^3 \cdot h$
Cuadrante parabólico vertical	Cuadrante parabólico horizontal
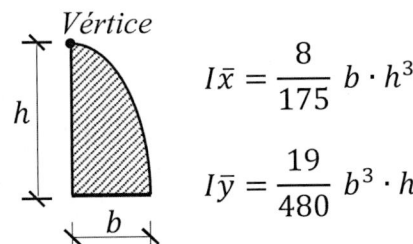 $I\bar{x} = \dfrac{8}{175}\, b \cdot h^3$ $I\bar{y} = \dfrac{19}{480}\, b^3 \cdot h$	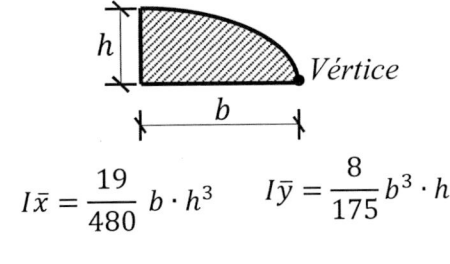 $I\bar{x} = \dfrac{19}{480}\, b \cdot h^3 \qquad I\bar{y} = \dfrac{8}{175}\, b^3 \cdot h$

6.5.1. TEOREMA DE STEINER PARA MOMENTO DE INERCIA

El teorema de Steiner se obtiene aplicando las integrales anteriores, pero realizando la traslación de un sistema de ejes cartesianos cualquiera a un sistema cartesiano cuyo origen está en el baricentro de la figura. Veamos este análisis.

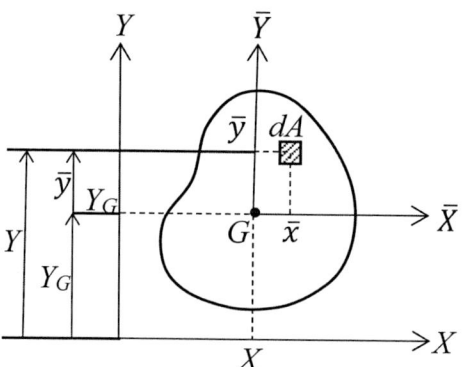

Figura 6.31 Sección genérica con elemento diferencial de área.

Momento de inercia en X, según los ejes cartesianos X–Y.

$$I_X = \int_A Y^2 \cdot dA = \int_A (Y_G + \bar{y})^2 \cdot dA$$

$$I_X = \int_A ((Y_G)^2 + 2 \cdot Y_G \cdot \bar{y} + \bar{y}^2) \cdot dA$$

$$I_X = \int_A (Y_G)^2 \cdot dA + \int_A (2 \cdot Y_G \cdot \bar{y}) \cdot dA + \int_A \bar{y}^2 \cdot dA \quad \text{①}$$

Para el primer término, tenemos que Y_G es una constante, por lo tanto:

$$\int_A (Y_G)^2 \cdot dA = (Y_G)^2 \cdot \int_A A = (Y_G)^2 \cdot A \quad \text{②}$$

Para el segundo término, realizaremos el siguiente análisis:

$$\int_A (2 \cdot Y_G \cdot \bar{y}) \cdot dA = 2 \cdot Y_G \int_A \bar{y} \cdot dA$$

De la fórmula de momento estático estudiado en el apartado 4 tenemos:

$$S_X = \int_A \bar{y} \cdot dA = A \cdot y_G$$

Como la coordenada y_G para el sistema de ejes x–y es cero:

$$\int_A (2 \cdot Y_G \cdot \bar{y}) \cdot dA = 0 \quad ③$$

El último término resulta el momento de inercia para los ejes x–y:

$$\int_A \bar{y}^2 \cdot dA = I_{\bar{x}} \quad ④$$

Reemplazando ②, ③ y ④ en ① tenemos:

$$\boxed{I_X = I_{\bar{x}} + A \cdot (Y_G)^2} \qquad \text{Para calcular Ix conociendo I\bar{x}}$$

Despejando $I_{\bar{x}}$:

$$\boxed{I_{\bar{x}} = I_X - A \cdot (Y_G)^2} \qquad \text{Para calcular I\bar{x} conociendo Ix}$$

De manera análoga deducimos la inercia en y:

$$\boxed{I_Y = I_{\bar{y}} + A \cdot (X_G)^2} \qquad\qquad \boxed{I_{\bar{y}} = I_Y - A \cdot (X_G)^2}$$

Con estas fórmulas es posible calcular los momentos de inercia baricéntrico de una sección sin la necesidad de trasladar el origen (coordenada 0,0) del sistema de referencia x-y al centro de gravedad de la sección.

a) Figura triangular

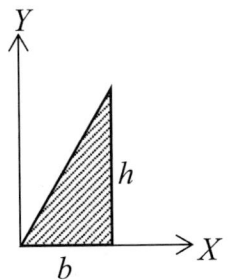

Figura 6.32 Sección triangular.

Sus inercias calculadas para X–Y fueron:

$$I_X = \frac{b \cdot h^3}{12} \qquad\qquad I_Y = \frac{b^3 \cdot h}{4}$$

Para calcular sus inercias baricéntricas aplicamos el teorema de Steiner:

$$I_{\bar{x}} = I_X - A \cdot (Y_G)^2$$
$$I_{\bar{y}} = I_Y - A \cdot (X_G)^2$$

Los siguientes también son datos:

$$A = \frac{b \cdot h}{2} \qquad X_G = \frac{2 \cdot b}{3} \qquad Y_G = \frac{h}{3}$$

Reemplazando en las fórmulas de Steiner:

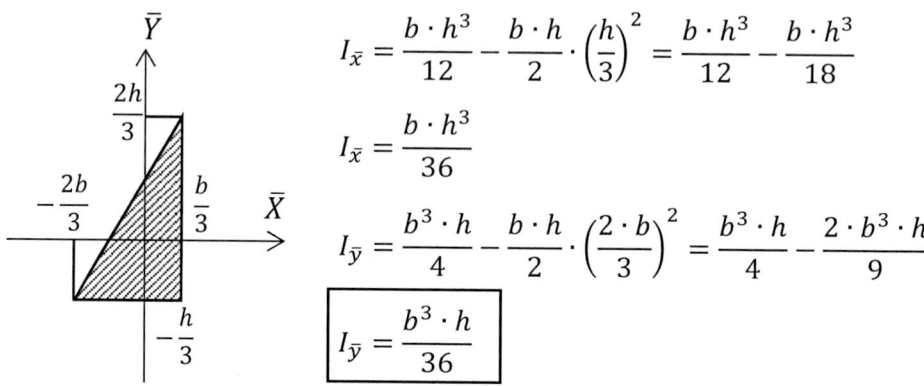

$$I_{\bar{x}} = \frac{b \cdot h^3}{12} - \frac{b \cdot h}{2} \cdot \left(\frac{h}{3}\right)^2 = \frac{b \cdot h^3}{12} - \frac{b \cdot h^3}{18}$$

$$I_{\bar{x}} = \frac{b \cdot h^3}{36}$$

$$I_{\bar{y}} = \frac{b^3 \cdot h}{4} - \frac{b \cdot h}{2} \cdot \left(\frac{2 \cdot b}{3}\right)^2 = \frac{b^3 \cdot h}{4} - \frac{2 \cdot b^3 \cdot h}{9}$$

$$\boxed{I_{\bar{y}} = \frac{b^3 \cdot h}{36}}$$

Figura 6.33 Sección triangular.

Estos resultados corresponden a la misma figura, pero con los ejes cartesianos con origen en el baricentro del triángulo.

IMPORTANTE

Cuando la inercia para los ejes X, Y y $\overline{X}, \overline{Y}$ corresponde a una función debajo de una curva que parte del origen, es posible aplicar las siguientes expresiones:

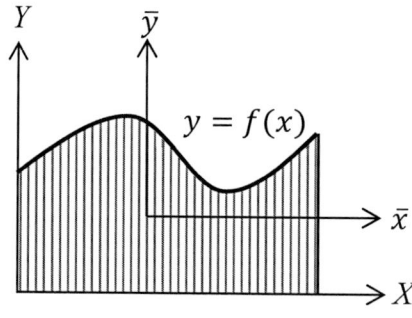

$$I_x = \int \frac{y^3}{3} \cdot dx$$

$$I_{\bar{x}} = \int \frac{y^3}{3} \cdot dx - A \cdot (Y_G)^2$$

$$I_y = \int x^2 \cdot y \cdot dx$$

$$I_{\bar{y}} = \int x^2 \cdot y \cdot dx - A \cdot (X_G)^2$$

Figura 6.34 Sección definida por una función.

6.5.2. PROPIEDADES DEL MOMENTO DE INERCIA

Las propiedades que nos permiten calcular el momento de inercia de una sección son las siguientes:

Propiedad 1: El momento de inercia de toda sección compuesta de figuras simples puede calcularse descomponiéndola en esas figuras, para luego aplicar la ley de Steiner.

$$I_{\bar{x}} = \sum_{i=1}^{n} [I_{xi} + A_i \cdot (y_G - y_i)^2] \qquad I_{\bar{y}} = \sum_{i=1}^{n} \left[I_{yi} + A_i \cdot (x_G - x_i)^2\right]$$

Las inercias Ixi e Iyi de cada figura se obtienen de la tabla 3.

Cuando aplicamos Steiner observará que los ejes de referencia no tienen su origen en el baricentro; sin embargo, la fórmula internamente realiza una traslación de sus ejes permitiendo que el cálculo esté referido al centro de gravedad de la figura.

Estas fórmulas se deducen del teorema de Steiner del siguiente modo:

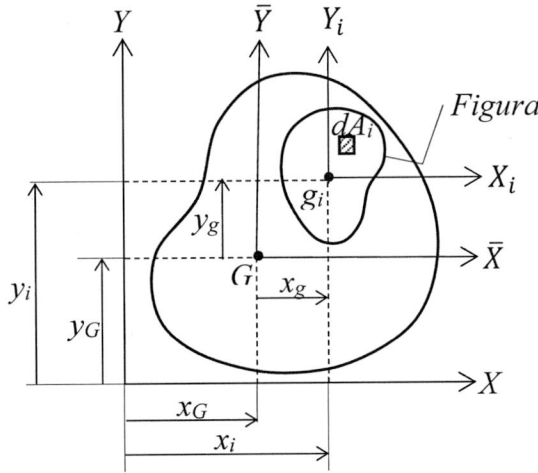

Figura 6.35 Sección genérica compuesta de figuras.

Aplicamos el teorema de Steiner para la figura i y para los ejes $\overline{X}, \overline{Y}$ y Xi, Yi:

$$I_{xi} = I_{\bar{x}} - A_i \cdot \left(y_g\right)^2$$

$$I_{yi} = I_{\bar{y}} - A_i \cdot \left(x_g\right)^2$$

Sabiendo que:

$$y_G + y_g = y_i$$

$$y_g = y_i - y_G$$

$$x_G + x_g = x_i$$

$$x_g = x_i - x_G$$

Reemplazamos y despejamos I$\bar{x}$ e I$\bar{y}$:

$$I_{\bar{x}} = I_{xi} + A_i \cdot (y_i - y_G)^2 \qquad I_{\bar{y}} = I_{yi} + A_i \cdot (x_i - x_G)^2$$

Sabiendo que en algebra $(A - B)^2 = (B - A)^2$, las fórmulas anteriores quedan como siguen:

$$I_{\bar{x}} = I_{xi} + A_i \cdot (y_G - y_i)^2$$

$$I_{\bar{y}} = I_{yi} + A_i \cdot (x_G - x_i)^2$$

Si consideramos que son n elementos i tenemos:

$$I_{\bar{x}} = \sum_{i=1}^{n} [I_{xi} + A_i \cdot (x_G - x_i)^2] \qquad I_{\bar{y}} = \sum_{i=1}^{n} [I_{yi} + A_i \cdot (y_G - y_i)^2]$$

Por ejemplo, si aplicamos estas expresiones al siguiente ejemplo, tendríamos:

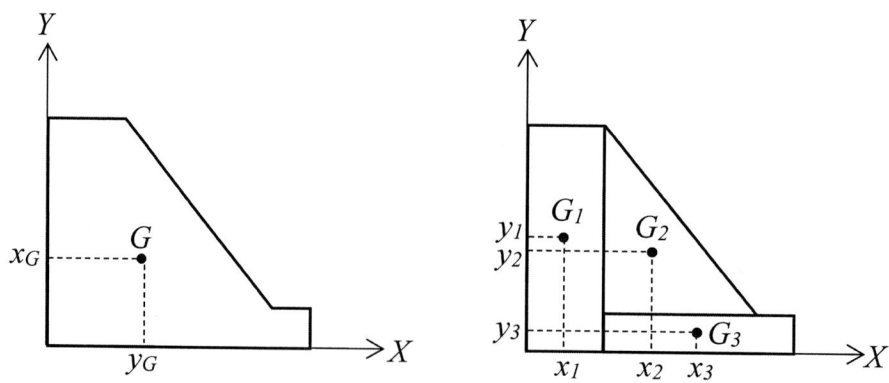

Figura 6.36 Descomposición de una sección.

$$I_{\bar{x}} = \sum_{i=1}^{n} [I_{xi} + A_i \cdot (y_G - y_i)^2]$$

$$I_x^{①} = I_{x1} + A_i \cdot (y_G - y_1)^2$$

$$I_x^{②} = I_{x2} + A_i \cdot (y_G - y_2)^2$$

$$I_x^{③} = I_{x3} + A_i \cdot (y_G - y_3)^2$$

$$I_{\bar{x}} = I_x^{①} + I_x^{②} + I_x^{③}$$

$$I_{\bar{y}} = \sum_{i=1}^{n} [I_{yi} + A_i \cdot (x_G - x_i)^2]$$

$$I_y^{①} = I_{y1} + A_i \cdot (x_G - x_1)^2$$

$$I_y^{②} = I_{y2} + A_i \cdot (x_G - x_2)^2$$

$$I_y^{③} = I_{y3} + A_i \cdot (x_G - x_3)^2$$

$$I_{\bar{y}} = I_y^{①} + I_y^{②} + I_y^{③}$$

Propiedad 2: En el cálculo de inercia de una sección, todo orificio tiene inercia negativa.

Por ejemplo:

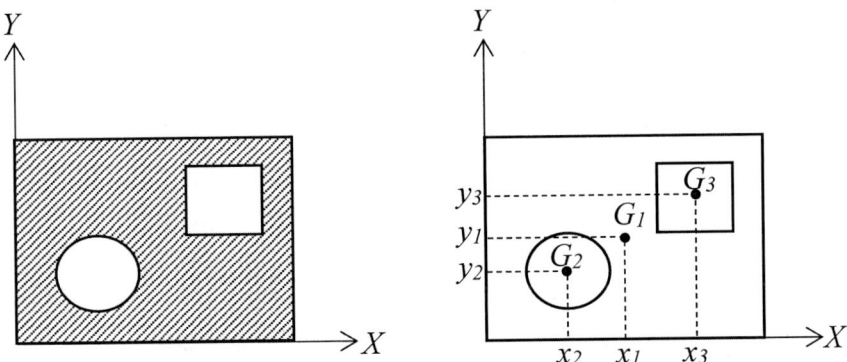

Figura 6.37 Sección con orificios.

$$I_{\bar{x}} = \sum_{i=1}^{n} [I_{xi} + A_i \cdot (y_G - y_i)^2]$$

$$I_x^{①} = I_{x1} + A_i \cdot (y_G - y_1)^2$$

$$I_x^{②} = I_{x2} + A_i \cdot (y_G - y_2)^2$$

$$I_x^{③} = I_{x3} + A_i \cdot (y_G - y_3)^2$$

$$I_{\bar{x}} = I_x^{①} - I_x^{②} - I_x^{③}$$

$$I_{\bar{y}} = \sum_{i=1}^{n} [I_{yi} + A_i \cdot (x_G - x_i)^2]$$

$$I_y^{①} = I_{y1} + A_i \cdot (x_G - x_1)^2$$

$$I_y^{②} = I_{y2} + A_i \cdot (x_G - x_2)^2$$

$$I_y^{③} = I_{y3} + A_i \cdot (x_G - x_3)^2$$

$$I_{\bar{y}} = I_y^{①} - I_y^{②} - I_y^{③}$$

Propiedad 3: Cuando una sección es simétrica verticalmente, sus momentos de inercia puede calcularse con la mitad de la sección, para luego multiplicar por 2 esos resultados y obtener la inercia total de la sección:

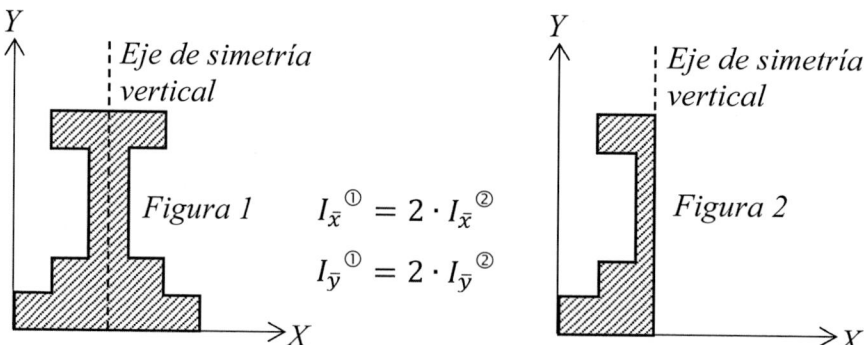

Figura 6.38 Sección con eje de simetría vertical.

Propiedad 4: Cuando una sección es simétrica horizontalmente, sus inercias pueden calcularse con la mitad de la sección, para luego obtener las inercias totales multiplicando por 2 los resultados obtenidos:

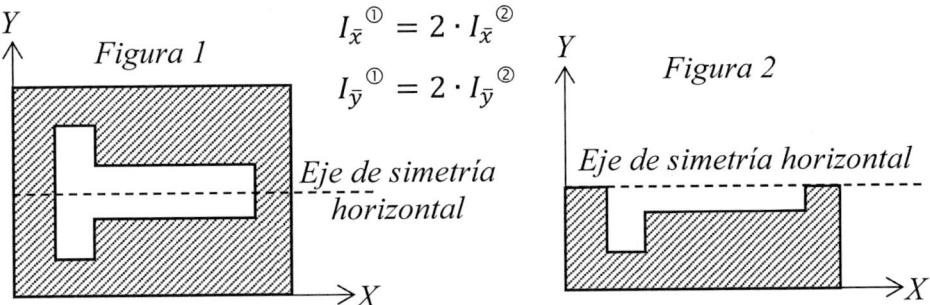

Figura 6.39 Sección con eje de simetría horizontal.

Propiedad 5: Cuando una sección tiene un eje de simetría oblicua a 45 grados, su inercia en X es igual a su Inercia en Y:

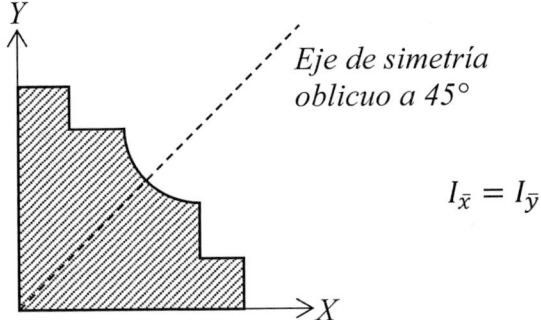

Figura 6.40 Sección con eje de simetría oblicuo.

Propiedad 6: Es posible desplazar horizontalmente las figuras que componen una sección cuando realizamos el cálculo de la inercia en X:

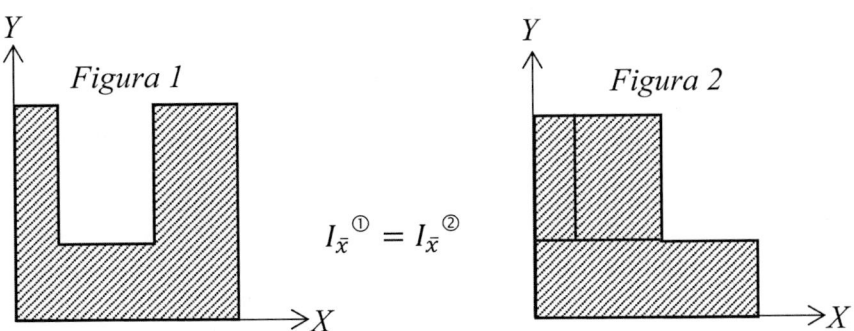

Figura 6.41 Reacomodo horizontal de las partes de una sección.

Propiedad 7: Es posible desplazar verticalmente las figuras que componen una sección cuando realizamos el cálculo de la inercia en Y:

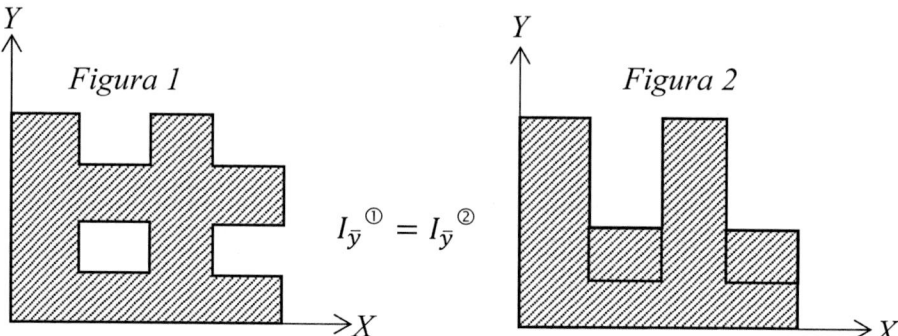

$$I_{\bar{y}}^{①} = I_{\bar{y}}^{②}$$

Figura 6.42 Reacomodo vertical de las partes de una sección.

EJERCICIOS DE APLICACIÓN

Revisar las prácticas de la 129 a la 148.

6.6. MOMENTO DE INERCIA POLAR

Es muy usual ver esta característica geométrica cuando se analizan tensiones y deformaciones en barras de sección circular sometidas a torsión (resistencia de materiales), no así para otras secciones.

Esta propiedad resulta de una sumatoria infinitesimal entre un diferencial de área y la distancia de este al origen de un sistema de ejes cartesianos.

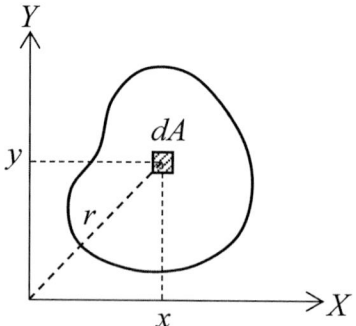

Figura 6.43 Sección genérica con elemento diferencial de área.

Momento de inercia polar (I_P):

$$I_P = \int_A r^2 \cdot dA$$

Aplicando el teorema de Pitágoras tenemos:

$$r^2 = x^2 + y^2$$

Reemplazando en I_P:

$$I_P = \int_A (x^2 + y^2) \cdot dA = \int_A x^2 \cdot dA + \int_A y^2 \cdot dA$$

$$I_P = I_x + I_y$$

a) Figura rectangular

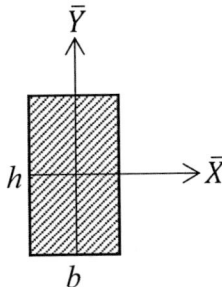

Figura 6.44 Sección rectangular.

Momento de inercia polar:

$$I_P = I_{\bar{x}} + I_{\bar{y}}$$

$$I_P = \frac{b \cdot h^3}{12} + \frac{b^3 \cdot h}{12}$$

$$I_P = \frac{b \cdot h^3 + b^3 \cdot h}{12} = \frac{b \cdot h}{12}(b^2 + h^2)$$

$$I_P = \frac{A}{12}(b^2 + h^2)$$

b) Figura triangular

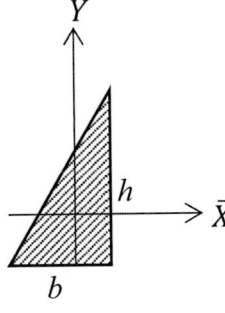

Figura 6.45 Sección triangular.

Momento de inercia polar

$$I_P = I_{\bar{x}} + I_{\bar{y}}$$

$$I_P = \frac{b \cdot h^3}{36} + \frac{b^3 \cdot h}{36}$$

$$I_P = \frac{b \cdot h^3 + b^3 \cdot h}{36} = \frac{b \cdot h}{36}(b^2 + h^2)$$

$$I_P = \frac{A}{36}(b^2 + h^2)$$

c) Figura circular

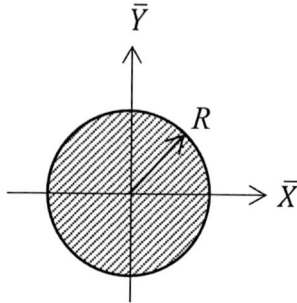

Figura 6.46 Sección circular.

Momento de inercia polar:

$$I_P = I_{\bar{x}} + I_{\bar{y}}$$

$$I_P = \frac{\pi \cdot R^4}{4} + \frac{\pi \cdot R^4}{4}$$

$$I_P = \frac{\pi \cdot R^4}{2}$$

$$I_P = \frac{\pi \cdot D^4}{32}$$

6.7. PRODUCTO DE INERCIA

Esta expresión meramente matemática adquiere sentido e importancia cuando necesitamos mantener el equilibrio en problemas de dinámica (estudiada en cursos superiores o postgrados).

El producto de inercia se define en términos matemáticos como la sumatoria infinitesimal de los productos entre diferenciales de áreas y sus coordenadas X e Y.

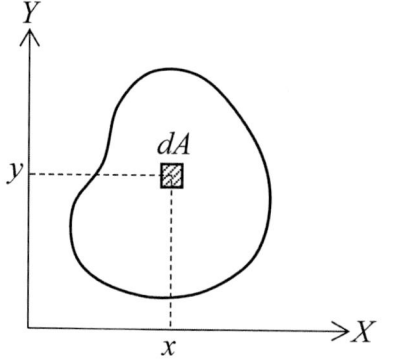

Producto de inercia polar (I_{xy}):

$$I_{xy} = \int_A x \cdot y \cdot dA$$

Figura 6.47 Sección genérica con elemento diferencial de área.

Apliquemos esta expresión a los siguientes casos:

a) *Figura rectangular*

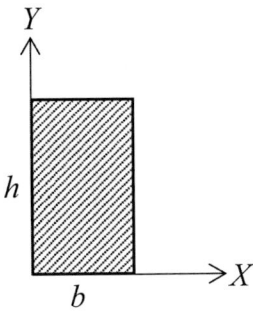

Figura 6.48 Sección
rectangular.

Producto de inercia

$$I_{xy} = \int_0^b \int_0^h x \cdot y \cdot dy \cdot dx$$

$$I_{xy} = \int_0^b \left[x \frac{y^2}{2} \right]_0^h dx = \int_0^b \left[\frac{h^2}{2} x \right] \cdot dx$$

$$I_{xy} = \left[\frac{h^2 \cdot x^2}{4} \right]_0^b$$

$$I_{xy} = \frac{b^2 \cdot h^2}{4}$$

b) *Figura triangular*

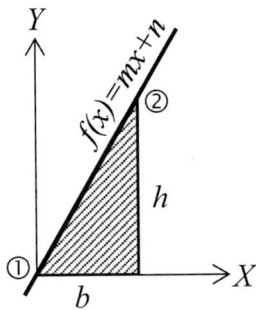

Figura 6.49 Sección
triangular.

Primero calculamos la función f(x):

$$f(x) = m \cdot x + n$$

Reemplazamos $P_1(0,0)$:

$$0 = m \cdot 0 + n$$

$$n = 0$$

Reemplazamos $P_2(b, h)$

$$h = m \cdot b + 0$$

$$m = \frac{h}{b}$$

La función obtenida es:

$$f(x) = \frac{h}{b} \cdot x$$

Con esta función podemos calcular el producto de inercia:

$$I_{xy} = \int_0^b \int_0^{\frac{h}{b}x} x \cdot y \cdot dy \cdot dx$$

$$I_{xy} = \int_0^b \left[x \frac{y^2}{2} \right]_0^{\frac{h}{b}x} dx = \int_0^b \frac{h^2}{2 \cdot b^2} x^3 \cdot dx$$

$$I_{xy} = \left[\frac{h^2 \cdot x^4}{8 \cdot b^2} \right]_0^b$$

$$I_{xy} = \frac{b^2 \cdot h^2}{8}$$

En ingeniería es importante realizar estos cálculos, pero considerando el origen del sistema de ejes cartesianos en el centro de gravedad de la figura, por lo cual a partir de ahora nos limitaremos a realizar estos cálculos en esas condiciones.

a) Figura rectangular

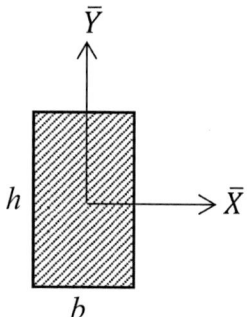

Figura 6.50 Sección rectangular.

Producto de inercia:

$$I_{\overline{xy}} = \int_{-\frac{b}{2}}^{\frac{b}{2}} \int_{-\frac{h}{2}}^{\frac{h}{2}} x \cdot y \cdot dy \cdot dx$$

$$I_{\overline{xy}} = \int_{-\frac{b}{2}}^{\frac{b}{2}} \left[x \frac{y^2}{2} \right]_{-\frac{h}{2}}^{\frac{h}{2}} dx$$

$$I_{\overline{xy}} = \int_{-\frac{b}{2}}^{\frac{b}{2}} \left[\frac{h^2}{8} - \left(\frac{h^2}{8} \right) \right] x \cdot dx = \int_{-\frac{b}{2}}^{\frac{b}{2}} (0) x \cdot dx$$

$$\boxed{I_{\overline{xy}} = 0}$$

Este resultado era esperado. Lo explicaremos más adelante.

b) Figura triangular

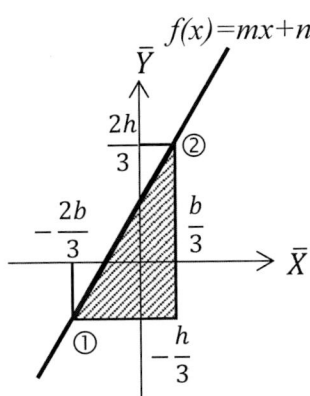

Figura 6.51 Sección triangular.

Primero calculamos la función f(x):

$$y - y_1 = \left(\frac{y_2 - y_1}{x_2 - x_1}\right)(x - x_1)$$

Reemplazamos P_1 y P_2:

$$y - \left(-\frac{h}{3}\right) = \left(\frac{\frac{2h}{3} - \left(-\frac{h}{3}\right)}{\frac{b}{3} - \left(-\frac{2b}{3}\right)}\right)\left(x - \left(-\frac{2b}{3}\right)\right)$$

$$y + \frac{h}{3} = \left(\frac{h}{b}\right)\left(x + \frac{2b}{3}\right)$$

$$y = \frac{h}{b}x + \frac{h}{3}$$

Con esta función podemos calcular el producto de inercia que estamos buscando:

$$I_{\overline{xy}} = \int_{-\frac{2b}{3}}^{\frac{b}{3}} \int_{-\frac{h}{3}}^{\frac{h}{b}x+\frac{h}{3}} x \cdot y \cdot dy \cdot dx$$

$$I_{\overline{xy}} = \int_{-\frac{2b}{3}}^{\frac{b}{3}} \left[x\frac{y^2}{2}\right]_{-\frac{h}{3}}^{\frac{h}{b}x+\frac{h}{3}} dx = \int_{-\frac{2b}{3}}^{\frac{b}{3}} \frac{x}{2}\left[\left(\frac{h}{b}x + \frac{h}{3}\right)^2 - \left(-\frac{h}{3}\right)^2\right] dx$$

$$I_{\overline{xy}} = \int_{-\frac{2b}{3}}^{\frac{b}{3}} \frac{x}{2}\left[\frac{h^2}{b^2}x^2 + 2\frac{h}{b}x\cdot\frac{h}{3} + \frac{h^2}{9} - \frac{h^2}{9}\right] dx$$

$$I_{\overline{xy}} = \int_{-\frac{2b}{3}}^{\frac{b}{3}} \frac{x}{2}\left[\frac{h^2}{b^2}x^2 + \frac{2h^2}{3b}x\right] dx = \int_{-\frac{2b}{3}}^{\frac{b}{3}} \left[\frac{h^2}{2b^2}x^3 + \frac{h^2}{3b}x^2\right] dx$$

$$I_{\overline{xy}} = \left[\frac{h^2}{8b^2}x^4 + \frac{h^2}{9b}x^3\right]_{-\frac{2b}{3}}^{\frac{b}{3}}$$

$$I_{\overline{xy}} = \left[\frac{h^2}{8b^2}\left(\frac{b}{3}\right)^4 + \frac{h^2}{9b}\left(\frac{b}{3}\right)^3 - \left(\frac{h^2}{8b^2}\left(-\frac{2b}{3}\right)^4 + \frac{h^2}{9b}\left(-\frac{2b}{3}\right)^3\right)\right]$$

$$I_{\overline{xy}} = \left[\frac{b^2 \cdot h^2}{648} + \frac{b^2 \cdot h^2}{243} - \frac{2 \cdot b^2 \cdot h^2}{81} + \frac{8 \cdot b^2 \cdot h^2}{243}\right]$$

$$I_{\overline{xy}} = b^2 \cdot h^2 \left[\frac{3 + 8 - 48 + 64}{1944}\right]$$

$$\boxed{I_{\overline{xy}} = \frac{b^2 \cdot h^2}{72}}$$

La siguiente tabla presenta las fórmulas para diversas figuras y ha sido calculado de la forma mostrada anteriormente.

Cuadro 4: Cálculo de producto de inercia baricéntrica en figuras planas

Rectángulo	Triángulo rectángulo
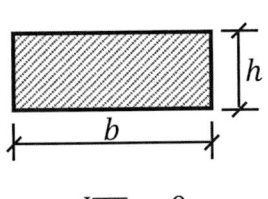 $$I\overline{xy} = 0$$	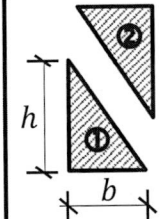 $$I\overline{xy}_1 = \frac{-b^2 \cdot h^2}{72}$$ $$I\overline{xy}_2 = I\overline{xy}_1$$
Triángulo rectángulo	Triángulo simétrico
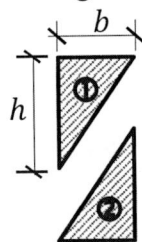 $$I\overline{xy}_1 = \frac{b^2 \cdot h^2}{72}$$ $$I\overline{xy}_2 = I\overline{xy}_1$$	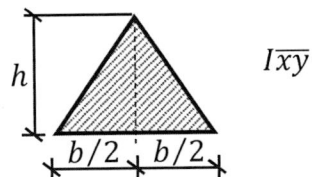 $$I\overline{xy} = 0$$
Círculo	Semicírculo
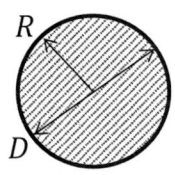 $$I\overline{xy} = 0$$	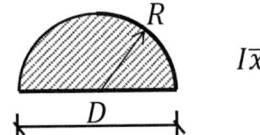 $$I\overline{xy} = 0$$
Cuadrante circular	Cuadrante circular
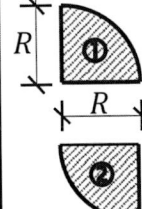 $$I\overline{xy}_1 = \left(\frac{9\pi - 32}{72\pi}\right) \cdot R^4$$ $$I\overline{xy}_1 = I\overline{xy}_2$$ $$I\overline{xy}_1 = -0,01647 \, R^4$$ $$I\overline{xy}_1 = I\overline{xy}_2$$	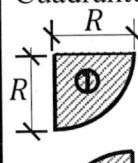 $$I\overline{xy}_1 = -\left(\frac{9\pi - 32}{72\pi}\right) R^4$$ $$I\overline{xy}_2 = I\overline{xy}_1$$ $$I\overline{xy}_1 = 0,01647 \, R^4$$ $$I\overline{xy}_2 = I\overline{xy}_1$$

Elipse

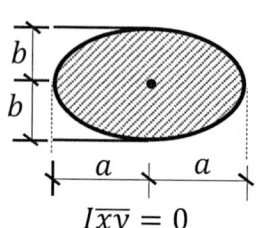

$$I\overline{xy} = 0$$

Semi elipse horizontal

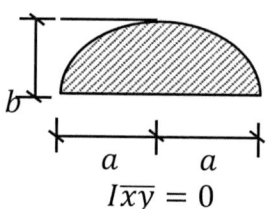

$$I\overline{xy} = 0$$

Semi elipse vertical

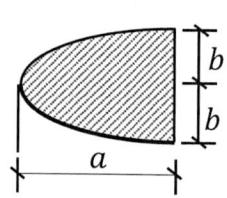

$$I\overline{xy} = 0$$

Cuadrante elíptico

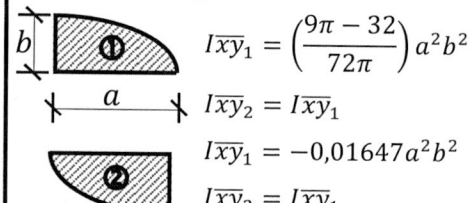

$$I\overline{xy}_1 = \left(\frac{9\pi - 32}{72\pi}\right) a^2 b^2$$

$$I\overline{xy}_2 = I\overline{xy}_1$$

$$I\overline{xy}_1 = -0,01647 a^2 b^2$$

$$I\overline{xy}_2 = I\overline{xy}_1$$

Cuadrante elíptico

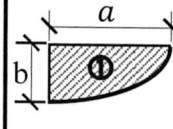

$$I\overline{xy}_1 = -\left(\frac{9\pi-32}{72\pi}\right) a^2 b^2$$

$$I\overline{xy}_1 = I\overline{xy}_2$$

$$I\overline{xy}_1 = 0,01647 a^2 b^2$$

$$I\overline{xy}_1 = I\overline{xy}_2$$

Parábola de eje horizontal y vertical

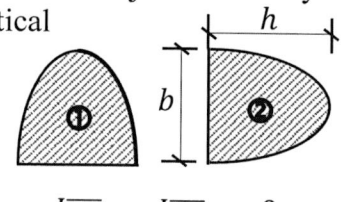

$$I\overline{xy}_1 = I\overline{xy}_2 = 0$$

Cuadrante parabólico

vértice

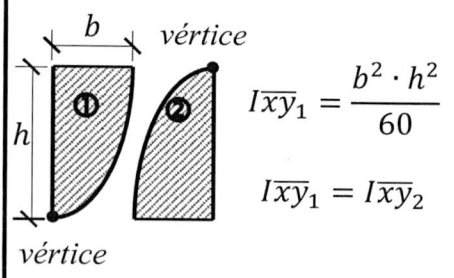

$$I\overline{xy}_1 = \frac{-b^2 \cdot h^2}{60}$$

$$I\overline{xy}_1 = I\overline{xy}_2$$

vértice

Cuadrante parabólico

vértice

$$I\overline{xy}_1 = \frac{b^2 \cdot h^2}{60}$$

$$I\overline{xy}_1 = I\overline{xy}_2$$

vértice

6.7.1. TEOREMA DE STEINER PARA PRODUCTO DE INERCIA

El teorema de Steiner se obtiene aplicando la integral anterior, pero realizando la traslación de un sistema de ejes cartesianos cualquiera a un sistema cartesiano cuyo origen esté en el baricentro de la figura. Veamos este análisis:

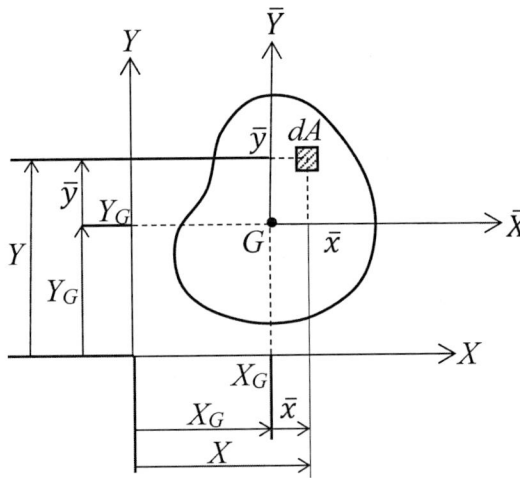

Figura 6.52 Sección genérica con elemento diferencial de área.

El producto de inercia, según los ejes cartesianos X–Y:

$$I_{XY} = \int_A X \cdot Y \cdot dA = \int_A (X_G + \bar{x})(Y_G + \bar{y}) \cdot dA$$

$$I_{XY} = \int_A (X_G \cdot Y_G + X_G \cdot \bar{y} + \bar{x} \cdot Y_G + x \cdot \bar{y}) \cdot dA$$

$$I_{XY} = \int_A (X_G \cdot Y_G)dA + \int_A (X_G \cdot \bar{y})dA + \int_A (\bar{x} \cdot Y_G)dA + \int_A (\bar{x} \cdot \bar{y})dA \quad ①$$

Para el primer término, X_G y Y_G son constantes, por lo tanto:

$$\int_A (X_G \cdot Y_G)dA = (X_G \cdot Y_G) \cdot \int_A A = (X_G \cdot Y_G) \cdot A \quad ②$$

Para el segundo y tercer término, realizaremos el siguiente análisis:

$$\int_A (X_G \cdot \bar{y})dA = X_G \int_A \bar{y} \cdot dA$$

$$\int_A (\bar{x} \cdot Y_G) dA = Y_G \int_A \bar{x} \cdot dA$$

Las expresiones con integrales representan el momento estático de la figura, pero, como el sistema de ejes cartesianos pasa por el baricentro, tales valores son nulos.

$$\int_A (\bar{y}) dA = 0$$

$$\int_A (\bar{x}) dA = 0$$

El último término resulta el producto de inercia para los ejes x–y:

$$\int_A \bar{x} \cdot \bar{y} \cdot dA = I_{\overline{xy}}$$

Por lo tanto, la fórmula inicial quedará como sigue:

$$I_{XY} = X_G \cdot Y_G \cdot A \ + I_{\overline{xy}}$$

Despejando $I_{\overline{xy}}$:

$$I_{\overline{xy}} = I_{XY} - A \cdot X_G \cdot Y_G$$

Con esta expresión podemos calcular el producto de inercia baricéntrica a partir de un sistema de ejes cartesianos cualquiera. Veamos como ejemplo la figura triangular anteriormente estudiada.

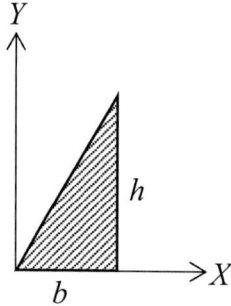

Figura 6.53 Sección triangular.

Los datos de entrada son:

$$I_{XY} = \frac{b^2 \cdot h^2}{8} \quad calculado\ anteriormente$$

$$A = \frac{b \cdot h}{2}$$

$$X_G = \frac{2 \cdot b}{3} \qquad Y_G = \frac{h}{3}$$

El producto de inercia para los ejes baricéntricos según Steiner es:

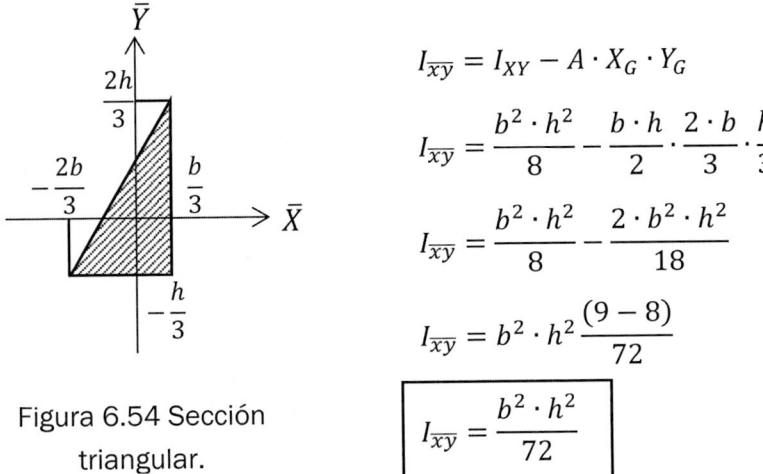

$$I_{\overline{xy}} = I_{XY} - A \cdot X_G \cdot Y_G$$

$$I_{\overline{xy}} = \frac{b^2 \cdot h^2}{8} - \frac{b \cdot h}{2} \cdot \frac{2 \cdot b}{3} \cdot \frac{h}{3}$$

$$I_{\overline{xy}} = \frac{b^2 \cdot h^2}{8} - \frac{2 \cdot b^2 \cdot h^2}{18}$$

$$I_{\overline{xy}} = b^2 \cdot h^2 \frac{(9-8)}{72}$$

$$\boxed{I_{\overline{xy}} = \frac{b^2 \cdot h^2}{72}}$$

Figura 6.54 Sección triangular.

6.7.2. PROPIEDADES DEL PRODUCTO DE INERCIA

Para calcular el producto de inercia en diversas figuras, se deberá hacer uso de las siguientes propiedades:

Propiedad 1: El producto de inercia de toda sección compuesta puede calcularse descomponiéndola en figuras simples para luego aplicar el teorema de Steiner:

$$I_{\overline{xy}} = \sum_{i=1}^{n} \left[I_{xyi} + A_i \cdot (x_G - x_i)(y_G - y_i) \right]$$

Las inercias Ixyi de cada figura que compone la sección se obtienen de la tabla 4

Aquí debemos aclarar que el producto de inercia calculado es baricéntrico, aunque los ejes de referencia mostrados en el problema no lo sean, pues internamente la fórmula de Steiner realiza una traslación de ejes.

Esta fórmula se deduce del teorema de Steiner del siguiente modo:

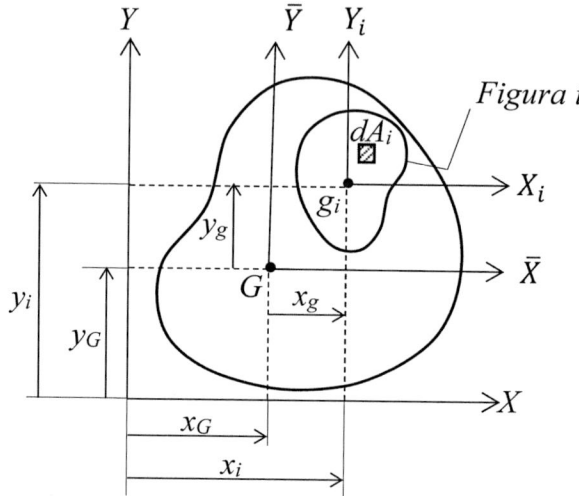

Figura 6.55 Sección genérica descompuesta en figuras de área parcial.

Aplicamos el teorema de Steiner para la figura i en los ejes $\overline{X}, \overline{Y}$ y Xi, Yi:

$$I_{xiyi} = I_{\overline{xy}} - A_i \cdot x_g \cdot y_g$$

Sabiendo que:

$$y_G + y_g = y_i$$

$$y_g = y_i - y_G$$

$$x_G + x_g = x_i$$

$$x_g = x_i - x_G$$

Reemplazamos y despejamos Ix e Iy:

$$I_{(xy)i} = I_{\overline{xy}} - A_i \cdot (x_i - x_G) \cdot (y_i - y_G)$$

Realizando el siguiente cambio algebraico en el producto (factorización de signo menos en cada paréntesis), la fórmula queda como sigue:

$$I_{\overline{xy}} = I_{(xy)i} + A_i \cdot (x_G - x_i) \cdot (y_G - y_i)$$

Si consideramos que son n elementos i tenemos:

$$I_{\overline{xy}} = \sum_{i=1}^{n} \left[I_{(xy)i} + A_i \cdot (x_G - x_i) \cdot (y_G - y_i) \right]$$

Por ejemplo, si aplicamos estas expresiones al siguiente ejemplo, tendríamos:

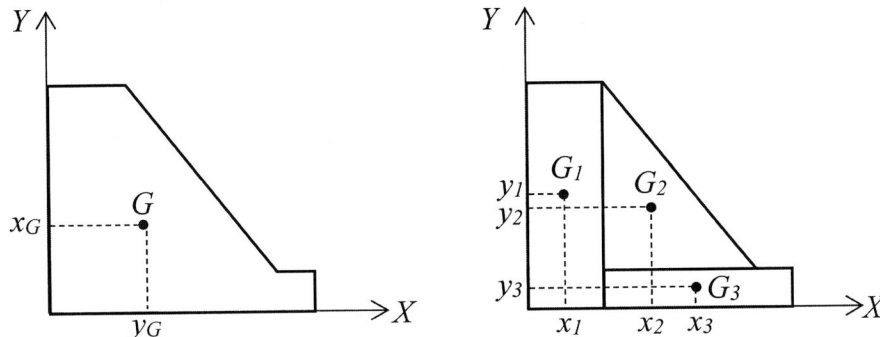

Figura 6.56 Descomposición de una sección.

$$I_{\overline{xy}} = \sum_{i=1}^{n}\left[I_{(xy)i} + A_i \cdot (x_G - x_i) \cdot (y_G - y_i)\right]$$

$$I_{xy}^{①} = I_{(xy)1} + A_i \cdot (x_G - x_1) \cdot (y_G - y_1)$$

$$I_{xy}^{②} = I_{(xy)2} + A_i \cdot (x_G - x_2) \cdot (y_G - y_2)$$

$$I_{xy}^{③} = I_{(xy)3} + A_i \cdot (x_G - x_3) \cdot (y_G - y_3)$$

$$I_{\overline{xy}} = I_{xy}^{①} + I_{xy}^{②} + I_{xy}^{③}$$

Propiedad 2: El producto de inercia puede ser positivo o negativo. Esto dependerá de la distribución del área en los diferentes cuadrantes.

Por ejemplo:

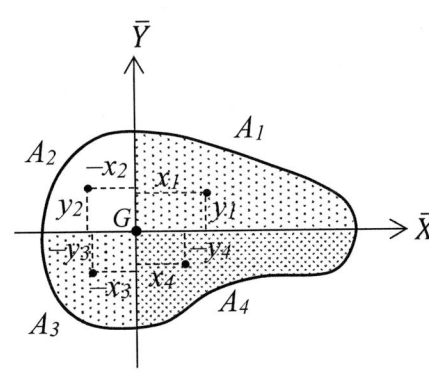

Figura 6.57 Sección genérica

$$I_{xy}^{①} = A_1(x_1)(y_1) = A_1 \cdot x_1 \cdot y_1$$
$$I_{xy}^{②} = A_2(-x_2)(y_2) = -A_2 \cdot x_2 \cdot y_2$$
$$I_{xy}^{③} = A_3(-x_3)(-y_3) = A_3 \cdot x_3 \cdot y_3$$
$$I_{xy}^{④} = A_4(x_4)(-y_4) = -A_4 \cdot x_4 \cdot y_4$$
$$I_{\overline{xy}} = I_{xy}^{①} + I_{xy}^{②} + I_{xy}^{③} + I_{xy}^{④}$$

Los términos de esta expresión son positivos y negativos, por lo tanto, el resultado también puede ser positivo o negativo.

Propiedad 3: En el cálculo del producto de inercia de una sección todo orificio deberá multiplicarse por la constante k= −1.

Por ejemplo:

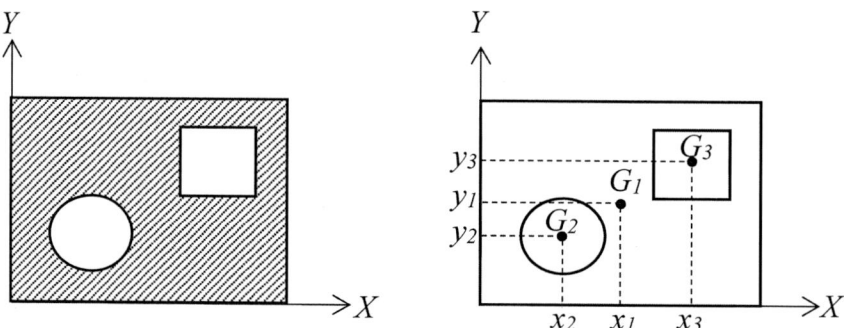

Figura 6.58 Sección con orificios.

$$I_{\overline{xy}} = \sum_{i=1}^{n} \left[I_{(xy)i} + A_i \cdot (x_G - x_i) \cdot (y_G - y_i) \right]$$

$$I_{xy}^{①} = I_{(xy)1} + A_1 \cdot (x_G - x_1) \cdot (y_G - y_1)$$

$$I_{xy}^{②} = -1 \cdot \left[I_{(xy)2} + A_2 \cdot (x_G - x_2) \cdot (y_G - y_2) \right]$$

$$I_{xy}^{③} = -1 \cdot \left[I_{(xy)3} + A_3 \cdot (x_G - x_3) \cdot (y_G - y_3) \right]$$

$$I_{\overline{xy}} = I_{xy}^{①} + I_{xy}^{②} + I_{xy}^{③}$$

Propiedad 4: Cuando una sección tiene un eje de simetría vertical u horizontal, su producto de inercia es nulo ($I_{xy} = 0$).

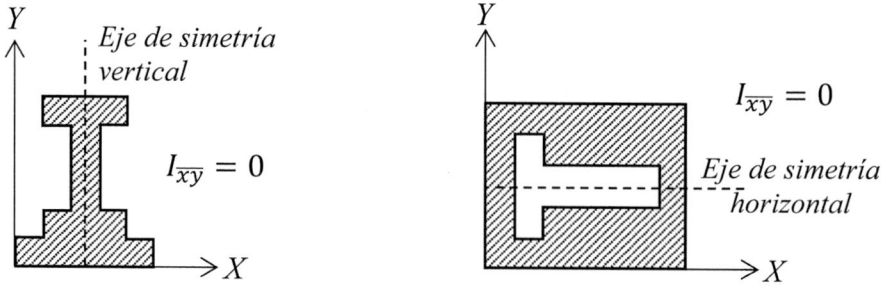

Figura 6.59 Sección simétrica verticalmente.

EJERCICIOS DE APLICACIÓN

Revisar las prácticas de la 149 a la 168.

6.8. OTRAS CARACTERÍSTICAS DE LAS SECCIONES

Otras propiedades de la sección que se utilizan sobre todo en la ingeniería de estructuras son:

- Radio de giro
- Módulo resistente

Estas propiedades dependen de las estudiadas anteriormente. Ahora mencionaremos las fórmulas que la representan y la importancia de este.

6.8.1. RADIO DE GIRO

Esta propiedad es una de las variables que interviene cuando verificamos la estabilidad de una columna. En términos matemáticos queda definida a través de las siguientes expresiones:

$$r_x = \sqrt{\frac{I_{\bar{x}}}{A}} \qquad r_y = \sqrt{\frac{I_{\bar{y}}}{A}}$$

Donde:

r_x y r_y = radios de giro para los ejes $\overline{X}$ y $\overline{Y}$ [m]

$I_{\bar{x}}$ y $I_{\bar{y}}$ = momentos de inercia para los ejes $\overline{X}$ y $\overline{Y}$ [m^4]

A = área de la sección [m^2]

6.8.2. MÓDULO RESISTENTE

Cuando se verifica la resistencia de una viga a flexión, esta propiedad adquiere una importancia significativa, pues su magnitud es decisiva para garantizar la resistencia del elemento.

El módulo resistente se define en términos matemáticos a través de las siguientes expresiones:

$$W_{x1} = \frac{I_{\bar{x}}}{y_1} \qquad W_{x2} = \frac{I_{\bar{x}}}{y_2} \qquad W_{y1} = \frac{I_{\bar{y}}}{x_1} \qquad W_{y2} = \frac{I_{\bar{y}}}{x_2}$$

Donde:

W_{x1} y W_{x2} = módulos resistentes para el eje $\bar{X}$ [m³]

W_{y1} y W_{y2} = módulos resistentes para el eje $\bar{Y}$ [m³]

I_x y I_y = momentos de inercia para los ejes $\bar{X}$ y $\bar{Y}$ [m⁴]

I_x y I_y = momentos de inercia para los ejes $\bar{X}$ y $\bar{Y}$ [m⁴]

x_1 y x_2 = distancias del baricentro a los puntos más alejados de la sección en la dirección x [m]

y_1 y y_2 = distancias del baricentro a los puntos más alejados de la sección en la dirección y [m]

En el siguiente gráfico se aclaran las últimas dos variables:

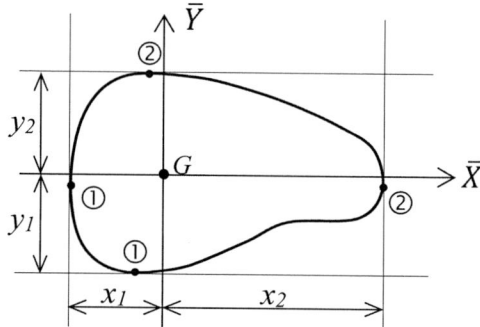

Figura 6.60 Sección genérica con distancias de borde a partir del baricentro.

PRÁCTICAS

PRÁCTICA 106

Calcular las coordenadas del centro de gravedad para la siguiente sección.

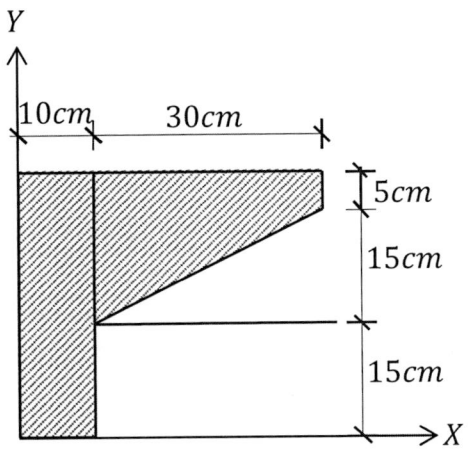

Figura 6.61 Sección 1.

1ro: Descomposición de las figuras

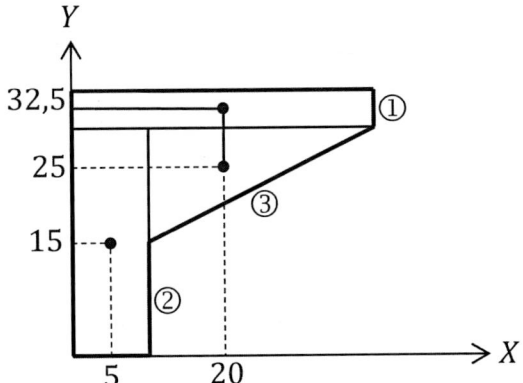

$$A_1 = 40 \cdot 5 = 200 \; cm^2$$

$$A_2 = 10 \cdot 30 = 300 \; cm^2$$

$$A_3 = \frac{30 \cdot 15}{2} = 225 \; cm^2$$

2do: Cálculo de coordenadas del baricentro

Figura	A_i	x_i	y_i	$A_i \cdot x_i$	$A_i \cdot y_i$
1	200	20	32,5	4000	6500
2	300	5	15	1500	4500
3	225	20	25	4500	5625
	725			10.000	16.625

$$x_G = \frac{10.000}{725} = 13,793 \ cm$$

$$y_G = \frac{16.625}{725} = 22,931 \ cm$$

3ro: Representación gráfica

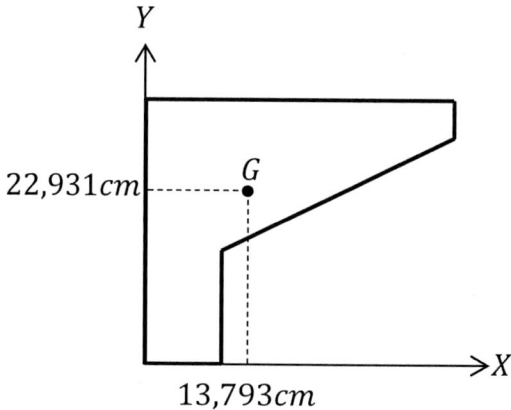

PRÁCTICA 107

Calcular las coordenadas del baricentro de la siguiente sección.

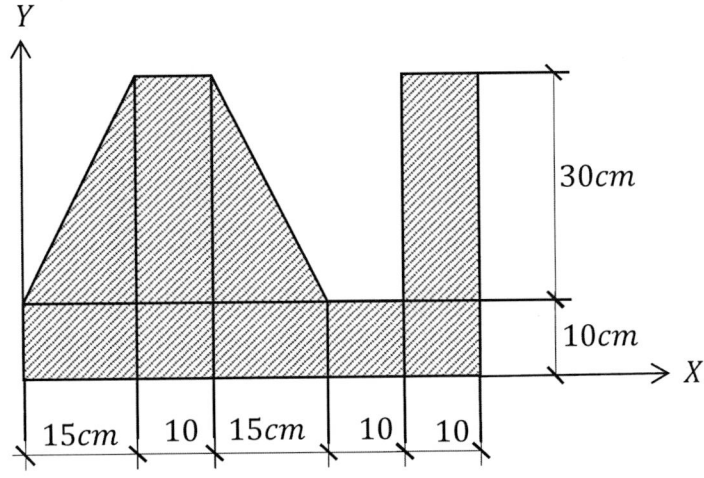

Figura 6.62 Sección 2.

1ro: Descomposición de las figuras

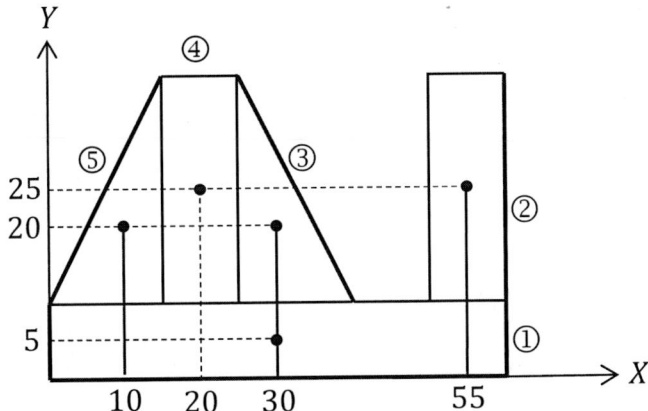

$$A_1 = 60 \cdot 10 = 600 \ cm^2$$

$$A_2 = 10 \cdot 30 = 300 \ cm^2$$

$$A_3 = A_5 = \frac{15 \cdot 30}{2} = 225 \ cm^2$$

$$A_4 = 10 \cdot 30 = 300 \ cm^2$$

2do: Cálculo de coordenadas del baricentro

Figura	A_i	x_i	y_i	$A_i \cdot x_i$	$A_i \cdot y_i$
1	600	30	5	18.000	3000
2	300	55	25	16.500	7500
3	225	30	20	6750	4500
4	300	20	25	6000	7500
5	225	10	20	2250	4500
	1650			49.500	27.000

$$x_G = \frac{49.500}{1650} = 30 \; cm$$

$$y_G = \frac{27.000}{1650} = 16,364 \; cm$$

3ro: Representación gráfica

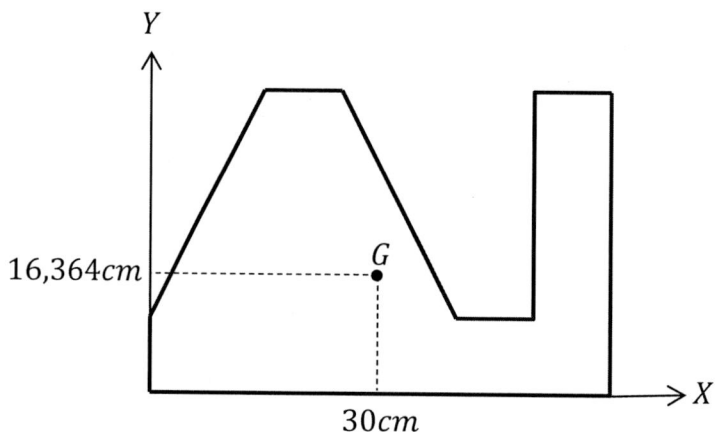

PRÁCTICA 108

Calcular las coordenadas del baricentro de la siguiente sección.

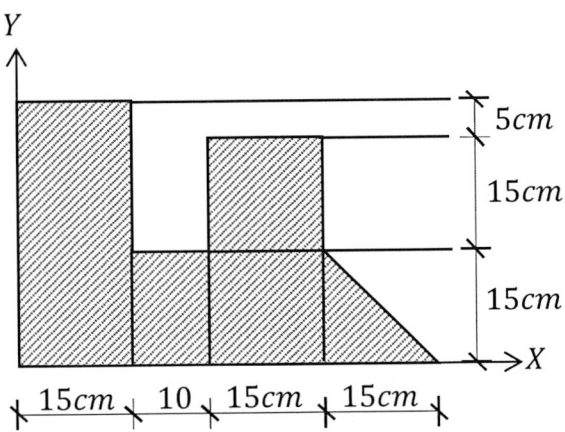

Figura 6.63 Sección 3.

1ro: Descomposición de las figuras

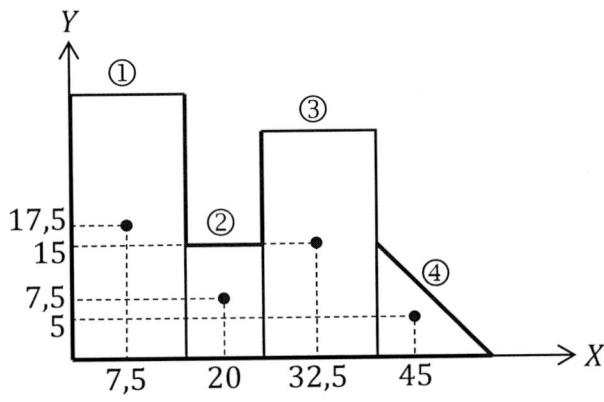

$$A_1 = 15 \cdot 35 = 525$$

$$A_2 = 10 \cdot 15 = 150$$

$$A_3 = 15 \cdot 30 = 450$$

$$A_4 = \frac{15 \cdot 15}{2} = 112,5$$

2do: Cálculo de coordenadas del baricentro

Figura	A_i	x_i	y_i	$A_i \cdot x_i$	$A_i \cdot y_i$
1	525	7,5	17,5	3937,5	9187,5
2	150	20	7,5	3000	1125
3	450	32,5	15	14.625	6750
4	112,5	45	5	5062,5	562,5
	1237,5			26.625	17.625

$$x_G = \frac{26.625}{1237,5} = 21,515 \ cm$$

$$y_G = \frac{17.625}{1237,5} = 14,242 \ cm$$

3ro: Representación gráfica

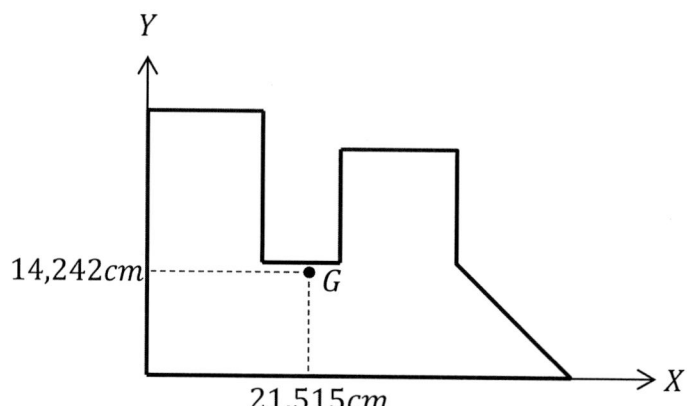

PRÁCTICA 109

Calcular las coordenadas del baricentro de la siguiente sección.

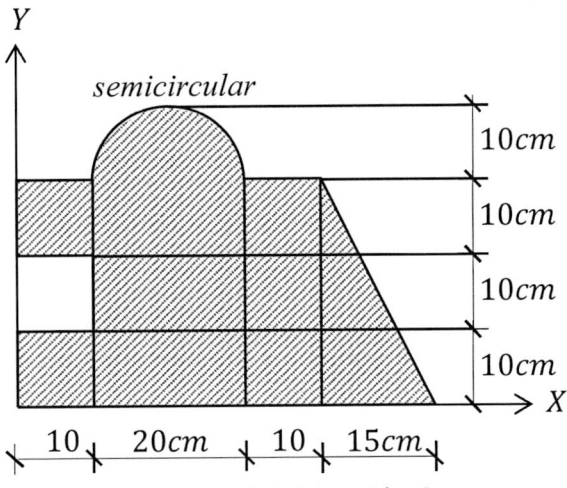

Figura 6.64 Sección 4.

1ro: Descomposición de las figuras

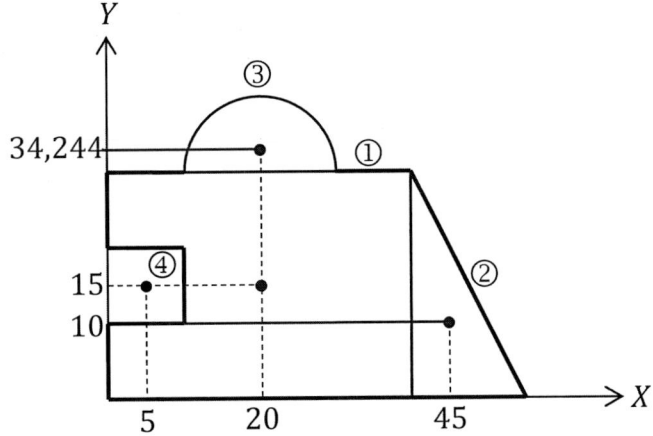

Para un semicírculo el baricentro se ubica como sigue:

$$\frac{4R}{3\pi} = \frac{4 \cdot 10}{3\pi} = 4,244$$

Calculamos las áreas:

$$A_1 = 40 \cdot 30 = 1200 \ cm^2$$

$$A_2 = \frac{15 \cdot 30}{2} = 225 \ cm^2$$

$$A_3 = \frac{\pi \cdot 10^2}{2} = 157,08 \ cm^2$$

$$A_4 = -10 \cdot 10 = -100 \ cm^2$$

2do: Cálculo de las coordenadas del baricentro

Figura	A_i	x_i	y_i	$A_i \cdot x_i$	$A_i \cdot y_i$
1	1200	20	15	24.000	18.000
2	225	45	10	10.125	2250
3	157,08	20	34,244	3141,6	5379,048
4	−100	5	15	−500	−1500
	1482,08			36.766,6	24.129,048

$$x_G = \frac{36.766,6}{1482,08} = 24,807 \ cm$$

$$y_G = \frac{24.129,048}{1482,08} = 16,281 \ cm$$

3ro: Representación gráfica

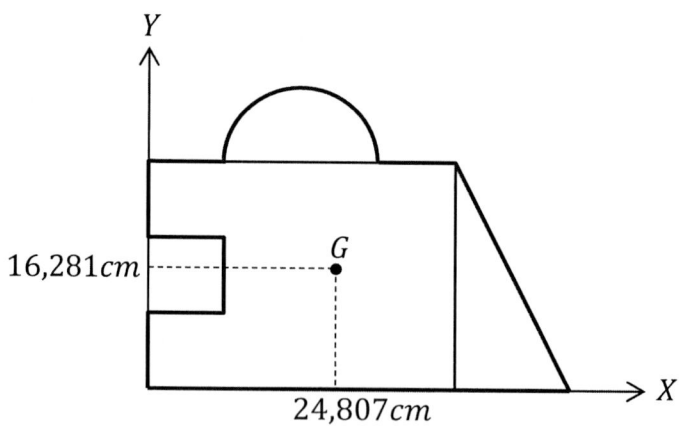

PRÁCTICA 110

Calcular las coordenadas del baricentro de la siguiente sección.

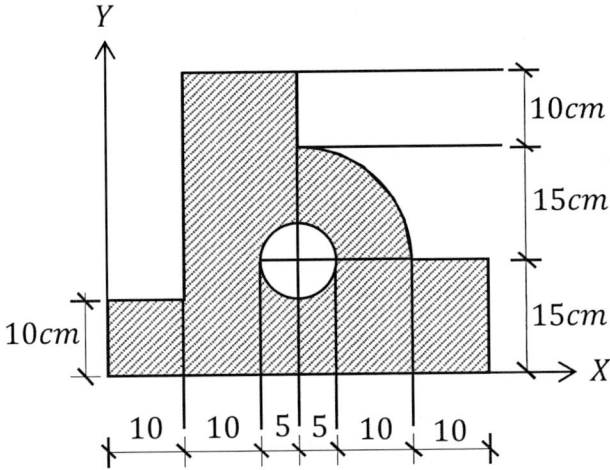

Figura 6.65 Sección 5.

1ro: Descomposición de las figuras

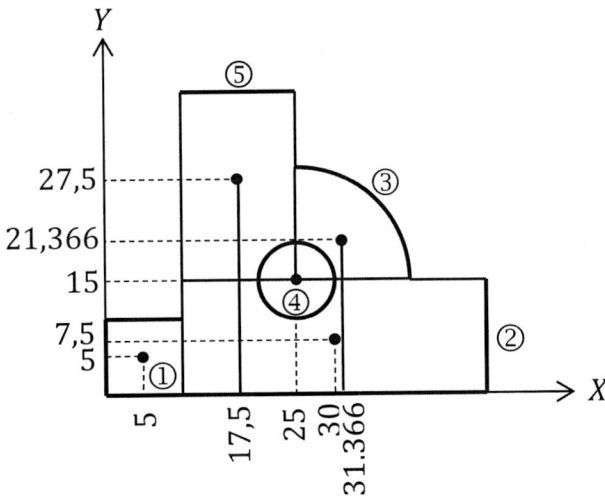

El baricentro del cuadrante (cuarto círculo) se define como sigue:

$$a = \frac{4R}{3\pi} = \frac{4 \cdot 15}{3\pi} = 6{,}366cm$$

Calculemos las áreas:

$$A_1 = 10 \cdot 10 = 100 \; cm^2$$

$$A_2 = 40 \cdot 15 = 600 \; cm^2$$

$$A_3 = \frac{\pi \cdot 15^2}{4} = 176,715 \; cm^2$$

$$A_4 = -\pi \cdot 5^2 = -78,540 \; cm^2$$

$$A_5 = 15 \cdot 25 = 375 \; cm^2$$

2do: Cálculo de las coordenadas del baricentro

Figura	A_i	x_i	y_i	$A_i \cdot x_i$	$A_i \cdot y_i$
1	100	5	5	500	500
2	600	30	7,5	18.000	4500
3	176,715	31,366	21,366	5542,843	3775,693
4	−78,540	25	15	−1963,5	−1178,1
5	375	17,5	27,5	6562,5	10.312,5
	1173,175			28.641,843	17.910,093

2do: Cálculo de las coordenadas del baricentro

$$x_G = \frac{28.641,843}{1173,175} = 24,414 \; cm$$

$$y_G = \frac{17.910,093}{1173,175} = 15,266 \; cm$$

3ro: Representación gráfica

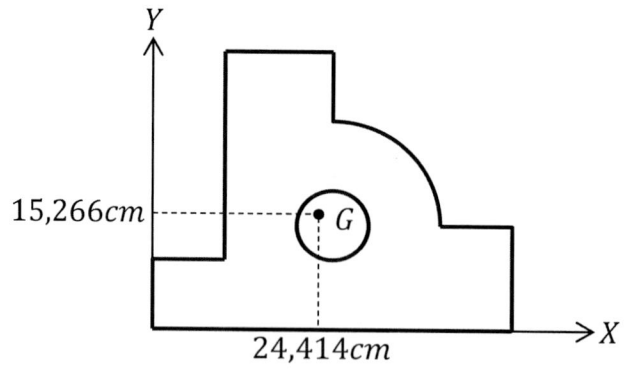

PRÁCTICA 111

Calcular las coordenadas del baricentro de la siguiente sección.

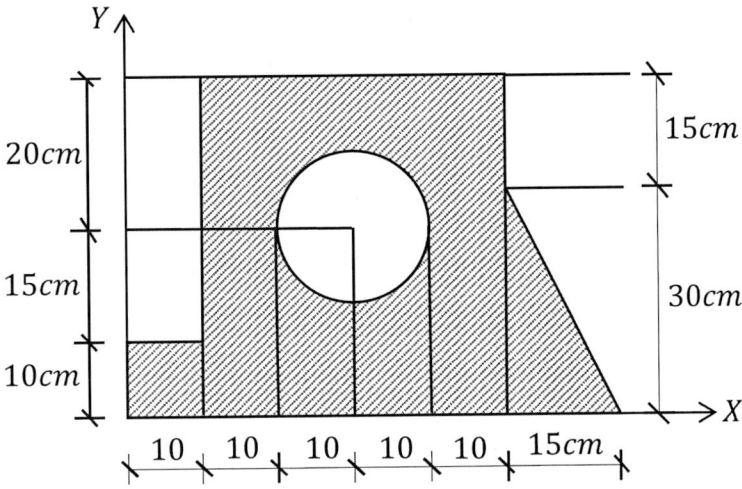

Figura 6.66 Sección 6.

1ro: Descomposición de las figuras

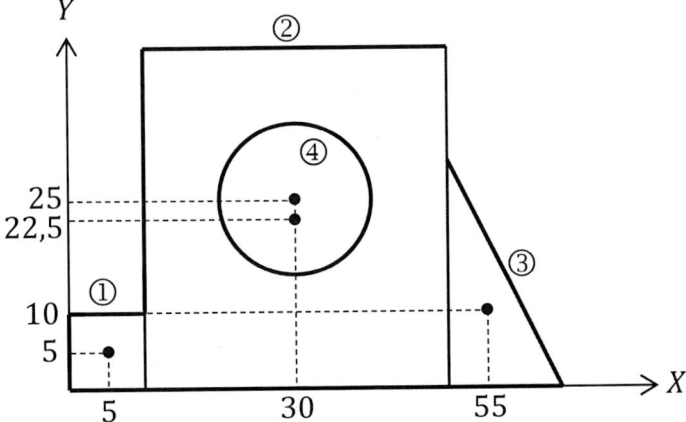

Calculamos las áreas:

$$A_1 = 10 \cdot 10 = 100 \ cm^2$$

$$A_2 = 40 \cdot 45 = 1800 \ cm^2$$

$$A_3 = \frac{15 \cdot 30}{2} = 225 \; cm^2$$

$$A_4 = -\pi \cdot 10^2 = -314{,}16 \; cm^2$$

2do: Cálculo de las coordenadas del baricentro

Figura	A_i	x_i	y_i	$A_i \cdot x_i$	$A_i \cdot y_i$
1	100	5	5	500	500
2	1800	30	22,5	54.000	40.500
3	225	55	10	12.375	2250
4	−314,16	30	25	−9424,8	−7854
	1810,84			57.450,2	35.396

$$x_G = \frac{57.450{,}2}{1810{,}84} = 31{,}726 \; cm$$

$$y_G = \frac{35.396}{1810{,}84} = 19{,}547 \; cm$$

3ro: Representación gráfica

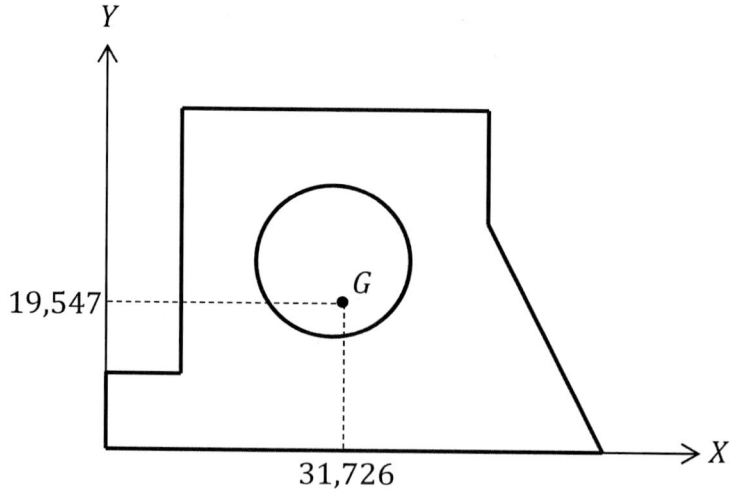

PRÁCTICA 112

Calcular las coordenadas del baricentro de la siguiente sección.

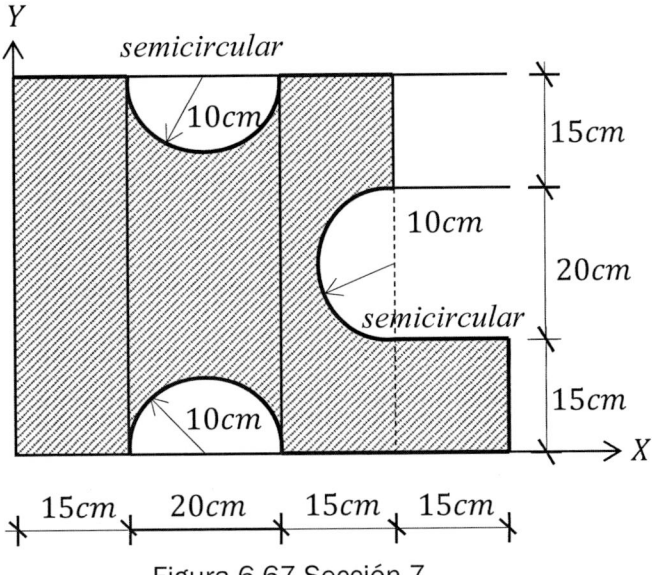

Figura 6.67 Sección 7.

1ro: Descomposición de las figuras

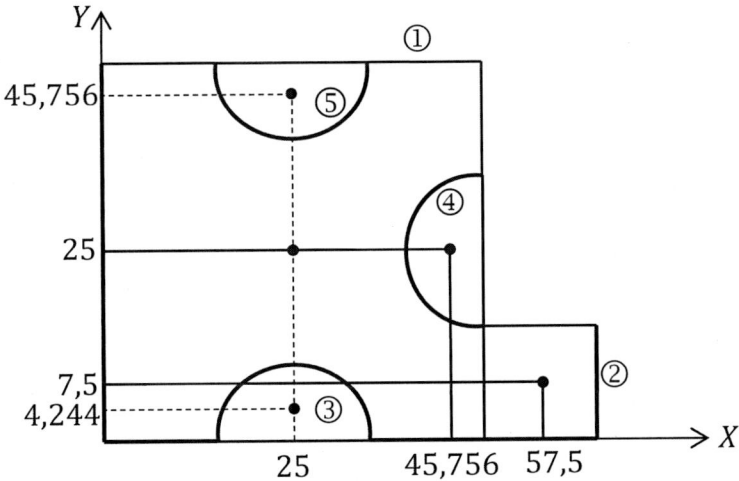

Para el semicírculo tenemos:

$$\frac{4R}{3\pi} = \frac{4 \cdot 10}{3\pi} = 4,244$$

Calculamos las áreas:

$$A_1 = 50 \cdot 50 = 2500 cm^2$$

$$A_2 = 15 \cdot 15 = 225\ cm^2$$

$$A_3 = A_4 = A_5 = \frac{-\pi \cdot 10^2}{2} = -157,08\ cm^2$$

2do: Cálculo de las coordenadas del baricentro

Figura	A_i	x_i	y_i	$A_i \cdot x_i$	$A_i \cdot y_i$
1	2500	25	25	62.500	62.500
2	225	57,5	7,5	12.937,5	1687,5
3	−157,08	25	4,244	−3927	−666,648
4	−157,08	45,756	25	−7187,352	−3927
5	−157,08	25	45,756	−3927	−7187,352
	2253,76			60.396,148	52.406,5

$$x_G = \frac{60.396,148}{2253,76} = 26,798\ cm$$

$$y_G = \frac{52.406,5}{2253,76} = 23,253\ cm$$

3ro: Representación gráfica

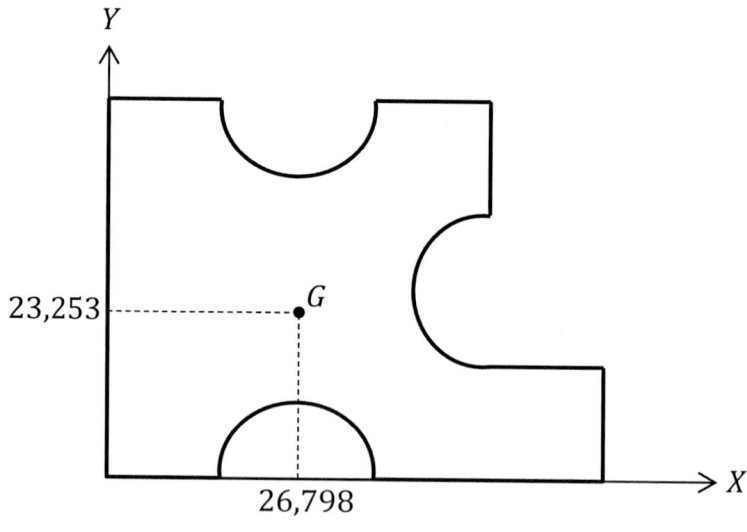

PRÁCTICA 113

Calcular las coordenadas del baricentro de la siguiente sección.

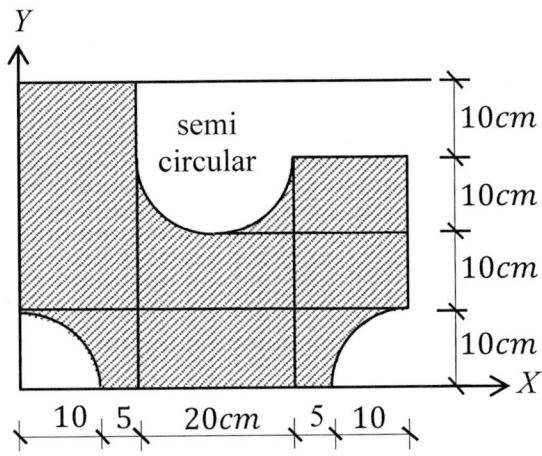

Figura 6.68 Sección 8.

1ro: Descomposición de figuras

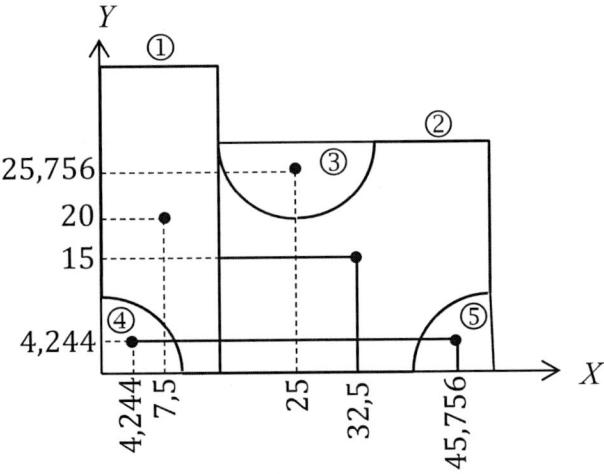

El baricentro para el semicírculo y el cuadrante son los siguientes:

$$a = \frac{4R}{3\pi} = \frac{4 \cdot 10}{3 \cdot \pi} = 4,244$$

Cálculo de áreas:

$$A_1 = 15 \cdot 40 = 600 \; cm^2$$

$$A_2 = 35 \cdot 30 = 1050 \; cm^2$$

$$A_3 = -\frac{\pi \cdot 10^2}{2} = -157{,}08 \; cm^2$$

$$A_4 = -\frac{\pi \cdot 10^2}{4} = -78{,}54 \; cm^2$$

$$A_5 = -\frac{\pi \cdot 10^2}{4} = -78{,}54 \; cm^2$$

2do: Cálculo de coordenadas del baricentro

Figura	A_i	x_i	y_i	$A_i \cdot x_i$	$A_i \cdot y_i$
1	600	7,5	20	4500	12.000
2	1050	32,5	15	34.125	15.750
3	−157,08	25	25,756	−3927	−4045,752
4	−78,54	4,244	4,244	−333,324	−333,324
5	−78,54	45,756	4,244	−3593,676	−333,324
	1335,84			30.771	23.037,6

$$x_G = \frac{30.771}{1335{,}84} = 23{,}035 \; cm$$

$$y_G = \frac{23.037{,}6}{1335{,}84} = 17{,}246 \; cm$$

3ro: Representación gráfica

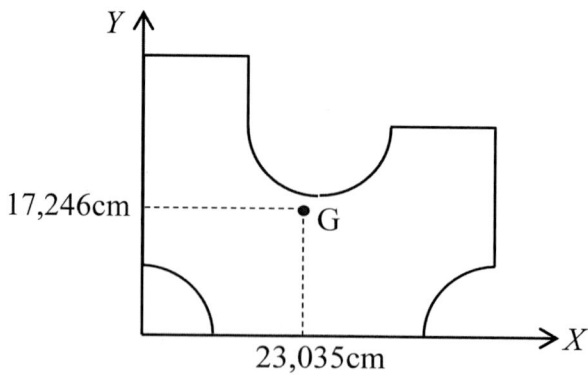

PRÁCTICA 114

Calcular las coordenadas del baricentro de la siguiente sección.

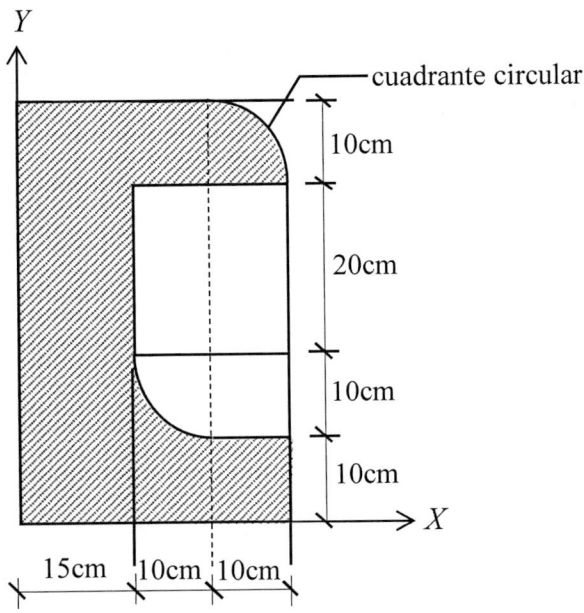

Figura 6.69 Sección 9.

1ro: Descomposición de las figuras

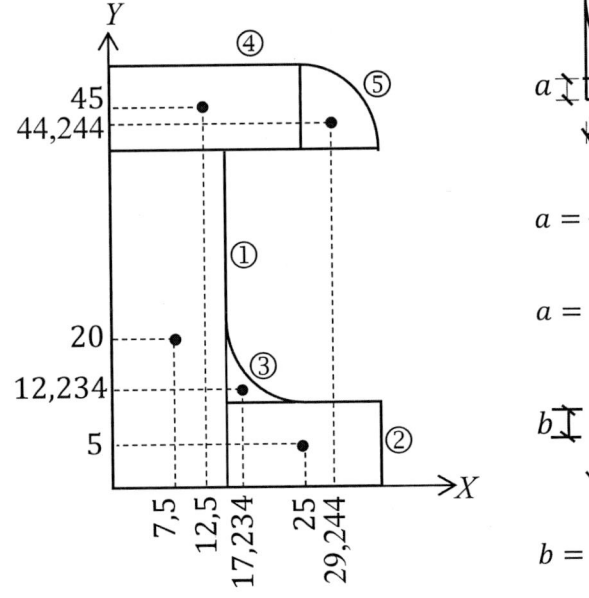

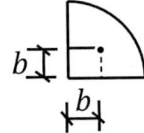

$$a = \frac{(10 - 3\pi) \cdot R}{12 - 3\pi}$$

$$a = \frac{(10 - 3\pi) \cdot 10}{12 - 3 \cdot \pi} = 2,234$$

$$b = \frac{4R}{3\pi} = \frac{4 \cdot 10}{3\pi} = 4,244 cm$$

Calculamos las áreas:

$$A_1 = 15 \cdot 40 = 600 \ cm^2$$

$$A_2 = 20 \cdot 10 = 200 \ cm^2$$

$$A_3 = \frac{(4-\pi)R^2}{4} = \frac{(4-\pi) \cdot 10^2}{4} = 21{,}46 \ cm^2$$

$$A_4 = 25 \cdot 10 = 250 \ cm^2$$

$$A_5 = \frac{\pi \cdot 10^2}{4} = 78{,}54 \ cm^2$$

2do: Cálculo de las coordenadas del baricentro

Figura	A_i	x_i	y_i	$A_i \cdot x_i$	$A_i \cdot y_i$
1	600	7,5	20	4500	12.000
2	200	25	5	5000	1000
3	21,46	17,234	12,234	369,84	262,542
4	250	12,5	45	3125	11.250
5	78,54	29,244	44,244	2296,824	3474,924
	1150			15.291,664	27.987,466

$$x_G = \frac{15.291{,}664}{1150} = 13{,}297 \ cm$$

$$y_G = \frac{27.987{,}466}{1150} = 24{,}337 \ cm$$

3ro: Representación gráfica

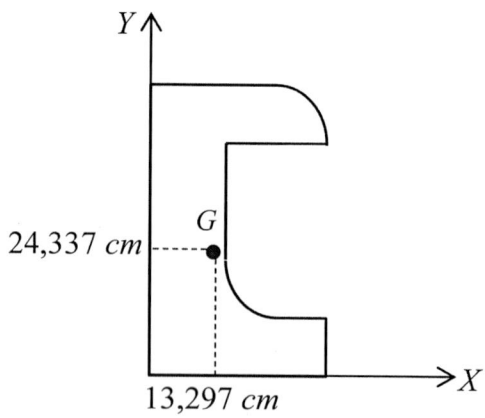

PRÁCTICA 115

Calcular las coordenadas del baricentro de la siguiente sección.

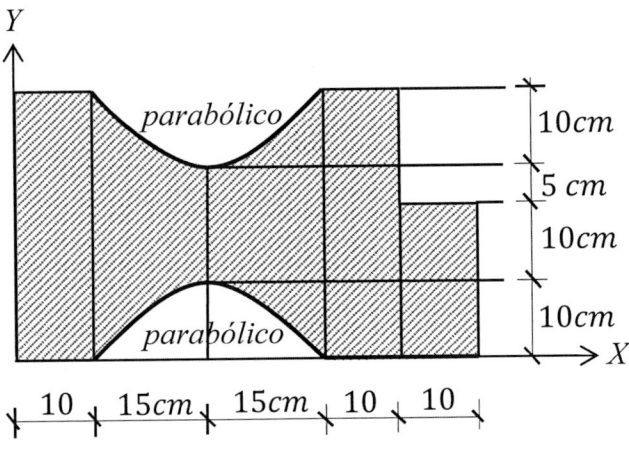

Figura 6.70 Sección 10.

1ro: Descomposición de las figuras

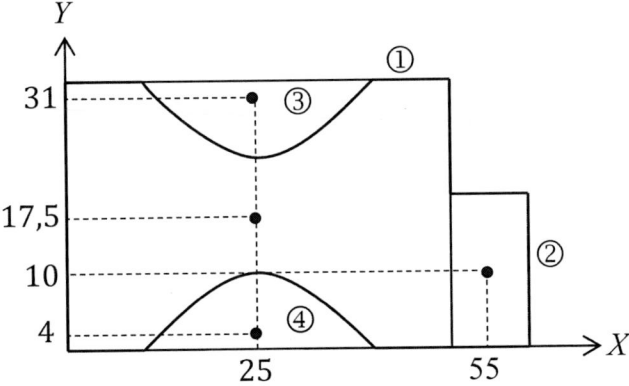

Baricentro para una figura parabólica es:

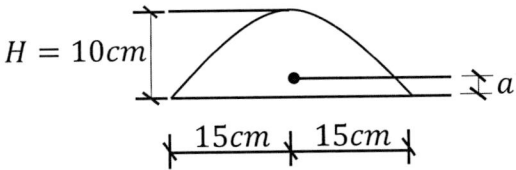

$$a = \frac{2}{5}H = \frac{2}{5}(10) = 4cm$$

Calculamos las áreas:

$$A_1 = 50 \cdot 35 = 1750 \; cm^2$$

$$A_2 = 10 \cdot 20 = 200 \; cm^2$$

$$A_3 = -\frac{2}{3} \cdot 30 \cdot 10 = -200 \; cm^2$$

2do: Cálculo de las coordenadas del baricentro

Figura	A_i	x_i	y_i	$A_i \cdot x_i$	$A_i \cdot y_i$
1	1750	25	17,5	43.750	30.625
2	200	55	10	11.000	2000
3	−200	25	31	−5000	−6200
4	−200	25	4	−5000	−800
	1550			44.750	25.625

$$x_G = \frac{44.750}{1550} = 28,871 \; cm$$

$$y_G = \frac{25.625}{1550} = 16,532 \; cm$$

3ro: Representación gráfica

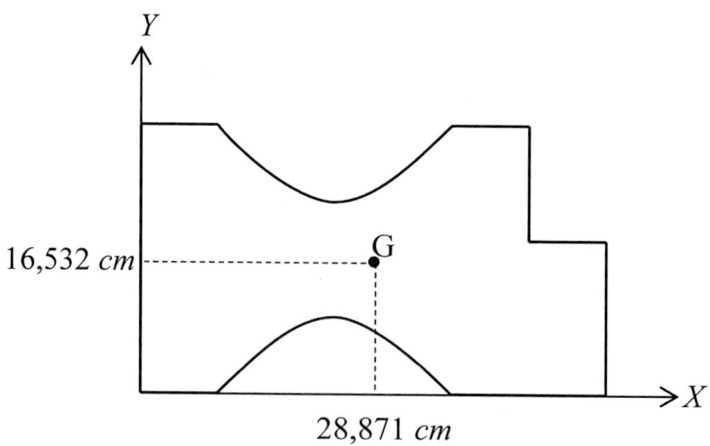

PRÁCTICA 116

Calcular las coordenadas del baricentro de la siguiente sección.

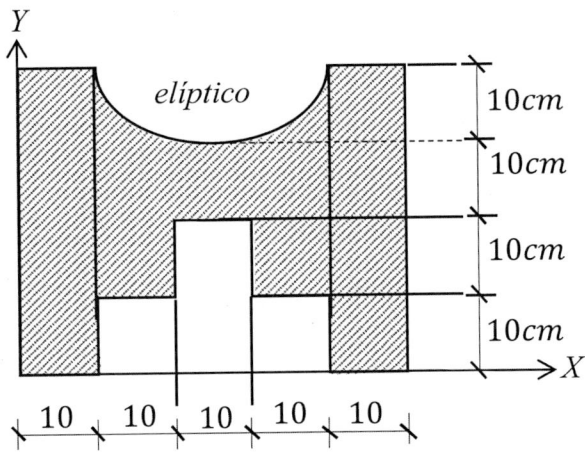

Figura 6.71 Sección 11.

1ro: Descomposición de las figuras

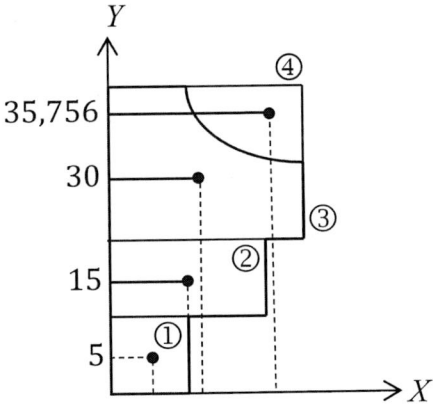

El baricentro para el cuadrante elíptico es:

$$m = \frac{4a}{3\pi} = \frac{4(15)}{3\pi} = 6,366cm$$

$$n = \frac{4b}{3\pi} = \frac{4(10)}{3\pi} = 4,244cm$$

Calculamos las áreas:

$$A_1 = 10 \cdot 10 = 100 \ cm^2$$

$$A_2 = 20 \cdot 10 = 200 \ cm^2$$

$$A_3 = 20 \cdot 25 = 500 \ cm^2$$

$$A_4 = -\frac{\pi \cdot 15 \cdot 10}{4} = -117{,}81 \ cm^2$$

2do: Cálculo de las coordenadas del baricentro

Figura	A_i	y_i	$A_i \cdot y_i$
1	100	5	500
2	200	15	3000
3	500	30	15.000
4	−117,81	35,756	−4212,414
	682,19		14.287,586

$$y_G = \frac{14.287{,}586}{682{,}19} = 20{,}944 \ cm$$

Por simetría vertical $x_G = 25cm$

3ro: Representación gráfica

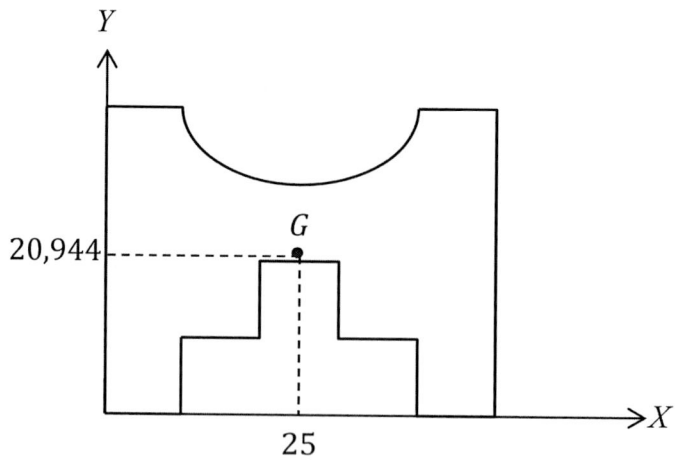

PRÁCTICA 117

Calcular las coordenadas del baricentro de la siguiente sección.

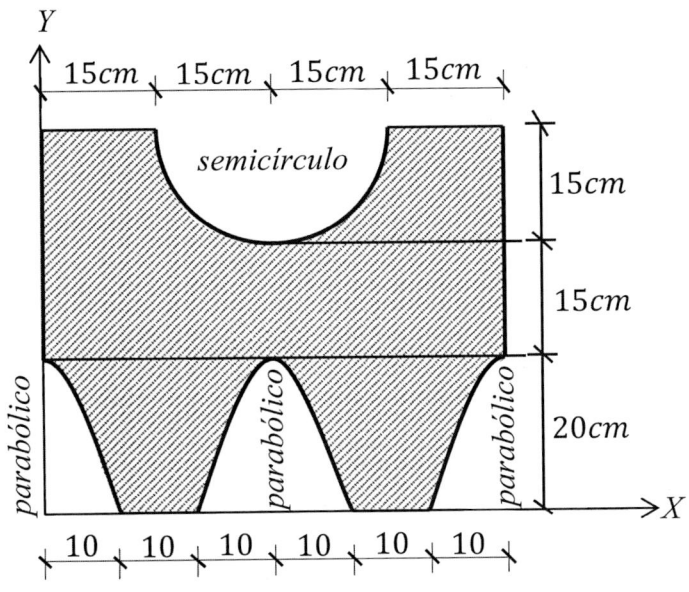

Figura 6.72 Sección 12.

1ro: Descomposición de las figuras

Como la figura tiene un eje de simetría vertical, $x_G = 30$ cm y y_G podemos calcularla con la mitad de la sección:

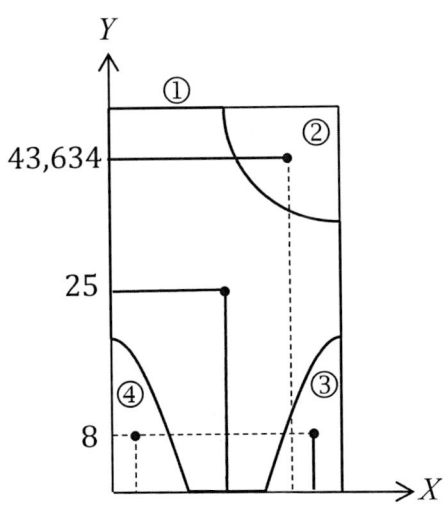

El baricentro del cuadrante parabólico es:

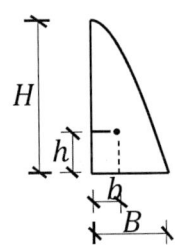

$$b = \frac{3B}{8} = 3,75$$

$$h = \frac{2H}{5} = 8$$

Calculamos las áreas:

$$A_1 = 30 \cdot 50 = 1500 \ cm^2$$

$$A_2 = -\frac{\pi \cdot 15^2}{4} = -176{,}715 \ cm^2$$

$$A_3 = A_4 = -\frac{2}{3} \cdot 10 \cdot 20 = -133{,}333 \ cm^2$$

2do: Cálculo de las coordenadas del baricentro

Figura	A_i	y_i	$A_i \cdot y_i$
1	1500	25	37.500
2	−176,715	43,634	−7710,782
3	−133,333	8	−1066,664
4	−133,333	8	−1066,664
	1056,619		27.655,89

$$y_G = \frac{27.655{,}89}{1056{,}619} = 26{,}174 \ cm$$

3ro: Representación gráfica

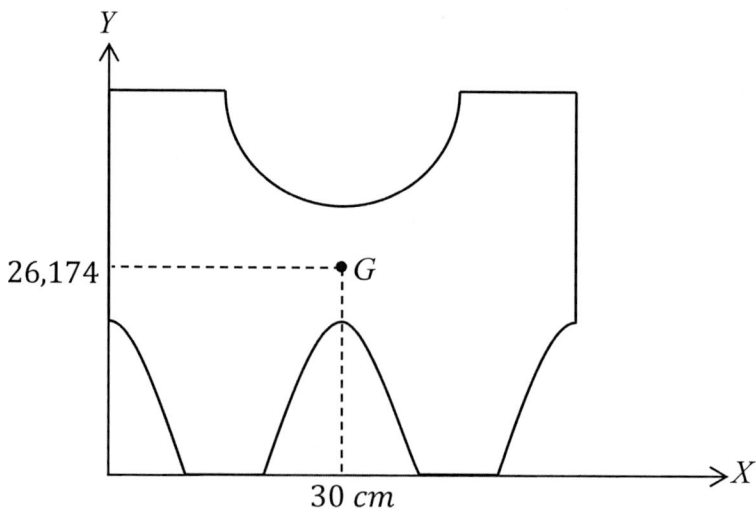

PRÁCTICA 118

Calcular las coordenadas del baricentro de la siguiente sección.

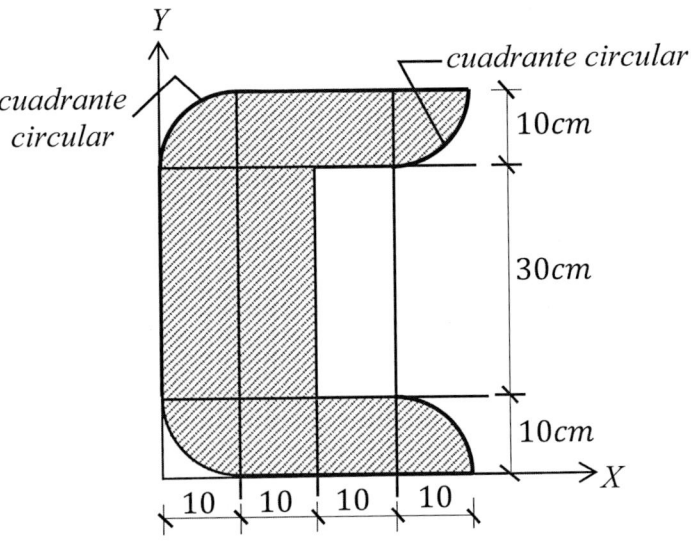

Figura 6.73 Sección 13.

1ro: Descomposición de las figuras

Como la sección tiene un eje de simetría horizontal, $y_G = 25$ cm y el valor de x_G podemos calcularlo con la mitad de la figura:

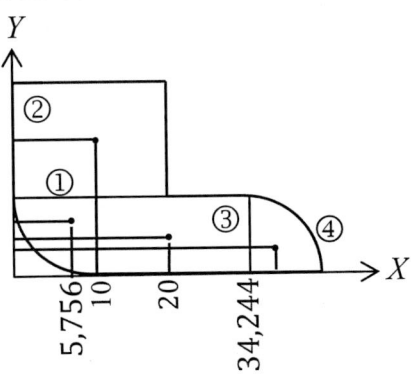

No se requiere de las coordenadas de y_i, porque la figura es simétrica.

Baricentro del cuadrante circular es:

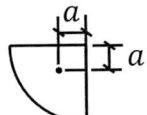

$$a = \frac{4R}{3\pi} = \frac{4(10)}{3\pi} = 4,244$$

Calculamos las áreas:

$$A_1 = A_4 = \frac{\pi \cdot 10^2}{4} = 78,54 \ cm^2$$

$$A_2 = 20 \cdot 15 = 300 \ cm^2$$

$$A_3 = 20 \cdot 10 = 200 \ cm^2$$

2do: Cálculo de las coordenadas del baricentro

Figura	A_i	x_i	$A_i \cdot x_i$
1	78,54	5,756	452,076
2	300	10	3000
3	200	20	4000
4	78,54	34,244	2689,524
	675,08		10.141,6

$$x_G = \frac{10.141,6}{675,08} = 15,434 \ cm$$

3ro: Representación gráfica

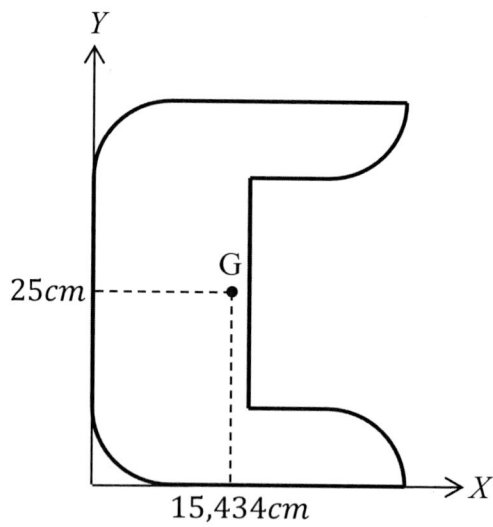

PRÁCTICA 119

Calcular las coordenadas del baricentro de la siguiente sección.

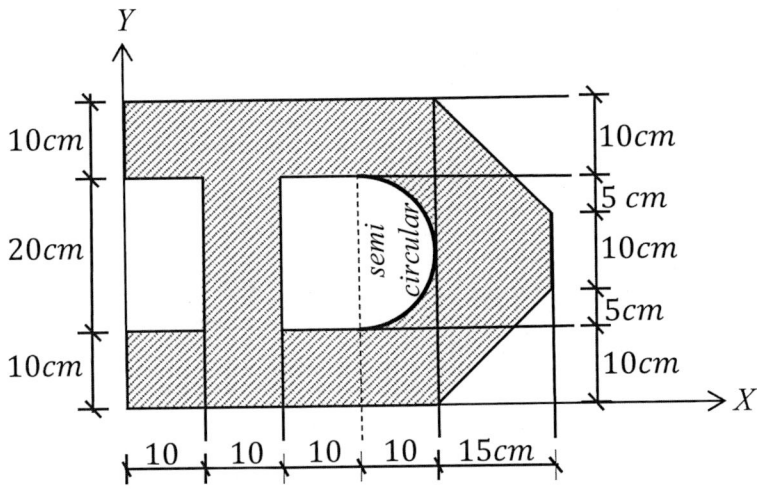

Figura 6.74 Sección 14.

1ro: Descomposición de las figuras

Como la sección tiene un eje de simetría horizontal, $y_G = 20$ cm y el valor de x_G podemos calcularlo con la mitad de la figura:

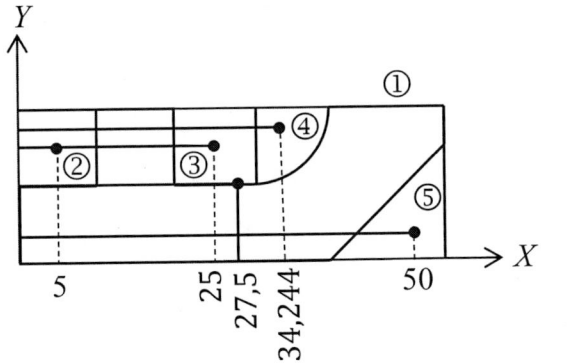

No se requiere de las coordenadas de y_i.

El baricentro para un cuadrante (cuarto de círculo) es:

$$a = \frac{4R}{3\pi} = \frac{4 \cdot 10}{3\pi} = 4,244\, cm$$

Calculamos las áreas:

$$A_1 = 55 \cdot 20 = 1100 \ cm^2$$

$$A_2 = -10 \cdot 10 = -100 \ cm^2$$

$$A_3 = -10 \cdot 10 = -100 \ cm^2$$

$$A_4 = -\frac{\pi \cdot 10^2}{4} = -78,54 \ cm^2$$

$$A_5 = \frac{-15 \cdot 15}{4} = -112,5 \ cm^2$$

2do: Cálculo de las coordenadas del baricentro

Figura	A_i	x_i	$A_i \cdot x_i$
1	1100	27,5	30.250
2	−100	5	−500
3	−100	25	−2500
4	−78,54	34,244	−2689,524
5	−112,5	50	−5625
	708,96		18.935,476

$$x_G = \frac{18.935,476}{708,96} = 26,709 \ cm$$

3ro: Representación gráfica

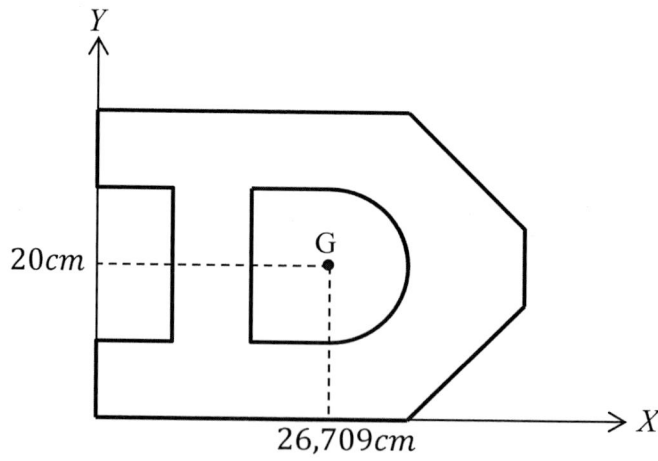

PRÁCTICA 120

Calcular las coordenadas del baricentro de la siguiente sección.

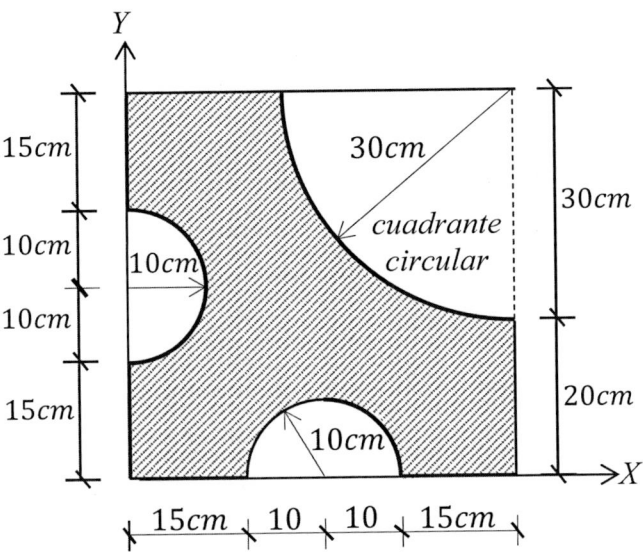

Figura 6.75 Sección 15.

1ro: Descomposición de las figuras

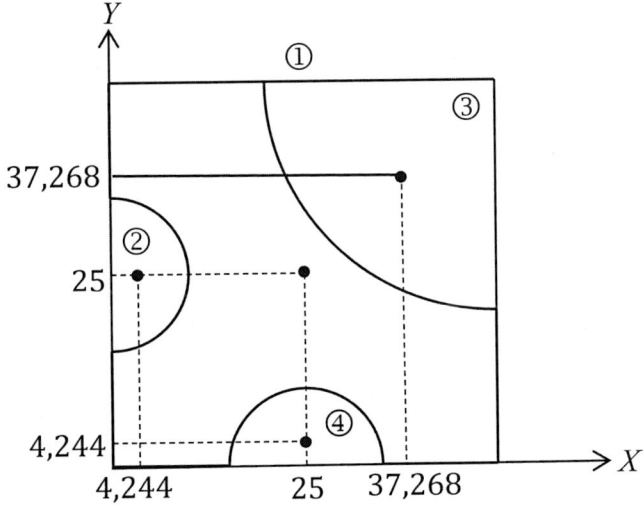

Calculamos las áreas:

$$A_1 = 50 \cdot 50 = 2500 \ cm^2$$

$$A_2 = A_4 = -\frac{\pi \cdot 10^2}{2} = -157,08 \ cm^2$$

$$A_3 = -\frac{\pi \cdot 30^2}{4} = -706,858 \ cm^2$$

2do: Cálculo de las coordenadas del baricentro

Figura	A_i	x_i	$A_i \cdot x_i$
1	2500	25	62.500
2	−157,08	4,244	−666,648
3	−706,858	37,268	−26.343,184
4	−157,08	25	−3927
	1478,982		31.563,168

$$x_G = \frac{31.563,168}{1478,982} = 21,341 \ cm \therefore y_G = 21,341 \ cm$$

3ro: Representación gráfica

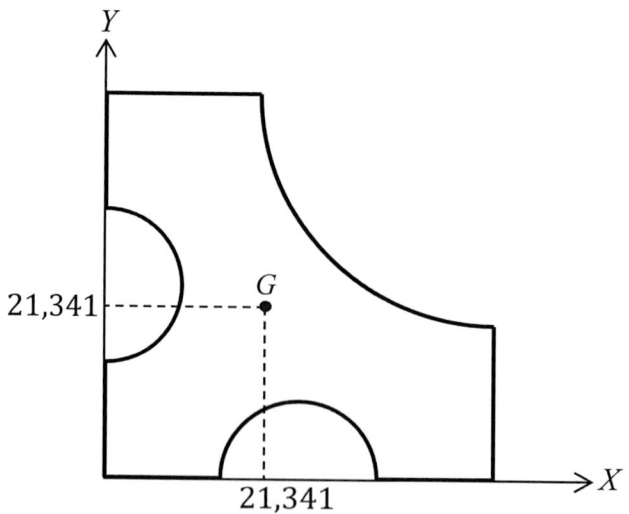

PRÁCTICA 121

Calcular las coordenadas del baricentro de la siguiente sección.

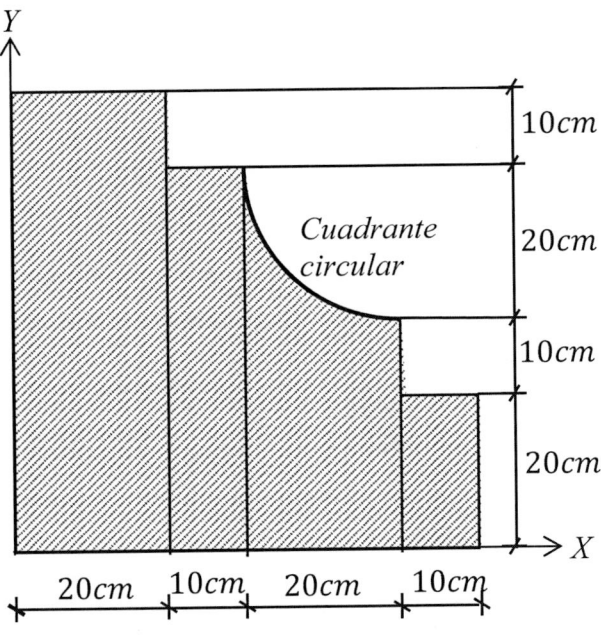

Figura 6.76 Sección 16.

1ro: Descomposición de las figuras

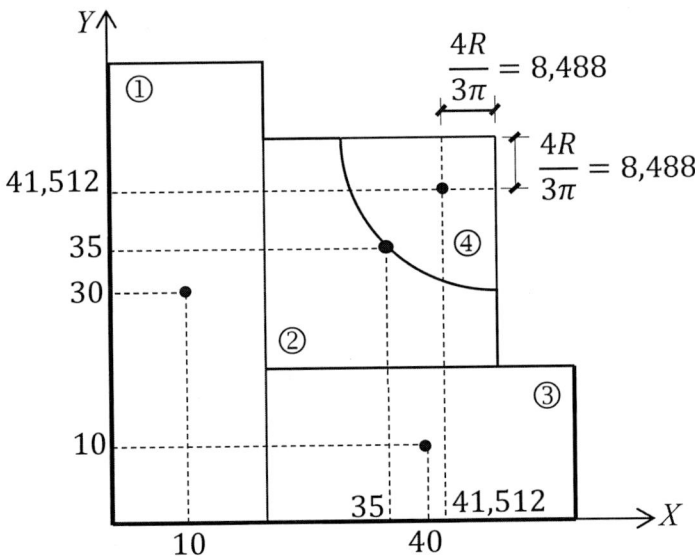

Calculamos las áreas

$$A_1 = 20 \cdot 60 = 1200 \ cm^2$$

$$A_1 = 30 \cdot 30 = 900 \ cm^2$$

$$A_1 = 20 \cdot 40 = 800 \ cm^2$$

$$A_3 = -\frac{\pi \cdot 20^2}{4} = -314,159 \ cm^2$$

2do: Cálculo de las coordenadas del baricentro

Figura	A_i	x_i	$A_i \cdot x_i$
1	1200	10	12.000
2	900	35	31.500
3	800	40	32.000
4	−314,159	41,512	−13.041,368
	2585,841		62.458,632

$$x_G = \frac{62.458,632}{2585,841} = 24,154 \ cm$$

Como la figura tiene simetría oblicua a 45 grados

$$y_G = x_G = 24,154 \ cm$$

3ro: Representación gráfica

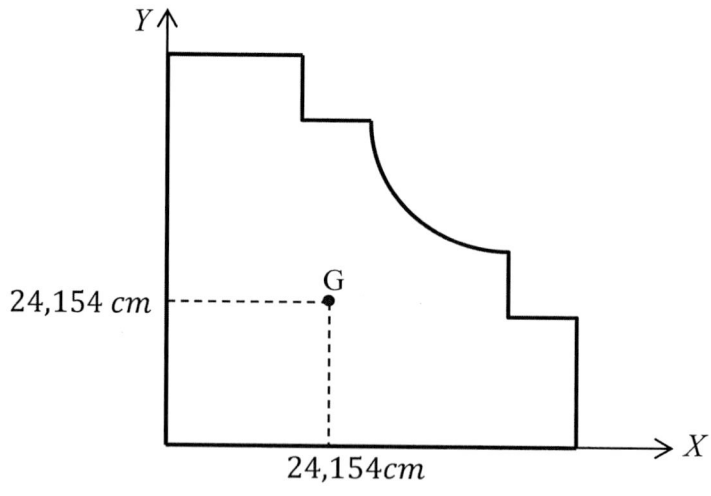

PRÁCTICA 122

Calcular las coordenadas del baricentro de la siguiente sección.

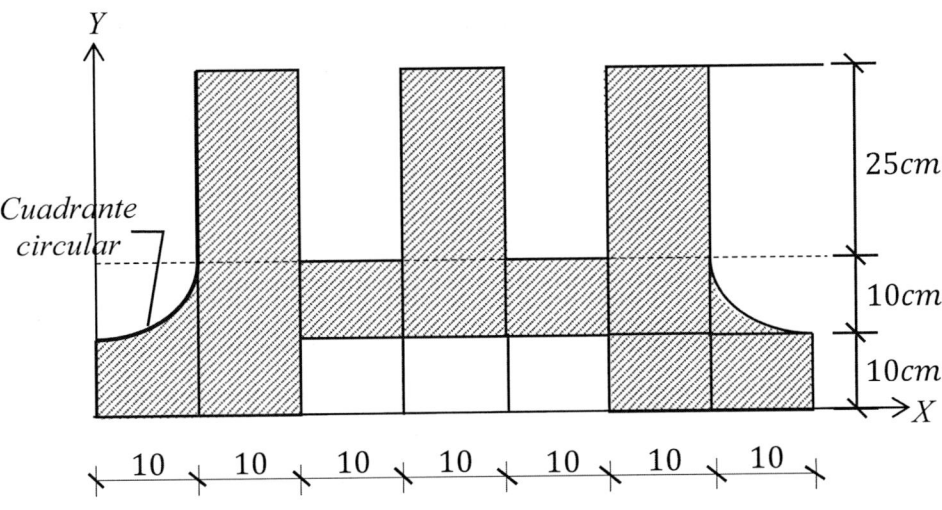

Figura 6.77 Sección 17.

1ro: Descomposición de las figuras

Como la figura es simétrica vertical $x_G = 35$ cm y el valor de y_G podemos calcularlo con la mitad de la sección:

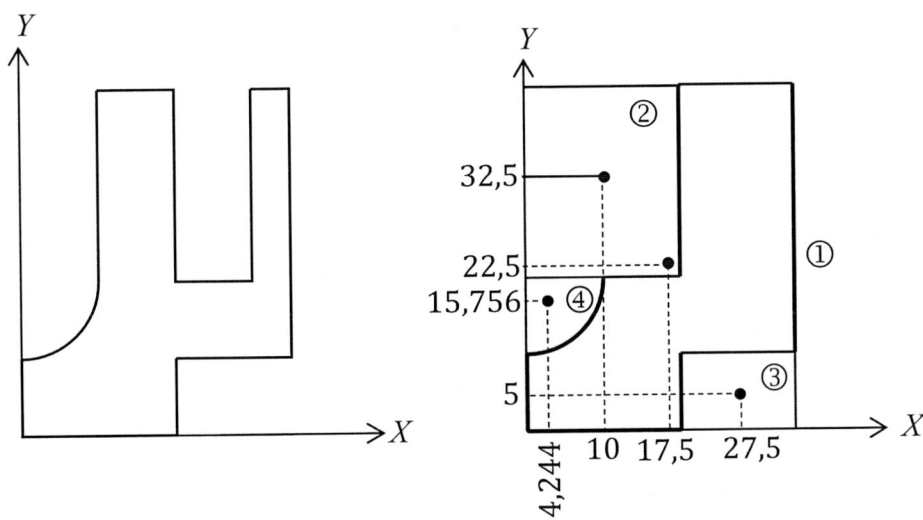

Es posible mover horizontalmente las figuras cuando calculamos y_G.

Calculamos las áreas:

$$A_1 = 35 \cdot 45 = 1575 \ cm^2$$

$$A_1 = -20 \cdot 25 = -500 \ cm^2$$

$$A_1 = -20 \cdot 10 = -200 \ cm^2$$

$$A_2 = -\frac{\pi \cdot 10^2}{4} = -78,54 \ cm^2$$

2do: Cálculo de las coordenadas del baricentro

Figura	A_i	y_i	$A_i \cdot y_i$
1	1575	22,5	35.437,5
2	−500	32,5	−16.250
3	−200	5	−750
4	−78,54	15,756	−1237,476
	846,46		17.200,024

$$y_G = \frac{17.200,024}{846,46} = 20,32 \ cm$$

3ro: Representación gráfica

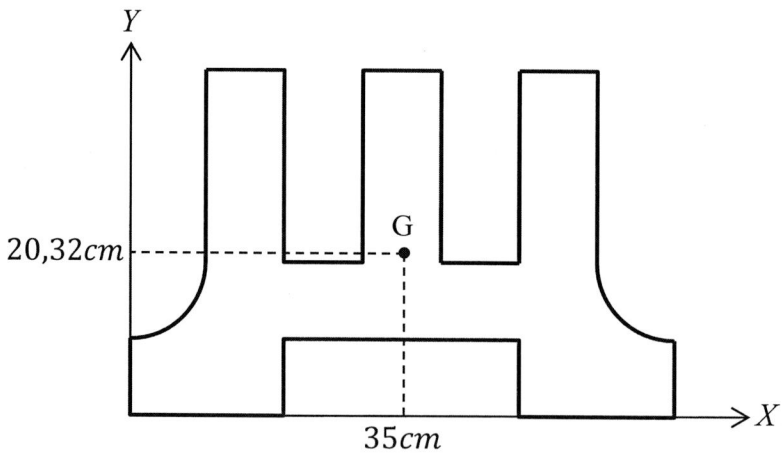

PRÁCTICA 123

Calcular las coordenadas del baricentro de la sección.

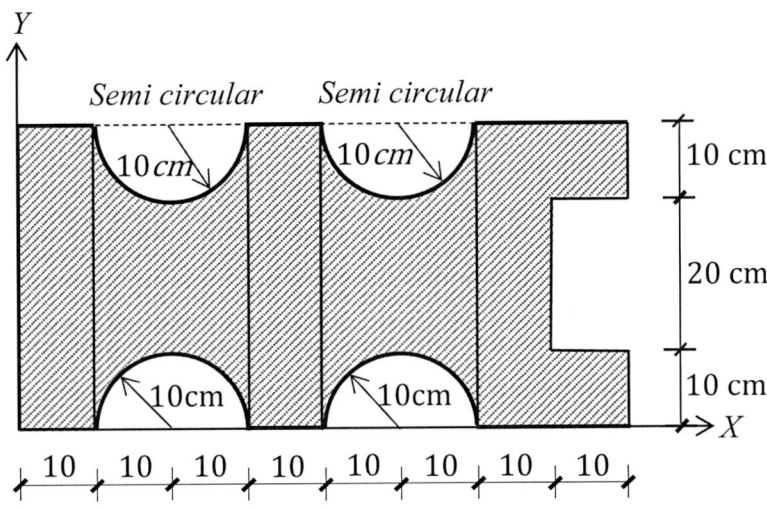

Figura 6.78 Sección 18.

1ro: Descomposición de las fuerzas

La sección tiene un eje de simetría horizontal, por lo tanto:

$$y_G = 20 \ cm$$

Para calcular X_G es posible desplazar verticalmente las figuras que forman la sección.

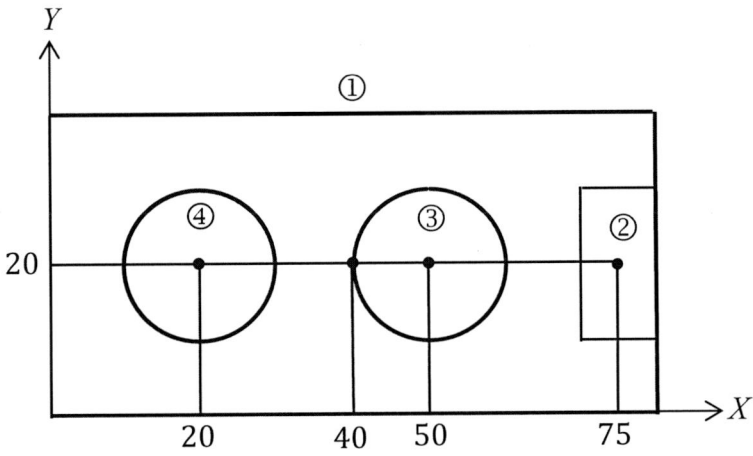

Calculamos las áreas:

$$A_1 = 80 \cdot 40 = 3200 \ cm^2$$

$$A_2 = -10 \cdot 20 = -200 \ cm^2$$

$$A_3 = A_4 = -\pi \cdot 10^2 = -314,159 \ cm^2$$

2do: Cálculo de las coordenadas del baricentro

Figura	A_i	x_i	$A_i \cdot x_i$
1	3200	40	128.000
2	−200	75	−15.000
3	−314,159	50	−15.707,95
4	−314,159	20	−6283,18
	2371,682		91.008,87

$$x_G = \frac{91.008,87}{2371,682} = 38,373 cm$$

3ro: Representación gráfica

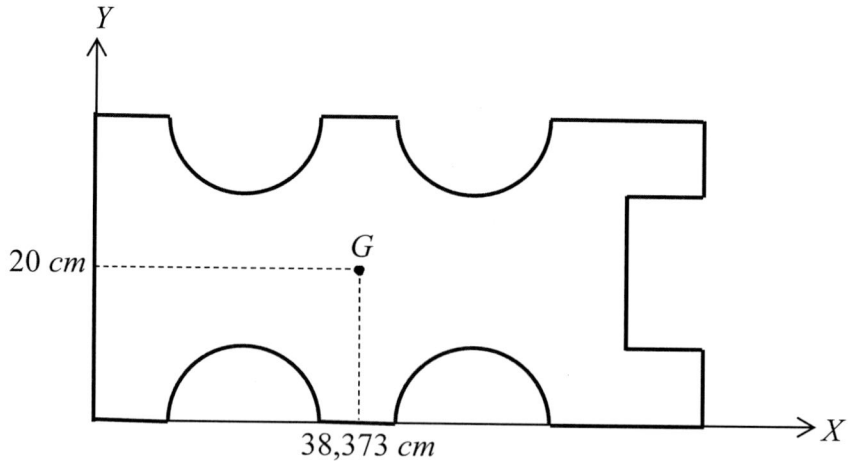

PRÁCTICA 124

Calcular las coordenadas del baricentro de la siguiente sección

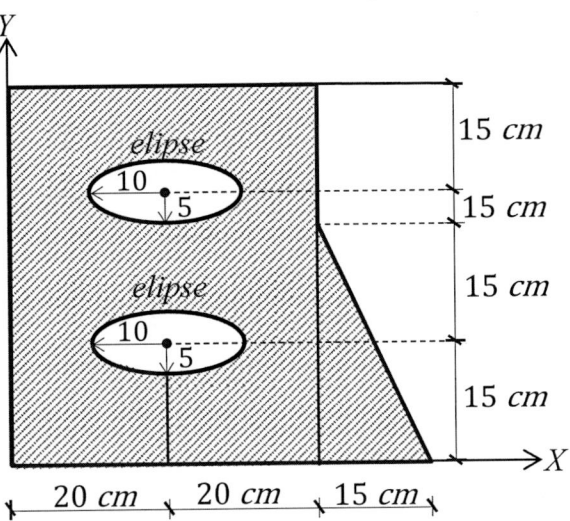

Figura 6.79 Sección 19.

1ro: Descomposición de las figuras

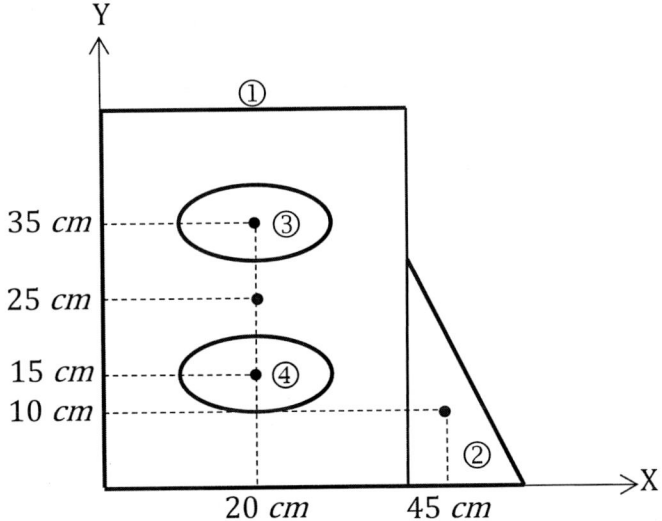

Calculamos las áreas:

$$A_1 = 40 \cdot 50 = 2000 \ cm^2$$

$$A_2 = \frac{15 \cdot 30}{2} = 225 \; cm^2$$

$$A_3 = A_4 = -\pi \cdot 10 \cdot 5 = -157{,}08 \; cm^2$$

2do: Cálculo de las coordenadas del baricentro

Figura	A_i	x_i	y_i	$A_i \cdot x_i$	$A_i \cdot y_i$
1	2000	20	25	40.000	50.000
2	225	45	10	10125	2250
3	−157,08	20	35	−3141,6	−5497,8
4	−157,08	20	15	−3141,6	−2356,2
	1910,84			43.841,8	44.396

$$x_G = \frac{43.841{,}8}{1910{,}84} = 22{,}944 \; cm$$

$$y_G = \frac{44.396}{1910{,}84} = 23{,}234 \; cm$$

3ro: Representación gráfica

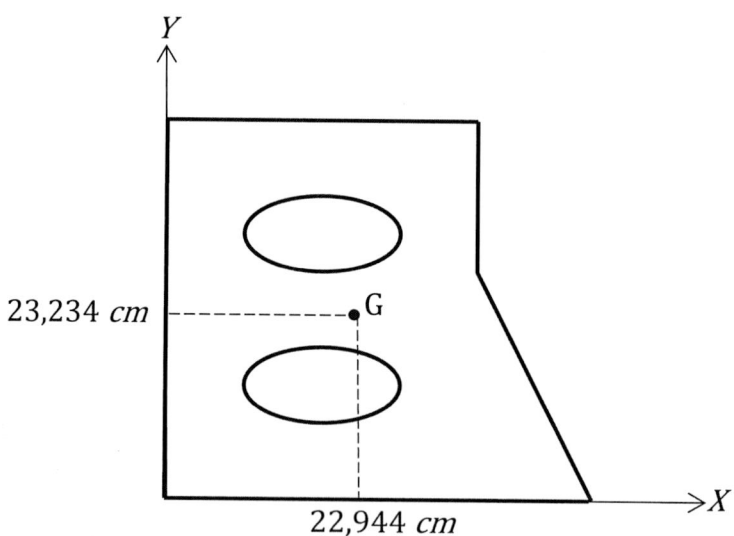

PRÁCTICA 125

Calcular las coordenadas del baricentro de la siguiente sección.

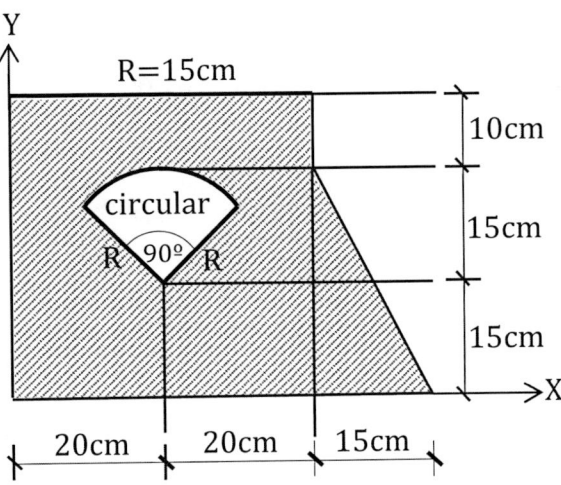

Figura 6.80 Sección 20.

1ro: Descomposición de figuras

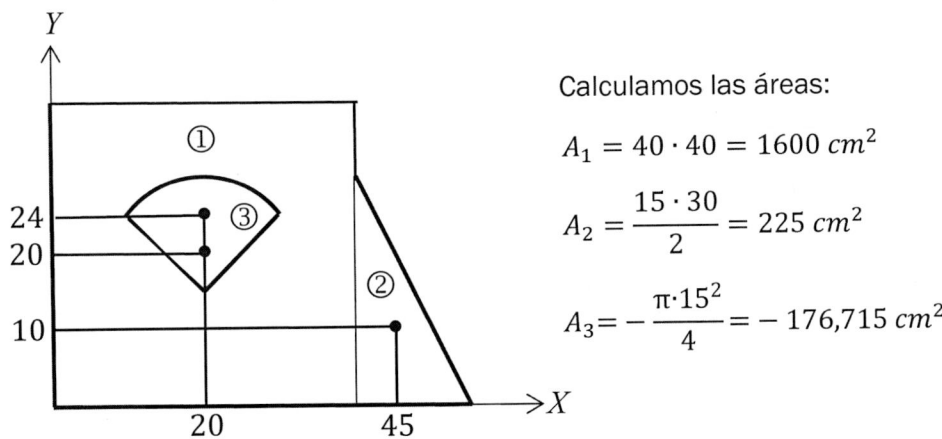

Calculamos las áreas:

$$A_1 = 40 \cdot 40 = 1600 \ cm^2$$

$$A_2 = \frac{15 \cdot 30}{2} = 225 \ cm^2$$

$$A_3 = -\frac{\pi \cdot 15^2}{4} = -176,715 \ cm^2$$

El orificio es un cuadrante circular girado 45° cuyo baricentro se define a continuación:

$$a = \frac{4R}{3\pi} = \frac{4 \cdot 15}{3\pi}$$

$$a = 6,366 cm$$

Calculamos la distancia b:

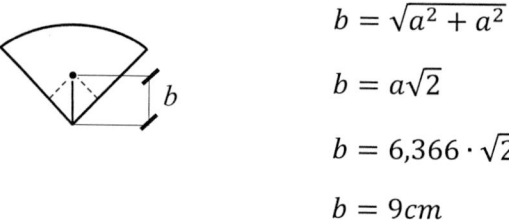

$$b = \sqrt{a^2 + a^2}$$

$$b = a\sqrt{2}$$

$$b = 6{,}366 \cdot \sqrt{2}$$

$$b = 9cm$$

Para la coordenada "y" de este elemento tenemos:

$$y_G = 15\ cm + b = 24\ cm$$

2do: Cálculo de las coordenadas del baricentro

Figura	A_i	x_i	y_i	$A_i \cdot x_i$	$A_i \cdot y_i$
1	1600	20	20	32.000	32.000
2	225	45	10	10.125	2250
3	−176,715	20	24	−3534,3	−4241,16
	1648,285			38.590,7	30.008,84

$$x_G = \frac{38.590{,}7}{1648{,}285} = 23{,}413\ cm$$

$$y_G = \frac{30.008{,}84}{1648{,}285} = 18{,}206\ cm$$

3ro: Representación gráfica

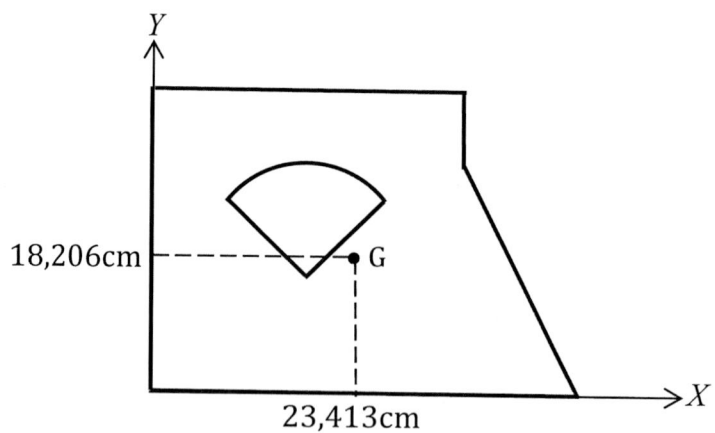

PRÁCTICA 126

Calcular las coordenadas del baricentro de la siguiente figura.

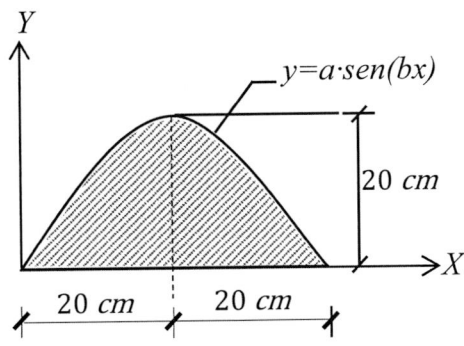

Figura 6.81 Sección 21.

1ro: Ecuación del arco trigonométrico

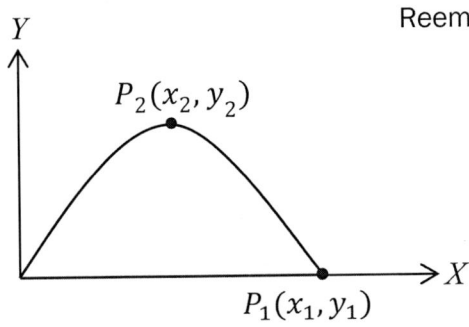

$P_1(x_1, y_1) = (40,0)$

$P_2(x_2, y_2) = (20,20)$

Reemplazamos $P_1(x_1, y_1)$ en la ecuación:

$$y = a \cdot sen(bx)$$

$$0 = a \cdot sen(b \cdot 40)$$

$$b = \frac{1}{40} \text{arcsen}(0)$$

$$b = \frac{\pi}{40}$$

Reemplazamos $P_2(x_2, y_2)$ en la ecuación:

$$y = a \cdot sen\left(\frac{\pi}{40}x\right)$$

$$20 = a \cdot sen\left(\frac{\pi}{40}20\right)$$

$$a = 20$$

La ecuación del arco es:

$$y = 20 \cdot sen\left(\frac{\pi}{40}x\right)$$

2do: Cálculo del área

$$A = \int_0^{40} 20 \cdot sen\left(\frac{\pi}{40}x\right) dx$$

$$A = 509{,}296 \; cm^2$$

3ro: Cálculo de las coordenadas del baricentro

$$x_G = \frac{1}{A} \int y \cdot x \cdot dx$$

$$x_G = \frac{1}{509{,}296} \int_0^{40} 20 \cdot sen\left(\frac{\pi}{40}x\right) \cdot xdx = 20 \; cm$$

$$y_G = \frac{1}{2A} \int y^2 dx$$

$$y_G = \frac{1}{2 \cdot 509{,}296} \int_0^{40} \left[20 \cdot Sen\left(\frac{\pi}{40}x\right)\right]^2 dx = 7{,}854 \; cm$$

4to: Representación gráfica

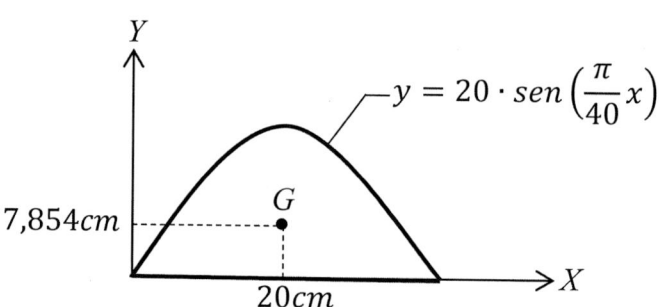

PRÁCTICA 127

Calcular las coordenadas del baricentro de la siguiente figura.

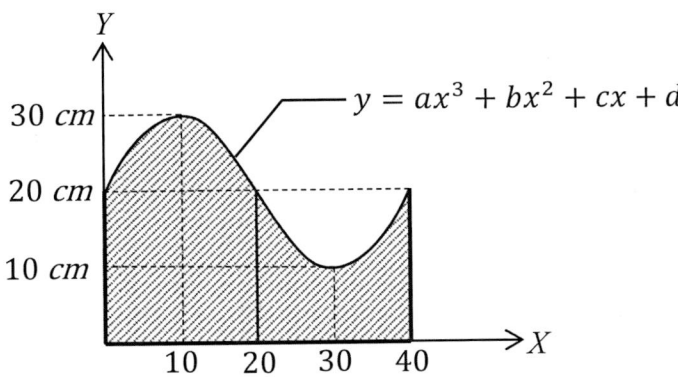

Figura 6.82 Sección 22.

1ro: Ecuación de la curva cúbica

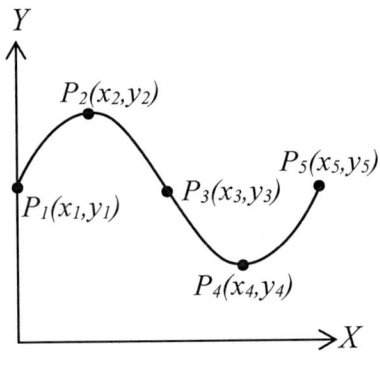

$P_1(x_1, y_1) = (0,20)$
$P_2(x_2, y_2) = (10,30)$
$P_3(x_3, y_3) = (20,20)$
$P_4(x_4, y_4) = (30,10)$
$P_5(x_5, y_5) = (40,20)$

Reemplazamos $P_1(x_1, y_1)$

en la ecuación:

$20 = a \cdot 0^3 + b \cdot 0^2 + c \cdot 0 + d$

$d = 20$

Reemplazamos $P_2(x_2, y_2)$

$30 = a \cdot 10^3 + b \cdot 10^2 + c \cdot 10 + 20$

$30 - 20 = 1000a + 100b + 10c$

$1000a + 100b + 10c = 10 \div 10$

$100a + 10b + c = 1 \ ①$

Reemplazamos $P_3(x_3, y_3)$

$20 = a \cdot 20^3 + b \cdot 20^2 + c \cdot 20 + 20 \div 20$

$400a + 20b + c = 0 \ ②$

Reemplazamos $P_4(x_4, y_4)$

$$10 = a \cdot 30^3 + b \cdot 30^2 + c \cdot 30 + 20$$

$$10 - 20 = 27000a + 900b + 30c \div 10$$

$$2700a + 90b + 3c = -1 \quad ③$$

Resolviendo el sistema de ecuaciones ①, ② y ③:

$$a = 3{,}333 \cdot 10^{-3}$$

$$b = -0{,}2$$

$$c = 2{,}667$$

La ecuación de la curva cúbica es:

$$y = 3{,}333 \cdot 10^{-3}x^3 - 0{,}2x^2 + 2{,}667 \cdot x + 20$$

2do: Cálculo del área

$$A = \int_0^{40} (3{,}333 \cdot 10^{-3}x^3 - 0{,}2x^2 + 2{,}667 \cdot x + 20)\, dx$$

$$A = 800{,}053 \; cm^2$$

3ro: Cálculo de las coordenadas del baricentro

$$x_G = \frac{1}{A} \int y \cdot x \cdot dx$$

$$x_G = \frac{1}{800{,}053} \int_0^{40} (3{,}333 \cdot 10^{-3}x^3 - 0{,}2x^2 + 2{,}667 \cdot x + 20)x\,dx$$

$$x_G = 16{,}444 \; cm$$

$$y_G = \frac{1}{2A} \int y^2 \cdot dx$$

$$y_G = \frac{1}{2 \cdot 800{,}053} \int_0^{40} (3{,}333 \cdot 10^{-3}x^3 - 0{,}2x^2 + 2{,}667 \cdot x + 20)^2\,dx$$

$$y_G = 11{,}356 \; cm$$

4to: Representación gráfica

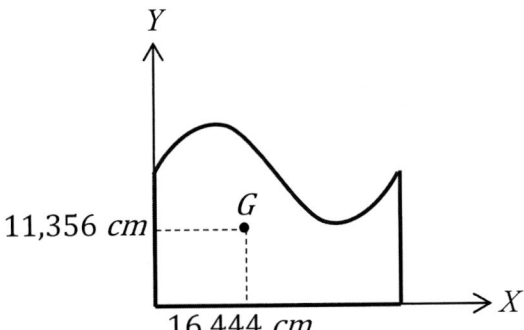

PRÁCTICA 128

Calcular las coordenadas del baricentro de la siguiente figura.

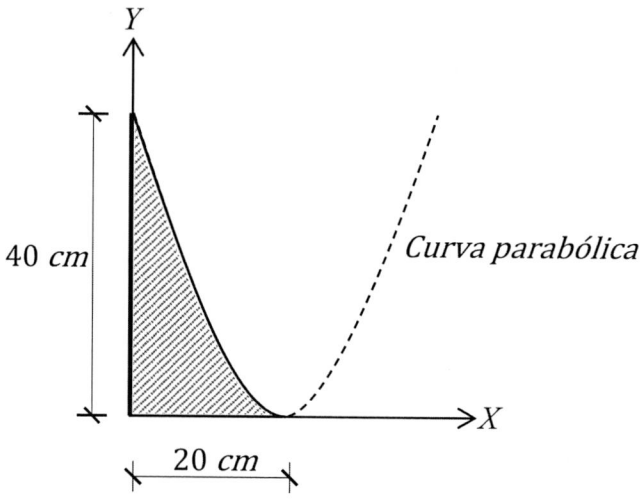

40 cm

Curva parabólica

20 cm

Figura 6.83 Sección 23.

1ro: Ecuación de la curva parabólica

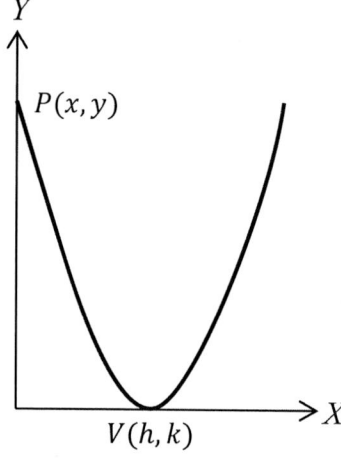

$P(x, y) = (0, 40)$
$V(h, k) = (20, 0)$

Reemplazamos $P = (x, y)$ y $V = (h, k)$ en la ecuación de la parábola:

$(x - h)^2 = 4a(y - k)$

$(0 - 20)^2 = 4a(40 - 0)$

$400 = 160a$

$a = 2{,}5$

Reemplazamos a y $V = (h, k)$ en la ecuación de la parábola:

$(x - h)^2 = 4a(y - k)$

$(x - 20)^2 = 4 \cdot 2{,}5(y - 0)$

$x^2 - 40x + 400 = 10y$

$$y = \frac{x^2 - 40x + 400}{10}$$

2do: Cálculo del área

$$A = \int_0^{20} \frac{x^2 - 40x + 400}{10} dx$$

$$A = 266{,}667 cm^2$$

3ro: Cálculo de las coordenadas del baricentro

$$x_G = \frac{1}{A} \int y \cdot x dx$$

$$x_G = \frac{1}{266{,}667} \int_0^{20} \left(\frac{x^2 - 40x + 400}{10} \right) x dx = 5 \; cm$$

$$y_G = \frac{1}{2A} \int y^2 dx$$

$$y_G = \frac{1}{2 \cdot 266{,}667} \int_0^{20} \left(\frac{x^2 - 40x + 400}{10} \right)^2 dx = 12 \; cm$$

4to: Representación gráfica

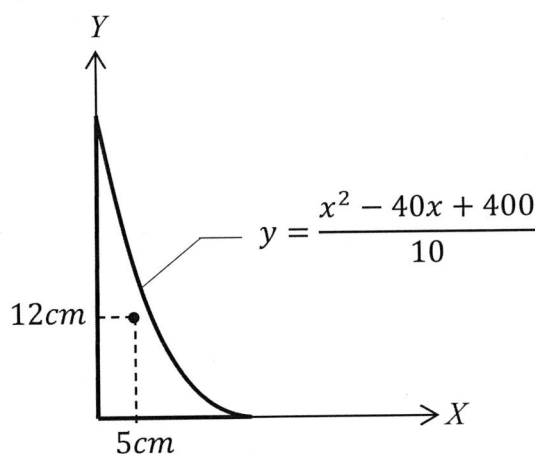

PRÁCTICA 129

Calcular las inercias de la siguiente sección.

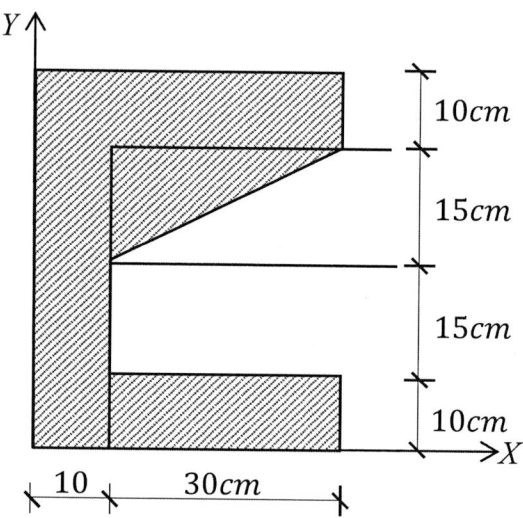

Figura 6.84 Sección 24.

1ro: Cálculo de las coordenadas del baricentro

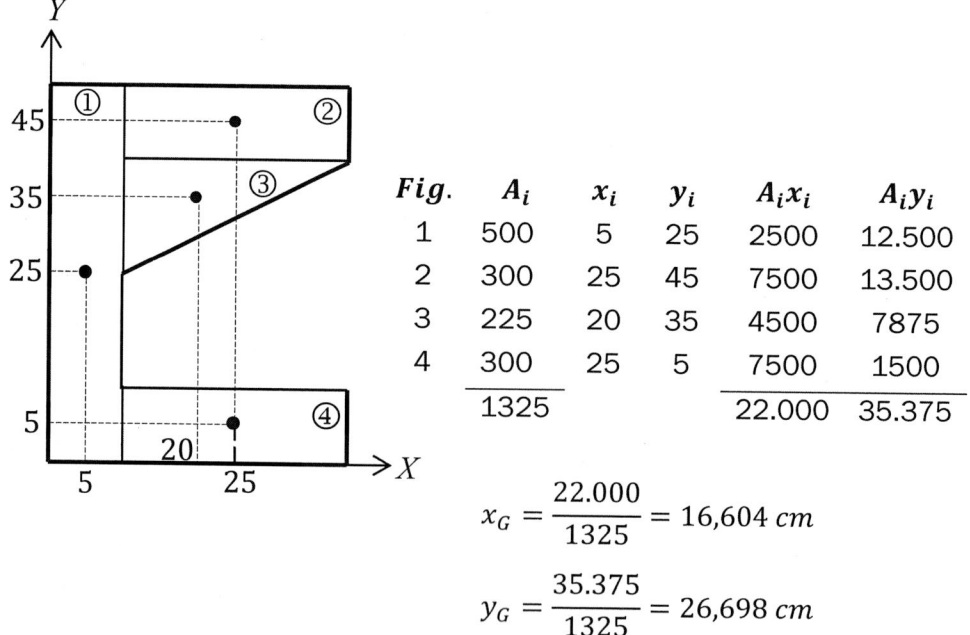

Fig.	A_i	x_i	y_i	$A_i x_i$	$A_i y_i$
1	500	5	25	2500	12.500
2	300	25	45	7500	13.500
3	225	20	35	4500	7875
4	300	25	5	7500	1500
	1325			22.000	35.375

$$x_G = \frac{22.000}{1325} = 16,604 \ cm$$

$$y_G = \frac{35.375}{1325} = 26,698 \ cm$$

2do: Cálculo de inercias por Steiner

$$I_{\bar{x}} = \sum_{i=1}^{4} [Ix_i + A_i(y_G - y_i)^2]$$

$$Ix^{①} = \frac{10 \cdot 50^3}{12} + 500(26,698 - 25)^2 = 105.608,269$$

$$Ix^{②} = \frac{30 \cdot 10^3}{12} + 300(26,698 - 45)^2 = 102.988,961$$

$$Ix^{③} = \frac{30 \cdot 15^3}{36} + 225(26,698 - 35)^2 = 18.320,221$$

$$Ix^{④} = \frac{30 \cdot 10^3}{12} + 300(26,698 - 5)^2 = 143.740,961$$

$$I_{\bar{x}} = Ix^{①} + Ix^{②} + Ix^{③} + Ix^{④}$$

$$I_{\bar{x}} = 370.658,412 \ cm^4$$

$$I_{\bar{y}} = \sum_{i=1}^{4} [Iy_i + A_i(x_G - x_i)^2]$$

$$Iy^{①} = \frac{10^3 \cdot 50}{12} + 500(16,604 - 5)^2 = 71.493,075$$

$$Iy^{②} = \frac{30^3 \cdot 10}{12} + 300(16,604 - 25)^2 = 43.647,845$$

$$Iy^{③} = \frac{30^3 \cdot 15}{36} + 225(16,604 - 20)^2 = 13.844,884$$

$$Iy^{④} = \frac{30^3 \cdot 10}{12} + 300(16,604 - 25)^2 = 43.647,845$$

$$I_{\bar{y}} = Iy^{①} + Iy^{②} + Iy^{③} + Iy^{④}$$

$$I_{\bar{y}} = 172.633,649 \ cm^4$$

PRÁCTICA 130

Calcular las inercias de la siguiente sección.

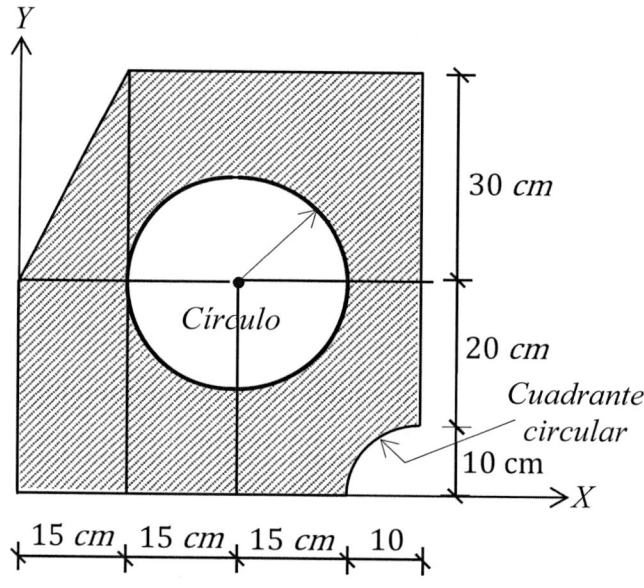

Figura 6.85 Sección 25.

1ro: Cálculo de las coordenadas del baricentro

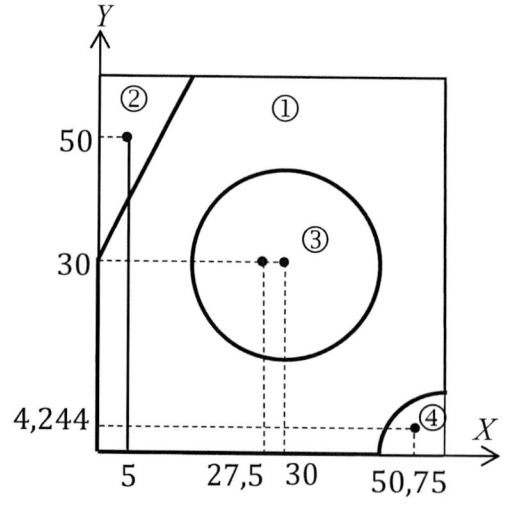

Fig.	A_i	x_i	y_i
1	3300	27,5	30
2	−225	5	50
3	−706,858	30	30
4	−78,54	50,756	4,244
	2289,602		

Fig.	$A_i \cdot x_i$	$A_i \cdot y_i$
1	90.750	99.000
2	−1125	−11.250
3	−21.205,74	−21.205,74
4	−3986,376	−333,324
	64.432,884	66.210,936

$$x_G = \frac{64.432,884}{2289,602} = 28,142 cm$$

$$y_G = \frac{66.210,936}{2289,602} = 28,918 \ cm$$

2do: Cálculo de inercias por Steiner

$$I_{\bar{x}} = \sum_{i=1}^{4} [Ix_i + A_i(y_G - y_i)^2]$$

$$Ix^{①} = \frac{55 \cdot 60^3}{12} + 3300(28,918 - 30)^2 = 993.863,389$$

$$Ix^{②} = \frac{15 \cdot 30^3}{36} + 225(28,918 - 50)^2 = 111.251,413$$

$$Ix^{③} = \frac{\pi \cdot 15^4}{4} + 706,858(28,918 - 30)^2 = 40.588,318$$

$$Ix^{④} = 0,05488 \cdot 10^4 + 78,54(28,918 - 4,244)^2 = 48.364,445$$

$$I_{\bar{x}} = Ix^{①} - Ix^{②} - Ix^{③} - Ix^{④}$$

$$I_{\bar{x}} = 793.659,213 \ cm^4$$

$$I_{\bar{y}} = \sum_{i=1}^{4} [Iy_i + A_i(x_G - x_i)^2]$$

$$Iy^{①} = \frac{55^3 \cdot 60}{12} + 3300(28,142 - 27,5)^2 = 833.235,141$$

$$Iy^{②} = \frac{15^3 \cdot 30}{36} + 225(28,142 - 5)^2 = 123.311,737$$

$$Iy^{③} = \frac{\pi \cdot 15^4}{4} + 706,858(28,142 - 30)^2 = 42.200,972$$

$$Iy^{④} = 0,05488 \cdot 10^4 + 78,54(28,142 - 50,756)^2 = 40.713,606$$

$$I_{\bar{y}} = Iy^{①} - Iy^{②} - Iy^{③} - Iy^{④}$$

$$I_{\bar{y}} = 627.008,826 \ cm^4$$

PRÁCTICA 131

Calcular las inercias de la siguiente sección.

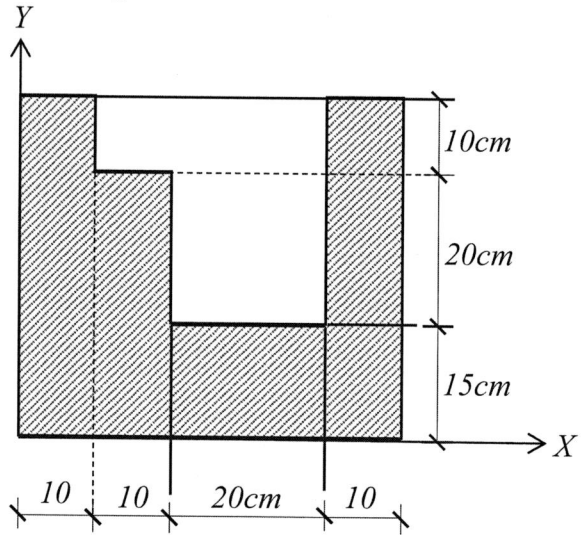

Figura 6.86 Sección 26.

1ro: Cálculo de las coordenadas del baricentro

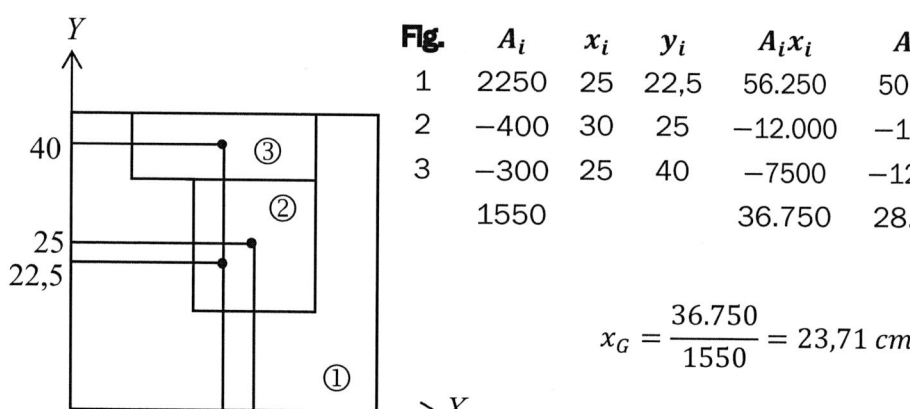

Fig.	A_i	x_i	y_i	$A_i x_i$	$A_i y_i$
1	2250	25	22,5	56.250	50.625
2	−400	30	25	−12.000	−10.000
3	−300	25	40	−7500	−12.000
	1550			36.750	28.625

$$x_G = \frac{36.750}{1550} = 23,71 \; cm$$

$$y_G = \frac{28.625}{1550} = 18,468 \; cm$$

2do: Cálculo de inercias por Steiner

$$I_{\bar{x}} = \sum_{i=1}^{3} [Ix_i + A_i(y_G - y_i)^2]$$

$$Ix^{①} = \frac{50 \cdot 45^3}{12} + 2250(18{,}468 - 22{,}5)^2 = 416.265{,}804$$

$$Ix^{②} = \frac{20 \cdot 20^3}{12} + 400(18{,}468 - 25)^2 = 30.400{,}143$$

$$Ix^{③} = \frac{30 \cdot 10^3}{12} + 300(18{,}468 - 40)^2 = 141.588{,}107$$

$$I_{\bar{x}} = Ix^{①} - Ix^{②} - Ix^{③}$$

$$I_{\bar{x}} = 244.277{,}554 \; cm^4$$

$$I_{\bar{y}} = \sum_{i=1}^{3} [Iy_i + A_i(x_G - x_i)^2]$$

$$Iy^{①} = \frac{50^3 \cdot 45}{12} + 2250(23{,}71 - 25)^2 = 472.494{,}225$$

$$Iy^{②} = \frac{20^3 \cdot 20}{12} + 400(23{,}71 - 30)^2 = 29.158{,}973$$

$$Iy^{③} = \frac{30^3 \cdot 10}{12} + 300(23{,}71 - 25)^2 = 22.999{,}230$$

$$I_{\bar{y}} = Iy^{①} - Iy^{②} - Iy^{③}$$

$$I_{\bar{y}} = 420.336{,}022 \; cm^4$$

PRÁCTICA 132

Calcular las inercias de la siguiente sección.

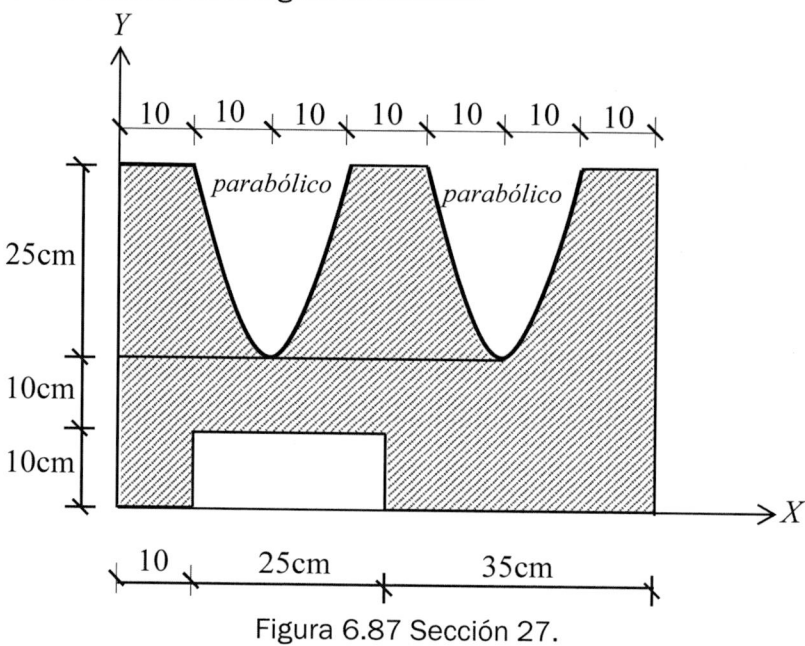

Figura 6.87 Sección 27.

1ro: Cálculo de las coordenadas del baricentro

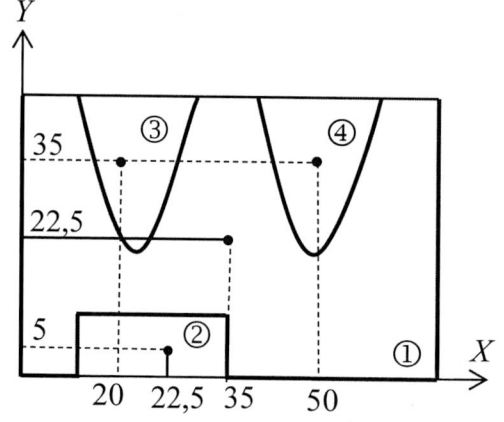

Fig.	A_i	x_i	y_i
1	3150	35	22,5
2	−250	22,5	5
3	−333,333	20	35
4	−333,333	50	35
	2233,334		

Fig.	$A_i x_i$	$A_i y_i$
1	110.250	70.875
2	−5625	−1250
3	−6666,660	−11.666,655
4	−16.666,65	−11.666,665
	81.291,69	46.291,69

$$x_G = \frac{81.291,69}{2233,334} = 36,399 \; cm \qquad\qquad y_G = \frac{46.291,69}{2233,334} = 20,728 \; cm$$

2do: Cálculo de inercias por Steiner

$$I_{\bar{x}} = \sum_{i=1}^{4}[Ix_i + A_i(y_G - y_i)^2]$$

$$Ix^{①} = \frac{70 \cdot 45^3}{12} + 3150(20,728 - 22,5)^2 = 541.453,45$$

$$Ix^{②} = \frac{25 \cdot 10^3}{12} + 250(20,728 - 5)^2 = 63.925,829$$

$$Ix^{③} = \frac{8 \cdot 20 \cdot 25^3}{175} + 333,333(20,728 - 35)^2 = 82.182,308$$

$$Ix^{④} = \frac{8 \cdot 20 \cdot 25^3}{175} + 333,333(20,728 - 35)^2 = 82.182,308$$

$$I_{\bar{x}} = Ix^{①} - Ix^{②} - Ix^{③} - Ix^{④}$$

$$I_{\bar{x}} = 313.163,005 \; cm^4$$

$$I_{\bar{y}} = \sum_{i=1}^{4}[Iy_i + A_i(x_G - x_i)^2]$$

$$Iy^{①} = \frac{70^3 \cdot 45}{12} + 3150(36,399 - 35)^2 = 1.292.415,183$$

$$Iy^{②} = \frac{25^3 \cdot 10}{12} + 250(36,399 - 22,5)^2 = 61.316,384$$

$$Iy^{③} = \frac{20^3 \cdot 25}{30} + 333,333(36,399 - 20)^2 = 96.308,977$$

$$Iy^{④} = \frac{20^3 \cdot 25}{30} + 333,333(36,399 - 50)^2 = 68.329,005$$

$$I_{\bar{y}} = Iy^{①} - Iy^{②} - Iy^{③} - Iy^{④}$$

$$I_{\bar{y}} = 1.066.460,817 \; cm^4$$

PRÁCTICA 133

Calcular las inercias de la siguiente sección.

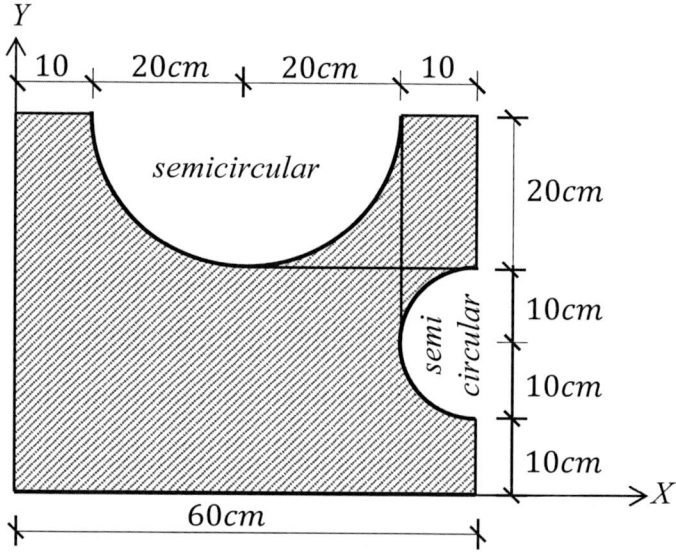

Figura 6.88 Sección 28.

1ro: Cálculo de coordenadas del baricentro

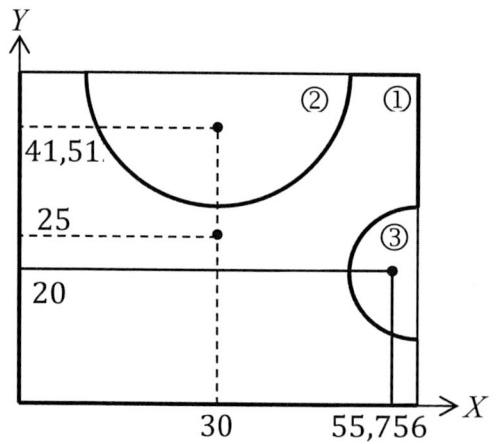

Fig.	Al	xl	yl
1	3000	30	25
2	−628,319	30	41,512
3	−157,08	55,756	20
	2214,601		

Fig.	Al·xl	Al·yl
1	90.000	75.000
2	−18.849,57	−26.082,778
3	−8758,152	−3141,6
	62.392,278	45.775,622

2do: Cálculo de inercias por Steiner

$$x_G = \frac{62.392,278}{2214,601} = 28,173 \quad \sum_{i=1}^{3}[Ixi + A_i(y_G - yi)^2]\frac{45.775,622}{2214,601} = 20,67 \; cm$$

$$Ix^{①} = \frac{60 \cdot 50^3}{12} + 3000(20,67 - 25)^2 = 68.1246,7$$

$$Ix^{②} = 0,1098 \cdot 20^4 + 628,319(20,67 - 41,512)^2 = 290.502,839$$

$$Ix^{③} = \frac{\pi \cdot 10^4}{8} + 157,08(20,67 - 20)^2 = 3997,504$$

$$I_{\bar{x}} = Ix^{①} - Ix^{②} - Ix^{③}$$

$$I\bar{x} = 386746,357 \; cm^4$$

$$I_{\bar{y}} = \sum_{i=1}^{3}[Iyi + Ai(Xg - Xi)^2]$$

$$Iy^{①} = \frac{60^3 \cdot 50}{12} + 3000(28,173 - 30)^2 = 910.013,787$$

$$Iy^{②} = \frac{\pi \cdot 20^4}{8} + 628,319(28,173 - 30)^2 = 64.929,137$$

$$Iy^{③} = 0,1098 \cdot 10^4 + 157,08(28,173 - 55,756)^2 = 120.607,902$$

$$I\bar{y} = Iy^{①} - Iy^{②} - Iy^{③}$$

$$I\bar{y} = 724476,748 \; cm^4$$

TOMÁS ALEMÁN

PRÁCTICA 134

Calcular las inercias de la siguiente sección.

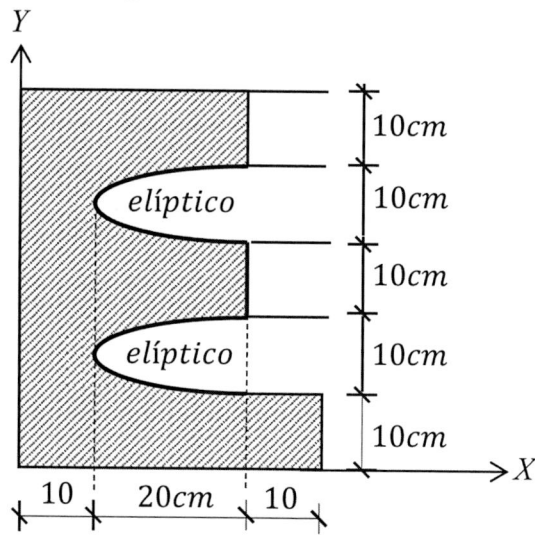

Figura 6.89 Sección 29.

1ro: Cálculo de coordenadas del baricentro

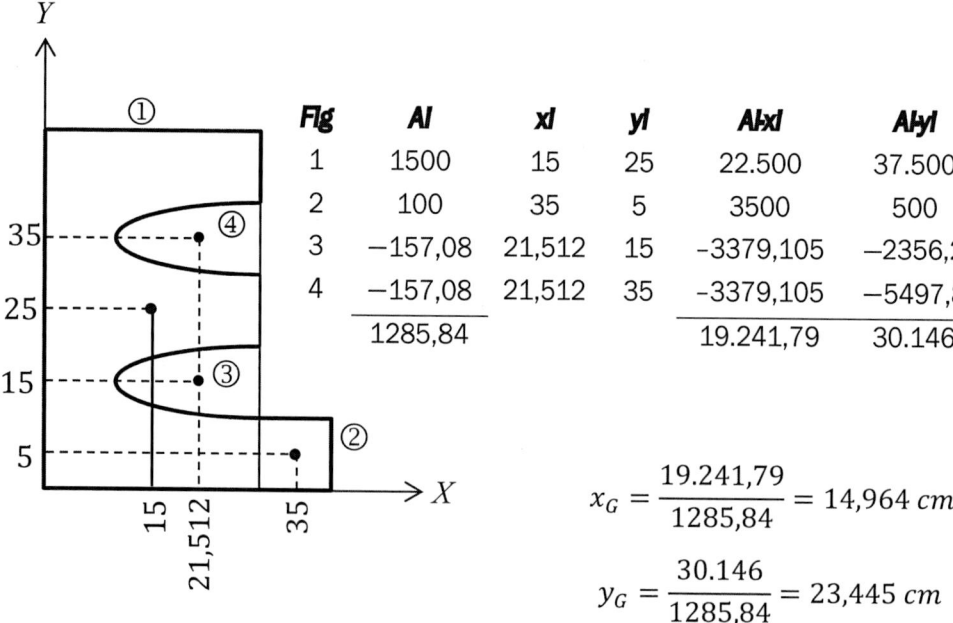

Fig	Ai	xi	yi	Ai·xi	Ai·yi
1	1500	15	25	22.500	37.500
2	100	35	5	3500	500
3	−157,08	21,512	15	-3379,105	−2356,2
4	−157,08	21,512	35	-3379,105	−5497,8
	1285,84			19.241,79	30.146

$$x_G = \frac{19.241,79}{1285,84} = 14,964 \ cm$$

$$y_G = \frac{30.146}{1285,84} = 23,445 \ cm$$

2do: Cálculo de inercias por Steiner

$$I_{\bar{x}} = \sum_{i=1}^{4}[Ix_i + A_i(y_G - y_i)^2]$$

$$Ix^{①} = \frac{30 \cdot 50^3}{12} + 1500(23{,}445 - 25)^2 = 316.127{,}038$$

$$Ix^{②} = \frac{10 \cdot 10^3}{12} + 100(23{,}445 - 5)^2 = 34.855{,}136$$

$$Ix^{③} = \frac{\pi \cdot 20 \cdot 5^3}{8} + 157{,}08(23{,}445 - 15)^2 = 12.184{,}383$$

$$Ix^{④} = \frac{\pi \cdot 20 \cdot 5^3}{8} + 157{,}08(23{,}445 - 35)^2 = 21.954{,}759$$

$$I_{\bar{x}} = Ix^{①} + Ix^{②} - Ix^{③} - Ix^{④}$$

$$I_{\bar{x}} = 316.843{,}027 \; cm^4$$

$$I_{\bar{y}} = \sum_{i=1}^{4}[Iyi + Ai(Xg - Xi)^2]$$

$$Iy^{①} = \frac{30^3 \cdot 50}{12} + 1500(14{,}964 - 15)^2 = 112.501{,}944$$

$$Iy^{②} = \frac{10^3 \cdot 10}{12} + 100(14{,}964 - 35)^2 = 40.977{,}463$$

$$Iy^{③} = 0{,}10976 \cdot 20^3 \cdot 5 + 157{,}08(14{,}964 - 21{,}512)^2 = 11.125{,}41$$

$$Iy^{④} = 0{,}10976 \cdot 20^3 \cdot 5 + 157{,}08(14{,}964 - 21{,}512)^2 = 11.125{,}41$$

$$I_{\bar{y}} = Iy^{①} + Iy^{②} - Iy^{③} - Iy^{④}$$

$$I_{\bar{y}} = 131.228{,}587 \; cm^4$$

PRÁCTICA 135

Calcular las Inercias de la siguiente sección.

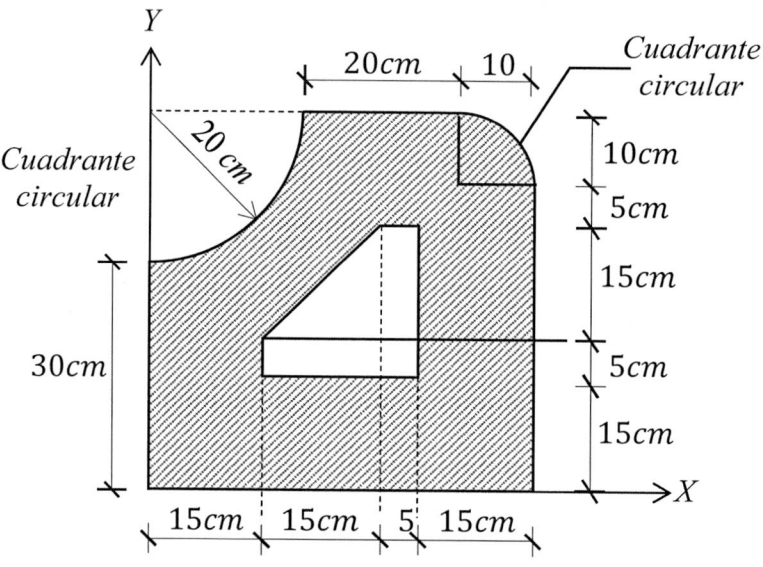

Figura 6.90 Sección 30.

1ro: Cálculo de coordenadas del baricentro

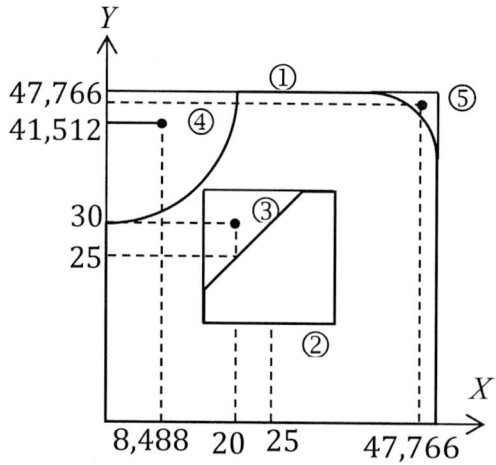

Fig.	Al	xl	yl
1	2500	25	25
2	−400	25	25
3	112,5	20	30
4	−314,159	8,488	41,512
5	−21,46	47,776	47,766
	1876,881		

Fig.	Al·xl	Al·yl
1	62.500	62.500
2	−10.000	−10.000
3	2250	3375
4	−2666,582	−13.041,368
5	−1025,058	−1025,058
	51.058,36	41.808,574

$$x_G = \frac{51.058,36}{1876,881} = 27,204 \; cm \qquad y_G = \frac{41.808,574}{1876,881} = 22,276 \; cm$$

2do: Cálculo de inercias por Steiner

$$I_{\bar{x}} = \sum_{i=1}^{5} [Ix_i + A_i(y_G - y_i)^2]$$

$$Ix^{①} = \frac{50 \cdot 50^3}{12} + 2500(22,276 - 25)^2 = 539.383,773$$

$$Ix^{②} = \frac{20 \cdot 20^3}{12} + 400(22,276 - 25)^2 = 16.301,404$$

$$Ix^{③} = \frac{15 \cdot 15^3}{36} + 112,5(22,276 - 30)^2 = 8118,020$$

$$Ix^{④} = 0,05488 \cdot 20^4 + 314,159(22,276 - 41,512)^2 = 125.027,074$$

$$Ix^{⑤} = 0,007545 \cdot 10^4 + 21,460(22,276 - 47,766)^2 = 14.018,873$$

$$I_{\bar{x}} = Ix^{①} - Ix^{②} + Ix^{③} - Ix^{④} - Ix^{⑤}$$

$$I_{\bar{x}} = 392.154,442 \; cm^4$$

$$I_{\bar{y}} = \sum_{i=1}^{5} [Iyi + Ai(Xg - Xi)^2]$$

$$Iy^{①} = \frac{50^3 \cdot 50}{12} + 2500(27,204 - 25)^2 = 532.977,373$$

$$Iy^{②} = \frac{20^3 \cdot 20}{12} + 400(27,204 - 25)^2 = 15.276,38$$

$$Iy^{③} = \frac{15^3 \cdot 15}{36} + 112,5(27,204 - 20)^2 = 7244,732$$

$$Iy^{④} = 0,05488 \cdot 20^4 + 314,159(27,204 - 8,488)^2 = 118.827,134$$

$$Iy^{⑤} = 0,007545 \cdot 10^4 + 21,460(27,204 - 47,766)^2 = 9148,649$$

$$I_{\bar{y}} = Iy^{①} - Iy^{②} + Iy^{③} - Iy^{④} - Iy^{⑤}$$

$$I_{\bar{y}} = 396.969,942 \; cm^4$$

PRÁCTICA 136

Calcular las inercias de la siguiente sección.

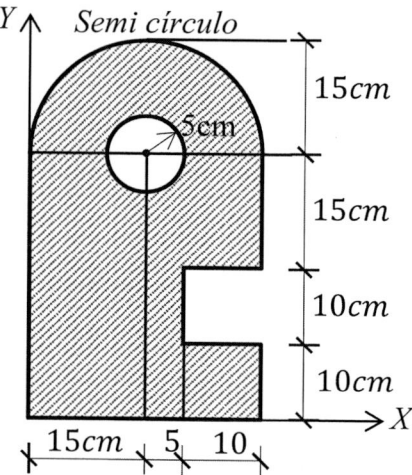

Figura 6.91 Sección 31.

1ro: Cálculo de coordenadas del baricentro

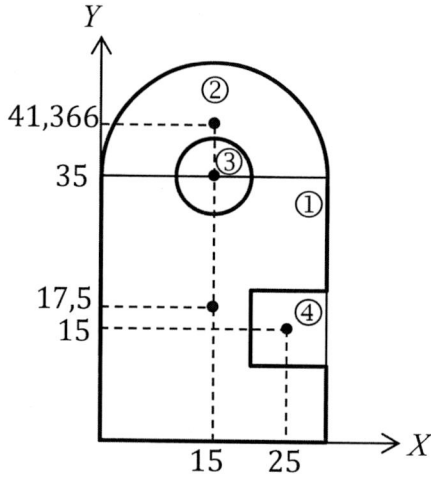

Figura	Ai	xi	yi
1	1050	15	17,5
2	353,429	15	41,366
3	−78,54	15	35
4	−100	25	15
	1224,889		

Figura	Ai·xi	Ai·yi
1	15.750	18.375
2	5301,435	14.619,944
3	−1178,1	−2748,9
4	−2500	−1500
	17.373,335	28.746,044

$$x_G = \frac{17.373,335}{1224,889} = 14,184 \ cm$$

$$y_G = \frac{28.746,044}{1224,889} = 23,468 \ cm$$

2do: Cálculo de inercias por Steiner

$$I_{\bar{x}} = \sum_{i=1}^{4}[Ix_i + A_i(y_G - y_i)^2]$$

$$Ix^{①} = \frac{30 \cdot 35^3}{12} + 1050(23,468 - 17,5)^2 = 144.585,375$$

$$Ix^{②} = 0,1098 \cdot 15^4 + 353,429(23,468 - 41,366)^2 = 118.775,507$$

$$Ix^{③} = \frac{\pi \cdot 5^4}{4} + 78,54(23,468 - 35)^2 = 10.935,675$$

$$Ix^{④} = \frac{10 \cdot 10^3}{12} + 100(23,468 - 15)^2 = 8004,036$$

$$I_{\bar{x}} = Ix^{①} + Ix^{②} - Ix^{③} - Ix^{④}$$

$$I_{\bar{x}} = 244.421,171 \ cm^4$$

$$I_{\bar{y}} = \sum_{i=1}^{4}[Iyi + Ai(Xg - Xi)^2]$$

$$Iy^{①} = \frac{30^3 \cdot 35}{12} + 1050(14,184 - 15)^2 = 79.449,149$$

$$Iy^{①} = \frac{\pi \cdot 15^4}{8} + 353,429(14,184 - 15)^2 = 20.115,724$$

$$Iy^{③} = \frac{\pi \cdot 5^4}{4} + 78,54(14,184 - 15)^2 = 543,170$$

$$Iy^{④} = \frac{10^3 \cdot 10}{12} + 100(14,184 - 25)^2 = 12.531,919$$

$$I_{\bar{y}} = Iy^{①} + Iy^{②} - Iy^{③} - Iy^{④}$$

$$I_{\bar{y}} = 86 \ 489,784 \ cm^4$$

PRÁCTICA 137

Calcular las inercias de la siguiente sección.

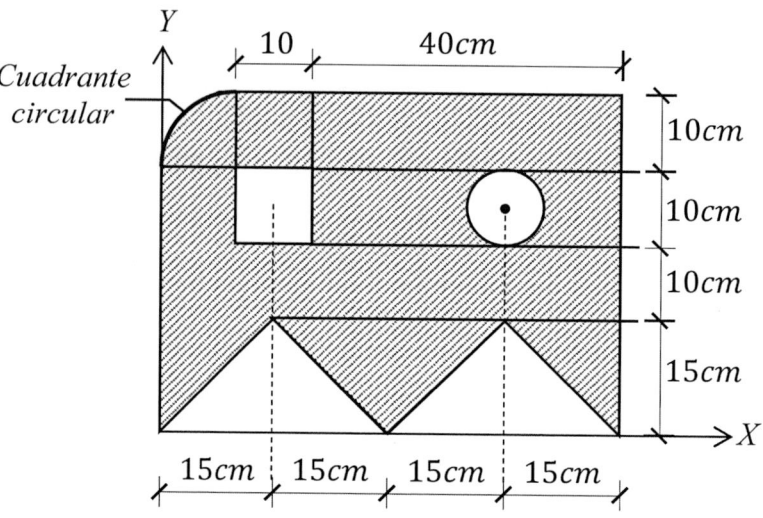

Figura 6.92 Sección 32.

1ro: Cálculo de coordenadas del baricentro

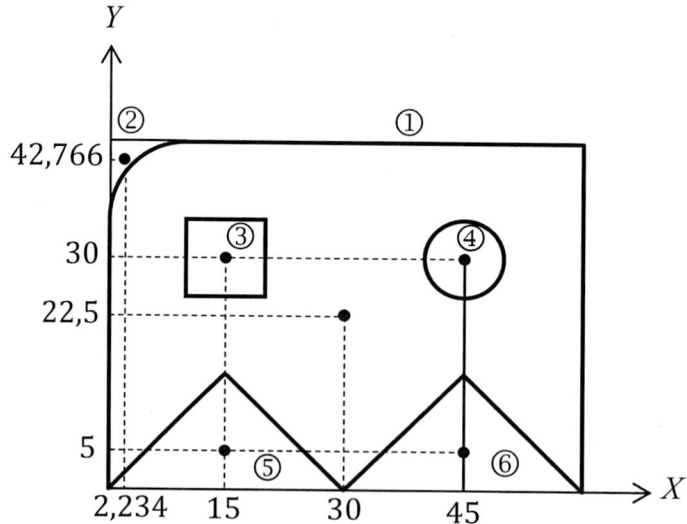

Figura	Ai	xi	yi	Ai·xi	Ai·yi
1	2700	30	22,5	81.000	60.750
2	−21,46	2,234	42,766	−47,942	−917,758
3	−100	15	30	−1500	−3000
4	−78,54	45	30	−3534,3	−2356,2
5	−225	15	5	−3375	−1125
6	−225	45	5	−10.125	−1125
	2050			62.417,758	52.226,042

$$x_G = \frac{62.417,758}{2050} = 30,448 \; cm \qquad y_G = \frac{52.226,042}{2050} = 25,476 \; cm$$

2do: Cálculo de inercias por Steiner

$$I_{\bar{x}} = \sum_{i=1}^{4} [Ix_i + A_i(y_G - y_i)^2]$$

$$Ix^{①} = \frac{60 \cdot 45^3}{12} + 2700(25,476 - 22,5)^2 = 479.537,755$$

$$Ix^{②} = 0,007545 \cdot 10^4 + 21,46(25,476 - 42,766)^2 = 6487,801$$

$$Ix^{③} = \frac{10 \cdot 10^3}{12} + 100(25,476 - 30)^2 = 2879,991$$

$$Ix^{④} = \frac{\pi \cdot 5^4}{4} + 78,54(25,476 - 30)^2 = 2098,319$$

$$Ix^{⑤} = \frac{30 \cdot 15^3}{36} + 225(25,476 - 5)^2 = 97.147,48$$

$$Ix^{⑥} = \frac{30 \cdot 15^3}{36} + 225(25,476 - 5)^2 = 97.147,48$$

$$I_{\bar{x}} = Ix^{①} - Ix^{②} - Ix^{③} - Ix^{④} - Ix^{⑤} - Ix^{⑥}$$

$$I_{\bar{x}} = 273.776,684 \; cm^4$$

$$I_{\bar{y}} = \sum_{i=1}^{4}[Iyi + Ai(Xg - Xi)^2]$$

$$Iy^{①} = \frac{60^3 \cdot 45}{12} + 2700(30,448 - 30)^2 = 810.541,901$$

$$Iy^{②} = 0,007545 \cdot 10^4 + 21,46(30,448 - 2,234)^2 = 17.158,249$$

$$Iy^{③} = \frac{10^3 \cdot 10}{12} + 100(30,448 - 15)^2 = 24.697,404$$

$$Iy^{④} = \frac{\pi \cdot 5^4}{4} + 78,54(30,448 - 45)^2 = 17.122,56$$

$$Iy^{⑤} = \frac{30^3 \cdot 15}{48} + 225(30,448 - 15)^2 = 62.131,658$$

$$Iy^{⑥} = \frac{30^3 \cdot 15}{48} + 225(30,448 - 45)^2 = 56.083,658$$

$$I_{\bar{y}} = Iy^{①} - Iy^{②} - Iy^{③} - Iy^{④} - Iy^{⑤} - Iy^{⑥}$$

$$I_{\bar{y}} = 633.348,372 \; cm^4$$

PRÁCTICA 138

Calcular las inercias de la siguiente sección.

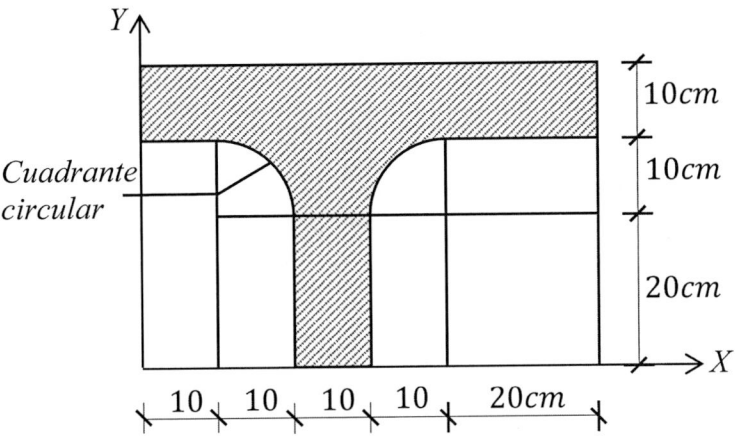

Figura 6.93 Sección 33.

1ro: Cálculo de coordenadas del baricentro

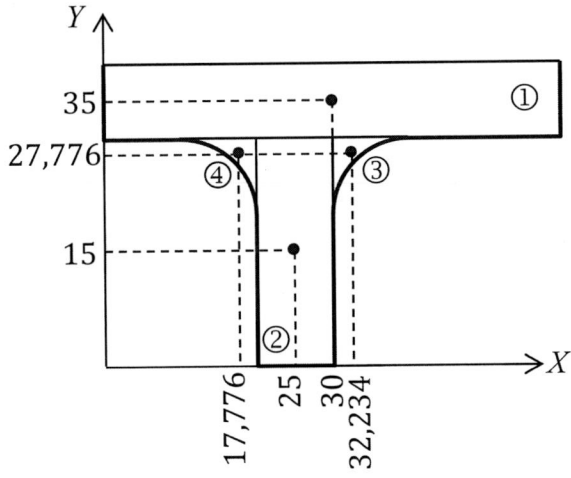

Figura	Ai	Xi	Yi	Ai·xi	Ai·yi
1	600	30	35	18.000	21.000
2	300	25	15	7500	4500
3	21,46	32,234	27,776	691,742	595,858
4	21,46	17,766	27,776	381,258	595,858
	942,92			26.573	26.691,716

$$x_G = \frac{26.573}{942,92} = 28,182 \; cm$$

$$y_G = \frac{26.691,716}{942,92} = 28,308 \; cm$$

2do: Cálculo de inercias por Steiner

$$I_{\bar{x}} = \sum_{i=1}^{4} [Ix_i + A_i(y_G - y_i)^2]$$

$$Ix^{①} = \frac{60 \cdot 10^3}{12} + 600(28,308 - 35)^2 = 31.869,718$$

$$Ix^{②} = \frac{10 \cdot 30^3}{12} + 300(28,308 - 15)^2 = 75.630,859$$

$$Ix^{③} = 0,007545 \cdot 10^4 + 21,46(28,308 - 27,766)^2 = 81,754$$

$$Ix^{④} = 0,007545 \cdot 10^4 + 21,46(28,308 - 27,766)^2 = 81,754$$

$$I_{\bar{x}} = Ix^{①} + Ix^{②} + Ix^{③} + Ix^{④}$$

$$I_{\bar{x}} = 107664,085 \; cm^4$$

$$I_{\bar{y}} = \sum_{i=1}^{4} [Iyi + Ai(X_G - Xi)^2]$$

$$Iy^{①} = \frac{60^3 \cdot 10}{12} + 600(28,182 - 30)^2 = 181.983,074$$

$$Iy^{②} = \frac{10^3 \cdot 30}{12} + 300(28,182 - 25)^2 = 5537,537$$

$$Iy^{③} = 0,007545 \cdot 10^4 + 21,46(28,182 - 32,234)^2 = 427,795$$

$$Iy^{④} = 0,007545 \cdot 10^4 + 21,46(28,182 - 17,766)^2 = 2403,711$$

$$I_{\bar{y}} = Iy^{①} + Iy^{②} + Iy^{③} + Iy^{④}$$

$$I_{\bar{y}} = 190352,117 \; cm^4$$

PRÁCTICA 139

Calcular las inercias de la siguiente sección.

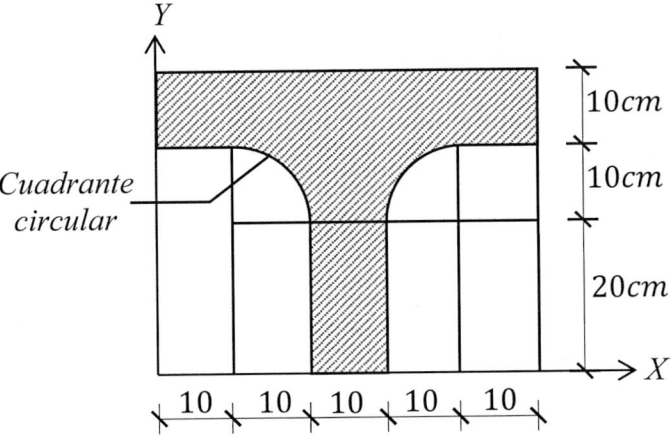

Figura 6.94 Sección 34.

1ro: Cálculo de coordenadas del baricentro

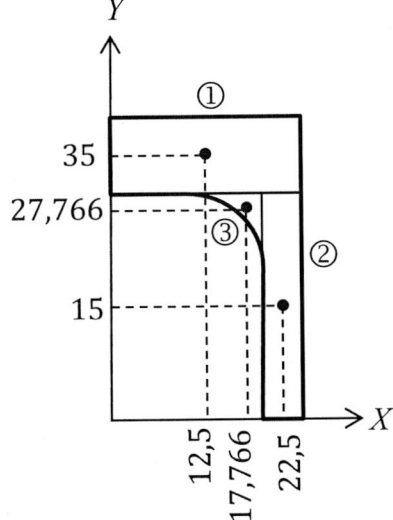

Por simetria vertical $x_G = 25\ cm$

Figura	Ai	yi	Ai·yi
1	250	35	8750
2	150	15	2250
3	21,46	27,766	595,858
	421,46		11.595,858

$$y_G = \frac{11.595,858}{421,46} = 27,514\ cm$$

2do: Cálculo de Inercias por Steiner

$$I_{\bar{x}} = \sum_{i=1}^{3}[Ix_i + A_i(y_G - y_i)^2]$$

$$Ix^{①} = \frac{25 \cdot 10^3}{12} + 250(27,514 - 35)^2 = 16.093,382$$

$$Ix^{②} = \frac{5 \cdot 30^3}{12} + 150(27,514 - 15)^2 = 34.740,029$$

$$Ix^{③} = 0,007545 \cdot 10^4 + 21,46(27,514 - 27,766)^2 = 76,813$$

$$I_{\bar{x}} = 2 \cdot \left[Ix^{①} + Ix^{②} + Ix^{③}\right]$$

$$I\bar{x} = 101820,448 \; cm^4$$

$$I_{\bar{y}} = \sum_{i=1}^{3} [Iyi + Ai(X_G - Xi)^2]$$

$$Iy^{①} = \frac{25^3 \cdot 10}{12} + 250(25 - 12,5)^2 = 52.083,333$$

$$Iy^{②} = \frac{5^3 \cdot 30}{12} + 150(25 - 22,5)^2 = 1250$$

$$Iy^{③} = 0,007545 \cdot 10^4 + 21,46(25 - 17,766)^2 = 1198,468$$

$$I_{\bar{y}} = 2 \cdot \left[Iy^{①} + Iy^{②} + Iy^{③}\right]$$

$$I_{\bar{y}} = 10.963,602 \; cm^4$$

PRÁCTICA 140

Calcular las inercias de la siguiente sección.

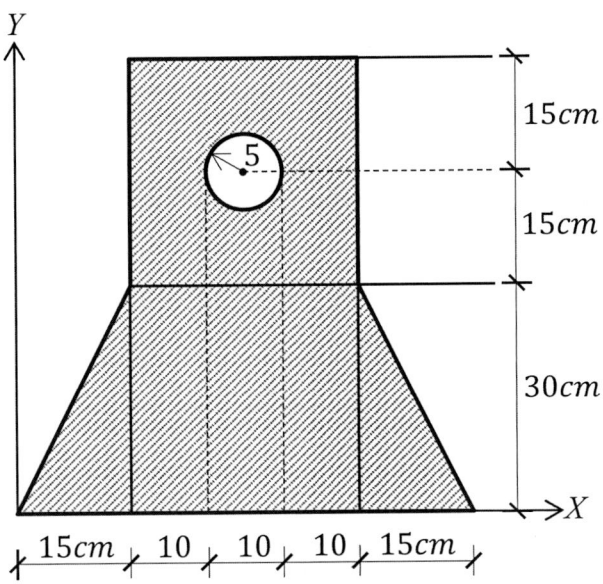

Figura 6.95 Sección 35.

1ro: Cálculo de coordenadas del baricentro

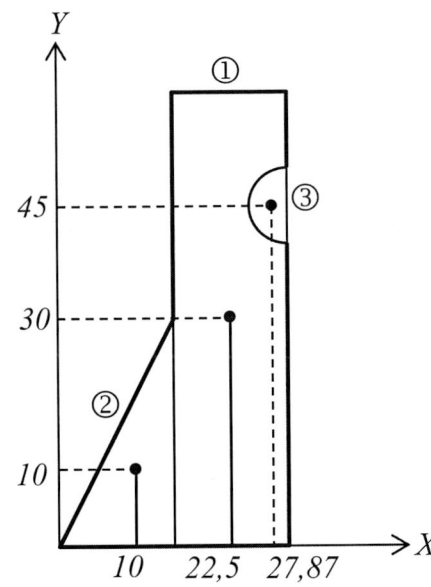

Por simetria vertical $x_G = 30$

Figura	Ai	yi	Ai·yi
1	900	30	27.000
2	225	10	2250
3	−39,27	45	−1767,15
	1085,73		27.482,85

$$y_G = \frac{27482,85}{1085,73} = 25,313 \; cm$$

2do: Cálculo de inercias por Steiner

$$I_{\bar{x}} = \sum_{i=1}^{3} [Ix_i + A_i(y_G - y_i)^2]$$

$$Ix^{①} = \frac{15 \cdot 60^3}{12} + 900(25,313 - 30)^2 = 289.771,172$$

$$Ix^{②} = \frac{15 \cdot 30^3}{36} + 225(25,313 - 10)^2 = 64.009,793$$

$$Ix^{③} = \frac{\pi \cdot 5^4}{8} + 39,27(25,313 - 45)^2 = 15.465,624$$

$$I_{\bar{x}} = 2 \cdot \left[Ix^{①} + Ix^{②} - Ix^{③}\right]$$

$$I_{\bar{x}} = 676.630,682 \ cm^4$$

$$I_{\bar{y}} = \sum_{i=1}^{3} [Iyi + Ai(X_G - Xi)^2]$$

$$Iy^{①} = \frac{15^3 \cdot 60}{12} + 900(30 - 22,5)^2 = 67.500$$

$$Iy^{②} = \frac{15^3 \cdot 30}{36} + 225(30 - 10)^2 = 92.812,5$$

$$Iy^{③} = 0,1098 \cdot 5^4 + 39,27(30 - 27,878)^2 = 245,453$$

$$I_{\bar{y}} = 2 \cdot \left[Iy^{①} + Iy^{②} - Iy^{③}\right]$$

$$I_{\bar{y}} = 320.134,094 \ cm^4$$

PRÁCTICA 141

Calcular las inercias de la siguiente sección.

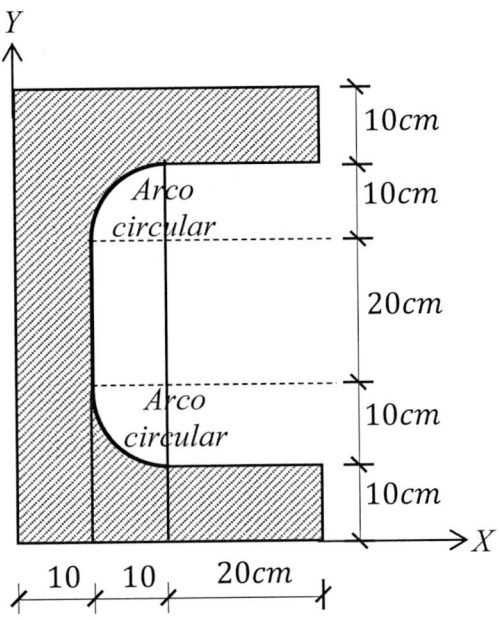

Figura 6.96 Sección 36.

1ro: Cálculo de coordenadas del baricentro

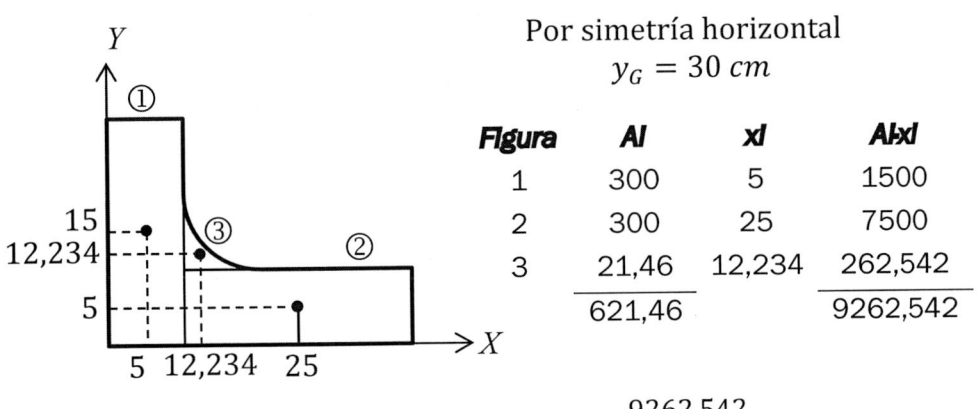

Por simetría horizontal
$$y_G = 30 \; cm$$

Figura	Al	xl	Alxl
1	300	5	1500
2	300	25	7500
3	21,46	12,234	262,542
	621,46		9262,542

$$x_G = \frac{9262,542}{621,46} = 14,904 \; cm$$

2do: Cálculo de inercias por Steiner

$$I_{\bar{x}} = \sum_{i=1}^{3}[Ix_i + A_i(y_G - y_i)^2]$$

$$Iy^{①} = \frac{10 \cdot 30^3}{12} + 300(30 - 15)^2 = 90.000$$

$$Iy^{②} = \frac{30 \cdot 10^3}{12} + 300(30 - 5)^2 = 190.000$$

$$Iy^{③} = 0,007545 \cdot 10^4 + 21,46(30 - 12,234)^2 = 6848,886$$

$$I_{\bar{x}} = 2 \cdot \left[Ix^{①} + Ix^{②} + Ix^{③}\right]$$

$$I_{\bar{x}} = 573.697,772 \; cm^4$$

$$I_{\bar{y}} = \sum_{i=1}^{3}[Iyi + Ai(X_G - Xi)^2]$$

$$Iy^{①} = \frac{10^3 \cdot 30}{12} + 300(14,904 - 5)^2 = 31.926,765$$

$$Iy^{②} = \frac{30^3 \cdot 10}{12} + 300(14,904 - 25)^2 = 53.078,765$$

$$Iy^{③} = 0,007545 \cdot 10^4 + 21,46(14,904 - 12,234)^2 = 228,436$$

$$I_{\bar{y}} = 2 \cdot \left[Iy^{①} + Iy^{②} + Iy^{③}\right]$$

$$I_{\bar{y}} = 170.467,932 \; cm^4$$

PRÁCTICA 142

Calcular las inercias de la siguiente sección.

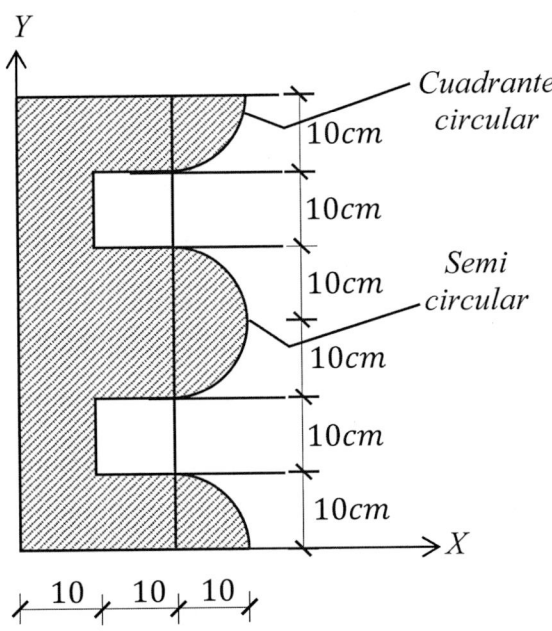

Figura 6.97 Sección 37.

1ro: Cálculo de coordenadas del baricentro

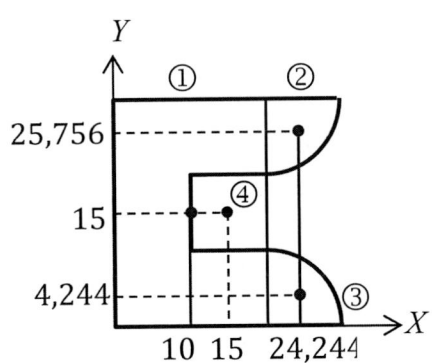

Por simetría horizontal
$$y_G = 30 \ cm$$

Figura	Ai	xi	Ai·xi
1	600	10	6000
2	78,54	24,244	1904,124
3	78,54	24,244	1904,124
4	−100	15	−1500
	657,08		8308,248

$$x_G = \frac{8308,248}{657,08} = 12,644 \ cm$$

2do: Cálculo de inercias por Steiner

$$I_{\bar{x}} = \sum_{i=1}^{4} [Ix_i + A_i(y_G - y_i)^2]$$

$$Ix^{①} = \frac{20 \cdot 30^3}{12} + 600(30 - 15)^2 = 180.000$$

$$Ix^{②} = 0{,}05488 \cdot 10^4 + 78{,}54(30 - 25{,}756)^2 = 1963{,}426$$

$$Ix^{③} = 0{,}05488 \cdot 10^4 + 78{,}54(30 - 4{,}244)^2 = 52.650$$

$$Ix^{④} = \frac{10 \cdot 10^3}{12} + 100(30 - 15)^2 = 23.333{,}333$$

$$I_{\bar{x}} = 2 \cdot \left[Ix^{①} + Ix^{②} + Ix^{③} - Ix^{④} \right]$$

$$I_{\bar{x}} = 422.560{,}186 \; cm^4$$

$$I_{\bar{y}} = \sum_{i=1}^{4} [Iyi + Ai(Xg - Xi)^2]$$

$$Iy^{①} = \frac{20^3 \cdot 30}{12} + 600(12{,}644 - 10)^2 = 24.194{,}442$$

$$Iy^{②} = 0{,}05488 \cdot 10^4 + 78{,}54(12{,}644 - 24{,}244)^2 = 11.117{,}142$$

$$Iy^{③} = 0{,}05488 \cdot 10^4 + 78{,}54(12{,}644 - 24{,}244)^2 = 11.117{,}142$$

$$Iy^{④} = \frac{10^3 \cdot 10}{12} + 100(12{,}644 - 15)^2 = 1388{,}407$$

$$I_{\bar{y}} = 2 \cdot \left[Iy^{①} + Iy^{②} + Iy^{③} - Iy^{④} \right]$$

$$I_{\bar{y}} = 90.080{,}638 \; cm^4$$

PRÁCTICA 143

Calcular las inercias de cada sección.

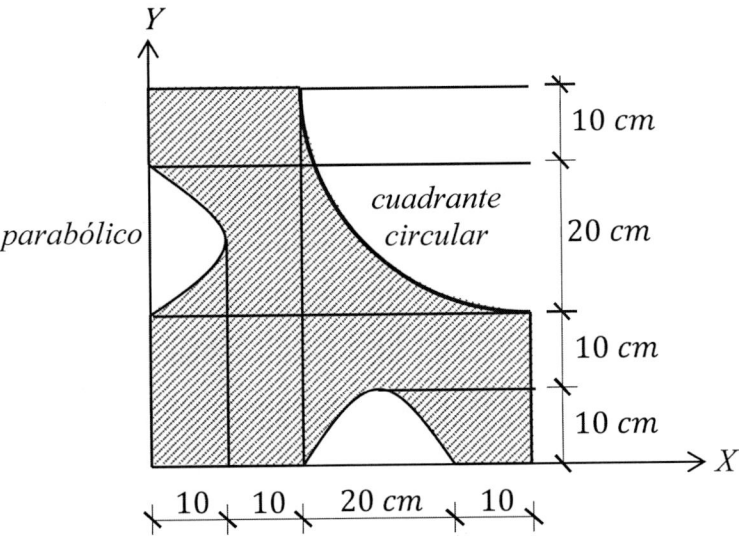

Figura 6.98 Sección 38.

1ro: Cálculo de las coordenadas del baricentro

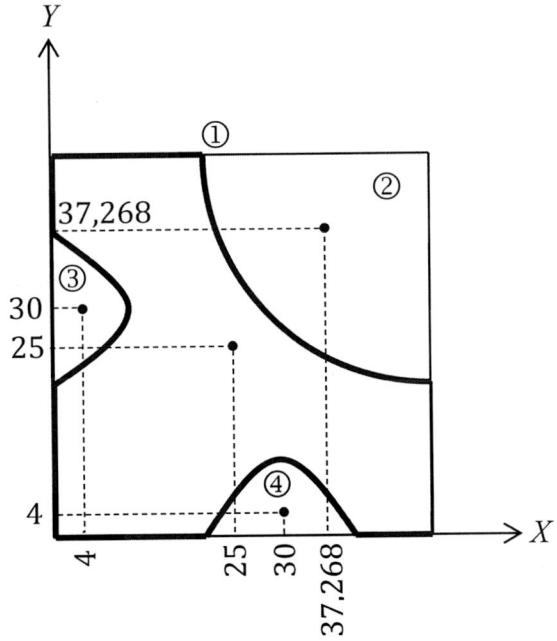

Figura	Ai	xi	Ai ·xi
1	2500	25	62.500
2	-706,858	37,268	$-26.343,184$
3	133,333	4	-533,332
4	-133,333	30	-4000
	1526,476		31.623,484

$$x_G = \frac{31.623,484}{1526,476}$$

$$x_G = 20,717 \; cm$$

Por simetría oblicua:

$$y_G = 20,717 \; cm$$

2do: Cálculo de inercia por Steiner

$$I_{\bar{y}} = \sum_{i=1}^{4} [Iy_i + A_i(x_G - x_i)^2]$$

$$Iy^{①} = \frac{50^3 \cdot 50}{12} + 2500\,(20,717 - 25)^2 = 566.693,556$$

$$Iy^{②} = 0,05488 \cdot 30^4 + 706,858\,(20,717 - 37,268)^2 = 238.086,371$$

$$Iy^{③} = \frac{8 \cdot 20 \cdot 10^3}{175} + 133,333\,(20,717 - 4)^2 = 38.175,271$$

$$Iy^{④} = \frac{20^3 \cdot 10}{30} + 133,333\,(20,717 - 30)^2 = 14.156,516$$

$$I_{\bar{y}} = Iy^{①} - Iy^{②} - Iy^{③} - Iy^{④}$$

$$I_{\bar{y}} = 276.275,398 \; cm^4$$

Como la sección tiene un eje de simetría oblicua:

$$I_{\bar{x}} = I_{\bar{y}}$$

$$I_{\bar{x}} = 276.275,398 \; cm^4$$

PRÁCTICA 144

Calcular las inercias de cada sección.

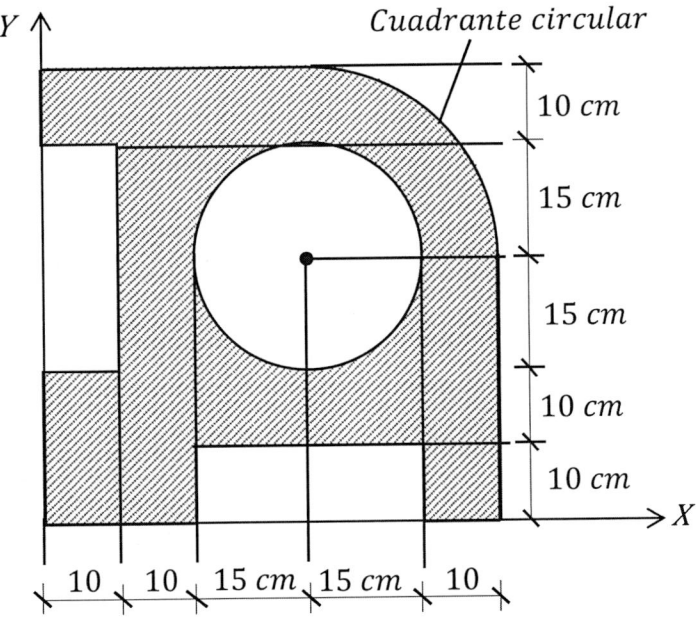

Figura 6.99 Sección 39.

1ro: Cálculo de las coordenadas del baricentro

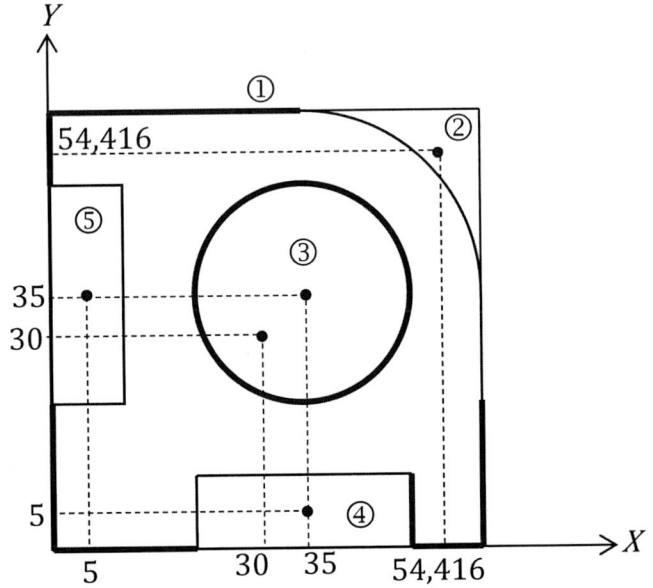

Figura	Ai	xi	Ai ·xi
1	3600	30	108.000
2	-134,126	54,416	-7298,6
3	-706,858	35	−24.740,03
4	-300	35	−10.500
5	-300	5	-1500
	2159,016		63961,37

$$x_G = \frac{63.961,37}{2159,016} = 29,625 \ cm$$

Por simetría oblicua: $y_G = 29,625 \ cm$

2do: Cálculo de inercia por Steiner.

$$I_{\bar{y}} = \sum_{i=1}^{5} [Iy_i + A_i(x_G - x_i)^2]$$

$$Iy^{①} = \frac{60^3 \cdot 60}{12} + 3600 \, (29,625 - 30)^2 = 1.080.506,25$$

$$Iy^{②} = 0,007545 \cdot 25^4 + 134,126 \, (29,625 - 54,416)^2 = 85.380,258$$

$$Iy^{③} = \frac{\pi \cdot 15^4}{4} + 706,858 \, (29,625 - 35)^2 = 60.182,351$$

$$Iy^{④} = \frac{30^3 \cdot 10}{12} + 300 \, (29,625 - 35)^2 = 31.167,188$$

$$Iy^{⑤} = \frac{10^3 \cdot 30}{12} + 300 \, (29,625 - 5)^2 = 184.417,188$$

$$I_{\bar{y}} = Iy^{①} - Iy^{②} - Iy^{③} - Iy^{④} - Iy^{⑤}$$

$$I_{\bar{y}} = 719.359,265 \ cm^4$$

Como la sección tiene un eje de simetría oblicuo:

$$I_{\bar{x}} = I_{\bar{y}}$$

$$I_{\bar{x}} = 719.359,265 \ cm^4$$

PRÁCTICA 145

Calcular las inercias baricéntricas de la siguiente figura.

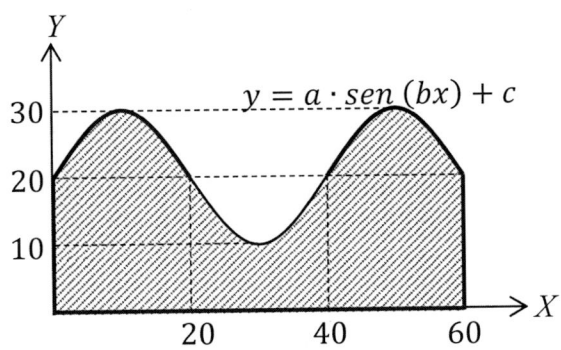

$$y = a \cdot sen\,(bx) + c$$

Figura 6.100 Sección 40.

1ro: Ecuación del arco trigonométrico

Datos:

$P_1(0,20)$

$P_2(20,20)$

$P_3(10,30)$

Reemplazamos P_1 en la ecuación de la curva:

$$20 = a \cdot sen(b \cdot 0) + c$$

$$c = 20$$

Reemplazamos P_2 en la ecuación de la curva:

$$20 = a \cdot sen(b \cdot 20) + 20$$

$$20 - 20 = a \cdot sen(20b)$$

$$sen(20b) = 0$$

$$b = \frac{1}{20}\,arcsen(0)$$

$$b = \frac{\pi}{20}$$

Reemplazamos P_3 en la ecuación de la curva:

$$30 = a \cdot sen\left(\frac{\pi}{20} \cdot 10\right) + 20$$

$$10 = a \cdot (1)$$

$$a = 10$$

2do: Cálculo de área

$$A = \int_0^{60} \left[10 \cdot sen\left(\frac{\pi}{20}x\right) + 20 \right] dx$$

$$A = 1327,324 \; cm^2$$

3ro: Cálculo de las coordenadas del baricentro

$$x_G = \frac{1}{A} \int y \cdot x \, dx = \frac{1}{1327,324} \int_0^{60} \left[10 \cdot sen\left(\frac{\pi}{20}x\right) + 20 \right] x \, dx$$

$$x_G = 30 \; cm$$

$$y_G = \frac{1}{2A} \int y^2 \, dx = \frac{1}{2 \cdot 1327,324} \int_0^{60} \left[10 \cdot sen\left(\frac{\pi}{20}x\right) + 20 \right]^2 dx$$

$$y_G = 12,089 \; cm$$

4to: Cálculo de las inercias baricéntricas

$$I_{\bar{x}} = \int \frac{y^3 \, dx}{3} - A \cdot Y_G{}^2$$

$$I_{\bar{y}} = \int x^2 \, y \, dx - A \cdot X_G{}^2$$

$$I_{\bar{x}} = \int_0^{60} \frac{1}{3} \left[10 \cdot sen\left(\frac{\pi}{20}x\right) + 20 \right]^3 dx - 1327,324 \cdot 12,089^2$$

$$I_{\bar{x}} = 273.759,003 - 193.980,334$$

$$I_{\bar{x}} = 79.778,669 \; cm^4$$

$$I_{\bar{y}} = \int_0^{60} x^2 \left[10 \cdot sen\left(\frac{\pi}{20}x\right) + 20 \right] dx - 1327,324 \cdot 30^2$$

$$I_{\bar{y}} = 1.658.862,627 - 1.194.591,6$$

$$I_{\bar{y}} = 464.271,027 \; cm^4$$

PRÁCTICA 146

Calcular las inercias baricéntricas de la siguiente figura.

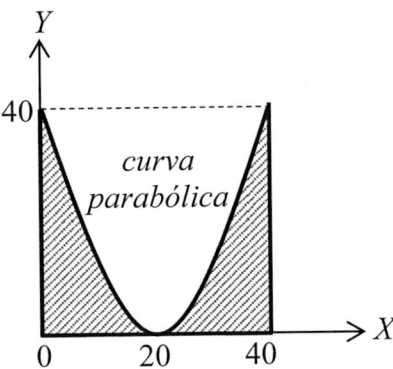

Figura 6.101 Sección 41.

1ro: Ecuación del arco

Datos:
$$P(x, y) = (0,40)$$
$$V(h, k) = (20,0)$$

$$(x - h)^2 = 4a(y - k)$$

$$(0 - 20)^2 = 4a(40 - 0)$$

$$a = 2,5$$

Reemplazamos a y $V(h, k)$ en la ecuación de la parábola:

$$(x - h)^2 = 4a(y - k)$$

$$(x - 20)^2 = 4 \cdot 2,5(y - 0)$$

$$x^2 - 40x + 400 = 10y$$

$$y = \frac{x^2 - 40x + 400}{10}$$

2do: Cálculo de área

$$A = \int_0^{40} \frac{x^2 - 40x + 400}{10} dx = 533,333 \ cm^2$$

3ro: Coordenadas del baricentro

Como la figura tiene un eje de simetría vertical $x_G = 20\ cm$:

$$y_G = \frac{1}{2A}\int y^2\, dx = \frac{1}{2\cdot 533,333}\int_0^{40}\left[\frac{x^2 - 40x + 400}{10}\right]^2 dx$$

$$y_G = 12\ cm$$

4to: Cálculo de las inercias baricéntricas

$$I_{\bar{x}} = \int \frac{y^3}{3}\,dx - A\cdot Y_G^{\,2}$$

$$I_{\bar{x}} = \int_0^{40}\frac{1}{3}\left[\frac{x^2 - 40x + 400}{10}\right]^3 dx - 533,333\cdot 12^2$$

$$I_{\bar{x}} = 121.904,762\ cm^4 - 76.799,952\ cm^4$$

$$I_{\bar{x}} = 45.104,810\ cm^4$$

$$I_{\bar{y}} = \int x^2 y\,dx - A\cdot X_G^{\,2}$$

$$I_{\bar{y}} = \int_0^{40} x^2\cdot\left(\frac{x^2 - 40x + 400}{10}\right)dx - 533,333\cdot 20^2$$

$$I_{\bar{y}} = 341.333,333 - 213.333,2$$

$$I_{\bar{y}} = 128.000,133\ cm^4$$

PRÁCTICA 147

Calcular las inercias baricéntricas de la siguiente figura.

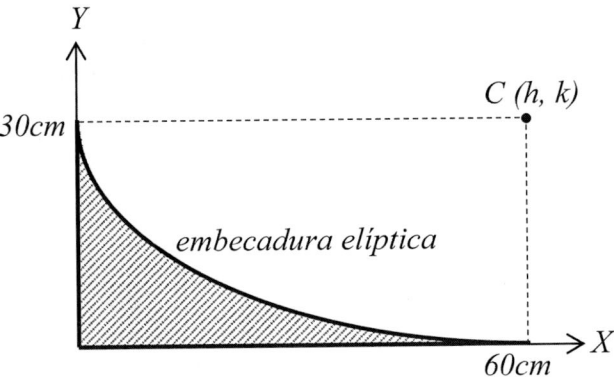

Figura 6.102 Sección 42.

1ro: Ecuación del arco elíptico

Ecuación de la elipse

Datos:

$C(h, k) = (60,30)$

$a = 60$

$b = 30$

$$\frac{(x - h)^2}{a^2} + \frac{(y - k)^2}{b^2} = 1$$

$$\frac{(x - 60)^2}{60^2} + \frac{(y - 30)^2}{30^2} = 1$$

Despejemos y:

$$y = \frac{-1}{2}\sqrt{-x^2 + 120x} + 30$$

El signo negativo de la raíz se debe a que estamos utilizando la parte inferior de la elipse.

2do: Cálculo del área

$$A = \int_0^{60} \left(-\frac{1}{2}\sqrt{-x^2 + 120x} + 30\right) dx$$

$$A = 386{,}283 \ cm^2$$

3ro: Cálculo de las coordenadas del baricentro

$$x_G = \frac{1}{A}\int yx \, dx = \frac{1}{386,283}\int_0^{60}\left(-\frac{1}{2}\sqrt{-x^2 + 120x} + 30\right)x \, dx$$

$$x_G = 13,402 \; cm$$

$$y_G = \frac{1}{2A}\int y^2 \, dx = \frac{1}{2 \cdot 386,283}\int_0^{60}\left(-\frac{1}{2}\sqrt{-x^2 + 120x} + 30\right)^2 dx$$

$$y_G = 6,701 \; cm$$

4to: Cálculo de las inercias baricéntricas

$$I_{\bar{x}} = \int \frac{y^3}{3} dx - A \cdot Y_G{}^2$$

$$I_{\bar{x}} = \int_0^{60}\frac{1}{3}\left[-\frac{1}{2}\sqrt{-x^2 + 120x} + 30\right]^3 dx - 386,283(6,701)^2$$

$$I_{\bar{x}} = 29.568,719 - 17.345,42 = 12.223,299 \; cm^4$$

$$I_{\bar{y}} = \int x^2 y \, dx - A \cdot X_G{}^2$$

$$I_{\bar{y}} = \int_0^{60} x^2\left[-\frac{1}{2}\sqrt{-x^2 + 120x} + 30\right] dx - 386,283(13,402)^2$$

$$I_{\bar{y}} = 118.274,876 - 69.381,682 = 48.893,194 \; cm^4$$

PRÁCTICA 148

Calcular las inercias baricéntricas de la siguiente figura.

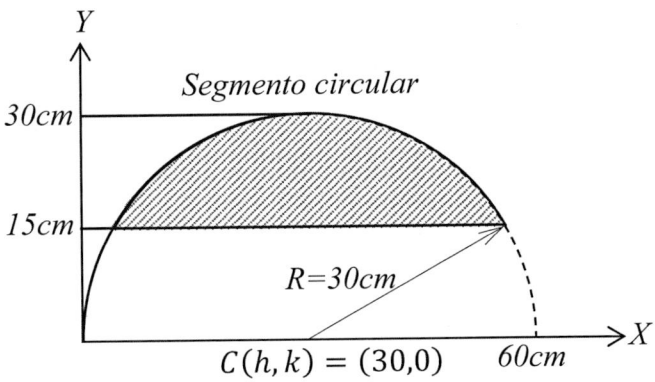

Figura 6.103 Sección 43.

1ro: Ecuación del arco circular

Datos:
$C(h,k) = (30,0)$
$R = 30\ cm$

$$(x - h)^2 + (y - k)^2 = R^2$$

$$(x - 30)^2 + (y - 0)^2 = 30^2$$

$$x^2 - 60x + 900 + y^2 = 900$$

$$y = \sqrt{60x - x^2}$$

Se utiliza el signo positivo de la raíz porque utilizamos la parte superior de la circunferencia.

2do: Cálculo del área

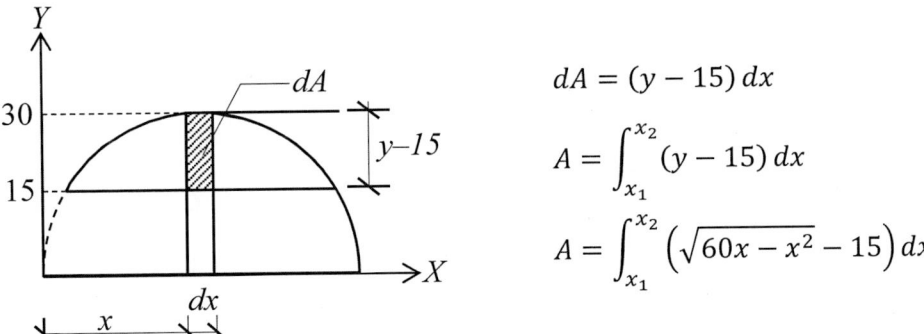

$$dA = (y - 15)\,dx$$

$$A = \int_{x_1}^{x_2} (y - 15)\,dx$$

$$A = \int_{x_1}^{x_2} \left(\sqrt{60x - x^2} - 15\right) dx$$

Calculamos los límites x_1 y x_2 reemplazando $y = 15$ en la ecuación de la circunferencia:

$$15 = \sqrt{60x - x^2} \quad (\;)^2$$

$$225 = 60x - x^2$$

$$x^2 - 60x + 225 = 0$$

Resolviendo esta ecuación:

$$x_1 = 4{,}019 \; cm$$

$$x_2 = 55{,}981 \; cm$$

$$\therefore A = \int_{4{,}019}^{55{,}981} \left(\sqrt{60x - x^2} - 15\right) dx = 552{,}766 \; cm^2$$

3ro: Coordenada del baricentro

Por simetría vertical $x_G = 30 \; cm$

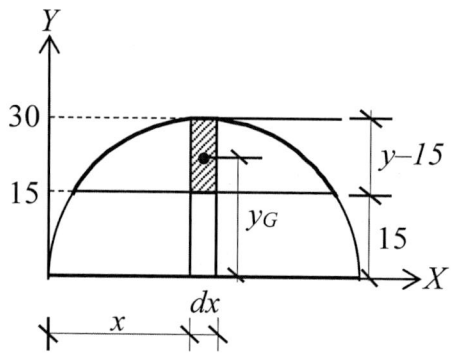

Calculamos el momento estático:

- para toda la figura

$$S_x = A \cdot y_G \quad ①$$

- para el elemento diferencial

$$dS_x = dx\,(y - 15) \cdot \left[15 + \frac{y - 15}{2}\right]$$

$$S_x = \int \frac{(y^2 - 225)}{2} dx \quad ②$$

Igualando ① con ②:

$$A \cdot y_G = \int \frac{(y^2 - 225)}{2} dx$$

Reemplazamos y, también el valor de área A:

$$552{,}766 \cdot y_G = \frac{1}{2} \int_{4{,}019}^{55{,}981} \left[\left(\sqrt{60x - x^2} \right)^2 - 225 \right] dx$$

$$552{,}766 y_G = 11691{,}343$$

$$y_G = \frac{11.691{,}343}{552{,}766} = 21{,}151 \ cm$$

4to: Cálculo de las inercias

a) Cálculo de inercia en el eje X:

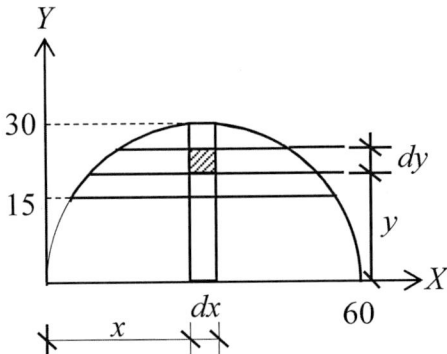

De la figura:

$$dA = dx\,dy \quad ①$$

$$I_x = \int y^2 dA \quad ②$$

Sustituyendo ① en ②:

$$I_x = \int_{4{,}019}^{55{,}981} \int_{15}^{\sqrt{60x - x^2}} y^2 \, dy \, dx$$

$$I_x = 255.899{,}637$$

Calculando la inercia baricéntrica:

$$I_{\bar{x}} = I_x - A \cdot y_G{}^2$$

$$I_{\bar{x}} = 255.899{,}637 - 552{,}766 \cdot (21{,}151)^2$$

$$I_{\bar{x}} = 8611{,}586 \ cm^3$$

b) Cálculo de inercia en el eje Y:

De la figura: $dA = dxdy$ ③

$$I_y = \int x^2 \, dA \quad ③$$

Reemplazamos ③ en ④:

$$I_y = \int_{4,019}^{55,981} \int_{15}^{\sqrt{60x-x^2}} x^2 dy dx$$

$$I_y = 578.021,047 \; cm^4$$

Calculamos la inercia baricéntrica:

$$I_{\bar{y}} = I_y - A \cdot x_G{}^2$$

$$I_{\bar{y}} = 578.021,047 - 552,766 \cdot 30^2$$

$$I_{\bar{y}} = 80.531,647 \; cm^4$$

PRÁCTICA 149

Calcular el producto de inercia de la siguiente sección con respecto a los ejes X, Y y el baricentro.

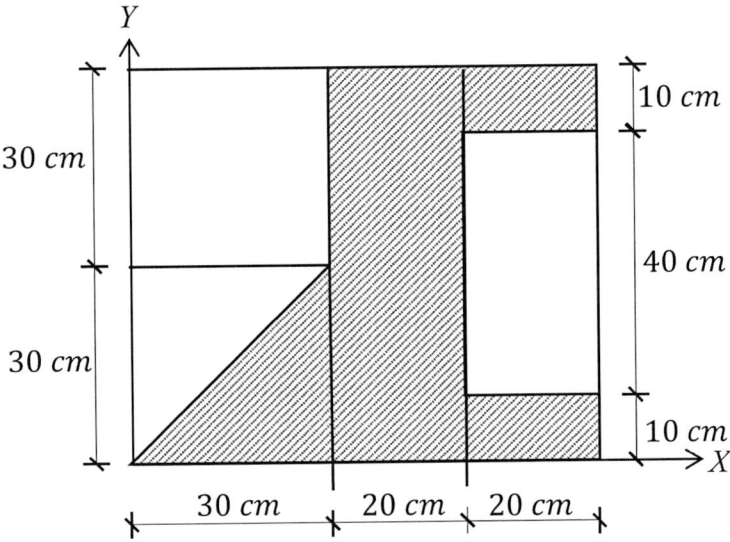

Figura 6.104 Sección 44.

1ro: Cálculos de las coordenadas de baricentro

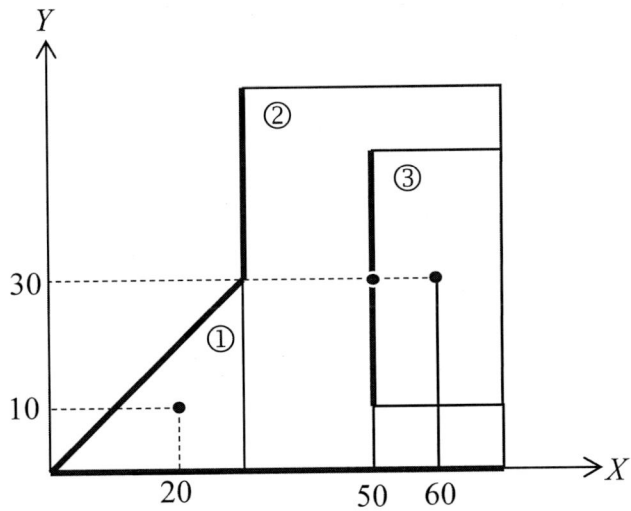

Figura	Ai	xi	yi	Ai·xi	Ai·yi
1	450	20	10	9000	4500
2	2400	50	30	120.000	7200
3	-800	60	30	−48.000	−24.000
	2050			81.000	52.500

$$x_G = \frac{81.000}{2050} = 39,512 \; cm$$

$$y_G = \frac{52.500}{2050} = 25,610 \; cm$$

2do: Cálculo del producto de inercia baricéntrico

$$I_{\overline{xy}} = \sum_{i=1}^{n}\left[I_{xyi} + A_i(x_G - x_i)(y_G - y_i)\right]$$

$$I_{xy}^{①} = \frac{30^2 \cdot 30^2}{72} + 450(39,512 - 20)(25,61 - 10) = 148.312,044$$

$$I_{xy}^{②} = 0 + 2400(39,512 - 50)(25,61 - 30) = 110.501,568$$

$$I_{xy}^{③} = 0 + 800(39,512 - 60)(25,61 - 30) = 71.953,856$$

$$I_{\overline{xy}} = I_{xy}^{①} + I_{xy}^{②} - I_{xy}^{③}$$

$$I_{\overline{xy}} = 186.859,756 \; cm^4$$

3ro: Cálculo del producto de inercia para los ejes XY

$$I_{xy} = I_{\overline{xy}} + A \cdot X_g \cdot Y_g$$

$$I_{xy} = 186.859,756 + 2050 \cdot 39,512 \cdot 25,610$$

$$I_{xy} = 2.261.259,512 \; cm^4$$

PRÁCTICA 150

Calcular el producto de inercia de la siguiente sección con respecto a los ejes X, Y y al baricentro.

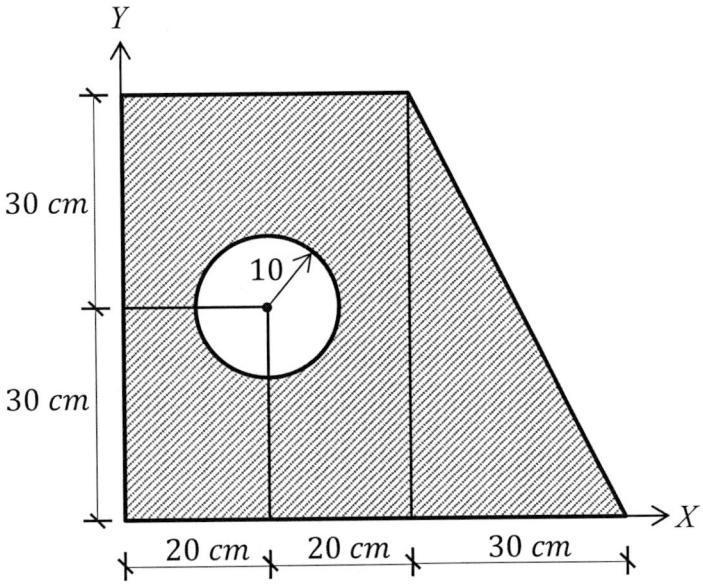

Figura 6.105 Sección 45.

1ro: Cálculo de las coordenadas del baricentro

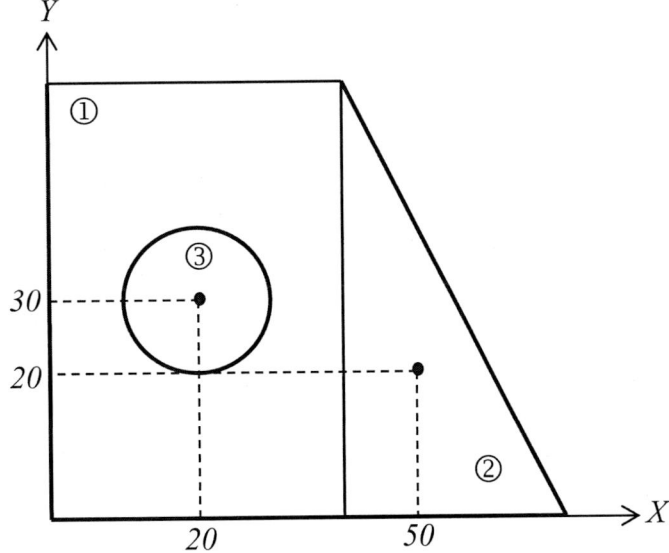

Figura	Ai	xi	yi	Ai·xi	Ai·yi
1	2400	20	30	48000	72000
2	900	50	20	45000	18000
3	-100π	20	30	-6283,185	-9424,778
	2985,841			86716,815	80575,222

$$x_G = \frac{86.716,815}{2985,841} = 29,043 \; cm$$

$$y_G = \frac{80.575,222}{2985,841} = 26,986 \; cm$$

2do: Cálculo del producto de inercia baricéntrico

$$I_{\overline{xy}} = \sum_{i=1}^{n} \left[I_{xyi} + A_i(x_G - x_i)(y_G - y_i) \right]$$

$$I_{xy}^{①} = 0 + 2400(29,043 - 20)(26,986 - 30) = -65.413,445$$

$$I_{xy}^{②} = -\frac{30^2 \cdot 60^2}{72} + 900(29,043 - 50)(26,986 - 20) = -176.765,04$$

$$I_{xy}^{③} = 0 + 100\pi(29,043 - 20)(26,986 - 30) = -8562,600$$

$$I_{\overline{xy}} = I_{xy}^{①} + I_{xy}^{②} - I_{xy}^{③}$$

$$I_{\overline{xy}} = -233.615,885 \; cm^4$$

3ro: Cálculo del producto de inercia para los ejes X e Y

$$I_{xy} = I_{\overline{xy}} + A \cdot X_G \cdot Y_G$$

$$I_{xy} = -233.615,885 + 2985,841 \cdot 29,043 \cdot 26,986$$

$$I_{xy} = 2.106.550,130 \; cm^4$$

PRÁCTICA 151

Calcular el producto de inercia de la siguiente sección con respecto al baricentro y a los ejes X e Y.

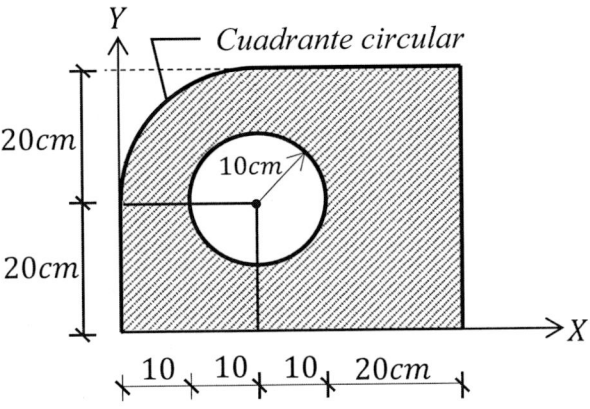

Figura 6.106 Sección 46.

1ro: Cálculo de las coordenadas del baricentro

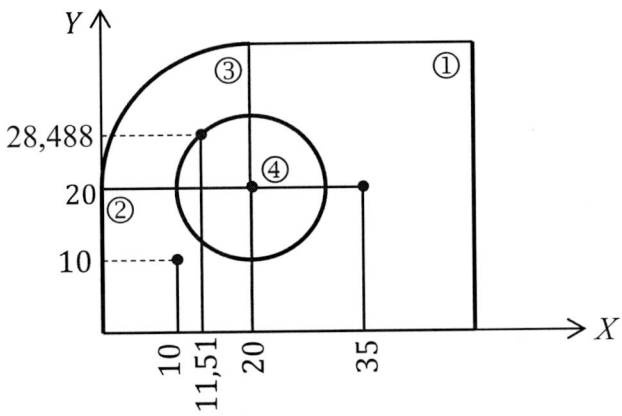

Figura	Al	xl	yl	Al·xl	Al·yl
1	1200	35	20	42.000	24.000
2	400	10	10	4000	4000
3	314,159	11,512	28,488	3616,598	8949,762
4	−314,159	20	20	−6283,18	−6283,18
	1600			43.333,418	30.666,582

$$x_G = \frac{43.333,418}{1600} = 27,083 cm$$

$$y_G = \frac{30.666,582}{1600} = 19,167 cm$$

2do: Cálculo del producto de inercia baricéntrico

$$I_{\overline{xy}} = \sum_{i=1}^{n}\left[I_{xyi} + A_i(x_G - x_i)(y_G - y_i)\right]$$

$I_{xy}^{①} = 0 + 1200 \cdot (27,083 - 35) \cdot (19,167 - 20) = 7913,833$

$I_{xy}^{②} = 0 + 400 \cdot (27,083 - 10) \cdot (19,167 - 10) = 62.639,944$

$I_{xy}^{③} = 0,01647 \cdot 20^4 + 314,159 \cdot (27,083 - 11,512) \cdot (19,167 - 28,488) = -42.960,986$

$I_{xy}^{④} = 0 + 314,159 \cdot (27,083 - 20) \cdot (19,167 - 20) = -1853,582$

$I_{\overline{xy}} = I_{xy}^{①} + I_{xy}^{②} + I_{xy}^{③} - I_{xy}^{④}$

$I_{\overline{xy}} = 29.446,373 \ cm^4$

3ro: Cálculo del producto de inercia con respecto a los ejes X e Y

$I_{xy} = I_{\overline{xy}} + A \cdot x_G \cdot y_G$

$I_{xy} = 29.446,373 + 1600 \cdot 27,083 \cdot 19,167$

$I_{xy} = 860.006,151 \ cm^4$

PRÁCTICA 152

Calcular el producto de inercia de la siguiente sección con respecto al baricentro y a los ejes X e Y.

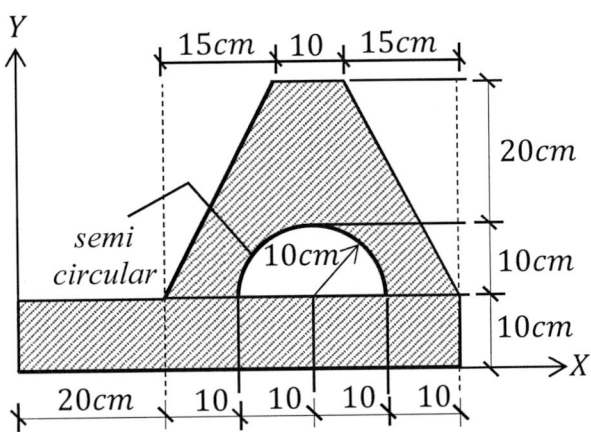

Figura 6.107 Sección 47.

1ro: Cálculo de las coordenadas del baricentro

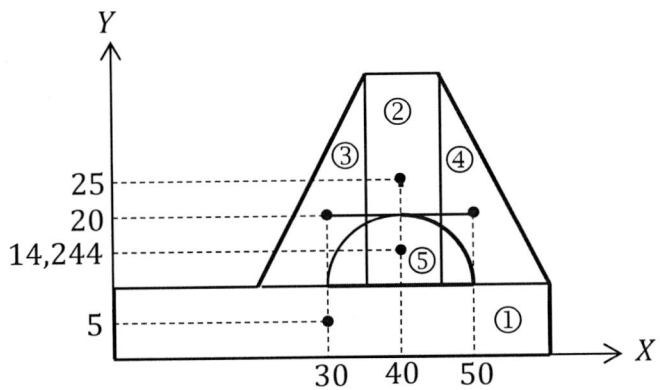

Figura	Al	xl	yl	Al·xl	Al·yl
1	600	30	5	18.000	3000
2	300	40	25	12.000	7500
3	225	30	20	6750	4500
4	225	50	20	11250	4500
5	−157,08	40	14,244	−6283,2	−2237,448
	1192,92			41.716,8	17.262,552

$$x_G = \frac{41.716,8}{1192,92} = 34,97 \; cm$$

$$y_G = \frac{17.262,552}{1192,92} = 14,471 \; cm$$

2do: Cálculo del producto de inercia baricéntrico

$$I_{\overline{xy}} = \sum_{i=1}^{n} \left[I_{xyi} + A_i(x_G - x_i)(y_G - y_i) \right]$$

$$I_{xy}^{①} = 0 + 600 \cdot (34,97 - 30) \cdot (14,471 - 5) = 28.242,522$$

$$I_{xy}^{②} = 0 + 300 \cdot (34,97 - 40) \cdot (14,471 - 25) = 15.888,261$$

$$I_{xy}^{③} = \frac{15^2 \cdot 30^2}{72} + 225 \cdot (34,97 - 30) \cdot (14,471 - 20) = -3370,304$$

$$I_{xy}^{④} = \frac{-15^2 \cdot 30^2}{72} + 225(34,97 - 50)(14,471 - 20) = 15.885,196$$

$$I_{xy}^{⑤} = 0 + 157,08 \cdot (34,97 - 40) \cdot (14,471 - 14,244) = -179,356$$

$$I_{\overline{xy}} = I_{xy}^{①} + I_{xy}^{②} + I_{xy}^{③} + I_{xy}^{④} - I_{xy}^{⑤}$$

$$I_{\overline{xy}} = 56.825,031 \; cm^4$$

3ro: Cálculo del producto de inercia con respecto a los ejes X e Y

$$I_{xy} = I_{\overline{xy}} + A \cdot x_G \cdot y_G$$

$$I_{xy} = 56.825,031 + 1192,92 \cdot 34,97 \cdot 14,471$$

$$I_{xy} = 66.0503,235 \; cm^4$$

PRÁCTICA 153

Calcular el producto de inercia de la siguiente sección con respecto al baricentro y a los ejes X e Y.

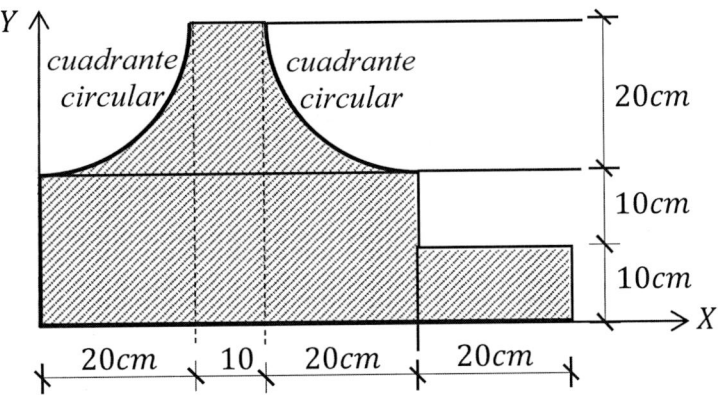

Figura 6.108 Sección 48.

1ro: Cálculo de las coordenadas del baricentro

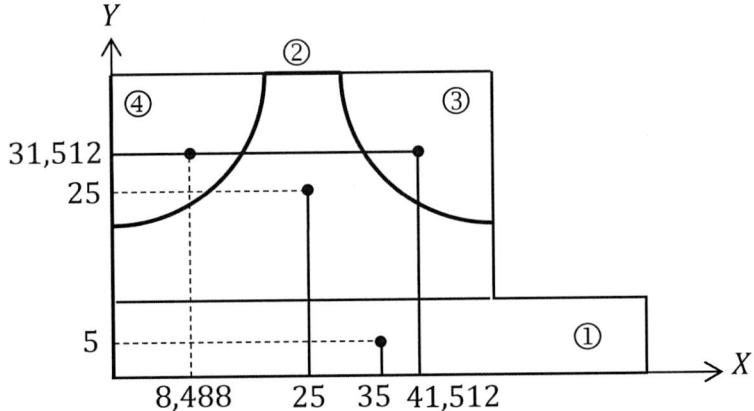

Figura	Ai	xi	yi	Ai·xi	Ai·yi
1	700	35	5	24500	3500
2	1500	25	25	37.500	37.500
3	−314,159	41,512	31,512	−13.041,37	−9899,778
4	−314,159	8,488	31,512	−2666,582	−9899,778
	1571,682			46.292,050	21.200,444

$$x_G = \frac{46.292,05}{1571,682} = 29,454 \; cm$$

$$y_G = \frac{21.200,444}{1571,682} = 13,489 \; cm$$

2do: Cálculo del producto de inercia baricéntrico

$$I_{\overline{xy}} = \sum_{i=1}^{n} \left[I_{xyi} + A_i(x_G - x_i)(y_G - y_i) \right]$$

$$I_{xy}^{①} = 0 + 700 \cdot (29,454 - 35) \cdot (13,489 - 5) = -32.955,996$$

$$I_{xy}^{②} = 0 + 1500 \cdot (29,454 - 25) \cdot (13,489 - 25) = -76.904,991$$

$$I_{xy}^{③} = -0,01647 \cdot 20^4 + 314,159 \cdot (29,454-41,512) \cdot (13,489-31,512) = 65.638,253$$

$$I_{xy}^{④} = 0,01647 \cdot 20^4 + 314,159 \cdot (29,454-8,488) \cdot (13,489-31,512) = -116.076,13$$

$$I_{\overline{xy}} = I_{xy}^{①} + I_{xy}^{②} - I_{xy}^{③} - I_{xy}^{④}$$

$$I_{\overline{xy}} = -59.423,110 \; cm^4$$

3ro: Cálculo del producto de inercia con respecto a los ejes X e Y

$$I_{xy} = I_{\overline{xy}} + A \cdot x_G \cdot y_G$$

$$I_{xy} = -59.423,110 + 1571,682 \cdot 29,454 \cdot 13,489$$

$$I_{xy} = 565.014,016 \; cm^4$$

PRÁCTICA 154

Calcular el producto de inercia de la siguiente sección con respecto al baricentro y a los ejes X e Y.

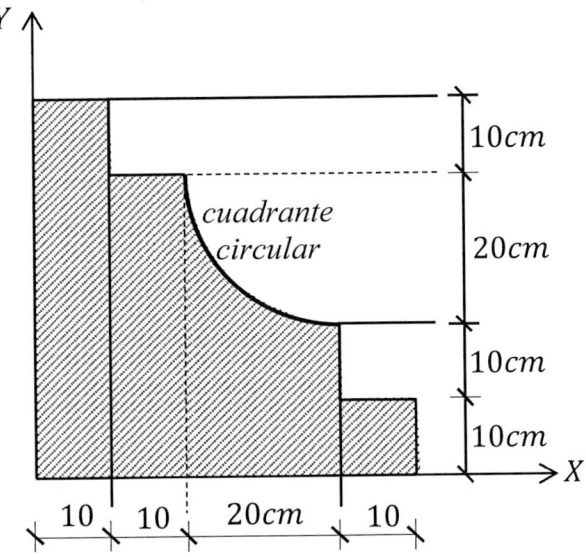

Figura 6.109 Sección 49.

1ro: Cálculo de las coordenadas del baricentro

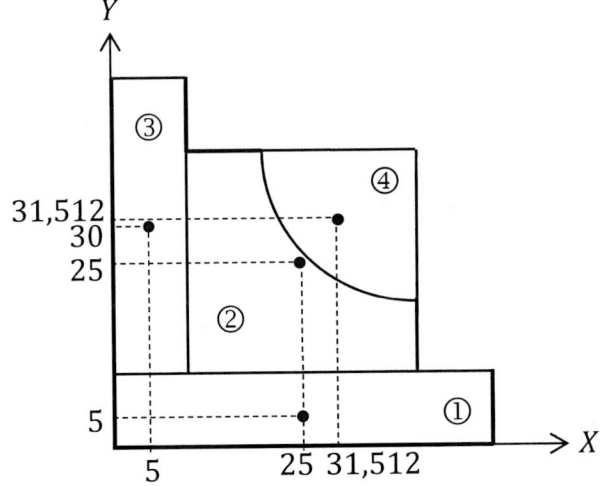

Figura	Ai	xi	yi	Ai·xi	Ai·yi
1	500	25	5	12.500	2500
2	900	25	25	22.500	22.500
3	400	5	30	2000	12.000
4	−314.159	31,512	31,512	−9899,778	−9899,778
	1485,841			27.100,222	27.100,222

$$x_G = \frac{27.100,222}{1485,841} = 18,239 \; cm$$

$$y_G = \frac{27.100,222}{1485,841} = 18,239 \; cm$$

2do: Cálculo del producto de inercia baricéntrico

$$I_{\overline{xy}} = \sum_{i=1}^{n}\left[I_{xyi} + A_i(x_G - x_i)(y_G - y_i)\right]$$

$$I_{xy}^{①} = 0 + 500 \cdot (18,239 - 25) \cdot (18,239 - 5) = -44.754,44$$

$$I_{xy}^{②} = 0 + 900 \cdot (18,239 - 25) \cdot (18,239 - 25) = 41.140,009$$

$$I_{xy}^{③} = 0 + 400 \cdot (18,239 - 5) \cdot (18,239 - 30) = -62.281,552$$

$$I_{xy}^{④} = -0,01647 \cdot 20^4 + 314,159 \cdot (18,239 - 31,512) \cdot (18,239 - 31,512) = 52.710,986$$

$$I_{\overline{xy}} = I_{xy}^{①} + I_{xy}^{②} + I_{xy}^{③} - I_{xy}^{④}$$

$$I_{\overline{xy}} = -118.606,969 \; cm^4$$

3ro: Cálculo del producto de inercia con respecto a los ejes X e Y

$$I_{xy} = I_{\overline{xy}} + A \cdot x_G \cdot y_G$$

$$I_{xy} = -118.606,969 + 1485,841 \cdot 18,239 \cdot 18,239$$

$$I_{xy} = 375.674,564 \; cm^4$$

PRÁCTICA 155

Calcular el producto de inercia de la siguiente sección con respecto al baricentro y a los ejes X e Y.

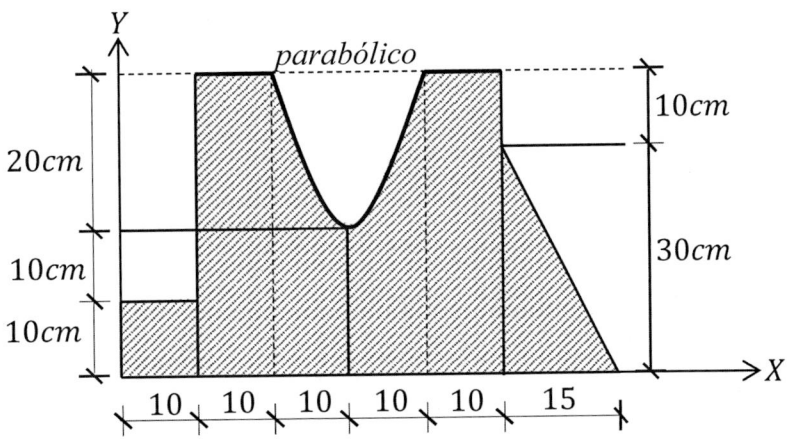

Figura 6.110 Sección 50.

1ro: Cálculo de las coordenadas del baricentro

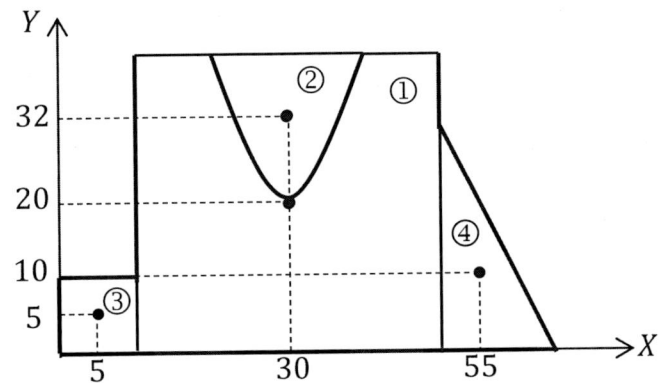

Figura	Ai	xi	yi	Ai·xi	Ai·yi
1	1600	30	20	48.000	32.000
2	−266,667	30	32	−8000,01	−8533,344
3	100	5	5	500	500
4	225	55	10	12375	2250
	1658,333			52.874,99	26.216,656

$$x_G = \frac{52.874,99}{1658,333} = 31,884 \; cm$$

$$y_G = \frac{26.216,656}{1658,333} = 15,809 \; cm$$

2do: Cálculo del producto de inercia baricéntrico

$$I_{\overline{xy}} = \sum_{i=1}^{n}\left[I_{xyi} + A_i(x_G - x_i)(y_G - y_i)\right]$$

$$I_{xy}^{①} = 0 + 1600 \cdot (31,884 - 30) \cdot (15,809 - 20) = -12.633,35$$

$$I_{xy}^{②} = 0 + 266,667 \cdot (31,884 - 30) \cdot (15,809 - 32) = -8134,369$$

$$I_{xy}^{③} = 0 + 100 \cdot (31,884 - 5) \cdot (15,809 - 5) = 29.058,916$$

$$I_{xy}^{④} = \frac{-15^2 \cdot 30^2}{72} + 225 \cdot (31,884 - 55) \cdot (15,809 - 10) = -33.025,69$$

$$I_{\overline{xy}} = I_{xy}^{①} - I_{xy}^{②} + I_{xy}^{③} + I_{xy}^{④}$$

$$I_{\overline{xy}} = -8465,755 cm^4$$

3ro: Cálculo del producto de inercia con respecto a los ejes X e Y

$$I_{xy} = I_{\overline{xy}} + A \cdot x_G \cdot y_G$$

$$I_{xy} = -8465,755 + 1658,333 \cdot 31,884 \cdot 15,809$$

$$I_{xy} = 827.423,886 \; cm^4$$

PRÁCTICA 156

Calcular el producto de inercia de la siguiente sección con respecto al baricentro y a los ejes X e Y.

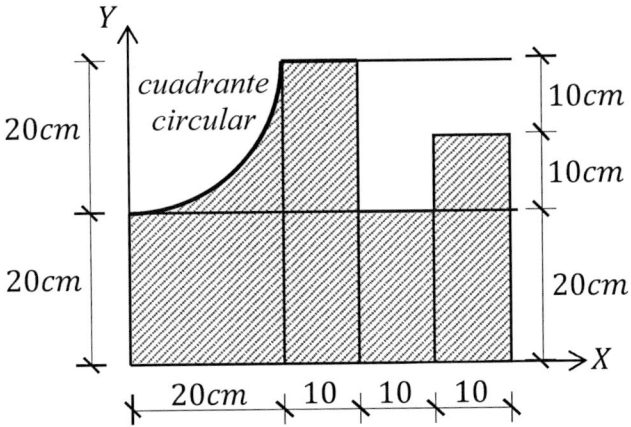

Figura 6.111 Sección 51.

1ro: Cálculo de las coordenadas del baricentro

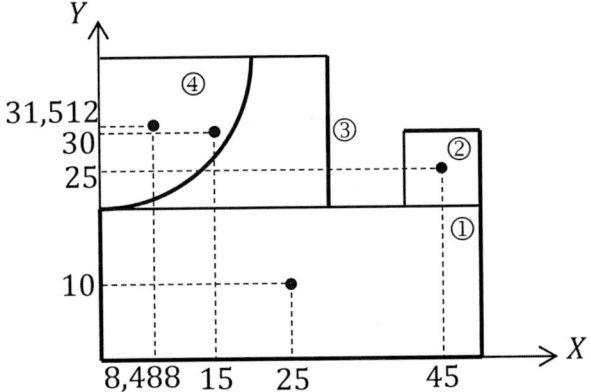

Figura	Ai	xi	yi	Ai·xi	Ai·yi
1	1000	25	10	25.000	10.000
2	100	45	25	4500	2500
3	600	15	30	9000	18.000
4	−314,159	8,488	31,512	−2666,528	−9899,778
	1385,841			35.833,418	20.600,222

$$x_G = \frac{35.833,418}{1385,841} = 25,857 \ cm$$

$$y_G = \frac{20.600,222}{1385,841} = 14,865 \ cm$$

2do: Cálculo del producto de inercia baricéntrico

$$I_{\overline{xy}} = \sum_{i=1}^{n} \left[I_{xyi} + A_i(x_G - x_i)(y_G - y_i) \right]$$

$$I_{xy}^{①} = 0 + 1000 \cdot (25,857 - 25) \cdot (14,865 - 10) = 4169,305$$

$$I_{xy}^{②} = 0 + 100 \cdot (25,857 - 45) \cdot (14,865 - 25) = 19.401,431$$

$$I_{xy}^{③} = 0 + 600 \cdot (25,857 - 15) \cdot (14,865 - 30) = -98.592,417$$

$$I_{xy}^{④} = 0,01647 \cdot 20^4 + 314,159 \cdot (25,857 - 8,488) \cdot (14,865 - 31,512) \quad = -88.201,281$$

$$I_{\overline{xy}} = I_{xy}^{①} + I_{xy}^{②} + I_{xy}^{③} - I_{xy}^{④}$$

$$I_{\overline{xy}} = 13.179,6 \ cm^4$$

3ro: Cálculo del producto de Inercia con respecto a los ejes X e Y

$$I_{xy} = I_{\overline{xy}} + A \cdot x_G \cdot y_G$$

$$I_{xy} = 13.179,6 + 1385,841 \cdot 25,857 \cdot 14,865$$

$$I_{xy} = 545.847,413 \ cm^4$$

PRÁCTICA 157

Calcular el producto de inercia de la siguiente sección con respecto al baricentro y a los ejes X e Y.

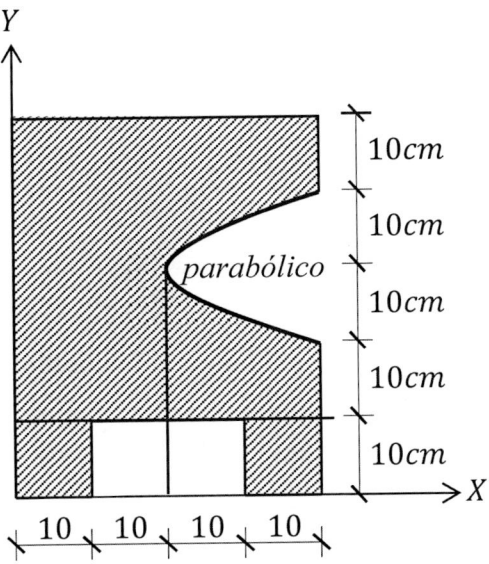

Figura 6.112 Sección 52.

1ro: Cálculo de las coordenadas del baricentro

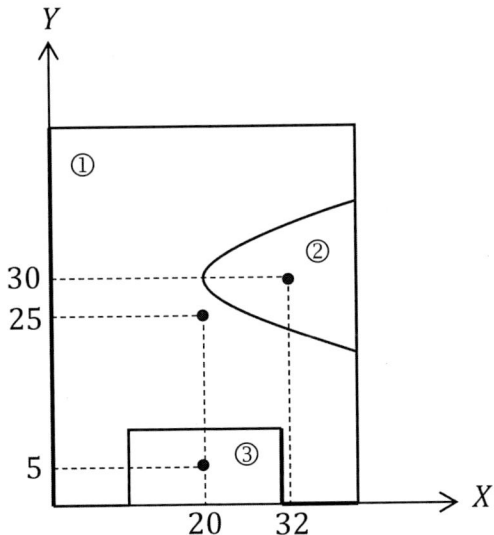

Figura	Ai	xi	yi	Ai·xi	Ai·yi
1	2000	20	25	40.000	50.000
2	−266,667	32	30	−8533,334	−8000,01
3	−200	20	5	−4000	−1000
	1533,333			27.466,656	40.999,99

$$x_G = \frac{27.466,656}{1533,333} = 17,913 \; cm$$

$$y_G = \frac{40.999,99}{1533,333} = 26,739 \; cm$$

2do: Cálculo del producto de inercia baricéntrico

$$I_{\overline{xy}} = \sum_{i=1}^{n} \left[I_{xyi} + A_i(x_G - x_i)(y_G - y_i) \right]$$

$$I_{xy}^{①} = 0 + 2000 \cdot (17,913 - 20) \cdot (26,739 - 25) = -7258,586$$

$$I_{xy}^{②} = 0 + 266,667 \cdot (17,913 - 32) \cdot (26,739 - 30) = 12.250,071$$

$$I_{xy}^{③} = 0 + 200 \cdot (17,913 - 20) \cdot (26,739 - 5) = -9073,859$$

$$I_{\overline{xy}} = I_{xy}^{①} - I_{xy}^{②} - I_{xy}^{③}$$

$$I_{\overline{xy}} = -10.434,798 \; cm^4$$

3ro: Cálculo del producto de inercia con respecto a los ejes X e Y

$$I_{xy} = I_{\overline{xy}} + A \cdot x_G \cdot y_G$$

$$I_{xy} = -10.434,798 + 1533,333 \cdot 17,913 \cdot 26,739$$

$$I_{xy} = 723.994,46 \; cm^4$$

PRÁCTICA 158

Calcular el producto de inercia de la siguiente sección con respecto al baricentro y a los ejes X e Y.

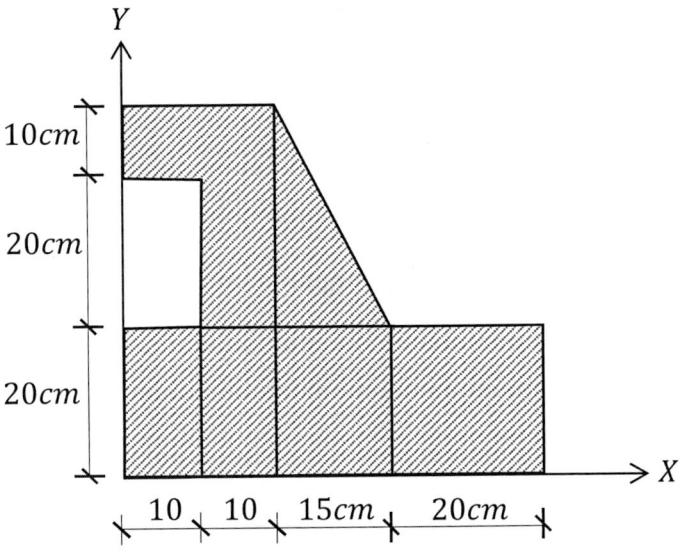

Figura 6.113 Sección 53.

1ro: Cálculo de las coordenadas del baricentro

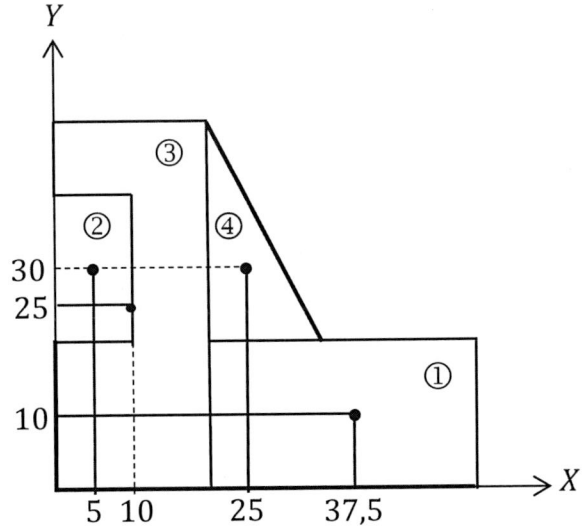

Figura	Ai	xi	yi	Ai·xi	Ai·yi
1	700	37,5	10	26.250	7000
2	−200	5	30	−1000	−6000
3	1000	10	25	10.000	25.000
4	225	25	30	5625	6750
	1725			40.875	32.750

$$x_G = \frac{40.875}{1725} = 23,696 \ cm$$

$$y_G = \frac{32.750}{1725} = 18,986 \ cm$$

2do: Cálculo del producto de inercia baricéntrico

$$I_{\overline{xy}} = \sum_{i=1}^{n}\left[I_{xyi} + A_i(x_G - x_i)(y_G - y_i)\right]$$

$$I_{xy}^{①} = 0 + 700 \cdot (23,696 - 37,5) \cdot (18,986 - 10) = -86.829,921$$

$$I_{xy}^{②} = 0 + 200 \cdot (23,696 - 5) \cdot (18,986 - 30) = -41.183,549$$

$$I_{xy}^{③} = 0 + 1000 \cdot (23,696 - 10) \cdot (18,986 - 25) = -82.367,744$$

$$I_{xy}^{④} = \frac{-15^2 \cdot 30^2}{72} + 225(23,696 - 25)(18,986 - 30) = 419,01$$

$$I_{\overline{xy}} = I_{xy}^{①} - I_{xy}^{②} + I_{xy}^{③} + I_{xy}^{④}$$

$$I_{\overline{xy}} = -127.595,108 \ cm^4$$

3ro: Cálculo del producto de inercia con respecto a los ejes X e Y

$$I_{xy} = I_{\overline{xy}} + A \cdot x_G \cdot y_G$$

$$I_{xy} = -127.595,108 + 1725 \cdot 23,696 \cdot 18,986$$

$$I_{xy} = 648.469,034 \ cm^4$$

PRÁCTICA 159

Calcular el producto de inercia de la siguiente sección con respecto al baricentro y a los ejes X e Y.

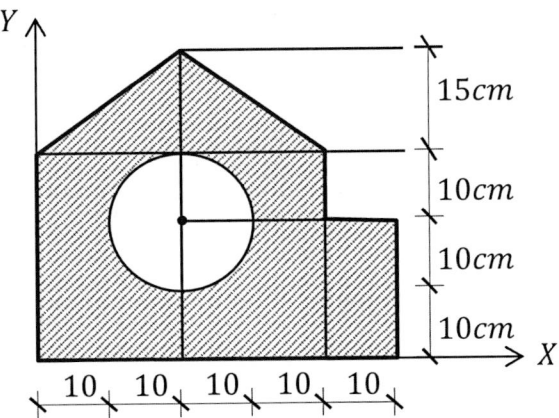

Figura 6.114 Sección 54.

1ro: Cálculo de las coordenadas del baricentro

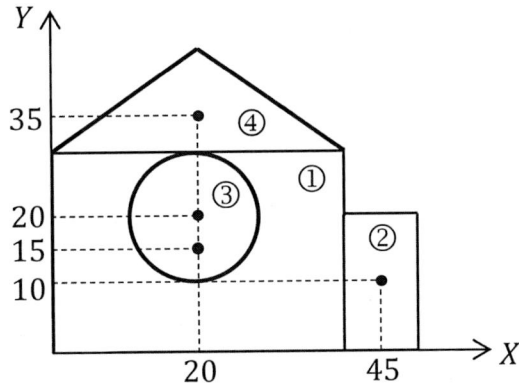

Figura	Ai	xi	yi	Ai·xi	Ai·yi
1	1200	20	15	24.000	18.000
2	200	45	10	9000	2000
3	−314,159	20	20	−6283,18	−6283,18
4	300	20	35	6000	10.500
	1385,841			32.716,82	24.216,82

$$x_G = \frac{32.716,82}{1385,841} = 23,608\ cm$$

$$y_G = \frac{24.216,82}{1385,841} = 17,474\ cm$$

2do: Cálculo del producto de inercia baricéntrico

$$I_{\overline{xy}} = \sum_{i=1}^{n} \left[I_{xyi} + A_i(x_G - x_i)(y_G - y_i) \right]$$

$$I_{xy}^{①} = 0 + 1200 \cdot (23,608 - 20) \cdot (17,474 - 15) = 10.711,43$$

$$I_{xy}^{②} = 0 + 200 \cdot (23,608 - 45) \cdot (17,474 - 10) = -31.976,762$$

$$I_{xy}^{③} = 0 + 314,159 \cdot (23,608 - 20) \cdot (17,474 - 20) = -2863,185$$

$$I_{xy}^{④} = 0 + 300 \cdot (23,608 - 20) \cdot (17,474 - 35)\quad = -18.970,142$$

$$I_{\overline{xy}} = I_{xy}^{①} + I_{xy}^{②} - I_{xy}^{③} + I_{xy}^{④}$$

$$I_{\overline{xy}} = -37.372,289\ cm^4$$

3ro: Cálculo del producto de Inercia con respecto a los ejes X e Y

$$I_{xy} = I_{\overline{xy}} + A \cdot x_G \cdot y_G$$

$$I_{xy} = -37.372,289 + 1385,84 \cdot 23,608 \cdot 17,474$$

$$I_{xy} = 534.323,421\ cm^4$$

PRÁCTICA 160

Calcular el producto de inercia de la siguiente sección con respecto al baricentro y a los ejes X e Y.

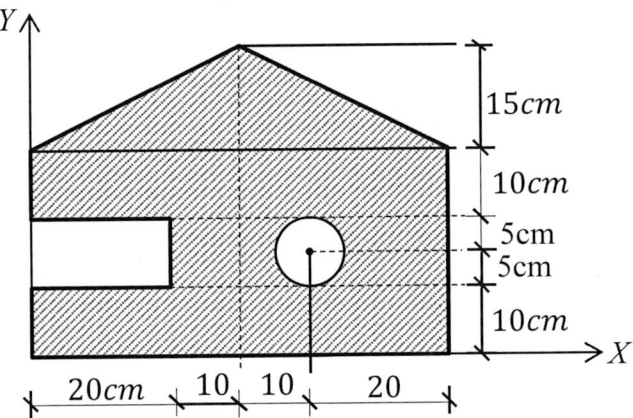

Figura 6.115 Sección 55.

1ro: Cálculo de las coordenadas del baricentro

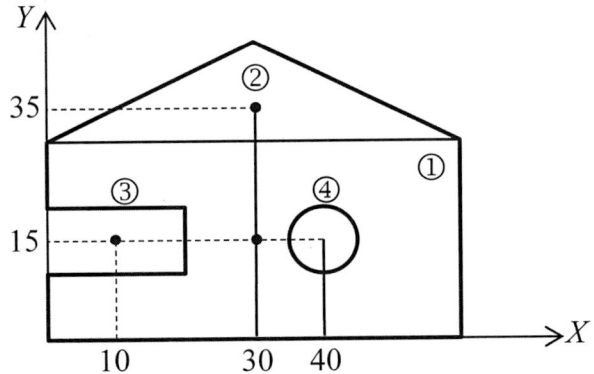

Figura	A_i	x_i	y_i	$A_i x_i$	$A_i y_i$
1	1800	30	15	54.000	27.000
2	450	30	35	13.500	15.750
3	−200	10	15	−2000	−3000
4	−78,54	40	15	−3141,6	−1178,1
	1971,46			62.358,4	38.571,9

$$x_G = \frac{62.358,4}{1971,46} = 31,631 \ cm$$

$$y_G = \frac{38.571,9}{1971,46} = 19,565 \ cm$$

2do: Cálculo del producto de inercia baricéntrico

$$I_{\overline{xy}} = \sum_{i=1}^{n} \left[I_{xyi} + A_i(x_G - x_i)(y_G - y_i) \right]$$

$I_{xy}^{①} = 0 + 1800(31,631 - 30)(19,565 - 15) = 13.401,927$

$I_{xy}^{②} = 0 + 450(31,631 - 30)(19,565 - 35) = -11.328,518$

$I_{xy}^{③} = 0 + 200(31,631 - 10)(19,565 - 15) = 19.749,103$

$I_{xy}^{④} = 0 + 78,54(31,631 - 40)(19,565 - 15) = -3000,58$

$I_{\overline{xy}} = I_{xy}^{①} + I_{xy}^{②} - I_{xy}^{③} - I_{xy}^{④}$

$I_{\overline{xy}} = -14.675,114 \ cm^4$

3ro: Cálculo del producto de inercia para los ejes X e Y

$$I_{xy} = I_{\overline{xy}} + A \cdot x_G \cdot y_G$$

$$I_{xy} = -14675,114 + 1971,46 \cdot 31,631 \cdot 19,565$$

$$I_{xy} = 1205383,637 cm^4$$

PRÁCTICA 161

Calcular el producto de inercia de la siguiente sección con respecto al baricentro y a los ejes X e Y.

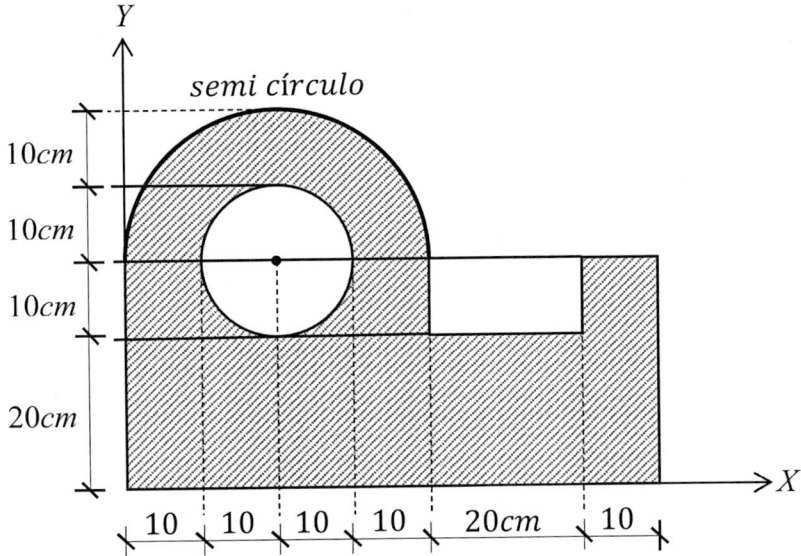

Figura 6.116 Sección 56.

1ro: Cálculo de las coordenadas del baricentro

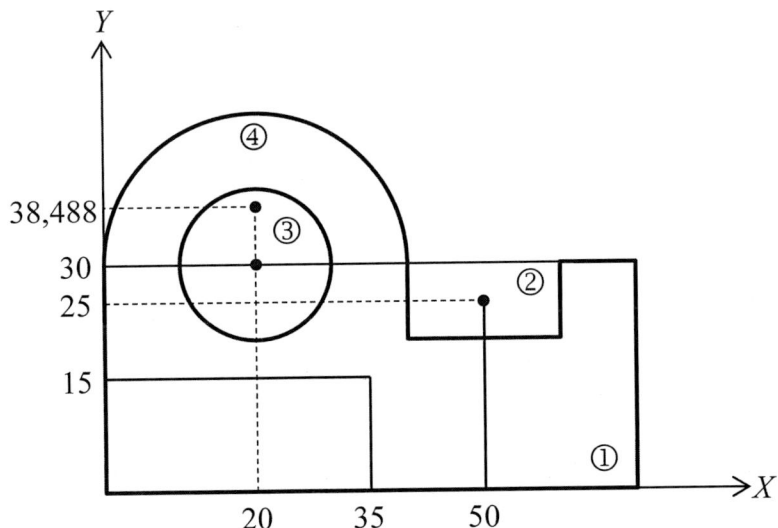

Figura	A_i	x_i	y_i	$A_i x_i$	$A_i y_i$
1	2100	35	15	73.500	31.500
2	−200	50	25	−10.000	−5000
3	−314,159	20	30	−6283,18	−9424,77
4	628,319	20	38,488	12.566,38	24.182,742
	2214,16			69.783,2	41.257,972

$$x_G = \frac{69.783,2}{2214,16} = 31,517 \; cm$$

$$y_G = \frac{41.257,972}{2214,16} = 18,634 \; cm$$

2do: Cálculo del producto de inercia baricéntrico

$$I_{\overline{xy}} = \sum_{i=1}^{n} \left[I_{xyi} + A_i(x_G - x_i)(y_G - y_i) \right]$$

$$I_{xy}^{①} = 0 + 2100(31,517 - 35)(18,634 - 15) = -26.580,166$$

$$I_{xy}^{②} = 0 + 200(31,517 - 50)(18,634 - 25) = 23.532,556$$

$$I_{xy}^{③} = 0 + 314,159(31,517 - 20)(18,634 - 30) = -41.124,111$$

$$I_{xy}^{④} = 0 + 628,319(31,517 - 20)(18,634 - 38,488) = -143.670,491$$

$$I_{\overline{xy}} = I_{xy}^{①} - I_{xy}^{②} - I_{xy}^{③} + I_{xy}^{④}$$

$$I_{\overline{xy}} = -152.659,102 \; cm^4$$

3ro: Cálculo del producto de inercia para los ejes X e Y

$$I_{xy} = I_{\overline{xy}} + A \cdot x_G \cdot y_G$$

$$I_{xy} = -152.659,102 + 2214,16 \cdot 31,517 \cdot 18,634$$

$$I_{xy} = 1.147.690,005 cm^4$$

PRÁCTICA 162

Calcular el producto de inercia de la siguiente sección con respecto al baricentro y a los ejes X e Y.

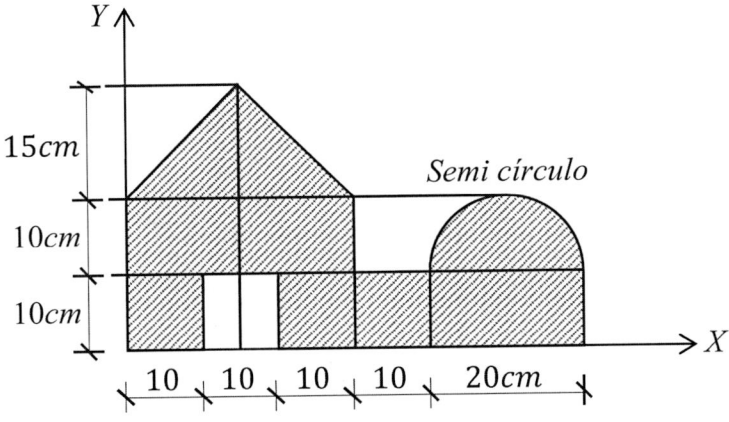

Figura 6.117 Sección 57.

1ro: Cálculo de las coordenadas del baricentro

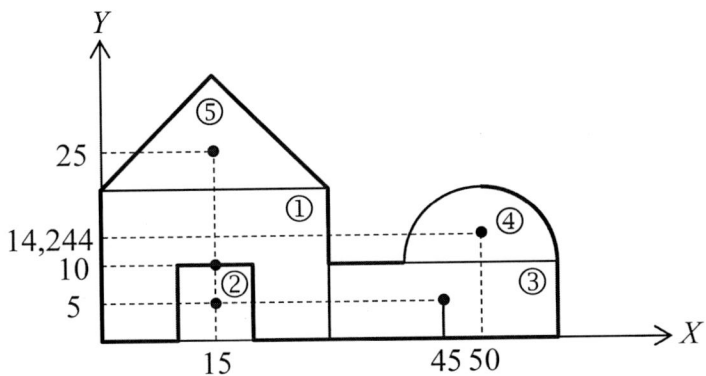

Figura	A_i	x_i	y_i	$A_i x_i$	$A_i y_i$
1	600	15	10	9000	6000
2	−100	15	5	−1500	−500
3	300	45	5	13.500	1500
4	157,08	50	14,244	7854	2237,448
5	225	15	25	3375	5625
	1182,08			32.229	14.862,448

$$x_G = \frac{32.229}{1182,08} = 27,265 \; cm$$

$$y_G = \frac{14.862,448}{1182,08} = 12,573 \; cm$$

2do: Cálculo del producto de inercia baricéntrico

$$I_{\overline{xy}} = \sum_{i=1}^{n} \left[I_{xyi} + A_i(x_G - x_i)(y_G - y_i) \right]$$

$$I_{xy}^{①} = 0 + 600(27,265 - 15)(12,573 - 10) = 18.934,707$$

$$I_{xy}^{②} = 0 + 100(27,265 - 15)(12,573 - 5) = 9288,285$$

$$I_{xy}^{③} = 0 + 300(27,265 - 45)(12,573 - 5) = -40.292,147$$

$$I_{xy}^{④} = 0 + 157,08(27,265 - 50)(12,573 - 14,244) = 5967,498$$

$$I_{xy}^{⑤} = 0 + 225(27,265 - 15)(12,573 - 25) = -34.293,86$$

$$I_{\overline{xy}} = I_{xy}^{①} - I_{xy}^{②} + I_{xy}^{③} + I_{xy}^{④} + I_{xy}^{⑤}$$

$$I_{\overline{xy}} = -58.972,087 \; cm^4$$

3ro: Cálculo del producto de inercia para los ejes X e Y

$$I_{xy} = I_{\overline{xy}} + A \cdot x_G \cdot y_G$$

$$I_{xy} = -58.972,087 + 1182,08 \cdot 27,265 \cdot 12,573$$

$$I_{xy} = 346.248,3 cm^4$$

PRÁCTICA 163

Calcular el producto de inercia de la siguiente sección con respecto al baricentro y a los ejes X e Y.

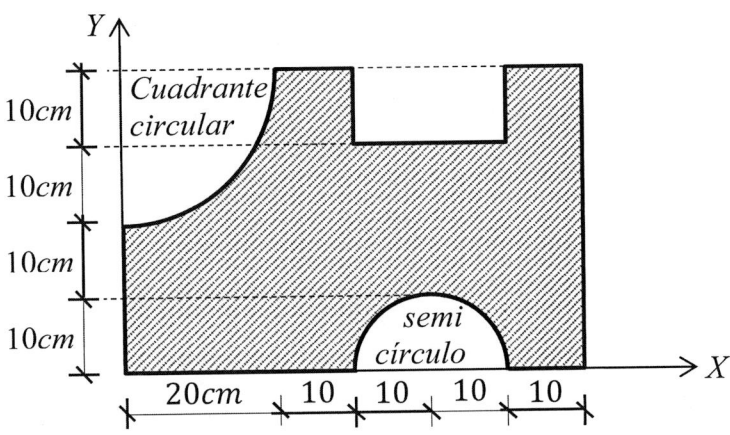

Figura 6.118 Sección 58.

1ro: Cálculo de las coordenadas del baricentro

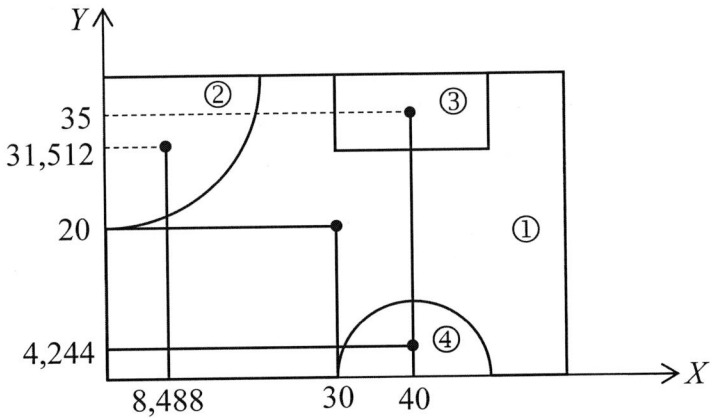

Figura	A_i	x_i	y_i	$A_i x_i$	$A_i y_i$
1	2400	30	20	72.000	48.000
2	−314,159	8,488	31,512	−2666,582	−9899,778
3	−200	40	35	−8000	−7000
4	−157,08	40	4,244	−6283,2	−666,648
	1728,761			55.050,218	30.433,574

$$x_G = \frac{55.050,218}{1728,761} = 31,844\ cm$$

$$y_G = \frac{30.433,574}{1728,761} = 17,604\ cm$$

2do: Cálculo del producto de inercia baricéntrico

$$I_{\overline{xy}} = \sum_{i=1}^{n}\left[I_{xyi} + A_i(x_G - x_i)(y_G - y_i)\right]$$

$$I_{xy}^{①} = 0 + 2400(31,844 - 30)(17,604 - 20) = -10.603,738$$

$$I_{xy}^{②} = 0,01647 \cdot 20^4 + 314,159(31,844 - 8,488)(17,604 - 31,152)$$

$$I_{xy}^{②} = -99.414,717$$

$$I_{xy}^{③} = 0 + 200(31,844 - 40)(17,604 - 35) = 28.376,355$$

$$I_{xy}^{④} = 0 + 157,08(31,844 - 40)(17,604 - 4,244) = -17.116,09$$

$$I_{\overline{xy}} = I_{xy}^{①} - I_{xy}^{②} - I_{xy}^{③} - I_{xy}^{④}$$

$$I_{\overline{xy}} = 77.550,714\ cm^4$$

3ro: Cálculo del producto de inercia para los ejes X e Y

$$I_{xy} = I_{\overline{xy}} + A \cdot x_G \cdot y_G$$

$$I_{xy} = 77.550,714 + 1728,761 \cdot 31,844 \cdot 17,604$$

$$I_{xy} = 1.046.662,626 cm^4$$

PRÁCTICA 164

Calcular el producto de inercia de la siguiente sección con respecto al baricentro y a los ejes X e Y.

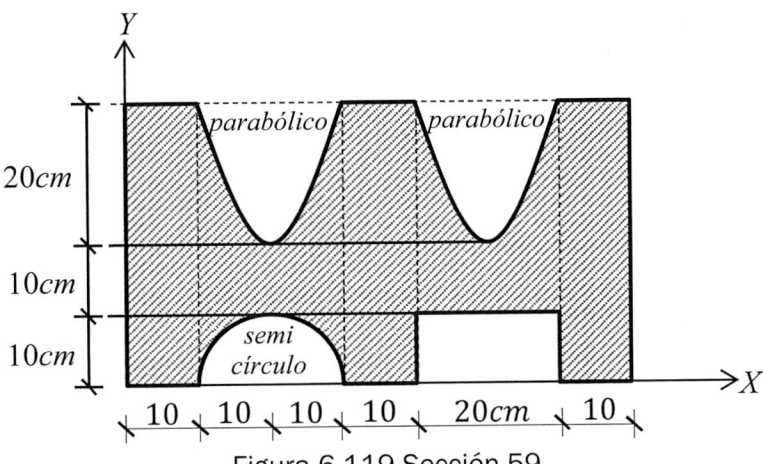

Figura 6.119 Sección 59.

1ro: Cálculo de las coordenadas del baricentro

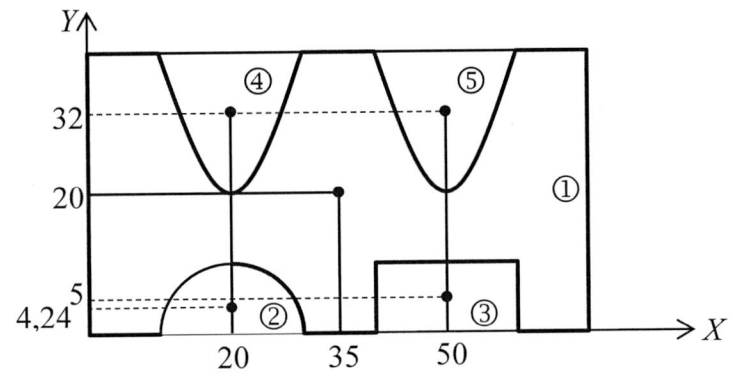

Figura	A_i	x_i	y_i	$A_i x_i$	$A_i y_i$
1	2800	35	20	98.000	56.000
2	157,08	20	4,244	−3141,6	−666,648
3	−200	50	5	−10.000	−1000
4	−266,667	20	32	−5333,34	−8533,344
5	−266,667	50	32	−13.333,35	−8533,344
	1909,586			66.191,71	37.266,664

$$x_G = \frac{66.191,71}{1909,586} = 34,663 \; cm$$

$$y_G = \frac{37.266,664}{1909,586} = 19,516 \; cm$$

2do: Cálculo del producto de inercia baricéntrico

$$I_{\overline{xy}} = \sum_{i=1}^{n} \left[I_{xyi} + A_i(x_G - x_i)(y_G - y_i) \right]$$

$I_{xy}^{①} = 0 + 2800(34,663 - 35)(19,516 - 20) = 456,702$

$I_{xy}^{②} = 0 + 157,08(34,663 - 20)(19,516 - 4,244) = 35.175,448$

$I_{xy}^{③} = 0 + 200(34,663 - 50)(19,516 - 5) = -44.526,378$

$I_{xy}^{④} = 0 + 266,667(34,663 - 20)(19,516 - 32) = -48.814,166$

$I_{xy}^{⑤} = 0 + 266.667(34,663 - 50)(19,516 - 32) = 51.057,959$

$I_{\overline{xy}} = I_{xy}^{①} - I_{xy}^{②} - I_{xy}^{③} - I_{xy}^{④} - I_{xy}^{⑤}$

$I_{\overline{xy}} = 7563,839 \; cm^4$

3ro: Cálculo del producto de inercia para los ejes X e Y

$$I_{xy} = I_{\overline{xy}} + A \cdot x_G \cdot y_G$$

$$I_{xy} = 7563,839 + 1909,586 \cdot 34,663 \cdot 19,516$$

$$I_{xy} = 1.299.366,511 \; cm^4$$

PRÁCTICA 165

Calcular el producto de inercia de la siguiente sección con respecto al baricentro y a los ejes X e Y.

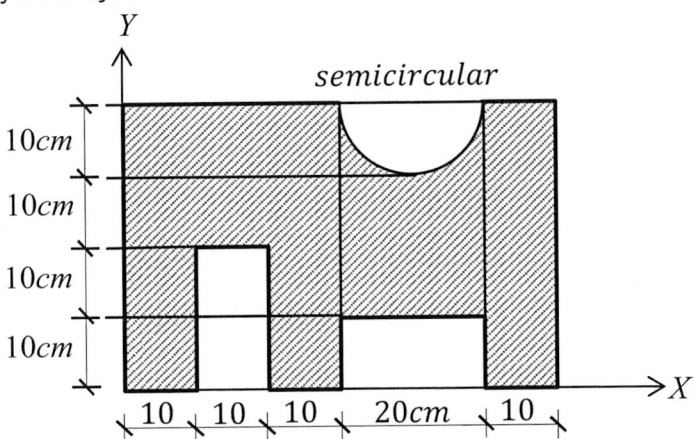

Figura 6.120 Sección 70.

1ro: Cálculo de las coordenadas del baricentro

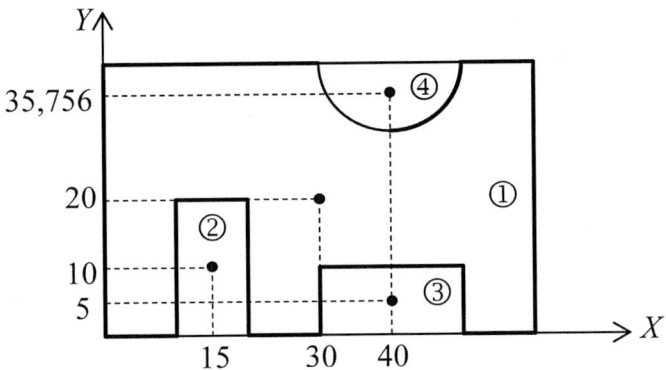

Figura	A_i	x_i	y_i	$A_i x_i$	$A_i y_i$
1	2400	30	20	72.000	48.000
2	−200	15	10	−3000	−2000
3	−200	40	5	−8000	−1000
4	−157,08	40	35,756	−6283,2	−5616,552
	1842,92			54.716,8	39.383,448

$$x_G = \frac{54.716,8}{1842,92} = 29,69 \; cm$$

$$y_G = \frac{39.383,448}{1842,92} = 21,37 \; cm$$

2do: Cálculo del producto de inercia baricéntrico

$$I_{\overline{xy}} = \sum_{i=1}^{n} \left[I_{xyi} + A_i (x_G - x_i)(y_G - y_i) \right]$$

$$I_{xy}^{①} = 0 + 2400(29,69 - 30)(21,37 - 20) = -1019,28$$

$$I_{xy}^{②} = 0 + 200(29,69 - 15)(21,37 - 10) = 33.405,56$$

$$I_{xy}^{③} = 0 + 200(29,69 - 40)(21,37 - 5) = -33.754,94$$

$$I_{xy}^{④} = 0 + 157,08(29,69 - 40)(21,37 - 35,756) = 23.298,052$$

$$I_{\overline{xy}} = I_{xy}^{①} - I_{xy}^{②} - I_{xy}^{③} - I_{xy}^{④}$$

$$I_{\overline{xy}} = -23.967,452 cm^4$$

3ro: Cálculo del producto de inercia para los ejes X e Y

$$I_{xy} = I_{\overline{xy}} + A \cdot x_G \cdot y_G$$

$$I_{xy} = -23.967,452 + 1842,92 \cdot 29,69 \cdot 21,37$$

$$I_{xy} = 1.145.319,768 cm^4$$

PRÁCTICA 166

Calcular el producto de inercia de la siguiente sección con respecto al baricentro y a los ejes X e Y.

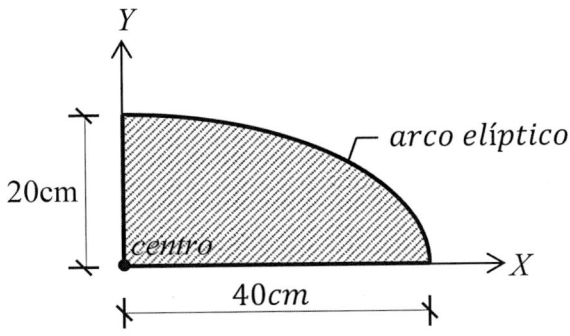

Figura 6.121 Sección 71.

1ro: Ecuación de la curva elíptica

$Datos$
$C(h, k) = (0,0)$
$a = 40$
$b = 20$

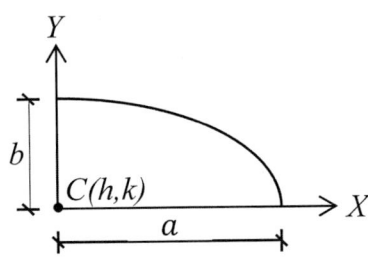

Reemplazamos datos en la ecuación de la elipse:

$$\frac{(x-h)^2}{a^2} + \frac{(y-k)^2}{b^2} = 1$$

$$\frac{(x-0)^2}{40^2} + \frac{(y-0)^2}{20^2} = 1$$

$$y^2 = 20^2\left(1 - \frac{x^2}{40^2}\right)$$

$$y = \frac{1}{2}\sqrt{1600 - x^2}$$

2do: Cálculo del área

$$A = \int_0^{40} \frac{1}{2}\sqrt{1600 - x^2}\, dx$$

$$A = 628{,}319\ cm^2$$

3ro: Coordenadas del baricentro

$$x_G = \frac{1}{A} \int y \cdot x \, dx = \frac{1}{628,319} \int_0^{40} \frac{1}{2} \sqrt{1600 - x^2} \cdot x \, dx$$

$$x_G = 16,976 \, cm$$

$$y_G = \frac{1}{2A} \int y^2 \, dx = \frac{1}{2 \cdot 628,319} \int_0^{40} \left[\frac{1}{2} \sqrt{1600 - x^2} \right]^2 dx$$

$$y_G = 8,488 \, cm$$

4to: Cálculo del producto de inercia con respecto a los ejes X e Y

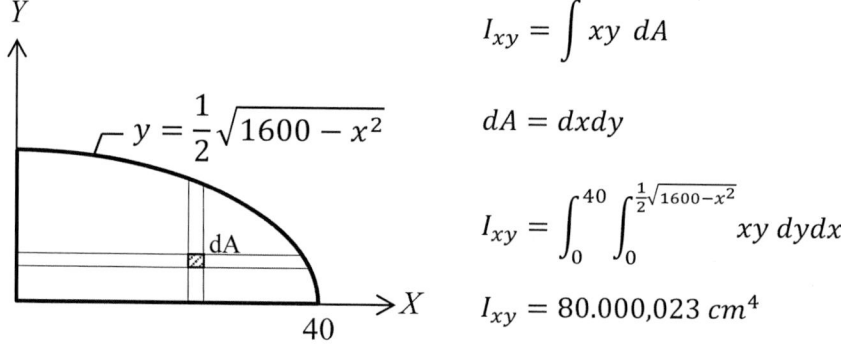

$$I_{xy} = \int xy \, dA$$

$$dA = dxdy$$

$$I_{xy} = \int_0^{40} \int_0^{\frac{1}{2}\sqrt{1600-x^2}} xy \, dydx$$

$$I_{xy} = 80.000,023 \, cm^4$$

5to: Cálculo del producto de inercia baricéntrico

$$I_{\overline{xy}} = I_{xy} - A \cdot x_G \cdot y_G$$

$$I_{\overline{xy}} = 80.000,023 - 628,319 \cdot 16,976 \cdot 8,488$$

$$I_{\overline{xy}} = -10.535,899 \, cm^4$$

PRÁCTICA 167

Calcular el producto de inercia de la siguiente sección con respecto al baricentro y a los ejes X e Y.

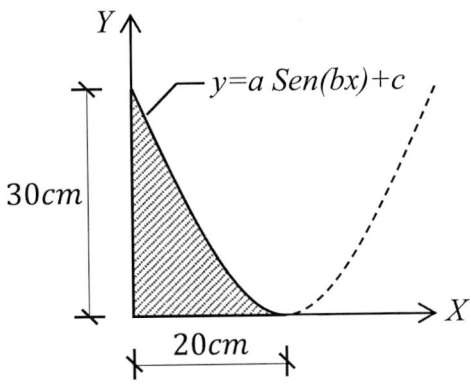

Figura 6.122 Sección 72.

1ro: Ecuación de la curva trigonométrica

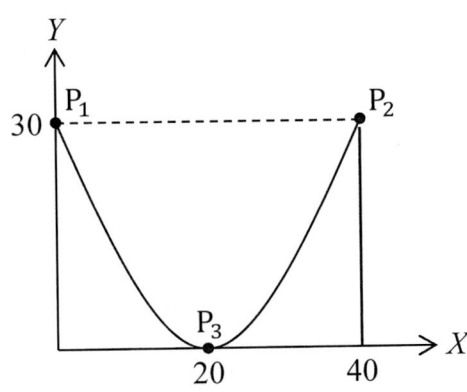

Datos

$$P_1(x, y) = (0,30)$$

$$P_2(x, y) = (40,30)$$

$$P_3(x, y) = (20,0)$$

Reemplazando P_1 en la ecuación:

$$30 = a \cdot sen(b \cdot 0) + c$$

$$c = 30$$

Reemplazando P_2 en la ecuación:

$$30 = a \cdot sen(b \cdot 40) + 30$$

$$\frac{30 - 30}{a} = sen(40b)$$

$$40b = \arcsen(0)$$

$$b = \frac{\pi}{40}$$

Reemplazando P_3 en la ecuación:

$$0 = a \cdot sen\left(\frac{\pi}{40} \cdot 20\right) + 30$$

$$a = -30$$

Por lo tanto, la ecuación es:

$$y = -30 \, sen\left(\frac{\pi}{40}x\right) + 30$$

2do: Cálculo del área

$$A = \int_0^{20} \left[-30 \cdot sen\left(\frac{\pi}{40} \cdot x\right) + 30\right] dx = 218{,}028 \, cm^2$$

3ro: Cálculo de las coordenadas del baricentro

$$x_G = \frac{1}{A}\int yx\, dx = \frac{1}{218{,}028}\int_0^{20}\left[-30 sen\left(\frac{\pi}{40}x\right) + 30\right] x dx = 5{,}213 \, cm$$

$$y_G = \frac{1}{2A}\int y^2 dx = \frac{1}{2 \cdot 218{,}028}\int_0^{20}\left[-30 sen\left(\frac{\pi}{40}x\right) + 30\right]^2 dx$$

$$y_G = 9{,}36 \, cm$$

4to: Cálculo del producto de inercia con respecto a los ejes X e Y

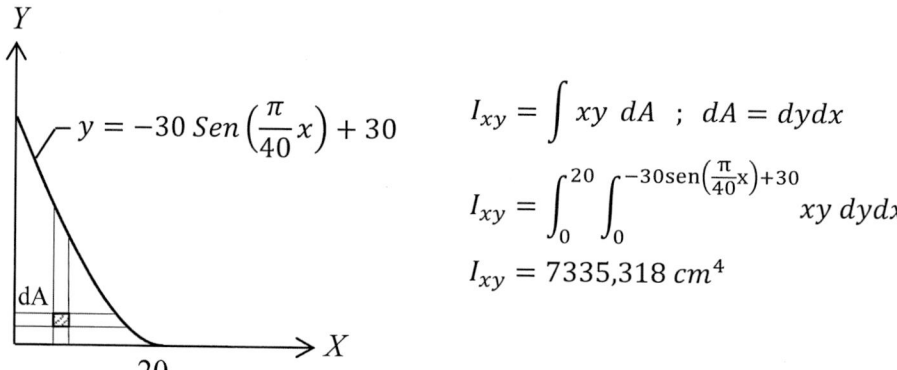

$$I_{xy} = \int xy \, dA \;\; ; \;\; dA = dydx$$

$$I_{xy} = \int_0^{20}\int_0^{-30 sen\left(\frac{\pi}{40}x\right)+30} xy\, dydx$$

$$I_{xy} = 7335{,}318 \, cm^4$$

5to: Cálculo del producto de inercia baricéntrico

$$I_{\overline{xy}} = I_{xy} - A \cdot x_G \cdot y_G$$

$$I_{\overline{xy}} = 7335{,}318 - 218{,}028 \cdot 5{,}213 \cdot 9{,}36$$

$$I_{\overline{xy}} = -3303{,}07 \, cm^4$$

PRÁCTICA 168

Calcular el producto de inercia de la siguiente sección con respecto al baricentro y a los ejes X e Y.

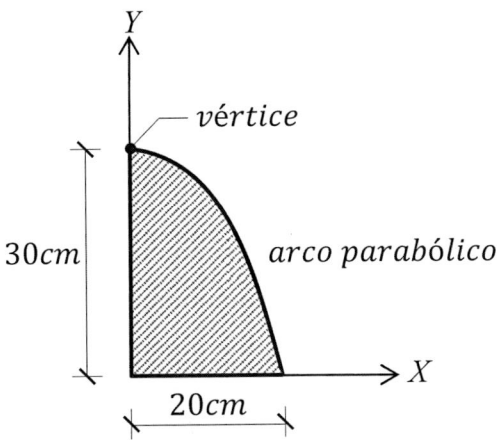

Figura 6.123 Sección 73.

1ro: Ecuación de la curva parabólica

Datos

$$V\,(h, k) = (0{,}30)$$
$$P\,(x, y) = (20{,}0)$$

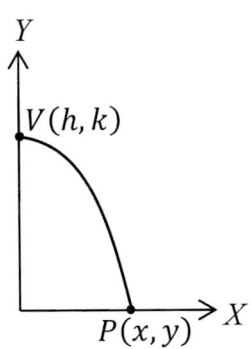

Reemplazando $V(h, k)$ y $P(x, y)$ en ecuación:

$$(x - h)^2 = -4a(y - k)$$
$$(20 - 0)^2 = -4a(0 - 30)$$
$$400 = 120a$$

$$a = \frac{10}{3}$$

Reemplazando V(h, k) y a en la ecuación la parábola:

$$(x - h)^2 = -4a(y - k)$$
$$(x - 0)^2 = -4 \cdot \frac{10}{3}(y - 30)$$
$$x^2 = -\frac{40}{3}y + 400$$
$$y = \frac{3}{40}(400 - x^2)$$

Por lo tanto, la ecuación del arco parabólico es:

$$y = 30 - \frac{3}{40}x^2$$

2do: Cálculo del área

$$A = \int_0^{20} \left(30 - \frac{3}{40}x^2\right) dx = 400 \ cm^2$$

3ro: Cálculo de las coordenadas del baricentro

$$x_G = \frac{1}{A}\int yx \, dx = \frac{1}{400}\int_0^{20}\left(30 - \frac{3}{40}x^2\right)xdx = 7,5 \ cm$$

$$y_G = \frac{1}{2A}\int y^2 dx = \frac{1}{2\cdot 400}\int_0^{20}\left(30 - \frac{3}{40}x^2\right)^2 dx = 12 \ cm$$

4to: Cálculo del producto de inercia con respecto a los ejes X e Y

$$I_{xy} = \int xy \ dA$$

$$dA = dydx$$

$$I_{xy} = \int_0^{20}\int_0^{30-\frac{3}{40}x^2} xy \, dydx$$

5to: Cálculo del producto de inercia baricéntrico

$$I_{\overline{xy}} = I_{xy} - A\cdot x_G \cdot y_G$$

$$I_{\overline{xy}} = 299.999,993 - 400\cdot 7,5 \cdot 12$$

$$I_{\overline{xy}} = -6000,007 \ cm^4$$

CAPÍTULO 7

INTRODUCCIÓN A LOS ESFUERZOS INTERNOS

7.1. CONCEPTO DE ESFUERZO INTERNO

Supongamos un elemento genérico idealizado, afectado por un conjunto de cargas coplanarias y en estado de equilibrio.

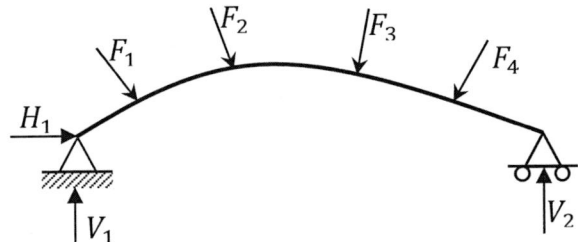

Figura 7.1 Sistema estructural afectado por cargas puntuales.

Efectuemos un corte imaginario que divida el cuerpo en dos porciones.

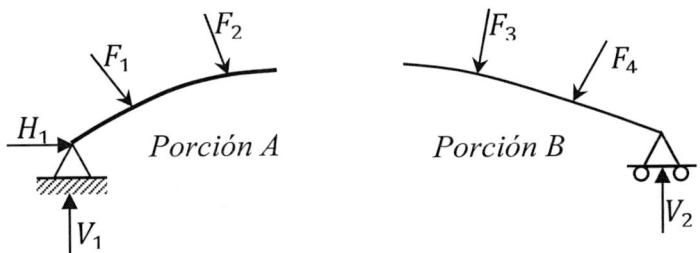

Figura 7.2 Corte del sistema estructural.

En la sección cortada aparecerán dos fuerzas y un momento que sustituyen el equilibrio que le proporciona la porción complementaria, es decir, en la figura siguiente las fuerzas (N y Q) y el momento (M) mostrados en la sección cortada de la porción A sustituyen el equilibrio que la porción B le proporciona a la porción A. Estas fuerzas y este momento se denominan esfuerzos internos (N, Q y M). Véase la siguiente figura:

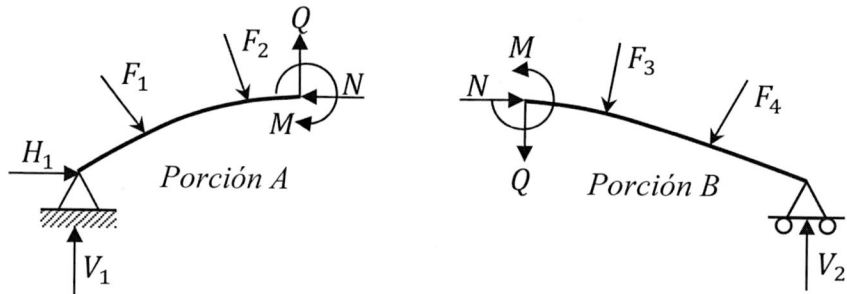

Figura 7.3 Esfuerzos internos en la sección cortada.

En la figura debemos detallar las siguientes cualidades en los esfuerzos internos:

- En ambas porciones (A y B) las magnitudes de sus esfuerzos internos son iguales, pero de sentido contrario. Esto se debe precisamente al principio de acción y reacción de Newton.

- El esfuerzo normal (N) se ubica sobre la recta tangente a la curva que pasa por la sección cortada (en elementos rectos se encuentran ubicados sobre la misma barra).

- El esfuerzo cortante (Q) es perpendicular al esfuerzo normal (en elementos rectos es perpendicular a la barra).

7.2. ESFUERZOS INTERNOS EN UNA SECCIÓN

Los esfuerzos internos en una sección pueden calcularse con una de las dos porciones en que se divide el cuerpo. Para esto seguiremos los siguientes pasos:

1ro: Calculamos las reacciones, aplicando las ecuaciones de equilibrio que sean necesarias.

2do: A partir de la sección solicitada, efectuamos un corte y seleccionamos una de las dos porciones para realizar los cálculos. Se sugiere trabajar con la porción que presente menos dificultades o menos cargas.

3ro: Se calculan los esfuerzos internos adoptando el siguiente convenio de signos para los esfuerzos internos:

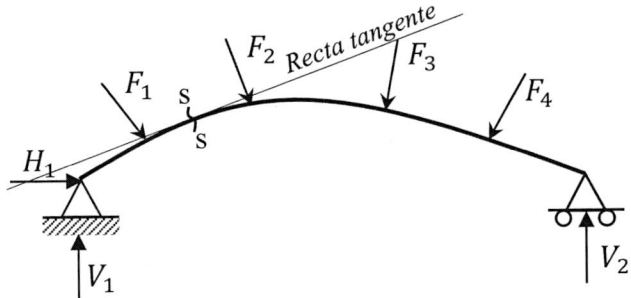

Figura 7.4 Recta tangente en s-s.

La recta tangente a la barra idealizada es la referencia para definir la dirección de los esfuerzos normales y de corte.

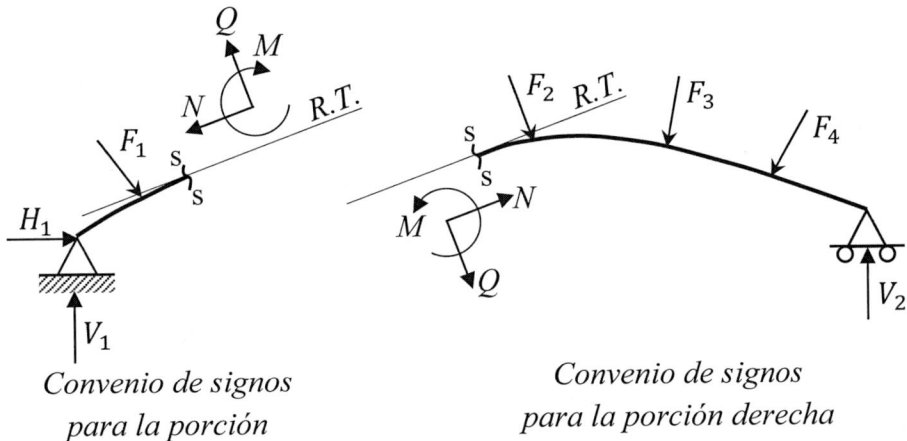

Convenio de signos para la porción

Convenio de signos para la porción derecha

Figura 7.5 Convenio de signos para esfuerzos internos.

Las expresiones utilizadas para calcular los esfuerzos internos considerando el lado izquierdo de la estructura son:

$$N_{s-s} = \Sigma F_{RT} \ \swarrow \oplus$$

$$Q_{s-s} = \Sigma F_{PRT} \ \nwarrow \oplus$$

$$M_{s-s} = \Sigma M_{s-s}^{izq} \; \circlearrowleft \; \oplus$$

Para el lado derecho utilizaremos el siguiente convenio de signos:

$$N_{s-s} = \Sigma F_{RT} \; \nearrow \; \oplus$$

$$Q_{s-s} = \Sigma F_{PRT} \; \searrow \; \oplus$$

$$M_{s-s} = \Sigma M_{s-s}^{der} \; \circlearrowright \; \oplus$$

El significado de los subíndices es el siguiente:

RT= en dirección de la recta tangente

PRT= en dirección perpendicular de la recta tangente

7.2.1. VIGAS

Para determinar los esfuerzos internos en una determinada sección de una viga, deberá procederse como sigue:

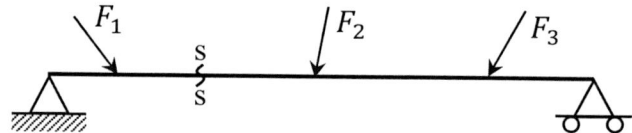

Figura 7.6 Viga simplemente apoyada con sección s-s.

1ro: Calculamos las reacciones en los apoyos utilizando las ecuaciones de equilibrio que sean necesarios.

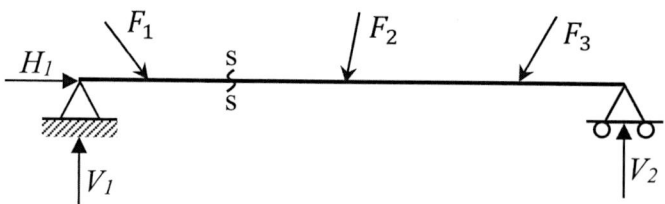

Figura 7.7 Viga con reacciones.

SEGUNDO: A partir de la sección s-s, seleccionamos una de las dos partes de la viga y calculamos los esfuerzos internos mediante la aplicación del siguiente convenio de signos:

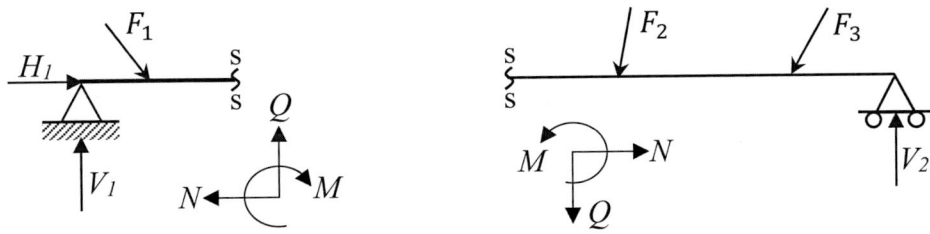

Figura 7.8 Convenio de esfuerzos internos.

Para este cálculo se utilizan las ecuaciones de equilibrio de la siguiente manera:

Lado Izquierdo

$$N_{s-s} = \Sigma F_H \leftarrow \oplus$$

$$Q_{s-s} = \Sigma F_V \uparrow \oplus$$

$$M_{s-s} = \Sigma M_{s-s}^{izq} \circlearrowleft \oplus$$

Lado derecho

$$N_{s-s} = \Sigma F_H \rightarrow \oplus$$

$$Q_{s-s} = \Sigma F_V \downarrow \oplus$$

$$M_{s-s} = \Sigma M_{s-s}^{der} \circlearrowleft \oplus$$

En caso de que la sección s-s se encuentre atravesando una carga distribuida, esta también se dividirá según cada porción. Veamos los siguientes ejemplos:

a) Carga rectangular

La carga rectangular se divide en dos cargas rectangulares con resultantes individuales.

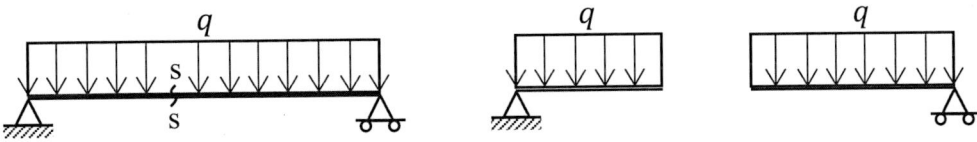

Figura 7.9 Viga con carga rectangular seccionada en s-s.

Es incorrecto calcular la resultante total de la carga y mantenerla según se ubique a un lado u otro de la sección s-s.

b) Carga triangular

Esta carga se descompone en una carga rectangular y otra carga trapezoidal, tal como se muestra a continuación.

Figura 7.10 Viga con carga triangular seccionada en s-s.

El valor de la carga q_s se obtiene realizando una interpolación lineal a partir del valor de q, la longitud L y la posición de la sección s-s.

EJERCICIOS DE APLICACIÓN
Revisar las prácticas de la 169 a la 177.

7.2.2. PÓRTICOS

El cálculo de esfuerzos internos en pórticos sigue un procedimiento similar al de las vigas, únicamente hay que considerar que el convenio de signos debe direccionarse según la posición de la barra y el lado del pórtico que se seleccione para realizar el cálculo. Veamos los siguientes criterios.

Tenemos que definir un vector de recorrido (V.R.) en función a la numeración de sus nudos que defina el sentido de cada barra.

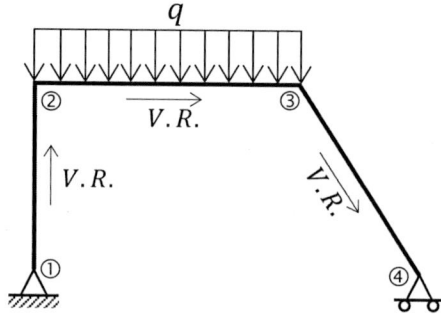

Figura 7.11 Pórtico con definición del vector de recorrido.

Para la barra 1-2, el convenio de signo es el siguiente:

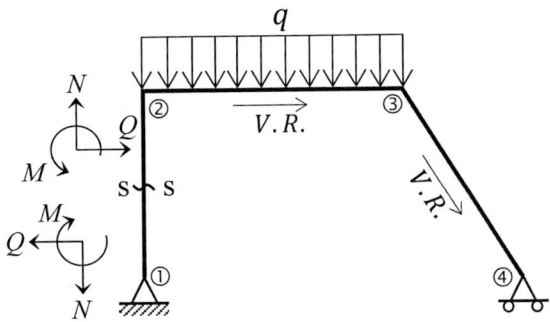

Figura 7.12 Convenio de signos de N, Q y M para el segmento 1-2.

Es importante entender que el pórtico a partir de la sección s-s se divide en dos partes: la inferior y la superior.

Las ecuaciones que se aplican para calcular sus esfuerzos internos son las siguientes:

Lado inferior

$$N_{s-s} = \Sigma F_V \downarrow \oplus$$

$$Q_{s-s} = \Sigma F_H \leftarrow \oplus$$

$$M_{s-s} = \Sigma M_{s-s}^{inf} \circlearrowleft \oplus$$

Lado superior

$$N_{s-s} = \Sigma F_V \uparrow \oplus$$

$$Q_{s-s} = \Sigma F_H \rightarrow \oplus$$

$$M_{s-s} = \Sigma M_{s-s}^{sup} \circlearrowleft \oplus$$

Para la barra 2-3, el convenio de signos es el siguiente:

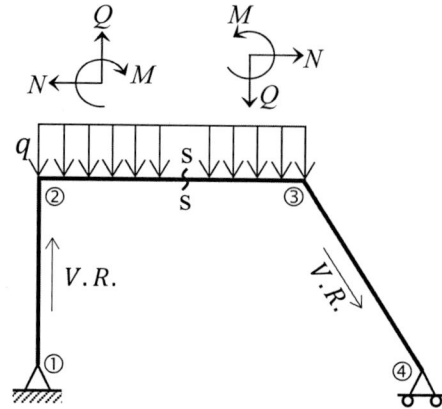

Figura 7.13 Convenio de signos de N, Q y M para el segmento 2-3.

Las ecuaciones que se aplican son las siguientes:

Lado Izquierdo

$$N_{s-s} = \Sigma F_H \leftarrow \oplus$$

$$Q_{s-s} = \Sigma F_V \uparrow \oplus$$

$$M_{s-s} = \Sigma M_{s-s}^{izq} \circlearrowleft \oplus$$

Lado derecho

$$N_{s-s} = \Sigma F_H \rightarrow \oplus$$

$$Q_{s-s} = \Sigma F_V \downarrow \oplus$$

$$M_{s-s} = \Sigma M_{s-s}^{der} \circlearrowleft \oplus$$

Para la barra 3-4, el convenio de signos es el siguiente:

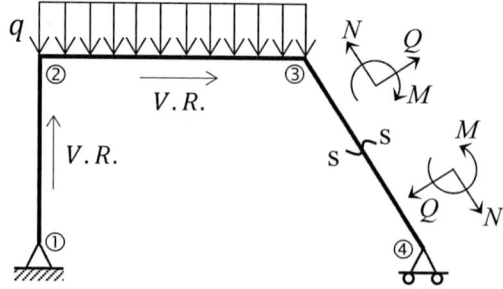

Figura 7.14 Convenio de signos de N, Q y M para el segmento 3-4.

Las ecuaciones que se aplican son las siguientes:

Lado izquierdo

$$N_{s-s} = \Sigma F_A \nwarrow \oplus$$
$$Q_{s-s} = \Sigma F_T \nearrow \oplus$$
$$M_{s-s} = \Sigma M_{s-s}^{izq} \circlearrowleft \oplus$$

Lado derecho

$$N_{s-s} = \Sigma F_A \searrow \oplus$$
$$Q_{s-s} = \Sigma F_T \swarrow \oplus$$
$$M_{s-s} = \Sigma M_{s-s}^{der} \circlearrowleft \oplus$$

En las fórmulas anteriores el subíndice en las fórmulas significa:

A = Axial

T = Transversal

EJERCICIOS DE APLICACIÓN

Revisar las prácticas de la 178 a la 180.

7.2.3. RETICULADOS

Los reticulados son estructuras que únicamente presentan esfuerzos normales en sus barras. Esto se debe a que todas sus uniones son articuladas y sus cargas se encuentran aplicadas sobre estas.

Para calcular los esfuerzos internos en una sección de estas estructuras se conocen los siguientes casos:

a) Dos barras articuladas concurrentes

Para este caso se efectúa el corte en las barras definidas por s-s. Luego los esfuerzos normales de estas barras se transmiten hasta la unión donde concurren para aplicar las ecuaciones de equilibrio de fuerzas, tal como se muestra a continuación.

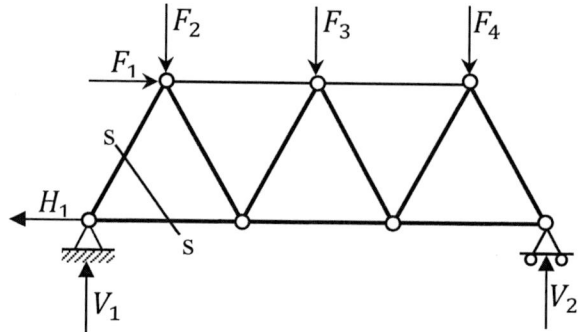

Figura 7.15 Reticulado seccionado en s-s.

Obsérvese que todas las fuerzas son concurrentes. Por lo tanto podemos proceder de la siguiente forma:

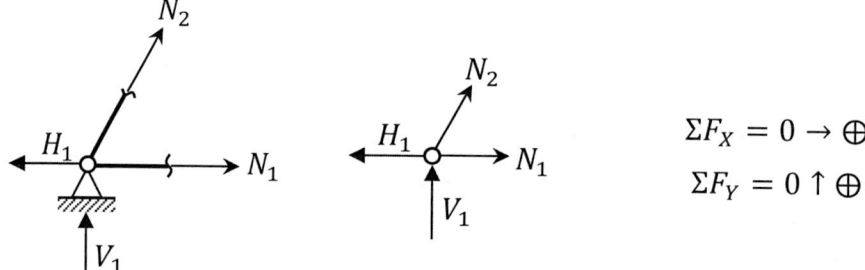

$$\Sigma F_X = 0 \rightarrow \oplus$$
$$\Sigma F_Y = 0 \uparrow \oplus$$

Figura 7.16 Porción del reticulado.

b) Tres barras articuladas no paralelas

Para estos casos se debe aplicar la ecuación de momento en las uniones donde concurren dos de las tres barras.

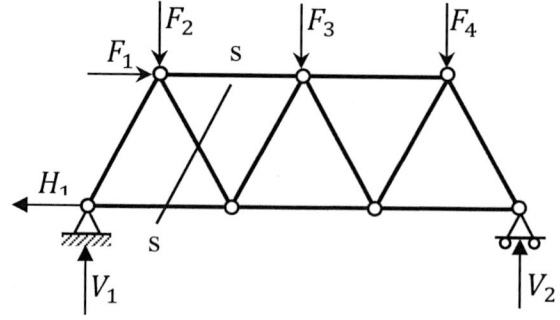

Figura 7.17 Reticulado seccionado en s-s.

Efectuemos el corte en las barras atravesadas por el segmento s-s:

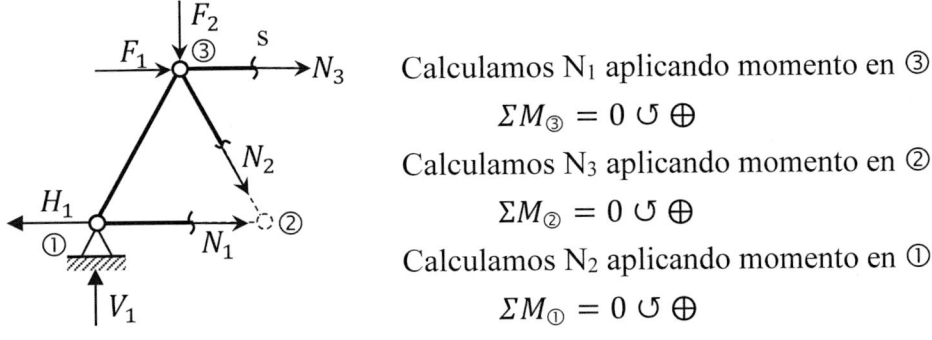

Calculamos N_1 aplicando momento en ③:

$$\Sigma M_③ = 0 \;\circlearrowleft \oplus$$

Calculamos N_3 aplicando momento en ②:

$$\Sigma M_② = 0 \;\circlearrowleft \oplus$$

Calculamos N_2 aplicando momento en ①:

$$\Sigma M_① = 0 \;\circlearrowleft \oplus$$

Figura 7.18 Porción de reticulado.

Es importante que los nudos elegidos para calcular momento concurran dos de las tres incógnitas (N_1, N_2 y N_3), por ejemplo en la figura anterior se puede observar que al tomar momento en el nudo 2, se anulan las incógnitas N_1 y N_2 porque atraviesan dicho nudo, quedando como única incógnita N_3.

EJERCICIOS DE APLICACIÓN

Revisar las prácticas de la 181 a la 183.

7.2.4. ARCOS

En este tipo de sistema estructural los esfuerzos internos tomarán como referencia la recta tangente a la curva en la sección solicitada.

Para calcular los esfuerzos internos en este tipo de elementos debemos descomponer las cargas o reacciones según la recta tangente, para luego aplicar las ecuaciones de equilibrio.

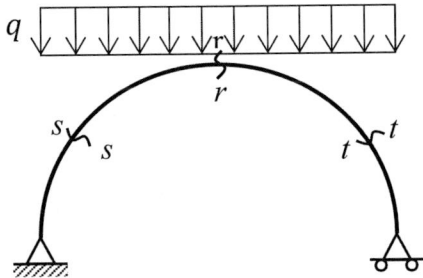

Figura 7.19 Arco circular.

Para la sección s-s, tenemos el siguiente convenio de signos:

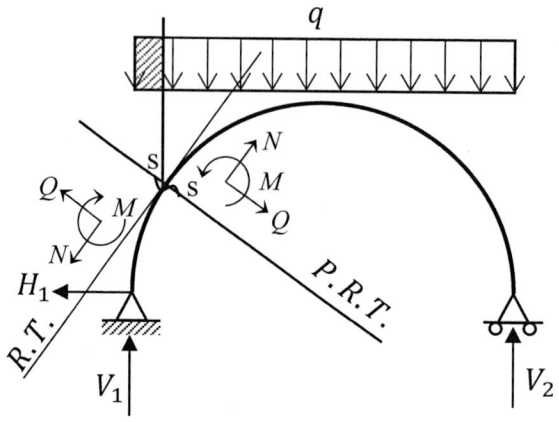

Lado izquierdo

$$N_{s-s} = \Sigma F_{RT} \swarrow \oplus$$

$$Q_{s-s} = \Sigma F_{PRT} \nwarrow \oplus$$

$$M_{s-s} = \Sigma M_{s-s}^{izq} \circlearrowleft \oplus$$

Lado derecho

$$N_{s-s} = \Sigma F_{RT} \nearrow \oplus$$

$$Q_{s-s} = \Sigma F_{PRT} \searrow \oplus$$

$$M_{s-s} = \Sigma M_{s-s}^{der} \circlearrowleft \oplus$$

Figura 7.20 Convenio de signo en s-s.

R.T. = Recta tangente en s-s

P.R.T. = Perpendicular a la recta tangente en s-s

Para la sección r-r, tenemos el siguiente convenio de signos:

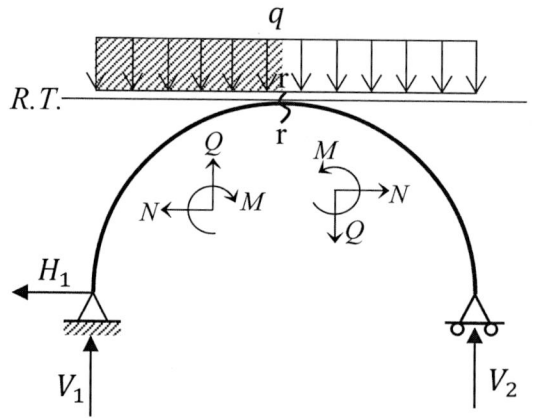

Lado izquierdo

$$N_{r-r} = \Sigma F_H \leftarrow \oplus$$

$$Q_{r-r} = \Sigma F_V \uparrow \oplus$$

$$M_{r-r} = \Sigma M_{r-r}^{izq} \circlearrowleft \oplus$$

Lado derecho

$$N_{r-r} = \Sigma F_H \rightarrow \oplus$$

$$Q_{r-r} = \Sigma F_V \downarrow \oplus$$

$$M_{r-r} = \Sigma M_{r-r}^{der} \circlearrowleft \oplus$$

Figura 7.21 Convenio de signos en r-r.

Para la sección t-t, tenemos el siguiente convenio de signos:

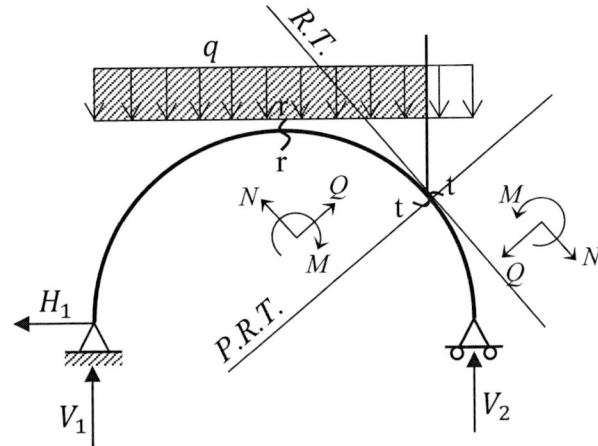

Lado izquierdo

$$N_{t-t} = \Sigma F_{RT} \nwarrow \oplus$$

$$Q_{t-t} = \Sigma F_{PRT} \nearrow \oplus$$

$$M_{t-t} = \Sigma M_{t-t}^{izq} \circlearrowleft \oplus$$

Lado derecho

$$N_{t-t} = \Sigma F_{RT} \searrow \oplus$$

$$Q_{t-t} = \Sigma F_{PRT} \swarrow \oplus$$

$$M_{t-t} = \Sigma M_{t-t}^{der} \circlearrowleft \oplus$$

Figura 7.22 Convenio de signo en t-t.

R.T. = Recta tangente en t-t

P.R.T. = Perpendicular a la recta tangente en t-t

EJERCICIOS DE APLICACIÓN

Revisar las prácticas de la 184 a la 189.

7.2.5. ESTRUCTURAS ESPACIALES

En sistemas estructurales coplanarios con cargas espaciales o sistemas tridimensionales con cargas espaciales, se deberá verificar en toda sección la presencia de seis esfuerzos internos, que se calculan mediante la aplicación del siguiente conjunto de ecuaciones:

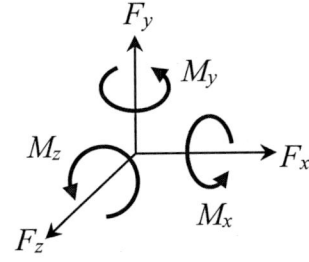

$$F_x = \Sigma F_x \rightarrow \oplus$$

$$F_y = \Sigma F_y \uparrow \oplus$$

$$F_z = \Sigma F_z \swarrow \oplus$$

$$M_x = \Sigma M_x \twoheadrightarrow \oplus$$

$$M_y = \Sigma M_y \Uparrow \oplus$$

$$M_z = \Sigma M_z \swarrow \oplus$$

Figura 7.23 Sentidos positivos convencionales.

Al igual que en los problemas anteriores, la estructura se divide en dos partes y se realiza el cálculo con cualquiera de las dos.

Para estos sistemas existen convenios específicos que se estudian en cursos avanzados de análisis estructural. El objetivo de este apartado es familiarizarnos con este tipo de problemas y, por lo tanto, cualquiera sea la parte de la estructura que utilicemos, nuestro convenio estará referido a un sistema ortogonal de referencia X, Y y Z.

EJERCICIOS DE APLICACIÓN

Revisar las prácticas de la 190 a la 195.

7.3. DIAGRAMA DE ESFUERZOS EN VIGAS BIAPOYADAS

Hasta el momento hemos realizado un análisis puntualizado de los esfuerzos internos. En este apartado estudiaremos la variación de estos esfuerzos para todas las infinitas secciones de una viga a través de funciones características que dependen del tipo de carga que soportan.

7.3.1. CARGA RECTANGULAR

Para analizar este tipo de carga realizaremos el siguiente análisis:

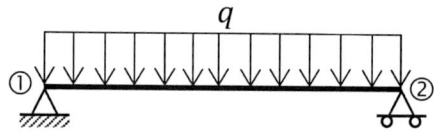

Figura 7.24 Viga con carga rectangular.

1ro: Calculamos las reacciones en los apoyos:

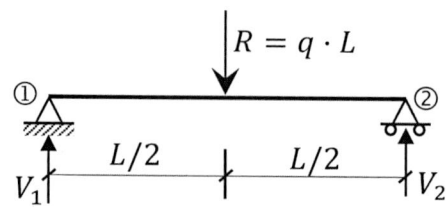

Figura 7.25 Resultante de carga rectangular.

$$\Sigma M_{①} = 0 \circlearrowleft \oplus \qquad\qquad \Sigma F_V = 0 \uparrow \oplus$$

$$V_2 \cdot L - (q \cdot L)\frac{L}{2} = 0 \qquad\qquad V_1 - q \cdot L + \frac{q \cdot L}{2} = 0$$

$$V_2 = \frac{q \cdot L}{2} \qquad\qquad V_1 = \frac{q \cdot L}{2}$$

2do: Adoptamos una sección arbitraria s-s definida en su posición por una variable x en el tramo 1-2. Elegimos una de las dos porciones de la viga (izquierda o derecha) y calculamos los esfuerzos internos para s-s en función de la variable x.

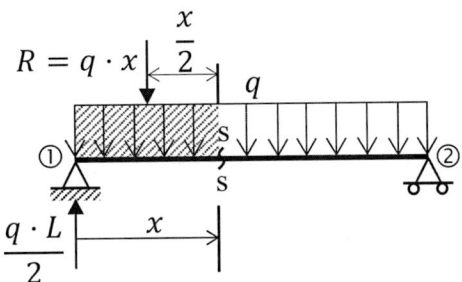

Figura 7.26 Fuerzas para momento en s-s.

Calculamos la resultante de la carga distribuida hasta la sección s-s, tal como se muestra en la figura anterior.

Considerando el lado izquierdo a la sección s-s, realizamos el siguiente cálculo:

$$\uparrow \oplus Q = \frac{q \cdot L}{2} - q \cdot x$$

$$\circlearrowleft \oplus M = \left(\frac{q \cdot L}{2}\right)x - (q \cdot x)\frac{x}{2} = \left(\frac{q \cdot L}{2}\right)x - \left(\frac{q}{2}\right)x^2$$

3ro: Realizamos una tabla de valores con las variables de x y los esfuerzos internos (Q y M). Luego diagramamos los esfuerzos internos en sistemas de referencia, que son particulares para cada esfuerzo.

Si consideramos que $q = 4t/m$ y $L = 6$, entonces:

$$Q = 12 - 4x$$

$$M = 12x - 2x^2$$

x	Q	M
0	12	0
1	8	10
2	4	16
3	0	18
4	−4	16
5	−8	10
6	−12	0

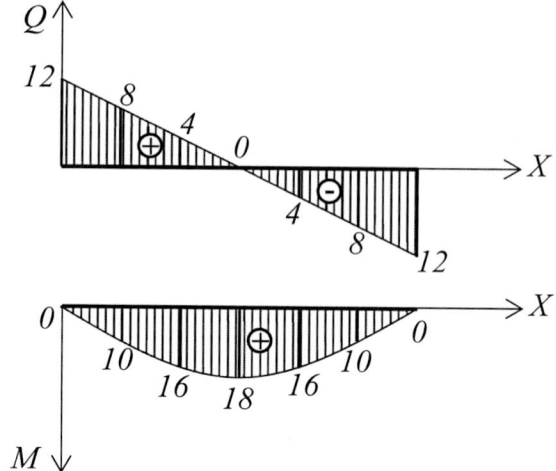

Figura 7.27 Diagramas de Q y M.

7.3.2. CARGA TRIANGULAR

Para analizar este tipo de carga realizaremos el siguiente análisis:

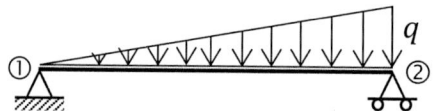

Figura 7.28 Viga con carga triangular.

1ro: Calculamos las reacciones en los apoyos:

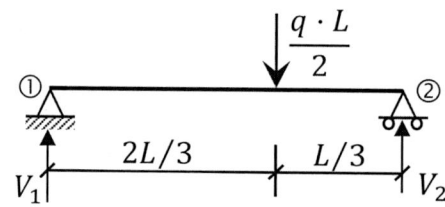

Figura 7.29 Resultante de carga triangular.

$$\Sigma M_{①} = 0 \circlearrowleft \oplus$$

$$V_2 \cdot L - \left(\frac{q \cdot L}{2}\right)\frac{2L}{3} = 0$$

$$V_2 = \frac{q \cdot L}{3}$$

$$\Sigma F_V = 0 \uparrow \oplus$$

$$V_1 - \frac{q \cdot L}{2} + \frac{q \cdot L}{3} = 0$$

$$V_1 = \frac{q \cdot L}{6}$$

2do: Adoptamos una sección arbitraria s-s definida en su posición por una variable x. Luego elegimos una de las dos porciones de la viga (izquierda o derecha) y calculamos los esfuerzos internos para s-s, en función de la variable x.

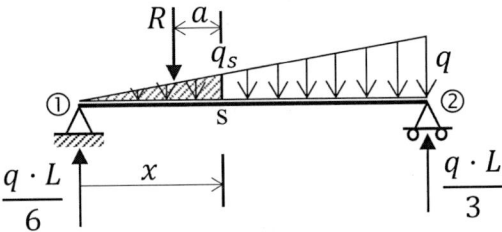

Figura 7.30 Fuerzas que producen momento en s-s.

$$R = \frac{q_s \cdot x}{2}$$

$$a = \frac{x}{3}$$

Interpolamos para determinar la carga q_s:

$$\frac{q_s}{x} = \frac{q}{L}$$

$$q_s = \frac{q}{L} x$$

$$R = \frac{q \cdot x^2}{2 \cdot L}$$

Considerando el lado izquierdo a la sección s-s, realizamos el siguiente cálculo:

$$\uparrow \oplus Q = \frac{q \cdot L}{6} - \frac{q \cdot x^2}{2 \cdot L}$$

$$\circlearrowright \oplus M = \left(\frac{q \cdot L}{6}\right)x - \left(\frac{q \cdot x^2}{2 \cdot L}\right)\frac{x}{3} = \left(\frac{q \cdot L}{6}\right)x - \left(\frac{q}{6 \cdot L}\right)x^3$$

3ro: Realizamos una tabla de valores con las variables de x y los esfuerzos internos (Q y M). Luego diagramamos los esfuerzos internos en sistemas de referencia que son particulares para cada esfuerzo.

Si consideramos que $q = 4t/m$ y $L = 6$, entonces:

$$Q = 4 - \frac{1}{3}x^2$$

$$M = 4x - \frac{1}{9}x^3$$

x	Q	M
0	4	0
1	3,67	3,89
2	2,67	7,11
3	1	9
4	−1,33	8,89
5	−4,33	6,11
6	-8	0

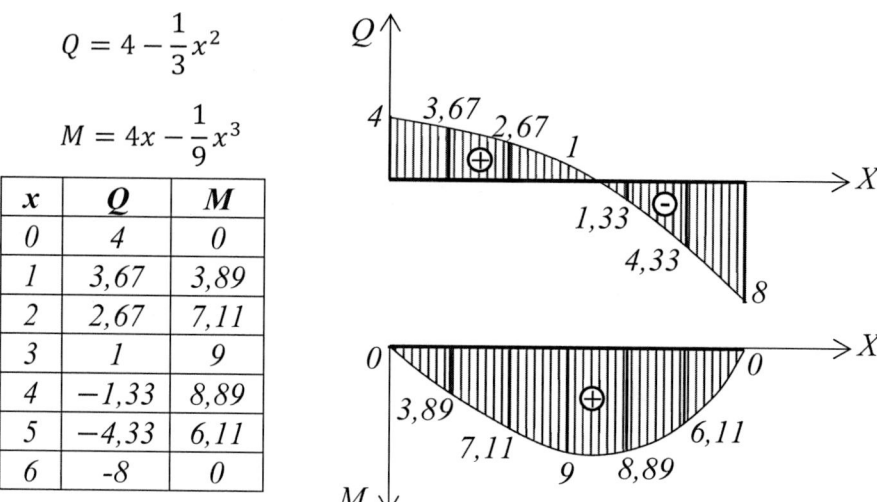

Figura 7.31 Diagramas de Q y M.

7.3.3. CARGA PUNTUAL

Para analizar este tipo de carga realizaremos el siguiente análisis:

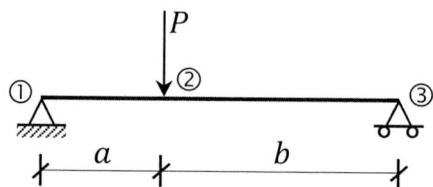

Figura 7.32 Viga con carga puntual.

1ro: Calculamos las reacciones en los apoyos:

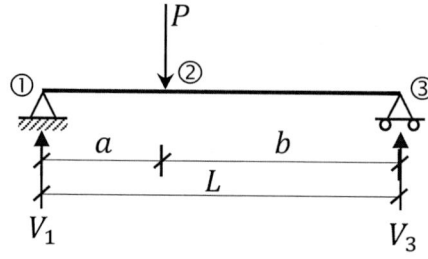

Figura 7.33 Reacciones debido a la carga puntual.

$$\Sigma M_{\textcircled{1}} = 0 \; \circlearrowleft \; \oplus$$

$$V_3 \cdot L - P \cdot a = 0$$

$$V_3 = \frac{P \cdot a}{L}$$

$$\Sigma F_V = 0 \uparrow \oplus$$

$$V_1 - P + \frac{P \cdot a}{L} = 0$$

$$V_1 = \frac{P \cdot (L - a)}{L} = \frac{P \cdot b}{L}$$

2do: Adoptamos una sección arbitraria s-s definida en su posición por una variable x en el tramo 1-2 y una sección t-t definida en su posición por una variable x en el tramo 2-3. Elegimos una de las dos porciones de la viga (izquierda o derecha) y calculamos los esfuerzos internos para s-s, en función de la variable x. De la misma manera procedemos con la sección t-t.

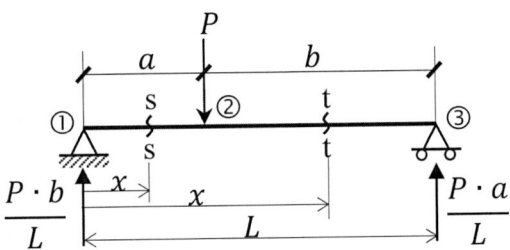

Figura 7.34 Fuerzas que producen momento en s-s.

Tramo 1-2: Considerando el lado izquierdo a la sección s-s, realizamos el siguiente cálculo:

$$\uparrow \oplus Q = \frac{P \cdot b}{L}$$

$$\circlearrowleft \oplus M = \left(\frac{P \cdot b}{L}\right) x$$

Tramo 2-3: Considerando el lado derecho a la sección t-t, realizamos el siguiente cálculo:

$$\downarrow \oplus Q = -\frac{P \cdot a}{L}$$

$$\circlearrowleft \oplus M = \left(\frac{P \cdot a}{L}\right)(L - x) = P \cdot a - \frac{P \cdot a}{L} x$$

3ro: Realizamos una tabla de valores con las variables de x y los esfuerzos internos (Q y M). luego diagramamos los esfuerzos internos en sistemas de referencia que son particulares para cada esfuerzo.

Si consideramos que $P = 8t$, a$= 2$ y $b = 4$ entonces:

$$L = a + b = 6$$

Tramo 1-2:

$$Q = \frac{8 \cdot 4}{6} = \frac{16}{3} = 5,33$$

$$M = \frac{8 \cdot 4}{6}x = \frac{16}{3}x$$

Tramo 2-3:

$$Q = -\frac{8 \cdot 2}{6} = -\frac{8}{3} = -2,67$$

$$M = 8 \cdot 2 - \frac{8 \cdot 2}{6}x = 16 - \frac{8}{3}x$$

Tramo	*x*	*Q*	*M*
1-2	*0*	*5,33*	*0*
	1	*5,33*	*5,33*
	2	*5,33*	*10,67*
2-3	*2*	*−2,67*	*10,67*
	3	*−2,67*	*8*
	4	*−2,67*	*5,33*
	5	*−2,67*	*2,67*
	6	*−2,67*	*0*

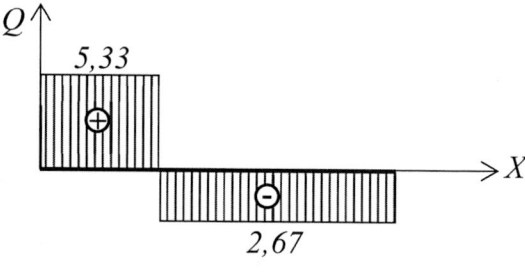

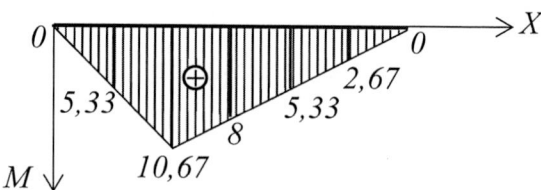

Figura 7.35 Diagrama de Q y M.

7.3.4. MOMENTO PUNTUAL

Para analizar este tipo de carga realizaremos el siguiente análisis:

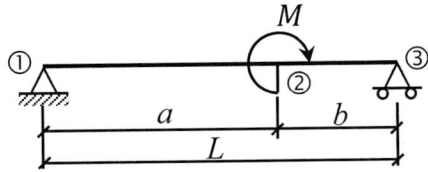

Figura 7.36 Viga con momento puntual.

1ro: Calculamos las reacciones en los apoyos

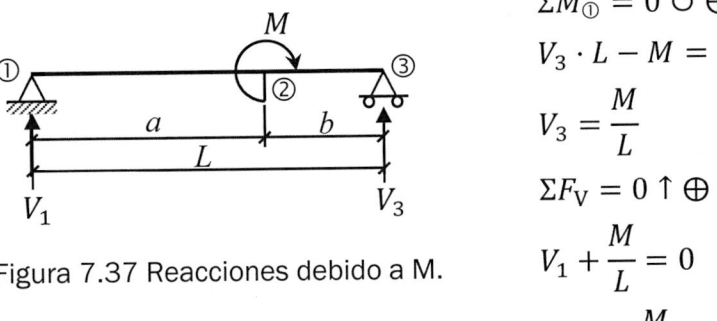

Figura 7.37 Reacciones debido a M.

$$\Sigma M_① = 0 \circlearrowleft \oplus$$

$$V_3 \cdot L - M = 0$$

$$V_3 = \frac{M}{L}$$

$$\Sigma F_V = 0 \uparrow \oplus$$

$$V_1 + \frac{M}{L} = 0$$

$$V_1 = -\frac{M}{L}$$

2do: Adoptamos una sección arbitraria s-s definida en su posición por una variable x en el tramo 1-2 y una sección t-t definida en su posición por una variable x en el tramo 2-3. Luego elegimos una de las dos porciones de la viga (izquierda o derecha) y calculamos los esfuerzos internos para s-s, en función de la variable x. De la misma manera procedemos en la sección t-t.

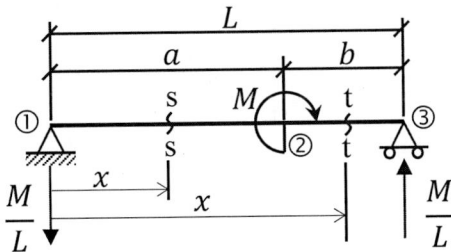

Figura 7.38 Momento flector en la sección s-s.

Tramo 1-2: Considerando el lado izquierdo a la sección s-s, realizamos el siguiente cálculo:

$$\uparrow \oplus Q = -\frac{M}{L}$$

$$\circlearrowright \oplus M = -\frac{M}{L}x$$

Tramo 2-3: Considerando el lado derecho a la sección t-t, realizamos el siguiente cálculo:

$$\downarrow \oplus Q = -\frac{M}{L}$$

$$\circlearrowright \oplus M = \frac{M}{L}(L-x) = M - \frac{M}{L}x$$

Si consideramos que $M = 10t$, a= 2 y $b = 4$ entonces:

$$L = a + b = 6$$

Tramo 1-2:

$$Q = -\frac{10}{6} = -\frac{5}{3} = -1.67$$

$$M = -\frac{10}{6}x = -\frac{5}{3}x$$

Tramo 2-3:

$$Q = -\frac{10}{6} = -\frac{5}{3} = -1,67$$

$$M = 10 - \frac{10}{6}x = 10 - \frac{5}{3}x$$

Tramo	x	Q	M
	0	−1,67	0
1-2	1	−1,67	−1,67
	2	−1,67	−3,33
	2	−1,67	6,67
	3	−1,67	5
2-3	4	−1,67	3,33
	5	−1,67	1,67
	6	−1,67	0

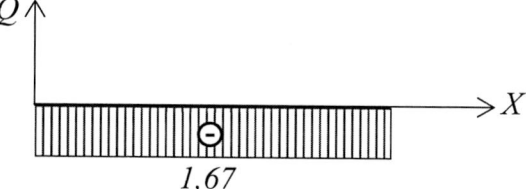

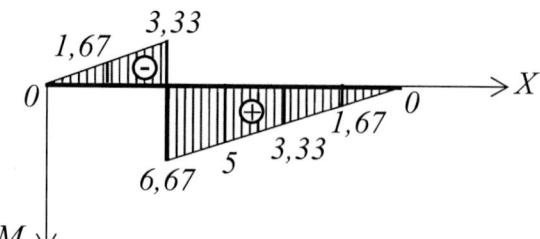

Figura 7.39 Diagrama de Q y M.

PRÁCTICAS

PRÁCTICA 169

Calcular los esfuerzos internos en la sección s-s.

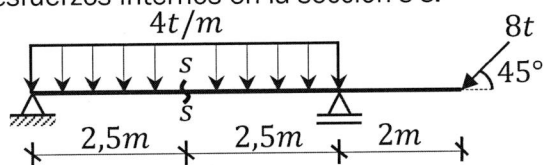

Figura 7.40 Viga 1.

1ro: Cálculo de resultante y descomposición de fuerzas

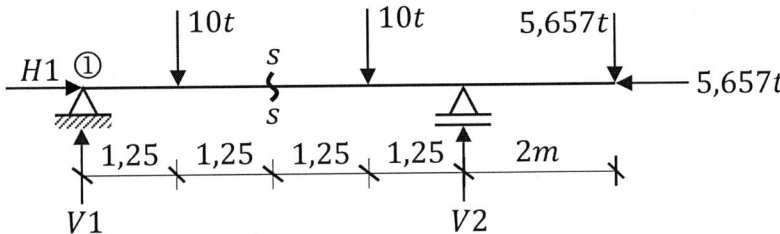

2do: Cálculo de reacciones

$\Sigma M_{①} = 0 \circlearrowleft \oplus$

$10 \cdot 1{,}25 + 10 \cdot 3{,}75 - V_2 \cdot 5 + 5{,}657 \cdot 7 = 0$

$V_2 = 17{,}92 \ t$

$\Sigma F_y = 0 \uparrow \oplus$

$V_1 - 10 - 10 - 5{,}657 + 17{,}92 = 0$

$V_1 = 7{,}737 \ t$

$\Sigma F_x = 0 \to \oplus$

$H_1 - 5{,}657 = 0$

$H_1 = 5{,}657 \ t$

3ro: Cálculo de esfuerzos internos

Considerando el lado izquierdo de la sección s-s:

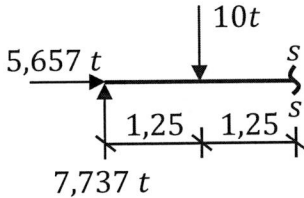

$\leftarrow \oplus N = -5{,}657 \ t$

$\oplus \uparrow Q = 7{,}737 - 10 = -2{,}263 \ t$

$\oplus \circlearrowleft M = 7{,}737 \cdot 2{,}5 - 10 \cdot 1{,}25 = 6{,}843 \ tm$

PRÁCTICA 170

Calcular los esfuerzos internos en la sección s-s.

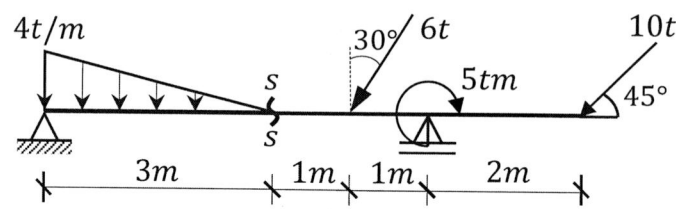

Figura 7.41 Viga 2.

1ro: Cálculo de resultante y descomposición de fuerzas

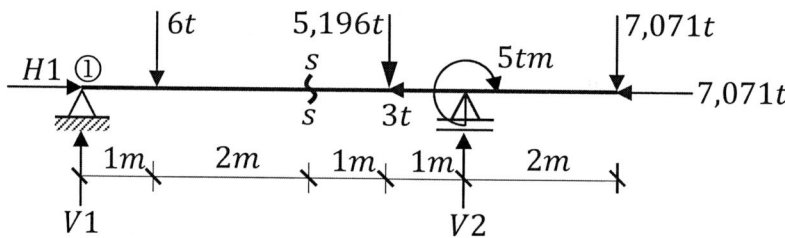

2do: Cálculo de reacciones

$\sum M_{①} = 0 \circlearrowleft \oplus$

$6 \cdot 1 + 5,196 \cdot 4 + 5 - V_2 \cdot 5 + 7,071 \cdot 7 = 0$

$V_2 = 16,256 \ t$

$\Sigma F_x = 0 \to \oplus$

$H_1 - 3 - 7,071 = 0$

$H_1 = 10,071 \ t$

$\Sigma F_y = 0 \uparrow \oplus$

$V_1 - 6 - 5,196 + 16,256 - 7,071 = 0$

$V_1 = 2,011 \ t$

3ro: Cálculo de esfuerzos internos

Considerando el lado izquierdo de la sección s-s.

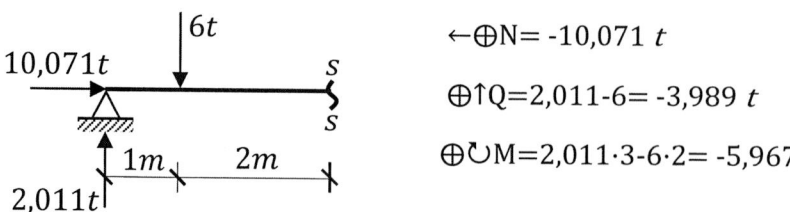

$\leftarrow \oplus N = -10,071 \ t$

$\oplus \uparrow Q = 2,011 - 6 = -3,989 \ t$

$\oplus \circlearrowleft M = 2,011 \cdot 3 - 6 \cdot 2 = -5,967 \ tm$

PRÁCTICA 171

Calcular los esfuerzos internos en la sección s-s.

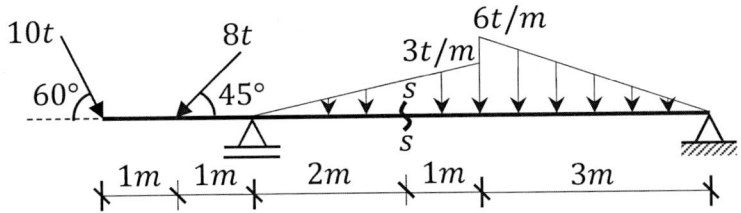

Figura 7.42 Viga 3.

1ro: Cálculo de resultante y descomposición de fuerzas

Primero hallamos la altura de la carga en la sección s-s

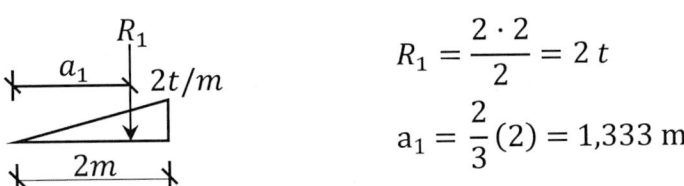

$$\frac{q'}{2} = \frac{3}{3}$$

$$q' = 2t/m$$

Calculamos la resultante en ambos lados de la sección s-s:

a) *Lado izquierdo*

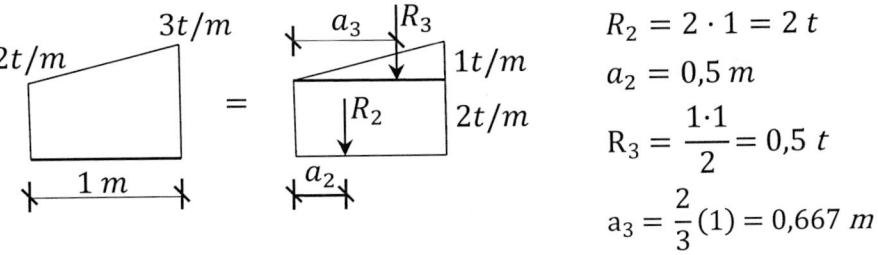

$$R_1 = \frac{2 \cdot 2}{2} = 2\ t$$

$$a_1 = \frac{2}{3}(2) = 1{,}333\ m$$

b) *Lado derecho*

$$R_2 = 2 \cdot 1 = 2\ t$$

$$a_2 = 0{,}5\ m$$

$$R_3 = \frac{1 \cdot 1}{2} = 0{,}5\ t$$

$$a_3 = \frac{2}{3}(1) = 0{,}667\ m$$

Los demás resultados se muestran a continuación:

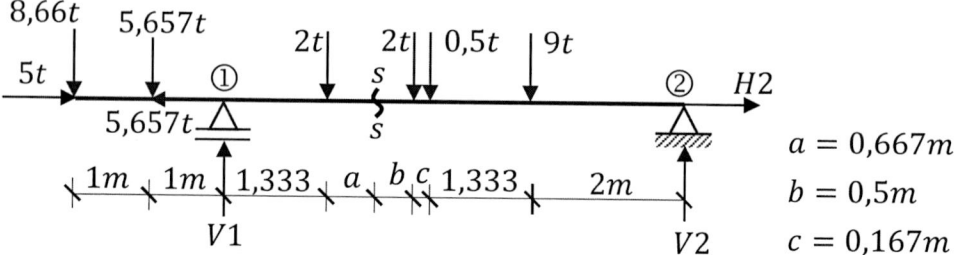

$a = 0,667m$
$b = 0,5m$
$c = 0,167m$

2do: Cálculo de reacciones

$$\sum M_{①} = 0 \circlearrowleft \oplus$$

$$-8,66 \cdot 2 - 5,657 \cdot 1 + 2 \cdot 1,333 + 2 \cdot 2,5 + 0,5 \cdot 2,667 + 9 \cdot 4 - V_2 \cdot 6 = 0$$
$$V_2 = 3,67 \ t$$

$$\sum F_y = 0 \uparrow \oplus$$

$$-8,66 - 5,657 + V_1 - 2 - 2 - 0,5 - 9 + 3,67 = 0$$

$$V_1 = 24,147 \ t$$

$$\sum F_x = 0 \rightarrow \oplus$$

$$5 - 5,657 + H_2 = 0$$

$$H_2 = 0,657 \ t$$

3ro: Cálculo de esfuerzos internos

Considerando el lado izquierdo de la sección s-s:

$\leftarrow \oplus N = -5 + 5,657 = 0,657 \ t$

$\oplus \uparrow Q = -8,66 - 5,657 + 24,147 - 2$

$Q = 7,83 \ t$

$\oplus \circlearrowleft M = -8,66 \cdot 4 - 5,657 \cdot 3 +$

$+24,147 \cdot 2 - 2 \cdot 0,667$

$M = -4,651 \ tm$

$a = 0,667m$

PRÁCTICA 172

Calcular los esfuerzos internos en la sección s-s.

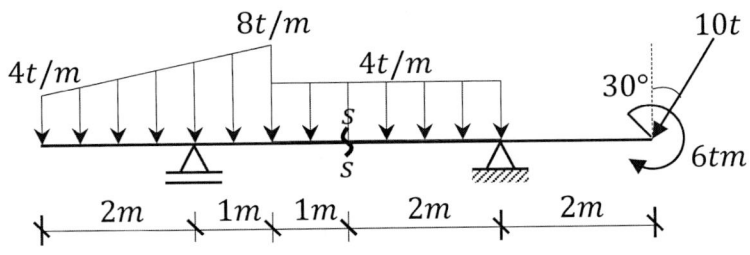

Figura 7.43 Viga 4.

1ro: Cálculo de resultante y descomposición de fuerzas

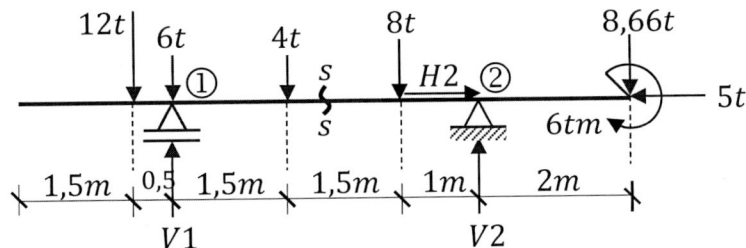

2do: Cálculo de reacciones

$\sum M_{①} = 0 \circlearrowleft \oplus$

$-12 \cdot 0,5 + 4 \cdot 1,5 + 8 \cdot 3 - V_2 \cdot 4 + 8,66 \cdot 6 + 6 = 0$

$V_2 = 20,49 \ t$

$\Sigma F_y = 0 \uparrow \oplus$

$-12 - 6 - 4 - 8 - 8,66 + 20,49 + V_1 = 0$

$V_1 = -18,17 \ t$

$\Sigma F_x = 0 \rightarrow \oplus$

$H_2 - 5 = 0$

$H_2 = 5 \ t$

3ro: Cálculo de esfuerzos internos

Considerando el lado izquierdo a la sección s-s:

$\leftarrow \oplus N = 0$ t

$\oplus \uparrow Q = 18,17 - 12 - 6 - 4 = -3,83$ t

$\oplus \circlearrowleft M = 18,17 \cdot 2 - 12 \cdot 2,5 - 6 \cdot 2 - 4 \cdot 0,5 = -7,66$ tm

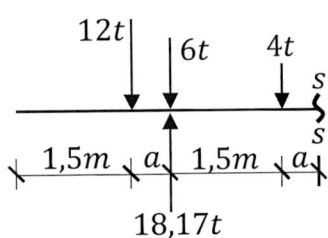

PRÁCTICA 173

Calcular los esfuerzos internos en la sección s-s.

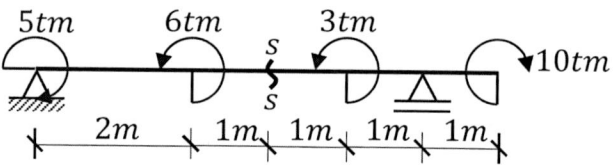

Figura 7.44 Viga 5.

1ro: Cálculo de reacciones

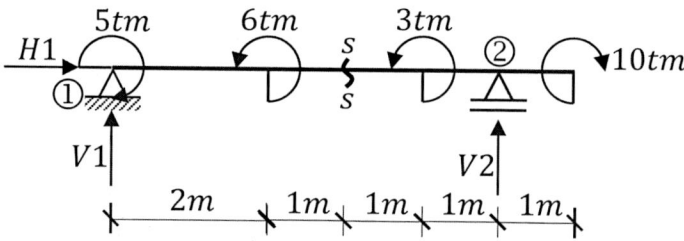

$$\sum M_{①} = 0 \circlearrowleft \oplus$$

$$5 - 6 - 3 + 10 - V_2 \cdot 5 = 0$$

$$V_2 = 1,2 \ t$$

$$\Sigma F_y = 0 \uparrow \oplus$$

$$V_1 + 1,2 = 0$$

$$V_1 = -1,2 \ t$$

$$\Sigma F_x = 0 \to \oplus$$

$$H_1 = 0$$

2do: Cálculo de esfuerzos internos

Considerando el lado izquierdo de la sección s-s.

$$\leftarrow \oplus N = 0 \ t$$

$$\oplus \uparrow Q = -1,2 \ t$$

$$\oplus \circlearrowleft M = -1,2 \cdot 3 + 5 - 6 = -4,6 \ tm$$

PRÁCTICA 174

Calcular los esfuerzos internos en la sección s-s.

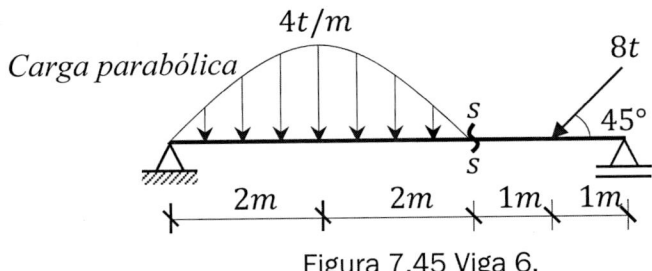

Figura 7.45 Viga 6.

1ro: Cálculo de resultante y descomposición de fuerzas

calculamos la ecuación de la carga.

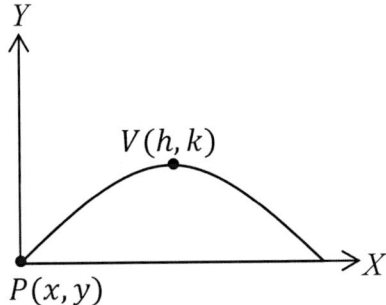

Datos:
V (h, k) = (2, 4)
P(x, y) = (0, 0)

Reemplazamos V(h,k) y P(x,y) en la ecuación de la parábola:

$$(x - h)^2 = -4a(y - k)$$

$$(0 - 2)^2 = -4a(0 - 4)$$

$$4 = 16a$$

$$a = 0{,}25$$

Reemplazamos V(h,k) y a en la ecuación de la parábola:

$$(x - 2)^2 = -4(0{,}25)(y - 4)$$

$$x^2 - 4x + 4 = -y + 4$$

$$y = 4x - x^2$$

2do: Cálculo de resultante y ubicación

$$R = \int y \, dx = \int_0^4 (4x - x^2) \, dx = 10{,}667 \, t$$

Por simetría vertical de la carga, su resultante se ubica en el medio de la carga.

3ro: Cálculo de reacciones

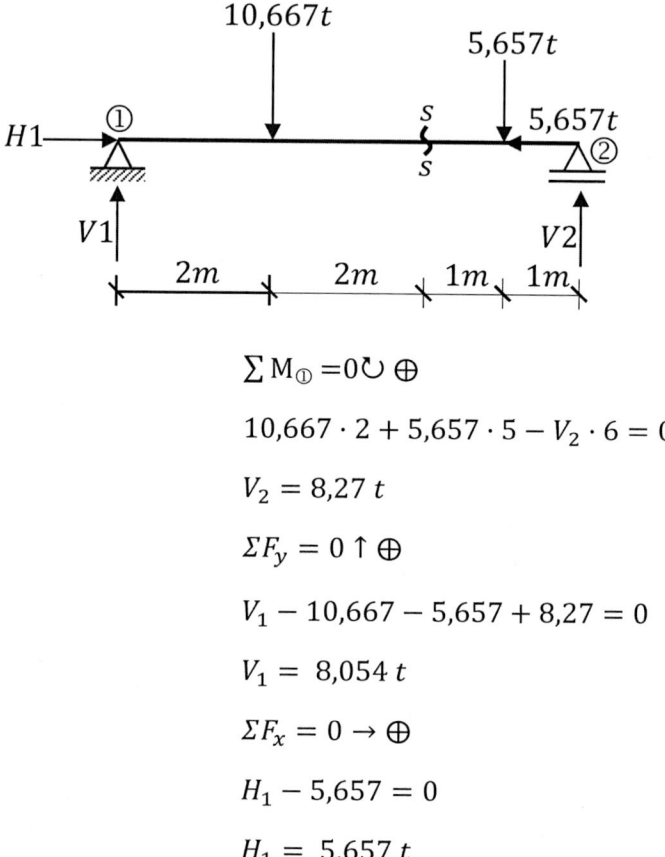

$$\sum M_① = 0 \circlearrowleft \oplus$$

$$10,667 \cdot 2 + 5,657 \cdot 5 - V_2 \cdot 6 = 0$$

$$V_2 = 8,27 \ t$$

$$\Sigma F_y = 0 \uparrow \oplus$$

$$V_1 - 10,667 - 5,657 + 8,27 = 0$$

$$V_1 = 8,054 \ t$$

$$\Sigma F_x = 0 \rightarrow \oplus$$

$$H_1 - 5,657 = 0$$

$$H_1 = 5,657 \ t$$

4to: Cálculo de esfuerzos internos

Considerando el lado derecho a la sección s-s:

$$\rightarrow \oplus N = -5,657 \ t$$

$$\oplus \downarrow Q = -8,27 + 5,657 = -2,613 \ t$$

$$\oplus \circlearrowleft M = 8,27 \cdot 2 - 5,657 \cdot 1 = 10,883 \ tm$$

PRÁCTICA 175

Calcular los esfuerzos internos en la sección s-s.

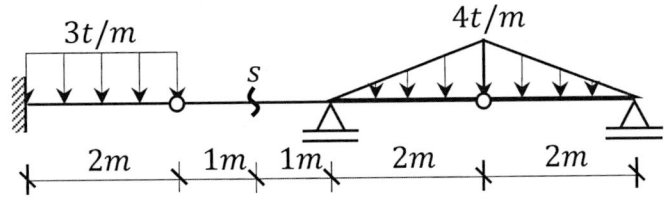

Figura 7.46 Viga 7.

1ro: Cálculo de las resultantes

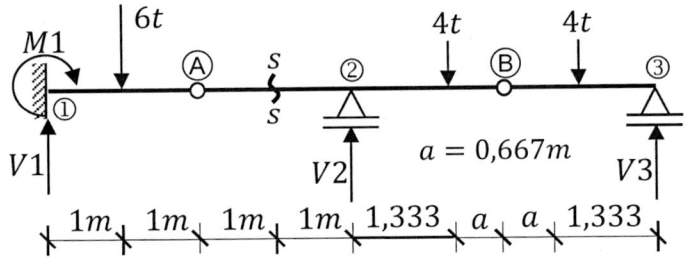

2do: Cálculo de reacciones

$\sum M_B = 0 \circlearrowleft \oplus$ (derecha)

$4 \cdot 0{,}667 - V_3 \cdot 2 = 0$

$V_3 = 1{,}334\ t$

$\sum M_A = 0 \circlearrowleft \oplus$ (derecha)

$-V_2 \cdot 2 + 4 \cdot 3{,}333 + 4 \cdot 4{,}667 - 1{,}334 \cdot 6 = 0$

$V_2 = 11{,}998\ t$

$\Sigma F_y = 0 \uparrow \oplus$

$V_1 - 6 + 11{,}998 - 4 - 4 + 1{,}334 = 0$

$V_1 = 0{,}668\ t$

$\Sigma M_A = 0 \circlearrowleft \oplus (\text{izq.})$

$0,668 \cdot 2 + M_1 - 6 \cdot 1 = 0$

$M_1 = 4,664 \, tm$

3ro: Cálculo de esfuerzos internos

Considerando el lado izquierdo a la sección s-s:

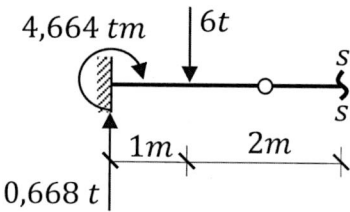

$\leftarrow \oplus N = 0 \, t$

$\oplus \uparrow Q = 0,668 - 6 = -5,332 \, t$

$\oplus \circlearrowleft M = 4,664 + 0,668 \cdot 3 - 6 \cdot 2$

$M = -5,332 \, tm$

PRÁCTICA 176

Calcular los esfuerzos internos en la sección s-s.

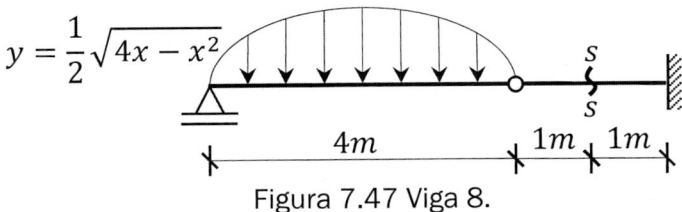

$$y = \frac{1}{2}\sqrt{4x - x^2}$$

Figura 7.47 Viga 8.

1ro: Cálculo de la resultante y ubicación

$$R = \int_0^4 \frac{1}{2}\sqrt{4X - X^2}\, dx = 3{,}142\ t$$

La resultante se ubica en el medio de la carga por simetría.

2do: Cálculo de las reacciones

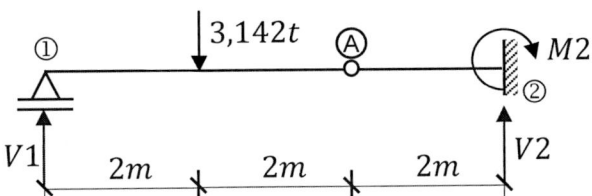

$$\sum M_A = 0 \circlearrowleft \oplus \text{(izq.)} \qquad \sum F_y = 0 \uparrow \oplus \qquad \sum M_A = 0 \circlearrowleft \oplus \text{(der.)}$$

$$V_1 \cdot 4 - 3{,}142 \cdot 2 = 0 \qquad 1{,}571 - 3{,}142 + V_2 = 0 \qquad M_2 - 1{,}571 \cdot 2 = 0$$

$$V_1 = 1{,}571\ t \qquad V_2 = 1{,}571\ t \qquad M_2 = 3{,}142\ tm$$

3ro: Cálculo de esfuerzos internos

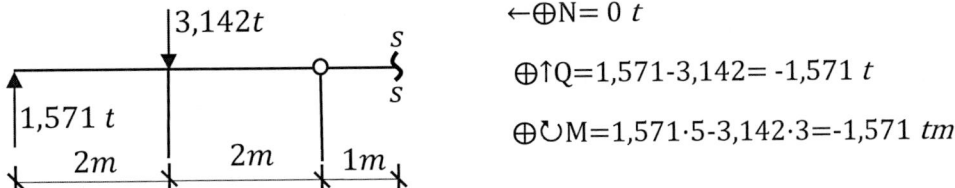

$\leftarrow \oplus N = 0\ t$

$\oplus \uparrow Q = 1{,}571 - 3{,}142 = -1{,}571\ t$

$\oplus \circlearrowleft M = 1{,}571 \cdot 5 - 3{,}142 \cdot 3 = -1{,}571\ tm$

PRÁCTICA 177

Calcular los esfuerzos internos en la sección s-s.

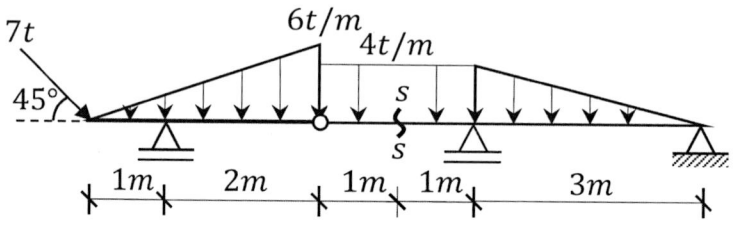

Figura 7.48 Viga 9.

1ro: Cálculo de resultantes y descomposición de fuerzas

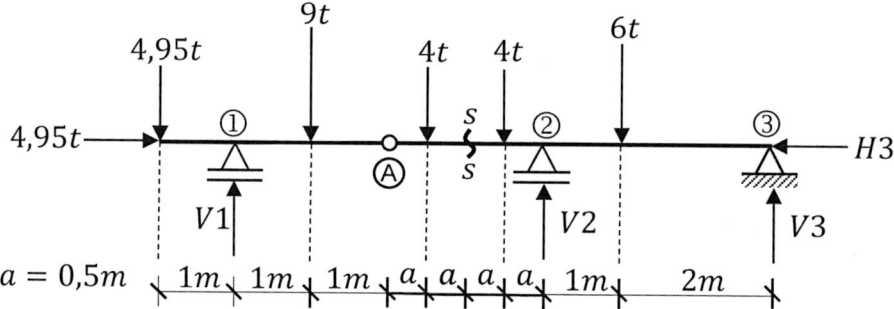

2do: Cálculo de las reacciones

$$\sum M_A = 0 \circlearrowleft \oplus (\text{izq.})$$

$$V_1 \cdot 2 - 4{,}95 \cdot 3 - 9 \cdot 1 = 0$$

$$V_1 = 11{,}925\ t$$

$$\sum M_2 = 0 \circlearrowleft \oplus$$

$$-4{,}95 \cdot 5 + 11{,}925 \cdot 4 - 9 \cdot 3 - 4 \cdot 1{,}5 - 4 \cdot 0{,}5 + 6 \cdot 1 - V_3 \cdot 3 = 0$$

$$V_3 = -2{,}017\ t$$

$$\sum F_y = 0 \uparrow \oplus$$

$$-4{,}95 + 11{,}925 - 9 - 4 - 4 + V_2 - 6 + (-2{,}017) = 0$$

$$V_2 = 18{,}042\ t$$

$$\sum F_x = 0 \rightarrow \oplus$$

$$4,95 - H_3 = 0$$

$$H_3 = 4,95\, t$$

3ro: Cálculo de esfuerzos internos

Considerando la parte izquierda a la sección s-s.

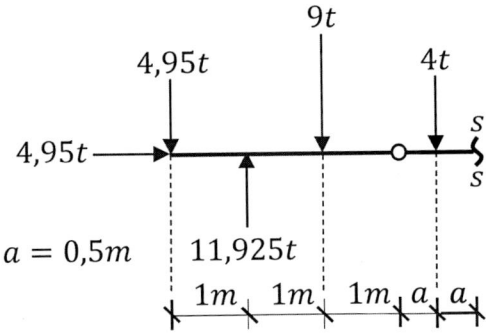

$$\leftarrow \oplus N = -4,95\, t$$

$$\oplus \uparrow Q = -4,95 + 11,925 - 9 - 4 = -6,025\, t$$

$$\oplus \cup M = -4,95 \cdot 4 + 11,925 \cdot 3 - 9 \cdot 2 - 4 \cdot 0,5 = -4,025\, tm$$

PRÁCTICA 178

Calcular los esfuerzos internos en la sección s-s.

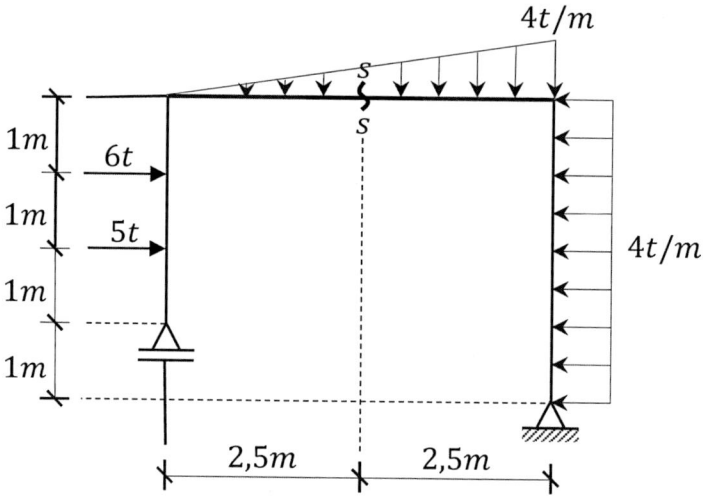

Figura 7.49 Pórtico 1.

1ro: Cálculo de las resultantes

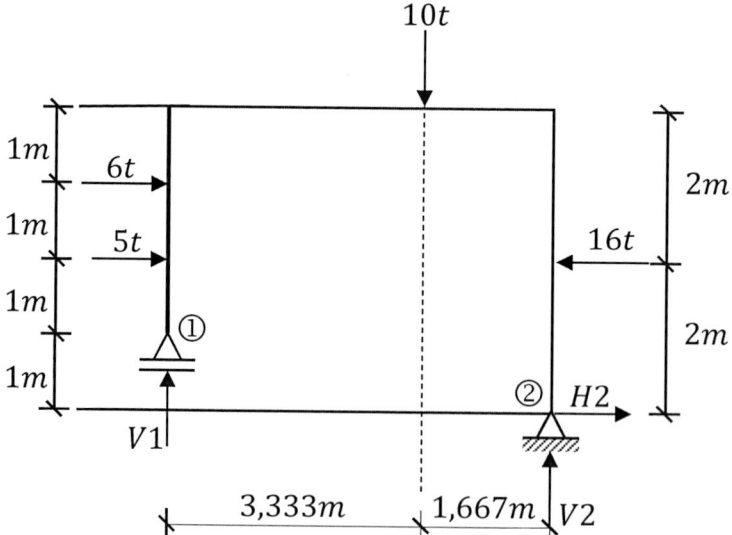

2do: Cálculo de las reacciones

$\sum M_2 = 0 \circlearrowleft \oplus$

$-16 \cdot 2 - 10 \cdot 1,667 + 6 \cdot 3 + 5 \cdot 2 + V_1 \cdot 5 = 0$

$V_1 = 4,134 \, t$

$\sum F_y = 0 \uparrow \oplus$

$4,134 - 10 + V_2 = 0$

$V_2 = 5,866 \, t$

$\sum F_x = 0 \rightarrow \oplus$

$5 + 6 - 16 + H_2 = 0$

$H_2 = 5 \, t$

3ro: Cálculo de esfuerzos internos

Considerando el lado izquierdo a la sección s-s.

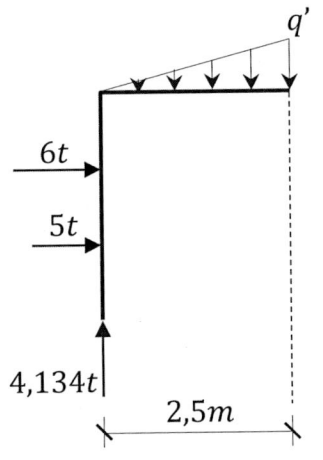

$a = 0,833$

$$\frac{q'}{2,5} = \frac{4}{5} \Rightarrow q' = 2 \, t/m$$

$$R' = \frac{2 \cdot 2,5}{2} = 2,5 \, t$$

$\leftarrow \oplus N = -5 - 6 = -11 \, t$

$\oplus \uparrow Q = 4,134 - 2,5 = 1,634 \, t$

$\oplus \circlearrowleft M = 4,134 \cdot 2,5 - 5 \cdot 2 - 6 \cdot 1 - 2,5 \cdot 0,833 = -7,748 \, tm$

PRÁCTICA 179

Calcular los esfuerzos internos en la sección s-s.

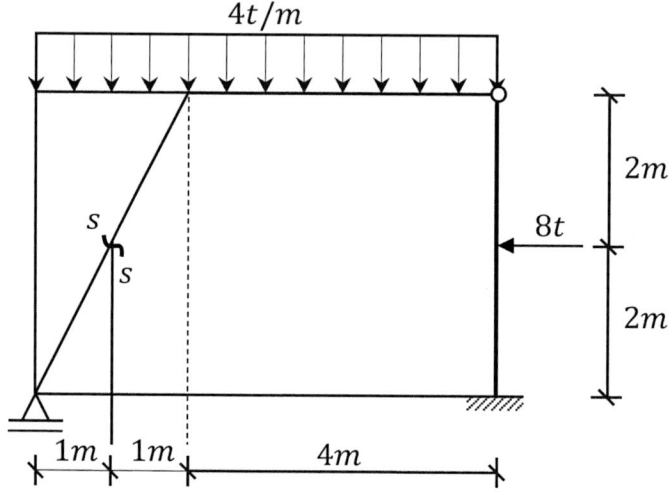

Figura 7.50 Pórtico 2.

1ro: Cálculo de las reacciones

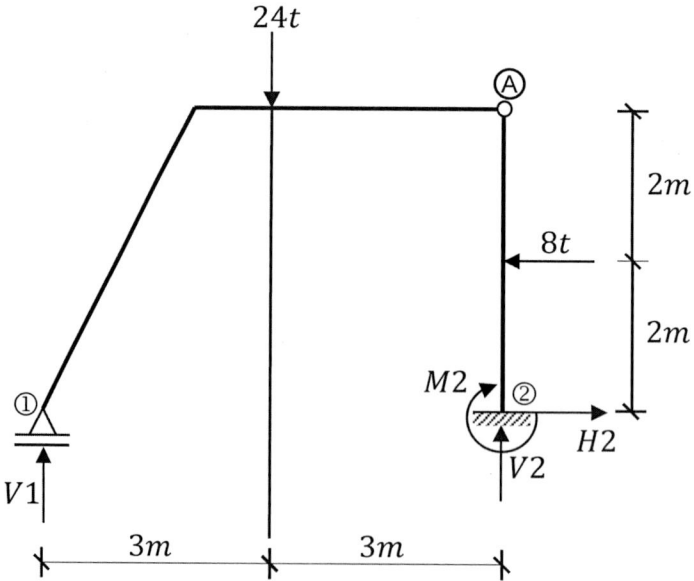

$\sum M_A = 0 \circlearrowleft \oplus (\text{izq.})$

$V_1 \cdot 6 - 24 \cdot 3 = 0$

$V_1 = 12 \ t$

$\sum F_y = 0 \uparrow \oplus$

$12 + V_2 - 24 = 0$

$V_2 = 12 \ t$

$\sum F_x = 0 \rightarrow \oplus$

$-8 + H_2 = 0$

$H_2 = 8 \ t$

$\sum M_A = 0 \circlearrowleft \oplus (\text{abajo})$

$8 \cdot 2 - 8 \cdot 4 + M_2 = 0$

$M_2 = 16 \ tm$

2do: Cálculo de esfuerzos internos

Considerando la parte izquierda de la sección s-s.

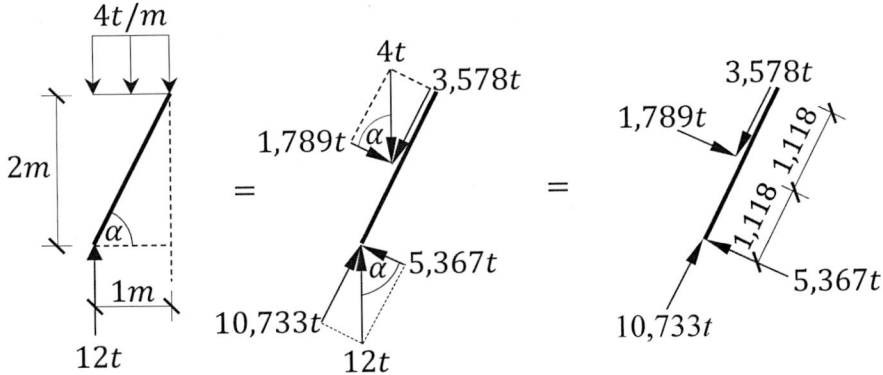

$$\alpha = arctag\left(\frac{2}{1}\right) = 63{,}435°$$

$\oplus \swarrow N = -10{,}733 + 3{,}578 = -7{,}155 \ t$

$\oplus \nwarrow Q = 5{,}367 - 1{,}789 = 3{,}578 \ t$

$\oplus \circlearrowleft M = 5{,}367 \cdot 2{,}236 - 1{,}789 \cdot 1{,}118 = 10 \ tm$

PRÁCTICA 180

Calcular los esfuerzos internos en la sección s-s (punto medio).

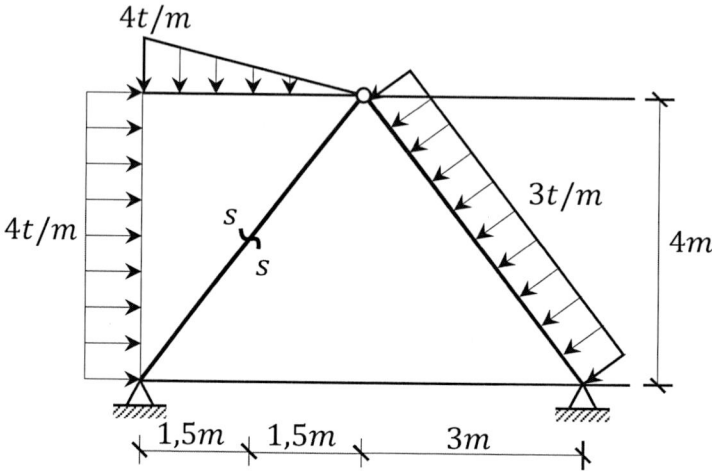

Figura 7.51 Pórtico 3.

1ro: Cálculo de las resultantes

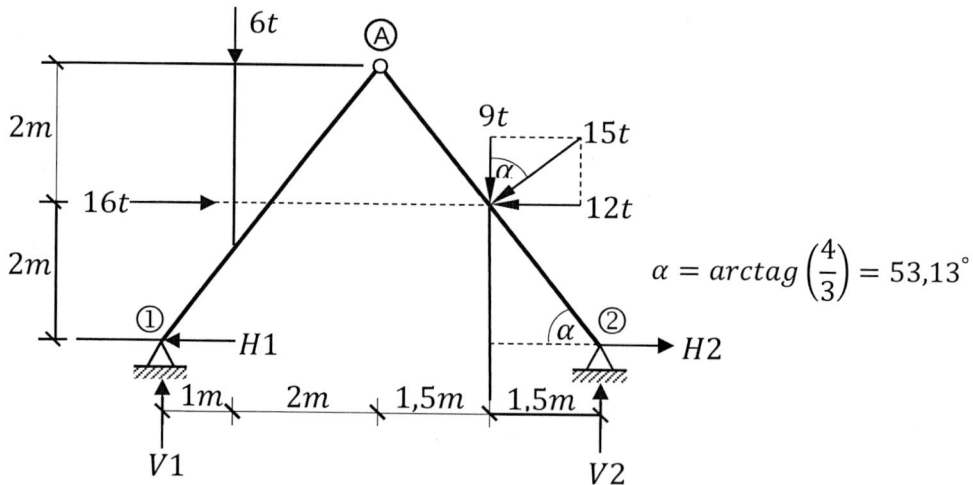

$$\alpha = arctag\left(\frac{4}{3}\right) = 53,13°$$

2do: Cálculo de las reacciones

$\sum M_{①} = 0 \circlearrowleft \oplus$

$16 \cdot 2 + 6 \cdot 1 + 9 \cdot 4,5 - 12 \cdot 2 - V_2 \cdot 6 = 0$

$V_2 = 9,083 \ t$

$\sum M_A = 0 \circlearrowleft \oplus$ (der.)

$9 \cdot 1,5 + 12 \cdot 2 - 9,083 \cdot 3 - H_2 \cdot 4 = 0$

$H_2 = 2,563 \ t$

$\sum F_y = 0\uparrow\oplus$

V_1-6-9+9,083=0

V_1= 5,917 t

$\sum F_x = 0\rightarrow\oplus$

-H_1+16-12+2,563=0

H_1= 6,563 t

3ro: Cálculo de esfuerzos internos

Considerando el lado izquierdo a la sección s-s.

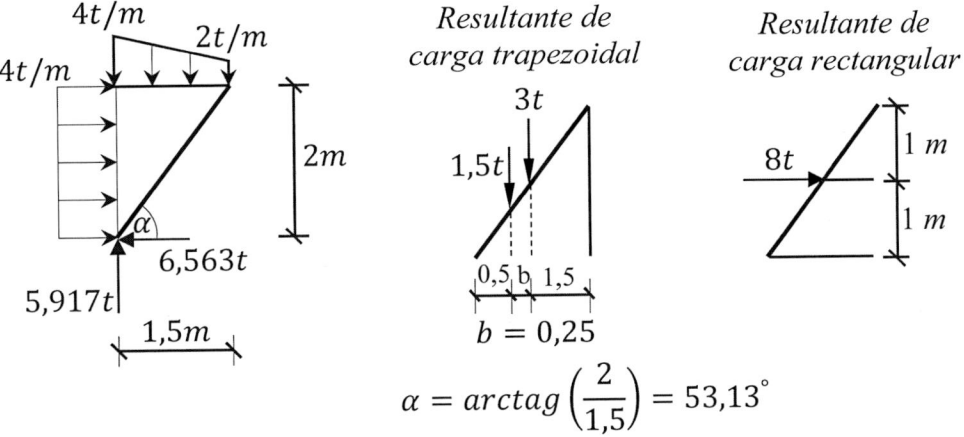

$$\alpha = arctag\left(\frac{2}{1,5}\right) = 53,13°$$

Descomponemos las fuerzas en dirección axial y transversal:

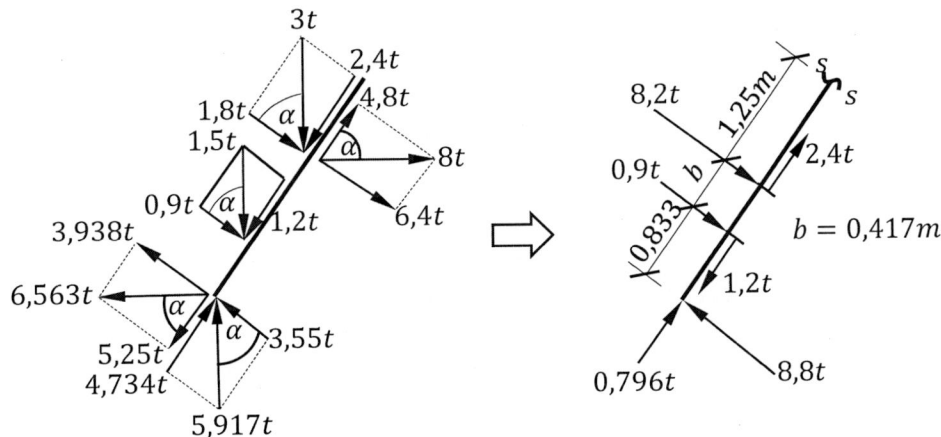

$\oplus\swarrow N = -0,796 + 1,2 - 2,4 = -1,996\ t$

$\oplus\nwarrow Q = 8,8 - 0,9 - 8,2 = -0,3\ t$

$\oplus\cup M = 8,8 \cdot 2,5 - 0,9 \cdot 1,667 - 8,2 \cdot 1,25 = 10,25\ \text{tm}$

PRÁCTICA 181

Calcular los esfuerzos internos en las barras cortadas por la sección s-s.

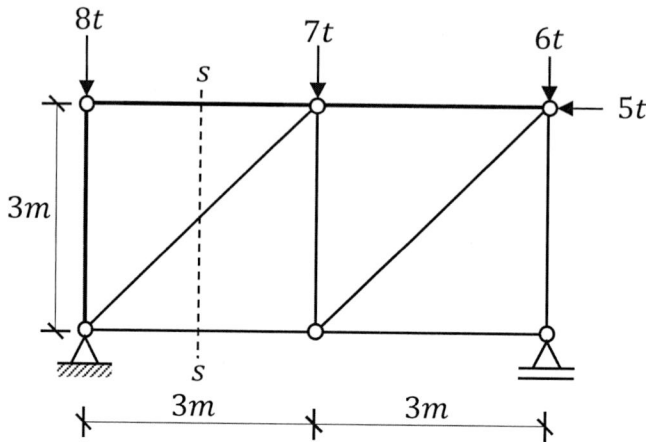

Figura 7.52 Reticulado 1.

1ro: Cálculo de reacciones

Asumimos el sentido de las reacciones:

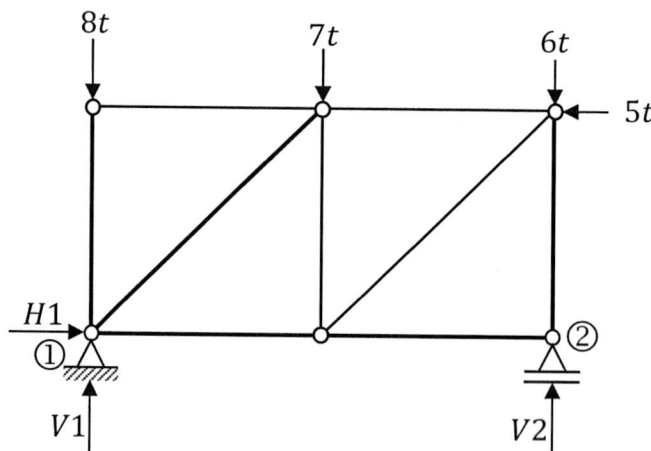

$\sum M_1 = 0 \circlearrowleft \oplus$

7·3+6·6-5·3-V_2·6=0

$V_2 = 7t$

$\sum F_y = 0 \uparrow \oplus$

V_1-8-7-6+7=0

$V_1 = 14t$

$\sum F_x = 0 \rightarrow \oplus$

$H_1 - 5 = 0$

$H_1 = 5t$

2do: Cálculo de esfuerzos internos

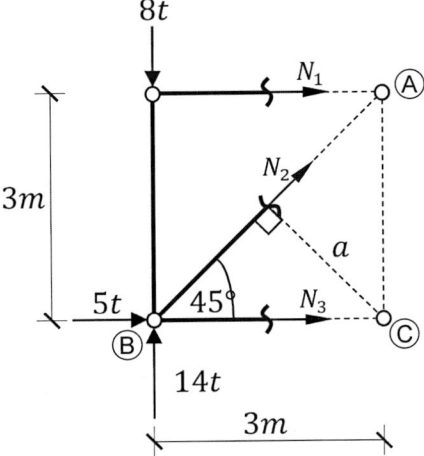

El sentido del esfuerzo normal ha sido asumido:

$$\sum M_A = 0 \; \circlearrowleft \; \oplus$$

$$14 \cdot 3 - 5 \cdot 3 - 8 \cdot 3 - N_3 \cdot 3 = 0$$

$$N_3 = 1t \; (tracción)$$

$$\sum M_B = 0 \; \circlearrowleft \; \oplus$$

$$N_1 = 0$$

Primero calculamos la distancia a, para luego calcular el momento en el punto c:

$$sen\,45 = \frac{a}{3} \Longrightarrow a = 3 \cdot sen\,45$$

$$a = 2{,}121 \; m$$

$$\sum M_C = 0 \; \circlearrowleft \; \oplus$$

$$14 \cdot 3 + N_2 \cdot 2{,}121 - 8 \cdot 3 = 0$$

$$N_2 = -8{,}487 \; t \; (compresión)$$

PRÁCTICA 182

Calcular los esfuerzos internos en las barras cortadas por la sección s-s.

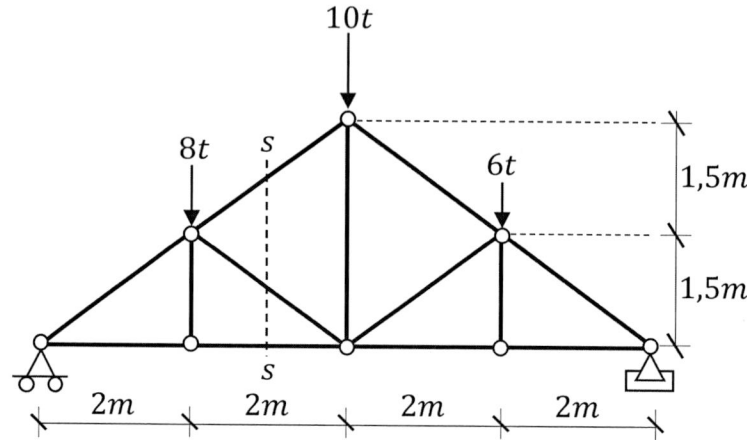

Figura 7.53 Reticulado 2.

1ro: Cálculo de reacciones

Asumimos el sentido de las reacciones:

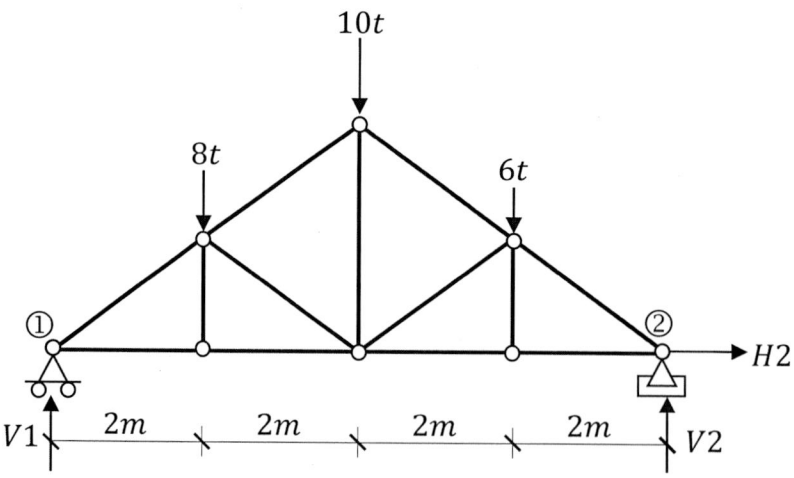

$$\sum F_x = 0 \rightarrow \oplus$$
$$H_2 = 0$$

$$\sum M_1 = 0 \circlearrowright \oplus$$
$$8 \cdot 2 + 10 \cdot 4 + 6 \cdot 6$$
$$-V_2 \cdot 8 = 0$$
$$V_2 = 11,5t$$

$$\sum F_y = 0 \uparrow \oplus$$
$$V_1 - 8 - 10 - 6 + 11,5 = 0$$
$$V_1 = 12,5t$$

2do: Cálculo de esfuerzos internos

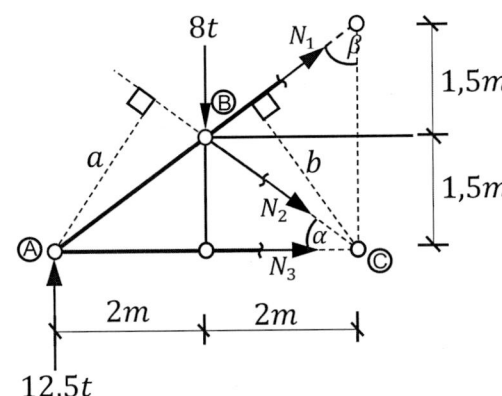

$$\alpha = arctan\left(\frac{1,5}{2}\right)$$

$$\alpha = 36,87°$$

$$\beta = arctan\left(\frac{2}{1,5}\right)$$

$$\beta = 53,13°$$

$$a = 4 \cdot sen\alpha = 2,4m$$

$$b = 3 \cdot sen\beta = 2,4m$$

$$\sum M_A = 0 \; \circlearrowleft \oplus$$
$$N_2 \cdot 2,4 + 8 \cdot 2 = 0$$
$$N_2 = -6,667 \; t \text{ (compresión)}$$

$$\sum M_B = 0 \; \circlearrowleft \oplus$$
$$12,5 \cdot 2 - N_3 \cdot 1,5 = 0$$
$$N_3 = 16,667 \; t \text{ (tracción)}$$

$$\sum M_C = 0 \; \circlearrowleft \oplus$$
$$12,5 \cdot 4 - 8 \cdot 2 + N_1 \cdot 2,4 = 0$$
$$N_1 = -14,167 \; t \text{ (compresión)}$$

PRÁCTICA 183

Calcular los esfuerzos internos en las barras cortadas por la sección s-s.

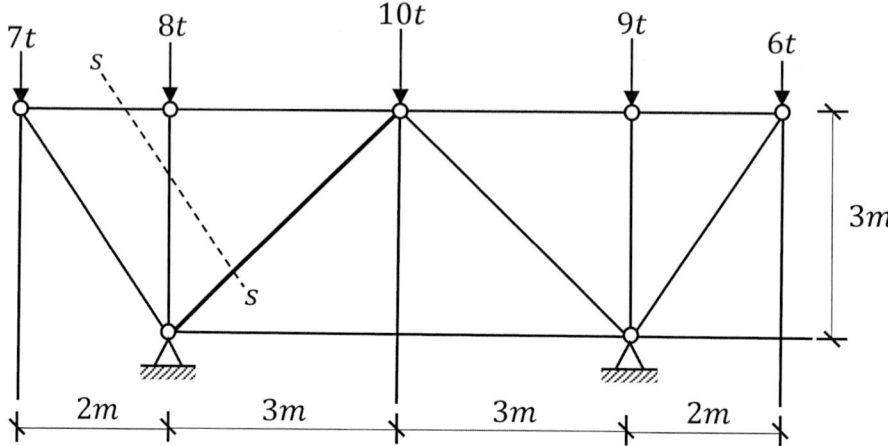

Figura 7.54 Reticulado 3.

1ro: Cálculo de reacciones

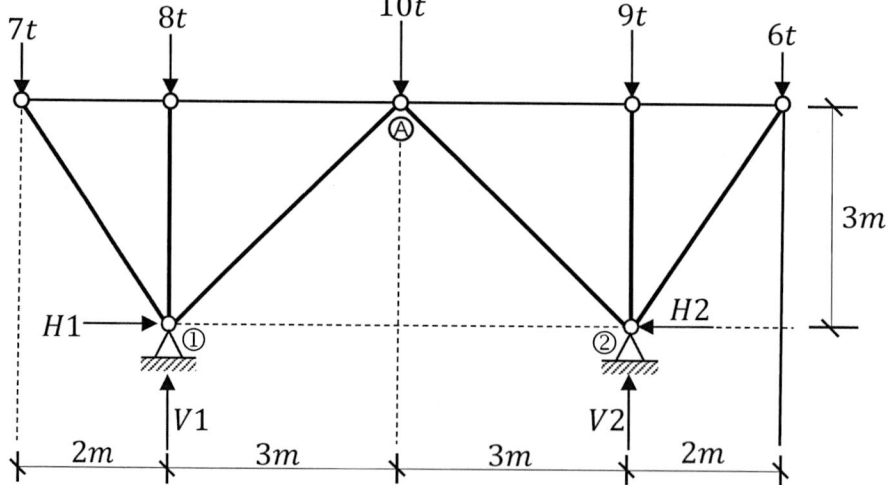

$\sum M_1 = 0 \circlearrowleft \oplus$

$-7 \cdot 2 + 10 \cdot 3 + 9 \cdot 6 + 6 \cdot 8 - V_2 \cdot 6 = 0$

$V_2 = 19{,}667t$

$\sum F_y = 0 \uparrow \oplus$

$V_1 - 7 - 8 - 10 - 9 - 6 + 19{,}667 = 0$

$V_1 = 20{,}333t$

$\sum M_A = 0 \ \circlearrowright \oplus$ (derecha)

$9 \cdot 3 + 6 \cdot 5 - 19{,}667 \cdot 3 + H_2 \cdot 3 = 0$

$H_2 = 0{,}667t$

$\sum F_x = 0 \rightarrow \oplus$

$H_1 - 0{,}667 = 0$

$H_1 = 0{,}667$

2do: Cálculo de esfuerzos internos

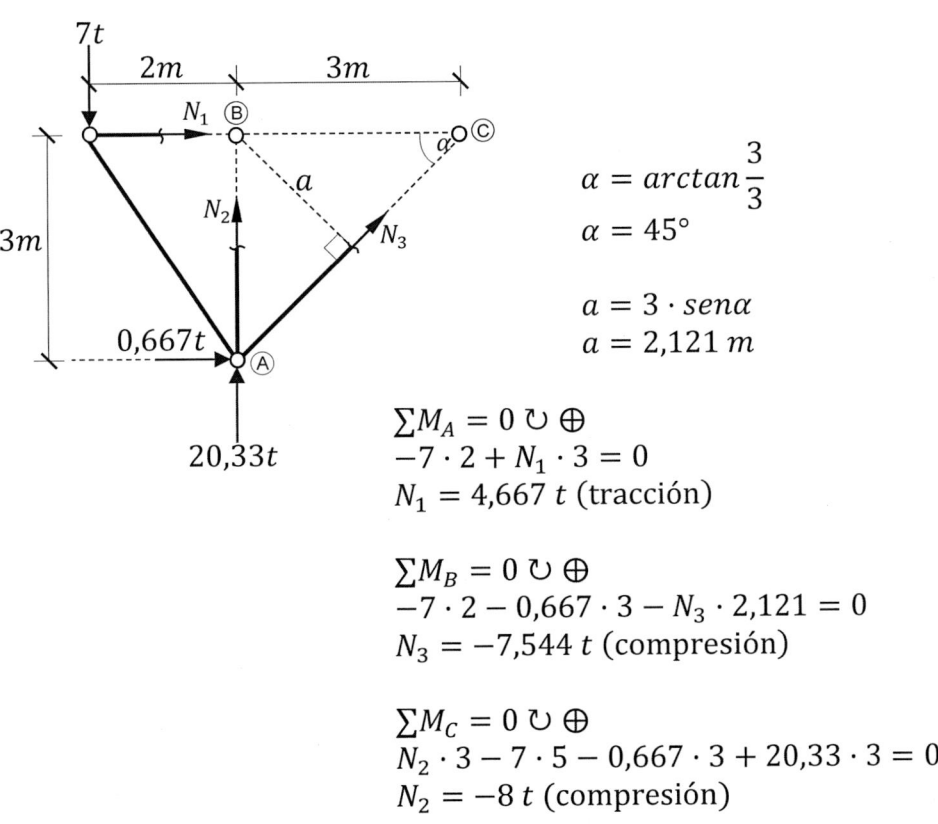

$\alpha = arctan \dfrac{3}{3}$

$\alpha = 45°$

$a = 3 \cdot sen\alpha$

$a = 2{,}121 \ m$

$\sum M_A = 0 \ \circlearrowright \oplus$
$-7 \cdot 2 + N_1 \cdot 3 = 0$
$N_1 = 4{,}667 \ t$ (tracción)

$\sum M_B = 0 \ \circlearrowright \oplus$
$-7 \cdot 2 - 0{,}667 \cdot 3 - N_3 \cdot 2{,}121 = 0$
$N_3 = -7{,}544 \ t$ (compresión)

$\sum M_C = 0 \ \circlearrowright \oplus$
$N_2 \cdot 3 - 7 \cdot 5 - 0{,}667 \cdot 3 + 20{,}33 \cdot 3 = 0$
$N_2 = -8 \ t$ (compresión)

PRÁCTICA 184

Calcular los esfuerzos internos en la sección s-s.

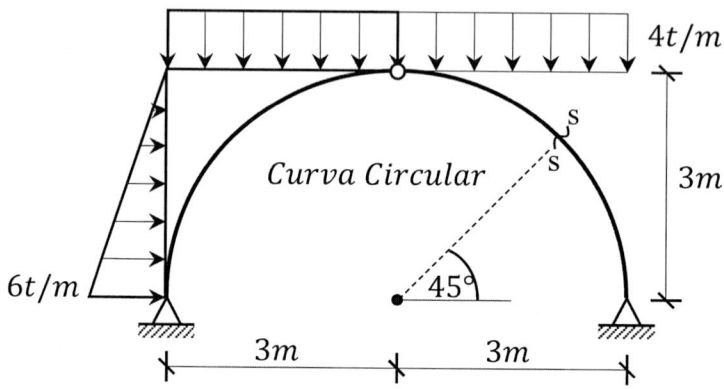

Figura 7.55 Arco 1.

1ro: Cálculo de reacciones

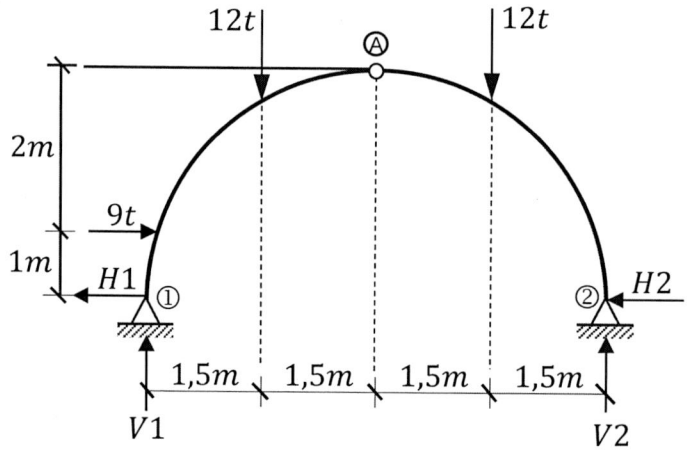

$\sum M_1 = 0 \circlearrowleft \oplus$

$9 \cdot 1 + 12 \cdot 1,5 + 12 \cdot 4,5 - V_2 \cdot 6 = 0$

$V_2 = 13,5t$

$\sum M_A = 0 \circlearrowleft \oplus (\text{der.})$

$12 \cdot 1,5 - 13,5 \cdot 3 + H_2 \cdot 3 = 0$

$H_2 = 7,5t$

$\sum F_y = 0 \uparrow \oplus$

$V_1 - 12 - 12 + 13,5 = 0$

$V_1 = 10,5t$

$\sum F_H = 0 \rightarrow \oplus$

$-H_1 + 9 - 7,5 = 0$

$H_1 = 1,5t$

2do: Cálculo de esfuerzos internos

Considerando el lado derecho a la sección s-s.

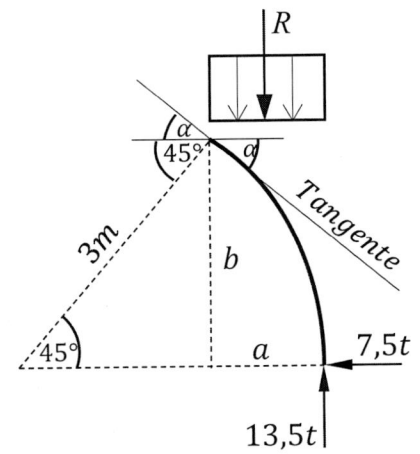

No olvidemos que la recta tangente es perpendicular al radio de la sección s-s.

$$a = 3 - 3 \cdot cos45$$
$$a = 0,879m$$
$$b = 3 \cdot sen45Sen45$$
$$b = 2,121m$$
$$R = 4 \cdot a = 4 \cdot 0,879$$
$$R = 3,516t$$

Calculamos el momento flector:

$$\circlearrowleft \oplus M = 13,5 \cdot 0,879 - 7,5 \cdot 2,121 - 3,516 \cdot \frac{0,879}{2}$$

$$M = -5,586tm$$

Descomponemos las fuerzas de manera axial y transversal a la recta tangente que pasa por la sección s-s:

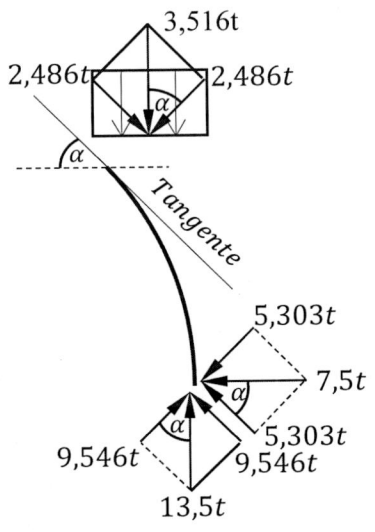

Calculamos corte y normal:

$$\oplus \swarrow Q = 2,486 + 5,303 - 9,546$$

$$Q = -1,757t$$

$$\oplus \searrow N = 2,486 - 9,546 - 5,303$$

$$N = -12,363t$$

PRÁCTICA 185

Calcular los esfuerzos internos en la sección s-s.

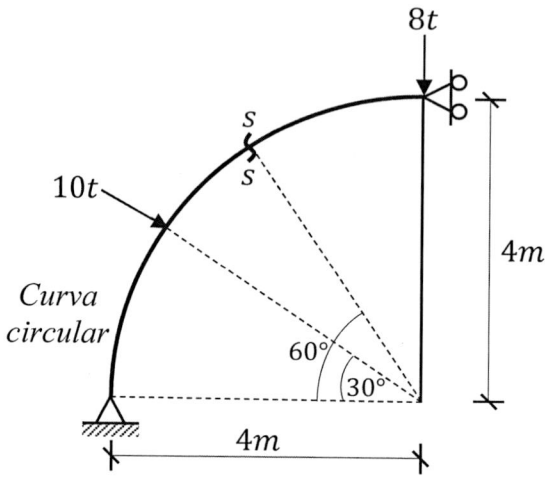

Figura 7.56 Arco 2.

1ro: Cálculo de reacciones

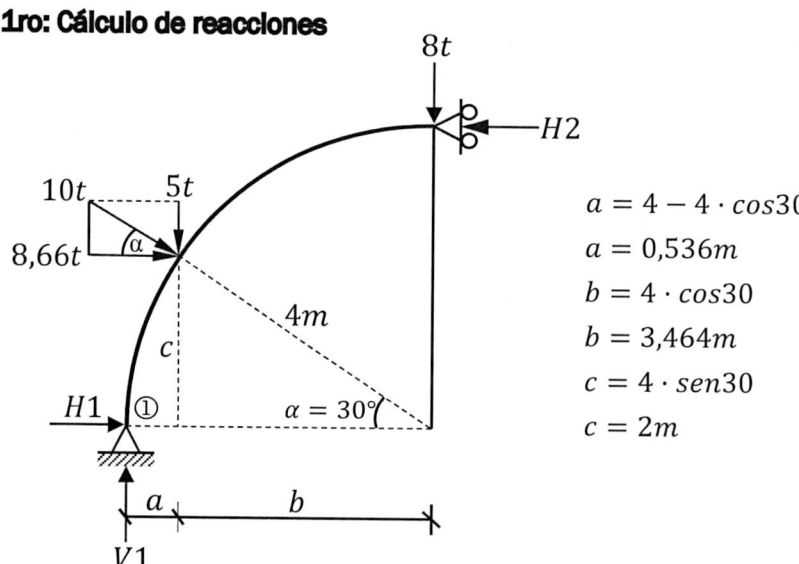

$a = 4 - 4 \cdot cos30$

$a = 0,536m$

$b = 4 \cdot cos30$

$b = 3,464m$

$c = 4 \cdot sen30$

$c = 2m$

$\sum M_1 = 0 \circlearrowleft \oplus$

$8,66 \cdot 2 + 5 \cdot 0,536 + 8 \cdot 4 - H_2 \cdot 4 = 0$

$H_2 = 13t$

$\sum F_x = 0 \rightarrow \oplus$

$H_1 + 8,66 - 13 = 0$

$H_1 = 4,94t$

$\sum F_y = 0 \uparrow \oplus$

$V_1 - 5 - 8 = 0$

$V_1 = 13t$

2do: Cálculo de esfuerzos internos

Considerando el lado izquierdo a la sección s-s:

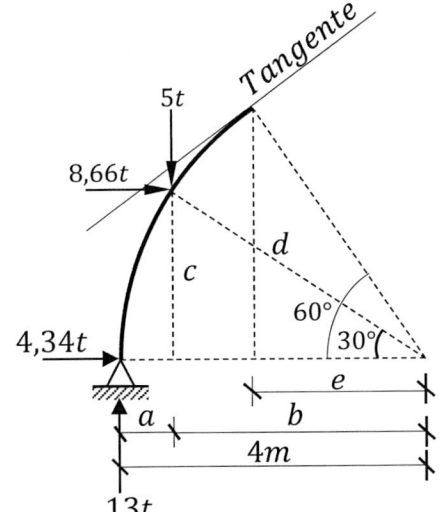

$$a = 4 - 4 \cdot cos30 = 0,536m$$
$$b = 4 \cdot cos30 = 3,464m$$
$$c = 4 \cdot sen30 = 2m$$
$$d = 4 \cdot sen60 = 3,464m$$
$$e = 4 \cdot cos60 = 2m$$

Calculamos el momento en s-s:

$$\circlearrowright\oplus M = 13 \cdot 2 - 4,34 \cdot 3,464$$
$$-5 \cdot 1,464 - 8,66 \cdot 1,464$$
$$M = -9,032tm$$

Para calcular los esfuerzos normal y cortante descomponemos las fuerzas en dirección axial y transversal a la recta tangente:

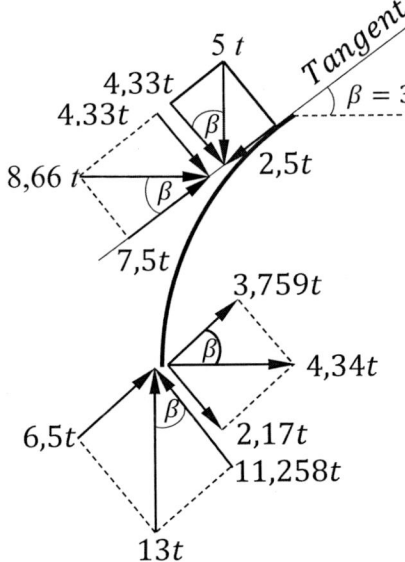

Calculamos los esfuerzos de corte y normal:

$$\oplus\nwarrow Q = 11,258 - 2,17 - 4,33 - 4,33$$
$$Q = 0,428t$$
$$\oplus\swarrow N = -6,5 - 3,759 - 7,5 + 2,5$$
$$N = -15,259t$$

PRÁCTICA 186

Calcular los esfuerzos internos en la sección s-s.

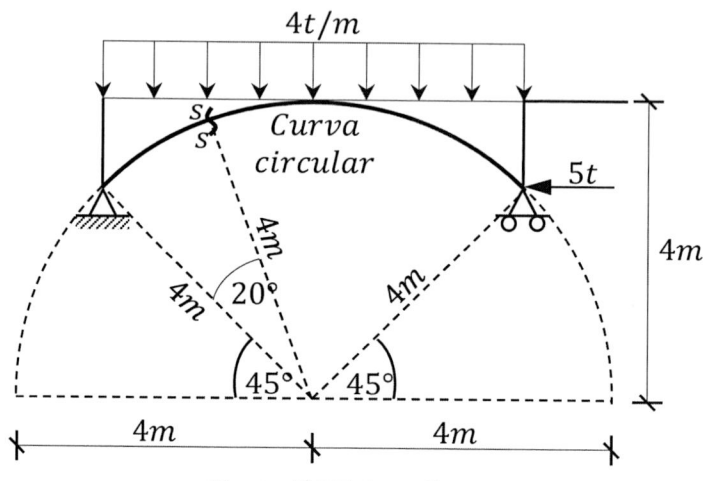

Figura 7.57 Arco 3.

1ro: Cálculo de reacciones

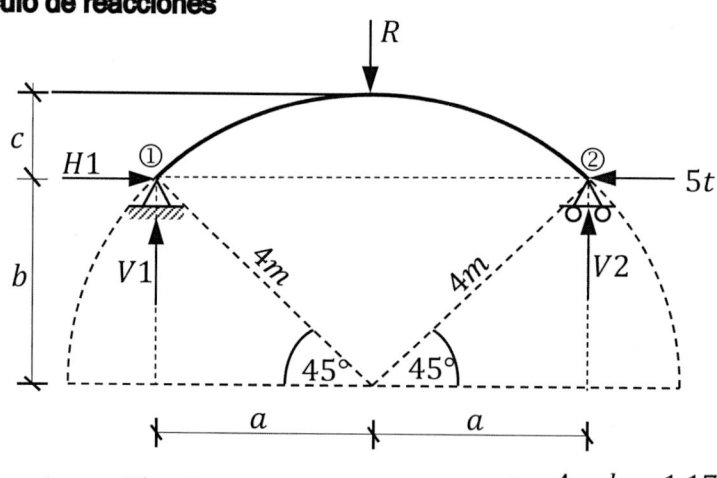

$$a = 4 \cdot cos45 = 2,828m$$
$$b = 4 \cdot sen45 = 2,828m$$

$$c = 4 - b = 1,172m$$
$$R = 4(2a) = 22,624t$$

$M_1 = 0 \; \circlearrowleft \oplus$
22,624·2,828-V_2·5,656=0
$V_2 = 11,312 \; t$

$\sum F_y = 0 \; \uparrow\oplus$
V_1-22,624+11,312=0
$V_1 = 11,312t$

$\sum F_x = 0 \; \rightarrow\oplus$
$H_1 - 5 = 0$
$H_1 = 5t$

2do: Cálculo de esfuerzos internos

Considerando el lado izquierdo a la sección s-s:

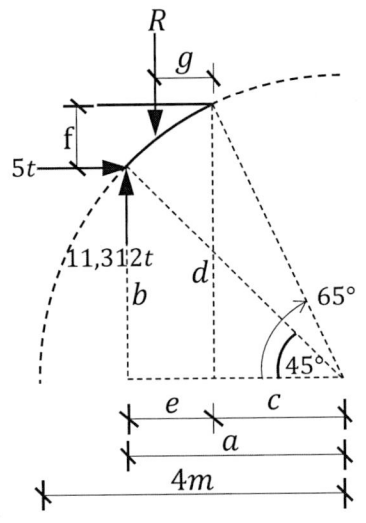

$a = 4 \cdot cos45 = 2,828m$

$b = 4 \cdot sen45 = 2,828m$

$c = 4 \cdot cos65 = 1,69m$

$d = 4 \cdot sen65 = 3,625m$

$e = a - c = 2,828 - 1,69 = 1,138m$

$f = d - b = 3,625 - 2,828 = 0,797m$

$g = \dfrac{e}{2} = 0,569m$

$R = 4 \cdot 1,138 = 4,552t$

Calculamos el momento en s-s:

$M = 11,312 \cdot 1,138 - 5 \cdot 0,797 - 4,552 \cdot 0,569$

$M = 6,298tm$

Para calcular normal y corte descomponemos las fuerzas de manera axial y transversal con respecto a la recta tangente en s-s:

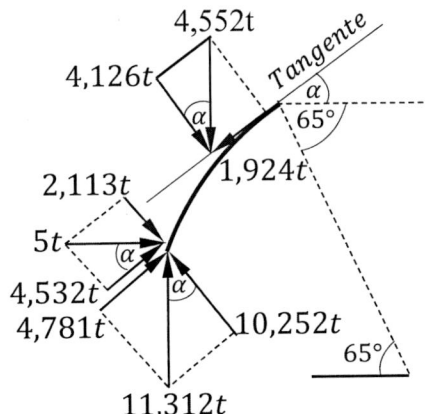

$\alpha + 65 = 90$

$\alpha = 25°$

$\oplus\swarrow N = -4,781 - 4,532 + 1,924$

$N = -7,389t$

$\oplus\nwarrow Q = 10,252 - 2,113 - 4,126$

$Q = 4,013t$

PRÁCTICA 187

Calcular los esfuerzos internos en la sección s-s.

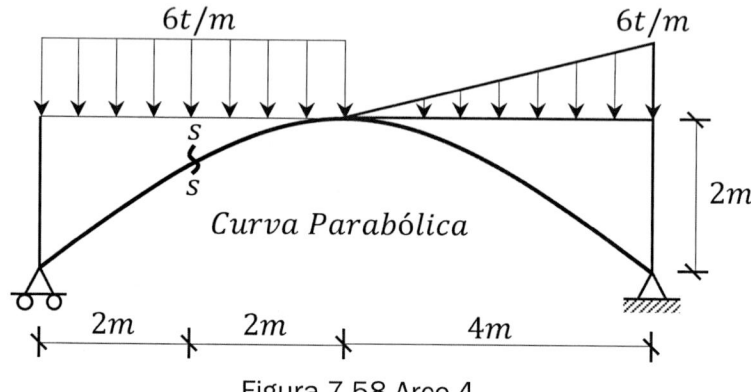

Figura 7.58 Arco 4.

1ro: Cálculo de reacciones

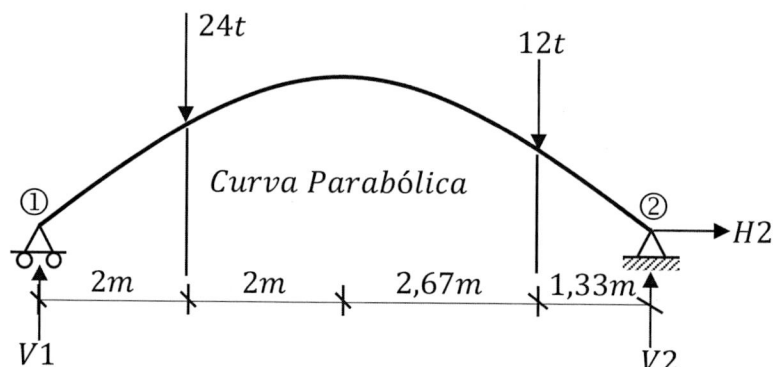

$$\Sigma F_x = 0 \rightarrow \oplus$$
$$H_2 = 0$$

$$\Sigma M_1 = 0 \circlearrowleft \oplus$$
$$24 \cdot 2 + 12 \cdot 6{,}66 - V_2 \cdot 8 = 0$$
$$V_2 = 16t$$

$$\Sigma F_y = 0 \uparrow \oplus$$
$$V_1 - 24 - 12 + 16 = 0$$
$$V_1 = 20t$$

2do: Ecuación del arco parabólico

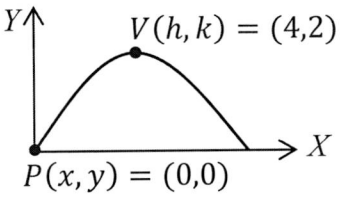

Reemplazamos V(h,k) y P(x,y) en la ecuación de la parábola:

$$(x - h)^2 = -4a(y - k)$$
$$(0 - 4)^2 = -4a(0 - 2)$$
$$16 = 8a$$
$$a = 2$$

Reemplazamos V(h,k) y a en la ecuación de la parábola:

$$(x - 4)^2 = -4(2)(y - 2)$$
$$x^2 - 8x + 16 = -8y + 16$$
$$y = \frac{8x - x^2}{8} = x - \frac{x^2}{8}$$

3ro: Cálculo de esfuerzos internos

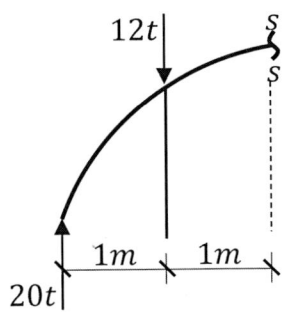

Calculamos momento en s-s:

$$\circlearrowleft \oplus M = 20 \cdot 2 - 12 \cdot 1 = 28\ tm$$

$$M = 28\ tm$$

Para calcular el corte y la normal descomponemos las fuerzas en dirección axial y transversal:

Calculamos el ángulo α:

$$\tan \alpha = \frac{dy}{dx}$$
$$\alpha = arctan\left(1 - \frac{x}{4}\right)$$

cuando $x = 2 \Rightarrow \alpha = 26{,}565°$

$$\oplus \swarrow N = -8{,}944 + 5{,}367$$

$$N = -3{,}577t$$

$$\oplus \nwarrow Q = 17{,}889 - 10{,}733$$

$$Q = 7{,}156t$$

PRÁCTICA 188

Calcular los esfuerzos internos en la sección s-s.

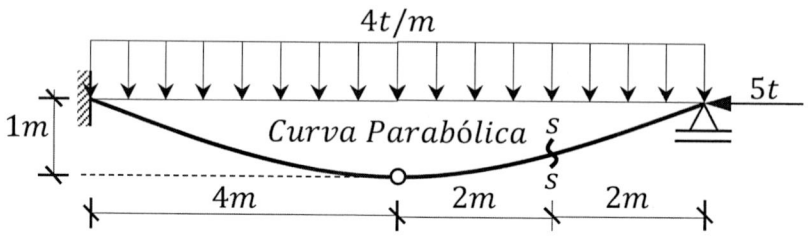

Figura 7.59 Arco 5.

1ro: Cálculo de reacciones

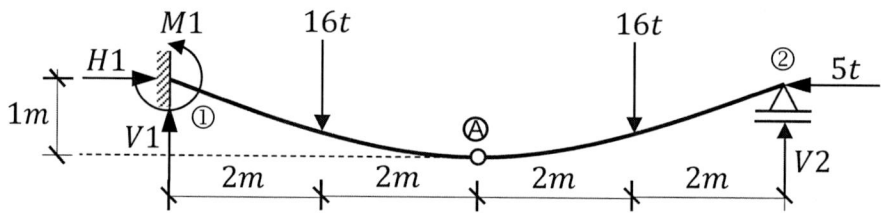

$\sum M_A = 0 \circlearrowleft \oplus (\text{der.})$

$16 \cdot 2 - 5 \cdot 1 - V_2 \cdot 4 = 0$

$V_2 = 6{,}75t$

$\sum F_x = 0 \rightarrow \oplus$

$H_1 - 5 = 0$

$H_1 = 5t$

$\sum F_y = 0 \uparrow \oplus$

$V_1 - 16 - 16 + 6{,}75 = 0$

$V_1 = 25{,}25 \ t$

$\sum M_A = 0 \circlearrowleft (+)(\text{izq.})$

$25{,}25 \cdot 4 - 16 \cdot 2 + 5 \cdot 1 - M_1 = 0$

$M_1 = 74tm$

2do: Ecuación de la curva parabólica

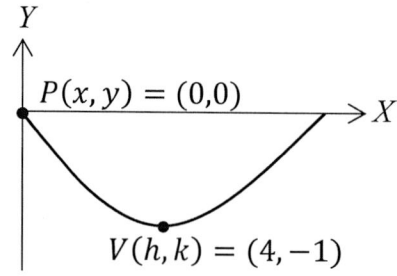

Reemplazamos V(h,k) y P(x,y) en la ecuación de la parábola:

$(x - h)^2 = 4a(y - k)$

$(0 - 4)^2 = 4a(0 + 1)$

$16 = 4a$

$a = 4$

Reemplazamos V(h,k) y el valor de a en la ecuación de la parábola:

$$(x-4)^2 = 4 \cdot 4(y+1)$$
$$x^2 - 8x + 16 = 16y + 16$$
$$y = \frac{x^2 - 8x}{16}$$
$$y = \frac{x^2}{16} - \frac{x}{2}$$

3ro: Cálculo de esfuerzos internos

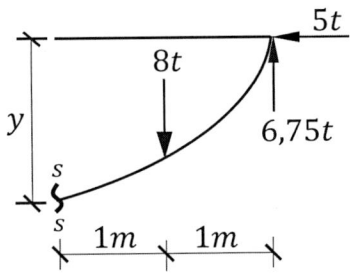

Calculamos la distancia y:

$$y = \left| \frac{x^2}{16} - \frac{x}{2} \right|$$

$$y = \left| \frac{6^2}{16} - \frac{6}{2} \right| = |-0,75| = 0,75$$

Calculamos el momento:

$$\circlearrowleft \oplus M = 6,75 \cdot 2 - 8 \cdot 1 + 5 \cdot 0,75$$
$$M = 9,25 tm$$

Para calcular corte y normal descomponemos las fuerzas de manera axial y transversal a la recta tangente en s-s:

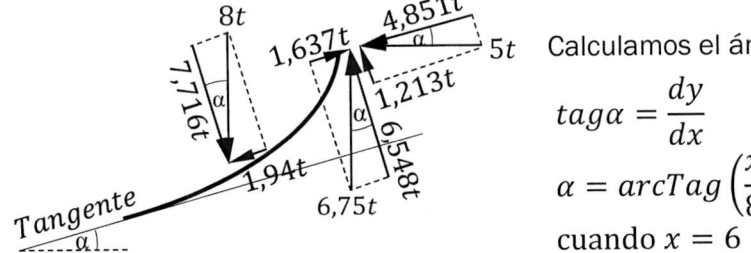

Calculamos el ángulo α:

$$tag\alpha = \frac{dy}{dx}$$
$$\alpha = arcTag\left(\frac{x}{8} - \frac{1}{2}\right)$$

cuando $x = 6 \rightarrow \alpha = 14,036°$

Calculamos los esfuerzos internos:

$$\oplus \searrow Q = 7,761 - 6,548 - 1,213 = 0$$
$$\oplus \nearrow N = -1,94 - 4,851 + 1,637 = -5,154t$$

PRÁCTICA 189

Calcular los esfuerzos internos en la sección s-s.

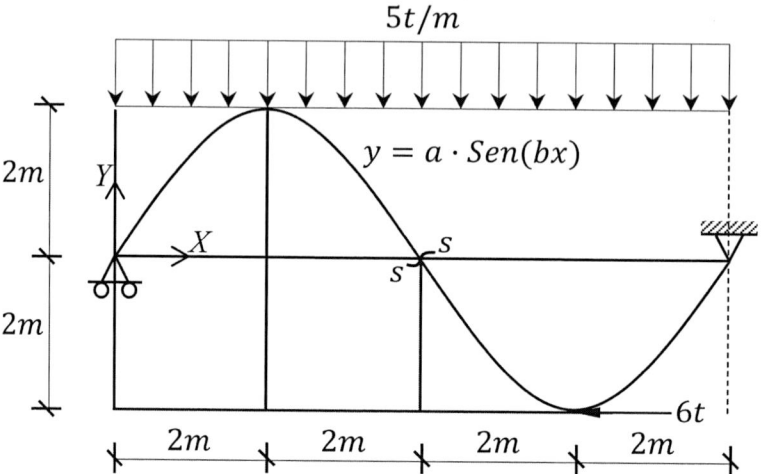

Figura 7.60 Arco 6.

1ro: Cálculo de reacciones

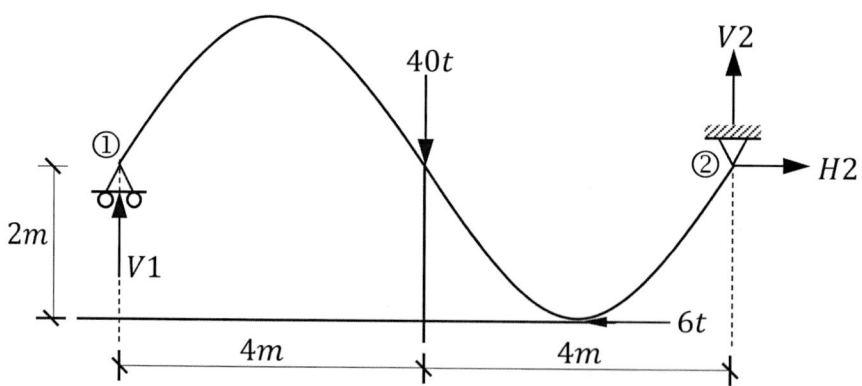

$$\sum F_x = 0 \longrightarrow \oplus \qquad \sum M_1 = 0 \circlearrowleft \oplus \qquad \sum F_y = 0 \uparrow \oplus$$

$$-6 + H_2 = 0 \qquad 40 \cdot 4 + 6 \cdot 2 - V_2 \cdot 8 = 0 \qquad V_1 - 40 + 21,5 = 0$$

$$H_2 = 6t \qquad V_2 = 21,5t \qquad V_1 = 18,5\ t$$

2do: Ecuación del arco trigonométrico

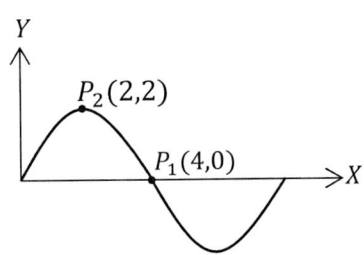

Reemplazamos P1 en la ecuación:

$$y = a \cdot sen(bx)$$
$$0 = a \cdot sen(b \cdot 4)$$
$$b = \frac{1}{4} arcsen \left(\frac{0}{a}\right)$$
$$b = \frac{\pi}{4}$$

Reemplazamos P2 en la ecuación del arco:

$$y = a \cdot sen \left(\frac{\pi}{4}x\right)$$
$$2 = a \cdot sen \left(\frac{\pi}{4} \cdot 2\right)$$
$$a = 2$$

La ecuación del arco es: $\quad y = 2 \cdot sen \left(\frac{\pi}{4}x\right)$

3ro: Cálculo de esfuerzos internos

Considerando el lado izquierdo a la sección s-s:

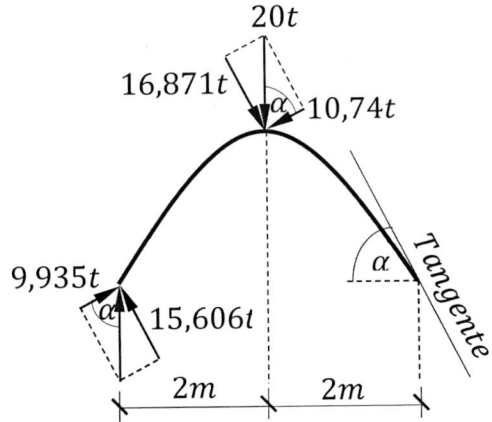

Calculamos el momento:

$$\circlearrowleft \oplus M = 18,5 \cdot 4 - 20 \cdot 2$$
$$M = 34tm$$

Calculamos la normal y el corte:

$$tag\alpha = -\frac{dy}{dx}$$
$$\alpha = arcTag \left(-\frac{\pi}{2} cos \left(\frac{\pi}{4}x\right)\right)$$
$$\text{cuando } x = 4 \ \rightarrow \ \alpha = 1 \, rad$$
$$\alpha = 57,3°$$

$$\oplus \swarrow N = -9,935 + 10,74 = 0,805t$$

$$\oplus \nwarrow Q = 15,606 - 16,871 = -1,265t$$

PRÁCTICA 190

Calcular las fuerzas internas en la sección s-s.

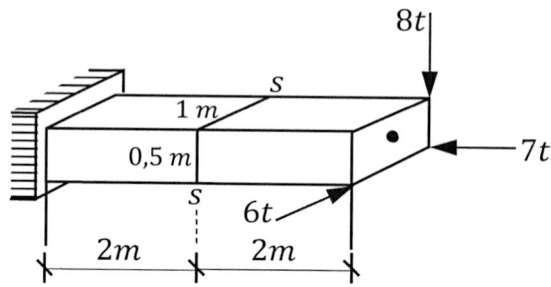

Figura 7.61 Sistema estructural 3D-1.

1ro: Traslación de las cargas al centro de gravedad

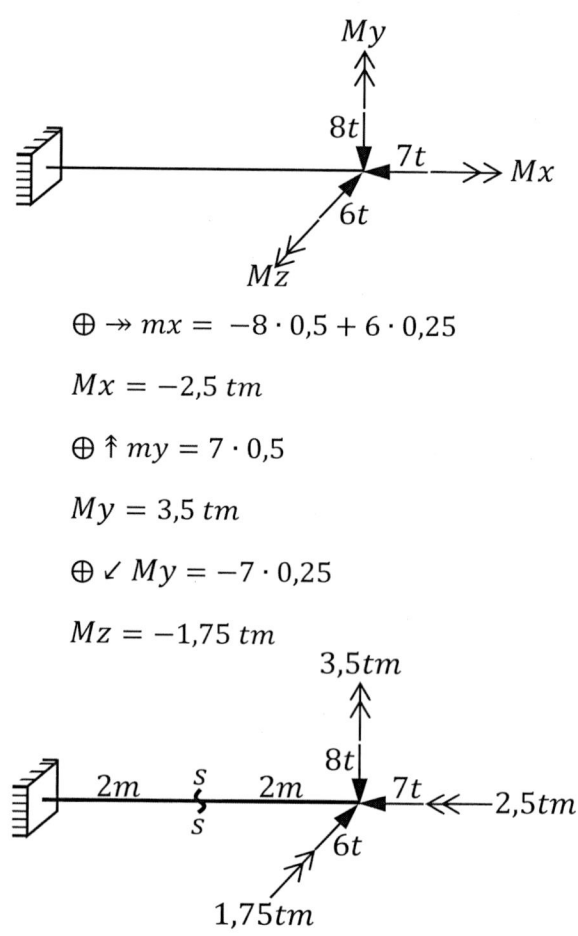

$\oplus \twoheadrightarrow mx = -8 \cdot 0,5 + 6 \cdot 0,25$

$Mx = -2,5 \ tm$

$\oplus \uparrow my = 7 \cdot 0,5$

$My = 3,5 \ tm$

$\oplus \swarrow My = -7 \cdot 0,25$

$Mz = -1,75 \ tm$

2do: Cálculo de fuerzas internas

Considerando el lado derecho de la sección s-s para evitar el cálculo de las reacciones.

Para las sumatoria de las fuerzas y momentos, consideramos el siguiente convenio de sentidos positivos:

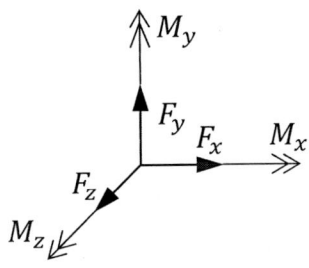

$$Fx = -7t$$

$$Fy = -8t$$

$$Fz = -6t$$

$$Mx = -2,5tm$$

$$My = 3,5t + 6 \cdot 2 = 15,5tm$$

$$Mz = -1,75 - 8 \cdot 2 = -17,75tm$$

PRÁCTICA 191

Calcular las fuerzas internas en la sección s-s.

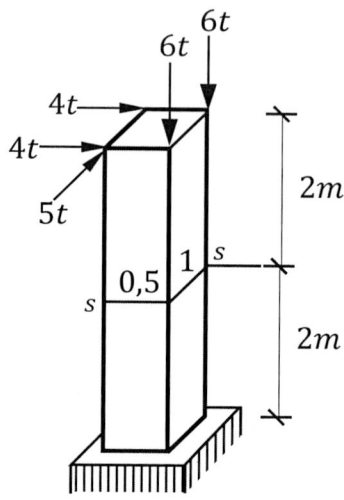

Figura 7.62 Sistema estructural 3D-2.

1ro: Traslación de las cargas al centro de gravedad

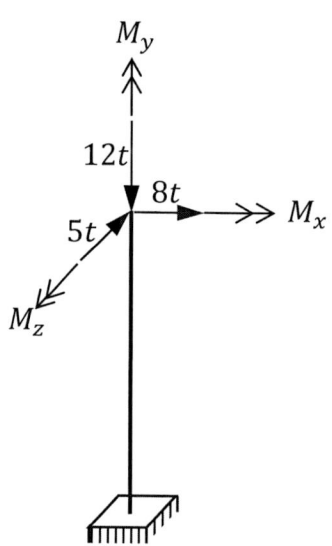

$\oplus \twoheadrightarrow mx = 6 \cdot 0,5 - 6 \cdot 0,5$

$M_x = 0$

$\oplus \Uparrow my = 4 \cdot 0,5 - 4 \cdot 0,5 - 5 \cdot 0,25$

$M_y = -1,25 \ tm$

$\oplus \swarrow mz = -6 \cdot 0,25 - 6 \cdot 0,25$

$M_z = -3 \ tm$

Representamos gráficamente los resultados obtenidos:

$M_x = 0$

$M_y = -1,25 \ tm$

$M_z = -3 \ tm$

2do: Cálculo de fuerzas internas

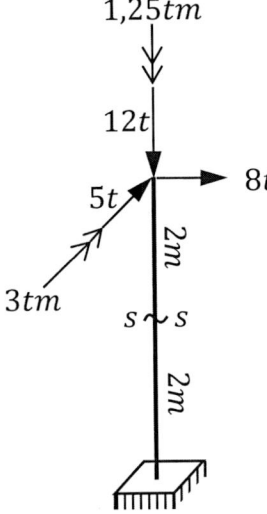

Considerando el lado superior de la sección s-s para evitar el cálculo de las reacciones.

Para la sumatoria de fuerzas y momentos asumimos el siguiente convenio de sentidos positivos:

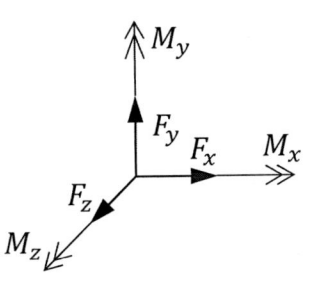

$$Fx = 8t$$

$$Fy = -12t$$

$$Fz = -5t$$

$$Mx = -5 \cdot 2 = -10tm$$

$$My = -1,25tm$$

$$Mz = -3 - 8 \cdot 2 = -19tm$$

PRÁCTICA 192

Calcular las fuerzas internas en la sección s-s.

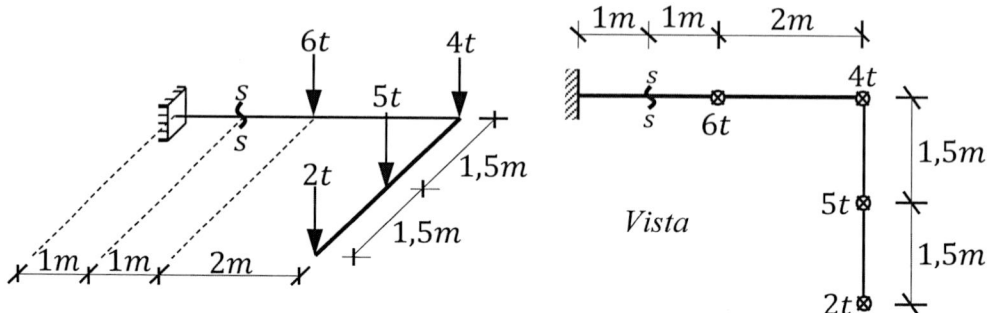

Figura 7.63 Sistema estructural 3D-3.

1ro: Cálculo de reacciones

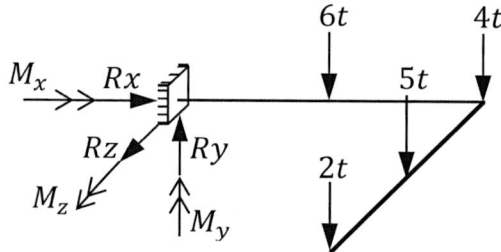

$\Sigma Fx = 0 \rightarrow \oplus$
$Rx = 0$

$\Sigma Fy = 0 \uparrow \oplus$
$Ry - 6 - 4 - 5 - 2 = 0$
$Ry = 17t$

$\Sigma Fz = 0 \swarrow \oplus$
$Rz = 0$

$\Sigma M_x = 0 \twoheadrightarrow \oplus$
$M_x + 5 \cdot 1,5 + 2 \cdot 3 = 0$
$M_x = -13,5 \ tm$

$\Sigma M_y = 0 \uparrow \oplus$
$My = 0$

$\Sigma M_z = 0 \swarrow \oplus$
$M_z = -6 \cdot 2 - 4 \cdot 4 - 5 \cdot 4 - 2 \cdot 4 = 0$
$M_z = 56 \ tm$

Representamos gráficamente los resultados:

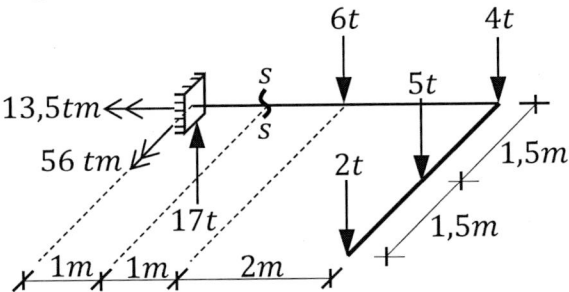

2do: Cálculo de las fuerzas internas

Calculamos las fuerzas internas, considerando el lado izquierdo de la sección s-s y el siguiente convenio de sentidos positivos:

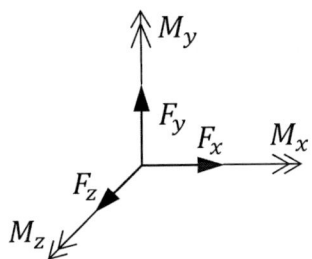

$$Fx = 0$$

$$Fy = 17t$$

$$Fz = 0$$

$$Mx = -13,5 \ tm$$

$$My = 0$$

$$Mz = 56 - 17 \cdot 1 = 39tm$$

PRÁCTICA 193

Calcular las fuerzas internas en la sección s-s.

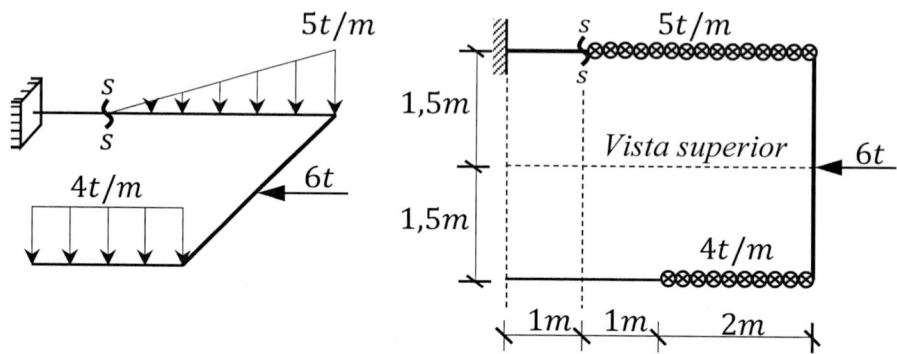

Figura 7.64 Sistema estructural 3D-4.

1ro: Cálculo de las resultantes y reacciones

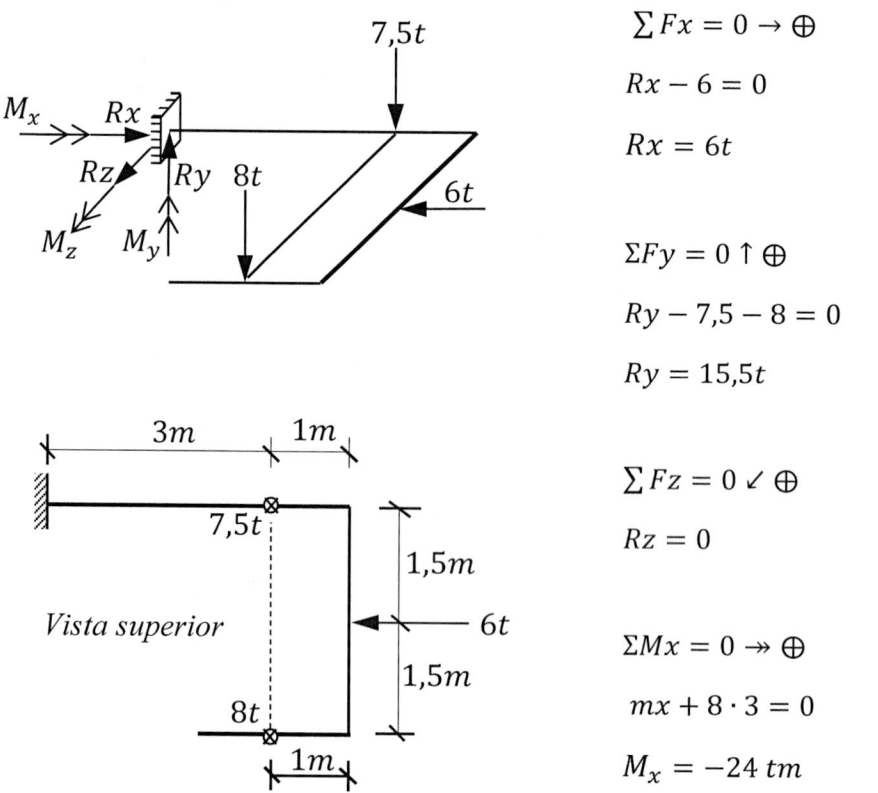

$$\sum Fx = 0 \rightarrow \oplus$$

$$Rx - 6 = 0$$

$$Rx = 6t$$

$$\Sigma Fy = 0 \uparrow \oplus$$

$$Ry - 7,5 - 8 = 0$$

$$Ry = 15,5t$$

$$\sum Fz = 0 \swarrow \oplus$$

$$Rz = 0$$

$$\Sigma Mx = 0 \twoheadrightarrow \oplus$$

$$mx + 8 \cdot 3 = 0$$

$$M_x = -24 \; tm$$

$$\Sigma M_y = 0 \uparrow \oplus$$

$$M_{xy} - 6 \cdot 1,5 = 0$$

$$Ry = 9tm$$

$$\Sigma Mz = 0 \swarrow \oplus$$

$$M_z - 7,5 \cdot 3 - 8 \cdot 3 = 0$$

$$M_z = 46,5\ tm$$

Representamos gráficamente los resultados:

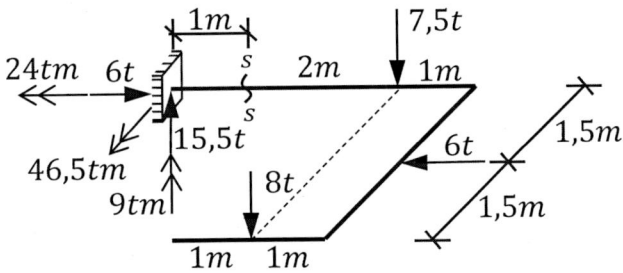

2do: Cálculo de las fuerzas internas

Consideramos el lado izquierdo de la sección s-s y el siguiente convenio de signos, calculamos las fuerzas internas:

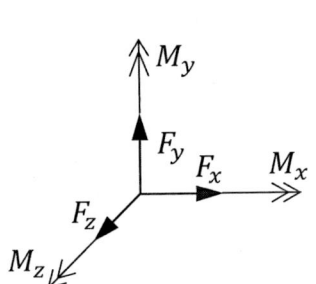

$$Fx = 6t$$

$$Fy = 15,5t$$

$$Fz = 0$$

$$Mx = -24\ tm$$

$$My = 9\ tm$$

$$Mz = 46,5 - 15,5 \cdot 1 = 31tm$$

PRÁCTICA 194

Calcular las fuerzas internas en la sección s-s.

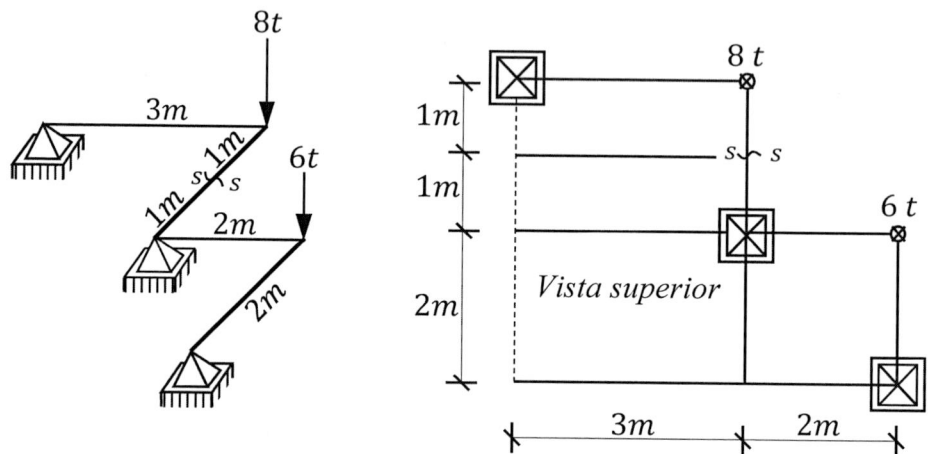

Figura 7.65 Sistema estructural 3D-5.

1ro: Cálculo de reacciones

Como las cargas son verticales las reacciones serán verticales:

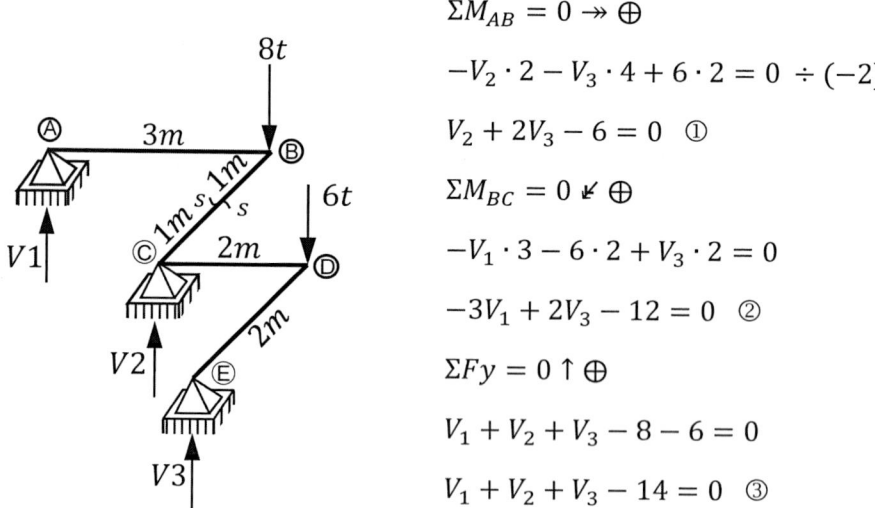

$$\Sigma M_{AB} = 0 \twoheadrightarrow \oplus$$

$$-V_2 \cdot 2 - V_3 \cdot 4 + 6 \cdot 2 = 0 \div (-2)$$

$$V_2 + 2V_3 - 6 = 0 \quad ①$$

$$\Sigma M_{BC} = 0 \nwarrow \oplus$$

$$-V_1 \cdot 3 - 6 \cdot 2 + V_3 \cdot 2 = 0$$

$$-3V_1 + 2V_3 - 12 = 0 \quad ②$$

$$\Sigma Fy = 0 \uparrow \oplus$$

$$V_1 + V_2 + V_3 - 8 - 6 = 0$$

$$V_1 + V_2 + V_3 - 14 = 0 \quad ③$$

Resolviendo ①, ② y ③ obtenemos:

$$V_1 = -28\ t$$

$$V_2 = 78\ t$$

$$V_3 = -36\ t$$

Representamos gráficamente los resultados:

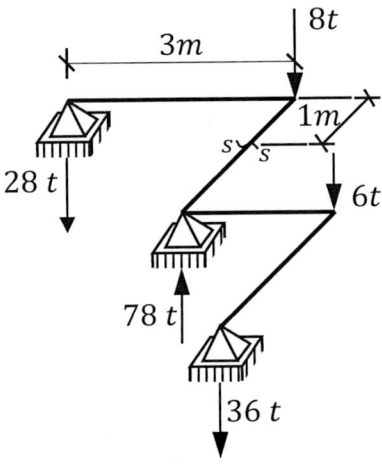

2do: Cálculo de los esfuerzos internos

Calculamos las fuerzas internas, considerando el lado posterior de la sección
s-s y el siguiente convenio de signos:

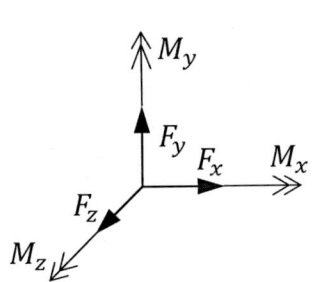

$$Fx = 0$$

$$Fy = -28 - 8 = -36\ t$$

$$Fz = 0$$

$$Mx = -28 \cdot 1 - 8 \cdot 1 = -36\ tm$$

$$My = 0$$

$$Mz = 28 \cdot 3 = 84\ tm$$

PRÁCTICA 195

Calcular las fuerzas internas en la sección s-s.

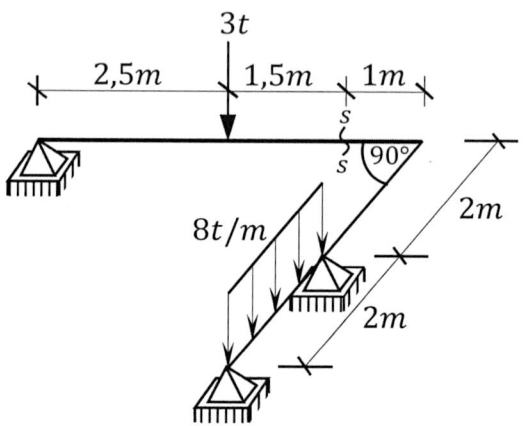

Figura 7.66 Sistema estructural 3D-6.

1ro: Cálculo de las reacciones

Como las cargas son verticales las reacciones serán solo verticales:

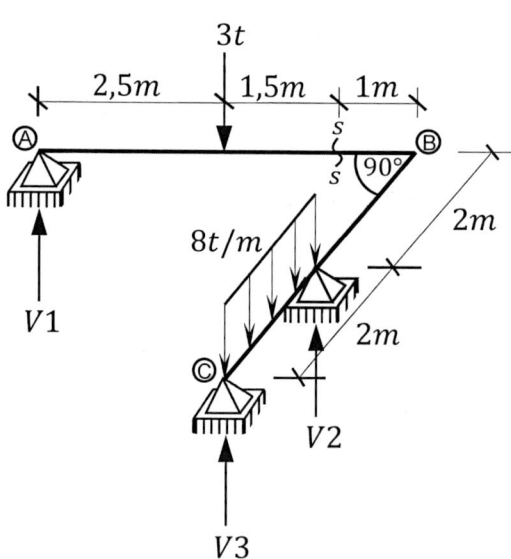

$$\Sigma M_{BC} = 0 \; \swarrow \; \oplus$$

$$-V_1 \cdot 5 + 3 \cdot 2,5 = 0$$

$$V_1 = 1,5t$$

$$\Sigma M_{AB} = 0 \; \twoheadrightarrow \; \oplus$$

$$-V_2 \cdot 2 - V_3 \cdot 4 + 16 \cdot 3 = 0 \; \div 2$$

$$-V_2 - 2V_3 + 24 = 0 \quad *(-1)$$

$$V_2 + 2V_3 - 24 = 0 \quad \textcircled{1}$$

$$\Sigma Fy = 0 \; \uparrow \oplus$$

$$V_1 + V_2 + V_3 - 3 - 16 = 0$$

Reemplazando $V_1 = 1,5$

$$V_2 + V_3 - 17,5 = 0 \quad \textcircled{2}$$

Resolviendo las ecuaciones ① y ②:

$$V_2 = 11\ t$$

$$V_3 = 6,5\ t$$

Representamos gráficamente los resultados:

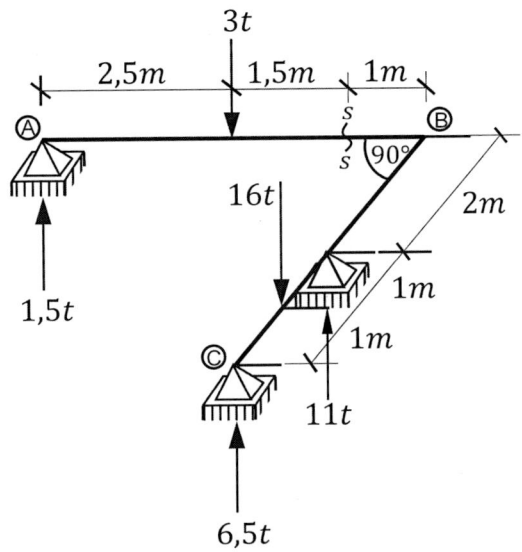

2do: Cálculo de los esfuerzos Internos

Calculamos las fuerzas internas, considerando el lado izquierdo de la sección s-s y el siguiente convenio de signos:

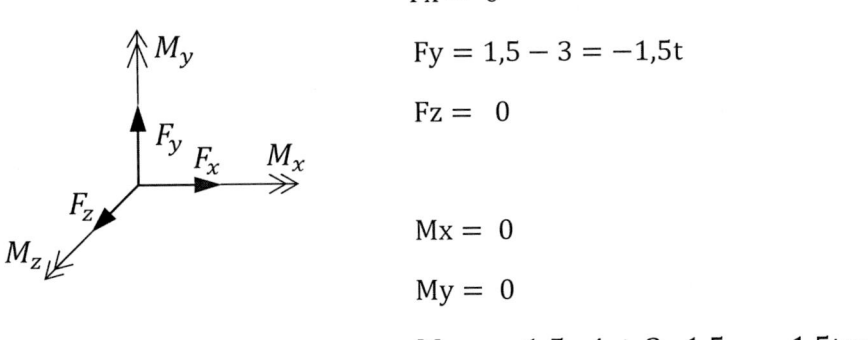

$$Fx = 0$$

$$Fy = 1,5 - 3 = -1,5t$$

$$Fz = 0$$

$$Mx = 0$$

$$My = 0$$

$$Mz = -1,5 \cdot 4 + 3 \cdot 1,5 = -1,5tm$$

ANEXO

GLOSARIO TÉCNICO

Apoyo: Elemento que permite mantener el equilibrio en las estructuras, es el responsable de transmitir las fuerzas procedentes de la estructura al suelo.

Arco: Sistema estructural compuesto de elementos no lineales que responden a una función.

Articulación: Unión que permite únicamente la transmisión de fuerzas.

Asimetría: Problema cuyas características difieren con respecto a un eje de referencia.

Baricentro: Punto geométrico de una sección donde se considera concentrado el total de su peso o masa.

Barra: Elemento prismático que contiene una dimensión predominante.

Bidimensional: Sistema de referencia compuesto por los ejes "x" e "y"

Características: Cualidades que describen a un objeto o situación.

Carga puntual: Fuerza que, por las dimensiones pequeñas de su área de transmisión, pueden ser simplificadas como fuerzas localizadas en un punto.

Carga: Acción externa o interna que produce la deformación de un cuerpo.

Cinemática: Fuerza axial que produce el acortamiento de una barra.

Cinemática: Rama de la mecánica que estudia mediante leyes los fenómenos físicos relacionados con el movimiento de los cuerpos sin considerar las cargas que lo producen.

Colineal: Referido a dos o más vectores que se posicionan sobre una misma línea recta.

Concurrente: Referido a dos o más vectores que convergen o divergen en un mismo punto.

Condensación: Transformación del estado sólido a líquido.

Coplanario: Referido a dos o más vectores que se posicionan en un mismo plano.

Dependencia lineal: Una función lineal $f(x)$ es dependiente de la función $g(x)$ cuando existe una constante "c" tal que se cumple la condición $f(x)=c \cdot g(x)$.

Descomposición de fuerza: Proyección de una fuerza en los ejes "X" y "Y" de referencia.

Diagrama: Representación gráfica y a escala de una situación que describe el comportamiento de una estructura.

Dinámica: Parte de la mecánica que estudia el movimiento de los cuerpos considerando las fuerzas que la producen.

Dirección: Grado de inclinación de un vector.

Ejes locales: Sistema de referencia compuesto de un eje paralelo y otro perpendicular a una barra.

Equilibrio: Estado de reposo de un cuerpo.

Esfuerzo normal: Fuerzas axiales que actúan en el interior de una barra.

Espacio: Lugar geométrico compuesto de los ejes de referencia ortogonal "X", "Y" y "Z".

Estabilidad: Referido al equilibrio de los cuerpos frente a la acción de un conjunto de cargas.

Estática: Rama de la mecánica que estudia el equilibrio de los cuerpos.

Fusión: Cambio de estado de sólido a líquido.

Gravedad: Fuerza de atracción ejercida por un cuerpo sobre otro cuerpo de menor tamaño.

Hiperestático: Referido a las estructuras cuyo comportamiento no puede ser directamente deducido a partir de la aplicación de las ecuaciones de equilibrio.

Hipostático: Estructura inestable en la cual no se verifica una o más condiciones de equilibrio.

Hormigón: Material estructural compuesto de cemento, arena, agregados, agua y aditivos.

Idealización: Representación simplificada de las partes de un sistema estructural con el propósito de facilitar sus cálculos.

Isostático: Referido a las estructuras cuyo comportamiento puede ser directamente conocido a partir de la aplicación de las ecuaciones de equilibrio estático.

Magnitud: Tamaño o intensidad de un fenómeno físico.

Masa: Cantidad de materia que posee un cuerpo.

Mecánica: Es una rama de la física que estudia el equilibrio y movimiento de los cuerpos, considerando las fuerzas que la producen.

Método: Procedimiento sistematizado que nos permite resolver un problema.

Momento de Inercia: Propiedad matemática de una sección transversal que define la capacidad que tienen los elementos tipo barra para soportar flexión.

Momento estático: Propiedad matemática de una sección transversal que define la capacidad que tienen los elementos tipo barra para resistir esfuerzos de corte.

Momento: Cupla compuesta de un par de fuerzas que genera la rotación de las secciones de una barra.

Nudo: Espacio que representa la unión de dos o más barras, o una sección cualquiera de la misma.

Ortogonal: Esta referido a un par de vectores cuya abertura es noventa grados.

Paralelo: Referido a un par de vectores que mantienen el mismo ángulo director.

Paralelogramo: Cuadrilátero cuyos lados opuestos son paralelos.

Partícula: Punto de materia.

Pendiente: Grado de inclinación de una recta definido como la tangente de su ángulo de inclinación.

Polígono: Figura compuesta de varios lados.

Pórtico: Sistema estructural compuesto de dos o más barras de diferentes direcciones que forman un marco rígido capaz de soportar cargas para luego transmitirlas al suelo.

Producto de inercia: Propiedad matemática que poseen las secciones transversales de una barra, que es decisiva al analizar problemas de flexión asimétrica.

Propiedad: Características propias de un elemento o cuerpo.

Reacción: Fuerza y momentos concentrados en los apoyos cuya función es mantener el equilibrio de la estructura.

Restricción: Referido a que no puede desplazarse.

Reticulado: Sistema estructural compuesto de barras que forman figuras triangulares continuas con uniones articuladas, cuyas cargas –al ser aplicadas en sus uniones– generan únicamente esfuerzo normal.

Sección: Forma que admite una barra cuando es cortada por un plano transversal.

Sentido: Orientación que posee un vector.

Simetría: Iguales características geométricas y mecánicas que posee un cuerpo con respecto a un eje de referencia.

Sistema estructural: Conjunto de elementos rígidos y/o flexibles que forman un esqueleto resistente que tiene la capacidad de soportar cargas para luego transmitirlas al suelo.

Sistema: Conjunto de elementos que interactúan entre sí para lograr un objetivo.

Solidificación: Cambio que sufre la materia al pasar de un estado líquido a sólido.

Sublimación: Cambio que sufre la materia al pasar de un estado sólido a gaseoso.

Tensión: Distribución del esfuerzo normal en toda la superficie de la sección.

Teorema: Proposición demostrable.

Tipología: Conjunto de característica que permiten la clasificación de un objeto o cuerpo.

Transmisibilidad: Referido al traslado de una fuerza sobre su línea de acción.

Tridimensional: Compuesto por los ejes de referencia "X", "Y" y "Z".

Unidimensional: Que requiere un solo eje de referencia o dimensión.

Vaporización: Cambio que sufre la materia cuando pasa de su estado líquido a gaseoso.

Viga: Elemento tipo barra dispuesto generalmente de manera horizontal que tiene la capacidad de soportar efectos de flexión.